本书精彩案例赏析

本书精彩案例赏析

第3章

本书精彩案例赏析

3D逐帧动画

奔跑的马

真实人物跑动动画

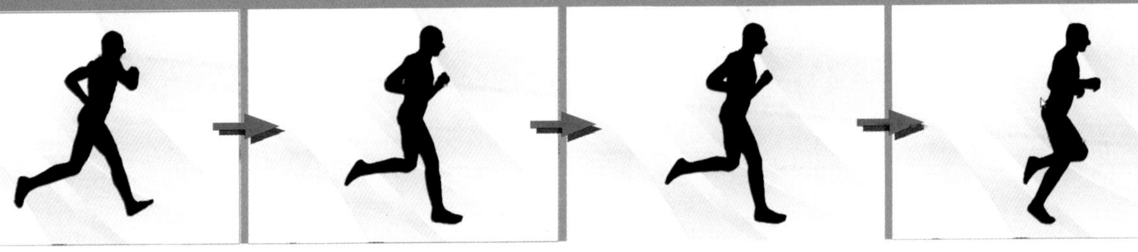

发散特效动画

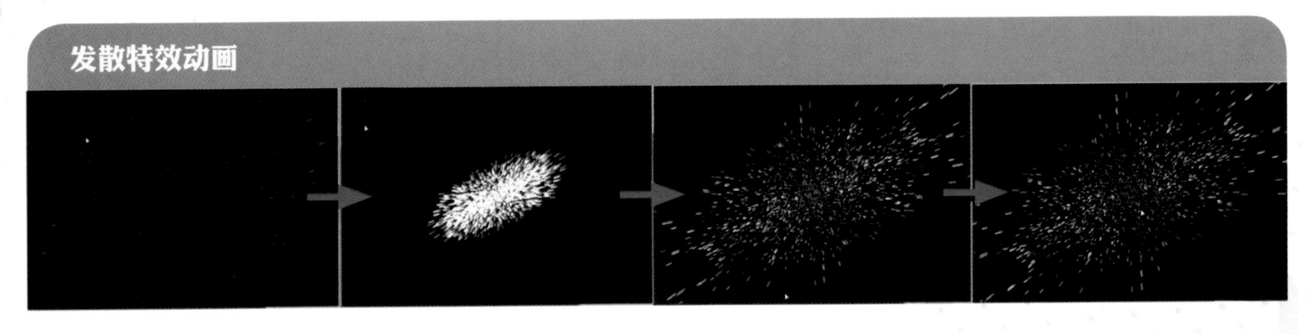

和平鸽飞行动画

第5章

本书精彩案例赏析

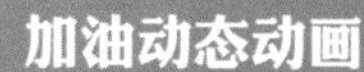

人物滑行动画

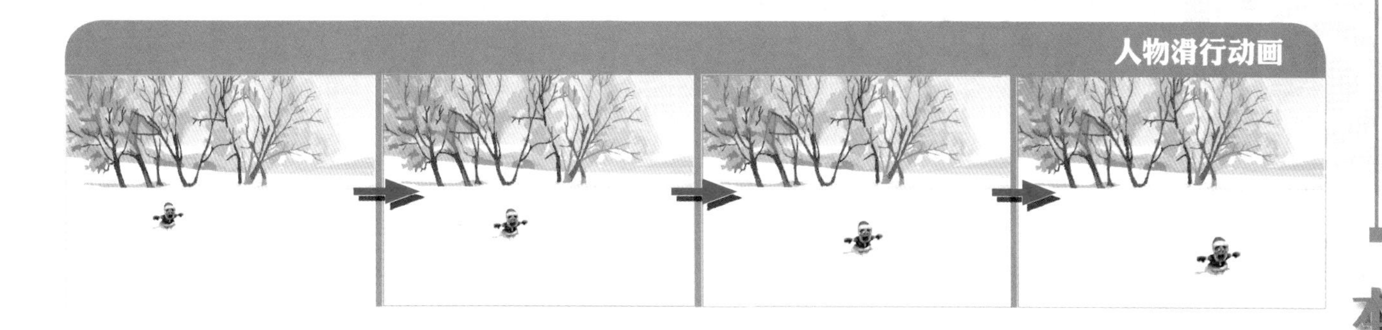

人物跑步动画

天使飞翔动画

有影子的奔跑的狼的动画

本书精彩案例赏析

海底世界动画

蝴蝶飞舞动画

电灯运动效果

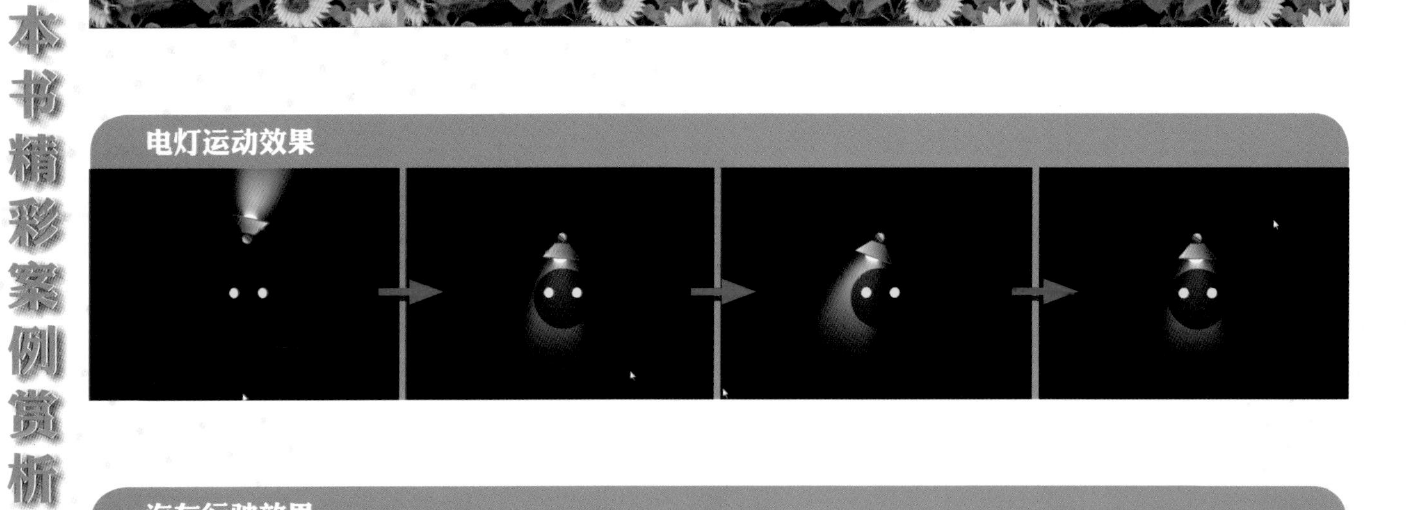

汽车行驶效果

星星闪动特效

第6章

本书精彩案例赏析

遮罩效果

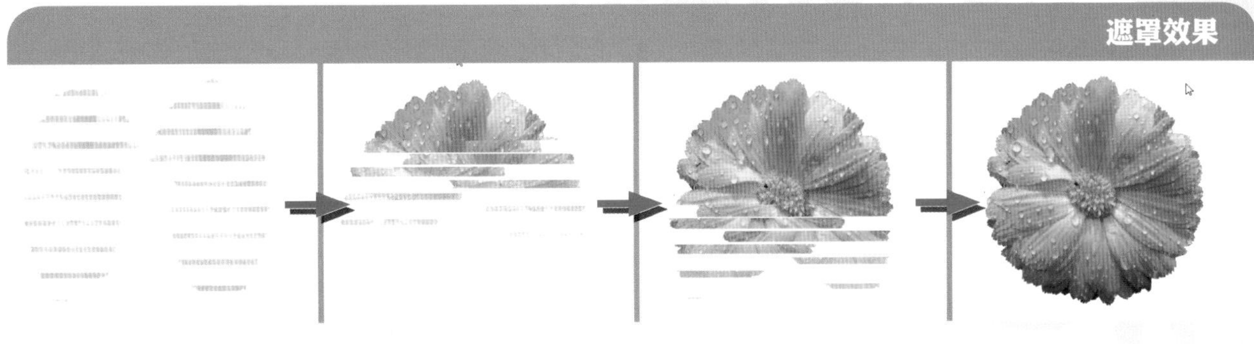

点状遮罩效果

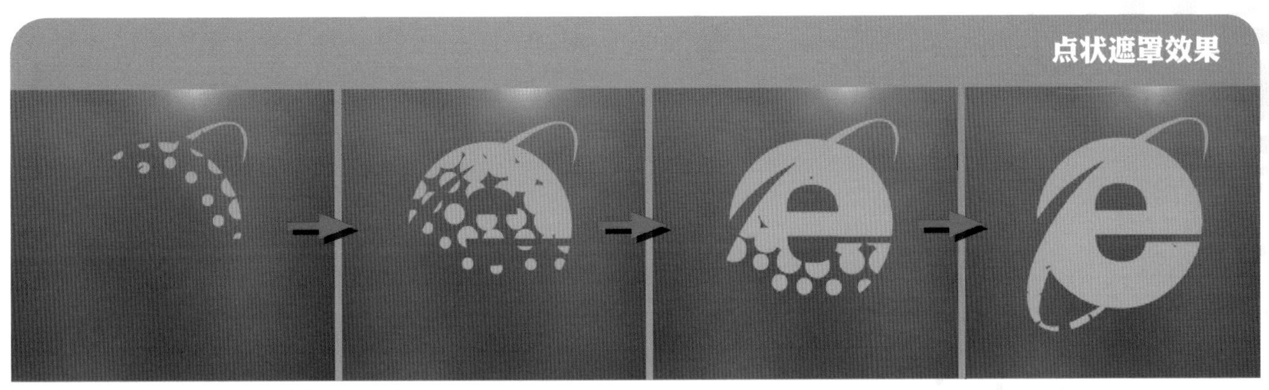

喝干杯中饮料动画

雷达扫描遮罩效果

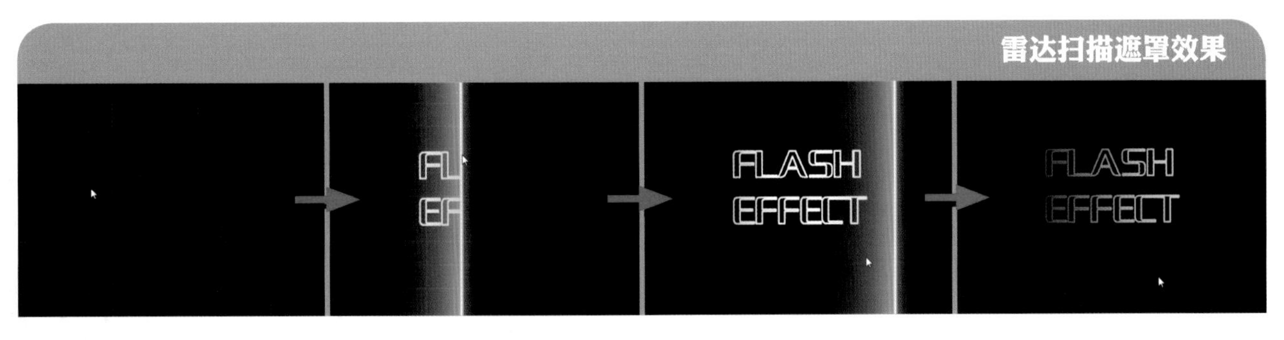

瓶子倒水效果

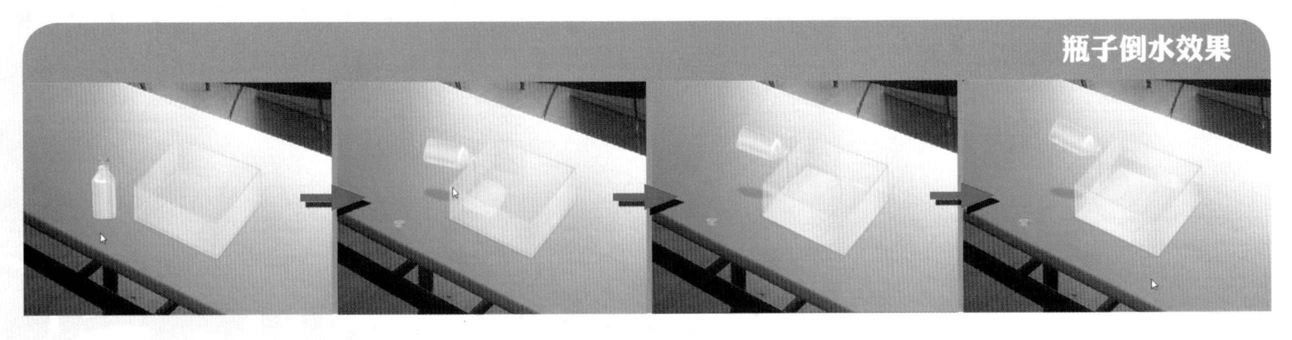

本书精彩案例赏析

计算机打字特效

文字残影特效

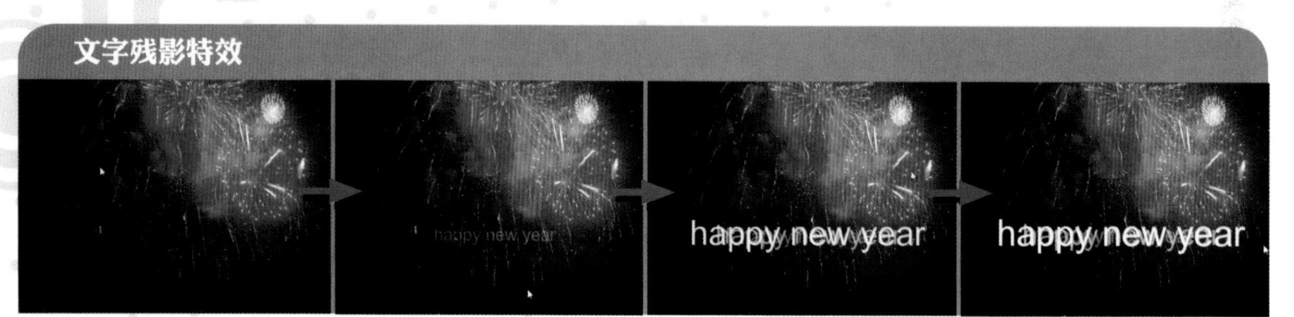

掉落文字效果

逐行显示文字效果

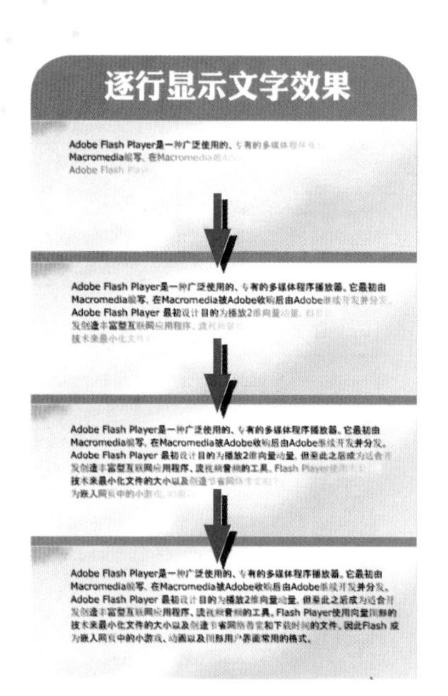

星星文字效果

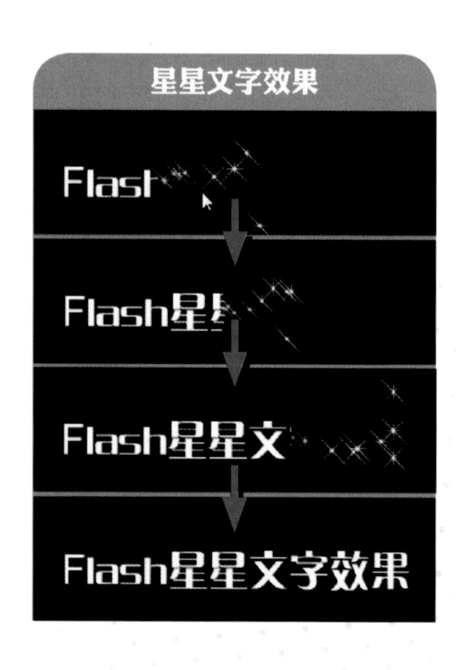

游离文字效果

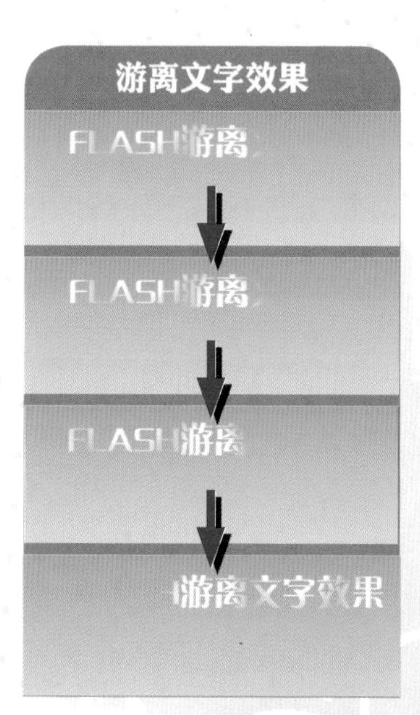

效果
1
2
3
4

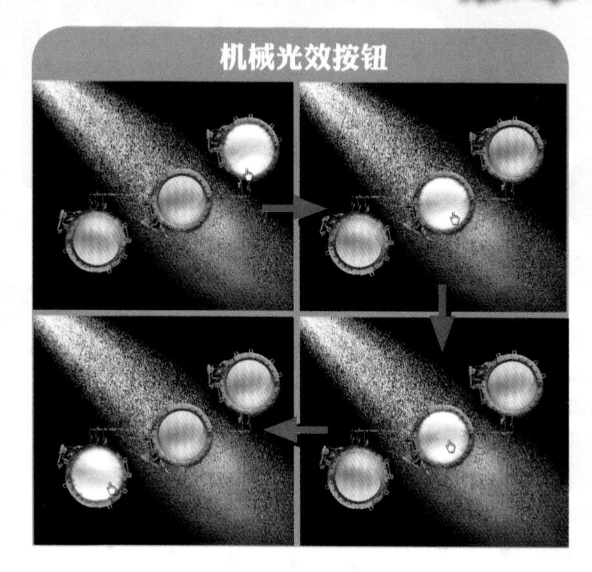
机械光效按钮

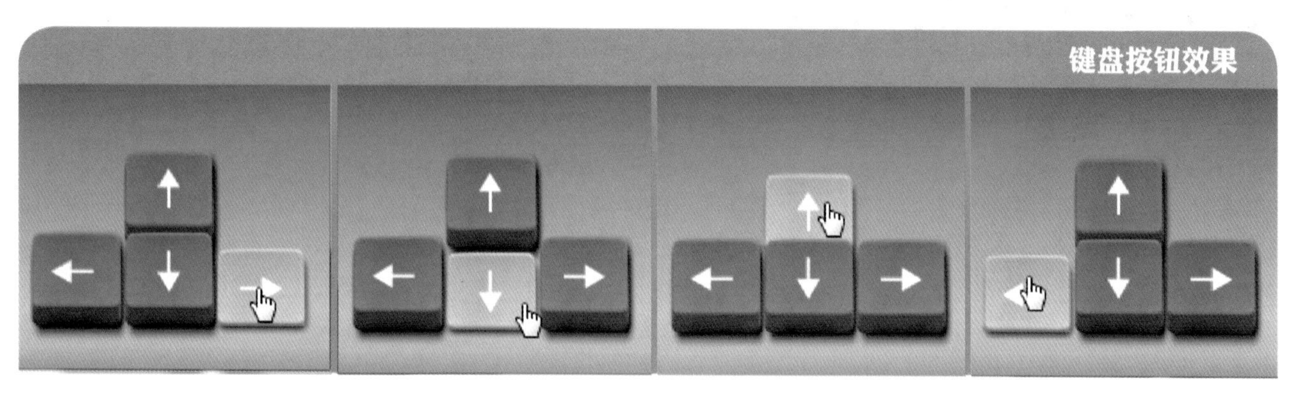
键盘按钮效果

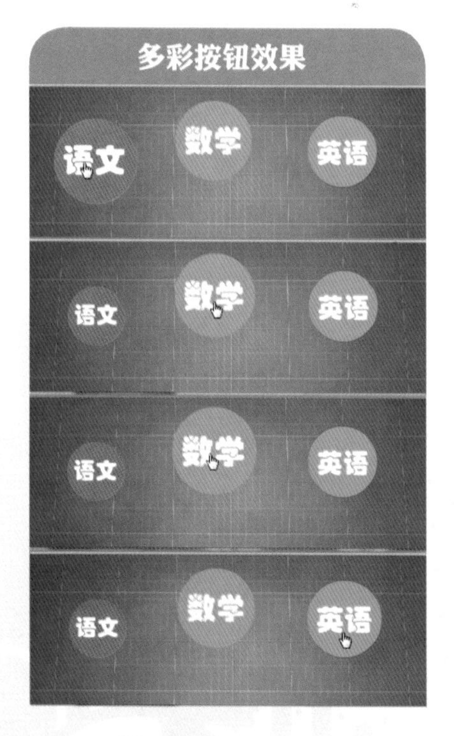
多彩按钮效果
语文
数学
英语

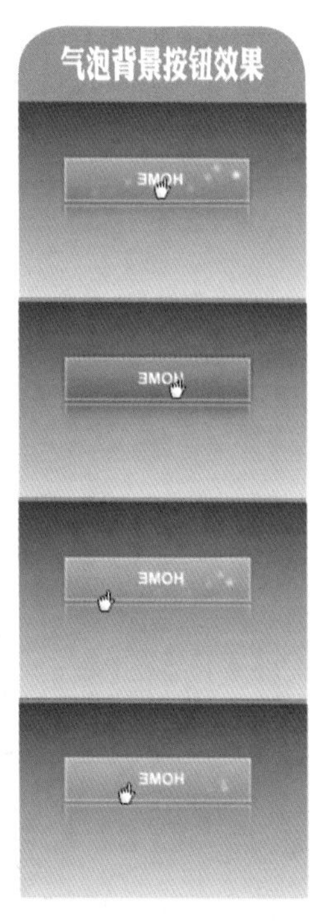
气泡背景按钮效果

光效划过按钮效果
Fantacy World

本书精彩案例赏析

“你点不到我”动画效果

彩色三角跟随鼠标效果

触碰即落下水滴的效果

文字滚动效果

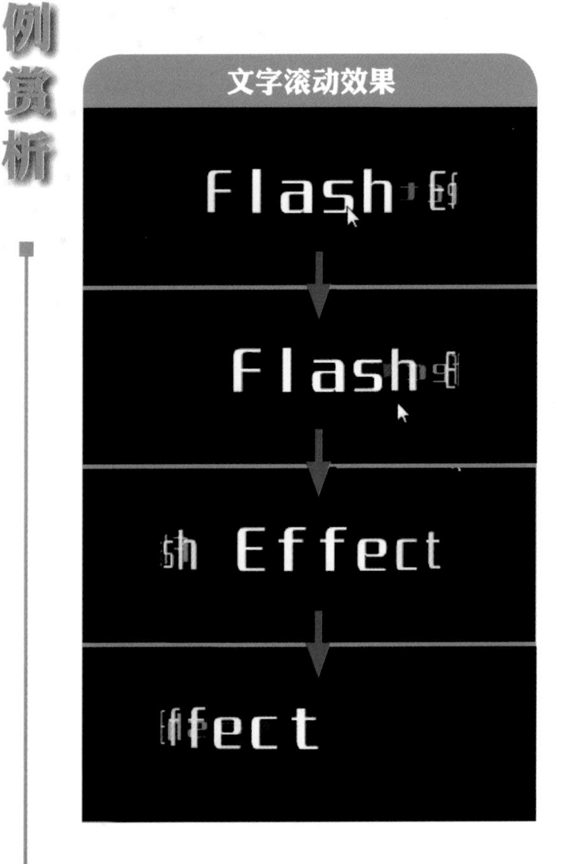

互动方块效果

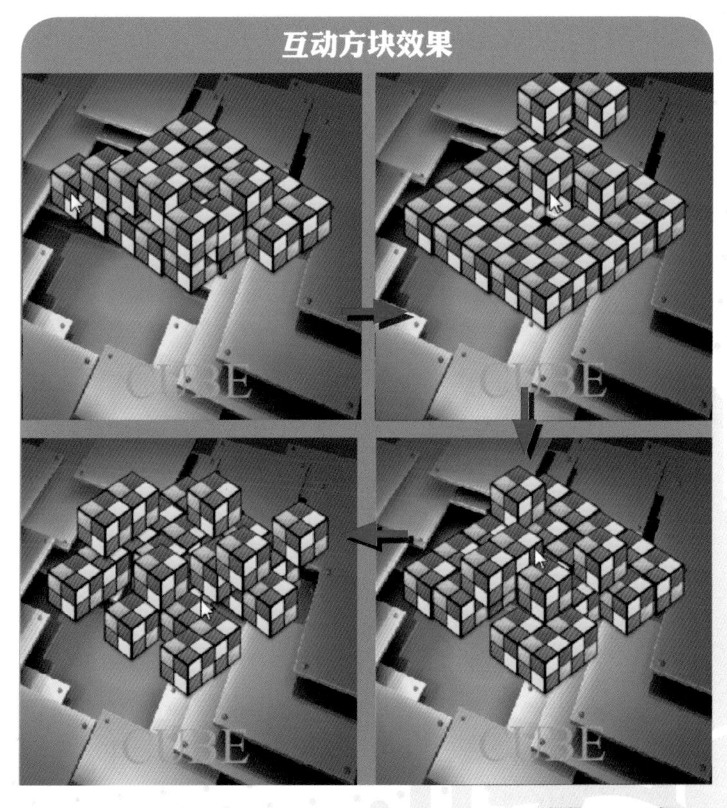

第10章

逐渐升高音效的按钮

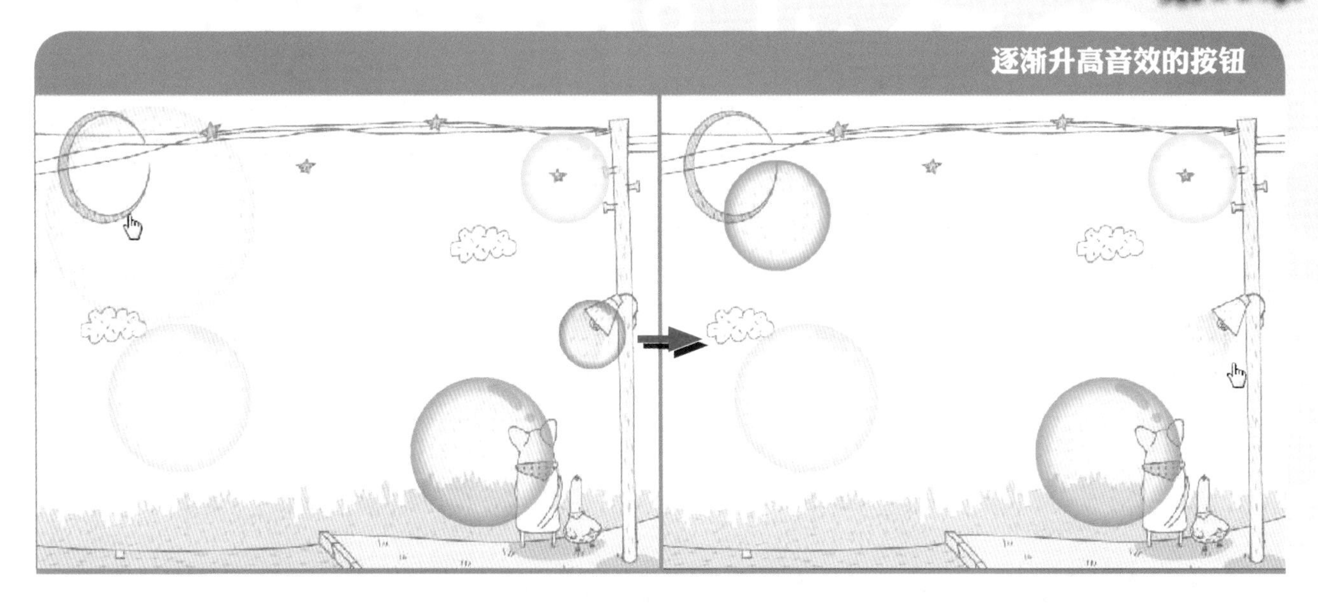

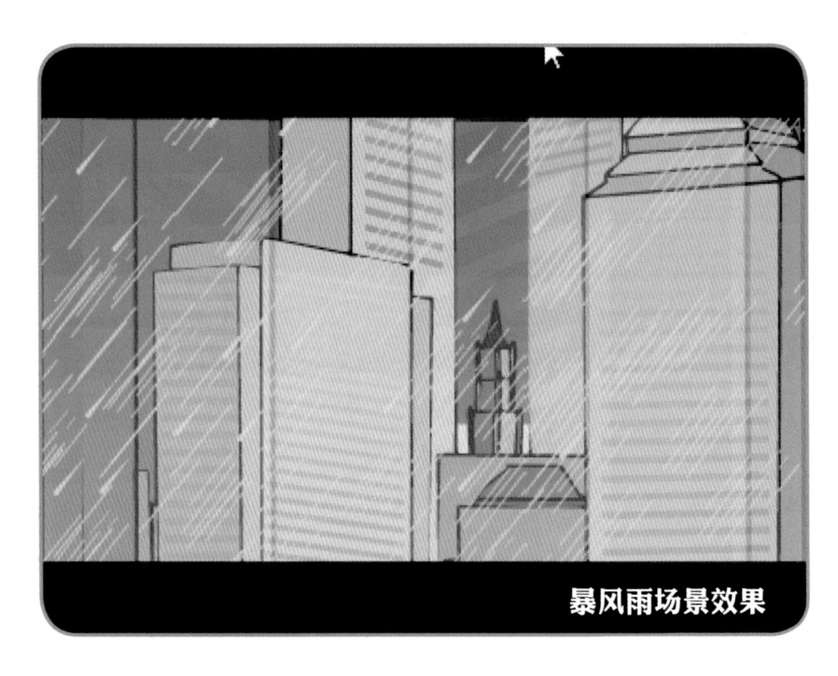

暴风雨场景效果

MP3音乐播放器

音阶音效效果

本书精彩案例赏析

街头涂鸦视频界面

世界杯视频播放界面

物体漂浮动画

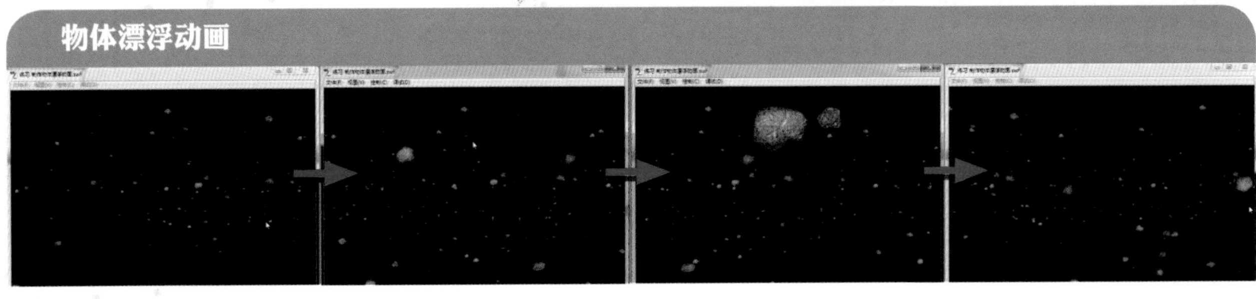

礼花效果

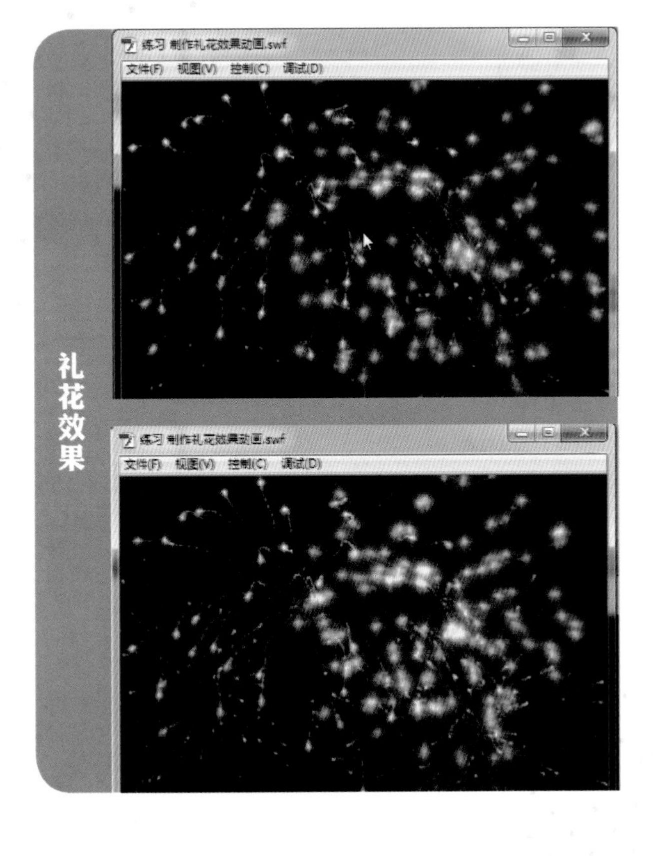

礼花效果

第12章

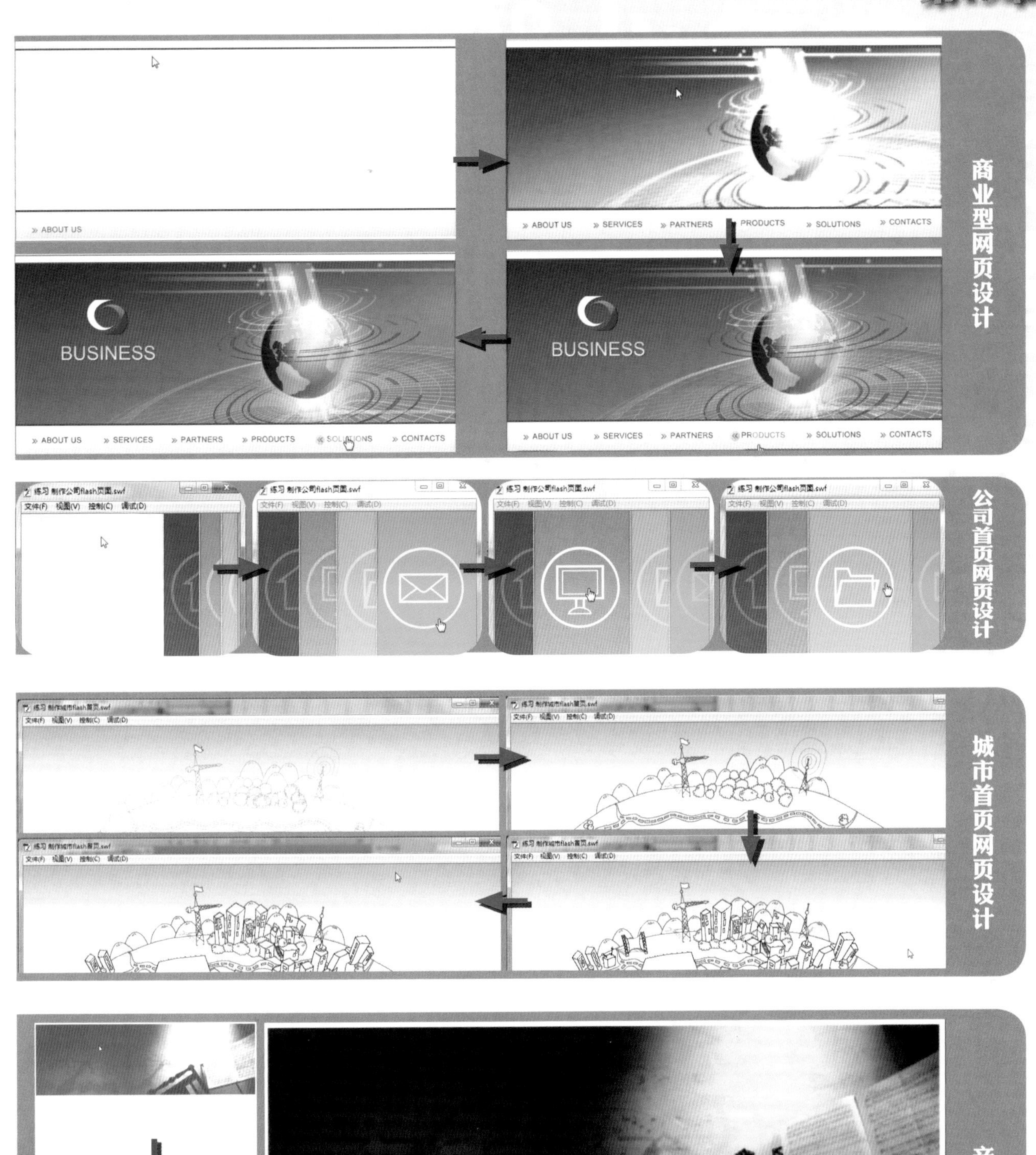

商业型网页设计
ABOUT US
SERVICES
PARTNERS
PRODUCTS
SOLUTIONS
CONTACTS
BUSINESS
公司首页网页设计
城市首页网页设计

音乐类网页设计
Home page
About us
Courses
Location
Contact us
Violin
Guitar
jazz
view programs

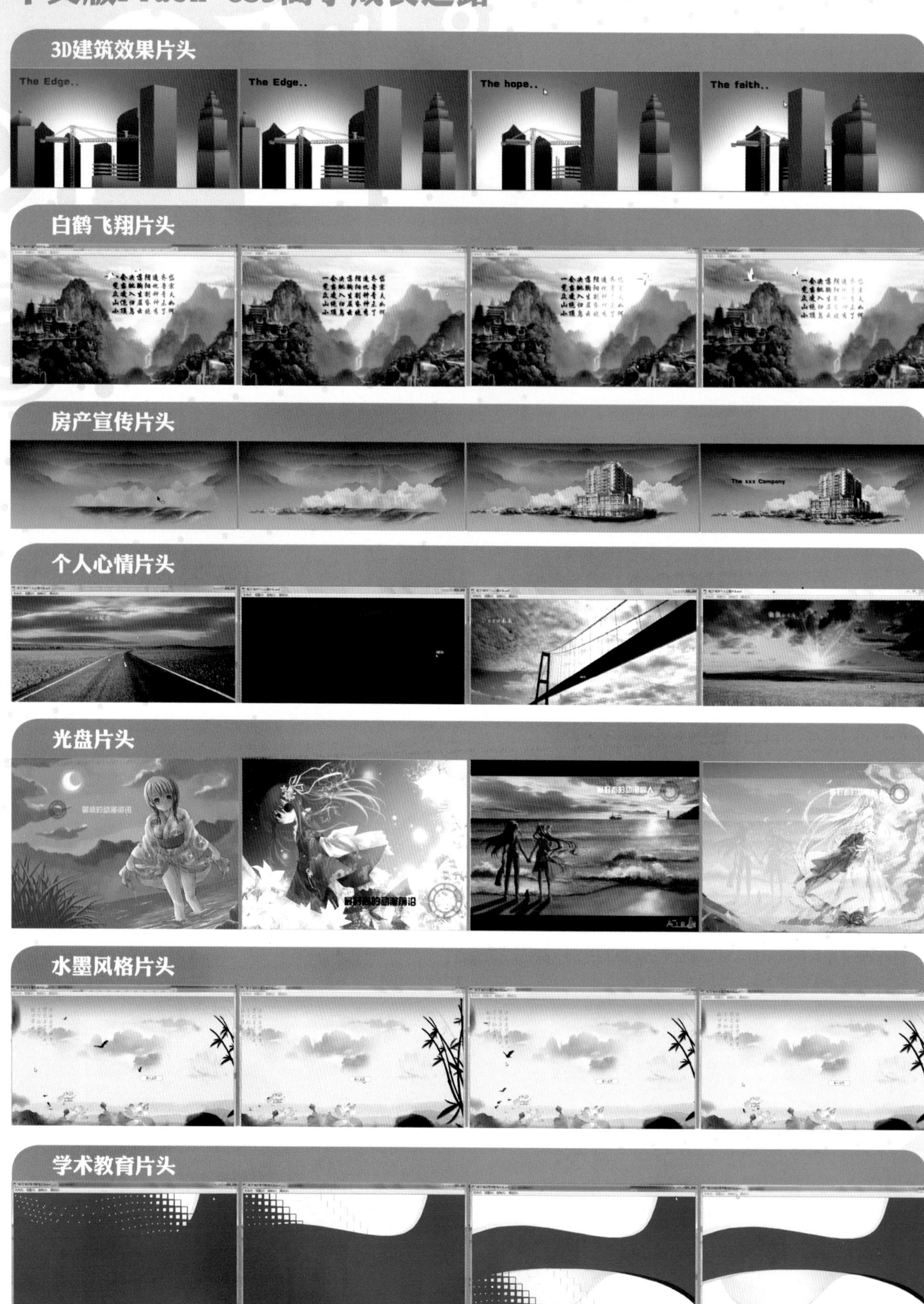

本书精彩案例赏析

第14章

感恩节贺卡

回忆贺卡

庆祝贺卡

圣诞贺卡

问候贺卡

本书精彩案例赏析

本书精彩案例赏析

枫叶飘落效果

真实下雪效果

烟花效果

百叶窗效果

随机花纹效果

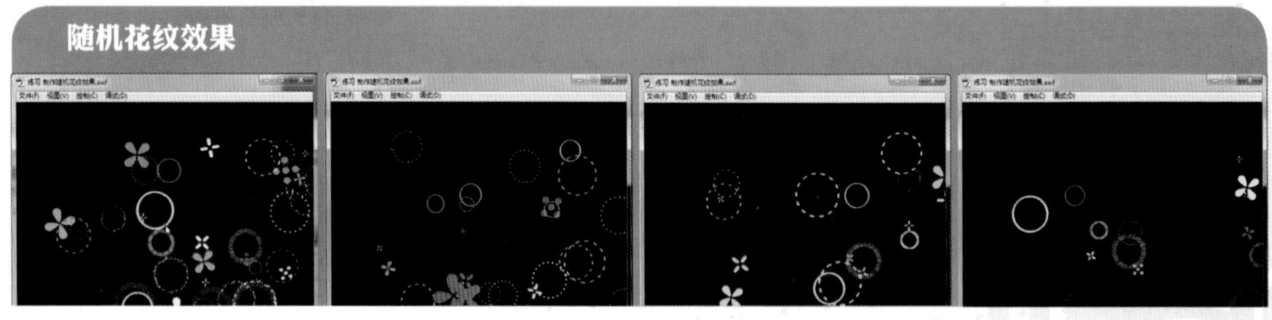

第16章

中文版

Flash CS5 高手成长之路

罗雅文 / 编著

清华大学出版社
北京

内 容 简 介

本书共分为16章，内容包括Flash的基本图形绘制、人物角色绘制、动画场景绘制、逐帧动画制作、运动动画制作、遮罩动画制作、文字特效动画、按钮特效动画、鼠标特效动画、特效应用、视频应用、网页设计、片头动画、贺卡制作、脚本应用等。全书对图形、场景的绘制方法和涉及动画的设置技巧等相关知识都进行了详细讲解。

本书非常适合初中级Flash用户使用，同时也可以作为高等学院相关专业的教材和辅导用书。

图书在版编目（CIP）数据

中文版Flash CS5高手成长之路/罗雅文编著．--北京：清华大学出版社，2012.10

ISBN 978-7-302-29363-7

Ⅰ．①中…　Ⅱ．①罗…　Ⅲ．①动画制作软件　Ⅳ．①TP391.41

中国版本图书馆CIP数据核字（2012）第158615号

责任编辑：陈绿春
封面设计：潘国文
责任校对：胡伟民
责任印制：何　芊

出版发行：清华大学出版社
　　网　　址：http://www.tup.com.cn，http://www.wqbook.com
　　地　　址：北京清华大学学研大厦A座　　**邮　　编**：100084
　　社 总 机：010-62770175　　**邮　　购**：010-62786544
　　投稿与读者服务：010-62776969，c-service@tup.tsinghua.edu.cn
　　质 量 反 馈：010-62772015，zhiliang@tup.tsinghua.edu.cn
印 刷 者：北京鑫丰华彩印有限公司
装 订 者：三河市溧源装订厂
经　　销：全国新华书店
开　　本：210mm×285mm　**印　张**：19.5　**插　页**：8　**字　　数**：650千字
（附光盘1张）
版　　次：2012年10月第1版　　**印　　次**：2012年10月第1次印刷
印　　数：1～5000
定　　价：79.00元

产品编号：040269-01

前言

在很多人眼里的Flash软件都是很狭义的，有的人认为是用来绘图的，有的人认为是制作动画的。其实Flash软件所涉及的领域很广，权威的解释是：Flash是一个创作工具，设计人员和开发人员可使用它来创建演示文稿、应用程序和其他允许用户交互的内容。Flash可以包含简单的动画、视频内容、演示文稿、应用程序及介于它们之间的任何内容。通常，使用Flash创作的各个内容单元称为“应用程序”，即使它们可能只是很简单的动画，您也可以通过添加图片、声音、视频和特殊效果，构建包含丰富媒体的Flash应用程序。

对于新手来说可能对上述的文字不能很好地理解，但相信在掌握了本书的内容后，可以再来回顾一下，相信会有深刻的体会。

本书内容丰富，结构清晰，讲解细致。下面简要介绍一下本书的章节构成。

第1章是Flash基础，主要介绍了Flash CS5的新功能和特征，以及动画播放机制等。

第2~4章介绍了在Flash中绘图功能的相关应用，分别讲解了基本图形，动画角色和动画场景的绘制方法。

第5~7章介绍了Flash的动画，分别为逐帧动画、运动动画、遮罩动画的制作方法。

第8章介绍了文字特效动画的制作方法和相关应用。

第9～10章介绍了如何制作按钮和鼠标特效动画。

第11～12章介绍了音效和视频应用的相关知识。

第13～15章介绍了如何利用前面学过的知识进行综合应用，分别制作网页、片头动画和贺卡。

第16章介绍了脚本应用的相关知识，帮助读者理解脚本知识并能熟练应用。

本书所有案例均由Flash CS5制作，建议读者使用相应版本的软件进行学习。

本书由罗雅文主笔，参加编写的还包括：黄钟凌、孔范相、丁梨梨、张露洋、姚英梅、雷宇、侯晓洋、刘广亮、杨洋、刘棚、杜利国、孔祥翔、姜明君、邹文昭、张德生、王珺、杨波、雷霆、姜富元、史良、刘峥嵘、曾诗章、费丽中、刘强、毕国徽、王小萌、周道华、谢钟双、伍淞平、许云芳、刘柯达、何键、宋丽、廖清逆、李红燕、黄小华、陈茜、何锐、何婷之、曾志强、曹贺全、李洪滔、刘裕成、聂飞、徐涧、姚磊、喻飞、黄强、曾磊和丁洁津等。

如果读者在阅读本书的过程中遇到任何与本书相关的技术问题请发邮件至76072975@qq.com，作者将衷心为您解答。

作者

目录

contents

第1章 Flash基础

第2章 基本图形绘制篇

第3章 角色绘制篇

第4章 场景绘制篇

第5章 逐帧动画篇

第6章 运动动画篇

第7章 遮罩动画篇

第8章 文字特效动画篇

第9章 按钮特效动画篇

第10章 鼠标特效动画篇

第11章 音效应用篇

第12章 视频应用篇

第13章　网页设计

第14章　片头动画篇

第15章　贺卡制作篇

第16章　脚本应用篇

第1章 Flash基础

本章是对Flash软件进行初步讲解，强烈建议读者亲自对本软件进行安装，并对照本章内容进行操作。本章将针对Flash运行机制和制作动画的思想进行讲解，书本内很多关于操作步骤的知识，请务必按照操作步骤进行以达到学以致用的目的，这一点在以后的内容中不再强调。

本章学习重点：

1. 了解Flash CS5的新功能。
2. 掌握Flash动画播放机制。
3. 图层和帧的综合应用。
4. Flash使用习惯。

1.1 Flash CS5新功能和特征

下面是对Flash CS5的一些新功能、新特性的介绍，可以简单了解一下，以后再做更加深入地研究。

1.1.1 XFL格式（Flash专业版）

XFL格式将变成现在.Fla项目的默认保存格式。XFL格式是XML结构的，从本质上讲，它是一个所有素材及项目文件，包括XML元数据信息为一体的压缩包。它也可以作为一个未压缩的目录结构，可以单独访问其中的单个元素（如：Photoshop使用其中的图片）。XFL格式，使软件之间的穿插协助更加容易。

1.1.2 本布局（Flash专业版）

Flash Player 10 已经增强了文本的处理能力，这样为Flash CS5在文字布局方面提供了机会。如果您是一个InDesign或Illustrator用户，已经比较熟悉链接式文本。现在在Flash里也可以使用了。在Flash CS5 Professional中已经在垂直文本、外国字符集、间距、缩进、列及优质打印等方面，都有所提升。提升后的文本布局，可以轻松控制打印质量及排版文本。

1.1.3 码片段库（Flash专业版）

以前只有在专业编程的IDE中才会出现的代码片段库，现在也出现在Flash CS5，这也是Flash CS5的突破，在之前的版本都没有。Flash CS5代码库可以让您方便地通过导入和导出功能，管理代码。代码片段库，可以让Actionscript的学习更快，为项目带来更大的创造力。

1.1.4 与Flash Builder完美集成

Flash CS5可以轻松与Flash Builder进行完美集成。可以在Flash中完成创意，在Flash Builder中完成Actionscript的编码。如果选择Flash还可以创建一个Flash Builder项目。让Flash Builder作为最专业的Flash Actionscript编辑器。

1.1.5 与Flash Catalyst完美集成

Flash Catalyst CS5已经到来，Flash Catalyst可以将团队中的设计及开发快速串联起来。自然Flash可以与Flash Catalyst完美集成。Photoshop、Illustrator、Fireworks的文件，可以在无需编写代码的情况下，即可完成互动项目。结合Flash让项目更传神。

1.1.6 Flash Player 10.1无处不在

Flash Player已经进入了多种设备，已不在停留在台式机和笔记本上，现在上网本、智能手机及数字电视，都安装了Flash Player。作为一个Flash开发人员，无需为每个不同规格设备重新编译，即可让作品部署到多种设备上。Flash表现出强大的优势。

1.2 Flash动画播放机制

Flash软件很好地利用了人的视觉延迟特点，利用了翻书动画的原理而设计出了帧结构的播放模式。为了更形象地理解关于播放机制的内容，可以启动Flash CS5软件，执行【文件】→【新建】命令，如图1-1所示。

在打开的【新建文档】对话框中选择【ActionScript 3.0】选项后单击“确定”按钮，这样便新建了一个空白的Flash文档，如图1-2所示。

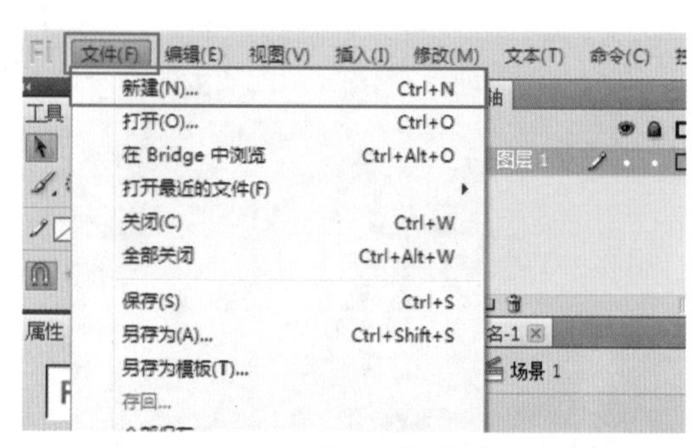

图1-1 【文件】菜单

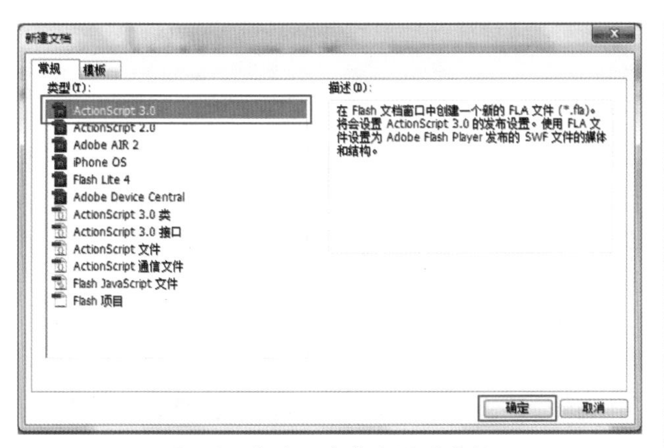

图 1-2 新建一个空白Flash文档

可以在软件界面中看到【时间轴】面板，如图1-3所示。

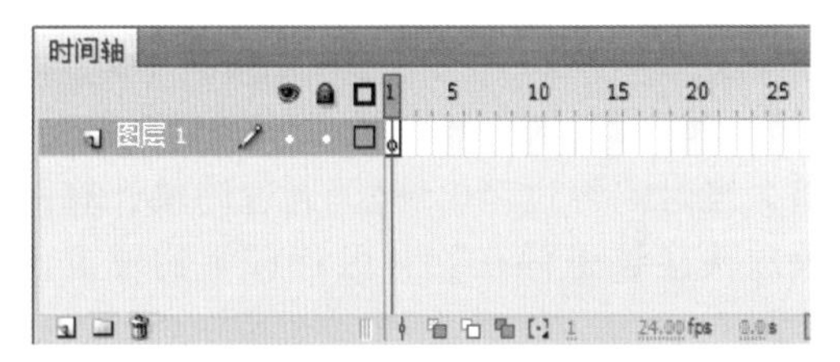

图1-3 “时间轴”面板

关于时间轴，在学习制作动画之前，必须要掌握图层和帧的概念。

1.2.1 图层

图层为动画制作提供了层次感，可以把图层想象成一张张透明的胶片，处于上面的图层始终是盖在下面的图层上方，假设有3个图层，如图1-4所示。

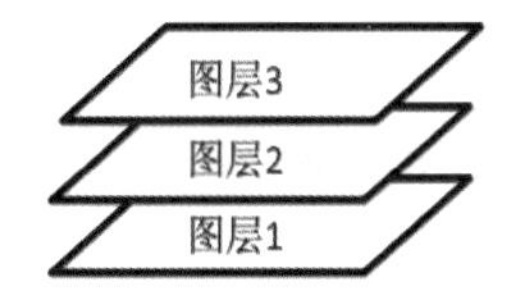

图1-4 假设存在的图层

如果把图层3染成完全不透明的任何一种颜色，那么无论图层1和图层2上面有什么内容都无法显示出来，关于这点如果觉得比较抽象，可以把图层替换成胶片来想象，这是在动画制作上的一个很重要概念。

关于图层，可以进行以下操作。

1. 新建图层

“新建图层”按钮在“时间轴”面板的位置如图1-5所示。

单击“新建图层”按钮后，即可在当前选中的图层（蓝色高亮状态即为选中状态）上面建立一个图层。此操作后如图1-6所示。

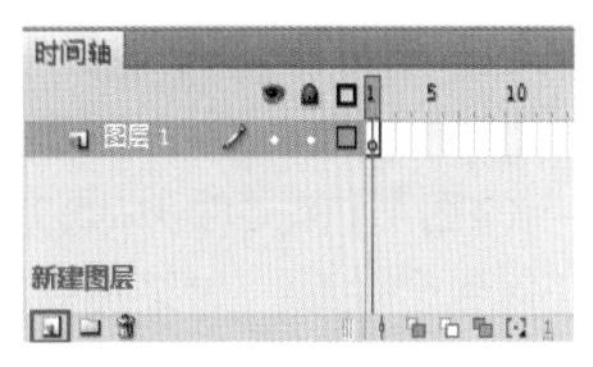

图1-5 新建图层按钮

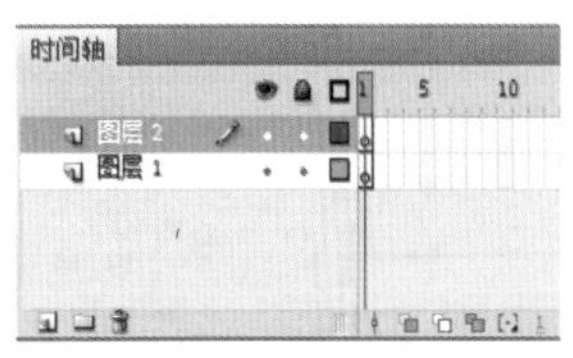

图1-6 新建一个图层后

正常情况下，新建的Flash文档默认下只有一个图层，并且默认命名为“图层1”。每当新建一个图层后，默认是以当前图层序号上加1的样式进行命名的。如果需要对图层名称进行修改，可以在需要修改名称的图层上单击右键，在弹出的菜单里选择【属性】选项，弹出【图层属性】对话框，在【名称】文本框内输入需要修改的图层名称，单击【确认】按钮即可。也可以直接双击图层名称，待图层名称变成可修改状态时，即可直接输入图层名称，如图1-7所示。

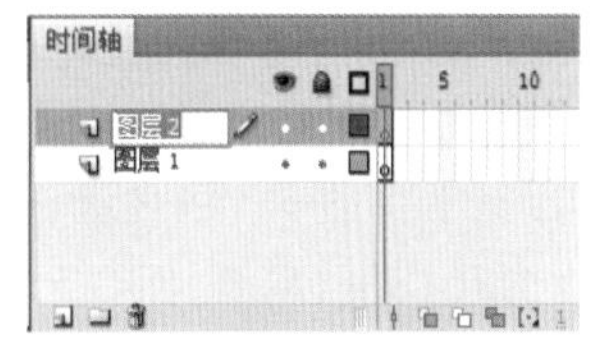

图1-7 修改图层名称

拥有良好的图层命名习惯是Flash动画制作的基础。一个结构良好的动画，应该把动画的不同部分安置在合理的图层上，并且有着相应的图层名称作标识。假如有一个图层内管理着一个“小兔子”的跳动，那么给该图层命名为“兔子跳动”就非常合理了。关于图层命名良好习惯的培养，待读者亲自制作一个大型动画就能理解到其中的方便之处了。

2. 新建文件夹

这里所提到的新建文件夹指的是图层里的命令，其功能与计算机中普遍意义的文件夹功能类似，这里的文件夹是用来集中管理各类图层的。此操作过程与新建图层类似，单击“新建图层文件夹”按钮后，会在当前选中的图层或文件夹的上方建立一个文件夹，如图1-8所示。

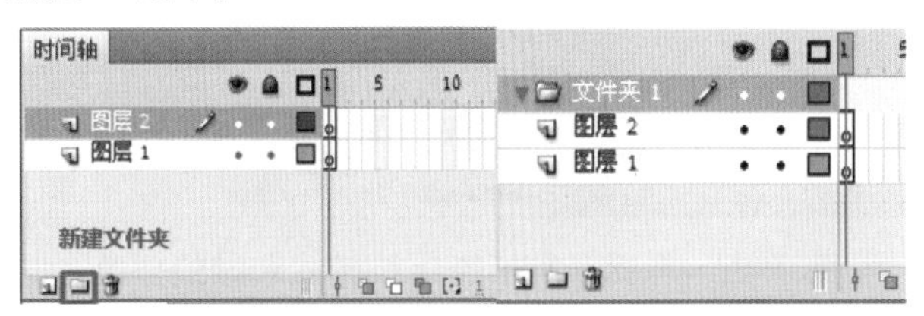

图1-8 新建文件夹按钮与单击该按钮后的效果

关于文件夹的命名修改，可以参考图层的命名修改方法。

如图1-8所示的图层1和文件夹1此时的状态是并列关系，而没有任何包含关系。如果想要将图层1放到文件夹1内，可以进行拖曳操作。单击图层1并单击拖曳到文件夹1的下方时，会出现如图1-9和图1-10所示的两种情形。

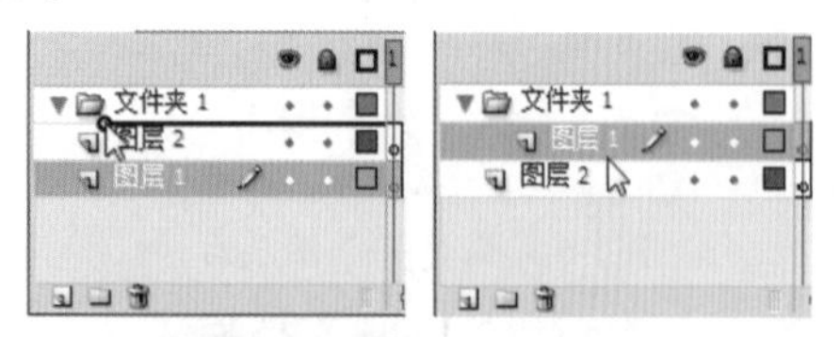

图1-9　拖曳图层1到文件夹1下方并且鼠标处于文件夹1图标的右侧及释放鼠标后的效果

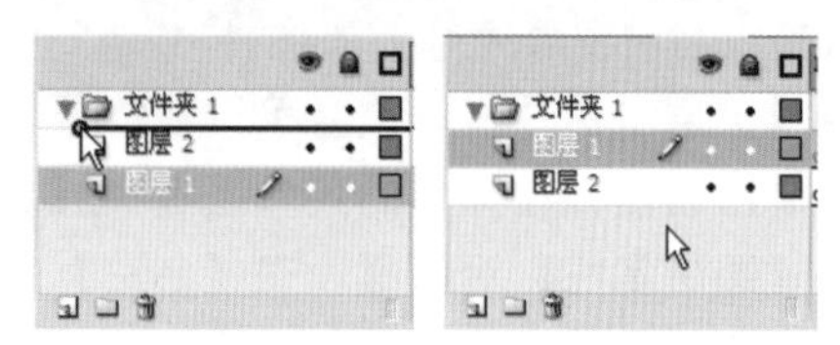

图1-10　拖曳图层1到文件夹1下方并且鼠标处于文件夹1图标的左侧及释放鼠标后的效果

由图1-9可以看出，当拖曳图层1到文件夹1下方、鼠标处于文件夹1图标的右侧时，释放鼠标后，图层1处于文件夹1下方并且向右缩进了一个图标的距离，这说明图层1此时已经被文件夹1包含进去了。而图1-10的操作结果并没有把图层1放置进文件夹1，而只是放置在图层2的上方。 这是图层之间交换层叠顺序的操作，需要自行操作以体会之间的区别。

3．删除

删除操作能够删除图层和文件夹。单击该按钮后，将会对高亮选中状态下的图层或文件夹进行删除。删除图层将会把图层内的所有内容删除，删除文件夹将会把文件夹内的所有内容，包括包含的图层全部删除。注意在删除文件夹时，如果文件夹下不是空的，则会顾及到里面是否含有不必要删除的内容，而弹出“是否删除”的警告对话框，仔细考虑后再作决定吧，如图1-11所示。

图1-11　删除按钮

1.2.2　帧

关于帧，需要了解帧的播放模式和帧的类型，这两个概念。

帧是动画的基元，正如时间轴上的分布，可以把动画想象成一个二维平面，由不同的图层层叠而构成Y轴，由帧构成X轴，而时间是在帧上，即X轴上流淌，并且流淌的脚步是放在帧上的，这个脚步称之为“播放头”。这里便要引入帧频（Frame per Second）这个概念，帧频是每秒播放帧的个数，间接表示了动画的播放速率，在这里可以看作是时间在X轴上的流淌速度。例如，播放头当前停留在第1帧，即时间还没有开始流淌的状态，帧频为24帧/每秒。如图1-12所示。

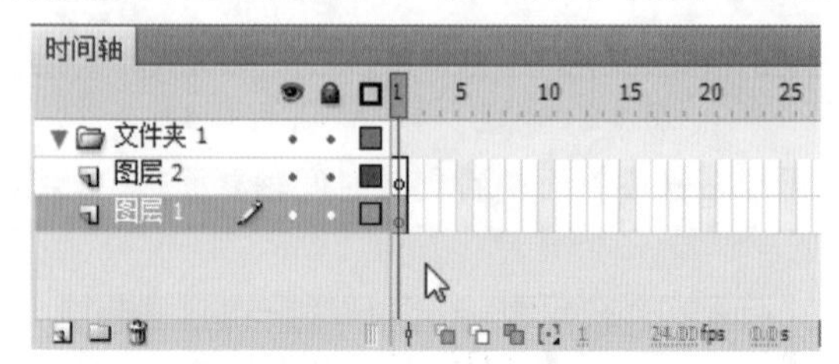

图1-12　播放头停留在第1帧的位置

那么当时间经过了0.5秒，通过简单计算即可知道，播放头应该是停在24×0.5=12帧的位置，如图1-13所示。

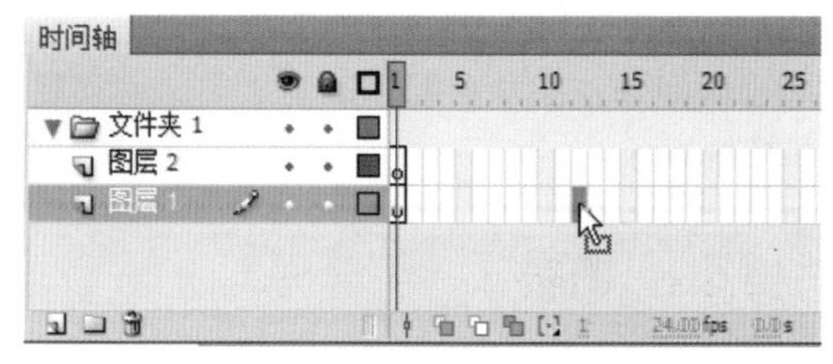

图1-13　经过0.5秒后播放头停留的位置

总之，我们需要了解的是，真正的动画播放，不是日常所看到的简单运动，而是像播放唱片一样，播放头在哪帧，显示的就是那帧上的内容。

1.2.3　帧的类型

总体来说，帧分为3种类型：普通帧、关键帧、空白关键帧。

普通帧是最普遍的一种帧，普通帧上面不能放置内容，它表示的是一种“时间蔓延到了这里”或是“播放头能播放到这里”的意思。对于动画来说，起到了延续时间的作用。

关键帧是动画的基本构成，关键帧上面能放置内容，当播放头播放到某一关键帧上时，将会显示该帧上的所有内容，一般的动画都是建立在两个关键帧之间的。

空白关键帧是不包含任何内容的关键帧，它可以进行对象的放置操作，但是如果保持为空白状态的话，当播放头播放到该空白关键帧上的时候，将不会显示任何内容。如图1-14所示。

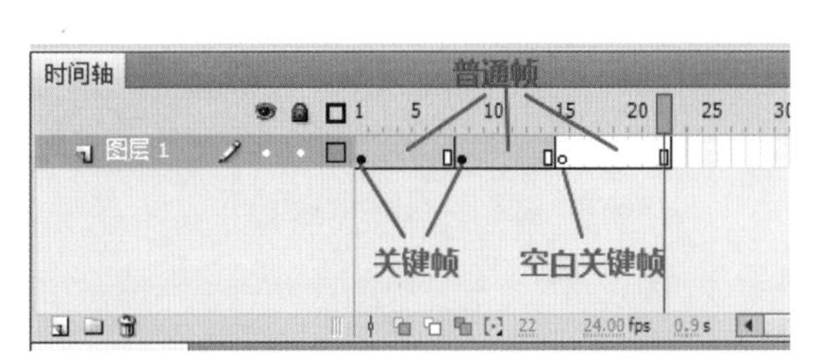

图1-14 普通帧、关键帧、空白关键帧

为了更加深刻地理解上面的内容，下面以一个综合的例子对上述知识进行讲解，目前只需要按照示例的步骤进行操作即可，对于不明白的地方暂时不需要详细了解。

1.3 图层和帧的综合应用

1．运行Flash CS5软件，执行【文件】→【新建】命令，将会弹出【新建文档】对话框。

2．在【新建文档】对话框的“常规”选项卡中选择ActionScript 3.0选项，并单击“确定”按钮以新建一个空白Flash文档。

3．单击工具栏内的【文本工具】T，在舞台的白色区域上单击，输入“这是我的”文字。

4．单击工具栏内的【选择工具】，单击选择刚才输入的文字，在“属性”面板内调整参数，如图1-15所示。

图1-15 文字属性调整

5．在图层1的时间轴上第5帧单击右键，在弹出的菜单中选择【插入空白关键帧】选项，操作后如图1-16所示。

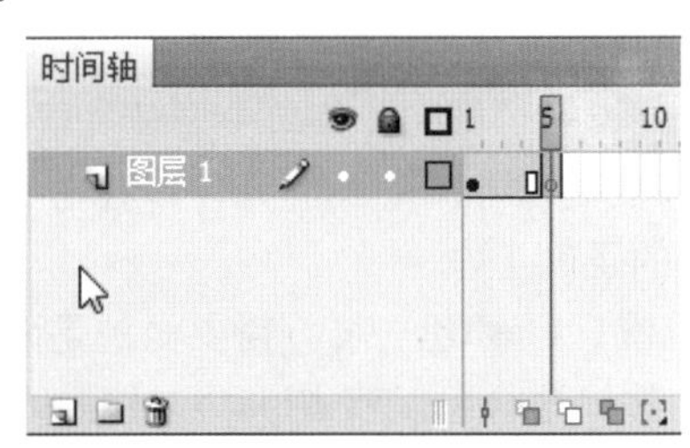
图1-16 插入空白关键帧后

6．按照第3步的操作，在舞台的空白区域输入“第一个FLASH作品”文字。并在第10帧处单击右键，在弹出的菜单中选择【插入帧】选项，该操作后如图1-17所示。

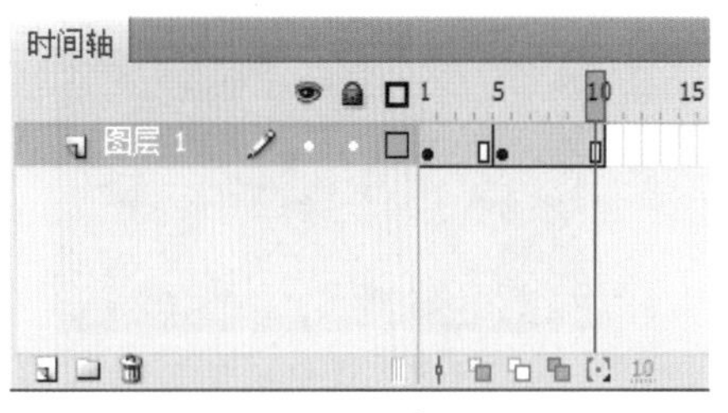
图1-17 插入普通帧后

7．单击时间轴内的【新建图层】按钮，将会在图层1的上方新建出一个名为“图层2”的图层。拖曳图层2至图层1的下方，如图1-18所示。

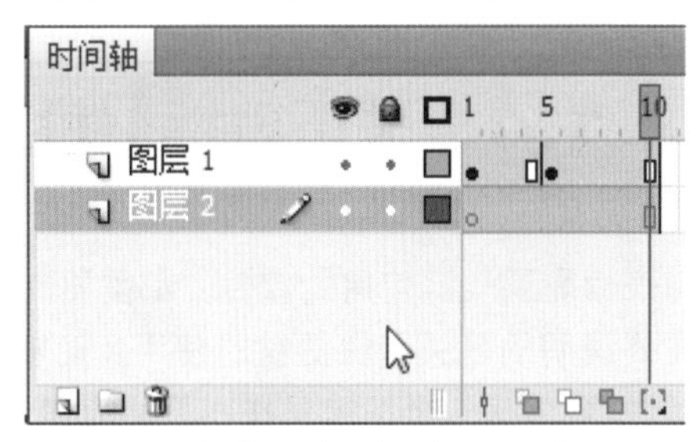
图1-18 新建图层2并拖曳到图层1下方

8．单击图层2的第1帧，再单击工具栏内的【矩形工具】，在“属性”面板内进行颜色调节，颜色选择如图1-19所示。

图1-19 选择矩形填充颜色

9．在舞台上使用【矩形工具】绘制出一个能够占满整个舞台区域的矩形，并在图层2的第5帧单击右键，在弹出的菜单中选择【插入关键帧】选项。操作后如图1-20所示。

图1-20　在图层2的第5帧插入关键帧

10．单击工具栏内的【选择工具】，双击舞台内的矩形区域，使矩形区域变成如图1-21所示状态，表示整个矩形（包括线条）都被选中。

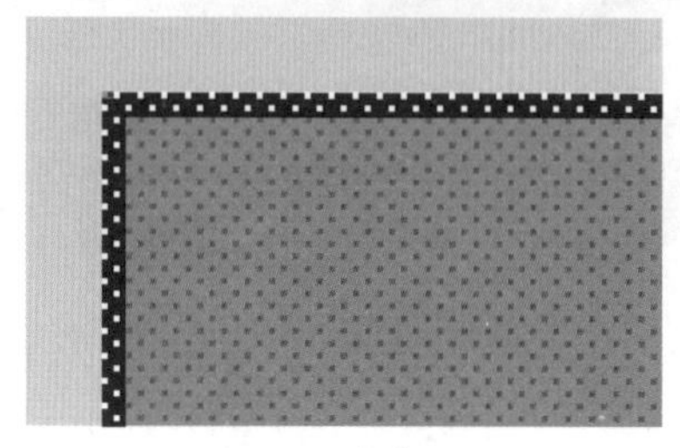

图1-21　选中矩形

11．在“属性”面板内，将颜色更改为如图1-22所示的状态。

图1-22　更改矩形的颜色

12．执行【文件】→【保存】命令，并在弹出的【另存为】对话框中输入要保存的文件名：effect1 图层和帧的综合应用。单击【保存】按钮以完成保存操作。

13．按快捷键Ctrl+Enter测试影片即可看到制作效果，效果为不同的文字和不同颜色的背景交替播放。

本范例使用了图层和帧的相关知识，并结合了一些工具的使用。第一次能否做出正确的效果并不重要，重要的是必须尽快建立起图层和帧的播放模式概念，这对以后的学习会有很大帮助。

1.4　关于Flash使用习惯的建议

任何一款需要长期使用的软件，都需要有一个良好的使用习惯。

首先要说明的是关于快捷键的使用。能够熟练地使用快捷键进行Flash设计制作，将会比使用鼠标操作快上2倍以上，如果存在一个按键只按一下便能实现插入关键帧的功能，这完美地代替了在想要插入关键帧的地方单击右键再选择【插入关键帧】选项，何况这个按键的确是存在的。在后续的章节中，初期会对某些操作的快捷键进行描述，后期将会随着章节的增加而逐渐减少，希望读者在学习的过程中累积这些相关的知识。

其次要强调的是命名的重要性，这涉及到元件和图层的命名，及元件的实例名称命名，良好的命名习惯，会大大提高动画的制作效率，这好处尤其体现在大量元件嵌套或包含大量图层的动画中。在创建元件或图层时，便要考虑好一个合理的命名。如果相类似的图层或元件过多，也可以考虑为不同的分类添加前缀以示区分。

制作动画时各个图层和元件的层叠顺序，也是一个需要谨慎的问题。不同的图层之间，层级越高的图层将会无条件地显示在所有在它层级下面的图层之上。同一图层中也存在一个不可见的层叠顺序，后放置的元件一般都处于之前元件的上面，这个顺序可以通过选择想要修改层级的元件，在“排列”菜单中调节其层级顺序。

再要提到的一点就是关于补间动画的使用习惯，尽量保持每个需要制作补间动画的元件单独占一个图层，不要把其他的元件混杂在这个图层中，这样可以尽可能保证补间动画的正确工作。

最后请注意，任何软件也难以避免出现异常而导致程序崩溃的情况，Flash也一样，需要做的是随时保存所做的工作，以防止难以预料的问题。删除没有用到的图层和库中的元件，这样可以节省Flash文件的体积,提高操作流畅度。

第2章

基本图形绘制篇

本章主要介绍一些简单的绘制技巧，并且在案例讲解过程中对内置的绘图工具进行详细介绍。绘图和编辑图形不但是创作Flash动画的基本功，也是进行多媒体创作的主要技能。只有基本功扎实，才能在以后的学习和创作道路上一帆风顺。使用Flash绘图和编辑图形是Flash动画创作的三大基本功之一。在绘图的过程中要学习怎样使用元件来组织图形元素，这也是Flash动画的一大特点。能够灵活使用各种绘图工具，即使读者没有美术功底，也能够很轻松地绘制出想要的东西。

本章学习重点：

1. 选择工具的使用技巧。
2. 创建新元件的操作方法。
3. 填充颜色的操作方法。
4. 绘制工具的使用技巧。
5. 元件的复制粘贴操作。

2.1 卡通太阳

“卡通太阳”案例最终效果如图2-1所示。

图2-1 案例最终效果

01 执行【文件】→【新建】命令，在打开的【新建文档】对话框中选择【Flash文件（ActionScript 3.0）】选项后，单击“确定”按钮（新建Flash文档的快捷键为Ctrl＋N）。

02 执行【插入】→【新建元件】命令，之后将弹出【创建新元件】对话框，在“名称”文本框内输入“太阳”，类型选择【图形】，并单击“确定”按钮以创建一个元件名为“太阳”的新元件，如图2-2所示。

图2-2 新建图形元件

03 选择【矩形工具】，单击该按钮不放1秒左右便会从该按钮处弹出下拉列表，从列表内选择【椭圆工具】，如图2-3所示。

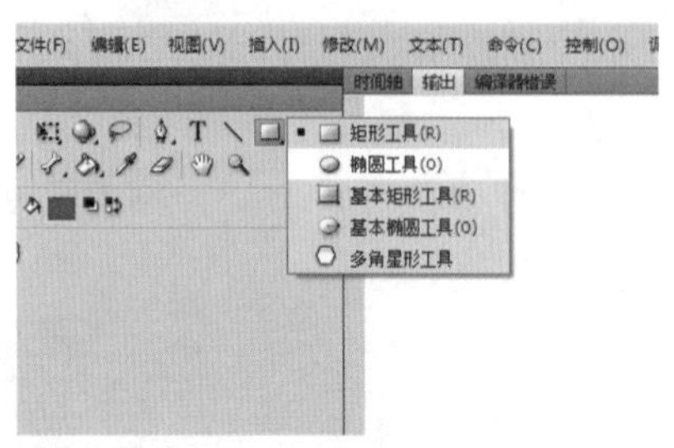

图2-3 选择椭圆工具

技巧提示：

工具栏内有一些工具像“矩形工具”一样，图标的右下角有小三角形，说明有与该工具性质或功能相似的工具包含在该按钮内。例如，【矩形工具】按钮内就包含了【椭圆工具】、【基本矩形工具】、【基本椭圆工具】、【多角星形工具】。想要使用这些隐藏起来的工具，只需要按住隐藏该工具的按钮直到弹出下拉列表，即可进行选择。

04 将“颜色”面板内的数据修改，如图2-4所示。

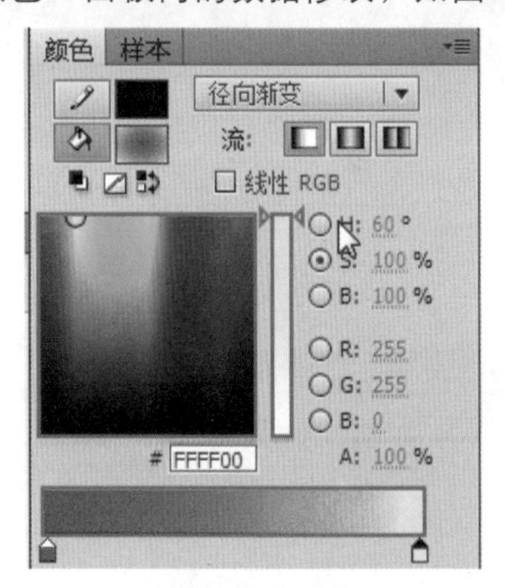

图2-4 颜色面板

技巧提示：

关于“颜色”面板内的数据调节，需要掌握线条或填充颜色的种类，具体包括如下。

1.无：即不使用颜色进行填充，当线条使用“无”时表示不使用线条，填充使用“无”时表示不使用填充。

2.纯色：即使用某一种单色，不会有任何渐变效果。

3.线性渐变：表示所使用到的颜色按照一条直线进行排列。

4.径向渐变：表示所使用到的颜色从圆心向外扩散，如图2-5所示。

5.位图填充：使用特定的位图进行填充，暂时不需要掌握。

对于渐变调节，当鼠标放在最下方的颜色条框下方时呈现状态时，即可添加颜色渐变点，添加颜色渐变点可以绘制出更加复杂的颜色渐变。可以按住Ctrl键再次点击颜色点以删除不需要的颜色渐变点。在有渐变的情况下，最少需要有两个颜色渐变点。

05 下面需要绘制一个正圆，按住Shift键便可以在舞台上绘制一个正圆，如图2-5所示。

图2-5 绘制一个正圆

06 单击工具栏内的【选择工具】 （或按V键），双击圆形的外围线条以全选线条。

技巧提示：

【选择工具】是Flash设计里最常用的工具。在Flash里，鼠标必须有一个状态，即必须使用工具栏里的一个工具，而默认软件开启时使用的工具便是【选择工具】。【选择工具】的作用很广，可以选择线条、填充、帧、元件、补间等，并且可以对选中的对象进行移动和变形等操作。【选择工具】的样式在不同的情况下会显示出不同的样子，记住这些情况会更加方便选择想要选中的对象，对于有线条和填充的几何形状，【选择工具】在不同的区域可呈现以下几种情况：

放置在空白区域的样式

放置在线条上的样式

放置在填充上的样式

07 全选线条后，在属性面板内将笔触粗细改为4像素。执行【修改】→【形状】→【将线条转换为填充】命令。此时在使用【选择工具】的前提下，将鼠标放置在线条的外边缘，当鼠标指针呈现如图2-6所示的状态时，向外面拖曳鼠标。

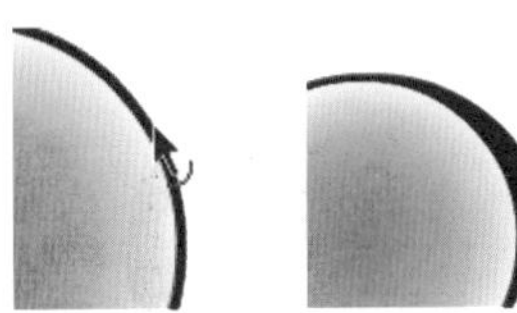

图2-6 鼠标放置在线条上并拖曳鼠标后的效果

08 按照这个方法，将外轮廓调节成无规律的形状，也可以将内轮廓调整一下，如图2-7所示。

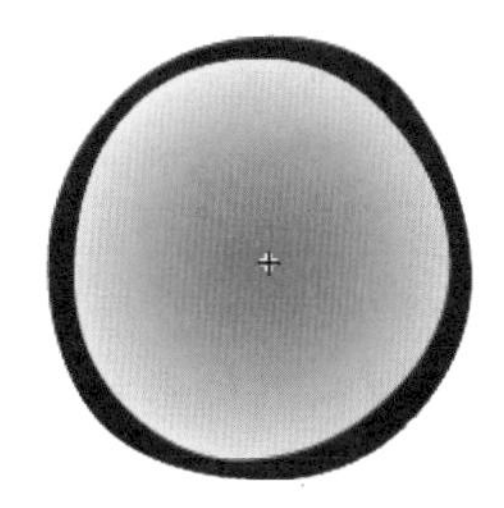

图2-7 调节内外轮廓

09 新建一个图层，在工具栏内选择【刷子工具】，在笔刷大小处选择一个合适的大小，颜色为黑色。在舞台上绘制一个墨镜的图形。修改笔触大小，选择笔触颜色为白色，再为墨镜绘制高光效果，如图2-8所示。

图2-8 墨镜和绘制高光后的效果

10 使用“选择工具”框选墨镜，移动到圆形上方的合适位置，如图2-9所示。

图2-9 将墨镜放置到合适的位置

11 在工具栏内选择【刷子工具】，选择橙黄色和一个合适大小的笔触，在太阳的周围绘制线条，模拟光芒效果，如图2-10所示。

12 执行【窗口】→【库】命令，将会在右侧看到“库”面板。在库里能看到一个名称为“太阳”的元件，这便是刚才所绘制的元件。单击该元件并将其拖曳到舞台上的中央，对其进行保存，并按快捷键Ctrl + Enter测试影片。

图2-10 绘制完成后的效果

2.2 爱心

“爱心”案例最终效果，如图2-11所示。

图2-11 案例最终效果

01 新建一个空白Flash文档，以文件名为“绘制爱心”保存本文件。

02 执行【插入】→【新建元件】命令，之后将弹出【创建新元件】对话框，在名称文本框内输入“太阳”，类型选择【图形】，并单击“确定”按钮，以创建一个元件名为“爱心”的新元件。观察时间轴下方的显示，如图2-12所示则表示已经进入了名为“爱心”的元件内部，在这个情况下所看到的舞台部分，是属于“爱心”这个元件的范围。

图2-12 主场景和元件的关系

03 在工具栏内选择【椭圆工具】（隐藏在【矩形工具】选项内，长按该按钮1秒左右，即可在下拉列表中选择【椭圆工具】），在“属性”面板内设置线条粗细为10像素，颜色为黑色，填充颜色为红色。按住Shift键并在舞台上绘制出一个正圆，按住Alt键的同时，使用【选择工具】在正圆的正上方向下拖曳，效果如图2-13所示。

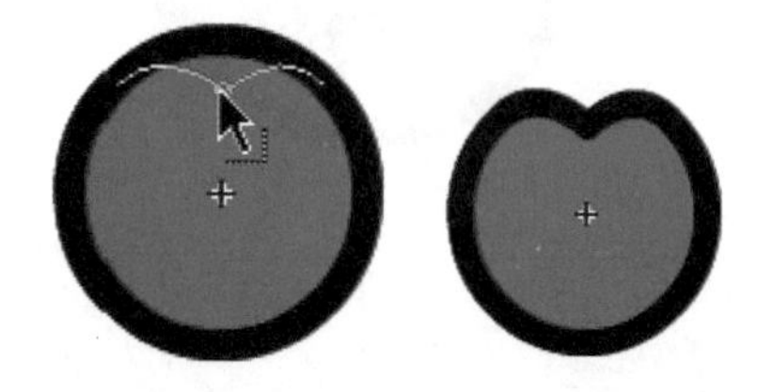

图2-13 拖曳正圆的边缘及拖曳后的效果

04 用同样的方法在图形的正下方向下拖曳，并对其他部位进行细微调节，得到如图2-14所示的效果。

图2-14 调整后的爱心的形状

05 新建一个图层，选择工具栏内的【椭圆工具】，将颜色设置为白色并设置图形无线条，在爱心的两侧绘制两个圆形，效果如图2-15所示。

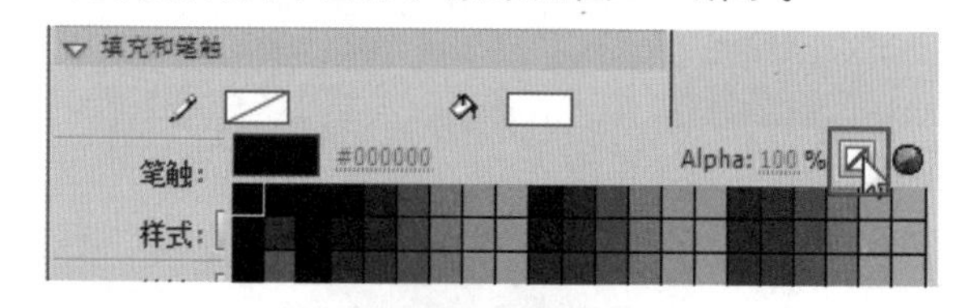

图2-15 取消线条及在爱心上绘制两个圆形

06 使用【选择工具】的改变形状的功能，将两个圆形更改成合适的形状，形成爱心的高光效果，如图2-16所示。

图2-16 设置爱心的高光效果

07 返回到场景1，将爱心元件从库里拖曳到舞台上，选择工具栏内的【任意变形工具】，并选中拖曳到舞台上的爱心元件，此时在元件的周围出现了一个包含6个调节柄的方框。拖曳任意一个调节柄，即可对元件进行缩放或旋转的操作。重复以上步骤，重复拖曳出一些爱心元件放置在舞台上，并旋转或缩放，最终效果如图2-17所示。

图2-17 绘制完成后进行排布

技巧：

【任意变形工具】是Flash里用来对元件进行缩放或旋转的工具，对于使用了【任意变形工具】而出现的6个调节柄的元件来说，处于角点上的4个调节柄较为特殊。当鼠标放在调节柄上显示为↻时，则表示可以进行旋转操作；当显示为⤢或⟷时，则表示可以进行相应方向的拉伸操作；当显示为⇆时，则表示可以进行相应方向的斜切操作。至于这几种情况，可以通过本案例进行各种不同的尝试。

2.3 手机

“手机”案例最终效果，如图2-18所示。

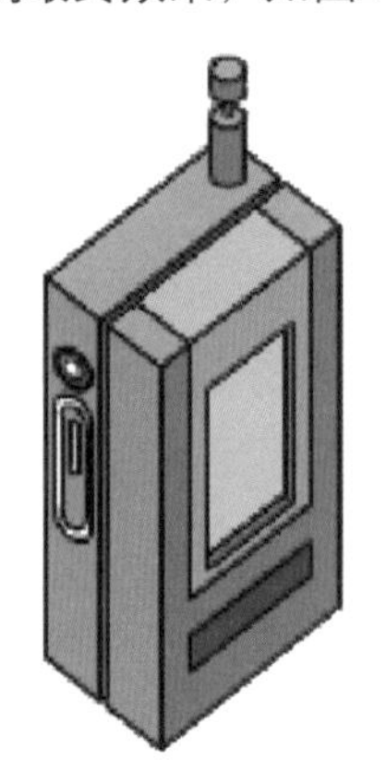

图2-18 案例最终效果

01 新建一个空白Flash文档，另存为“绘制手机”。

02 执行【插入】→【新建元件】命令（快捷键为Ctrl + F8），之后将弹出【创建新元件】对话框，在名称文本框内输入“手机”，类型选择【图形】，并单击“确认”按钮，以创建一个元件名为“手机”的新元件。

03 在工具栏内选择【矩形工具】，在属性面板内将填充颜色修改为浅蓝色，并在舞台上绘制一个矩形，使用工具栏内的【任意变形工具】，将矩形变形为如图2-19所示的状态。

04 使用【选择工具】双击矩形的填充以全选整个矩形，按快捷键Ctrl + C复制该矩形。再按快捷键Ctrl + V粘贴刚才复制的矩形，并使用【选择工具】移动该矩形到合适的位置，如图2-20所示。

05 选择工具栏内的【线条工具】，并在工具栏下方单击【贴紧至对象】按钮，注意是该按钮凹下去才说明为选中状态，如图2-21所示。

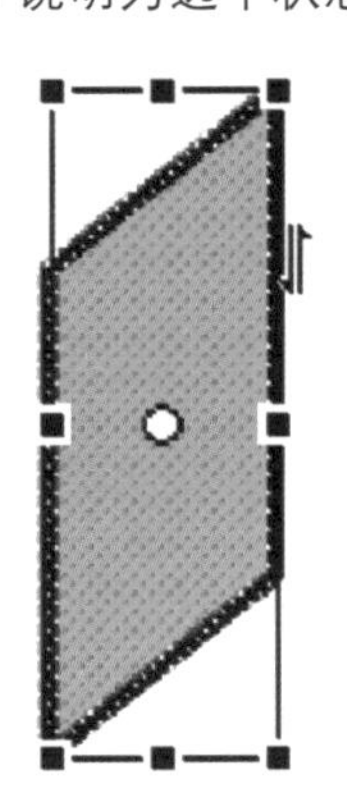

图2-19 将绘制的矩形变形

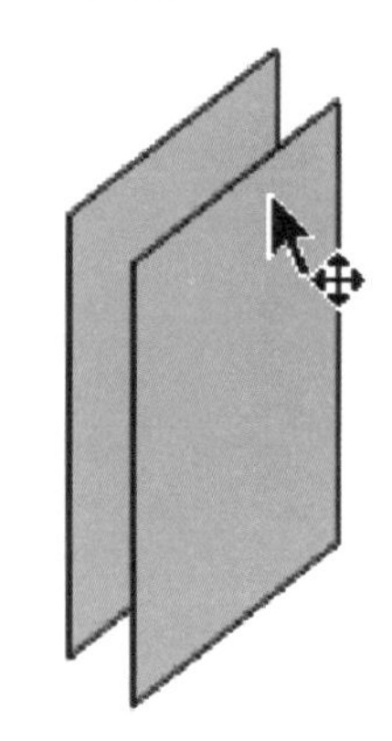

图2-20 复制一个新的矩形

图2-21 使用贴紧至对象功能

技巧：

贴紧至对象功能是针对绘制不精准而设计的。当开启该功能时，绘制线条或多边形时会自动对齐到最近的一个顶点或辅助线，以达到不留空隙或精准到点的目的。不需要该功能时可以再次点击，使之呈非凹陷状态即可关闭该功能。

06 使用【线条工具】连接两个矩形，形成一个立体方块。使用【选择工具】选中并删除多余线条，并使用工具栏内的【颜料桶工具】将空白区域填充为合适的阴影颜色，注意选择工具栏下的【空隙大小】为一个合适的限制，这里使用“封闭小空隙”，如图2-22所示。

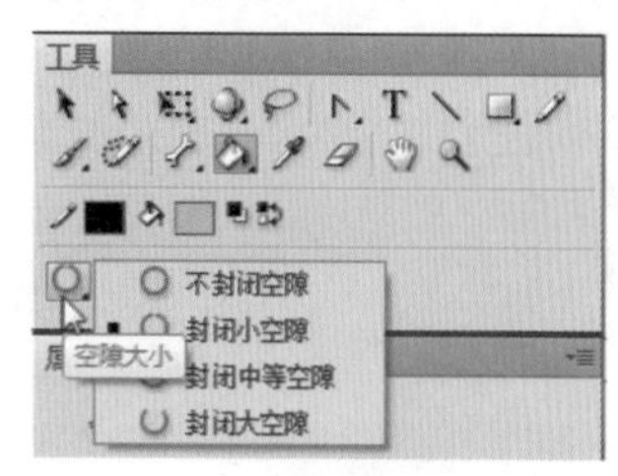

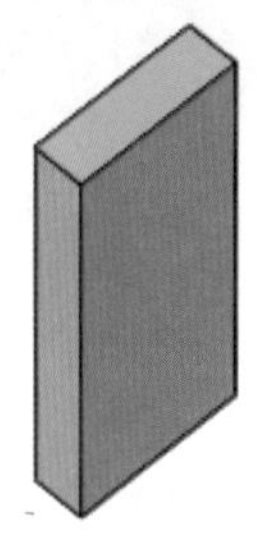

图2-22 选择空隙大小及制作后的效果

07 使用【选择工具】框选刚才绘制的图形，按快捷键Ctrl + C 复制该图形，并且再次按快捷键Ctrl + V粘贴这个图形在舞台上。将新粘贴的图形放置在合适位置，如图2-23所示。

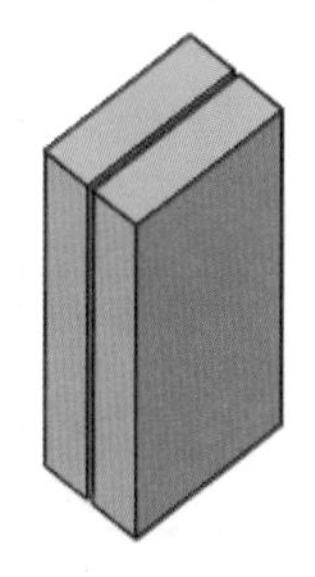

图2-23 粘贴一个新的方块放置在合适的位置

08 配合【选择工具】与【颜料桶工具】，再使用合适的复制和粘贴，在该图形上可以绘制出更细致的手机的部位图。可以自行搭配较为合适的颜色，如图2-24所示。

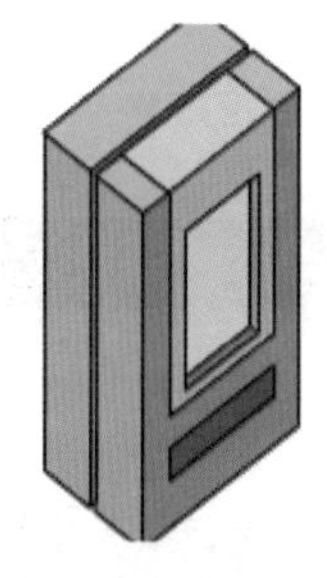

图2-24 绘制一些手机表面较为细致的部分

09 选择【矩形工具】，在“属性”面板内的【矩形选项】选项卡内，将【矩形边角半径】调节为20，这样便可以绘制出圆角矩形。在舞台上绘制出如图2-25所示的形状，并使用【任意变形工具】将此图形进行斜切处理。

图2-25 绘制手机边缘装饰

10 将调节好形状的部件放置在手机盒子的侧面。效果如图2-26所示。

图2-26 将部件放置在手机的侧面

11 使用【椭圆工具】和【线条工具】绘制出天线组体，如图2-27所示。

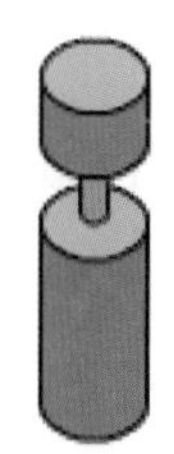

图2-27 绘制手机的天线部分

12 将天线部分使用【选择工具】拖曳到合适的位置。返回到场景1，从库里将手机元件拖曳到主舞台上，保存文件，按快捷键Ctrl + Enter可以看到效果，效果如图2-28所示。

图2-28 手机完成效果

2.4　透明玻璃杯

“透明玻璃杯”案例最终效果，如图2-29所示。

图2-29 案例最终效果

01 新建一个空白Flash文档，并以文件名为“绘制透明玻璃杯”保存。

02 按快捷键Ctrl+F8 新建一个元件，命名为“透明玻璃杯”，单击“确定”按钮以进入该元件内。

03 使用【椭圆工具】在舞台上绘制一个横向的椭圆形，并使用【选择工具】选中椭圆外部的线条，按快捷键Ctrl + C复制该线条，再按快捷键Ctrl + Shift + V粘贴该线条，选择【任意变形工具】，将新粘贴的线条以圆心缩小合适大小，在缩放过程中按住Alt键，以实现以圆心为中心缩放，效果如图2-30所示。

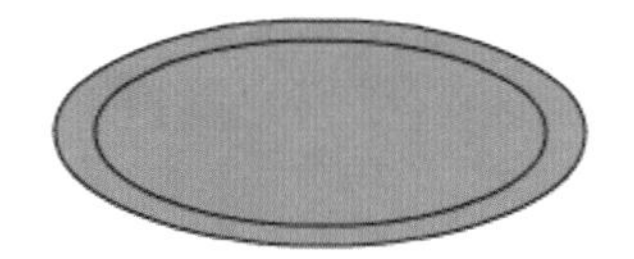

图2-30 绘制两个同心椭圆

技巧：

Windows系统自带的Ctrl + C复制和Ctrl + V粘贴操作，在Flash里都能够正常运行，包括帧的复制和粘贴、绘制对象的复制和粘贴、文字的复制和粘贴等。对于绘制对象，Flash内有一个特殊的操作称为粘贴到当前位置，快捷键为Ctrl + Shift + V，意思是从哪里复制的就粘贴到哪里，这样可以实现新粘贴的对象和原来的对象在同一个位置，便于让新粘贴出来的对象和原来的对象对齐。

04 由于刚才复制了一个椭圆形之后没有再执行复制操作，故可以再次进行粘贴操作。再次按快捷键Ctrl + Shift + V粘贴出一个新的椭圆，按向下键将新粘贴的椭圆平移到原来椭圆的下方，并对其大小和下方的弧度稍微进行调节，效果如图2-31所示。

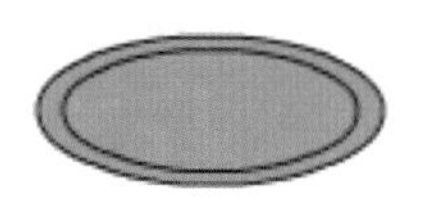

图2-31 新粘贴一个椭圆在原来对象的下方

05 使用【线条工具】将上下两个椭圆的边缘连接起来，使用【选择工具】选中多余的线条并按Delete键删除。使用【颜料桶工具】在图形内部暂时填充上任意颜色，如图2-32所示。

图2-32 对内部进行颜色填充

06 使用【选择工具】，并按住Shift键以选取所有线条，确保选中所有线条之后按快捷键Ctrl + X剪切所有线条。新建一个图层，按快捷键Ctrl + Shift + V将线条粘贴到新的图层。此操作以后，除了多出一个图层外，与上图没有任何的不同之处，但是刚才的操作把图形的填充和线条分别放置在了两个图层，为了方便起见，可以为图层命名，并为“线条部分”图层锁定。因为暂时不需要对线条部分进行修改，锁定该图层后，在解锁之前将无法对该图层进行编辑操作，如图2-33所示。

07 使用【选择工具】选中“填充部分”图层的第1帧，所有填充将会被选中。在“颜色”面板中调整参数，如图2-34所示。

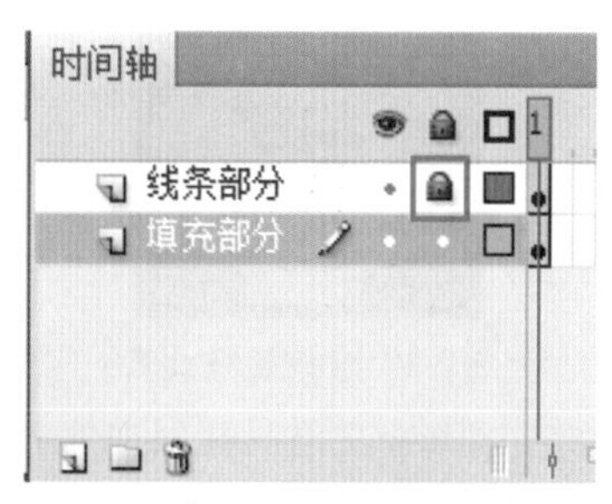

图2-33 为图层命名并锁定“线条部分”图层

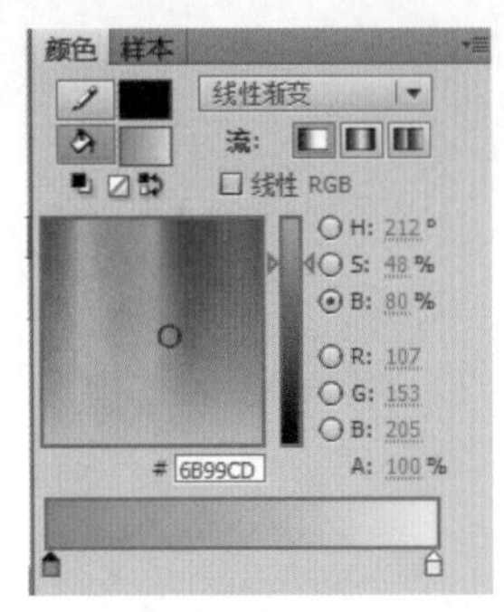

图2-34 颜色面板调节

08 用【渐变变形工具】（该工具隐藏在【任意变形工具】按钮中，长按该按钮在弹出的列表中即可找到，也可以按F键）调节渐变的效果。将鼠标放置在如图2-35所示红色框的位置，并单击拖曳旋转，可以将渐变颜色由从左到右修改为从上到下。

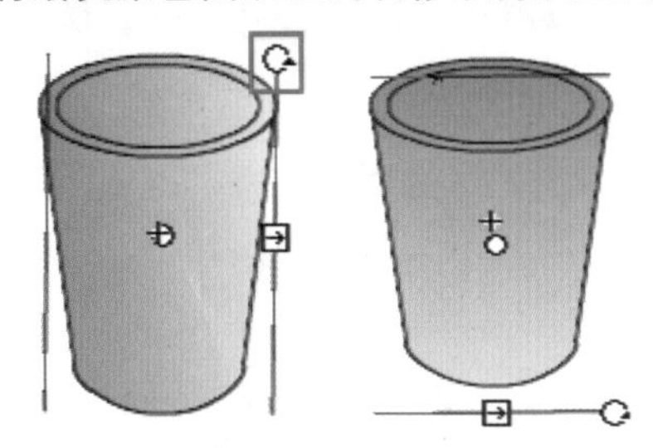

图2-35 调节渐变前后

09 使用之前的方法，在杯子内部绘制一个如图2-36所示的图形，并使用【颜料桶工具】为其填充上合适的颜色，以表示内部的果汁。

10 点击图层“线条部分”后面的“锁”图标以解除锁定，在杯口上边缘使用【颜料桶工具】填充上透明度为70%的白色，透明度的调节可以在调色板内进行，如图2-37所示。

图2-36 绘制果汁部分

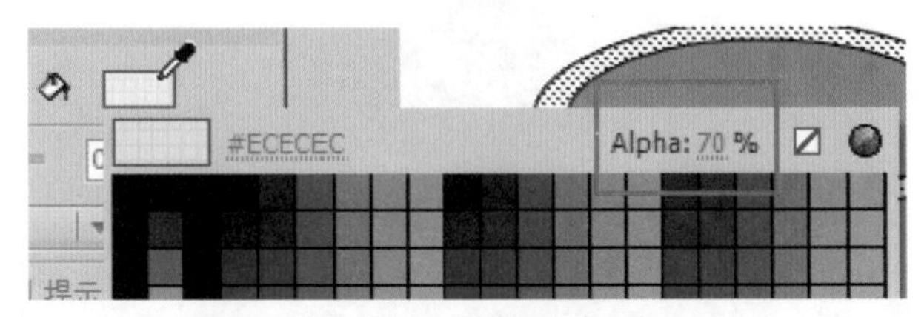

图2-37 红色框部分为修改透明度的选项

11 填充完成后，使用【选择工具】配合Shift键将所有线条删除，再将渐变填充的颜色改浅一点，如图2-38所示为删除线条前后的效果。

图2-38 删除线条和修改渐变颜色前后的效果

12 返回场景1，将“透明玻璃杯”元件从库内拖曳到舞台上，并保存文件，按快捷键Ctrl + Enter测试影片以查看效果。

2.5 灯笼

“灯笼”案例最终效果，如图2-39所示。

图2-39 案例最终效果

01 新建一个空白Flash文档，并以文件名为“绘制灯笼”保存该文件。

02 按快捷键Ctrl + F8 新建一个元件，命名为“灯笼”，单击“确定”按钮以进入该元件内。

03 在工具栏内选择【线条工具】，并按住Shift键在舞台中间绘制一条竖线。选择工具栏内的【椭圆工具】在舞台另一侧绘制一个椭圆，如果绘制的椭圆包含填充，需要使用【选择工具】选中填充并按Delete键删除。使用【任意变形工具】选中椭圆的线条，周围将会出现6个调节柄及中心的一个点表示圆心位置。此时使用方向键进行位置的调节，直到将椭圆的圆心调节到与线条重合。调节前后效果如图2-40所示。

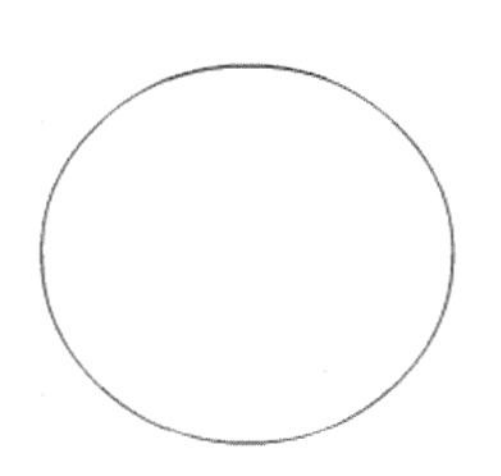
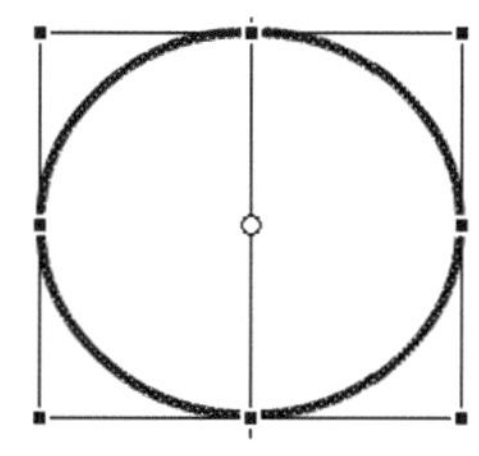

图2-40 调节椭圆的圆心到与线条重合

技巧：

在使用方向键移动对象时，按一次方向键是向对应方向移动一个像素，对于相对需要移动较大距离的操作，可以按住Shift键再按对应的方向键，即可实现以10像素为单位的移动。

04 使用【选择工具】选中右边一半圆的线条，使用方向键向右边移动一定距离，选中最开始绘制的竖线并按Delete键删除该线条，再使用【线条工具】按住Shift键在椭圆的上下绘制直线以封闭该图形，效果如图2-41所示。

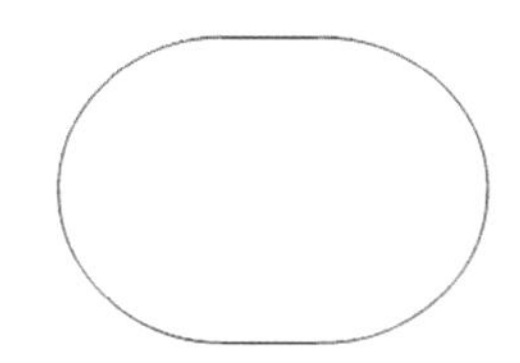

图2-41 绘制线条封闭绘制的图形

05 使用【颜料桶工具】，并在“颜色”面板内选择【径向渐变】，使用一种由红色过渡到黄色的渐变，在刚才绘制图形的中间单击以填充该渐变，效果如图2-42所示。

图2-42 填充径向渐变

06 使用【选择工具】双击全选外围线条，在“属性”面板内将线条粗细改为3像素，再使用【渐变变形工具】将原来的渐变旋转90°，并使用【选择工具】单击舞台空白区域，在“属性”面板中将背景颜色调为较深的颜色，便于显示灯笼的效果，如图2-43所示。

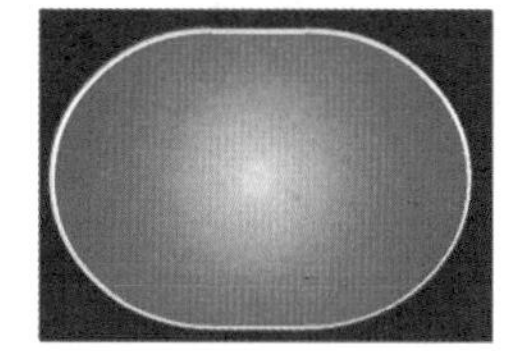

图2-43 改变线条粗细颜色及背景颜色

07 使用【选择工具】选择左侧的弧线，按快捷键Ctrl + C复制该线条，再按快捷键Ctrl + Shift + V将线条粘贴在当前位置。使用【任意变形工具】（快捷键Q）改变新粘贴线条的弧度，使之小于最左侧那条，调节到合适的弧度后，再次复制新的线条，并粘贴到当前位置，再次调节线条弧度，使之小于这一条线的弧度，重复以上步骤，右边也按照此方法进行，如图2-44所示。

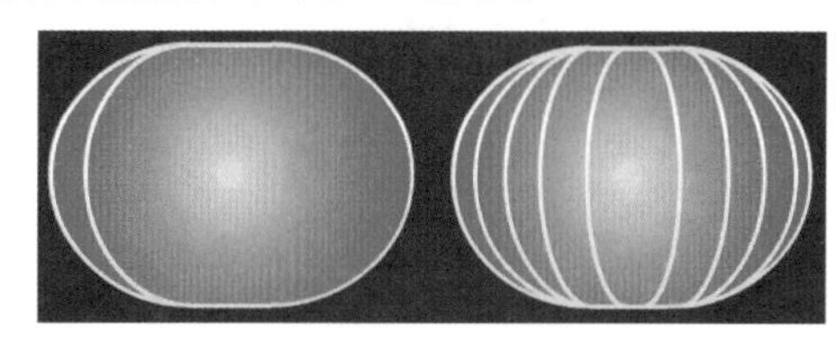

图2-44 复制并调整线条

08 在工具栏选择【矩形工具】，取消线条，颜色使用由一种暗黄色到白色再到暗黄色的线性渐变，如图2-45所示。

图2-45 绘制一个矩形

09 将绘制的矩形复制一份，并将两个矩形放置在灯笼的上下部分，再使用【钢笔工具】在上端绘制红色线条，效果如图2-46所示。

图2-46 绘制灯笼上下部分和绳子

10 在工具栏选择【文本工具】（快捷键T），在“属性”面板内将字符大小调节为130像素，字体选择华文隶书，在灯笼中间输入一个“福”字，并调整好位置，保存文件，最终效果如图2-47所示。

图2-47 灯笼最终效果

2.6 节日帽

"节日帽"案例最终效果，如图2-48所示。

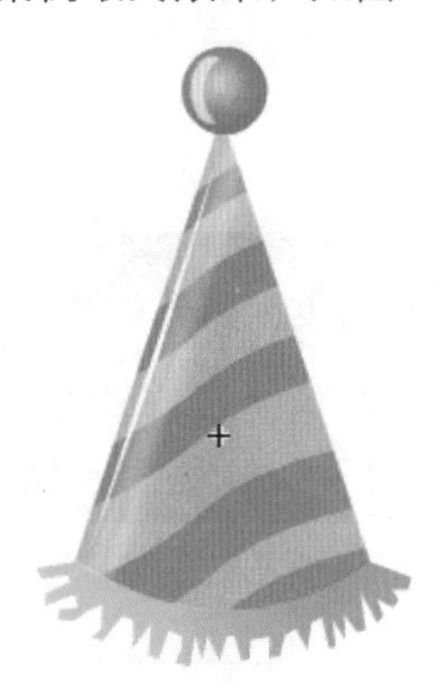

图2-48 案例最终效果

01 新建一个空白Flash文档，以"绘制节日帽"为文件名保存。

02 新建一个元件名为"节日帽"的图形元件，并进入到该元件内部进行编辑。

03 使用【线条工具】（快捷键N）在舞台上绘制一个等腰三角形，如图2-49所示。

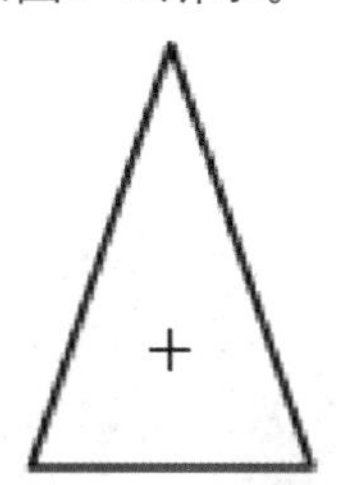

图2-49 绘制一个等腰三角形

04 将三角形底边使用【选择工具】向下拖曳出一定弧度，并使用【颜料桶工具】将"颜色"面板调节成如图2-50所示的属性，并填充到三角形内，再使用【渐变变形工具】调节渐变的方向。

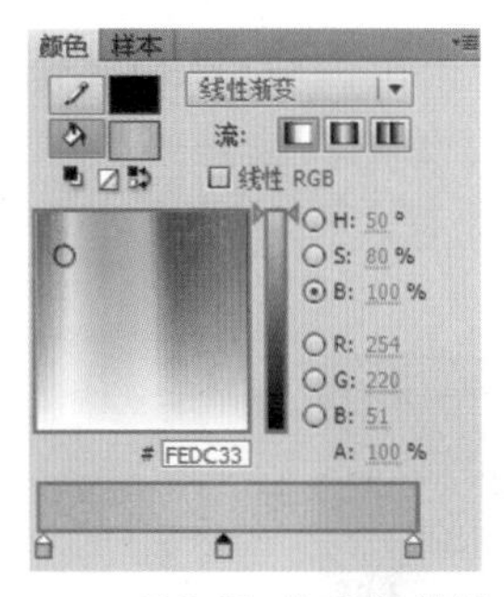

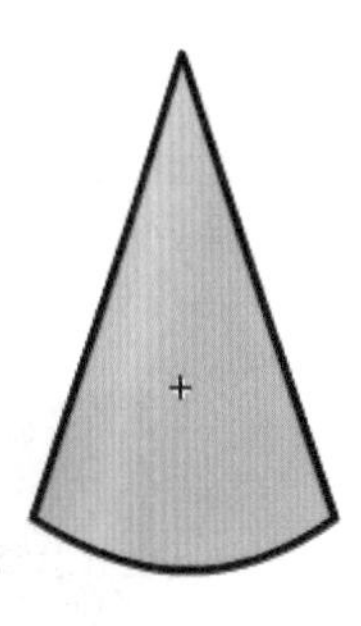

图2-50 使用颜料桶工具进行颜色填充

05 新建一个图层，使用【选择工具】全选帽子的边缘线条，复制并粘贴到新的图层，注意要按快捷键Ctrl + Shift + V粘贴到当前位置。使用【钢笔工具】在新图层上绘制一条如图2-51所示的曲线。

图2-51 绘制一条曲线

06 将绘制的曲线用重复的复制粘贴到帽子上，并进行合理地排列，再去掉多余的线条，如图2-52所示。

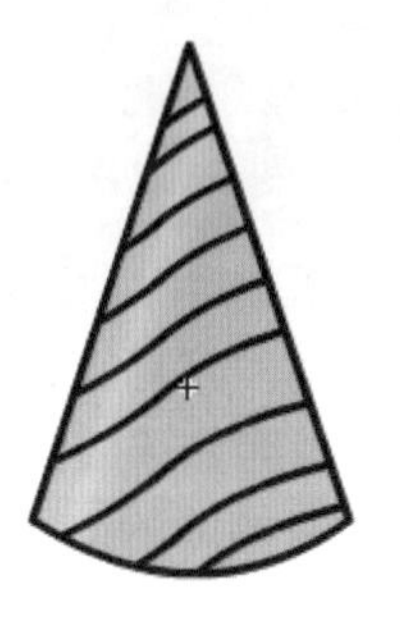

图2-52 复制线条并删除多余线条

07 锁定图层1，使用【颜料桶工具】为帽子的间隔区域上色，颜色使用一种橘黄色，如图2-53所示。

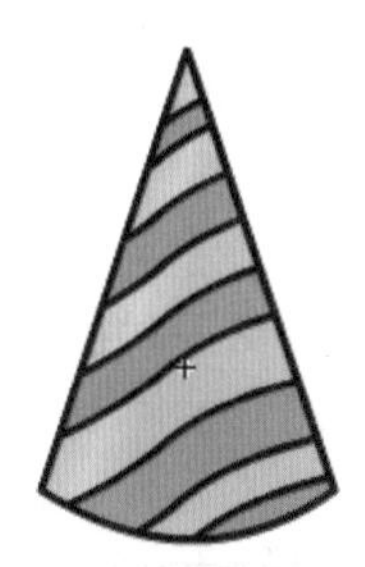

图2-53 为间隔区域上色

08 可以发现，最开始绘制的高光效果已经不太明显，可以再绘制上高光效果。使用【矩形工具】绘制一个矩形，填充颜色选择一种由完全透明的白色渐变到浅黄色再渐变到完全透明的白色。新建一个图层，将调节好的矩形放置在帽子的边缘。也可以再使用其他工具添加另类的高光效果。效果如图2-54所示。

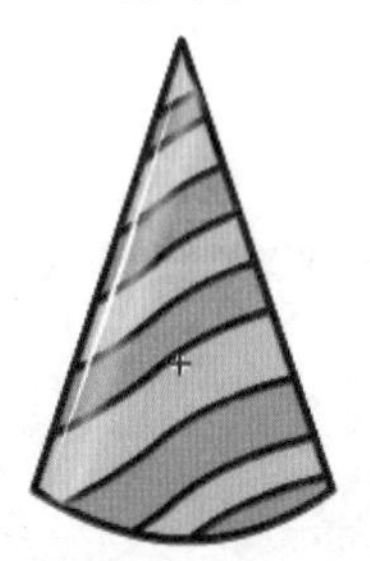

图2-54 绘制高光效果

09 使用“钢笔工具”在帽子的下边缘绘制出较多的细碎部分。并为之填充上蓝色逐渐变深的线性渐变，如图2-55所示。

图2-55 绘制底部

10 选择工具栏内的【椭圆工具】，选择填充颜色为如图2-56所示的径向渐变，并按住Shift键在舞台上绘制一个正圆。

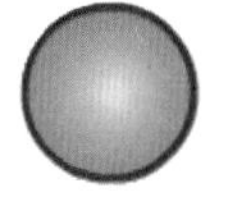

图2-56 填充径向渐变

11 为绘制的小球添加高光效果之后再放置在帽子的上方，使用【选择工具】选中所有线条并删除。返回场景1，将绘制的帽子元件拖曳到舞台上，保存文件，如图2-57所示。

图2-57 最终效果图

2.7　课后练习

练习1　月亮

本案例的练习为绘制月亮，案例大致制作流程如下。

01 使用【椭圆工具】绘制外围的圆形，并将填充设置为径向渐变。

02 在绘制的圆球上再绘制一些正圆。

03 绘制一些有径向渐变填充的椭圆。

04 绘制右侧高光部分。案例效果如图2-58所示。

图2-58 案例效果

练习2　爱心气球

本案例的练习为绘制爱心气球，案例大致制作流程如下。

01 使用【椭圆工具】绘制圆形并调整其形状为“爱心”形状。

02 设置线条颜色和内部颜色为粉色系的颜色。

03 使用【钢笔工具】绘制出高光部分的轮廓，并填充高光的颜色。

04 在气球上绘制白色圆点。案例效果如图2-59所示。

图2-59 案例效果

练习3 风车

本案例的练习为绘制风车，案例大致制作流程如下。

01 使用【钢笔工具】绘制一个风车叶片的轮廓，并填充上线性渐变。

02 绘制扇叶的背部轮廓并填充相应的线性渐变。

03 复制并旋转刚才绘制的一份轮廓，并分别改变其他扇叶的填充颜色。案例效果如图2-60所示。

图2-60 案例效果

练习4 啤酒杯子

本案例的练习为绘制啤酒杯子，案例大致制作流程如下。

01 绘制线性渐变的背景，分为两部分进行绘制，以实现地面的效果。

02 绘制酒杯的轮廓，线条尽量保持闭合，并填充线性渐变，添加高光的线性渐变。

03 绘制液体部分的渐变。

04 绘制啤酒沫部分的填充。案例效果如图2-61所示。

图2-61 案例效果

练习5 桌球

本案例的练习为绘制桌球，案例大致制作流程如下。

01 用【矩形工具】绘制一个纯绿色背景。

02 使用【椭圆工具】绘制一个正圆，并填充径向渐变。

03 再绘制几个高光的圆形并设置为组，放置在最开始的圆上方。

04 绘制一个阴影的圆作为球的阴影部分。

05 使用【文本工具】输入数字8，并将其打散。案例效果如图2-62所示。

图2-62 案例效果

练习6 彩色路标

本案例的练习为绘制彩色路标，案例大致制作流程如下。

01 使用【矩形工具】绘制圆角矩形，并将线条转换为填充，填充上线性渐变，作为路标的铁杆部分。

02 使用【钢笔工具】绘制草垛的轮廓，并填充上渐变填充，再复制出草垛的倒影部分。

03 绘制矩形，并调节形状成为指示标的样式，为其填充上线性渐变。

04 多复制几个刚才绘制的矩形，并改变渐变颜色。案例效果如图2-63所示。

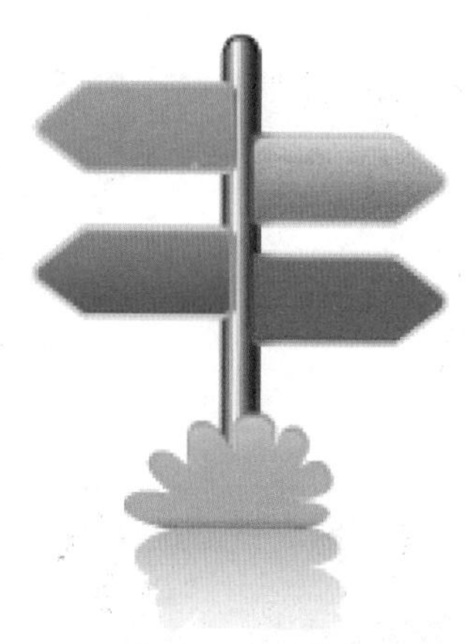

图2-63 案例效果

第3章

角色绘制篇

第2章节对于绘制的基础知识进行了学习，相信大家通过反复练习已经对绘图工具的使用有了较为深刻的理解。但是在正常的Flash动画制作中，所需要的素材可能偏向于复杂化、结构化及更加实用化的方向。在素材的绘制上，需要更加合理的分层及良好的命名习惯，本章将更加严谨地对这方面的知识进行学习。

本章学习重点：

1. 渐变颜色的操作方法。
2. 线条的变化方法。
3. 高光颜色的合理使用。
4. 填充颜色区域的掌握。
5. 掌握钢笔工具的使用技巧。

3.1 卡通熊

"卡通熊"案例最终效果，如图3-1所示。

图3-1 案例最终效果

01 新建一个空白Flash文档，以文件名为"绘制卡通小熊"保存该文件。

02 新建一个图形元件，并命名为"小熊头部"后，进入该元件内部编辑。

03 使用【椭圆工具】，首先取消填充，在舞台上绘制一个椭圆，并在椭圆的左右上方分别绘制两个小圆，删除多余线条，如图3-2所示。

图3-2 绘制椭圆并删除多余线条

04 再次使用【椭圆工具】，在刚才绘制的图形内部绘制椭圆并删除多余线条，如图3-3所示。

图3-3 再次绘制一个椭圆并删除多余线条

05 使用【线条工具】在内部绘制几条线并调节位置，如图3-4所示。

图3-4 使用线条工具绘制

06 使用【椭圆工具】绘制出小熊的眼睛，并放置到合适的位置，如图3-5所示。

图3-5 绘制小熊的眼睛

07 使用【椭圆工具】和【选择工具】绘制出几个椭圆并调节好对应的形状，以绘制出小熊的鼻子、嘴巴和腮红，如图3-6所示。

图3-6 绘制小熊的鼻子、嘴巴和腮红

08 使用【线条工具】和【椭圆工具】绘制出耳朵上的轮廓和帽子上的"熊"的装饰，如图3-7所示。

图3-7 绘制耳朵轮廓和帽子

09 使用【颜料桶工具】为相应的区域上色，效果如图3-8所示。

图3-8 上色后的效果

10 新建一个名称为“小熊身体”的图形元件，并进入该元件内进行编辑。使用【钢笔工具】绘制出一个形状，如图3-9所示。

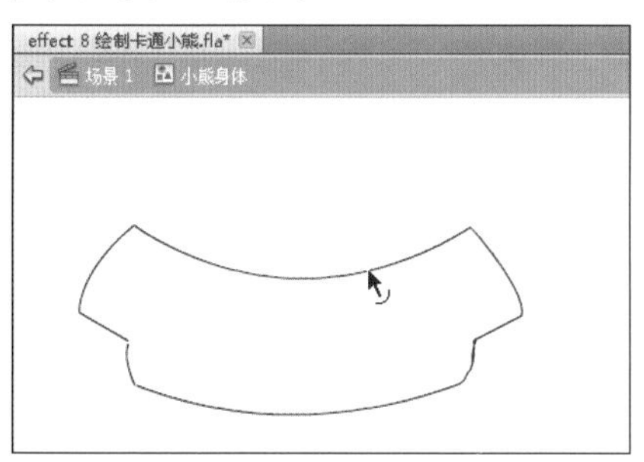

图3-9 绘制衣服的轨迹

11 再使用【钢笔工具】绘制出手和脚的轮廓，如图3-10所示。

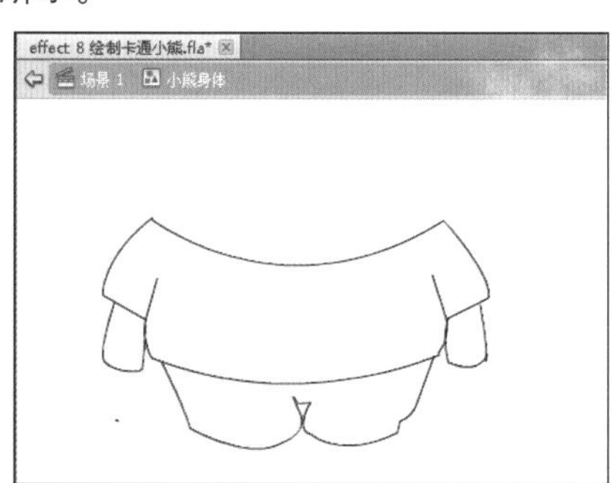

图3-10 绘制身体的轮廓

12 为衣服上添加两个纽扣后再上色，上色后的效果，如图3-11所示。

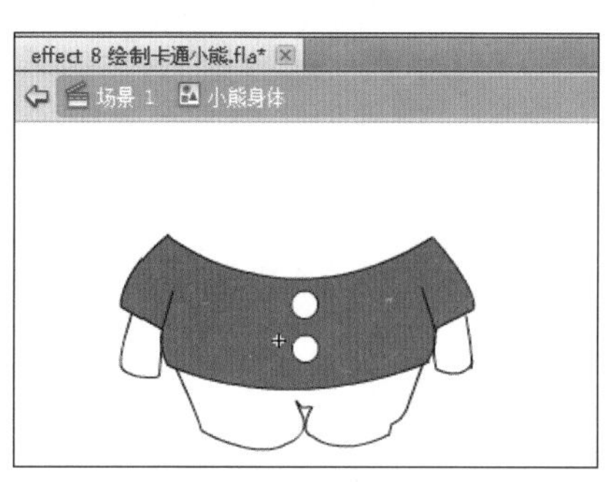

图3-11 为衣服上色

13 新建一个元件，命名为“小熊”，进入该元件的编辑状态后，将“小熊头部”和“小熊身体”两个元件从库中拖曳到“小熊”元件中，并使用【任意变形工具】调节大小和位置，最终效果如图3-12所示。

图3-12 小熊效果

14 在库内找到“小熊头部”元件，对其单击右键并在弹出的菜单中选择【直接复制】选项，在之后弹出的对话框中输入直接复制后的名称，这里改为“小熊头部2”，双击库内的“小熊头部2”以进入该元件内编辑。

15 进入后可以发现这和原来的“小熊头部”元件除了元件名不同外，没有任何其他的区别，但是这个元件和“小熊头部”元件已经分开成两个元件了，修改这个元件不会影响原来的“小熊头部”元件。使用【选择工具】对这个新的元件进行一点点改动，如图3-13所示。

图3-13 直接复制原来的元件并进行修改

16 新建一个元件名为“小熊身体2”，使用【钢笔工具】绘制出另外一套小熊的衣服。如图3-14所示。

图3-14 小熊2的衣服

17 使用【椭圆工具】绘制脚部分并删除多余线条，并对对应区域进行上色，如图3-15所示。

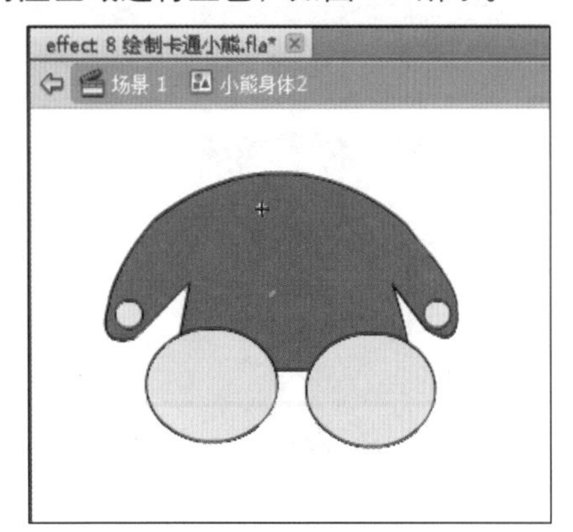

图3-15 填充颜色

18 新建一个名为“小熊2”的元件，并将库内的“小熊头部2”和“小熊身体2”拖进该元件内进行调整和整合，如图3-16所示。

19 将“小熊”和“小熊2”元件从库内拖曳至场景1中，调整大小并摆放至合适位置，保存文件，最终效果如图3-17所示。

图3-16 组合后的小熊2元件

图3-17 案例最终效果

3.2 海豚

“海豚”案例最终效果，如图3-18所示。

图3-18 案例最终效果

01 新建一个空白 Flash 文档，以文件名为“绘制海豚”保存该文件，将舞台的背景颜色改为一种浅蓝色。

02 新建一个元件名为“海豚”的图形元件，并进入其内部进行编辑。

03 使用【钢笔工具】绘制出海豚的轮廓，可能这里对鼠标的操作要求比较高，可以多使用【钢笔工具】反复练习以更熟练地使用该工具，如图3-19所示。

04 使用【线条工具】和【选择工具】对所绘制的轮廓再进行补充和修改，效果如图3-20所示。

05 在工具栏内选择【颜料桶工具】，在“颜色”面板内设置如图3-21所示的渐变效果。

图3-19　绘制海豚的轮廓

图3-20　对轮廓进行补充和修改

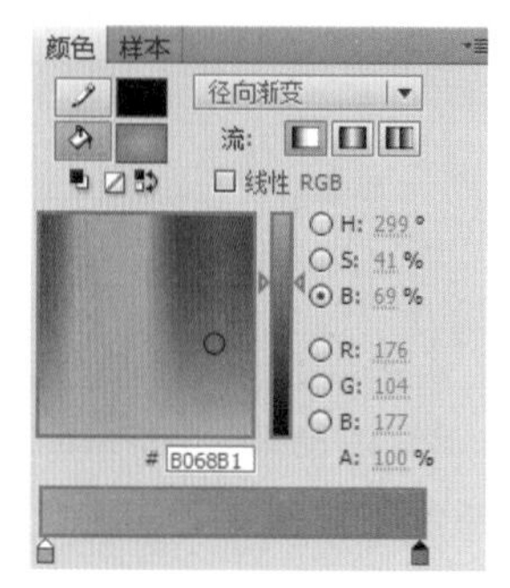

图3-21　渐变效果设置

06 使用【颜料桶工具】在海豚轮廓的头部位置单击以填充刚才所设置的渐变，可以使用【渐变变形工具】调节渐变范围，如图3-22所示。

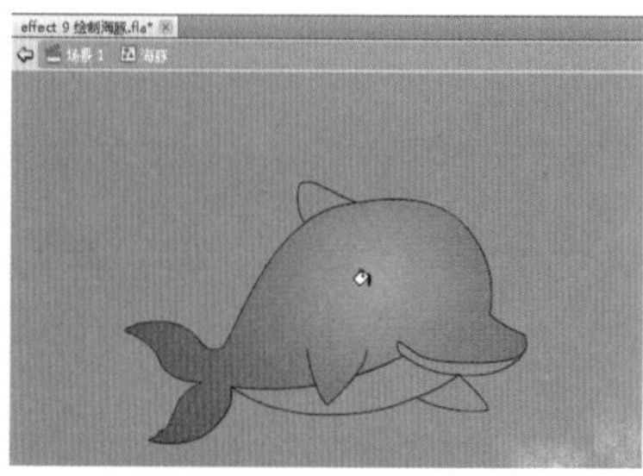

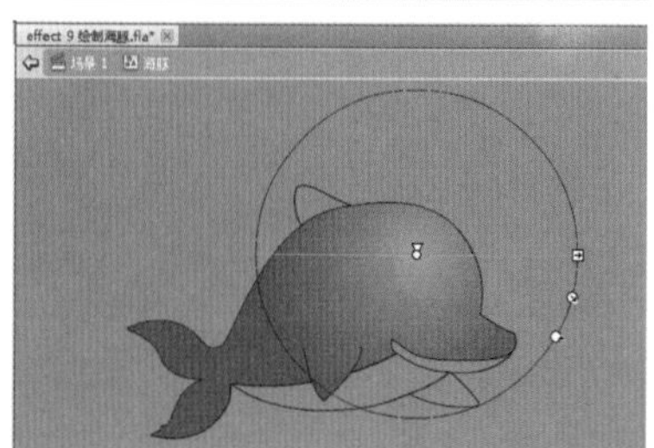

图3-22　填充颜色后使用渐变变形工具调节

07 使用【颜料桶工具】，在“颜色”面板内将属性调节为如图3-23所示的状态。

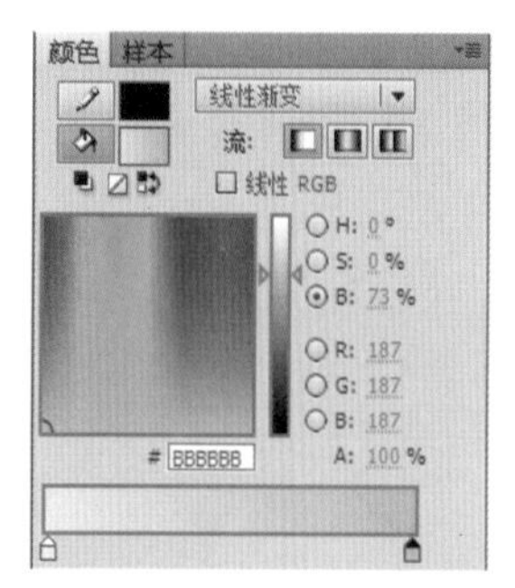

图3-23　线性渐变设置

08 海豚腹部填充该线性渐变，效果如图3-24所示。

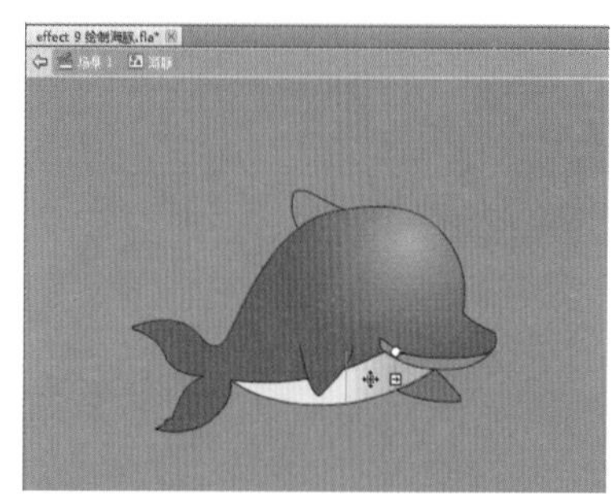

图3-24 为腹部填充渐变

09 为不需要明显渐变的地方填充上纯色，如图3-25所示。

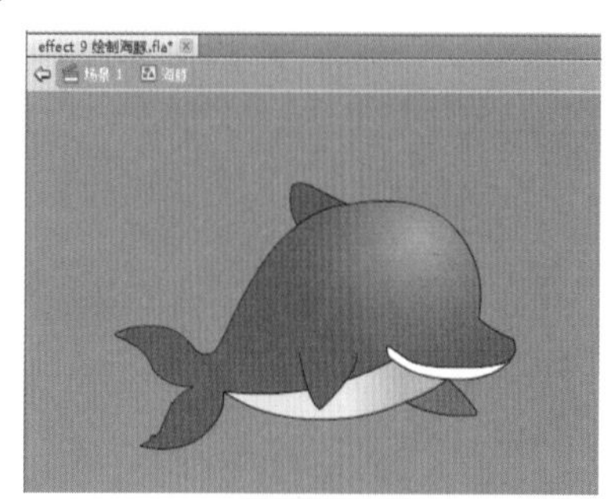

图3-25　为其他地方填充对应颜色

10 新建一个元件，命名为“眼睛”，并进入该元件内编辑。

11 使用【椭圆工具】绘制一个白色填充的椭圆形，如图3-26所示。

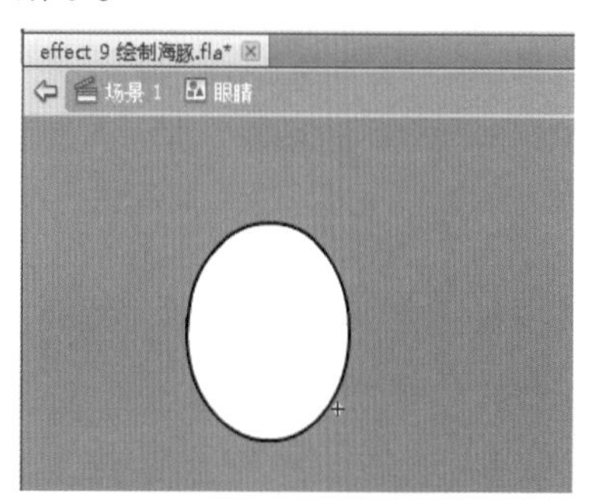

图3-26　绘制一个椭圆

12 使用【选择工具】双击全选外围轮廓，按快捷键Ctrl + C粘贴后，再按快捷键Ctrl + Shift + V粘贴到当前位置后，按向上键将新粘贴的轮廓向上移动几个像素。采用同样的步骤，粘贴出另外一个圆的轮廓并向下移动几个像素后，删除多余线条，如图3-27所示。

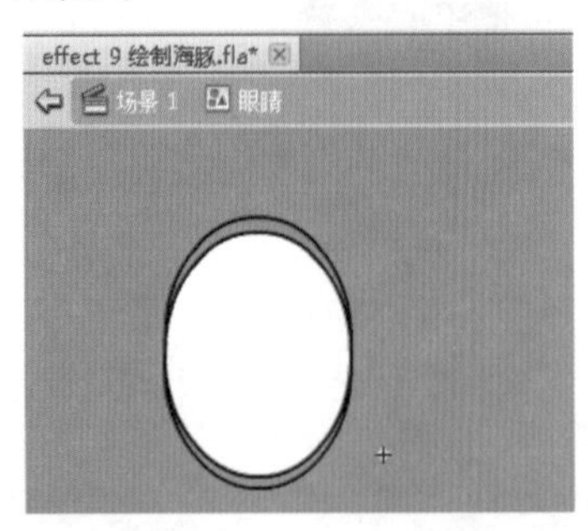

图3-27 粘贴出新的轮廓

13 为外轮廓的空隙填充相应的颜色，以展示立体感的光效，效果如图3-28所示。

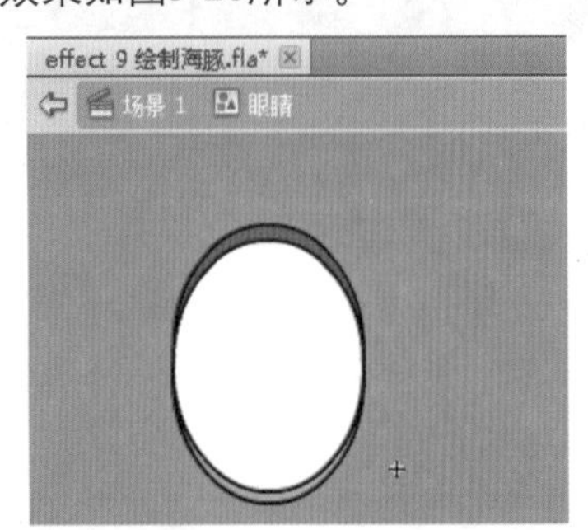

图3-28 添加上下的颜色

14 使用【选择工具】选中中间的填充，并在“颜色”面板内将填充改为如图 3-29 所示的属性，并用【渐变变形工具】对渐变进行合理调节以达到相应效果。

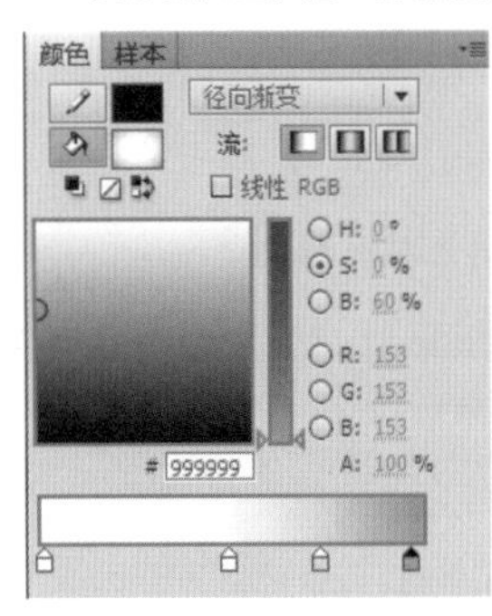

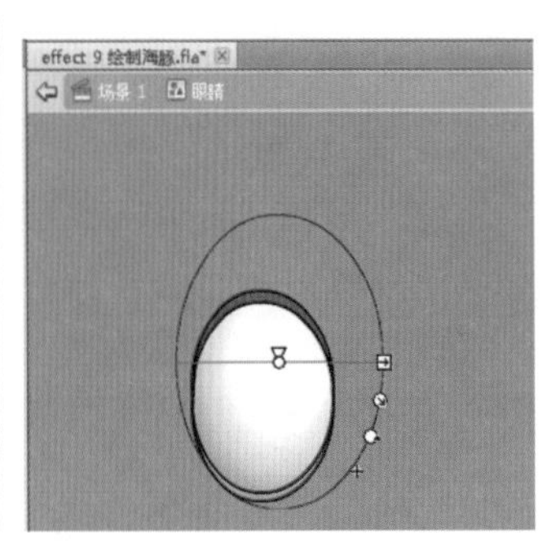

图3-29 渐变设置及填充后的效果

15 使用【椭圆工具】绘制一个黑色椭圆并放置在刚才绘制的椭圆上方，并删除所有线条，效果如图3-30所示。

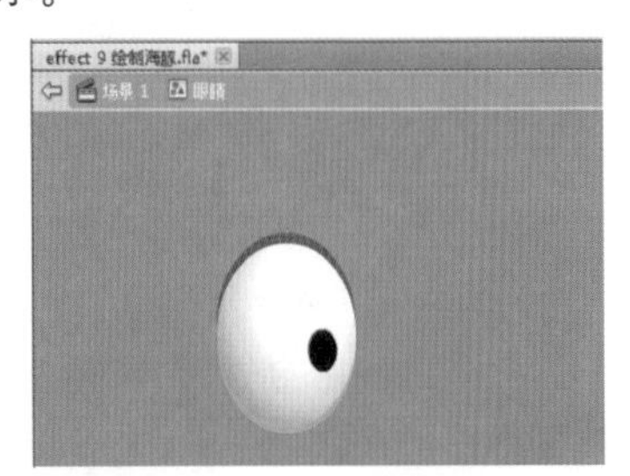

图3-30 删除线条后的效果

16 在库中双击“海豚”元件以进入该元件内部，将刚才绘制的眼睛拖曳至海豚上，调整大小，如图3-31所示。

图3-31 为海豚添加上眼睛

17 使用【线条工具】和【选择工具】在海豚嘴巴上绘制一条线并改变形状，这样做为了将上方区域的填充和下方区域的填充分离开，如图3-32所示。

图3-32 绘制一条分离线

18 选中隔离出来的下部分填充，在“颜色”面板内调节出一种径向渐变，并使用【渐变变形工具】对渐变进行仔细地调整，效果如图3-33所示。

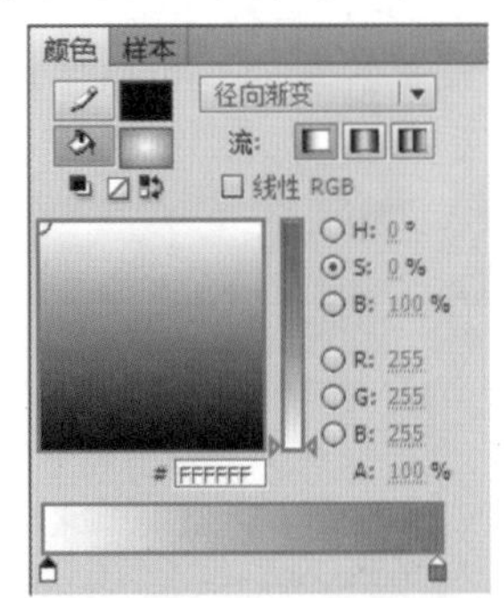

图3-33 使用设置的渐变调整渐变形状

19 调整完成后可以删除分割线，同样的方法可以对胸鳍和背鳍的渐变进行改变，效果如图3-34所示。

图3-34 为其他部位修改渐变

20 使用【选择工具】删除所有线条后，效果如图3-35所示。

图3-35 删除所有线条后的效果

21 返回场景1，在舞台上填充由蓝色到白色的线性渐变，如图3-36所示。

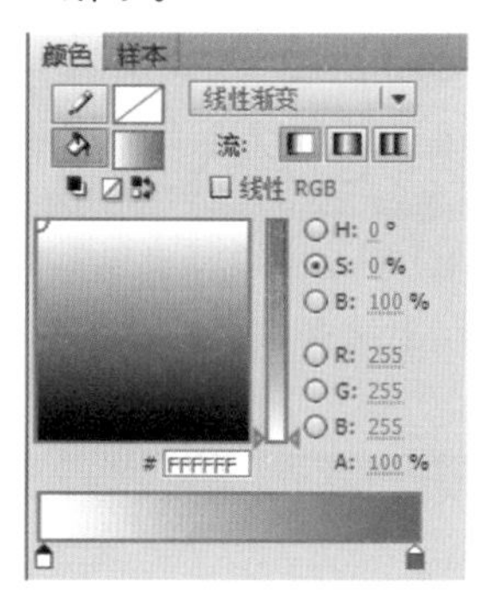

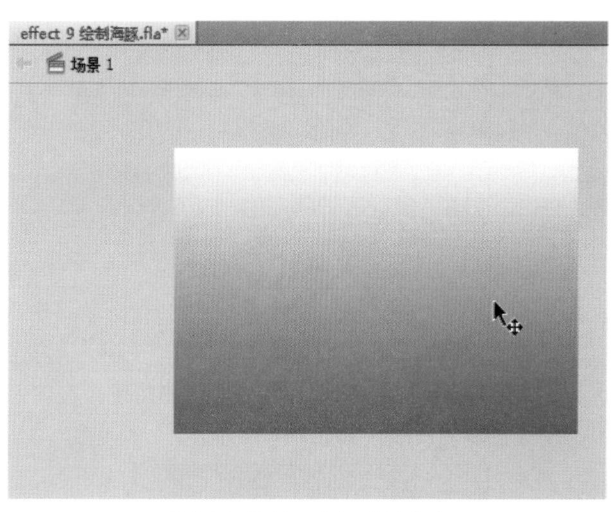

图3-36 绘制一个矩形的渐变

22 将海豚元件从库内拖曳到舞台上，可以多拖曳几个放置在不同位置并调节大小，保存文件，最终效果如图3-37所示。

图3-37 案例最终效果

3.3 金丝猴

“金丝猴”案例最终效果，如图3-38所示。

01 新建一个空白Flash文档，以文件名为“绘制卡通猴子”保存该文件。

02 新建一个元件图形元件，名为“猴子 头部”，确认后进入该元件内部进行编辑。

03 使用【钢笔工具】在舞台上绘制如图3-39所示的曲线，注意保证线条是首尾闭合的。

图3-38 案例最终效果

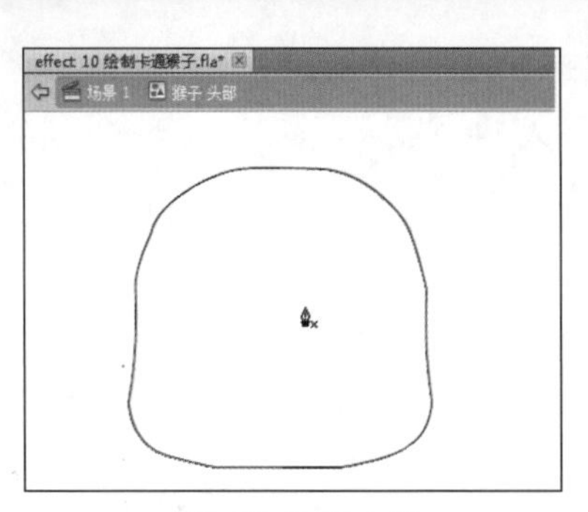

图3-39 绘制曲线

04 使用【钢笔工具】在外围绘制耳朵的曲线，在内部绘制脸部的曲线，如图3-40所示。

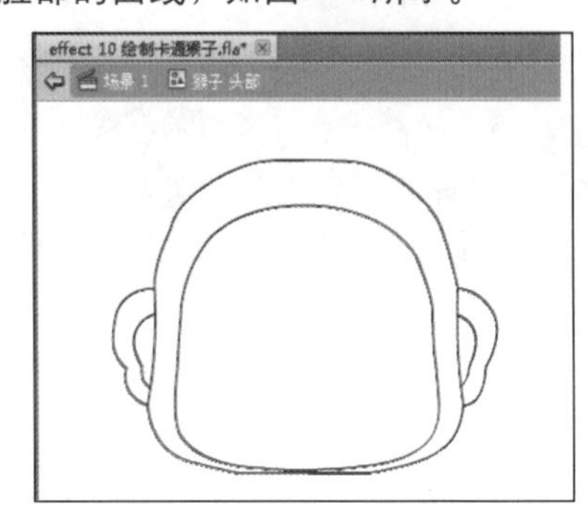

图3-40 绘制耳朵和脸部的曲线

05 使用【矩形工具】绘制眉毛，并使用【任意变形工具】调节人小和角度。使用【椭圆工具】绘制两个同心正圆，再使用【线条工具】设置2像素粗细绘制嘴巴，使用【选择工具】调节嘴巴的弧度，效果如图3-41所示。

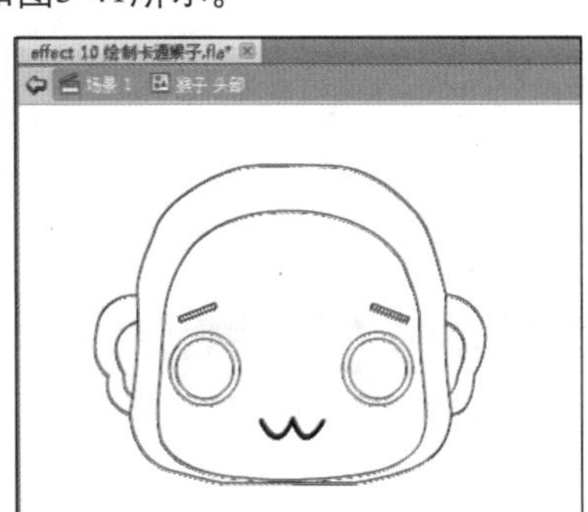

图3-41 绘制眉毛、眼睛和嘴巴

06 使用【钢笔工具】和【椭圆工具】绘制出头发部分和眼睛的高光轮廓，如图3-42所示。

图3-42 绘制头发部分和眼睛的高光部分

07 使用【颜料桶工具】为猴子的头部进行上色，眼睛部分使用一种线性渐变进行填充，如图3-43所示。

图3-43 填充各个区域内的颜色

08 新建一个图形元件，命名为“猴子 身体”，并进入该元件内部进行编辑。

09 使用【钢笔工具】绘制如图3-44所示的轮廓，构建猴子的身体。

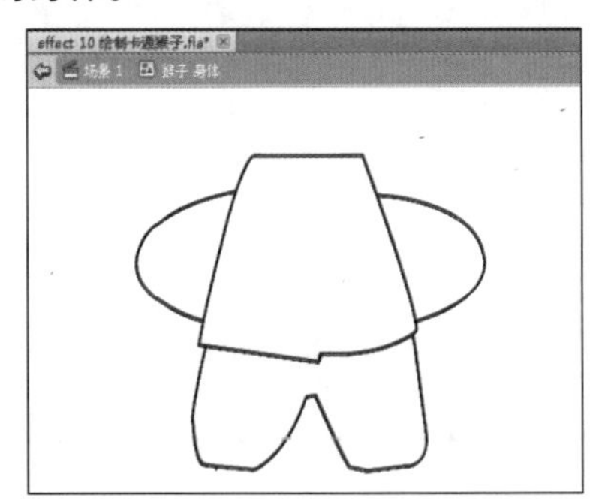

图3-44 绘制猴子身体轮廓

10 更详细地绘制出线条，包括其他的部位，如图3-45所示。

图3-45 绘制其他的线条

11 使用【颜料桶工具】进行第一步上色，效果如图3-46所示。

图3-46 第一步的上色

12 使用【线条工具】再次为衣服添加一些线条，如图3-47所示。

图3-47 添加一些线条

13 使用【颜料桶工具】为新区域进行上色，如图3-48所示。

图3-48 为新区域上色

14 为对应的区域使用【线条工具】和【颜料桶工具】添加高光和阴影效果，注意添加的辅助绘制阴影的线条，在使用后要删除，如图3-49所示。

图3-49 添加阴影和高光

15 按快捷键Ctrl + F8 新建一个图形元件，名为“猴子”，并进入该元件内编辑。

16 将刚才绘制的“猴子 头部”和“猴子 身体”元件拖曳到舞台上，并摆放到合适的位置以组成卡通猴子的形象，保存文件。案例完成效果如图3-50所示。

图3-50 绘制完成的效果图

技巧提示：

有时候不同的对象放置在同一个图层上，会出现层叠次序的问题，例如刚才这个案例，可能因为拖曳顺序的问题导致猴子的衣服在猴子头部的上一层，这显然不是想要的效果。此时可以使用【选择工具】选中需要更改层叠次序的对象，单击右键，在弹出的菜单中选择【排列】子菜单中的相应选项，可以选择上下移动一个次序或直接移动到最顶层或最底层，这样即可实现所需要的显示效果了。

3.4 皮卡丘

“皮卡丘”案例最终效果，如图3-51所示。

01 新建一个空白Flash文档，并以文件名“绘制皮卡丘”保存文件。

02 按快捷键Ctrl + F8新建一个图形元件，并命名为“皮卡丘”，进入该元件内编辑。

03 使用【钢笔工具】绘制出皮卡丘头部的线条，如图3-52所示。

图3-51 案例最终效果

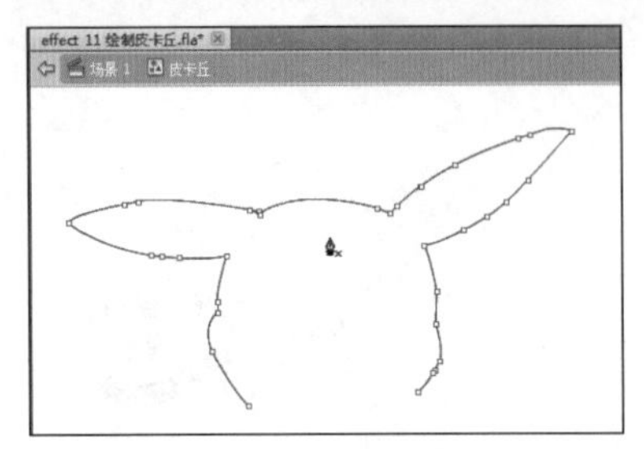

图3-52 绘制出皮卡丘的头部线条

04 接着绘制出身体部分的线条轮廓，效果如图 3-53所示。

图3-53 绘制身体部分轮廓

05 绘制尾部的轮廓线条，如图3-54所示。

图3-54 绘制尾部的轮廓线条

06 使用【椭圆工具】绘制皮卡丘的脸部表情部分，如图3-55所示。

图3-55 绘制表情部分

07 补充好其他的线条，如图3-56所示。

图3-56 补充剩余线条

08 进行第一次的上色，使用合适的颜色对不同区域使用【颜料桶工具】填充，效果如图3-57所示。

图3-57 第一次上色

09 使用【钢笔工具】绘制需要添加阴影部分的分割线，如图3-58所示。

图3-58 添加阴影高光的分割线

10 为相应区域使用【颜料桶工具】填充上对应的阴影和高光色，并删除分割线，如图3-59所示。

图3-59 完成阴影部分的填充

11 返回到场景1，在舞台上使用【矩形工具】绘制一个如图3-60所示的线性渐变矩形，使用【选择工具】双击全选整个矩形，并在“属性”面板内将该矩形的x，y值设置为0，宽为550像素，高为400像素（Flash文档默认大小为550×400，像刚才这样设置，可以将矩形的大小和位置正好设置成和舞台完全重合的状态）。

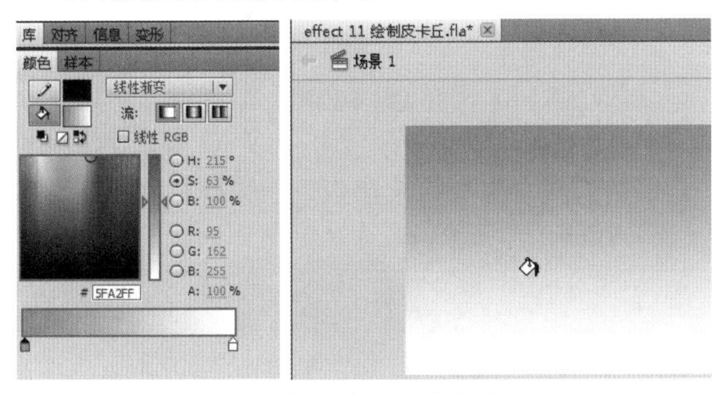

图3-60 绘制一个线性渐变的矩形

12 将刚才绘制的皮卡丘从库内拖曳的舞台上，并选择【文本工具】（快捷键T），使用字体为Broadway，任意选择一种合适的颜色，在舞台上输入文字“HELLO!”，使用【选择工具】将这些元素拖曳到合适的位置，保存文件，最终效果如图3-61所示。

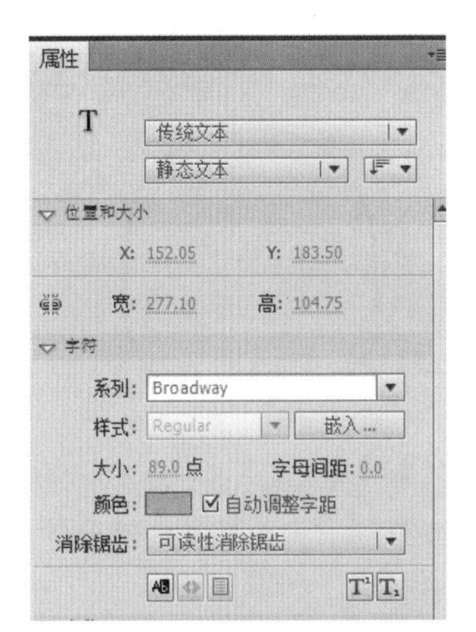

图3-61 最终效果图

3.5 卡通小狗

“卡通小狗”案例最终效果，如图3-62所示。

图3-62 案例最终效果

01 新建一个空白的Flash文档，并以文件名“绘制卡通小狗”保存文件。

02 按快捷键Ctrl + F8 插入一个新元件，命名为“小狗 头部”，并单击“确认”按钮以进入元件内部编辑。

03 使用【钢笔工具】，在舞台上绘制出小狗头部的外围线条轮廓。【钢笔工具】属性设置及绘制轮廓效果如图3-63所示。

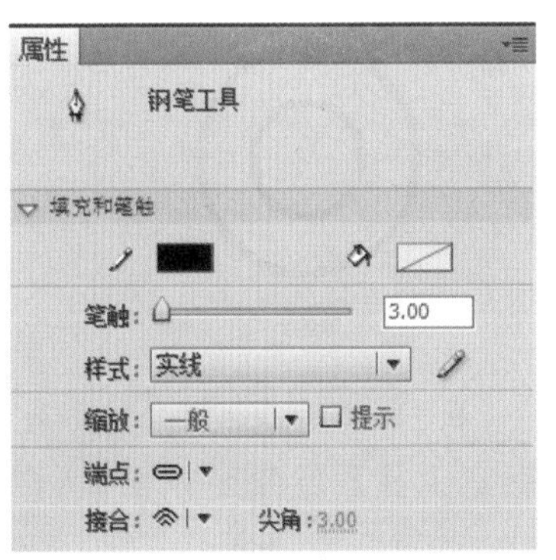

图3-63 使用【钢笔工具】绘制小狗的轮廓

04 接下来继续绘制小狗头部其他部分的线条轮廓，效果如图3-64所示。

图3-64 绘制头部其他部分的轮廓

05 按快捷键Ctrl + F8新建一个名为“小狗 眼睛”的元件，并单击“确认”按钮进入元件内进行编辑，如图3-65所示。

图3-65 新建一个元件

06 使用【椭圆工具】并按住Shift键绘制出两个同心正圆，如图3-66所示。

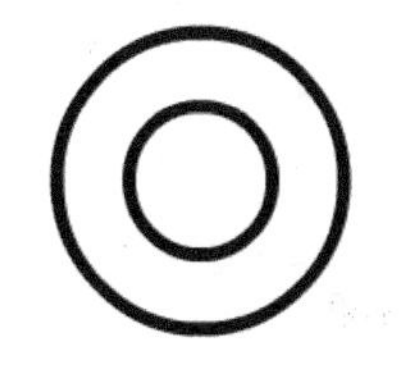

图3-66 绘制两个同心正圆

07 使用【钢笔工具】绘制出如图3-67所示的一个形状。

图3-67 使用【钢笔工具】绘制形状

08 把刚才绘制的两个形状放在一起，再使用【选择工具】选择并删除多余线条，删除前后的效果如图3-68所示。

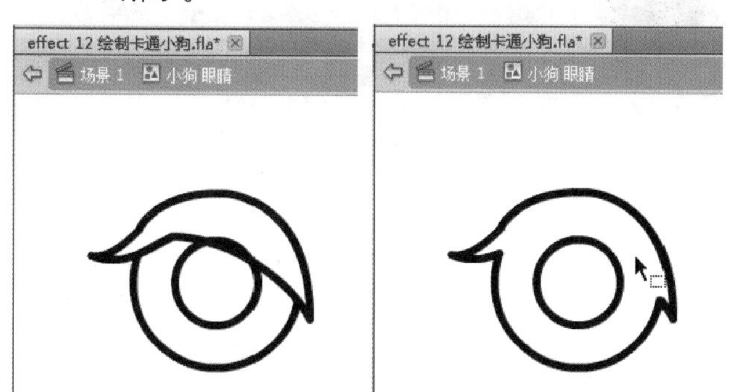

图3-68 合并两个绘制的图形并删除多余线条

09 使用【钢笔工具】再绘制一条曲线，并删除多余部分，删除前后的效果如图3-69所示。

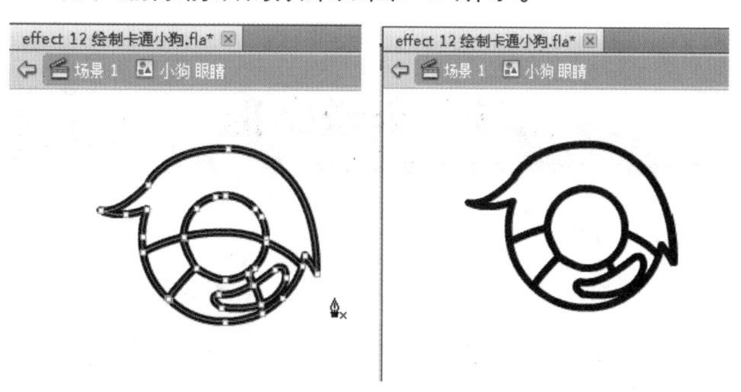

图3-69 绘制曲线并删除多余线条

10 使用【颜料桶工具】，进行如图3-70所示的设置，并为上部分填充黑色，黑色颜色代码为#000000，可输入在图3-70中红色文本框内并按Enten键确认。

图3-70 选择颜色并填充

11 再次设置【颜料桶工具】属性栏内的值，如图3-71所示，并对相应区域进行填充。

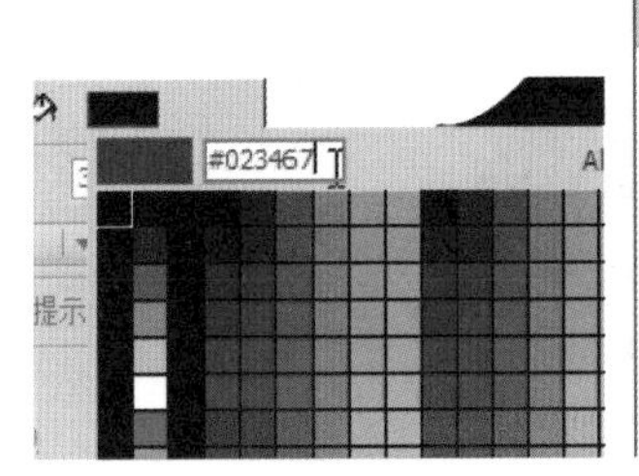

图3-71 再次进行填充

12 重复上述操作对其他部分进行颜色填充，并使用【选择工具】删除多余的线条，效果如图3-72所示。

图3-72 填充其他部分颜色并删除多余线条

13 使用【椭圆工具】绘制一个白色填充的正圆，并拖曳到眼睛的合适位置作高光效果，如图3-73所示。

图3-73 绘制高光效果

14 使用同样的方法绘制出右侧的眼睛，如图3-74所示。

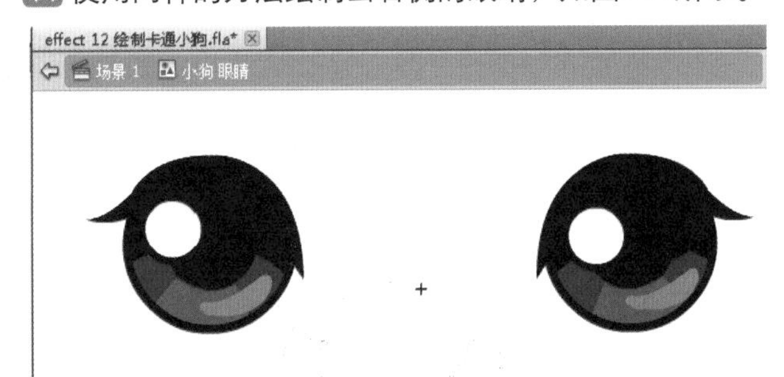

图3-74 绘制右侧的眼睛

15 在库中找到"小狗 头部"元件，双击进入该元件内编辑，新建一个图层，并将原来的图层改名为"小狗 头部"，新建的图层改名为"小狗 眼睛"，并将"小狗 眼睛"元件从库中拖曳到舞台的这个图层上，如图3-75所示。

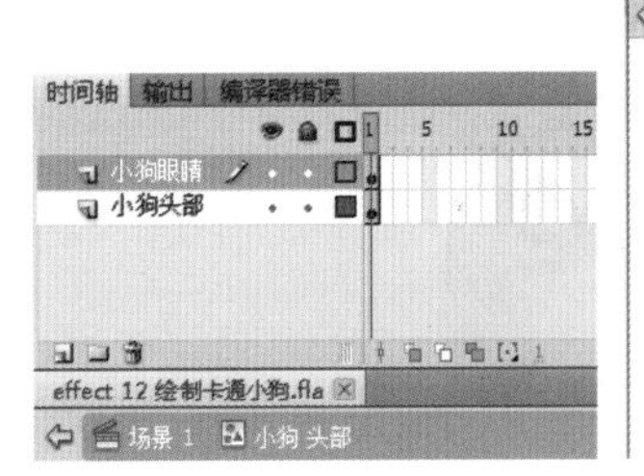

图3-75 把眼睛元件拖曳到舞台的合适位置

16 使用【钢笔工具】绘制小狗的鼻子和嘴巴，如图3-76所示。

图3-76 绘制其他地方的线条

17 使用【颜料桶工具】为相应区域进行第一步上色，如图3-77所示。

图3-77 进行第一步上色

18 使用【钢笔工具】在如图3-78所示区域绘制线条，为颜色层次作准备。

图3-78 绘制高光线条

19 为相应区域上色，并删除多余线条，如图3-79所示。

20 按快捷键Ctrl + F8新建一个元件名为"小狗 身体"的图形元件，并单击"确认"按钮以进入元件内编辑，如图3-80所示。

图3-79 对相应区域上色并删除多余线条

图3-80 新建小狗身体元件

21 使用【钢笔工具】绘制如图3-81所示的轮廓。

图3-81 绘制身体轮廓

22 使用【钢笔工具】对手和脚的轮廓进行描绘，如图3-82所示。

图3-82 绘制其他部位的轮廓

23 使用【颜料桶工具】对身体部位进行第一次上色，如图3-83所示。

图3-83 对身体部分进行第一次上色

24 使用【钢笔工具】或【线条工具】绘制出阴影部位的轮廓，如图3-84所示。

图3-84 绘制阴影部位的轮廓

25 分别对相应区域使用【颜料桶工具】进行上色，上色完成后删除多余线条，效果如图3-85所示。

图3-85 填充阴影部位的颜色

26 按快捷键Ctrl + F8新建一个图形元件，命名为“小狗”，单击“确定”按钮以进入该元件内部进行编辑，如图3-86所示。

图3-86 新建一个“小狗”元件

27 将“小狗 头部”和“小狗 身体”图形元件从库内拖曳至“小狗”元件内，并调节好位置，如果发现身体的层级处于头部的上方，则可以选中身体并单击右键，在弹出的菜单中选择【排列】→【移至底层】选项即可，完成后单击时间轴下方的场景1 以返回舞台，将“小狗”元件从库内拖曳到舞台上并保存文件。最终效果如图3-87所示。

图3-87 最终效果图

本案例较为频繁地使用了【钢笔工具】，并对阴影部分的效果做了较为详细的示范，可能对于读者来说，一次性完成本案例的效果有较大难度，不过本案例意在使读者对【钢笔工具】的使用更加熟练，因为【钢笔工具】在绘制复杂轮廓中占有较重的地位，希望通过本案例的学习对该工具的使用更加娴熟。

3.6　卡通小猫

“卡通小猫”案例效果，如图3-88所示。

图3-88　案例最终效果

本案例将对“组”的概念进行讲解，并且通过“组”绘制类型相似的卡通形象。

01 新建一个空白Flash文档，并以文件名为“绘制卡通小猫”保存文件。

02 按P键选择【钢笔工具】，并在“属性”面板内设置【钢笔工具】的属性，如图3-89所示。

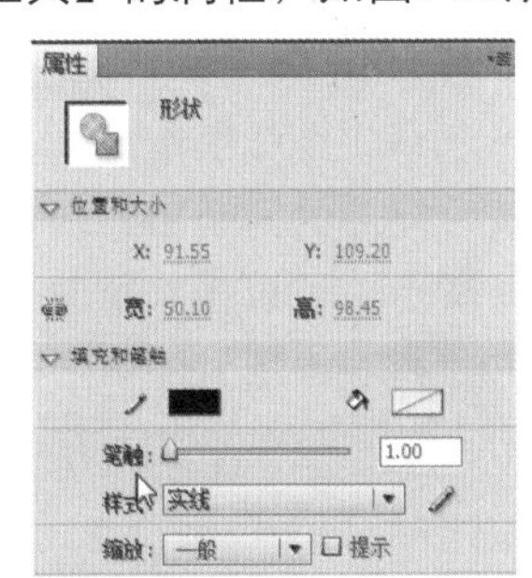

图3-89　设置【钢笔工具】属性

03 在舞台上绘制如图3-90所示的轮廓。

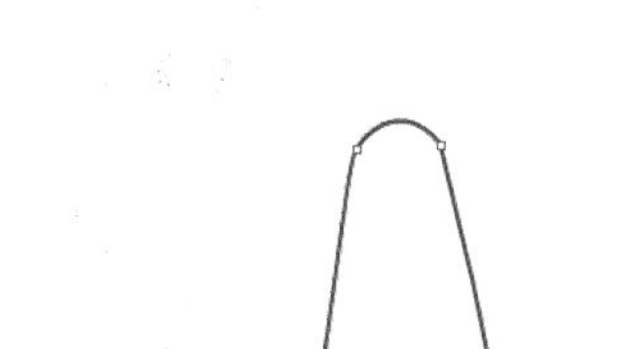

图3-90　绘制一个轮廓

04 使用【选择工具】框选所绘制的轮廓，或双击线条以全选所有线条，接下来执行【修改】→【组合】命令，这里可以看到快捷键为Ctrl+G，如图3-91所示。

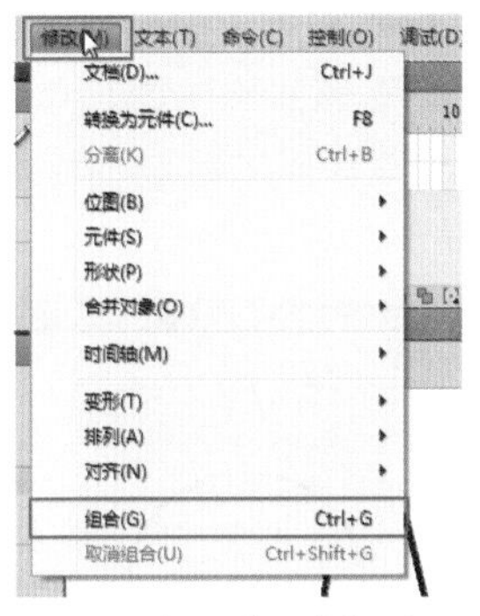

图3-91　使用“组合”选项

05 如果上一步骤操作成功，可以看到刚才选中的线条不会再呈现出选择线条时的像素样式，而是外围有一个蓝色边框，效果如图3-92所示。它和元件有点相似，但是其实和元件有本质的区别，它不会在库内存储，并且从它复制出的对象没有属性保留性，这点会在之后的讲解中介绍。

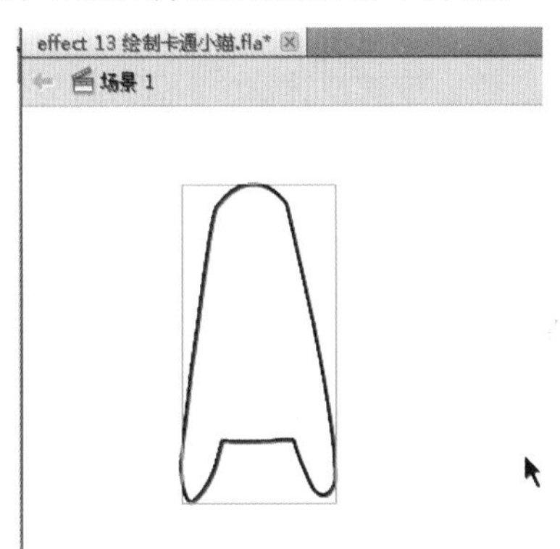

图3-92　成功添加为“组”后的轮廓

06 添加为“组”后的对象，也可以像元件一样，双击进入其内部编辑，但是组没有名称。并且也和元件一样的是，在没有进入其内部时，无法对内部进行任何编辑操作，如图3-93所示为进入“组”的内部时，时间轴下方的显示效果，因为已经进入“组”的内部，故线条轮廓呈现可以编辑的状态。

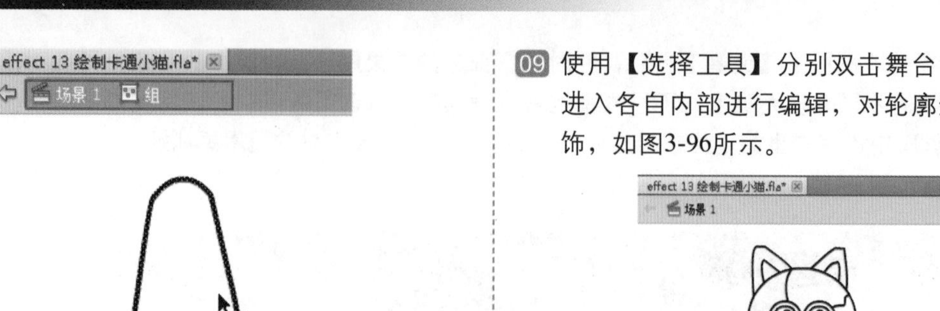

图3-93 进入“组”的内部

07 返回场景1，以同样的方式使用【椭圆工具】在舞台上绘制一个圆形并选中圆，按快捷键Ctrl + G添加为组，放置在刚才绘制的轮廓的上方，如图3-94所示。

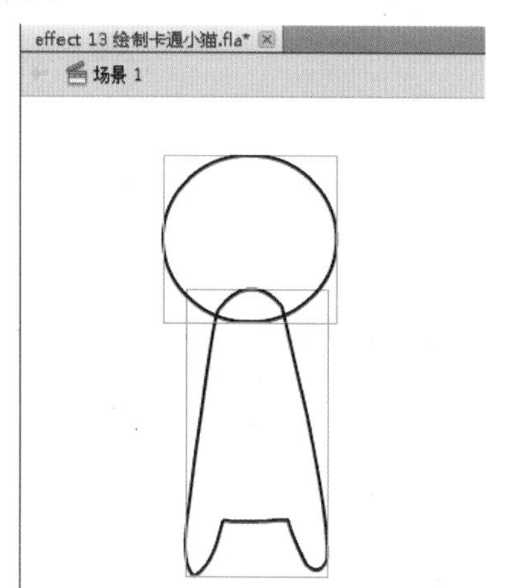

图3-94 绘制一个圆形并添加为组

08 全选两个组，按快捷键Ctrl + C复制两个组，并粘贴一份放置在舞台外面以备下次使用，如图3-95所示。

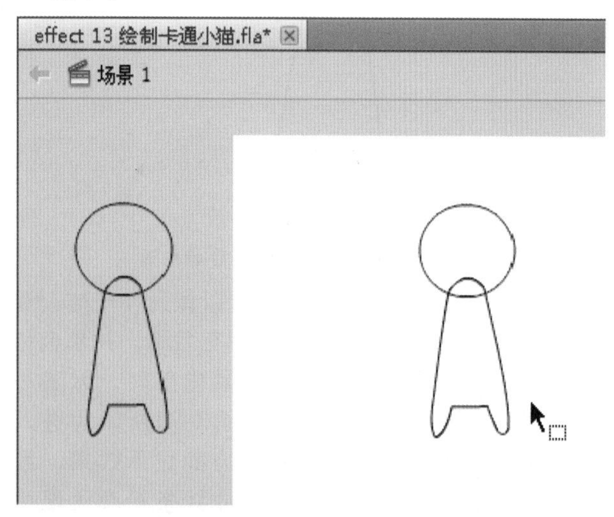

图3-95 将两个组粘贴一份备用

09 使用【选择工具】分别双击舞台中的两个组，并进入各自内部进行编辑，对轮廓进行进一步的修饰，如图3-96所示。

图3-96 对各自组内进行轮廓编辑

10 同样的方法进入各自的组内使用【颜料桶工具】进行上色，这样便完成了一个小猫角色的绘制，上色后的效果如图3-97所示。

图3-97 对各个组内部进行颜色填充

11 刚才放置在舞台外部的两个组，现在能再次派上用场，如图3-98所示，可以再次复制这两个组，粘贴到舞台上，并且再次绘制另外一个猫的卡通角色。

图3-98 刚才绘制的组

12 复制该轮廓，粘贴在舞台上，可以再次使用上面同样的方法为其绘制出不同的轮廓，如图3-99所示。

图3-99 绘制新的卡通形象轮廓

13 使用【颜料桶工具】为新绘制的形象进行上色，如图3-100所示。

14 可以使用上面同样的方法，再次绘制另外一个卡通猫的形象，移动所有的猫到合适的位置，保存文件，最终效果如图3-101所示。

图3-100 为新绘制的形象上色

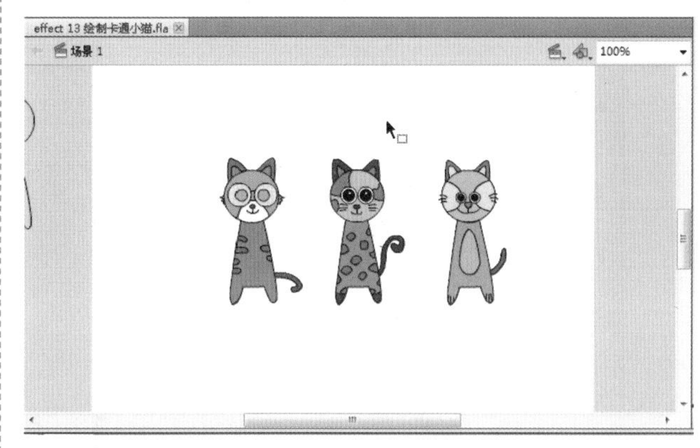

图3-101 案例最终效果图

3.7 课后练习

练习1 大象

本案例的练习为绘制卡通大象，案例大致制作流程如下。

01 使用【钢笔工具】绘制出大象的外轮廓。

02 使用【填充工具】配合【线条工具】为大象的身体做大致的颜色渐变设置。

03 使用【钢笔工具】描出高光部分的轮廓，并填充较深的颜色。

04 绘制眼睛部分和高光。

05 使用【椭圆工具】绘制一些圆形作为大象身上的斑点。最终效果如图3-102所示。

图3-102 最终效果

练习2 卡通小鹿

本案例的练习为绘制卡通小鹿，案例大致制作流程如下。

01 使用【钢笔工具】绘制出小鹿的外轮廓。

02 使用【颜料桶工具】配合【线条工具】为小鹿的身体做大致的颜色渐变设置。

03 描出高光部分的轮廓，并填充较深的颜色。

04 绘制眼睛部分和高光。

05 使用【椭圆工具】绘制一些圆形作为小鹿身上的斑点。最终效果如图3-103所示。

图3-103 最终效果

练习3　卡通小兔子

本案例的练习为绘制卡通小兔子，案例大致制作流程如下。

01 使用【钢笔工具】绘制小兔子的轮廓线条，并为内部填充上第一次的颜色。

02 再次绘制内部高光的轮廓线条，并使用【颜料桶工具】再次填充更深的颜色。

03 绘制脸部的轮廓并填充。最终效果如图3-104所示。

图3-104 最终效果

练习4　卡通小羊

本案例的练习为绘制卡通小羊，案例大致制作流程如下。

01 用【钢笔工具】绘制小羊的外围轮廓，并填充颜色。

02 使用【颜料桶工具】为阴影部分绘制轮廓并填充相应的颜色。

03 使用【椭圆工具】和【钢笔工具】绘制眼睛、铃铛及犄角部分。最终效果如图3-105所示。

图3-105 最终效果

练习5　卡通笑脸

本案例的练习为绘制卡通笑脸，案例大致制作流程如下。

01 使用【椭圆工具】绘制一个正圆，并填充径向渐变。

02 使用【钢笔工具】绘制出眼镜的轮廓，并填充黑色，再添加高光部分的效果。

03 使用【线条工具】绘制其他部分的线条，最终效果如图3-106所示。

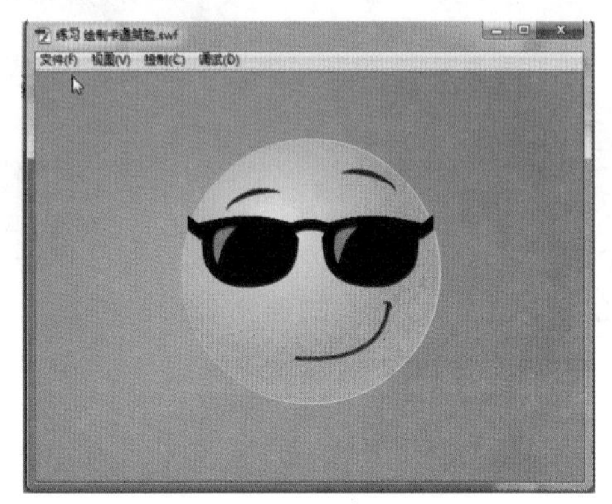

图3-106 最终效果

练习6　卡通猫女

本案例的练习为绘制卡通猫女，案例大致制作流程如下。

01 使用【钢笔工具】绘制小女孩的轮廓，通体都可以填充为黑色。

02 绘制出脸部和耳朵等部位的轮廓，并填充相应颜色。

03 使用【钢笔工具】绘制出脸部表情和手上的纹理。

04 复制一层外围的填充，并放置在原来的底部，使用【颜料桶工具】填充为白色。最终效果如图3-107所示。

图3-107 最终效果

第4章

场景绘制篇

本章的内容主要是关于Flash场景的绘制，场景在Flash动画制作中占据了举足轻重的地位。好的动画需要有合理的场景设计和布局。场景的构建包括：使用内置绘图工具进行绘制、使用外部绘图软件绘图后导入、直接使用外部场景素材这三个方法，需要合理地使用它们，以便于动画制作。

本章学习重点：

1. 熟悉渐变颜色的方向控制。
2. 熟练对图层的操作。
3. 了解元件的层叠关系。
4. 掌握旋转复制元件。
5. 掌握多边形工具并熟练钢笔工具的使用。
6. 了解元件的高级设置。

4.1 雪地场景

“雪地场景”案例最终效果图，如图4-1所示。

图4-1 案例最终效果

01 新建一个空白Flash文档，并以文件名“绘制雪地场景”为文件名进行保存。

02 双击位于时间轴上的“图层1”，并更改名称为“背景”，如图4-2所示。

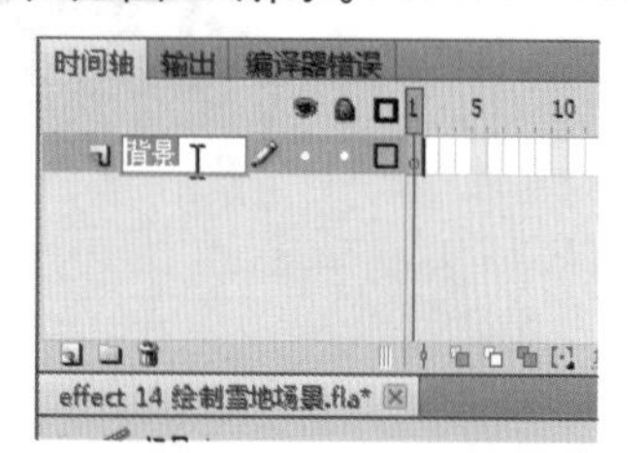

图4-2 修改图层名字

03 选择【矩形工具】，在“颜色”面板内将填充颜色的属性设置为如图4-3所示状态。

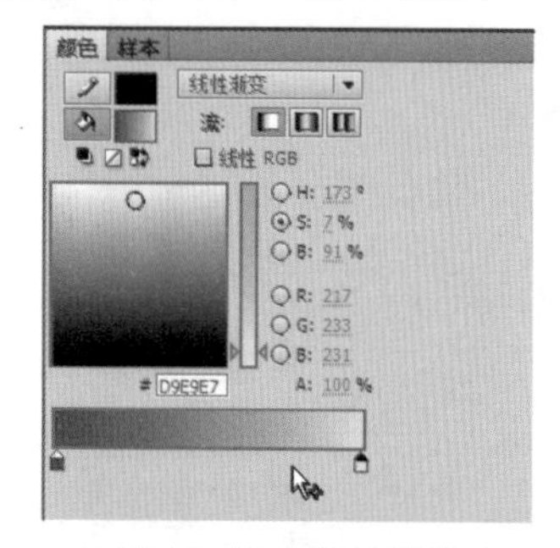

图4-3 设置渐变填充

04 使用上面所设置的颜色在舞台上绘制一个矩形，绘制完成后，双击该矩形的填充以选中整个矩形。在“属性”面板内将“位置和大小”设置为如图4-4所示的状态，因为空白Flash默认舞台尺寸为550×400，所以按照该属性设置之后，将会使矩形左上角对齐舞台左上角，并且铺满整个舞台。

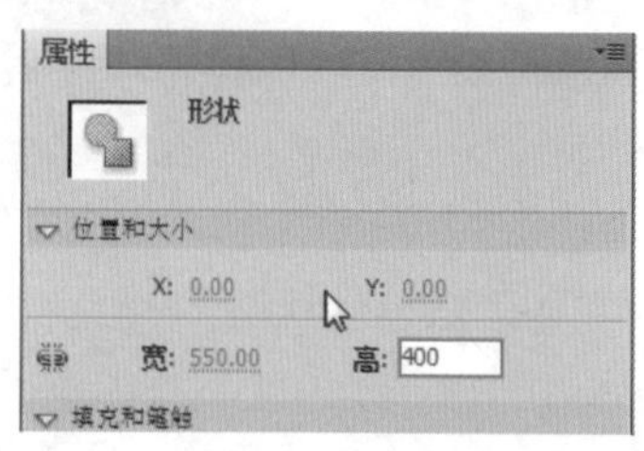

图4-4 设置矩形的位置和大小

05 用【渐变变形工具】将矩形的填充旋转90°，旋转后的样式如图4-5所示，以呈现自上而下的渐变效果，颜色由上到下逐渐变浅。

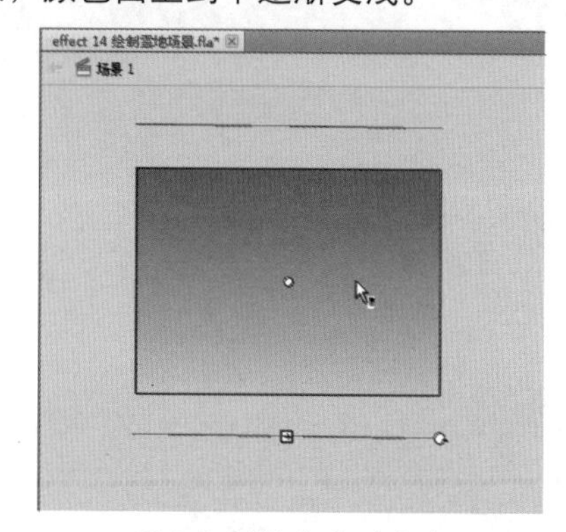

图4-5 调整渐变的方向

06 新建一个图层，并命名为“雪山”，如图4-6所示，该图层将会出现在“背景”图层的上方，并锁定“背景”图层。

图4-6 新建一个“雪山”图层并锁定“背景”图层

07 使用【钢笔工具】绘制如图4-7所示的雪山轮廓。

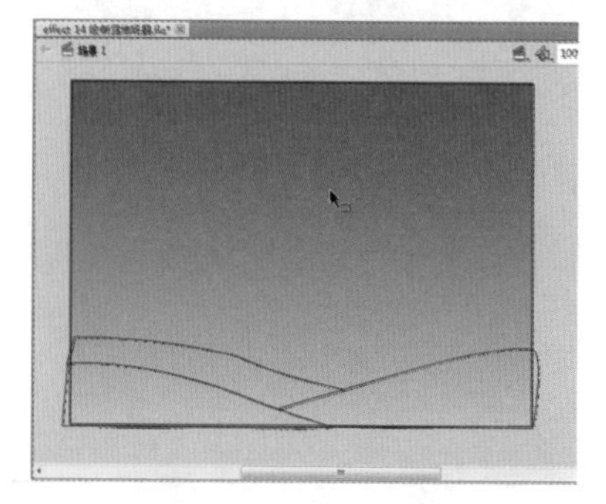

图4-7 绘制雪山轮廓

08 选择工具栏内的【颜料桶工具】，将“颜色”面板内的填充颜色改为如图4-8所示的状态。

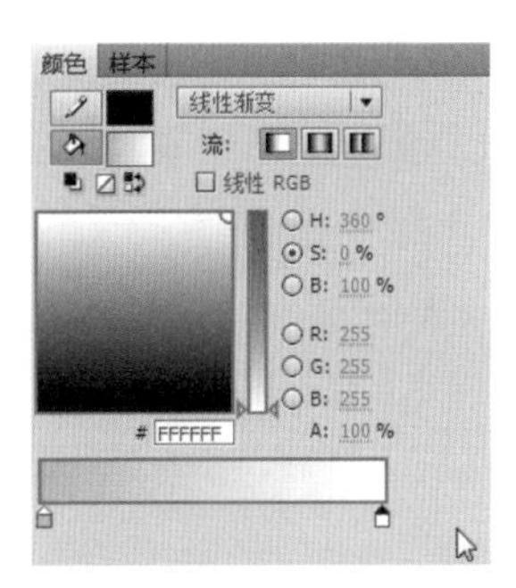

图4-8 设置渐变填充样式

09 使用【颜料桶工具】为雪山上色，再使用【渐变变形工具】将渐变的方向改变成垂直方向。修改完后将线条轮廓全选并删除，如图4-9所示。

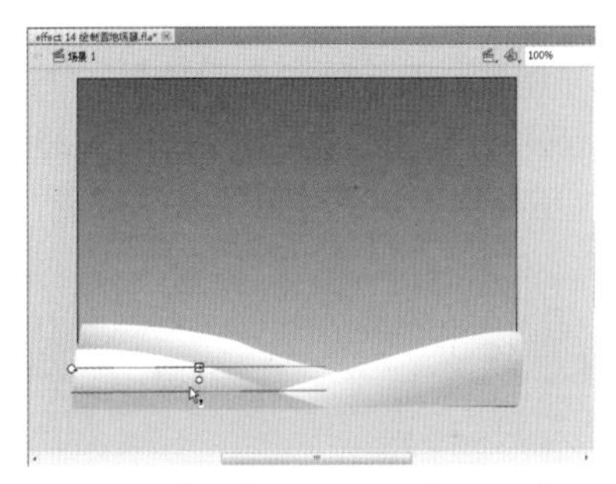

图4-9 填充颜色后修改渐变方向

10 再次新建一个“房屋”图层，将其拖曳到图层“雪山”的下方，如图4-10所示。

图4-10 新建一个图层并锁定雪山图层

11 选择【矩形工具】，在“颜色”面板内设置如图4-11所示的渐变填充颜色，并在“属性”面板内将“矩形选项”的“矩形边角半径”设置为8。

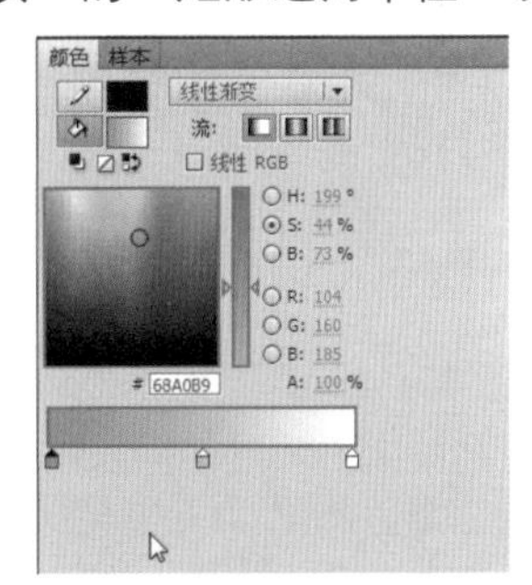

图4-11 设置填充渐变

12 绘制一个矩形，并使用【渐变变形工具】调整渐变的方向如图4-12所示。完成后可以在矩形内绘制一些颜色较深的小矩形当作窗户，并按快捷键Ctrl + G，以使该矩形构成一个单独的组，以避免和其他绘制的房屋产生像素上的重叠。

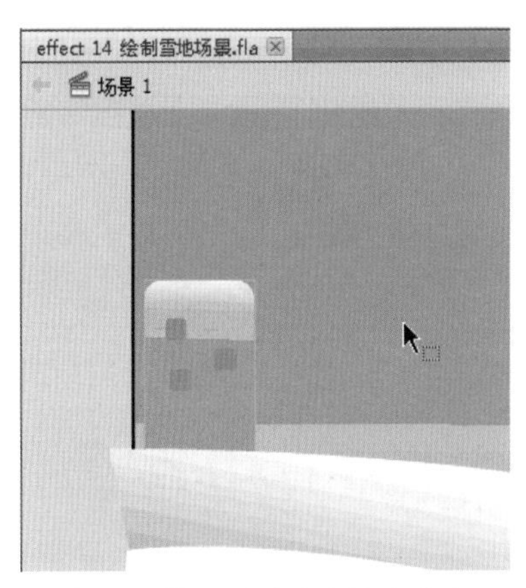

图4-12 制矩形并改变填充方向

13 绘制更多样式的房屋和窗户，并合理使用层叠排序以使所有的房屋都在合理的位置，如图4-13所示。

图4-13 绘制所有其他的房屋

14 锁定“房屋”图层，在图层“雪山”的上方新建一个图层，并命名为“雪花”，如图4-14所示。

图4-14 新建一个“雪花”图层

15 在舞台空白的地方，使用【线条工具】用白色的线条绘制如图4-15所示的线条轮廓。

图4-15 绘制线条轮廓

16 全选上面所绘制的线条后，按快捷键Ctrl + G组合，使用【任意变形工具】将空心的旋转点移动到如图4-16所示的位置。

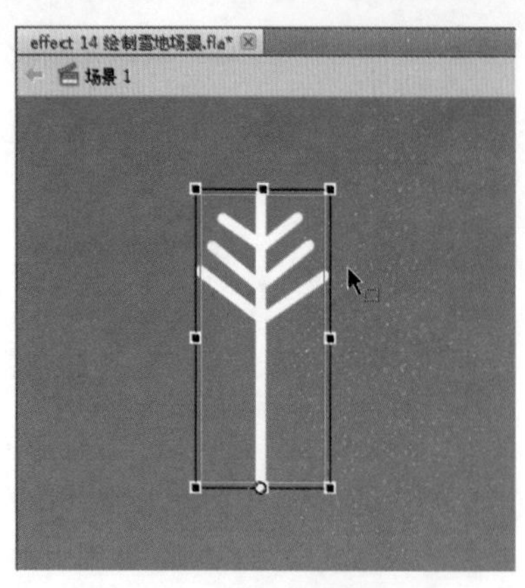

图4-16 移动旋转点

17 在“变形”面板中，将数值调节为如图4-17所示的状态，并单击右下方的“重置选区和变形”按钮。

18 重复单击几次“重置选区和变形”按钮后，将会把刚才的图形复制为如图4-18所示的状态。

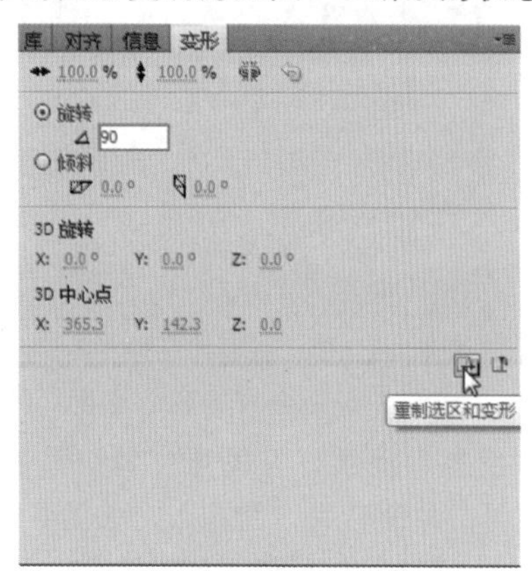

图4-17 修改变形面板内数值

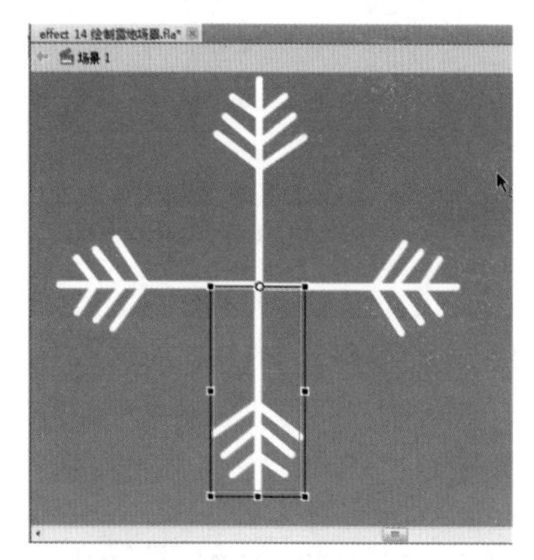

图4-18 使用变形将图形复制

19 使用上面的方法或结合复制粘贴及【钢笔工具】，并将完成的图形按F8键转换为图形元件，并且命名为“雪花”，将雪花完善成如图4-19所示的状态。

图4-19 绘制雪花的其他部分

20 使用复制粘贴命令配合【任意变形工具】，将雪花放置在舞台的各个位置，并可以在选中雪花的状态下，在“属性”面板的“色彩效果”下拉列表中选择Alpha选项，并修改透明度，如图4-20所示。

图4-20 修改透明度

注意：

只有被转换为元件后，才能进行色彩效果的更改。

21 摆好所有的雪花并保存文件，效果如图4-21所示。

图4-21 最终效果图

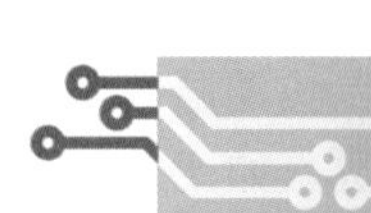

4.2　草原场景

"草原场景"案例最终效果，如图4-22所示。

图4-22 案例最终效果

01 新建一个空白Flash文档，并以文件名"effect 15 绘制草原场景"保存文件。

02 将舞台大小更改为 600×480，如图4-23所示。

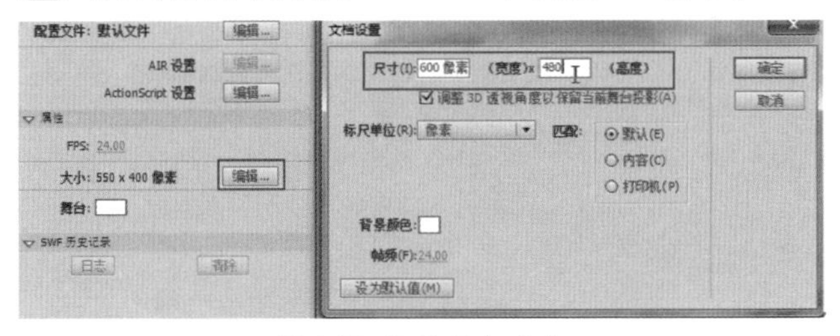

图4-23 设置舞台尺寸

03 在时间轴内将图层1改名为"草地"，如图4-24所示。

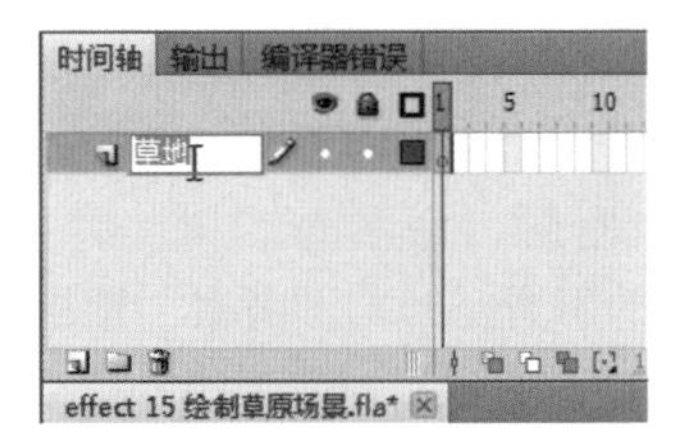

图4-24 修改图层名称

04 在舞台下方使用【钢笔工具】绘制草地的轮廓，如图4-25所示。

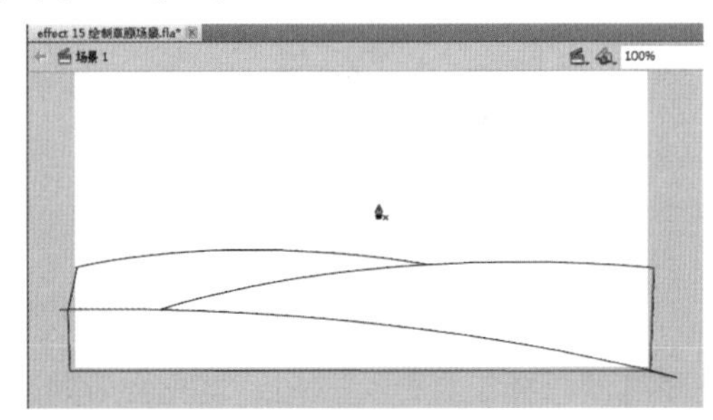

图4-25 绘制草地轮廓

05 选择【颜料桶工具】，并在"颜色"面板内将渐变设置为如图4-26所示的状态。

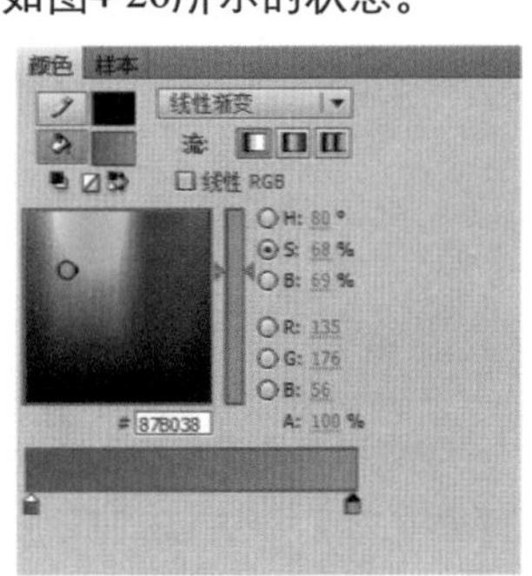

图4-26 设置渐变

06 为草地部分填充该渐变颜色，并使用【渐变变形工具】修改渐变的方向，颜色由上到下变深。之后删除之前绘制的轮廓线条，如图4-27所示。

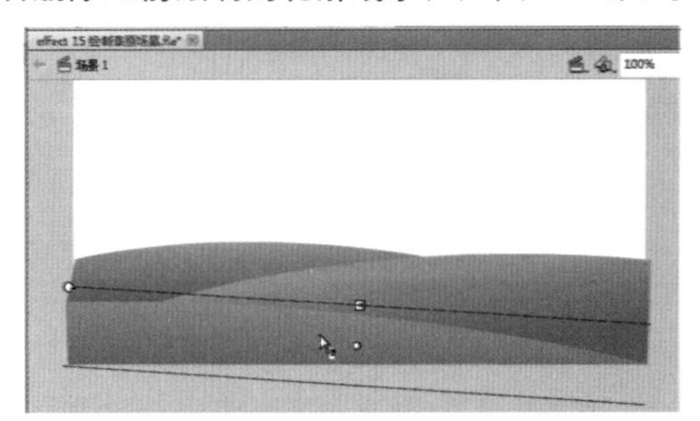

图4-27 修改渐变方向并删除轮廓线条

07 新建一个图层，命名为"云朵"，拖曳该图层使该图层位于"草地"图层的下方，如图4-28所示。

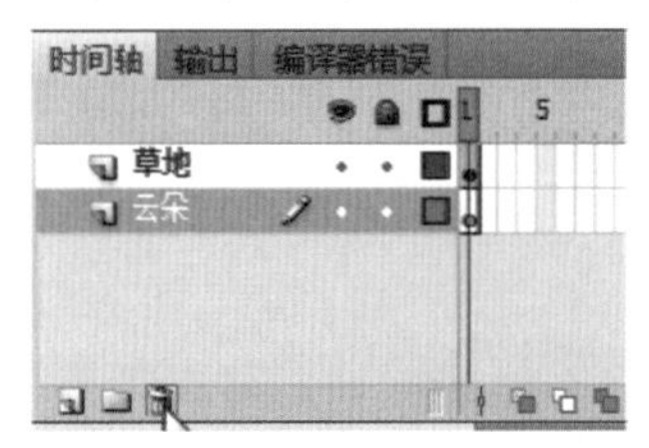

图4-28 新建"云朵"图层

08 使用【钢笔工具】在舞台空白部分绘制云朵的轮廓，如图4-29所示。

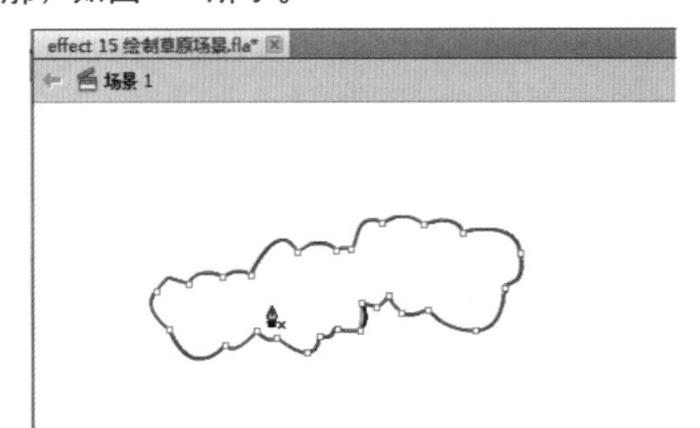

图4-29 绘制云朵的轮廓

09 在其他位置用同样方法绘制更多样式不同的云朵，并安排好位置，如图4-30所示。

图4-30 绘制其他云朵的轮廓线条

10 选择【颜料桶工具】，并在“颜色”面板内将渐变颜色改为如图4-31所示的状态。

11 为所有“云朵”填充颜色，并使用【渐变变形工具】改变一些渐变的方向，之后删除所有云朵的线条轮廓，如图4-32所示。

图4-31 设置渐变样式

图4-32 填充颜色并删除轮廓线条

12 或许此时云朵看不太清楚，但是还需要一个背景来衬托。设置一个如图4-33所示的渐变。

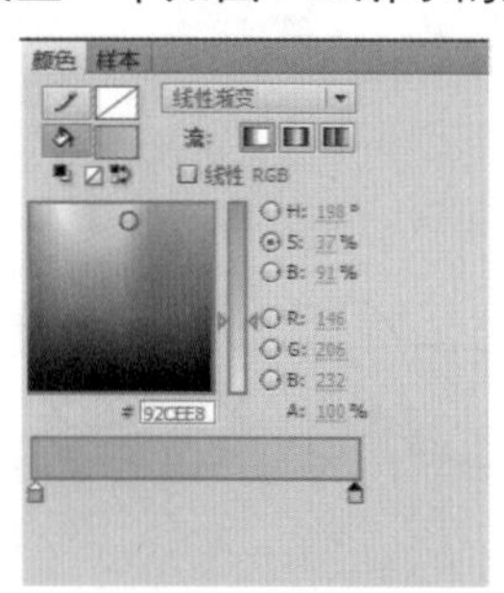

图4-33 设置渐变

13 新建一个图层，命名为“背景”，并拖曳该图层到所有图层的下面，并锁定“云朵”图层，如图4-34所示。

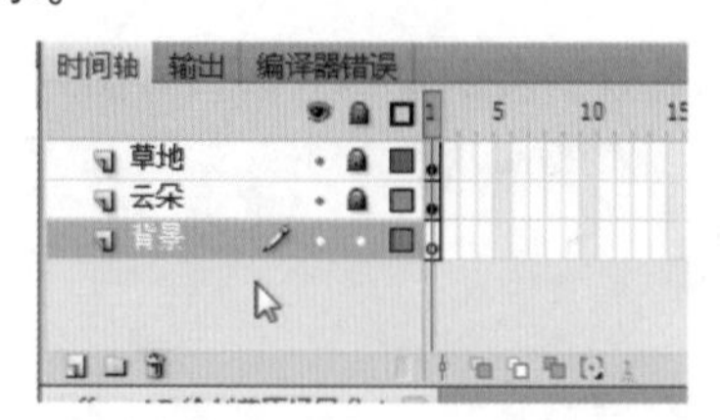

图4-34 新建背景图层

14 使用【矩形工具】绘制一个矩形，该矩形将使用到刚才设置的渐变填充，绘制完成后选中该矩形并在“属性”面板内将数据设置成如图4-35所示的状态。

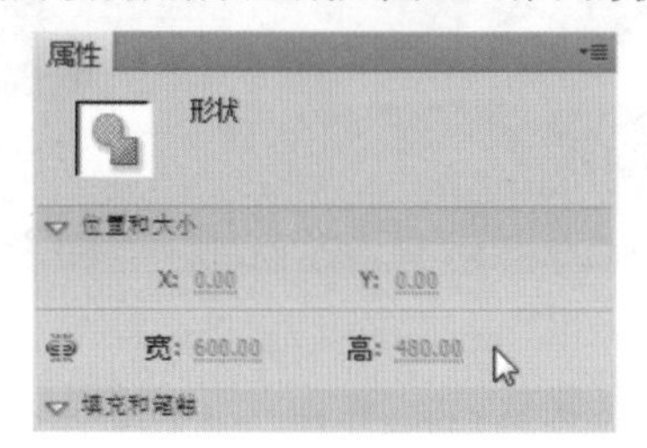

图4-35 设置矩形位置和大小

15 使用【渐变变形工具】改变矩形的渐变方向，效果如图4-36所示。

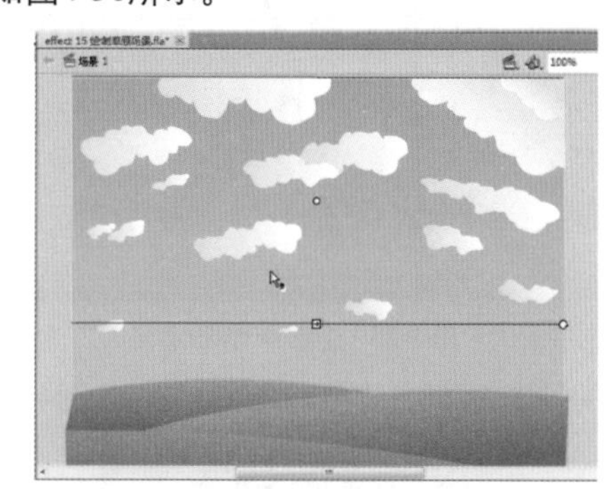

图4-36 改变矩形的渐变方向

16 新建一个图层，命名为“树”，并拖曳至“草地”图层的下方，锁定“背景”图层。

17 使用【钢笔工具】绘制一个树的轮廓，如图4-37所示。

图4-37 绘制树的轮廓

18 使用【颜料桶工具】为“树”填充合适的颜色，并删除轮廓线条，如图4-38所示。

图4-38 填充颜色并删除线条

19 在“树”图层的上方新建一个图层，命名为“鸟”，如图4-39所示。

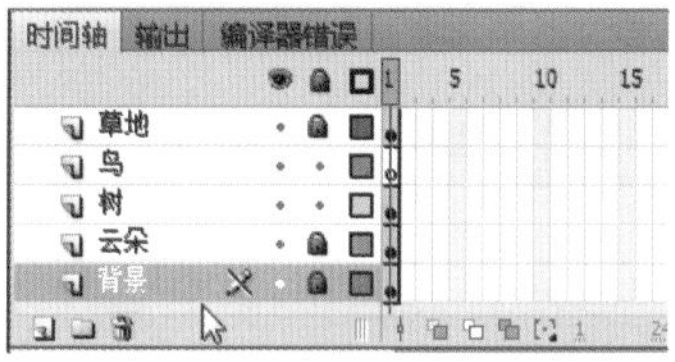

图4-39 新建“鸟”图层

20 使用【钢笔工具】在天空中绘制几个简单的鸟轮廓，并使用【颜料桶工具】填充颜色，如图4-40所示。

图4-40 绘制小鸟

21 保存文件，可以看到最终效果如图4-41所示。

图4-41 最终效果图

4.3 海滩场景

“海滩场景”案例最终效果，如图4-42所示。

图4-42 案例最终效果

01 新建一个空白Flash文件，并以文件名为“绘制海滩场景”保存文件。

02 将图层1重命名为“背景”，并使用【矩形工具】在舞台上绘制一个矩形，颜色为天蓝，并在“属性”面板内设置其属性如图4-43所示。

图4-43 设置矩形的位置和大小

03 锁定“背景”图层，新建一个图层，命名为“海”，位于“背景”图层的上方，如图4-44所示。

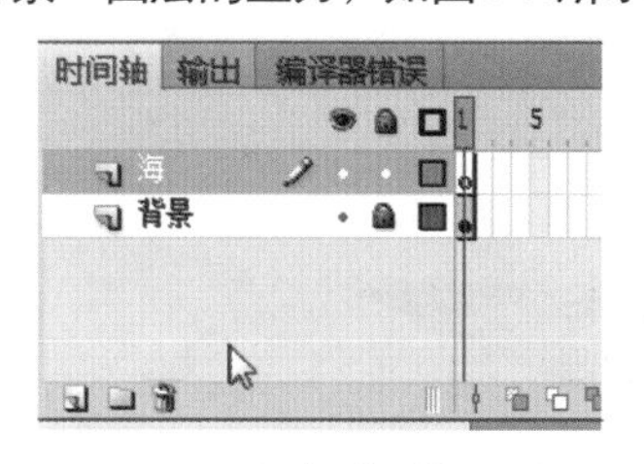

图4-44 新建“海”图层

04 使用【矩形工具】在舞台下方绘制一个矩形构成海面，颜色选择较深的蓝色，如图4-45所示。

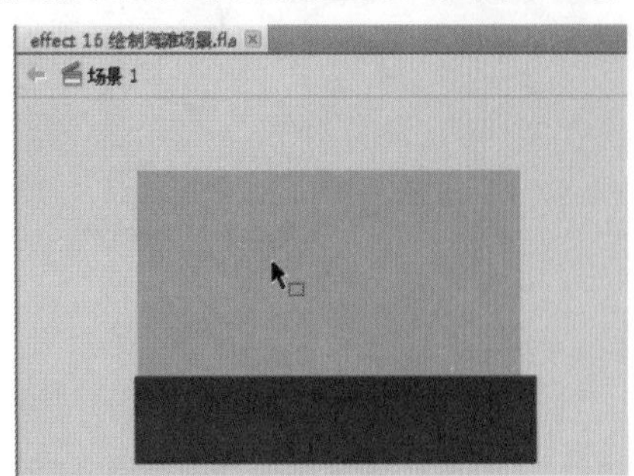

图4-45 绘制深蓝色的矩形

05 使用【钢笔工具】在海面绘制几个简单的波浪形状，并填充较浅的蓝色，如图4-46所示。

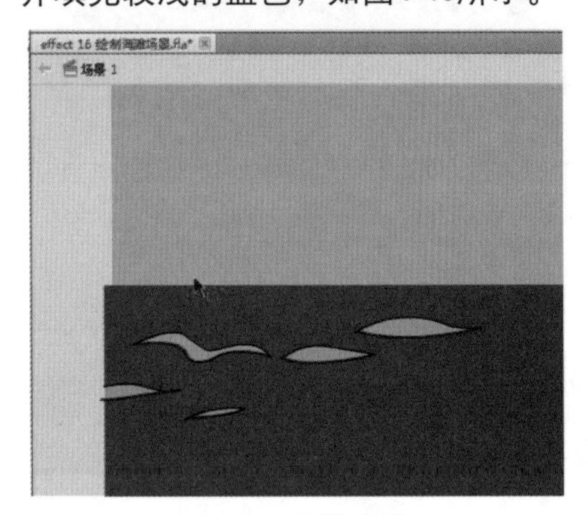

图4-46 绘制波浪

06 删除波浪的线条，锁定“海”图层。新建一个图层，命名为“沙滩”，拖曳该图层位于“海”图层的上方。

07 使用【钢笔工具】绘制如图4-47所示的沙滩轮廓。

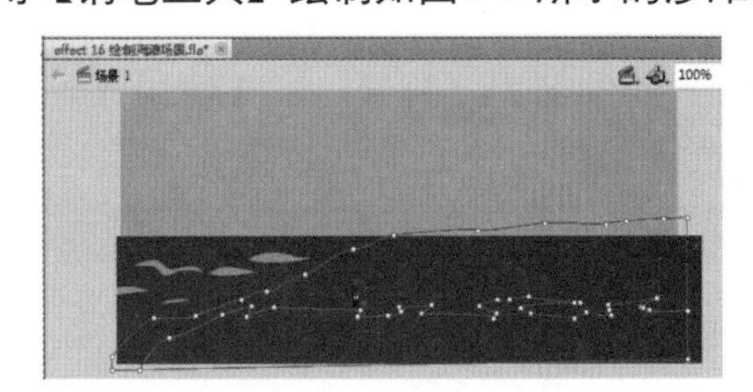

图4-47 绘制沙滩的轮廓

08 使用【颜料桶工具】为沙滩的不同区域进行上色。上色后删除沙滩轮廓线条，效果如图4-48所示。

图4-48 为沙滩填充颜色

09 新建一个图层，命名为“云”，并且将其拖曳至“海”和“背景”图层中间，如图4-49所示。

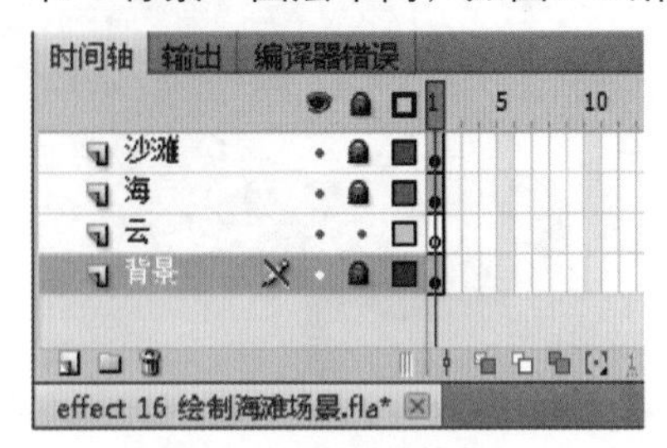

图4-49 新建“云”图层

10 使用【钢笔工具】在“云”图层上绘制一些不同样式的云朵轮廓，如图4-50所示。

图4-50 绘制云朵的线条

11 使用【颜料桶工具】为“云朵”上色，上色完成后删除云朵的轮廓线条，效果如图4-51所示。

图4-51 为云朵添加填充并删除轮廓线条

12 新建一个图层，命名为“太阳伞”，将其拖曳到所有图层的上方，并把 “云”图层锁定，如图4-52所示。

图4-52 新建一个图层并拖曳至最上层

13 使用【钢笔工具】绘制一个太阳伞的轮廓，如图4-53所示。

图4-53 绘制太阳伞的轮廓

14 使用【颜料桶工具】为太阳伞的不同区域填充不同的颜色，并按快捷键Ctrl + G组合所有伞的部位，之后在伞的下方绘制一个阴影，效果如图4-54所示。

图4-54 为太阳伞添加填充颜色和阴影

15 新建一个图层，命名为“毯子”，并使其在最顶层，使用【线条工具】绘制如图4-55所示的轮廓。

图4-55 绘制轮廓

16 使用【颜料桶工具】为其填充颜色，效果如图4-56所示。

图4-56 为毯子上色

17 新建一个图层，命名为“太阳”。选择【椭圆工具】后，在“颜色”面板内将颜色设置为如图4-57所示的状态，颜色由完全不透明的白色渐变到完全透明的白色。

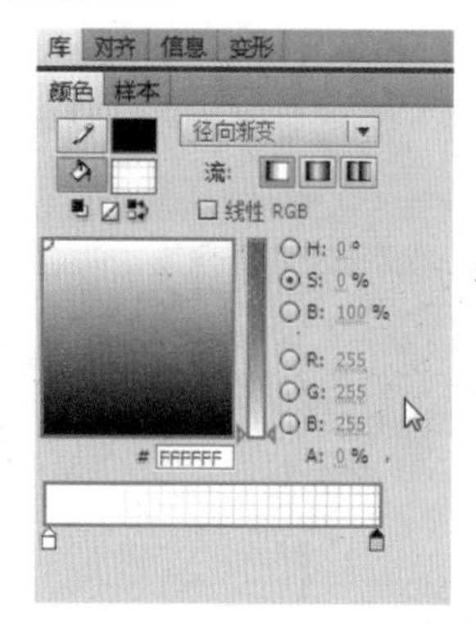

图4-57 渐变设置

18 在舞台左上角绘制一个正圆，绘制完成后使用【渐变变形工具】调整渐变，如图4-58所示。

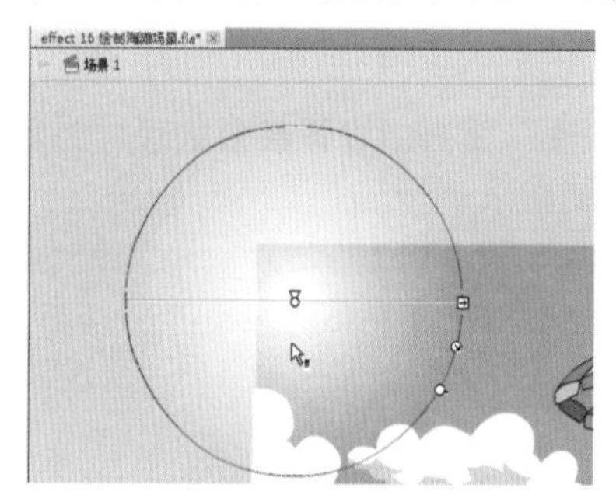

图4-58 绘制圆形并调整渐变

19 将刚才绘制的圆形选中后按快捷键Ctrl+G组合，并使用【椭圆工具】在旁边绘制一些白色的正圆，以表示光晕效果，如图4-59所示。

图4-59 绘制光晕效果

20 保存文件，最终效果如图4-60所示。

图4-60 最终效果图

4.4 夜间场景

“夜间场景”案例最终效果，如图4-61所示。

图4-61 案例最终效果

01 建一个空白Flash文件，并以文件名为“绘制夜间场景”保存文件。

02 在“属性”面板中设置舞台的尺寸为560×350，如图4-62所示。

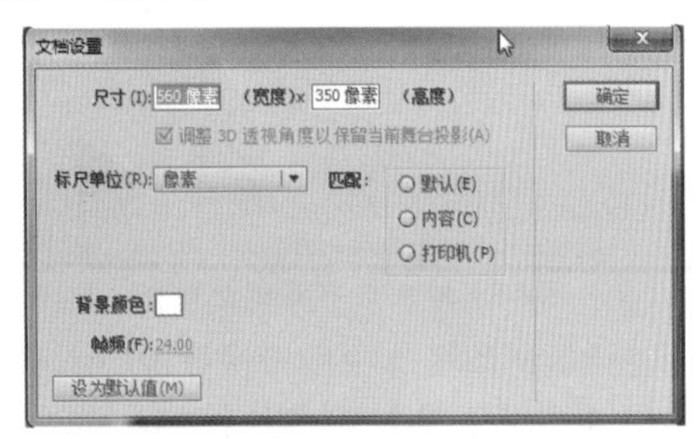

图4-62 设置舞台尺寸

03 按快捷键Ctrl + F8新建一个影片剪辑元件，并命名为“背景”，如图4-63所示。

图4-63 创建新影片剪辑元件

04 单击“确定”按钮后进入影片剪辑内部，选择【矩形工具】，并在“颜色”面板中设置填充颜色属性如图4-64所示。

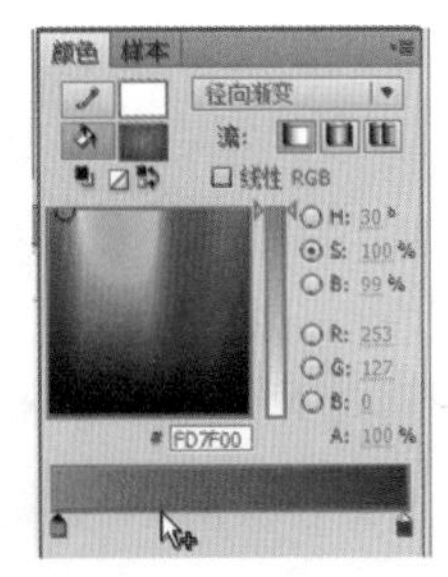

图4-64 设置颜色渐变

05 在舞台上使用【矩形工具】绘制一个矩形，再使用【渐变变形工具】调整渐变，如图4-65所示。

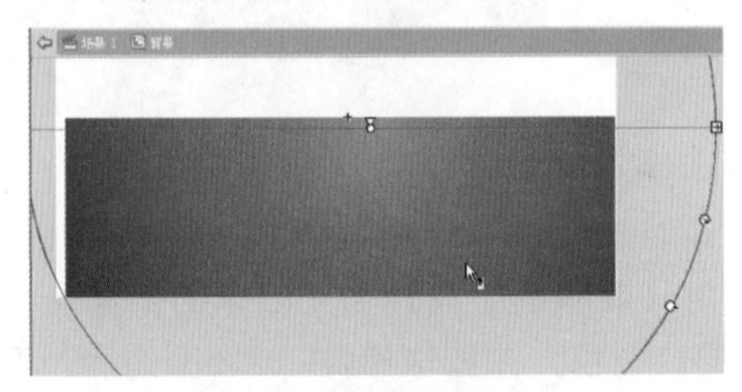

图4-65 调整渐变形状

06 再次设置“颜色”面板中的颜色，如图4-66所示。

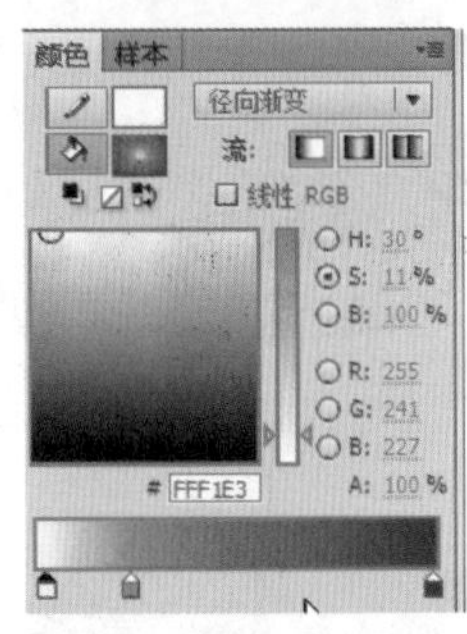

图4-66 设置渐变颜色

07 使用【矩形工具】在刚才绘制的矩形上面再次绘制一个矩形，并使用【渐变变形工具】调整颜色渐变，如图4-67所示。

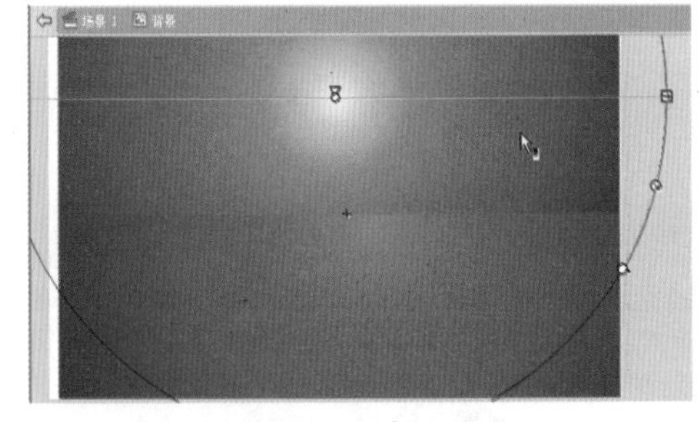

图4-67 调整颜色渐变

08 返回主场景，将图层1重命名为“背景”，将库中的“背景”元件拖曳至舞台上，并在“属性”面板中设置影片剪辑的色彩效果，如图4-68所示。

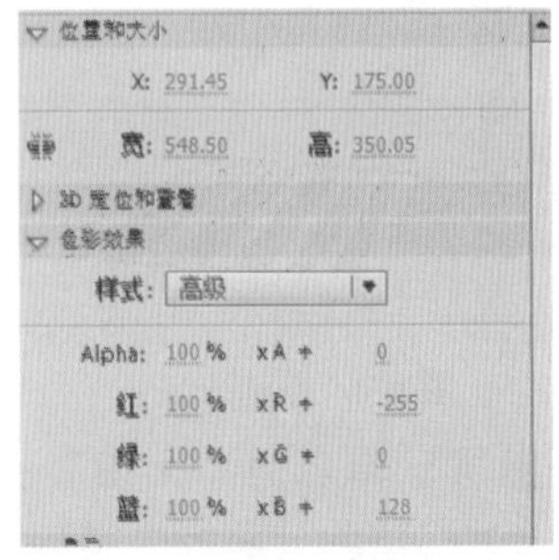

图4-68 设置影片剪辑的色彩效果

09 完成后的影片剪辑效果，如图4-69所示。

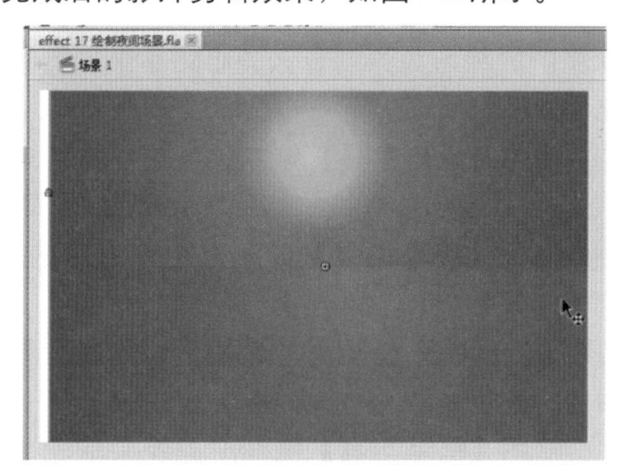

图4-69 设置色彩效果后的样式

10 隐藏背景层，新建一个图层，命名为“树丛”，并选择【钢笔工具】，绘制如图4-70所示的轮廓。轮廓可以分多次绘制，达到大致效果即可，实现树丛的感觉，并填充黑色。

11 最终效果，如图4-71所示。

图4-70 绘制树丛的轮廓

图4-71 最终效果图

4.5 课后练习

练习1　城堡场景

本案例的练习为绘制城堡场景，案例大致制作流程如下。

01 使用【颜料桶工具】绘制一个线性渐变填充的矩形背景。

02 使用【钢笔工具】绘制城堡外围的轮廓线条。

03 使用【钢笔工具】绘制窗户和尾顶的纹理。

04 使用【颜料桶工具】为所有的间隙填充颜色。案例效果如图 4-72 所示。

图4-72 案例效果

练习2　城市公路场景

本案例的练习为绘制城市公路场景，案例大致制作流程如下。

01 使用【钢笔工具】绘制远处楼房的轮廓效果，并填充较浅的灰色，同样的步骤再绘制一层并填充更深的颜色。

02 绘制公路表面的轮廓，并填充颜色。

03 使用【颜料桶工具】绘制背景的渐变填充，案例效果如图4-73所示。

图4-73 案例效果

练习3　窗台场景

本案例的练习为绘制窗台场景，案例大致制作流程如下。

01 使用【矩形工具】制窗台的轮廓，并使用【颜料桶工具】进行颜色填充。

02 使用【钢笔工具】绘制云彩的轮廓，并转换为影片剪辑，为其添加“模糊”滤镜。

03 使用同样的方法处理窗外的楼房。

04 绘制右侧的植物轮廓和填充，案例效果如图4-74 所示。

图4-74 案例效果

练习4　春天小路场景

本案例的练习为绘制春天的小路场景，案例大致制作流程如下。

01 使用【矩形工具】绘制天蓝色到白色渐变的矩形。

02 使用【钢笔工具】绘制草地和道路的轮廓，并填充相应颜色。

03 再次绘制一些矩形并调整形状组成房屋，并填充相应的颜色。

04 使用【钢笔工具】绘制一些花朵的轮廓，并填充不同的颜色，多粘贴一些花朵元件到草地上，案例效果如图 4-75 所示。

图4-75 案例效果

第5章

逐帧动画篇

在时间轴上逐帧绘制内容称为“逐帧动画”，由于是一帧一帧的画，所以逐帧动画具有非常大的灵活性，几乎可以表现任何想表现的内容，它就像以前小时候玩的“翻书动画”一样。虽然制作起来相对复杂，但是效果往往比别的动画更加流畅，更加精致。我们可以在需要使用较为精细的动画时绘制逐帧动画，也可以使用素材进行组合而形成逐帧动画。

本章学习重点：

1. 学习外部素材的使用。
2. 了解帧的基本操作。
3. 熟练影片元件的创建。
4. 了解补间动画的制作。
5. 熟练元件的操作。

5.1 人物滑行动画

本案例的动画效果，如图5-1所示。

图5-1 最终案例效果

01 新建一个空白Flash文档。将合适的图片素材导入到舞台内，执行【文件】→【导入】→【导入到库】命令，如图5-2所示。

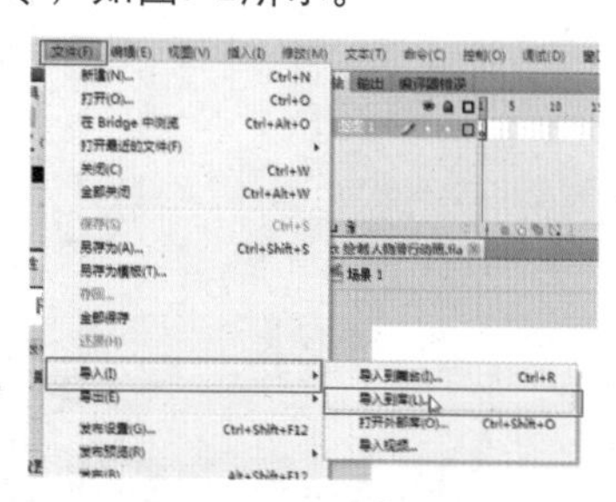

图5-2 导入外部素材

02 在弹出的对话框内浏览需要导入的素材至库中，可以选择多个图片对象进行导入，导入之后，库里将会增加刚才所导入的图片，如图5-3所示。

图5-3 导入素材后的库

03 为图层1重命名为“背景层”，如图5-4所示。

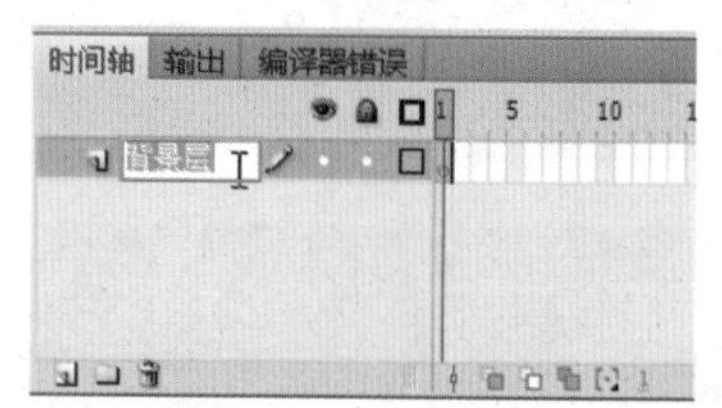

图5-4 重命名图层

04 将刚才导入进来的图片“背景图.jpg”从库内拖曳至舞台上，并调节其位置和尺寸，使其正好占满整个舞台，如图5-5所示。

图5-5 将背景图拖曳至场景

05 新建一个图层，命名为“人物运动”，并按快捷键Ctrl + F8 新建一个影片剪辑元件，命名为“人物”，确认后进入该元件内进行编辑。如图 5-6 所示。

图5-6 新建一个人物影片剪辑

06 选择库内文件名序号最小的人物运动的素材图，将其拖曳到舞台上，使用【任意变形工具】配合方向键移动该图形，并使它的中心点对准元件注册点，如图5-7所示。

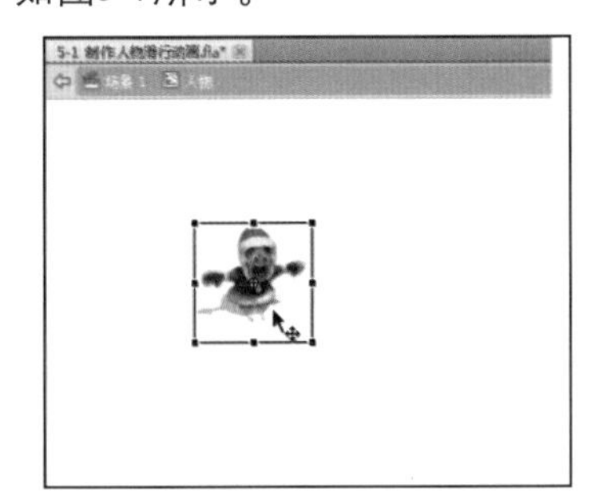

图5-7 移动图片使其中心对准注册点

07 此时在时间轴上可以看到图层1的第1帧上变成了关键帧，说明第1帧上已经有了内容。接下来在第3帧的位置单击右键，在弹出的菜单内选择【插入空白关键帧】选项（也可以在选中第3帧后按F7键），如图5-8所示。

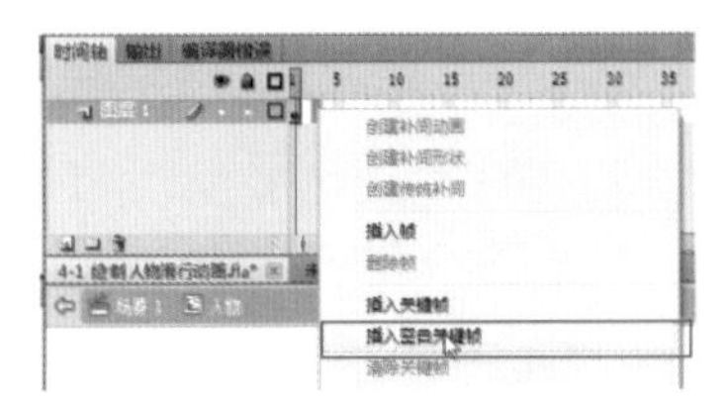

图5-8 插入空白关键帧

08 插入空白关键帧后，将看不到刚才导入的图片了，因为刚才的图片是处于第1帧的位置，而现在已经到了第3帧，并且插入的是空白关键帧，表示第3帧目前没有任何内容。接下来可以重复上面的步骤，将刚才图片序列的下一张图片素材拖曳到舞台上，并且也使其中心点对齐，如图5-9所示。

图5-9 重复上面的步骤并对其中心点

09 再次重复上面的步骤，并且每隔一帧插入空白关键帧，将下一张图拖曳进来，直到将最后一张图处理完毕，时间轴如图5-10所示。

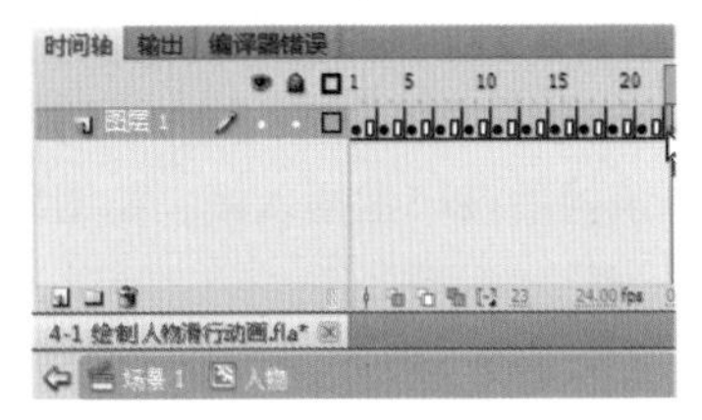

图5-10 添加完成后的时间轴的状态

10 经过上面的步骤，制做出了人物运动的影片剪辑，单击时间轴下方的“场景1”以返回主场景。

11 在“背景”图层之上新建一个图层，命名为“人物”，并将库内的“人物”元件拖曳到舞台的合适位置，如图5-11所示。

图5-11 将人物元件拖曳到舞台合适位置

12 在“人物”图层的第30帧单击右键，在弹出的菜单中选择【插入关键帧】选项，也可以在选中第30帧的情况下，按F6键插入一个关键帧，此操作后将会在第30帧添加一个实心的圆点，如图5-12所示。

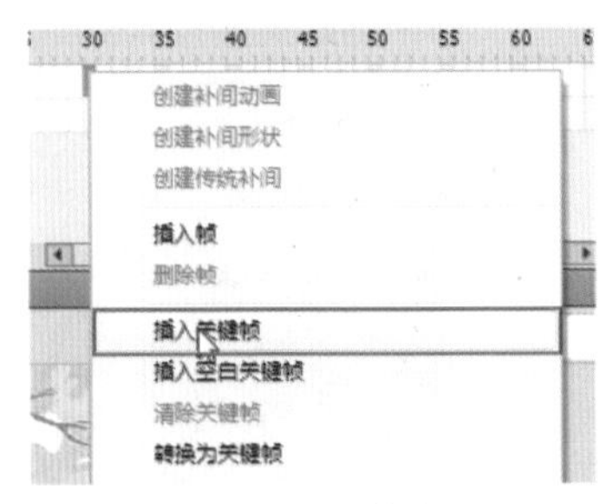

图5-12 插入关键帧

13 在“人物”图层的第1～30帧中间的任意一帧单击右键，并在弹出的菜单中选择【插入传统补间】选项，此操作后将在第1~30帧中间添加一段有箭头的线段，如图5-13所示。

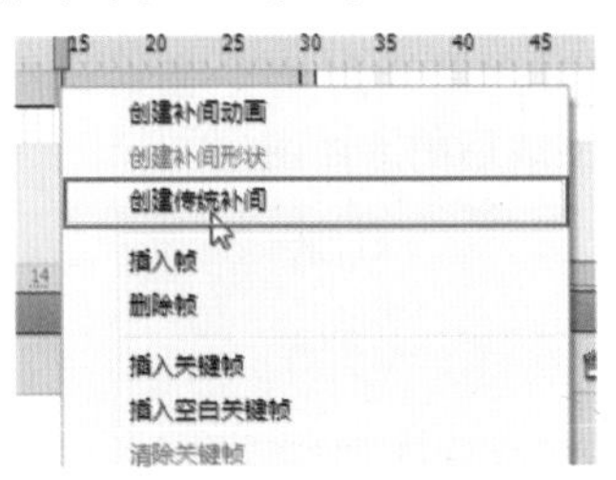

图5-13 插入传统补间

14 因为只扩展了“人物”图层的时间轴，在第2帧以后将看不到背景图层，所以也需要扩展“背景”图层的时间轴，在“背景”图层的第30帧单击右键，在弹出的菜单里选择【插入帧】选项，也可以在选中该帧后按F5键插入帧。如图5-14所示。

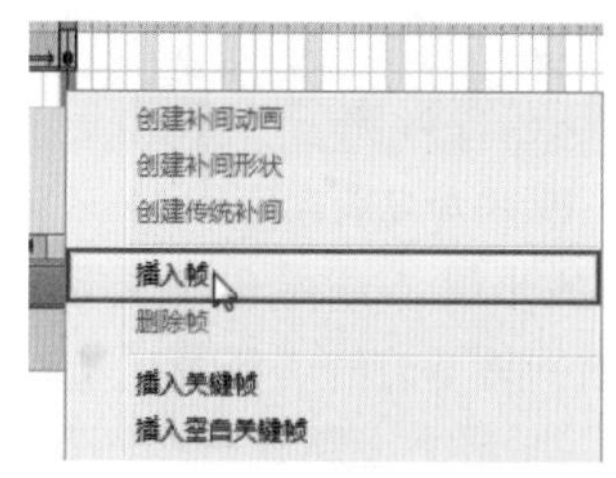

图5-14 插入帧

15 使用【任意变形工具】单击“人物”图层第1帧的人物元件，并按住Shift键等比例缩小该元件，再到“人物”图层的第30帧单击人物元件将其向右下方拖曳些许位置，目的是让该元件从第1帧播放到第30帧时的动画表现形式为：从左上角往右下角运动，并且由小变大。

16 保存文件，按快捷键Ctrl+Enter 测试影片，可以看到一个小人在雪地里滑行的动作，并且在滑行的过程中还在不断扭动身体。

5.2 小鸟飞行动画

“小鸟飞行动画”案例效果，如图5-15所示。

图5-15 最终案例效果

01 新建一个空白Flash文档，执行【文件】→【导入】→【导入到库】命令将素材图片导入到库中，导入完成后的库如图5-16所示。

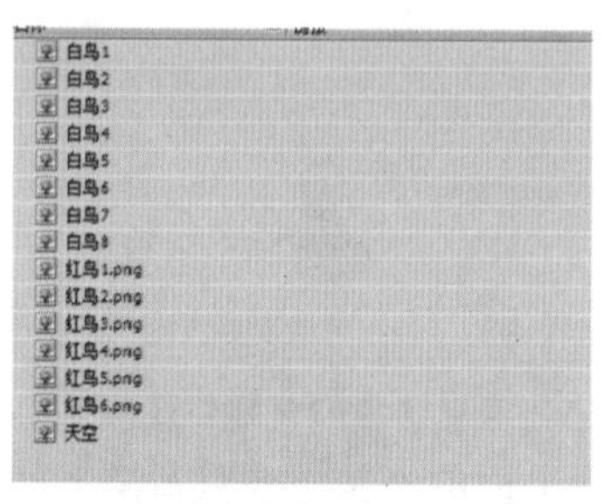

图5-16 将外部素材导入进库中

02 新建影片剪辑元件“红鸟”，将图形“红鸟1”从库中拖曳至影片剪辑的第1帧，并使用【任意变形工具】将其注册点对齐舞台的中心点，如图5-17所示。

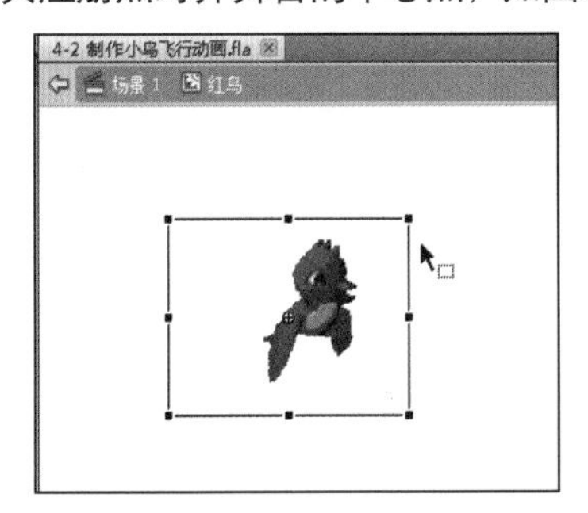

图5-17 将红鸟1从库内拖曳出来并对齐舞台中心点

03 选中第3帧并按F7键插入空白关键帧，把“红鸟2”图形拖曳至舞台和上一步一样调整位置，接下来重复以上步骤，每隔一帧插入一个空白关键帧并将下一个图形放进来调整位置。最终时间轴如图5-18所示，并且此时拖曳播放头可以看到小鸟原地扇动翅膀的逐帧动画。

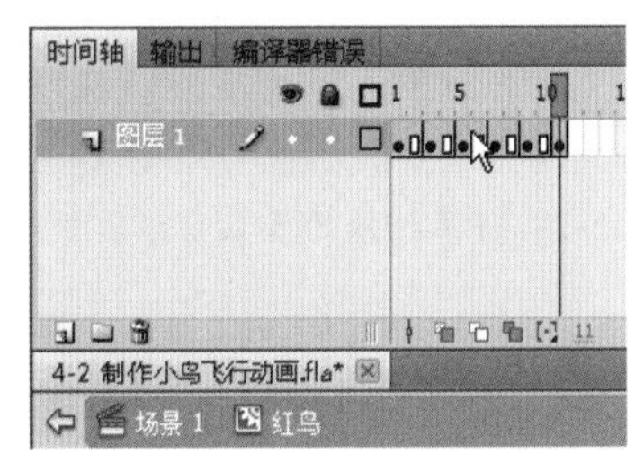

图5-18 添加完红鸟的图片后的时间轴

04 按照上面的同样的步骤，新建一个影片剪辑元件，命名为“白鸟”，并进入该元件内部进行编辑，制作和“红鸟”动画一样的动画，最终完成后的效果如图5-19所示。

图5-19 制作白鸟飞行的动画

05 单击“场景1”返回主场景，将图层1重命名为“背景”，如图5-20所示。

图5-20 将图层1重命名

06 将库内的背景图拖曳至舞台，并调整其位置和尺寸使其占满整个舞台，如图5-21所示。

图5-21 将背景图拖曳至舞台并调整位置和尺寸

07 新建一个图层，命名为“红鸟”，并将影片剪辑“红鸟”从库中拖曳至该图层的第1帧，如图5-22所示。

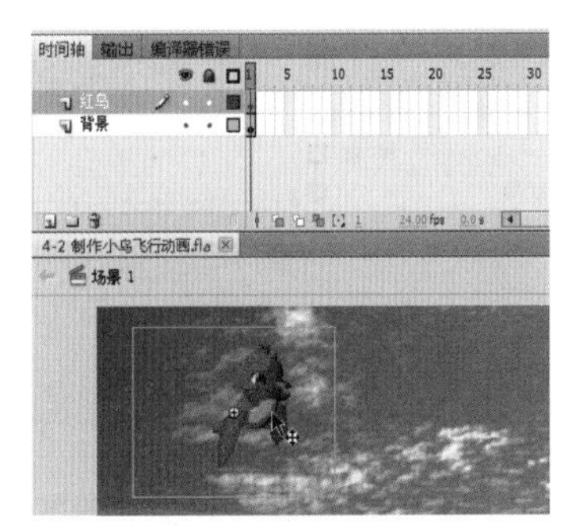

图5-22 拖曳红鸟元件至红鸟图层的第一帧

08 在“红鸟”图层的第20帧按F6键插入关键帧，并选中第20帧的红鸟，按住Shift键并按数次向右键将红鸟从原来的位置向右平移，直到移出舞台，如图5-23所示。

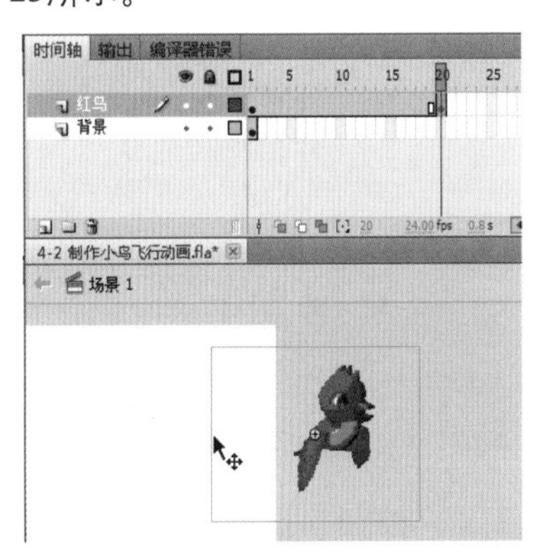

图5-23 移动红鸟元件出舞台范围

09 选中“红鸟”图层第1帧的红鸟，按住Shift键并按数次向左将红鸟从原来的位置向左侧平移，直到移出舞台，如图5-24所示。

10 在“红鸟”图层第1~20帧中间任意一帧单击右键，并在弹出的菜单中选择【创建传统补间】选项，以创建出一个小鸟从左侧一直飞到右侧的补间动画。

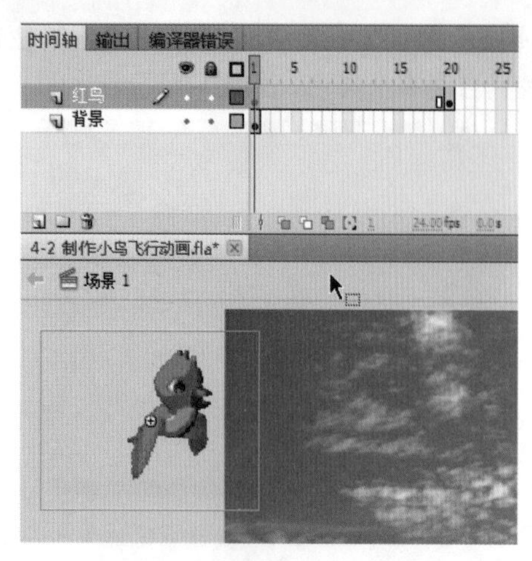

图5-24 移动第1帧的红鸟

11 单击“背景”图层第20帧并按F5键插入帧，以使“背景”图层的内容也能播放到第20帧。如图5-25所示。

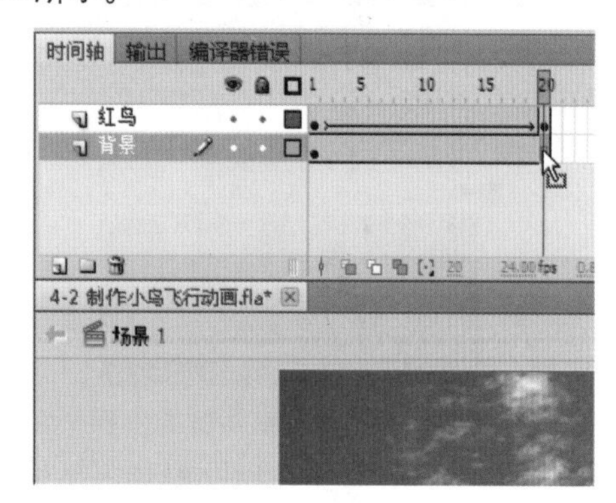

图5-25 在“背景”图层第20帧插入帧

12 再次新建一个图层，并命名为“蓝鸟”，将库中的“白鸟”影片剪辑拖曳至该图层第1帧处，如图5-26所示。

图5-26 新建图层并放置进蓝鸟元件

13 选中“白鸟”图层第1帧的“白鸟”元件，执行【修改】→【变形】→【水平翻转】命令，将蓝鸟元件水平翻转过来，如图5-27所示。

14 在“蓝鸟”图层的第12帧按F6键插入关键帧，并将其向左平移出舞台，如图5-28所示。

15 将“蓝鸟”图层第1帧的蓝鸟向右平移出舞台，如图5-29所示。

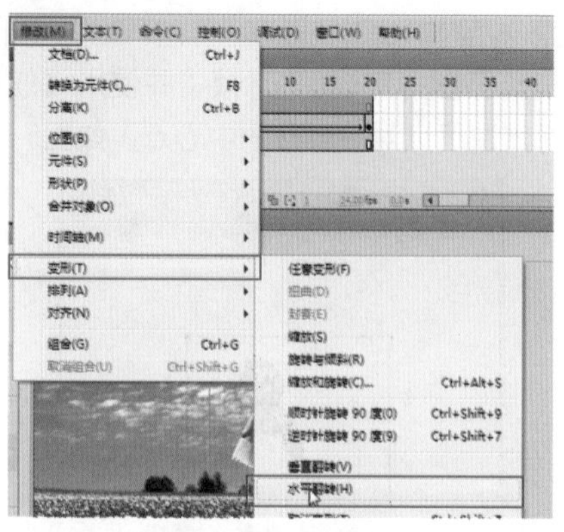

图5-27 翻转蓝鸟元件

图5-28 将第20帧的蓝鸟平移出舞台

图5-29 将第1帧的蓝鸟拖曳出舞台

16 在“蓝鸟”图层第1~20帧中间的任意一帧单击右键并在弹出的菜单中选择【创建传统补间】选项，将创建一个蓝鸟从右侧飞向左侧的动画。

17 保存文件后，按快捷键Ctrl + Enter测试影片，效果为红鸟和蓝鸟相互向相反的方向飞翔，如果觉得飞行的速度过快，可以用鼠标框选所有图层中的1帧或几帧，如图5-30所示，再按合理次数F5键以延长播放时间，达到减缓播放速度的目的。

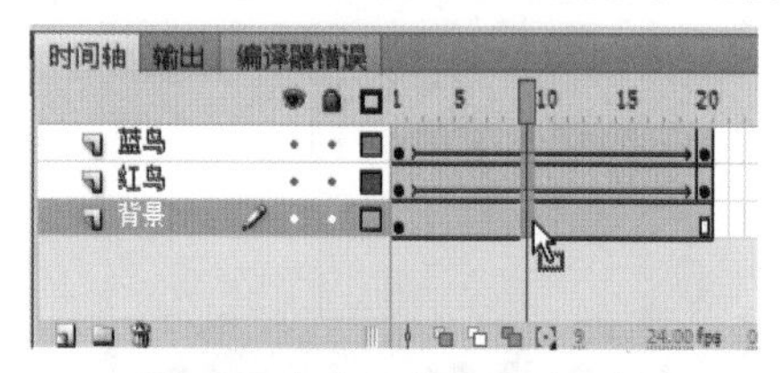

图5-30 选中所有图层的一帧

5.3　街舞宣传动画

“街舞宣传动画”案例效果，如图5-31所示。

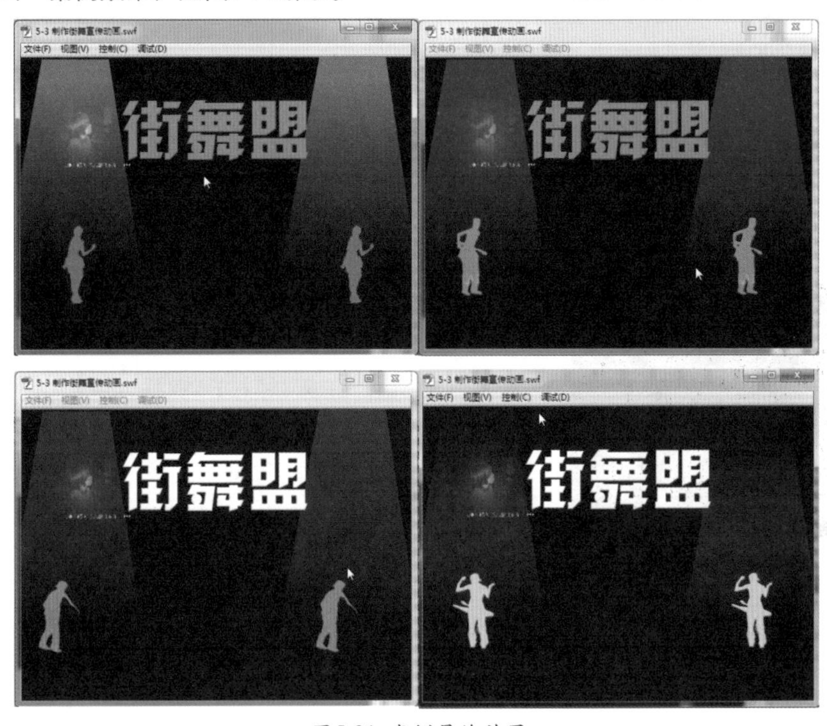

图5-31　案例最终效果

01 新建一个空白Flash文档，并将人物跳街舞的图片素材及背景图导入到库中，导入完成后的库，如图5-32所示。

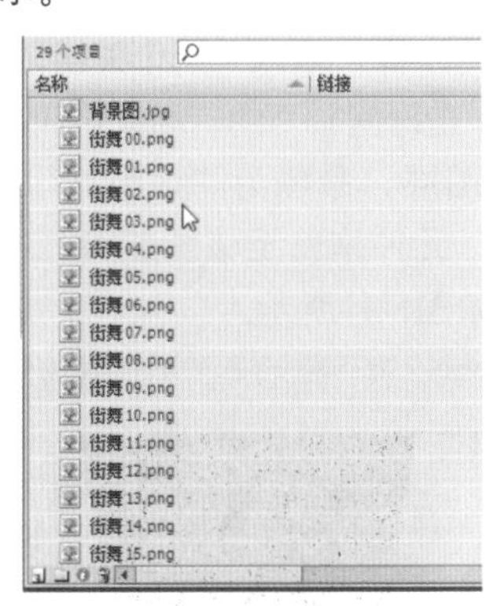

图5-32　导入所有的图片素材

02 按快捷键Ctrl + F8新建一个影片剪辑元件，命名为“跳街舞”，并单击“确定”按钮以进入该元件内部进行编辑。

03 将图形“街舞001”从库中拖曳至舞台，并使用【任意变形工具】将它的中心点对准舞台的中心点，如图5-33所示。

04 重复上面的步骤，并且每隔1帧按F7键插入空白关键帧，将下一张图片拖曳进去，并使用【任意变形工具】调整其位置，所有的图片处理完成后，这样便做出了一个人物跳街舞的逐帧动画。如图5-34所示。

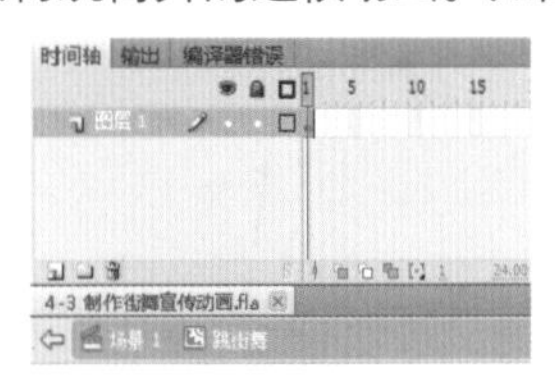

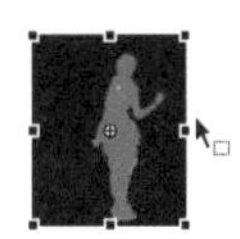

图5-33　拖曳第一张图到舞台第1帧

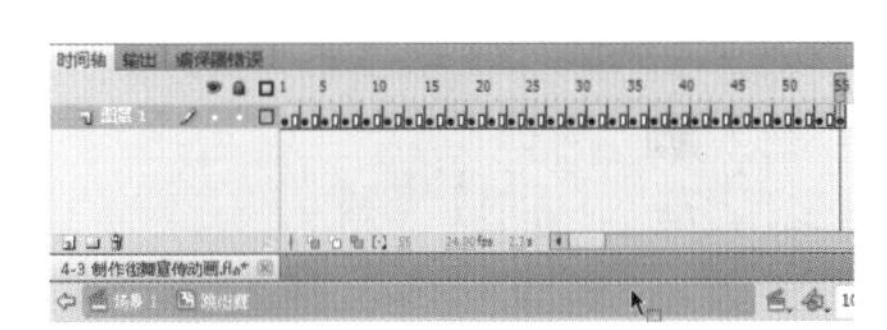

图5-34　制作出人物跳街舞的逐帧动画

05 单击“场景 1”以返回主场景,并将图层 1 重命名为“背景”，将库中的“背景图.jpg”拖曳至舞台并调节其位置和大小，使其占满整个舞台，如图 5-35 所示。

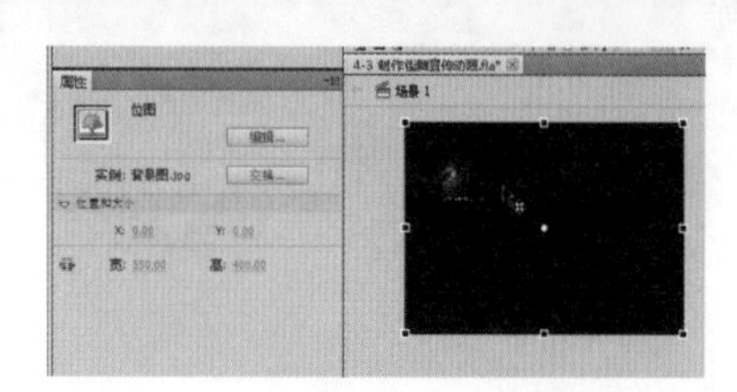

图5-35 调整背景的位置和大小

06 新建一个图层，命名为“街舞”，并将“跳街舞”影片剪辑元件从库中拖曳至该图层第1帧的合适位置，再按快捷键Ctrl + C复制该元件，并粘贴该元件到舞台的另一侧，如图5-36所示。

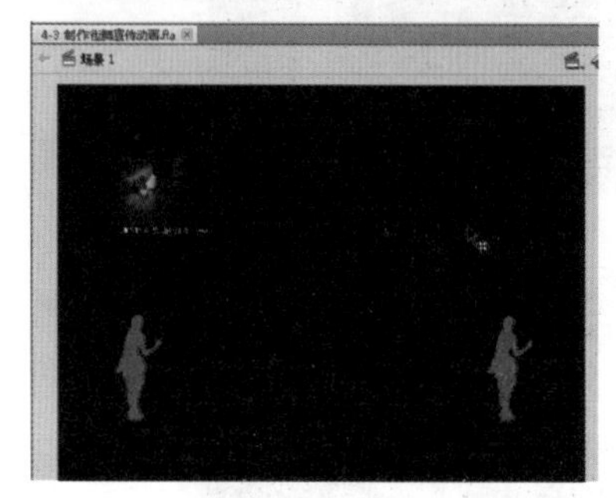

图5-36 粘贴一份该元件到舞台另一侧

07 按快捷键Ctrl +F8 新建一个影片剪辑元件，并命名为“探照灯”，单击“确认”按钮以进入该元件内。

08 使用【矩形工具】在舞台上绘制一个矩形，并使用【选择工具】改变其形状如图5-37所示。

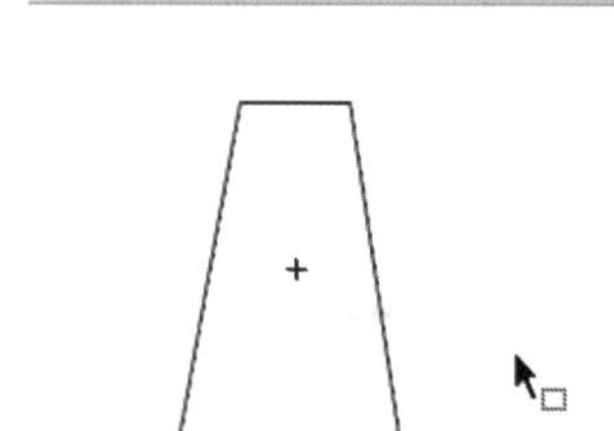

图5-37 绘制矩形并改变其形状

09 单击刚才绘制形状的填充部分，并在“颜色”面板内，将数据设置为如图5-38所示的由黄色渐变到透明白色的线性渐变。

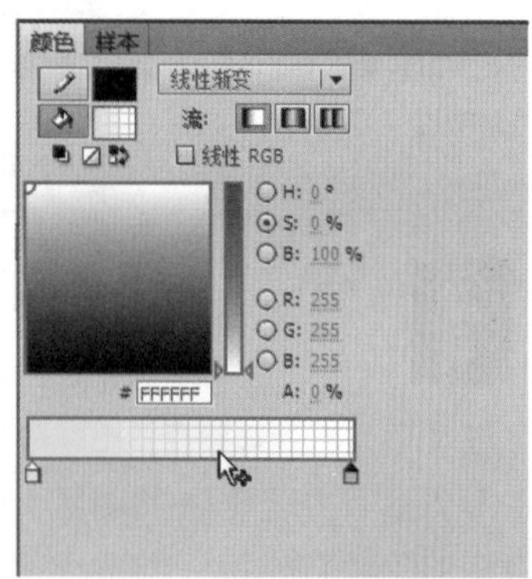

图5-38 设置渐变颜色

10 使用【渐变变形工具】将矩形的渐变方向更改成如图5-39所示样式，并删除外围轮廓线条。

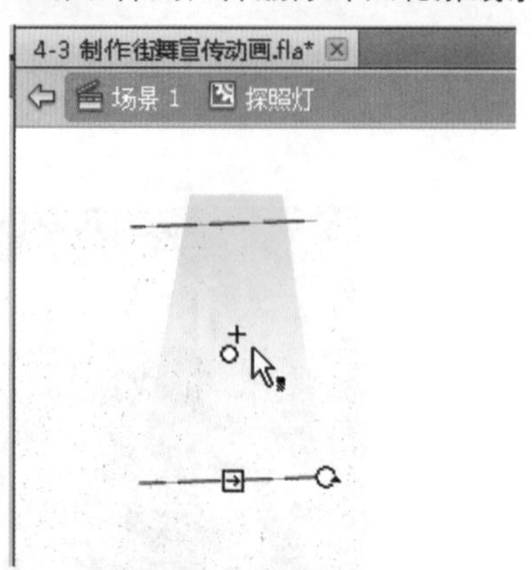

图5-39 改变渐变方向

11 在第2帧按F6键插入关键帧，再次打开“颜色”面板，将刚才渐变颜色里的黄色改成另外一种颜色，白色部分不变，如图5-40所示。

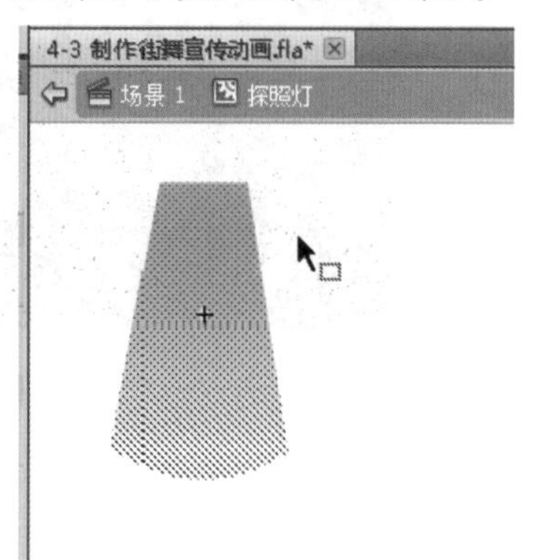

图5-40 修改第2帧的渐变颜色

12 重复以上的步骤，插入4～5个关键帧并改为不同的颜色，并单击时间轴下的“场景1”以返回主场景。

13 新建一个图层，命名为“探照灯”，并将库中的“探照灯”元件拖曳至该图层的第1帧，调整好位置，效果如图5-41所示。

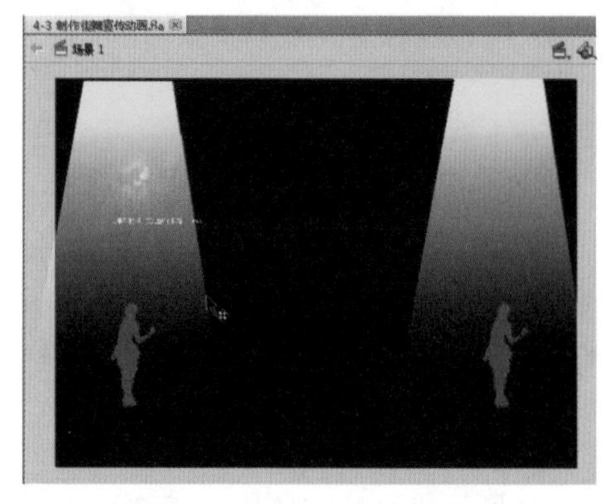

图5-41 将探照灯元件拖曳至舞台

14 按住Shift键并使用【选择工具】选择两个探照灯效果，并在“属性”面板中调整两个探照灯效果的透明度，如图5-42所示。

图5-42 修改探照灯效果的透明度

15 新建一个图层，命名为“文字”，选择【文本工具】，设置为如图5-43所示的参数，当然可以换成任何喜欢的字体。

图5-43 设置文本属性

16 在“文字”图层使用【文本工具】输入“街舞盟”字样，并调整位置，效果如图5-44所示。

图5-44 输入“街舞盟”字样

17 保持“街舞盟”字样为选中状态，按F8键将其转换为影片剪辑元件，并命名为“街舞盟”，如图5-45所示。

图5-45 转换为元件

18 新建完成后，直接在舞台中双击该元件进入其内部进行编辑，此时在第2帧按F6键插入关键帧，并任意改变字体的颜色，如图5-46所示。

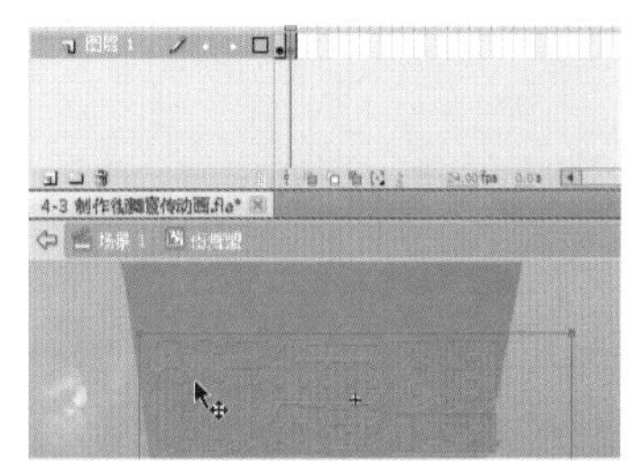

图5-46 修改第2帧文字的颜色

19 重复上述步骤，再插入3~4个关键帧并分别修改颜色，以制作出文字闪烁的逐帧动画，完成后单击“场景1”以返回主场景。

20 保存文件，并按快捷键Ctrl + Enter测试影片，可以看到效果为人物在跳街舞，而文字和探照灯均为闪烁效果。

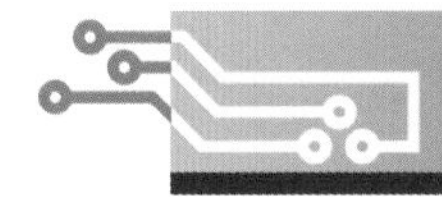

5.4　写字动画

“写字动画”案例效果，如图5-47所示。

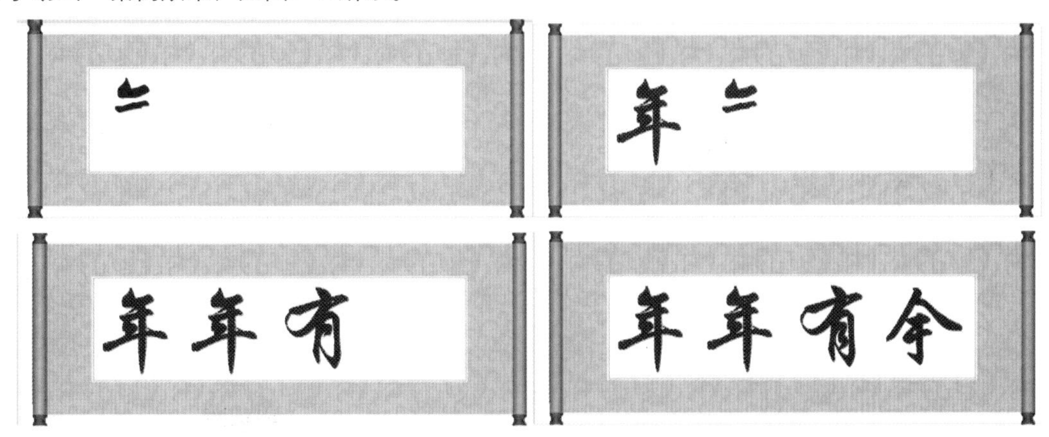

图5-47 案例最终效果

01 打开本案例的素材文件，单击舞台空白区域后，在“属性”面板内将舞台大小调节为550×220，如图5-48所示。

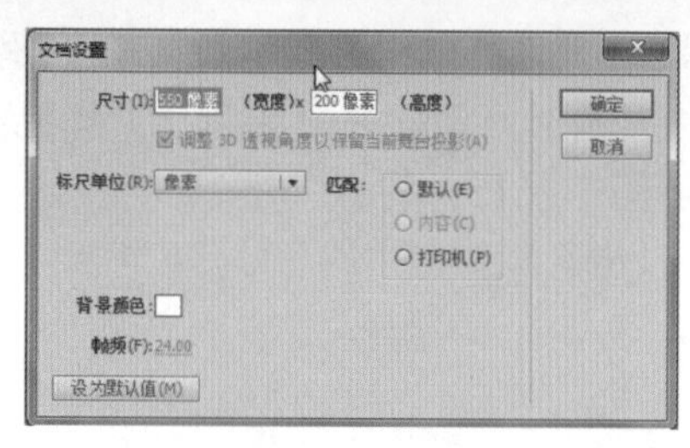

图5-48 修改舞台尺寸

02 将“画卷”影片剪辑元件从库中拖曳至舞台上，并将图层1重命名为“背景层”，如图5-49所示。

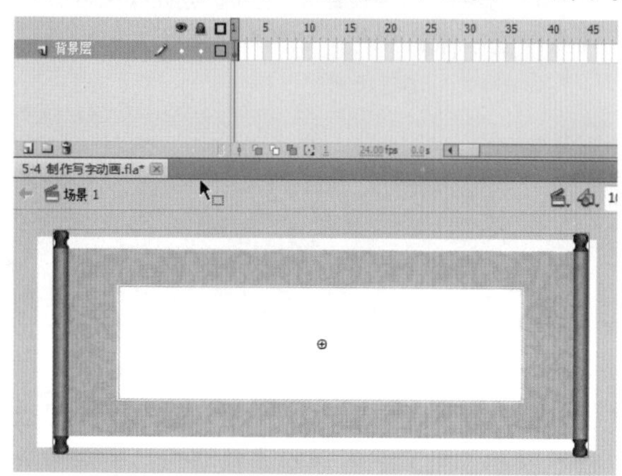

图5-49 将“画卷”拖曳到舞台上

03 在“背景层”图层上面再新建一个图层，命名为“文字”，选择工具栏里的【文本工具】，在“属性”面板内设置为如图5-50所示的状态。

图5-50 设置文本工具的属性

04 在“文字”图层上输入“年年有余”字样，并拖曳至画卷的中间，如图5-51所示。

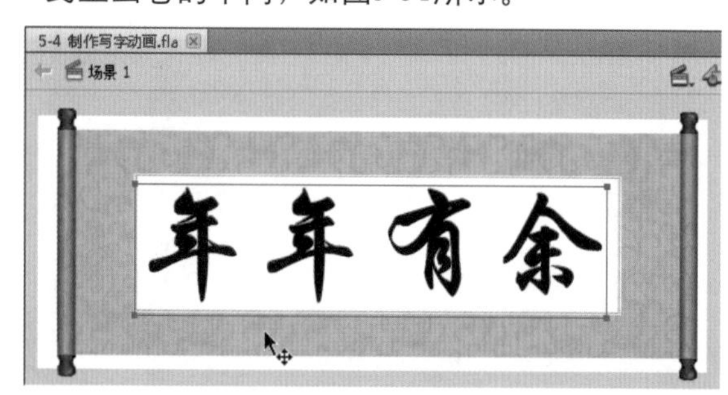

图5-51 输入文字

05 选中文本框，按快捷键 Ctrl+B 将其打散，原本 4 个文字经过一次打散操作，将变成每个文字占据一个单独的文本框，再次执行一次“打散”操作，即可将所有文本框彻底打散为像素结构，如图 5-52 所示。

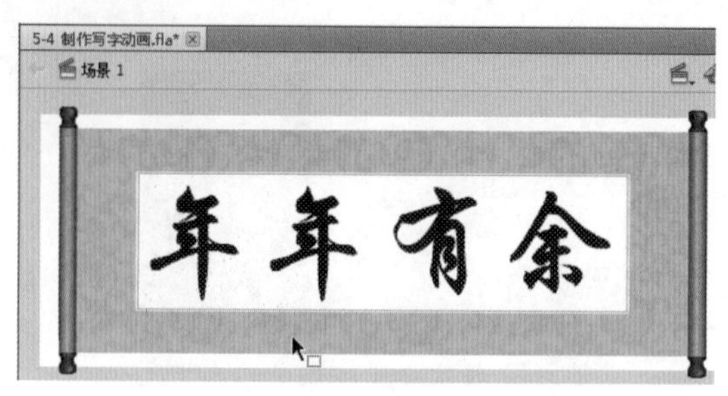

图5-52 将文本框完全打散

06 复制刚才打散的部分，选择工具栏内的【橡皮擦工具】，小心地擦除舞台上的文字，只剩下第一个字的第一笔，如图5-53所示。

图5-53 擦除第一笔的所有部分

07 图层“文字”的第3帧按F7键插入空白关键帧，并按快捷键Ctrl + Shift + V将刚才复制的完整文字原位粘贴到舞台上，如图5-54所示。

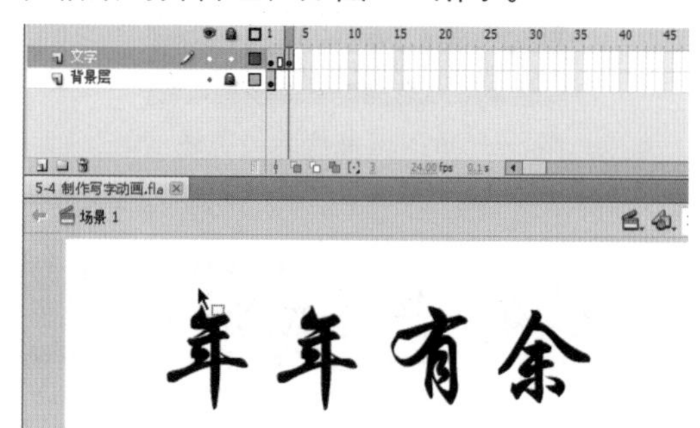

图5-54 粘贴刚才的文字

08 再次使用【橡皮擦工具】擦除文字，这次留下第1~2笔，如图5-55所示。

图5-55 留下第1~2笔画

09 重复上面的步骤，每隔1帧按F7键插入空白关键帧，再按快捷键Ctrl + Shift + V原位粘贴文字，依次擦除文字，每次保留下一笔，有时候如果一笔太长，可以分两段进行处理，直到处理完所有的文字，如图5-56所示。

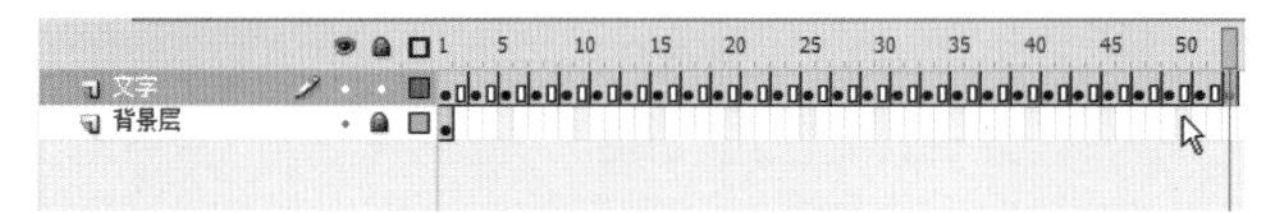

图5-56 完成后的时间轴

10 找到“文字”层的最后一帧，在“背景层”图层的同样一帧上按F5键插入帧，使背景和文字一直同时存在，如图5-57所示。

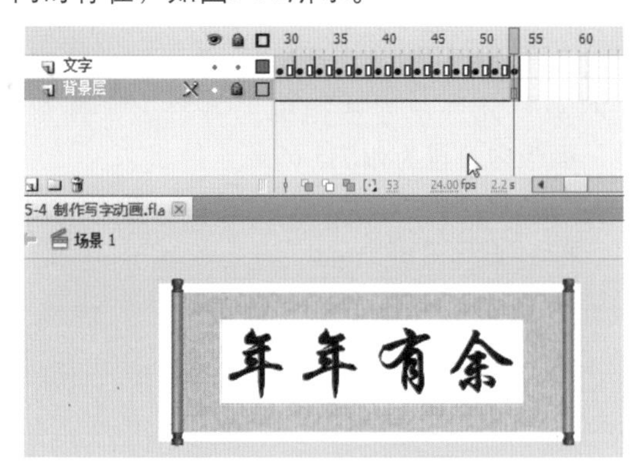

图5-57 在背景层插入帧

11 在“文字”层的最后一帧单击右键，在弹出的菜单中选择“动作”选项，并在弹出的“动作”面板中输入如图5-58的脚本，注意标点全部为半角标点。

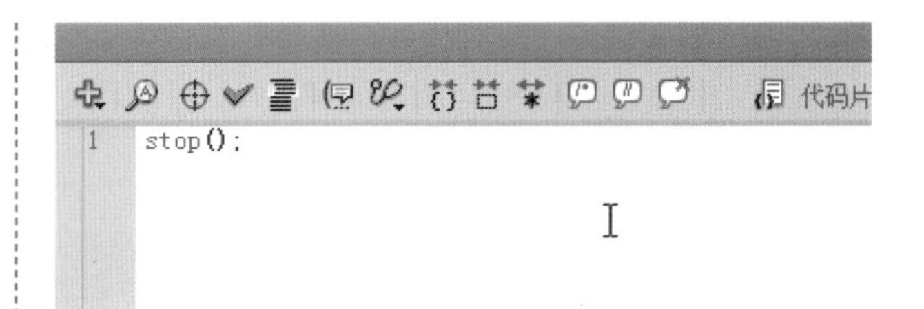

图5-58 输入停止脚本

12 此时可以保存文件，按快捷键Ctrl +Enter 测试影片，最终效果如图5-59所示。

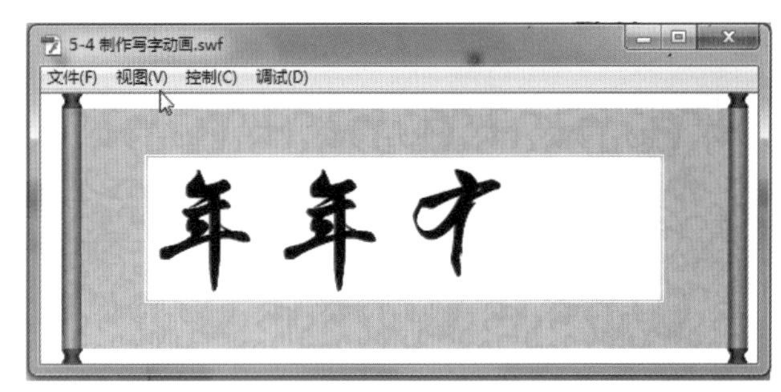

图5-59 最终效果图

13 如果觉得影片的播放速度过快，可以修改影片的播放帧频，单击舞台任意空白位置，在“属性”面板中找到FPS属性，减少其参数可以减慢影片的播放速度，如图5-60所示。

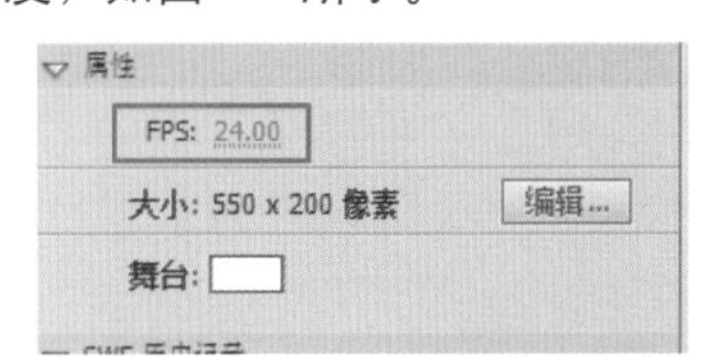

图5-60 调节帧频可以控制影片播放速度

5.5 水面波动动画

“水面波动动画”案例效果，如图5-61所示。

图5-61 案例最终效果

01 打开本案例的素材文件，在“属性”面板中将舞台尺寸修改为240×432，如图5-62所示。

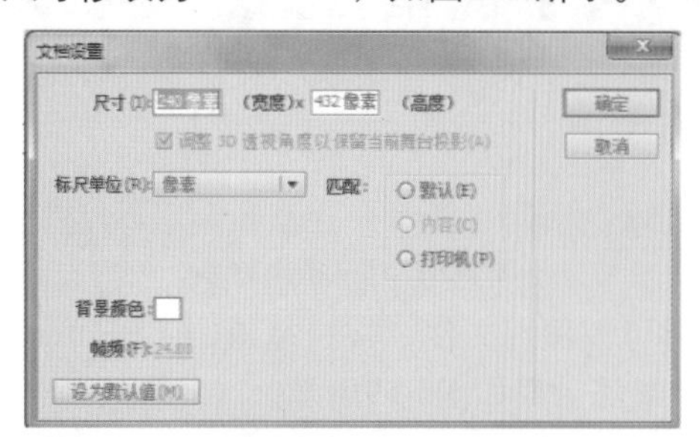

图5-62 设置舞台尺寸

02 按快捷键Ctrl + F8新建一个影片剪辑元件，命名为“水流”，如图5-63所示。

图5-63 新建影片剪辑元件

03 单击“确定”按钮后进入影片剪辑内，将库中的图片素材“水面1”拖曳到舞台上，并在“属性”面板内将属性修改为如图5-64所示的状态。

图5-64 设置图片的属性

04 在时间轴的第5帧上按F7键插入空白关键帧，并将图片素材“水面2”拖曳至舞台，设置相同的图片位置，如图5-65所示。

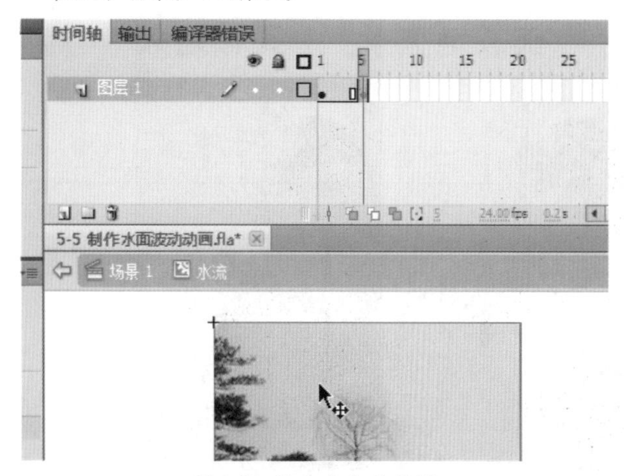

图5-65 插入空白关键帧

05 重复上面的步骤，在第10帧插入空白关键帧，拖曳进“水面3”素材，在第15帧处插入空白关键帧，拖曳进“水面4”素材。最后在第20帧处按F5键插入帧，如图5-66所示。

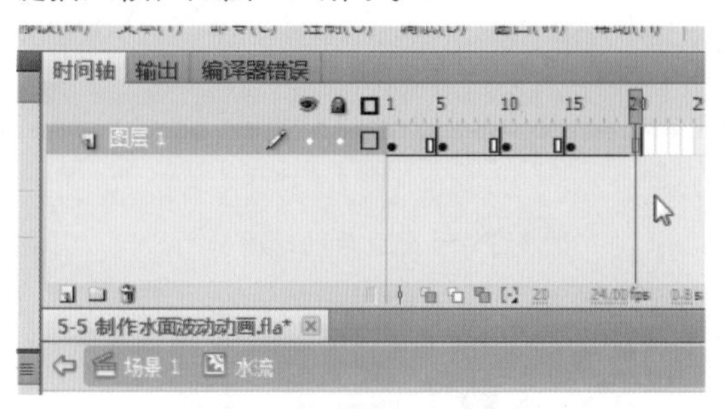

图5-66 插入空白关键帧

06 单击时间轴下方的“场景1”以返回主场景，将“水流”元件从库中拖曳到舞台上，并在“属性”面板内设置为如图5-67所示的状态。

图5-67 设置影片剪辑的属性

07 选择【文本工具】，在属性面板内修改工具的属性，如图5-68所示。

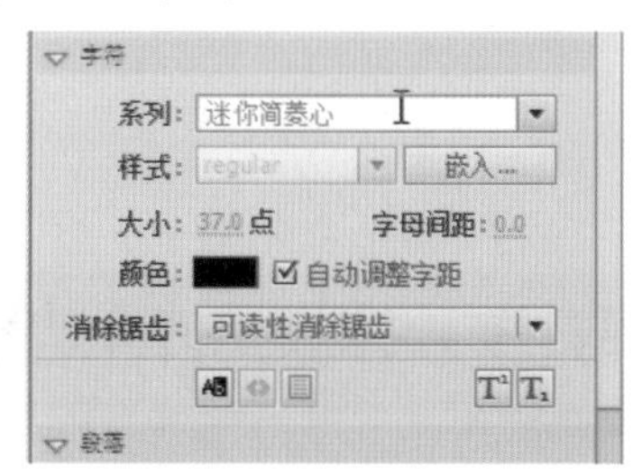

图5-68 设置文本工具属性

08 使用【文本工具】在舞台上输入“天长地久”字样，并调整位置，如图5-69所示。

图5-69 输入文本

09 按快捷键Ctrl＋Enter测试影片，效果如图5-70所示。

图5-70　最终效果图

5.6　人物跑步动画

“人物跑步动画”案例效果，如图5-71所示。

图5-71　案例最终效果

01 打开本案例的素材文件，库内有如图5-72所示的素材。

13 个项目

名称	链接	使用次数
背景图		0
位图 1		0
位图 10		0
位图 11		0
位图 12		0
位图 2		0
位图 3		0
位图 4		0
位图 5		0
位图 6		0
位图 7		0
位图 8		0
位图 9		0

图5-72 库内的图片素材

02 将图层1重命名为“背景层”，将库内的“背景图”素材拖曳至舞台上，并在“属性”面板内将图片属性修改为如图5-73所示的状态。

图5-73 修改图片位置和大小

03 在背景图层的第100帧处按F5键插入帧，锁定背景图层。新建一个图层，命名为“人物跑动”，如图5-74所示。

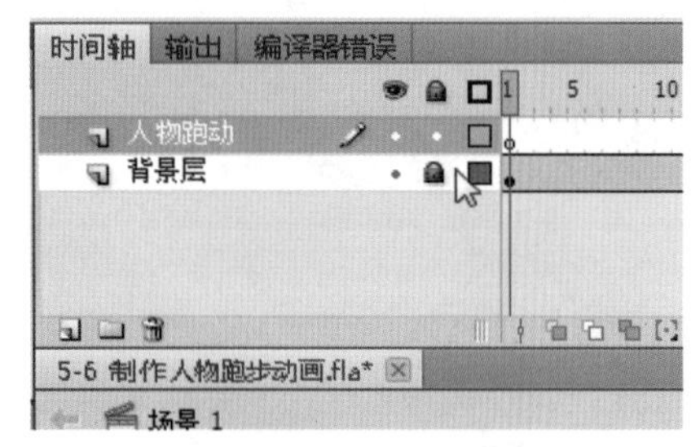

图5-74 新建图层

04 按快捷键Ctrl + F8新建一个影片剪辑元件，并命名为“人物”，如图5-75所示。

图5-75 创建新元件

05 单击“确定”按钮后进入新建的元件内部，将库中的“位图1”图片素材拖曳至舞台上，并在“属性”面板中调节属性，如图5-76所示。

图5-76 调节位图的属性

06 在第2帧处按F7键插入空白关键帧，并将“位图2”图片素材拖曳至舞台上，同样调整位图的属性，时间轴如图5-77所示。

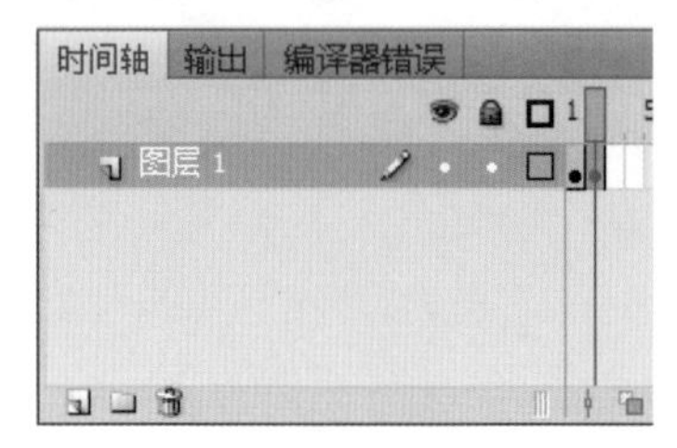

图5-77 时间轴结构

07 重复上面的步骤，每添加一个新的空白关键帧，从库中拖曳出下一张图片素材并调节图片的属性，最终时间轴如图5-78所示。

图5-78 添加完成后的时间轴

08 单击时间轴下方的“场景1”以返回主场景，将“人物”影片剪辑元件从库中拖曳至舞台上，并使用【任意变形工具】按住Shift键等比修改人物剪辑的大小和位置，如图5-79所示。

图5-79 调节人物的大小

09 选中“人物”影片剪辑，执行【修改】→【变形】→【水平翻转】命令，将人物水平翻转过来，并将其拖曳到舞台外面，如图5-80所示。

图5-80 水平翻转人物

10 在“人物跑动”图层的第30帧按F6键插入关键帧，并将第30帧上的人物拖曳到如图5-81所示的位置，并使用【任意变形工具】将其稍微缩小。

图5-81 调整人物位置和大小

11 在“人物跑动”图层的第31帧按F6键插入关键帧，选中该帧上的人物，执行【修改】→【变形】→【水平翻转】命令，将人物再次水平翻转过来，如图5-82所示。

图5-82 再次翻转人物

12 在“人物跑动”图层的第60帧按F6键插入关键帧，并将第60帧上的人物拖曳到如图5-83所示的位置，并使用【任意变形工具】将其再次缩小。

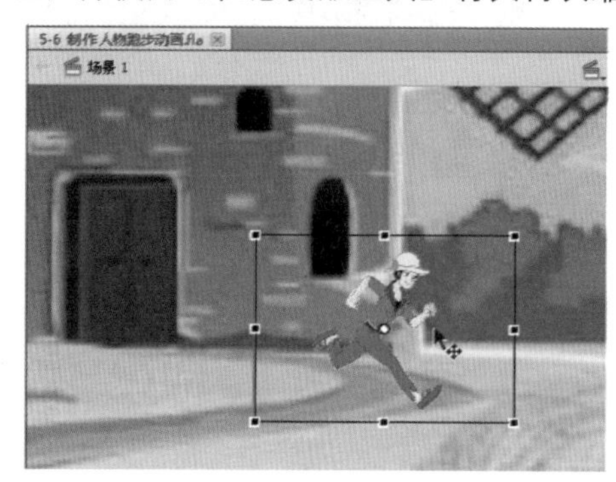

图5-83 再次缩小人物

13 在61帧处再次按F6键插入关键帧，使用上面的方法将人物再次翻转过来，如图5-84所示。

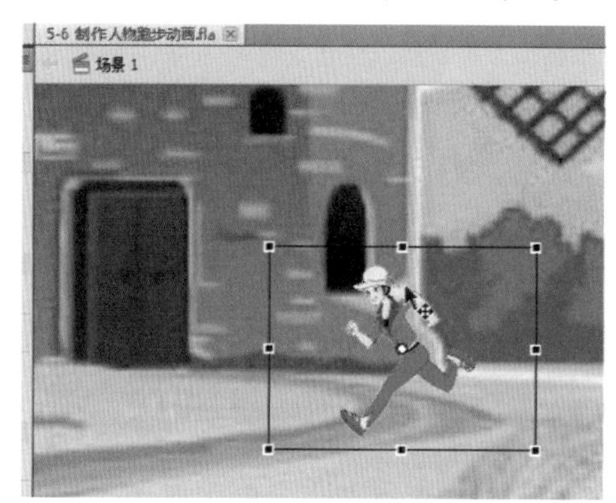

图5-84 再次翻转人物

14 在第100帧处按F6键插入关键帧，并将第100帧上的人物再次缩小，调整位置在背景图的门口位置，在所有的关键帧之间两两区域中间单击右键，选择【创建传统补间】选项，如图5-85所示。

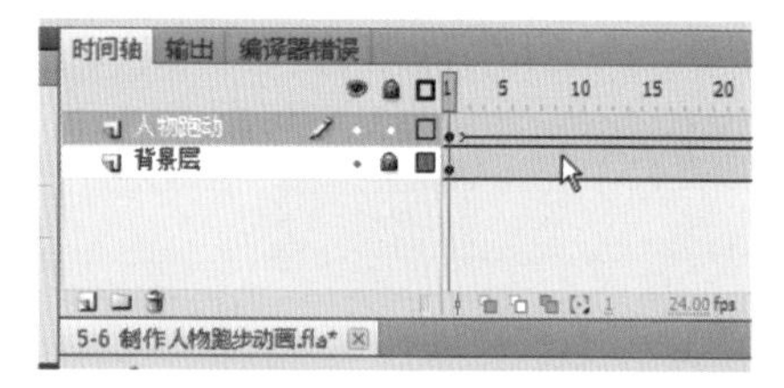

图5-85 创建传统补间

15 保存文件，按快捷键Ctrl＋Enter测试影片，效果如图5-86所示。

图5-86 最终效果图

5.7 加油动态动画

“加油动态动画”案例效果，如图5-87所示。

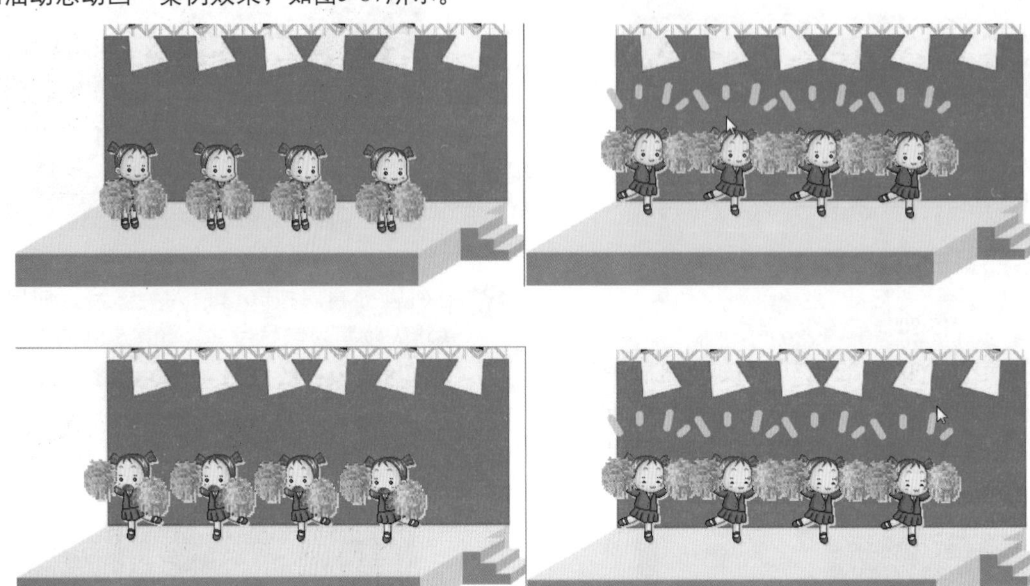

图5-87 案例最终效果

01 打开本案例的素材文件，库内有如图5-88所示的图片素材。

图5-88 库内的图片素材

02 按快捷键Ctrl + F8新建一个影片剪辑元件，并命名为“女孩加油”，如图5-89所示。

图5-89 新建影片剪辑元件

03 单击“确定”按钮后进入影片剪辑内部，将库中的图片素材“1”拖曳至舞台上，并使用【任意变形工具】调节其位置使其注册点对准舞台中心，如图5-90所示。

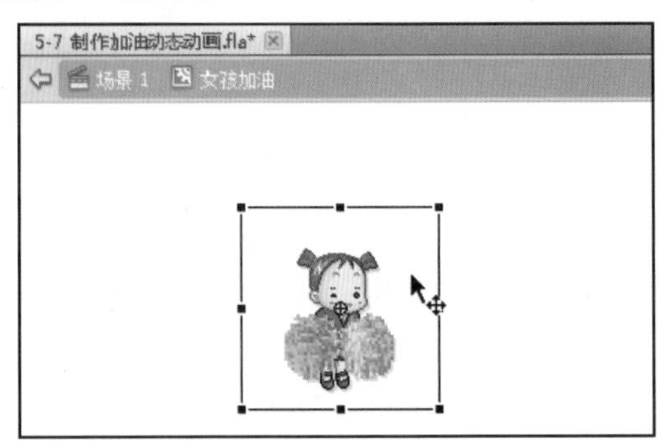

图5-90 调整图片的位置

04 在第5帧上按F7键插入空白关键帧，并将图片素材“2”拖曳至该帧上的舞台，相同调整其位置，如图5-91所示。

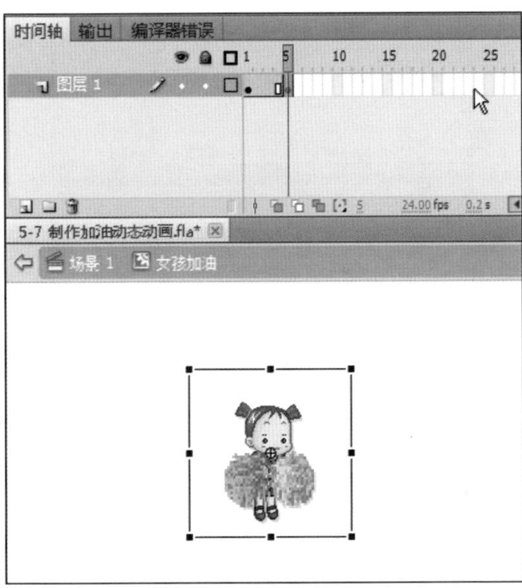

图5-91 调整图片的位置

05 同样的方法，在5的倍数帧上添加剩下的图片，并在最后一张图片所在的帧之后5帧处再次按F5键，以延长该帧上图片的显示时间，如图5-92所示。

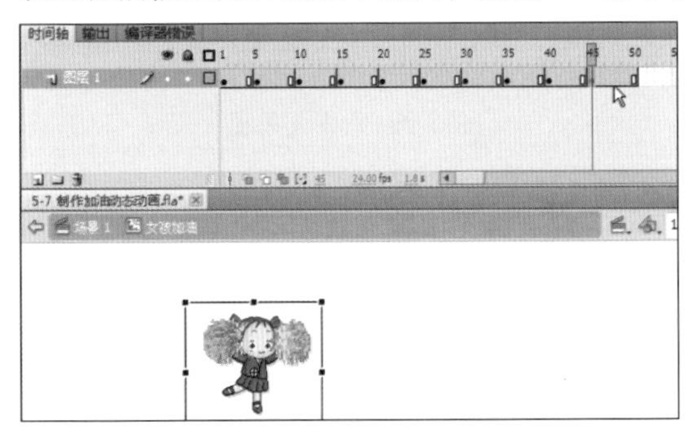

图5-92 处理后续的图片

06 单击时间轴下方的“场景1”以返回主场景，将图层1重命名为“背景层”，并将库中的“背景”图片素材拖曳至舞台上并调整位置，如图5-93所示。

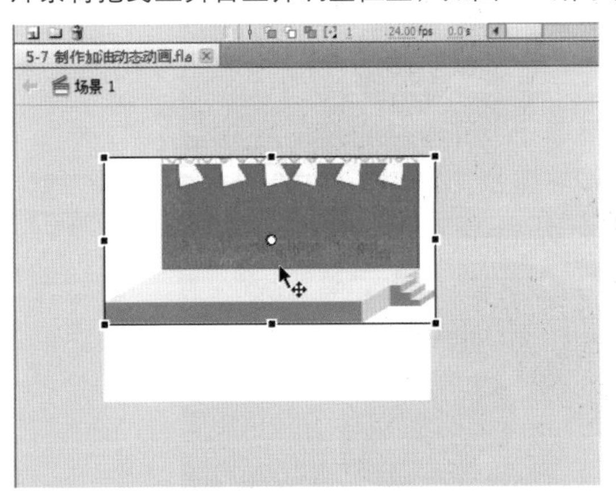

图5-93 拖曳背景图片

07 新建一个图层，命名为“加油动画”，并将“女孩加油”影片剪辑素材拖曳至舞台上，调整到如图5-94所示位置。

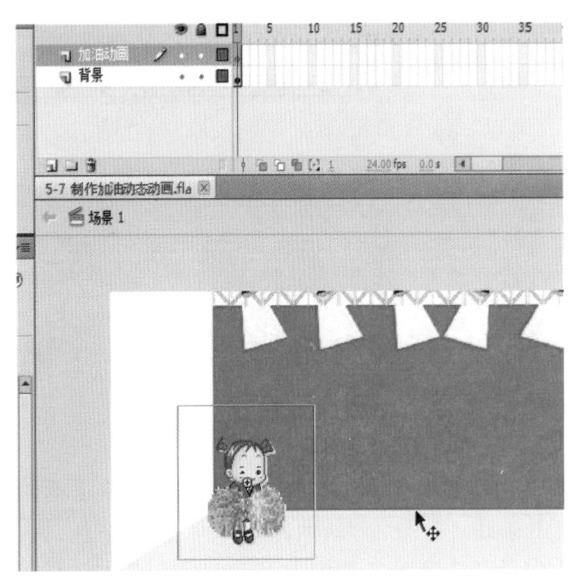

图5-94 将加油的动画拖曳至舞台上

08 按快捷键Ctrl + C复制加油的影片剪辑，并多次粘贴调节位置，如图5-95所示。

图5-95 粘贴多个影片剪辑

09 舞台下面有些空旷，可以将舞台的尺寸修改为550×274，如图5-96所示。

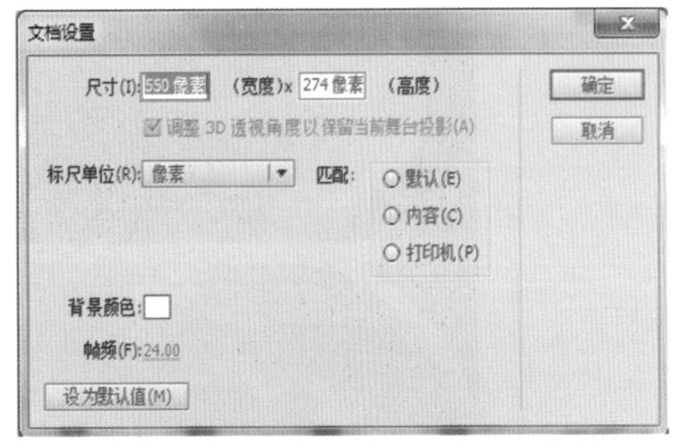

图5-96 设置舞台尺寸

10 可以为女孩加油的动画再添加点效果，双击库中的“女孩加油”影片剪辑，在其中再新建一个图层，并在新建图层的第35帧处按F7键插入空白关键帧，如图5-97所示。

图5-97 新建图层并插入空白关键帧

11 使用“线条工具”选择较粗的线条，在上面绘制几条线，如图5-98所示。

12 保存文件，按快捷键Ctrl + Enter测试影片，可以看到每个女孩在播放到35帧时都会有这个效果，可见修改了影片剪辑的源头，会导致所有使用该影片剪辑的都会发生改变，如图5-99所示。

图5-98 添加简单效果

图5-99 最终效果图

5.8 3D逐帧动画

“3D逐帧动画”案例效果，如图5-100所示。

图5-100 案例最终效果

01 打开本案例的素材文件，里面有一些相机的3D展示图和一张背景图片，如图5-101所示。

图5-101 库中的图片素材

02 将图层1重命名为“背景层”，并将库中的“背景图”图片素材拖曳至舞台上，调整位置使其与舞台左上角对齐，如图5-102所示。

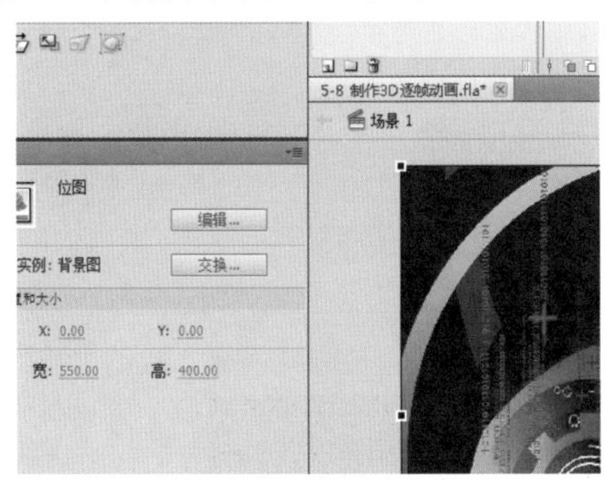

图5-102 调整背景图的位置

03 按快捷键Ctrl + F8新建一个影片剪辑元件，命名为“相机3D动画”，如图5-103所示。

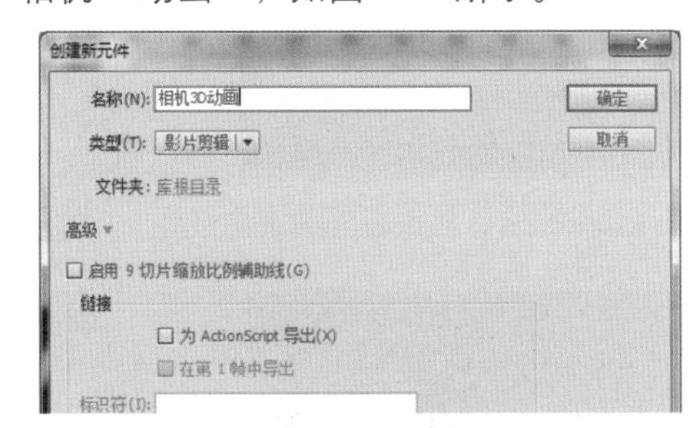

图5-103 新建影片剪辑元件

04 单击“确定”按钮后进入影片剪辑内部，将库内的“pic1”图片素材拖曳至舞台上，并使用【任意变形工具】选中后，调整其注册点对准舞台中心，如图5-104所示。

图5-104 调整图片位置

05 在第2帧按F7键插入关键帧，并将“pic2”图片素材拖曳至舞台上，同样调整图片位置，如图5-105所示。

图5-105 调整图片的位置

06 重复上面的步骤，之后的每一帧都按F7键插入空白关键帧，并拖曳进下一张图片直到将所有图片都处理完成，如图5-106所示。

图5-106 处理剩下的图片

07 单击时间轴下方的“场景1”以返回主场景，新建一个图层，命名为“相机动画”，并将库中的“相机3D动画”拖曳至该图层的舞台中央，如图5-107所示。

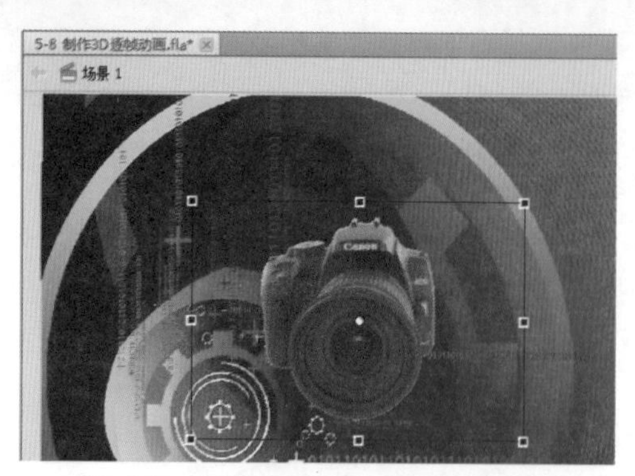

图5-107 将相机3D动画拖拽至舞台中央

08 选中该影片剪辑，在“属性”面板中的“滤镜”选项中将其修改为如图5-108所示的状态。

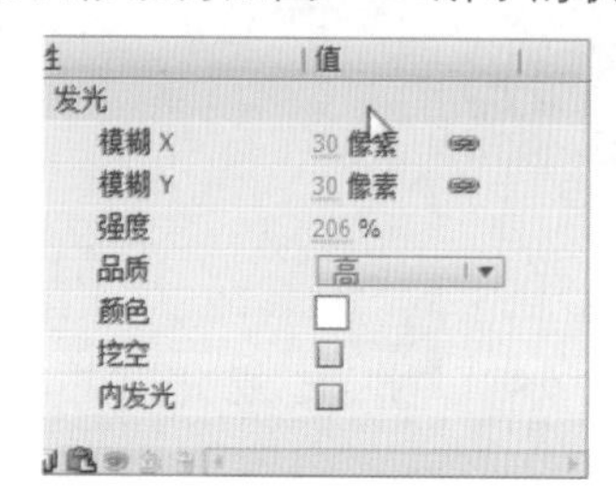

图5-108 设置滤镜

09 单击舞台任意空白位置，将“属性”面板中的帧频修改为12，如图5-109所示。

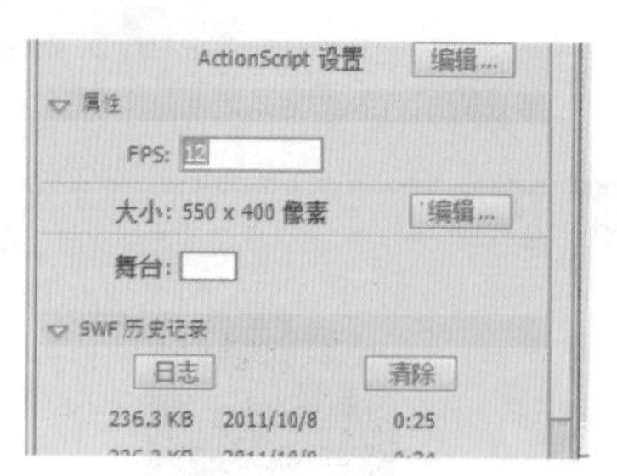

图5-109 修改帧频

10 保存文件，按快捷键Ctrl＋Enter测试影片，效果如图5-110所示。

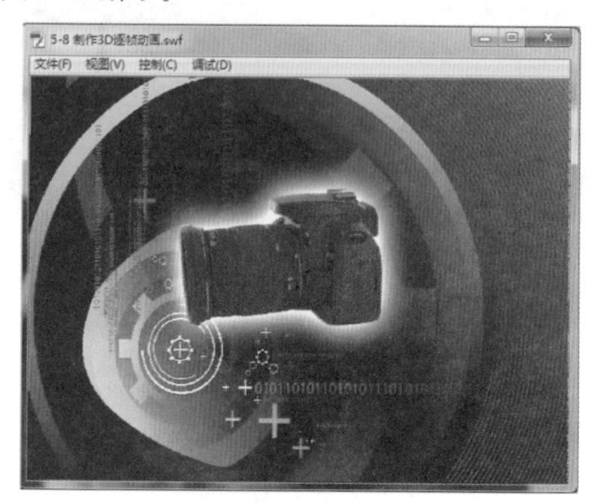

图5-110 最终效果图

5.9 音频跳动动画

“音频跳动动画”案例的效果，如图5-111所示。

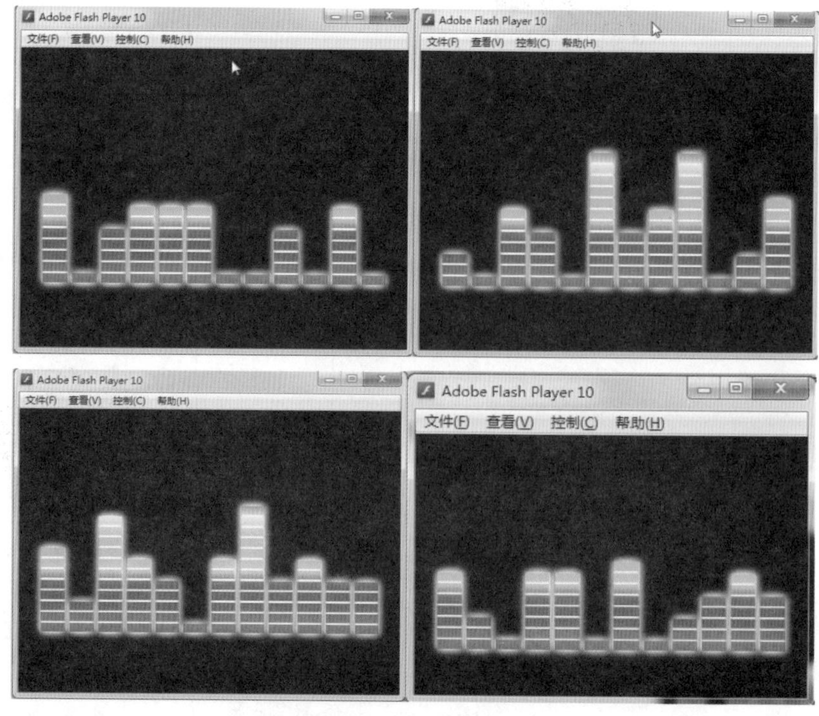

图5-111 案例最终效果

01 新建一个空白的Flash文档，在“属性”面板中设置舞台的尺寸为200×100，并将舞台的背景颜色设置为黑色，如图5-112所示。

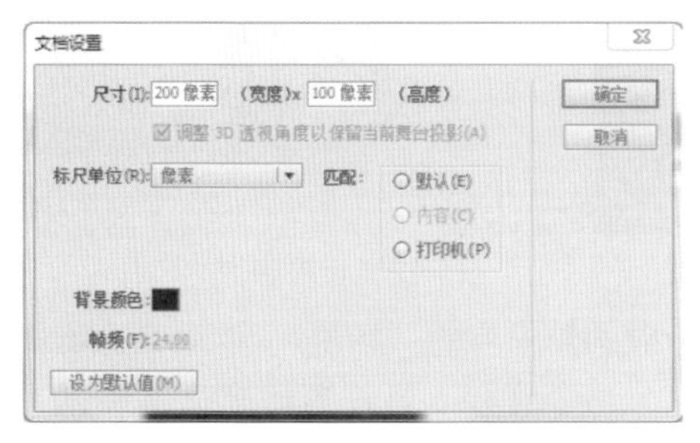

图5-112 设置舞台的尺寸和背景颜色

02 按快捷键Ctrl + F8新建一个影片剪辑元件，并命名为“单个音频”，如图5-113所示。

图5-113 新建影片剪辑元件

03 选择【矩形工具】，在“属性”面板中设置【矩形工具】的属性，并在舞台上绘制一个较为扁平的矩形，如图5-114所示。

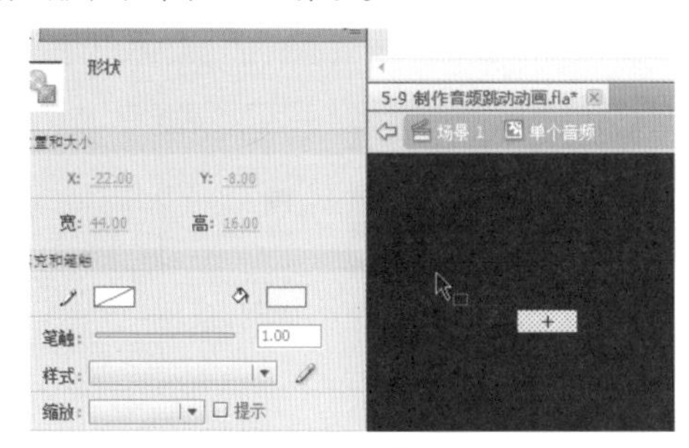

图5-114 绘制矩形

04 使用【选择工具】选中刚才绘制的矩形，按快捷键Ctrl + C复制该矩形，并再次按快捷键Ctrl+Shift + V原位粘贴该矩形，之后使用方向键将新粘贴的矩形向上移动，如图5-115所示。

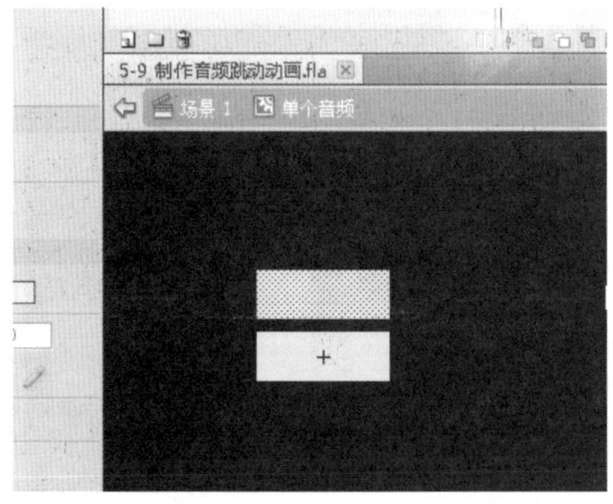

图5-115 粘贴一个矩形并移动位置

05 使用上一步的方法，连续粘贴出多个矩形，并保持所有矩形之间的间隔相同，如图5-116所示。

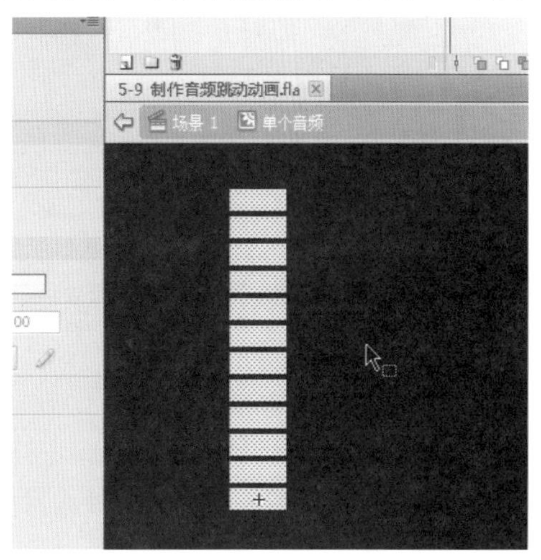

图5-116 粘贴多个矩形

06 选中后续的10个帧，并按F6键在其间的每一个帧都插入关键帧，如图5-117所示。

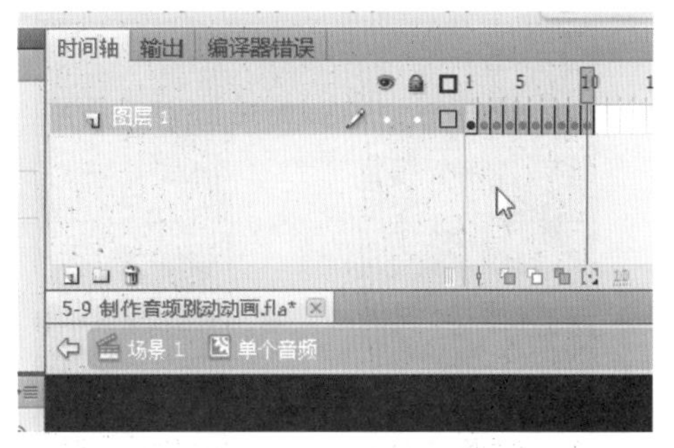

图5-117 插入关键帧

07 随便从1~10帧中选择一些帧，并将其中的矩形从上面删除一些矩形，使每一帧上的矩形数量尽可能不同，如图5-118所示为将第4帧上的矩形删除一些。

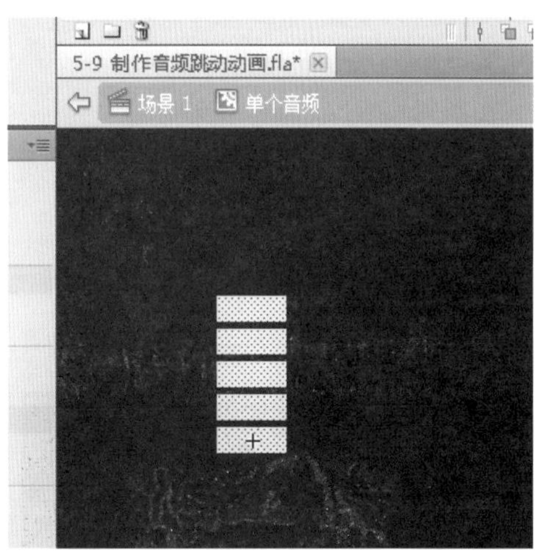

图5-118 从上面删除某些帧上的矩形

08 新建一个图层，并将该图层拖曳到刚才绘制矩形的图层下方，选择【矩形工具】，并在“颜色”面板中进行如图5-119所示的设置。

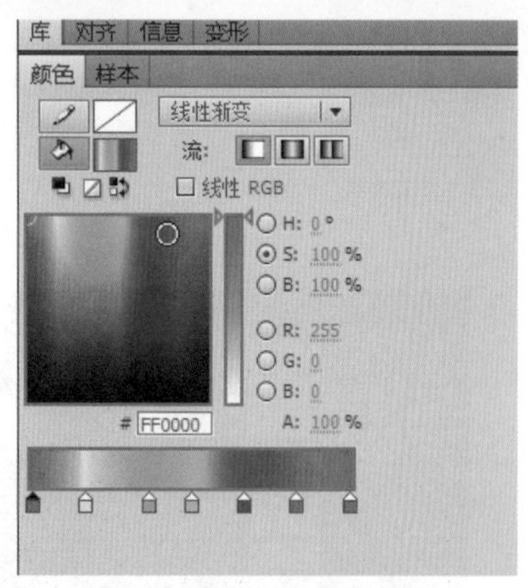

图5-119 设置矩形工具的颜色

09 使用【矩形工具】在新图层上绘制一个矩形，绘制的矩形要比刚才绘制小矩形的最大尺寸大一点，并使用【渐变变形工具】调整其渐变方向，如图5-120所示。

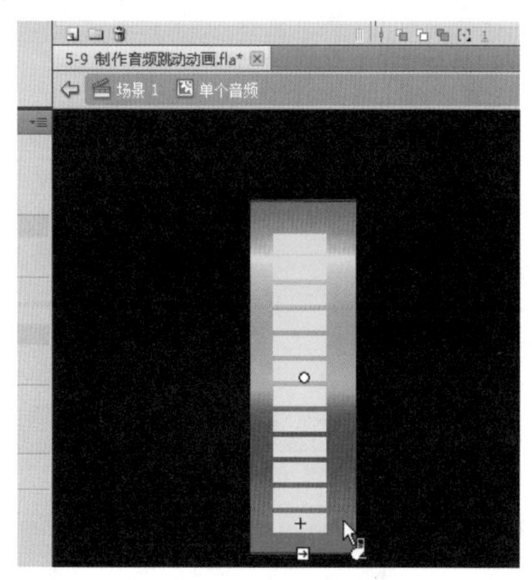

图5-120 绘制矩形

10 在上面的图层上单击右键，在弹出的菜单中选择【遮罩层】选项，将上面的图层转换为遮罩层，如图5-121所示。

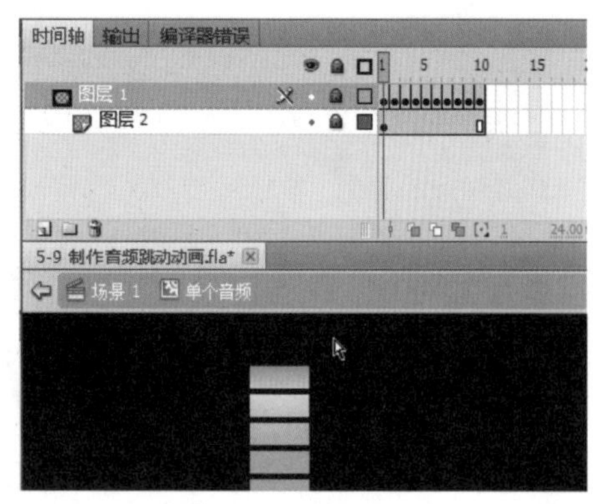

图5-121 设置遮罩层

11 在上面图层的第1帧上按F6键打开“动作”面板，在其中输入gotoAndPlay(uint(Math.random() * 10));脚本，如图5-122所示。

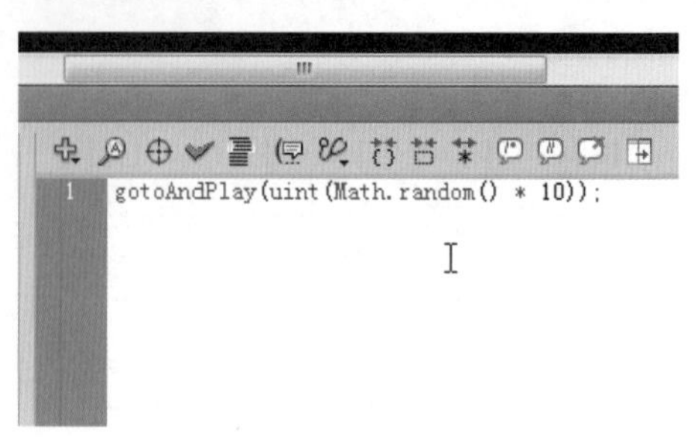

图5-122 输入脚本

12 单击时间轴下方的“场景1”以返回主场景，将库中的“单个音频”影片剪辑拖曳至舞台上，使用【任意变形工具】调节其大小，并多次复制几个同样的元件在水平轴上放置，如图5-123所示。

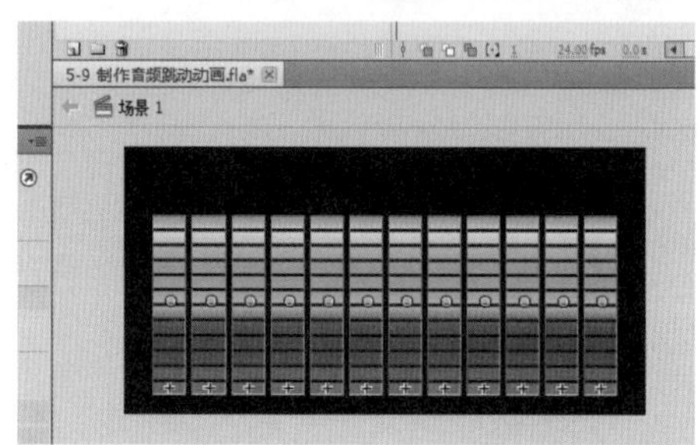

图5-123 粘贴多个影片剪辑

13 选中所有舞台上的元件，在“属性”面板中设置它们的滤镜，如图5-124所示。

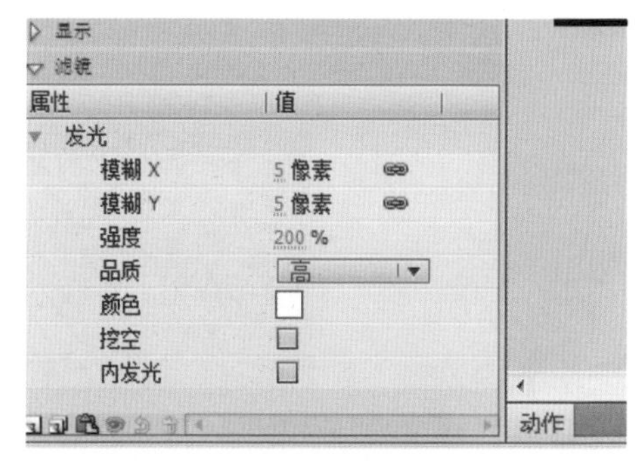

图5-124 设置滤镜

14 保存文件，并按快捷键Ctrl + Enter测试影片效果，如图5-125所示。

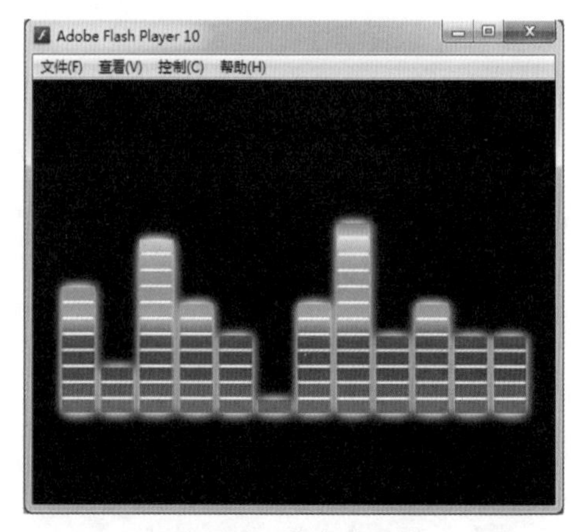

图5-125 最终效果图

5.10　纸张展开动画

“纸张展开动画”案例效果，如图5-126所示。

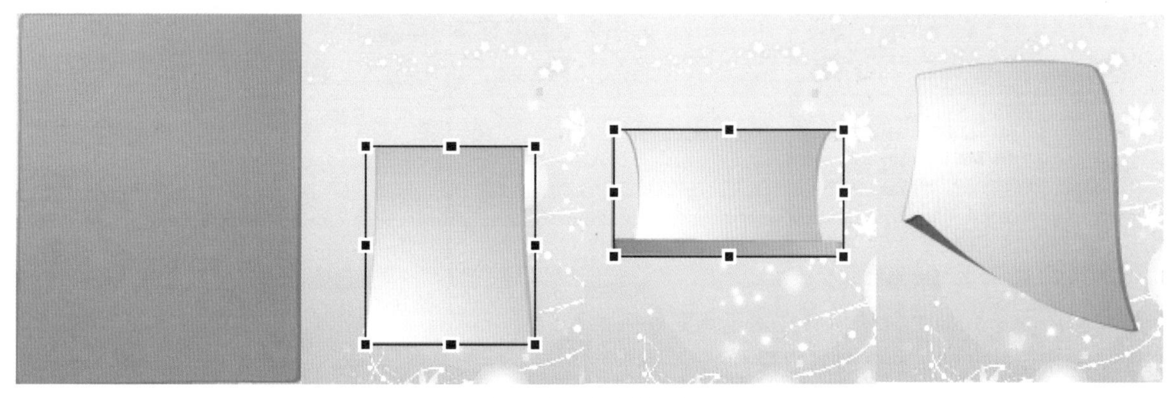

图5-126　案例最终效果

01 打开本案例的素材文件，里面包含一些纸张展开的逐帧片段，如图5-127所示。

图5-127　库内的纸张展开素材

02 在“属性”面板中将舞台尺寸修改为330×410，如图5-128所示。

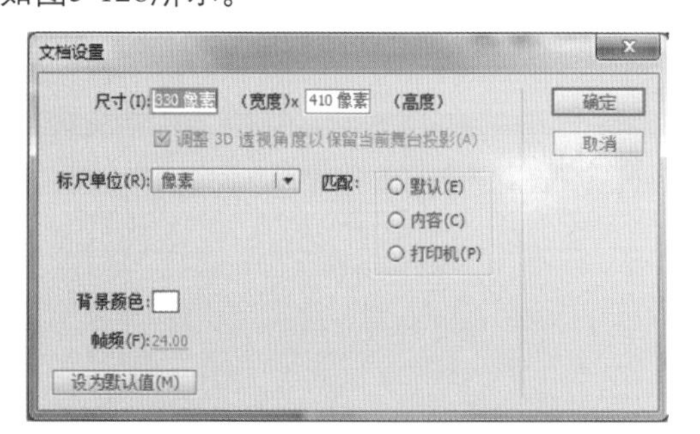

图5-128　设置舞台的尺寸

03 按快捷键Ctrl＋F8新建一个影片剪辑元件，命名为“纸张展开”，如图5-129所示。

04 单击“确定”按钮后进入元件内部，将库中的“shape 1”图形元件拖曳至舞台上的第1帧位置，并在“属性”面板中调整其X和Y坐标的值均为0，如图5-130所示。

图5-129　新建影片剪辑元件

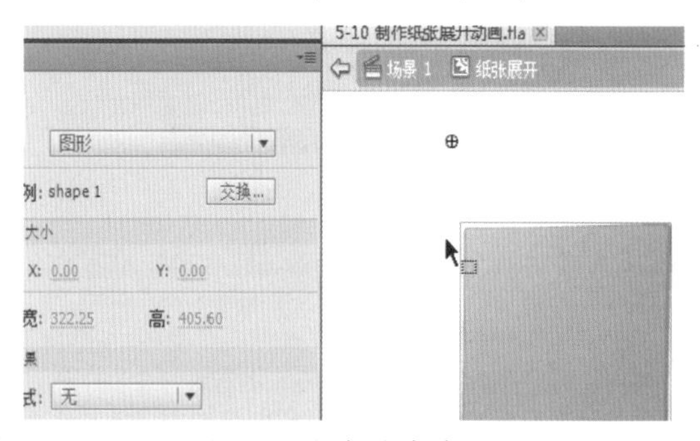

图5-130　调整元件的位置

05 在第2帧按F7键插入空白关键帧，将元件“shape 2”拖曳至第2帧的舞台上，同样调整其位置，接下来的每一帧同样插入空白关键帧并拖曳入下一张图片，最终时间轴如图5-131所示。

图5-131　添加所有的图形元件

06 新建一个图层，在新建图层的第30帧按F7键插入空白关键帧，并选择【文本工具】，在“属性”面板中进行设置，如图5-132所示。

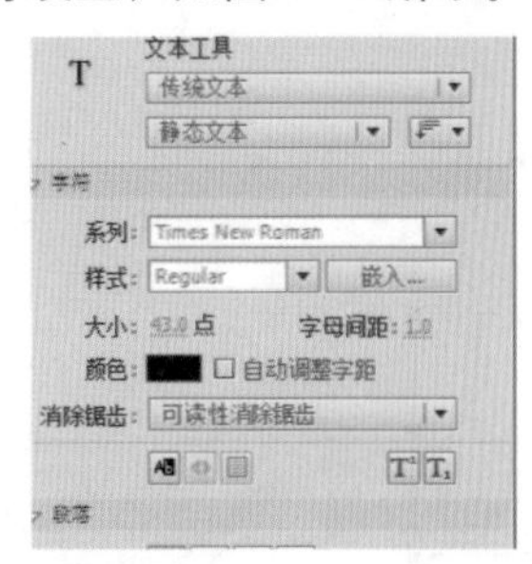

图5-132 设置【文本工具】的属性

07 在新建图层的第30帧处，使用【文本工具】输入如图5-133所示的文字，并调整其位置。

图5-133 输入文字并调整位置

08 在第30帧处按F9键打开“动作”面板，在其中输入停止播放的脚本stop();，如图5-134所示。

图5-134 输入脚本

09 单击时间轴下方的“场景1”以返回主场景，将库中的“纸张展开”影片剪辑拖曳至舞台上，并调整其位置使其正好占满舞台，如图5-135所示。

图5-135 将元件拖曳至舞台上

10 按快捷键Ctrl + Enter测试影片效果，最终效果如图5-136所示。

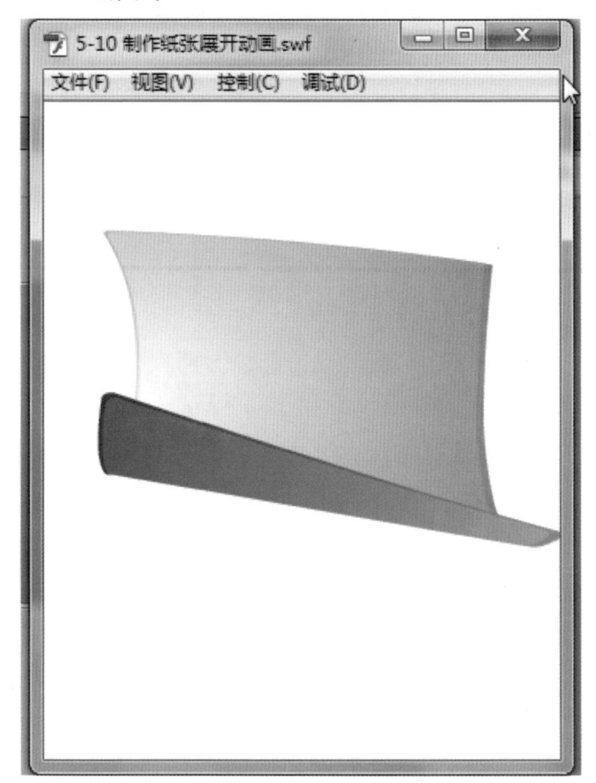

图5-136 最终效果图

5.11 开门动画

“开门动画”案例效果，如图5-137所示。

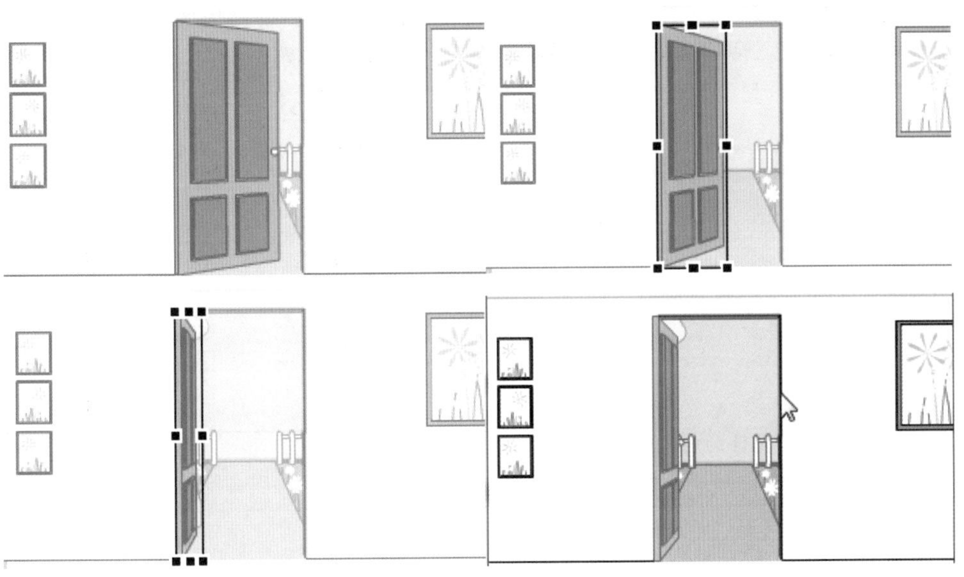

图5-137　案例最终效果

01 打开本案例的素材文件，库内有一些已经设置好的效果素材，如图5-138所示。

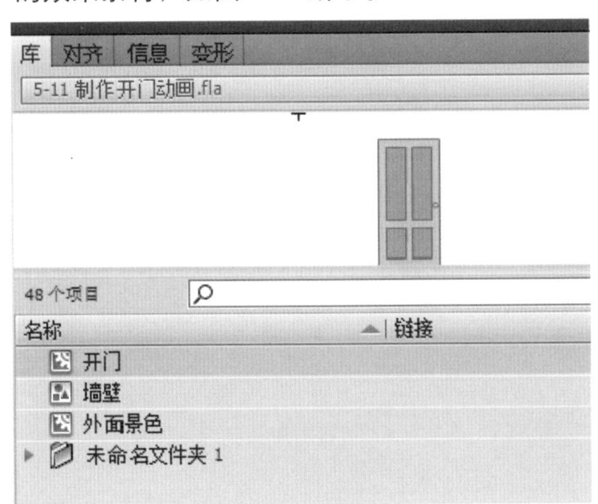

图5-138　库内的素材

02 在“属性”面板中调节舞台的尺寸为300×250，如图5-139所示。

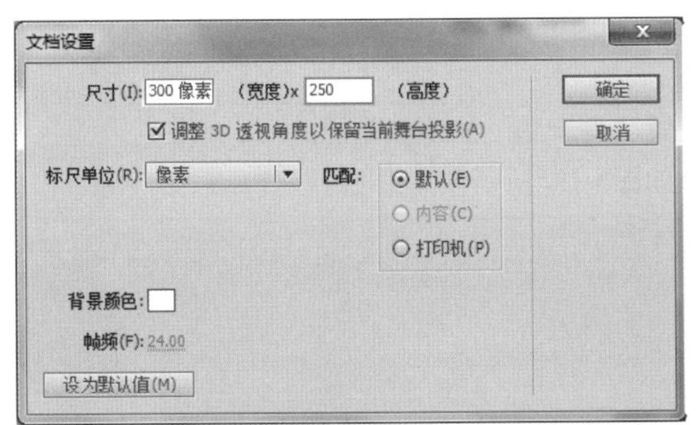

图5-139　设置舞台的尺寸

03 将图层1重命名为“窗外景色”，并将库中的“外面景色”影片剪辑元件拖曳至舞台上，并调节其位置和大小，如图5-140所示。

图5-140　调节影片剪辑的大小和位置

04 新建一个图层，命名为“墙壁”，并将库中的“墙壁”图形元件拖曳至该图层第1帧上，调整其大小和位置，如图5-141所示。

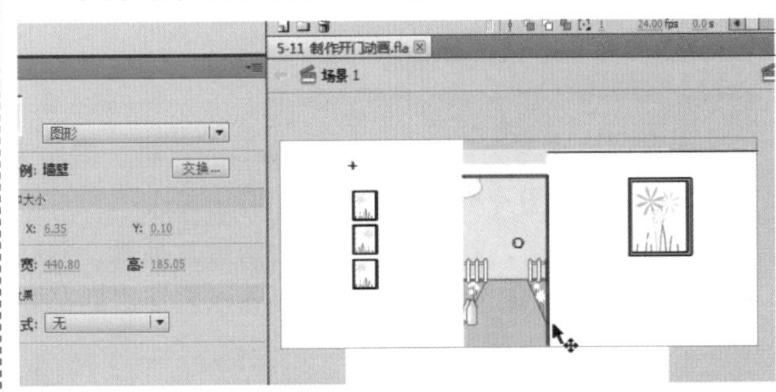

图5-141　调节影片剪辑的大小和位置

05 双击库中的“开门”影片剪辑即可看到该元件内部的样式，内部为已经制作好开门效果的逐帧动画，可以拖曳时间轴观察其制作步骤，此效果为使用各种绘制工具绘制的门打开的立体空间效果，也可以双击每一帧上门的图形查看其绘制内容，如图5-142所示。

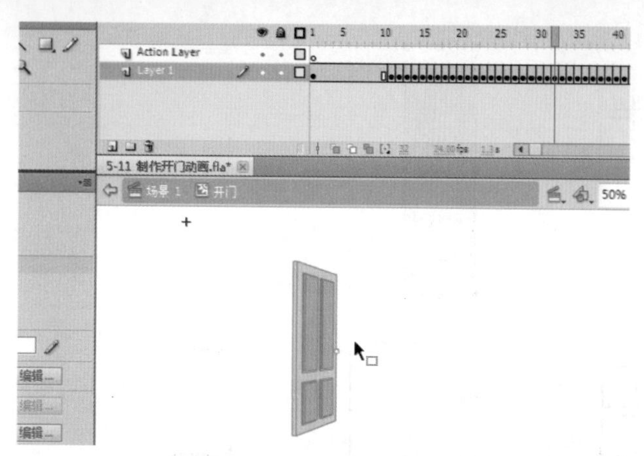

图5-142 “开门”元件的内容

06 单击时间轴下方的“场景1”以返回主场景，新建一个图层，命名为“开门”，并将刚才查看的“开门”影片剪辑元件拖曳至舞台上，调整位置和大小，如图5-143所示。

图5-143 调整元件的大小

07 保存文件，并按快捷键Ctrl + Enter测试影片效果，如图5-144所示。

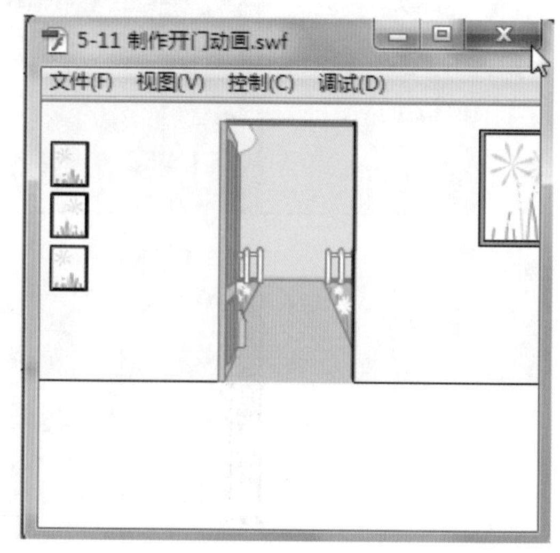

图5-144 最终效果图

5.12 课后练习

练习1 奔跑的马

本案例的练习为制作“奔跑的马”的效果，案例大致制作流程如下。

01 将背景图片拖曳至舞台上，并调整大小。

02 新建图层，新建“马奔跑”的影片剪辑，并在内部放置“马奔跑”的逐帧动画。

03 将马奔跑动画在主场景上制作从左至右的运动动画。如图5-145所示。

图5-145 案例最终效果

练习2　草地场景动画

本案例的练习为制作“草地场景”的效果，案例大致制作流程如下。

01 新建草丛慢慢晃动的影片剪辑，其中制作逐帧动画。

02 在主舞台上放置背景图片。

03 将草的逐帧影片剪辑多复制几份，并放置在舞台下方。如图5-146所示。

图5-146 案例最终效果

练习3　发散特效动画

本案例的练习为制作发散特效，案例大致制作流程如下。

01 将库中的图片按顺序放置到各帧上。

02 调整所有图片的位置和大小。如图5-147所示。

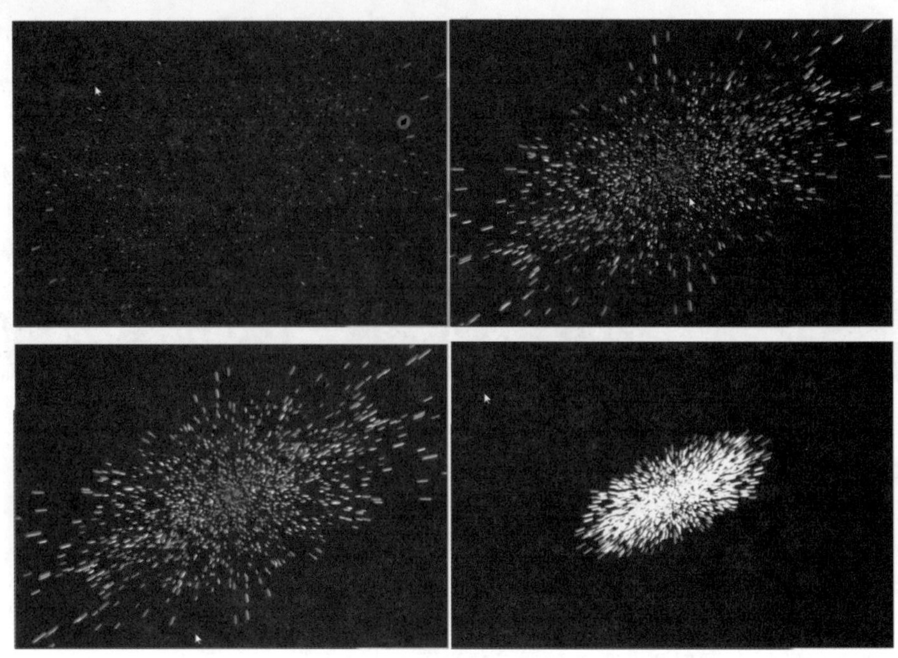

图5-147 案例最终效果

练习4 和平鸽飞行动画

本案例的练习为制作“和平鸽飞行”的动画，本案例大致制作流程如下。

01 将天空的背景图片放置在舞台上。

02 制作鸽子扇动翅膀的动画。

03 将鸽子运动的动画放置在舞台上，并制作从左下角飞到右上角的补间动画。如图5-148所示。

图5-148 案例最终效果

练习5 江南水乡动画

本案例的练习为制作“江南水乡”动画，案例大致制作流程如下。

01 将背景图放置在背景图层上。

02 制作水面波纹荡漾的逐帧动画。

03 将制作的波纹逐帧动画放置在背景图上方，并调整其位置和背景图相应位置对齐。如图5-149所示。

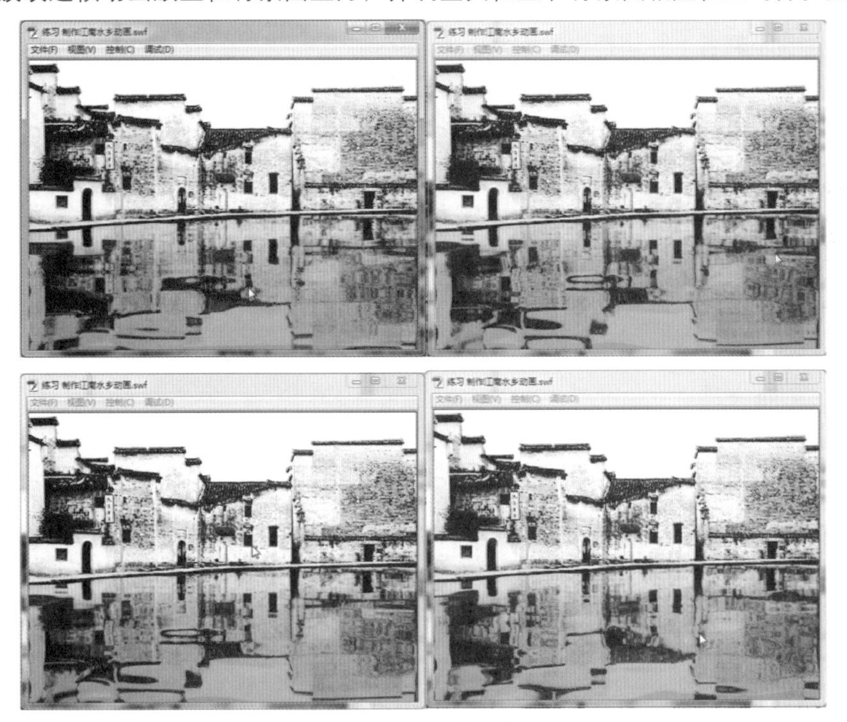

图5-149 案例最终效果

练习6　仪仗队行进动画

本案例的练习为制作“仪仗队行进”动画，案例大致制作流程如下。

01 将背景图拖曳至舞台上，并调节其位置和大小。

02 使用素材单独制作仪仗队两种人物的运动动画。

03 新建一个元件，将两种人物的运动动画排列好。

04 将多个人物运动的影片剪辑放置在舞台上，并制作从右至左慢慢运动的动画。如图5-150所示。

图5-150 案例最终效果

练习7　天使飞翔动画

本案例的练习为制作“天使飞翔”的动画，案例大致制作流程如下。

01 使用素材制作天使扇动翅膀的逐帧动画。

02 将背景图片拖曳至舞台上并调整位置和大小。

03 将“天使飞翔”的元件拖曳至舞台上，并制作从下至上的补间动画。

04 可以在另外一个位置也制作一个“天使飞翔”的动画。如图5-151所示。

图5-151 案例最终效果

练习8　奔跑狼动画

本案例的练习为制作有影子的奔跑狼动画，案例大致制作流程如下。

01 将背景图片拖曳至舞台上并调整位置和大小。

02 使用素材制作狼奔跑的动画。

03 再新建一个元件，将狼奔跑的动画拖曳进去，并复制一份放置在下方，垂直翻转。

04 调整下方“狼奔跑”元件的透明度。

05 将狼和影子奔跑的组合动画拖曳至主舞台，并制作从右至左运动的动画。如图5-152所示。

图5-152 案例最终效果

练习9　火柴人运动动画

本案例的练习为制作“火柴人运动”动画，案例大致制作流程如下。

01 将背景图片拖曳至舞台上，并调整位置和大小。

02 使用【线条工具】和【椭圆工具】制作火柴人跑步和走路的逐帧动画。

03 将走路和跑步的动画分别放置在舞台上。如图5-153所示。

图5-153 案例最终效果

练习10　真实人物跑步动画

本案例的练习为制作“真实人物跑步”动画，案例大致制作流程如下。

01 使用素材制作人物跑动的逐帧动画。

02 将背景图片拖曳至舞台并调整位置和大小。

03 将人物运动动画拖曳至舞台上。如图5-154所示。

图5-154 案例最终效果

第6章

运动动画篇

运动动画的效果，大致包含了位置变化和形状变化两种，通常的效果都可以用两者之一或通过两者的组合实现。例如常见的运动轨迹动画是指运动对象按照预先设定好的运动轨迹进行运动的动画。本章会学习到一个新的图层类型——引导图层。该图层内的内容在播放时将不会显示出来，而是用来存放该图层内含的普通图层内的对象的运动轨迹的。有了运动轨迹动画，即可按照相应的需要，随心所欲地控制对象的运动了。除非特别需要，使用运动轨迹动画要尽量保持一个引导图层对应一个对象的运动。

本章学习重点：

1. 学习外部素材的使用。
2. 了解帧的基本操作。
3. 熟练影片元件的创建。
4. 了解补间动画的制作。
5. 熟练元件的操作。

6.1 蝴蝶飞舞动画

“蝴蝶飞舞动画”案例效果，如图6-1所示。

图6-1 案例最终效果

01 新建空白Flash文档，执行【文件】→【导入】→【导入到库】命令，将外部的“蝴蝶飞舞”素材导入到库中，导入完成后的库，如图6-2所示。

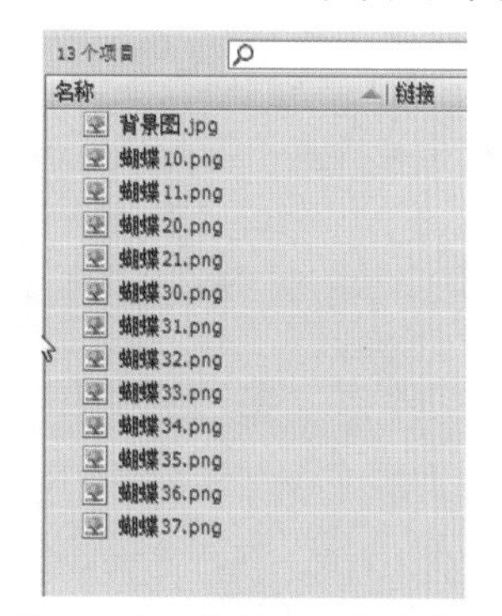

图6-2 导入素材后的库内素材

02 按快捷键Ctrl + F8 新建一个影片剪辑元件，并命名为“蝴蝶1”，单击“确定”按钮进入该元件内部进行编辑，如图6-3所示。

图6-3 新建“蝴蝶1”影片剪辑元件

03 在“蝴蝶1”元件内，将“蝴蝶10.png”图形素材拖曳到舞台上，并使用【任意变形工具】调整其中心对准注册点，如图6-4所示。

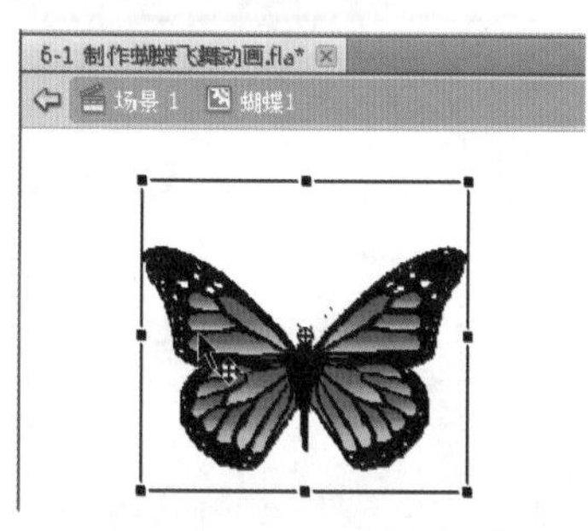

图6-4 将图形对准舞台注册点

04 选中第3帧并按F7键以插入一个空白关键帧，将“蝴蝶11.png”拖曳至舞台，并调整位置。选中第5帧，并按F5键插入帧，以让蝴蝶的第2个动作播放时间和第1个动作播放时间相等，这样便制作出了蝴蝶飞行的逐帧动画，如图6-5所示。

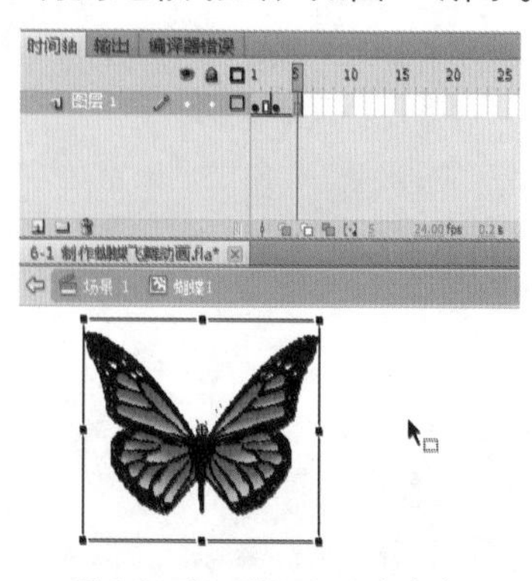

图6-5 放入第2张图片素材

05 采用同样的方法，新建“蝴蝶2”影片剪辑元件，并每隔一帧放置一张图片素材，调整其位置对准舞台的注册点，如图6-6所示。

图6-6 新建第2个蝴蝶的逐帧动画

06 新建第3个蝴蝶的影片剪辑元件，并命名为“蝴蝶3”，每隔一帧插入空白关键帧并将图形素材拖曳进该帧中，最后按F5键插入帧以延长最后一个图片素材的播放时间，如图6-7所示。

图6-7 新建蝴蝶3影片剪辑

07 单击时间轴下方的“场景1”以返回主场景，并将主场景时间轴内的图层1重命名为“背景”，并将库中的“背景图”素材拖曳到舞台，调节其位置和大小直至占满整个舞台。如图6-8所示。

图6-8 调整背景图位置和大小

08 新建一个图层，命名为“蝴蝶1飞行”，并将“蝴蝶1”影片剪辑元件从库中拖曳至该图层第1帧舞台外的任意位置。

09 使用【任意变形工具】调整元件“蝴蝶1”的大小和角度，如图6-9所示。

图6-9 调整蝴蝶1的角度和大小

10 选中图层“蝴蝶1飞行”的第100帧，按F6键插入关键帧，并在该图层1~ 100帧中任意位置单击右键，在弹出的菜单内选择【创建传统补间】选项，效果如图6-10所示。

图6-10 创建补间动画

11 右键单击“蝴蝶1飞行”图层，在弹出的菜单中选择【添加传统运动引导层】选项，如图6-11所示。

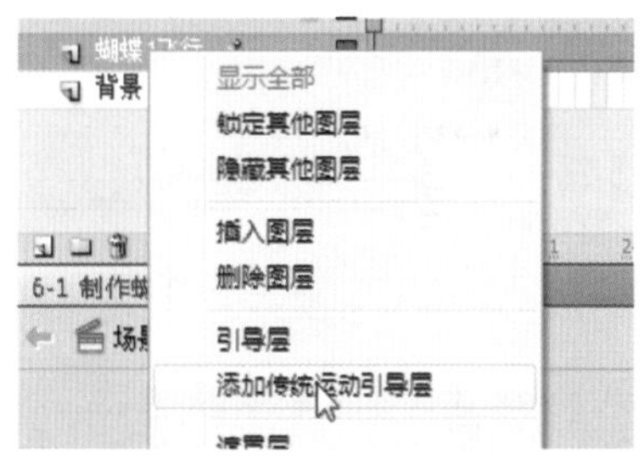

图6-11 添加传统运动引导层

12 选择该选项后，将会在本图层上方添加一个引导图层，为其重命名为“蝴蝶1轨迹”，如图6-12所示。

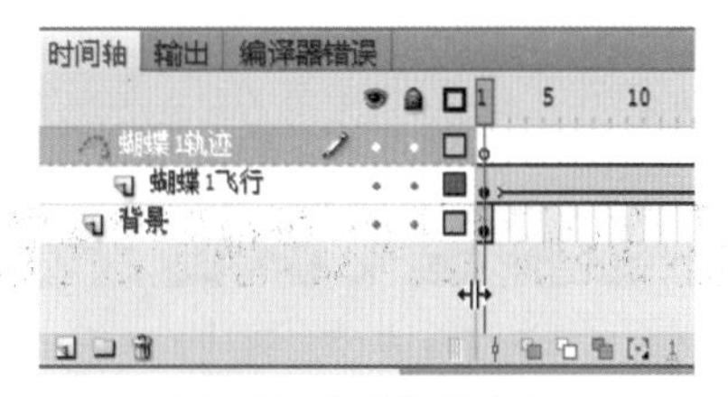

图6-12 为引导层命名

13 选择引导层的第1帧，使用【钢笔工具】绘制“蝴蝶1”的飞行轨迹。轨迹样式可以任意，不过最好为尽量简洁的一条线，并且尽量从需要控制的对象开始绘制，线条的样式不影响效果，如图6-13所示为任意绘制的一条曲线轨迹。

图6-13 绘制运动轨迹

14 "蝴蝶1飞行"将图层第100帧上的蝴蝶元件拖曳到刚才绘制的轨迹末端，如图6-14所示。

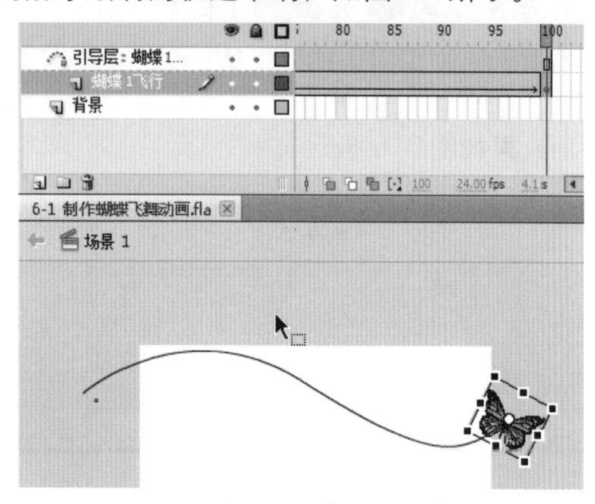

图6-14 将元件拖曳至轨迹末端

15 此时拖曳播放头，可以看到蝴蝶沿着绘制的轨迹飞行，如图6-15所示。

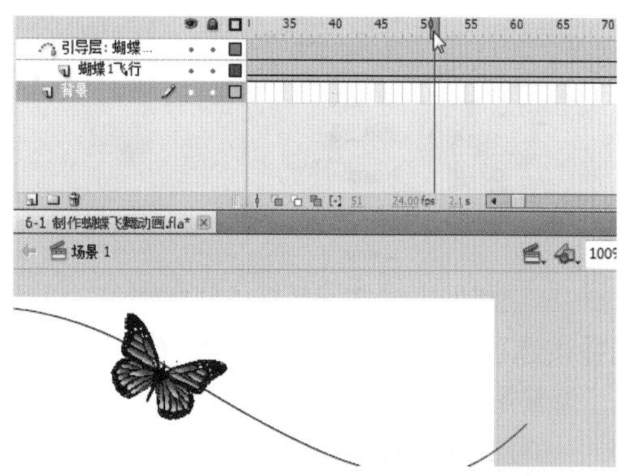

图6-15 拖曳播放头可以看到运动效果

注意：

如果有时候发现对象并没有按照轨迹线进行运动或运动轨迹混乱，需要检查如下的内容。

1. 线条是否过于复杂或交叉太多，可以尝试更加简洁的线条。

2. 中心点是否处于运动轨迹上，如果没有，可以使用【任意变形工具】查看对象的中心点，并拖曳元件使其中心点落在轨迹上。

16 在最上面引导层的上面新建图层，并命名为"蝴蝶2飞行"，将"蝴蝶2"元件从库中拖曳至舞台外的任何位置，并调整其大小和角度，如图6-16所示。

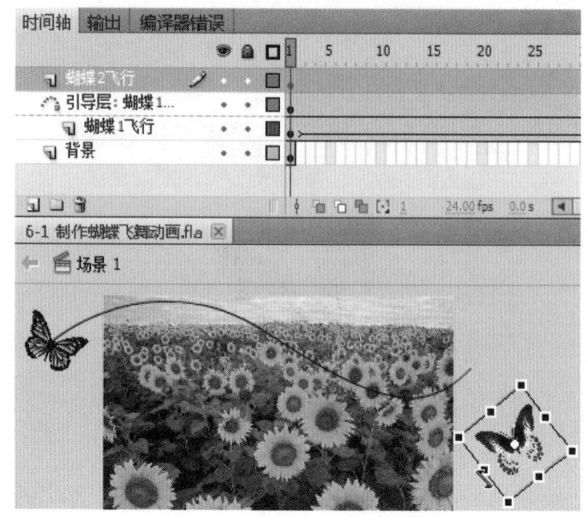

图6-16 调整蝴蝶2的大小和角度

17 在该图层的第100帧位置插入关键帧，并在中间创建传统补间动画，如图6-17所示。

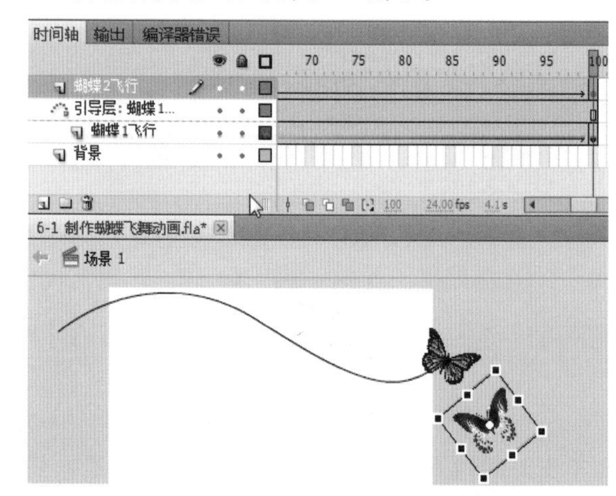

图6-17 创建传统补间动画

18 右键单击"蝴蝶2飞行"图层，并在弹出菜单中选择【创建传统运动引导层】选项，并将新建出来的引导层重命名为"蝴蝶2轨迹"，如图6-18所示。

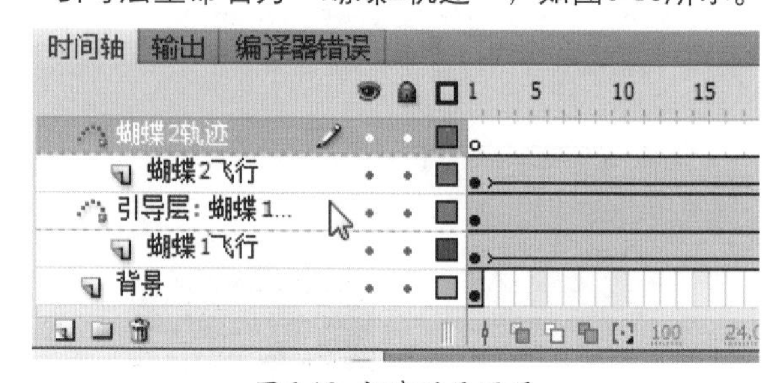

图6-18 新建引导图层

19 在"蝴蝶2轨迹"引导图层上使用【钢笔工具】绘制"蝴蝶2"的飞行轨迹，如图6-19所示为一条任意的曲线。

图6-19 绘制蝴蝶2的飞行轨迹

20 将“蝴蝶2飞行”图层第100帧上的蝴蝶拖曳到刚才绘制曲线的末端，并使用【任意变形工具】使其中心点落在轨迹上，如图6-20所示。

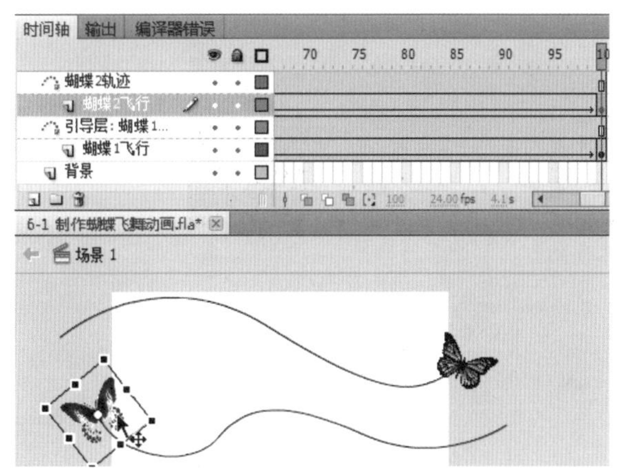

图6-20 拖曳“蝴蝶2”至轨迹末端

21 在最上面新建图层并命名为“蝴蝶3飞行”，将“蝴蝶3”元件拖曳进来，调整好大小和角度，并重复上面的步骤，创建补间动画，如图6-21所示。

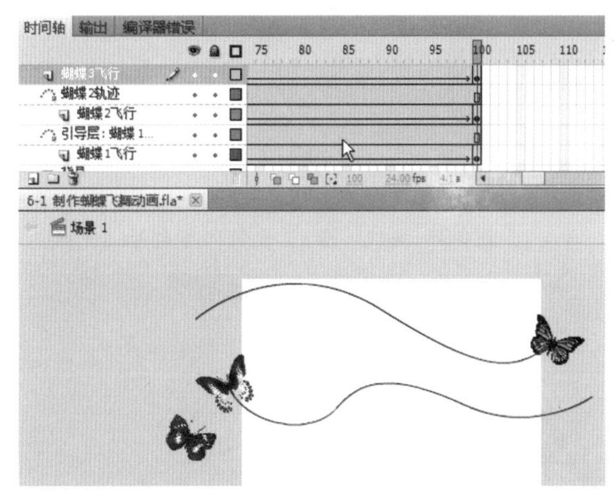

图6-21 创建“蝴蝶3”的补间动画

22 为“蝴蝶3飞行”图层创建引导图层，并在上面绘制“蝴蝶3”的飞行轨迹，如图6-22所示。

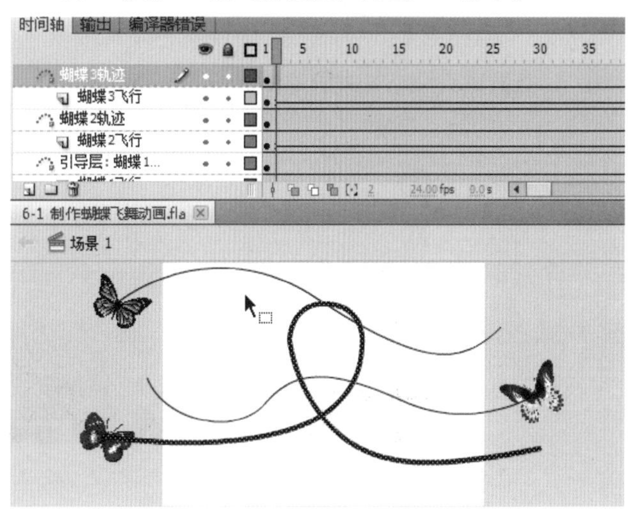

图6-22 绘制“蝴蝶3”的运动轨迹

23 将第100帧的“蝴蝶3”拖曳至轨迹末端，调整其中心落在轨迹上，完成3只蝴蝶的运动轨迹动画。

24 在“背景”图层的第100帧，按F5键插入帧以让该图层的时间延续到所有蝴蝶飞行完毕，如图6-23所示。

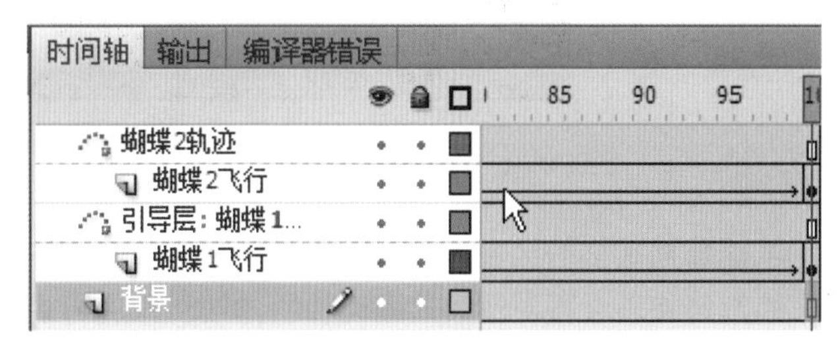

图6-23 为背景图层第100帧插入帧

25 保存文件，按快捷键Ctrl + Enter 测试影片，可以看到3只蝴蝶按照轨迹飞行的动画，而轨迹并不会显示出来，只能在设计时看到，如图6-24所示。

图6-24 最终效果

6.2 海底世界动画

“海底世界动画”案例效果，如图6-25所示。

图6-25 案例最终效果

逐帧动画部分的知识已经介绍得差不多了，接下来的案例将不会再对逐帧动画元件的详细制作进行讲解，而是提供相应的素材文件以供读者直接使用。

01 打开本案例的素材文件，库内素材结构，如图6-26所示。

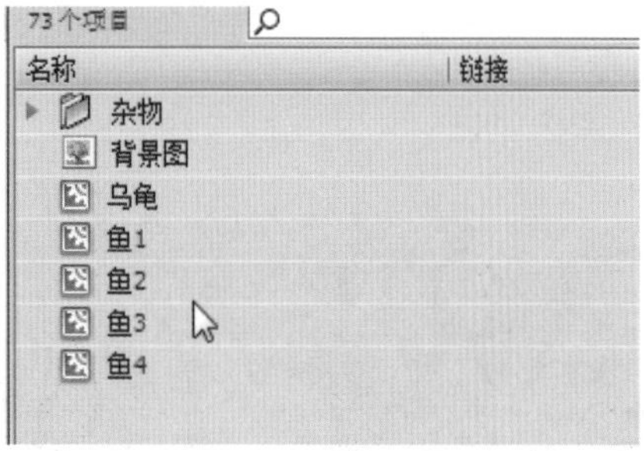

图6-26 库内的素材

02 库内的几个影片剪辑均为已经制作好的动画效果，可以通过双击查看具体的制作过程。

03 将图层1重名为“鱼1游动”，并将“鱼1”元件从库内拖曳到舞台外，如图6-27所示。

04 在“鱼1游动”图层上单击右键并在弹出的菜单中选择【创建传统引导动画】选项，并使用“钢笔工具”在引导图层上绘制一条曲线轨迹，如图6-28所示。

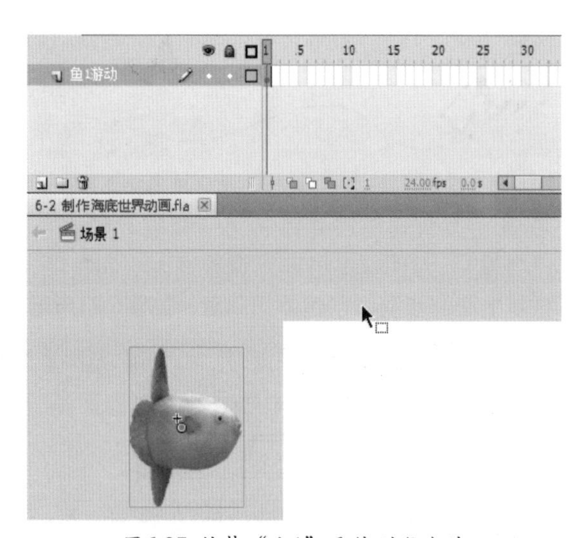

图6-27 拖拽“鱼1”元件到舞台外

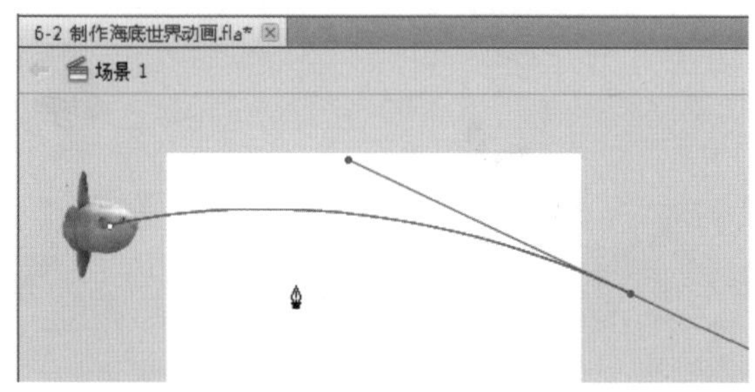

图6-28 绘制“鱼1”的运动轨迹

05 在“鱼1游动”图层的第400帧位置按F6键插入关键帧，在其引导层的第400帧按F5键插入帧，以使引导层的时间和要引导的对象一致，如图6-29所示。

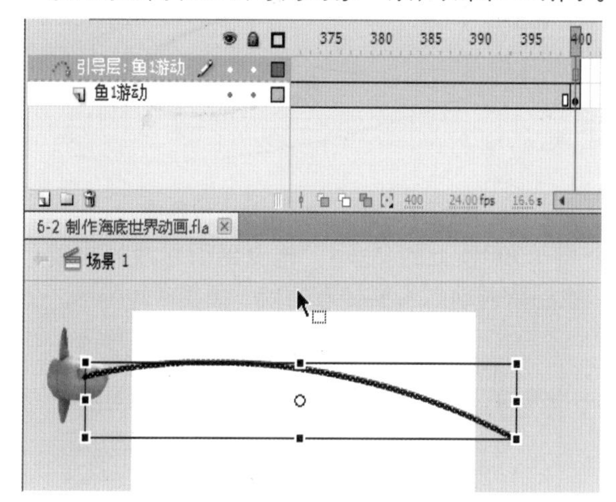

图6-29 在第400帧添加关键帧和帧

06 在“鱼1游动”图层的第1～400帧中的任意位置单击右键，并在弹出的菜单中选择【创建传统补间动画】选项，这将在1~400帧中间生成补间动画，如图6-30所示。

图6-30 创建传统补间动画

07 使用【任意变形工具】选中第1帧的“鱼1”元件，移动元件使中心点落在引导线的起始端，再到第400帧移动“鱼1”元件使其中心点落在引导线的末端，如图6-31所示。

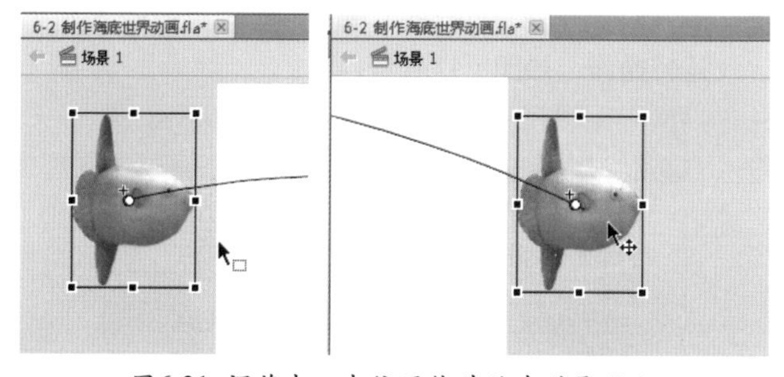

图6-31 调节中心点位置使其落在引导线上

08 这将创建出一条鱼的引导动画，并且持续播放400帧，从舞台最左侧出现直到在舞台最右端消失。

09 在最上层新建一个图层，重命名为“鱼2游动”，注意此图层一定不能被刚才的引导图层包含，而是独立的一个普通图层，如图6-32所示。

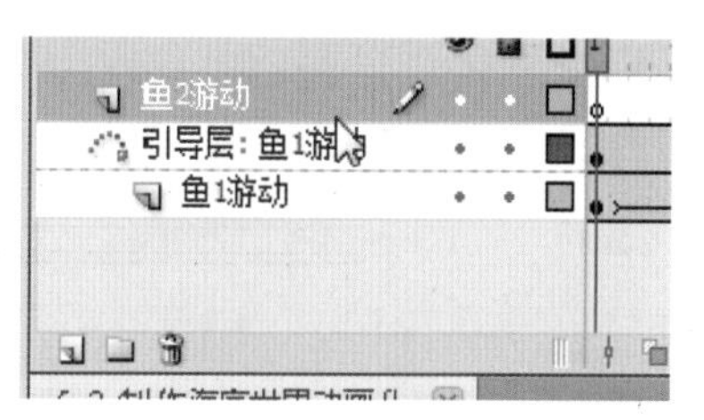

图6-32 新建“鱼2游动”图层

10 在“鱼2游动”图层的第50帧按F7键插入空白关键帧，并将“鱼2”元件拖曳至舞台，如图6-33所示。

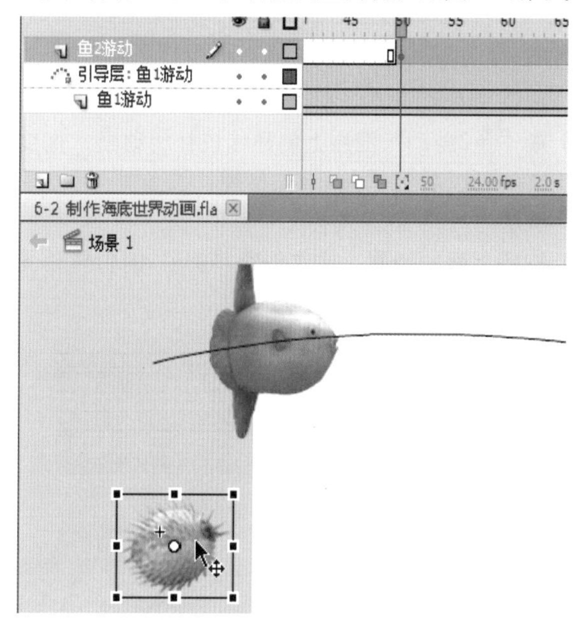

图6-33 在第50帧处放入“鱼2”元件

11 为“鱼2游动”图层创建引导层，并使用【钢笔工具】绘制如图6-34所示的轨迹线条。

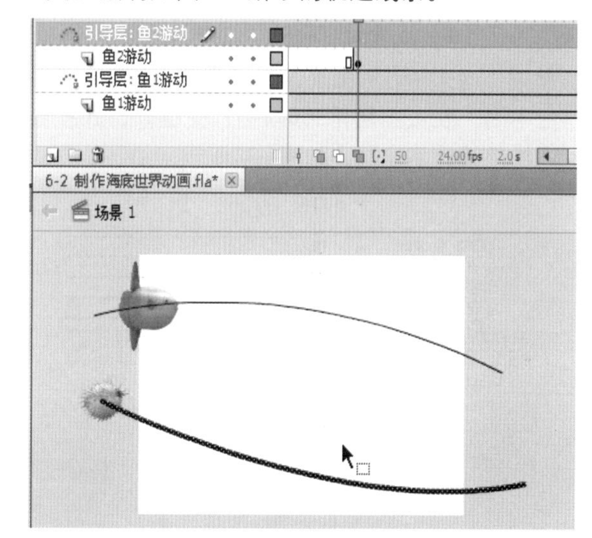

图6-34 绘制“鱼2”的运动轨迹

12 在“鱼2游动”图层的第120帧插入关键帧，并将处于第120帧的“鱼2”元件使用【任意变形工具】拖曳至引导线末端，使其中心落在引导线上，如图6-35所示。

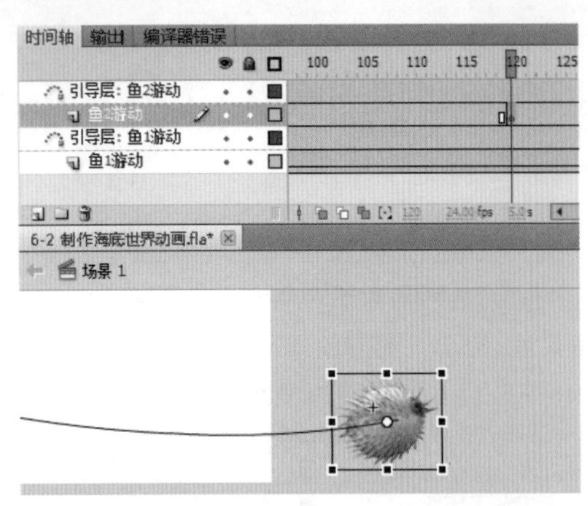

图6-35 拖曳“鱼2”元件到引导线末端

13 在“鱼2游动”图层上创建传统补间动画，拖曳播放头可以看到“鱼1”先出现，“鱼2”后出现，但是“鱼2”的速度会比“鱼1”快。

14 按照上面的步骤，再次创建“鱼3”的引导动画，如图6-36所示。

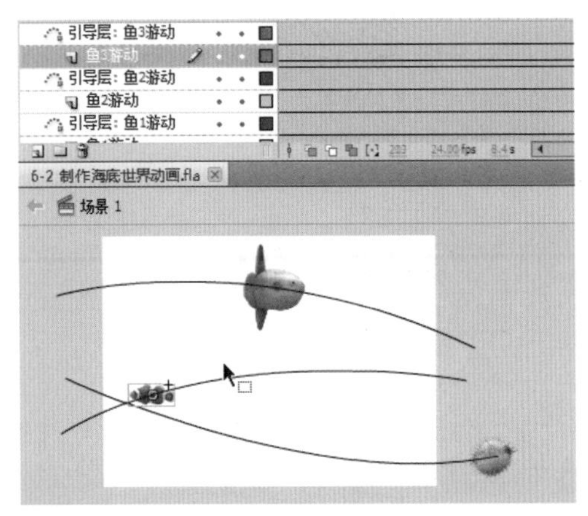

图6-36 创建“鱼3”的引导动画

15 新建“鱼4游动”图层，将“鱼4”元件放置在舞台中间，在该图层第300帧插入关键帧，并在中间添加传统补间动画，如图6-37所示。

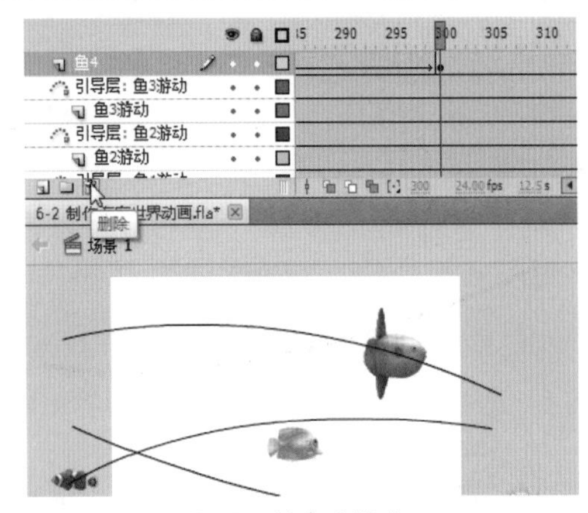

图6-37 创建补间动画

16 为“鱼4游动”图层创建传统引导图层，并绘制一条如图6-38所示的引导线。

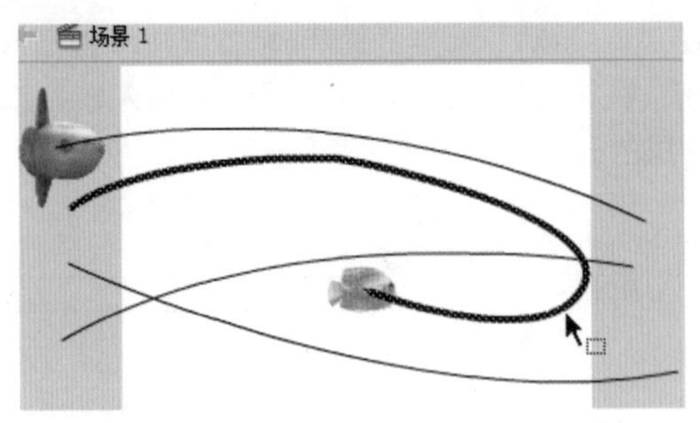

图6-38 绘制“鱼4”的运动轨迹

17 将第300帧上的“鱼4”拖曳到引导线的末端，并找到鱼游动到将要转弯的帧，如图6-39所示。

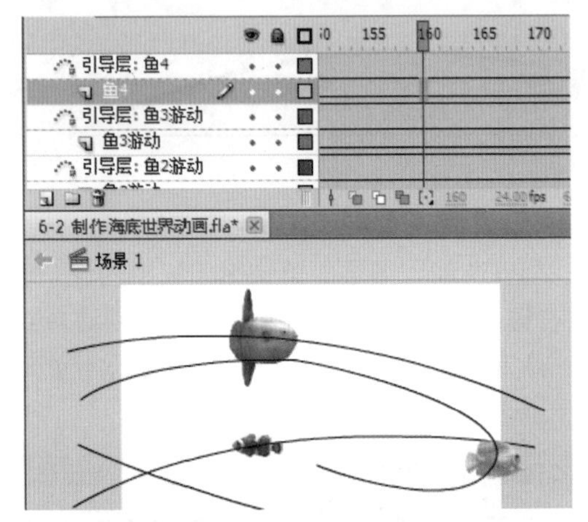

图6-39 找到“鱼4”即将转弯的帧

18 在该帧按2次F6键以插入2个关键帧，如图6-40所示。

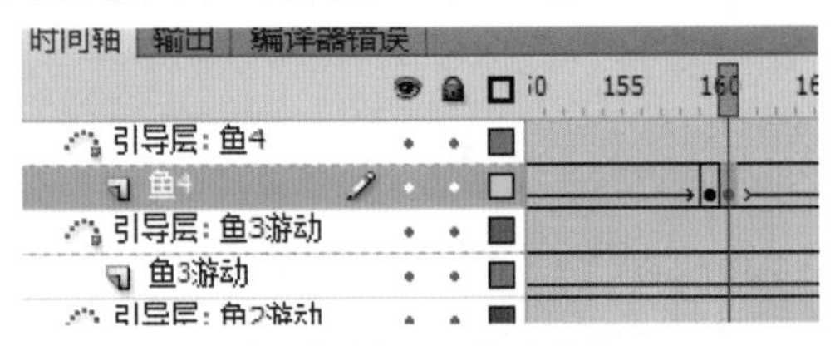

图6-40 插入两个关键帧

19 找到后一帧的“鱼4”，并执行【修改】→【变形】→【水平翻转】命令，将“鱼4”水平翻转过来，对处于第300帧的“鱼4”同样执行一次水平翻转操作，如图6-41所示。

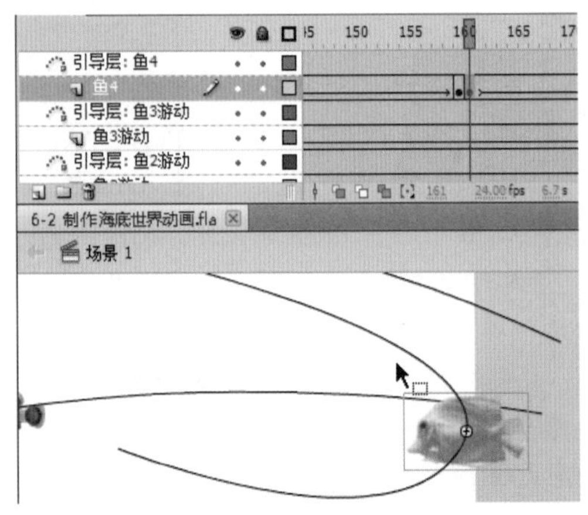

图6-41 执行水平翻转操作

20 再综合前面的步骤，制作“乌龟”的引导动画，绘制其运动轨迹如图6-42所示。

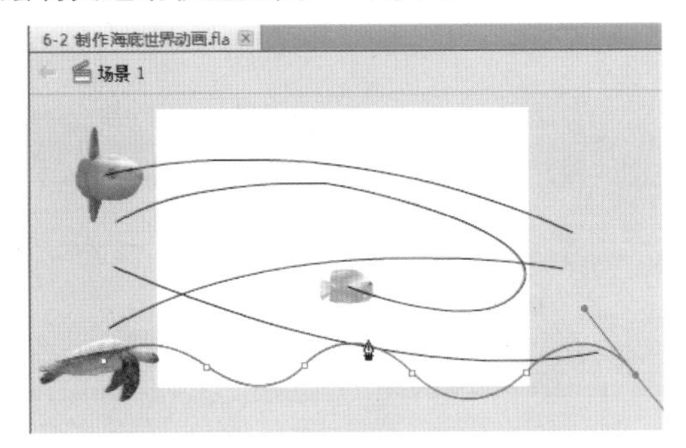

图6-42 绘制“乌龟”的运动轨迹

21 制作完成所有引导动画后，在所有图层的最下方新建一个图层，命名为“背景”，并将背景图层从库内拖曳至舞台上的合适位置，如图6-43所示。

22 保存文件，按快捷键Ctrl + Enter 测试影片，效果为海底各类鱼类自由游动的效果，如图6-44所示。

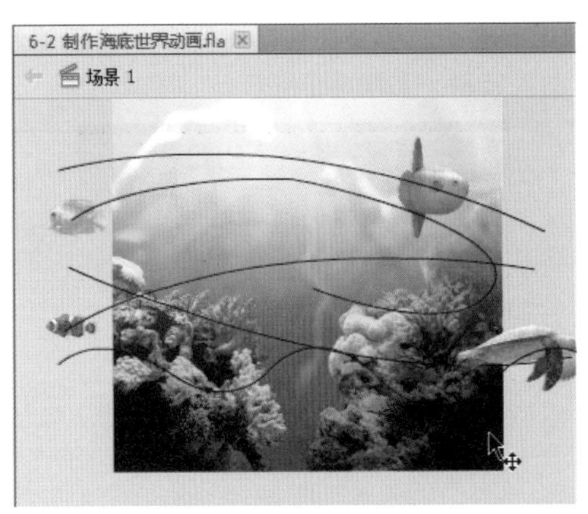

图6-43 插入背景图片

图6-44 最终效果图

6.3 足球运动动画

“足球运动动画”案例效果，如图6-45所示。

图6-45 案例最终效果

01 打开本案例的素材文件，库内有一个足球和背景的图片素材，如图6-46所示。

图6-46 库内的素材

02 将图层1重命名为“背景层”，如图6-47所示。

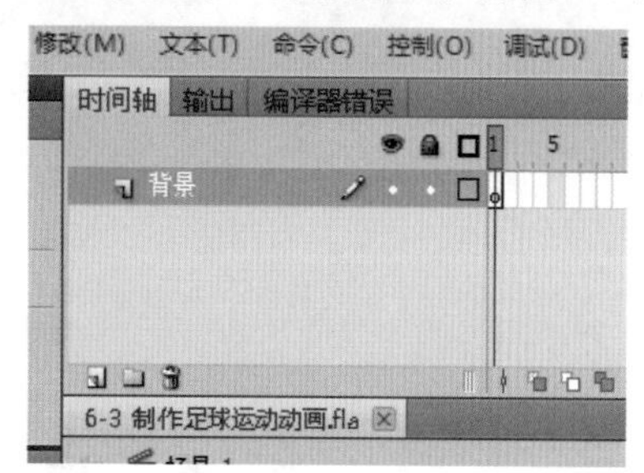

图6-47 重命名图层

03 将库内的背景图素材拖曳至舞台上，并使之左上角与舞台的左上角对齐，如图6-48所示。

图6-48 设置图片左上角与舞台对齐

04 新建一个图层，命名为“足球运动”，如图6-49所示。

图6-49 新建图层

05 将库中的“足球”图片素材拖曳至“足球运动”图层第1帧的舞台上，并选中该图形，按F8键将其转换为影片剪辑元件，命名为“足球剪辑”，如图6-50所示。

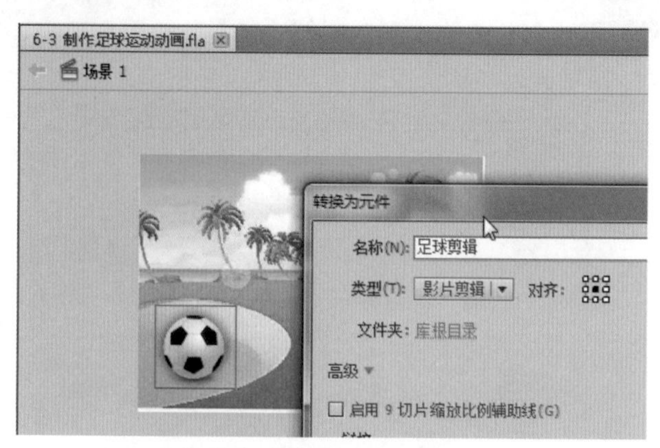

图6-50 转换为元件

06 在“足球运动”层的第50帧和“背景层”的第50帧按F5键插入帧，如图6-51所示。

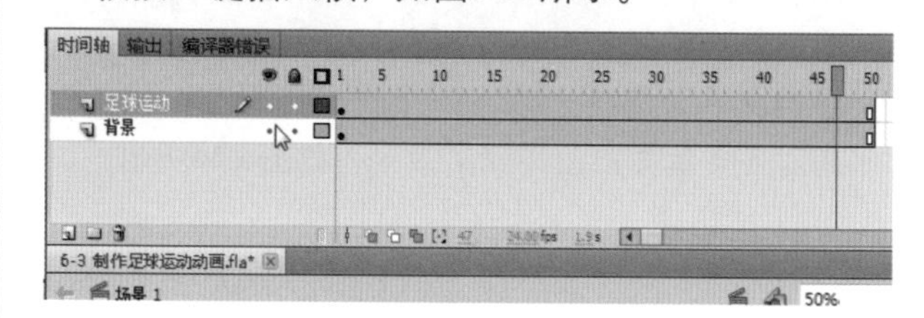

图6-51 插入帧

07 在“足球运动”层的第1帧上单击右键，在弹出的菜单中选择【创建补间动画】选项，此时将会生成一个与之前案例不一样的补间区域，如图6-52所示。

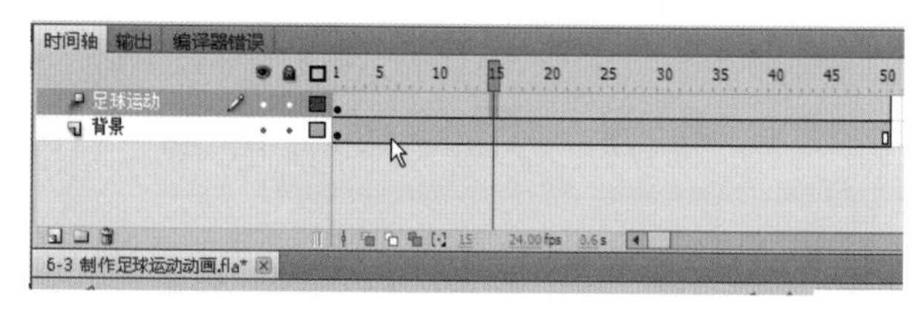

图6-52 创建补间动画

08 使用【选择工具】将第1帧上的“足球”移出舞台，如图6-53所示。

图6-53 移动第1帧上的足球

09 单击“足球运动”图层的第15帧，再使用【选择工具】将足球移动至如图6-54所示的位置，这将会形成一条运动轨迹。

图6-54 移动第15帧的元件

10 使用【选择工具】修改轨迹的曲度，修改为如图6-55所示的状态。

图6-55 修改运动轨迹曲度

11 使用【任意变形工具】修改第15帧上的球大小，将其稍微缩小一点，如图6-56所示。

图6-56 调整足球的大小

12 使用同样的方法，在第25帧处将足球调整至如图6-57所示的位置，并缩小其尺寸。

图6-57 对第25帧进行处理

13 对后面的帧也进行相应的处理，以实现一个足球逐渐远去的弹跳效果，如图6-58所示。

图6-58 设置其他帧上的弹跳动作

14 保存文件，按快捷键Ctrl + Enter测试影片播放效果，如图6-59所示。

图6-59 最终效果图

6.4 手指绘画动画

“手指绘画动画”案例效果，如图6-60所示。

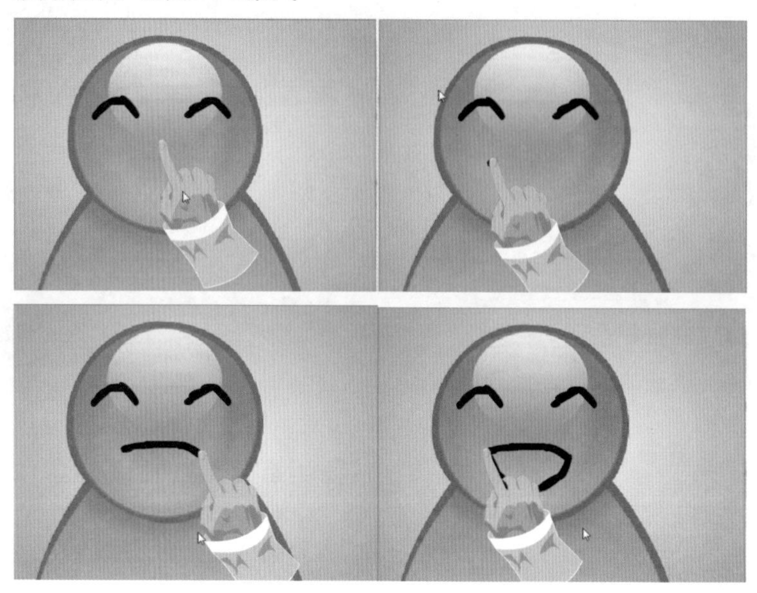

图6-60 案例最终效果

01 打开本案例的素材文件，库内素材如图6-61所示。

图6-61 库内图片素材

02 将图层1重命名为“背景层”，并将库中的“背景”素材拖曳至舞台上，在属性栏调整其属性，如图6-62所示。

图6-62 调整背景图片的属性

03 新建一个图层，并命名为“手 图层”，并把库中的“手”影片剪辑元件拖曳至舞台上，如图6-63所示。

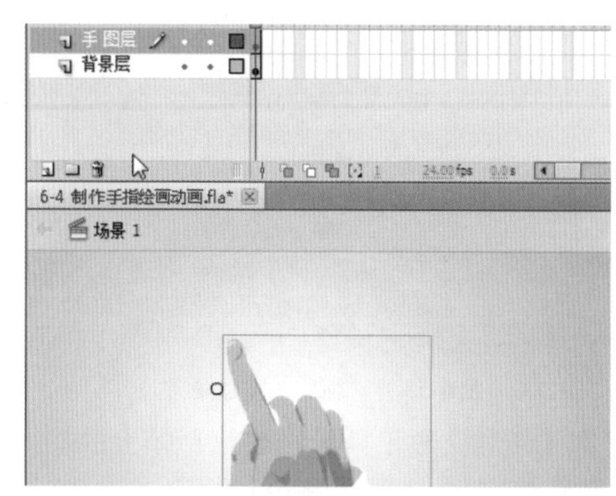

图6-63 将影片剪辑拖曳至舞台上

04 再次新建一个图层，命名为“绘制 图层”，并将其拖曳至“手 图层”和“背景 图层”的中间，如图6-64所示。

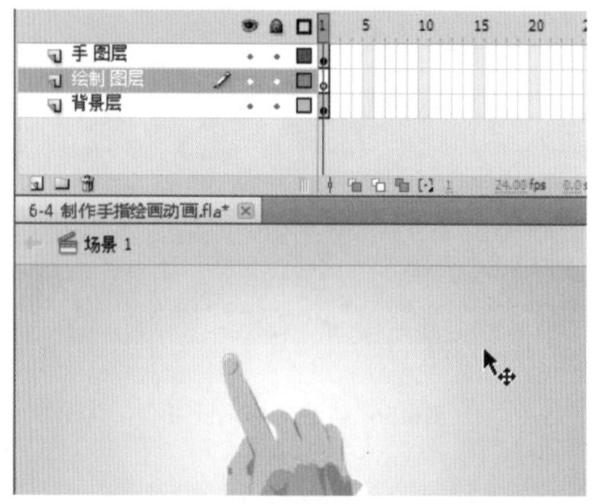

图6-64 新建一个图层并调整位置

05 使用【选择工具】将“手”影片剪辑拖曳至舞台左偏上的位置，并锁定“背景层”，选择【刷子工具】，并在“属性”面板内进行设置，如图6-65所示，并调整为中等的刷子大小。

图6-65 设置【刷子工具】的属性

06 使用【刷子工具】在“绘制 图层”的第1帧上绘制一点，位置在手指的下方，如图6-66所示。

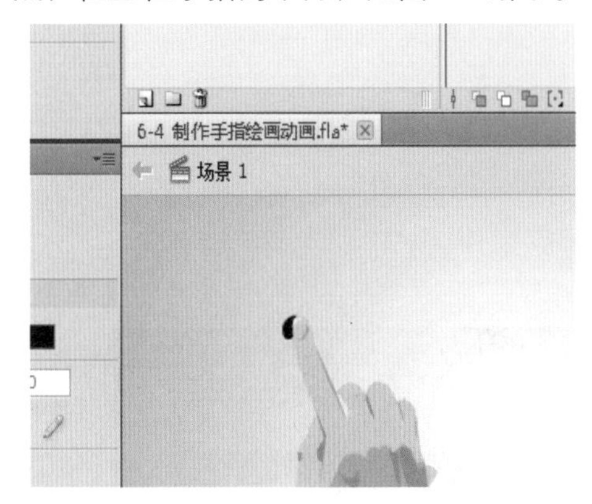

图6-66 绘制一点

07 在所有图层的第2帧上按F6键插入关键帧，并稍微向右上方移动“手”影片剪辑，并使用【刷子工具】在第1帧和第2帧的食指位置进行涂抹，如图6-67所示。

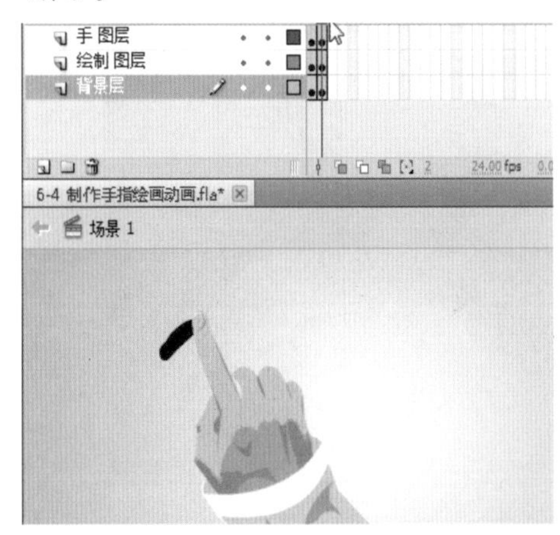

图6-67 绘制两帧间的轨迹

08 如此同样的方法在接下来每一帧都按F6键插入关键帧，并补齐与上一帧之间手指绘制的部分，如图6-68所示。

图6-68 绘制出一个笑脸的眼睛部分

09 绘制笑脸右侧部分眼睛时，可以直接把手拖过去或创建传统补间动画，如图6-69所示。

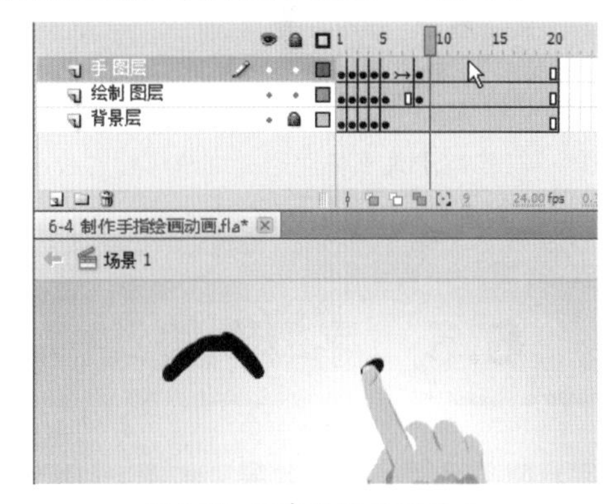

图6-69 创建传统补间动画

10 同样的方法绘制右侧的眼睛部分，如图6-70所示。

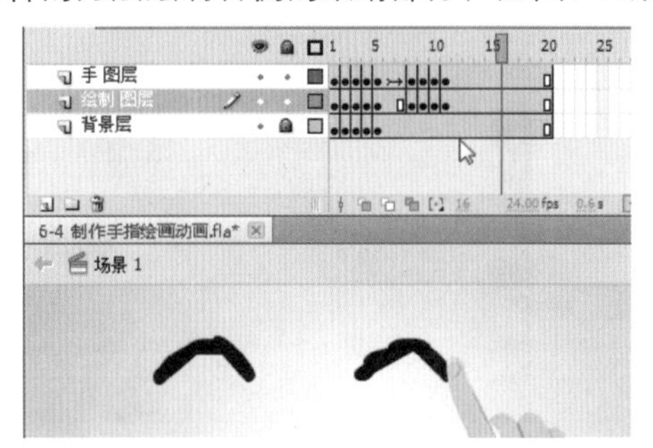

图6-70 绘制右侧眼睛部分

11 绘制嘴巴部分，如图6-71所示。

图6-71 绘制嘴巴部分

12 最后将手移出表情外，创建传统补间动画，如图6-72所示。

图6-72 移动手至表情外并创建传统补间动画

13 可以在背景图层上再添加一个图案，保存文件，按快捷键Ctrl＋F8测试影片，最终效果如图6-73所示。

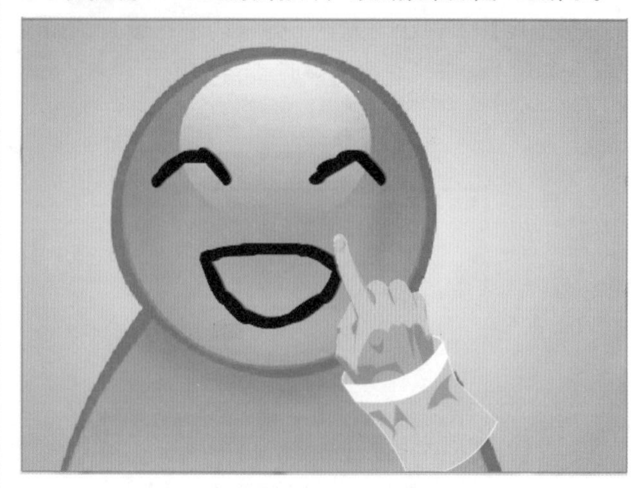

图6-73 最终效果图

6.5 字母飘舞动画

“字母飘舞动画”案例效果，如图6-74所示。

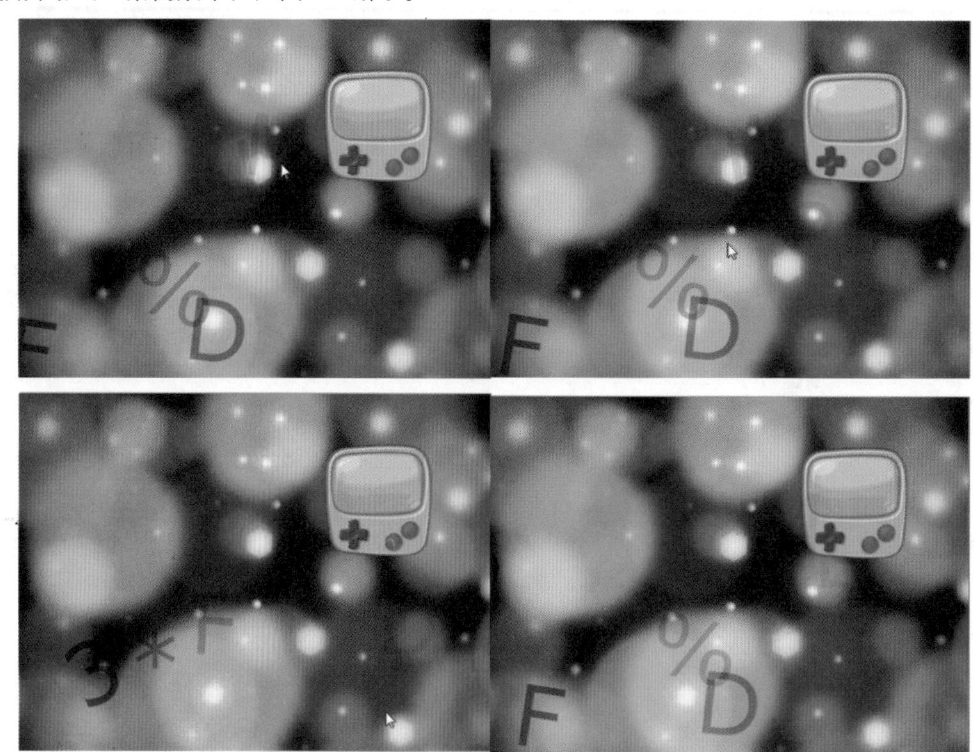

图6-74 案例最终效果

01 打开本案例的素材文件，库内有一个机器的素材图片，本案例要制作的是很多字母飞舞着飘向机器的动画，并在飘散过程中慢慢消失，如图6-75所示。

图6-75 库内的素材

02 将图层1重命名为“机器层”，并将库中的“机器”图片素材拖曳至舞台上，如图6-76所示。

图6-76 拖曳影片剪辑到舞台上

03 选择【文本工具】，并在“属性”面板中进行设置，如图6-77所示。

图6-77 设置【文本工具】的属性

04 新建一个图层，并命名为“文字层”，使用【文本工具】在舞台上随意输入一些字母或符号，如图6-78所示。

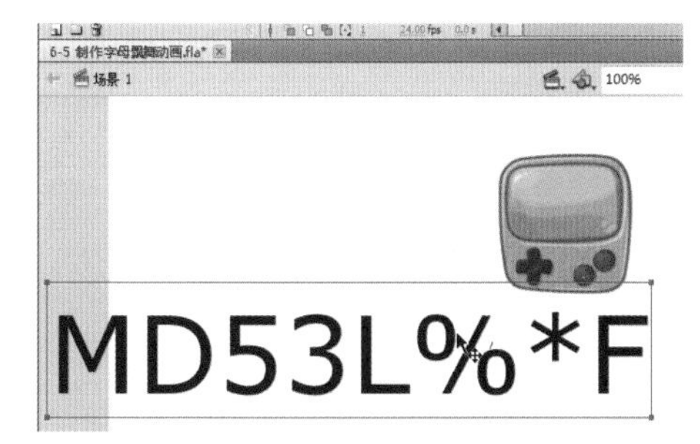

图6-78 输入文字或符号

05 选择刚才输入的文字，按快捷键Ctrl + B打散该文本框，形成每个字符占一个单独文本框的样式，如图6-79所示。

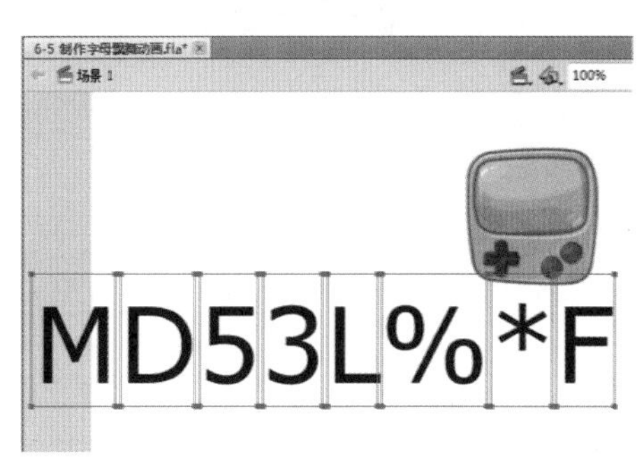

图6-79 打散文本框

06 选中所有的字符，按F8键将其转换为影片剪辑元件，命名为“文字运动效果”，如图6-80所示。

图6-80 转换为影片剪辑元件

07 转换完成后，再双击刚才转换的影片剪辑以进入其内部，再次使用【选择工具】单独选中每个文字并按F8键将其转换为影片剪辑，名称可以使用默认的，转换完成后，库中会多出刚才创建的元件，如图6-81所示。

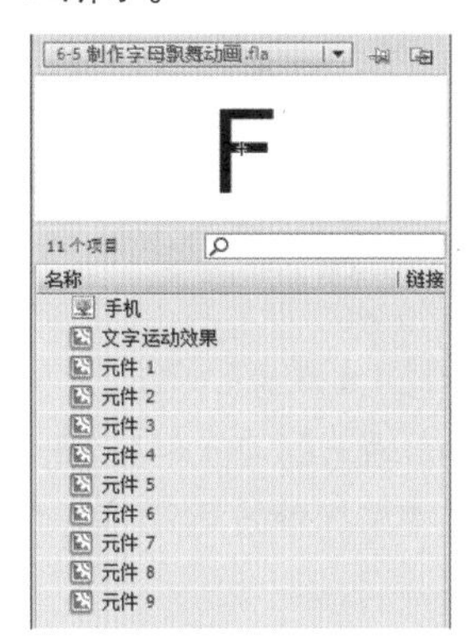

图6-81 库中的元件

08 选中舞台上所有转换为影片剪辑的文字，并在任意一个元件上单击右键，在弹出的菜单中选择【分散到图层】选项，如图6-82所示。

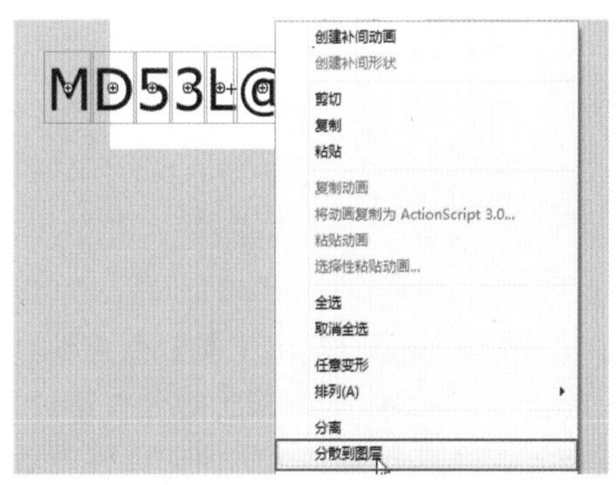

图6-82 分散到图层

09 完成后，将会为每个文字影片剪辑创建一个单独的图层，在每个单独图层的第30帧按F6键插入关键帧，如图6-83所示。

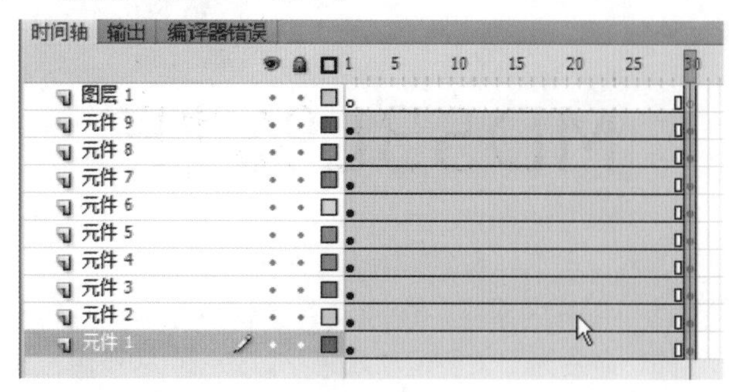

图6-83 插入关键帧

10 将第1帧上的所有文字都使用【选择工具】随意调整位置或使用【任意变形工具】调整其角度，如图6-84所示为任意变换的一个样式。

图6-84 任意调整元件的位置和角度

11 右键单击时间轴上的“元件1”图层，并在弹出的菜单中选择【添加传统运动引导层】选项，如图6-85所示。

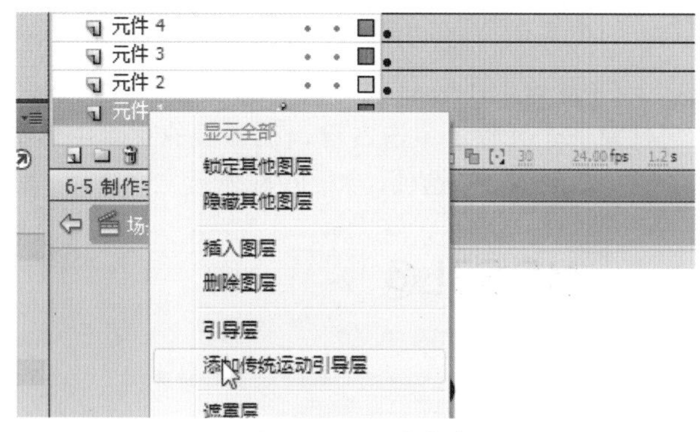

图6-85 添加引导层

12 添加完成后，使用【钢笔工具】随意绘制一条曲线，起点在“元件1”图层上的元件第1帧所在的位置附近，终点在舞台上机器的位置附近，如图6-86所示。

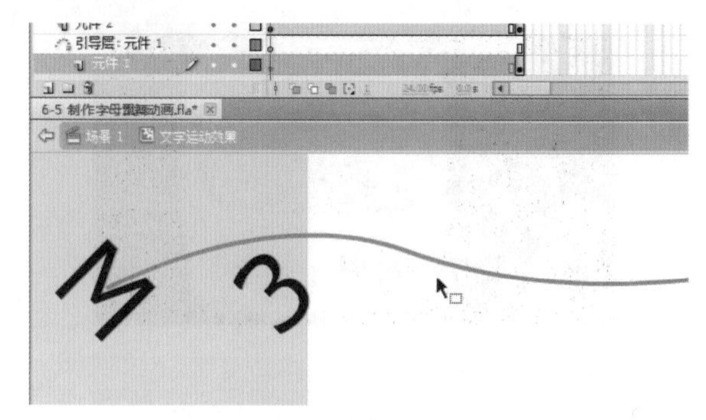

图6-86 绘制引导线

13 将“元件1”图层上第30帧的元件拖曳至引导线的末端，并务必使元件的中心点落在引导线上，并在该图层的第1～30帧中间创建传统补间动画，如图6-87所示。

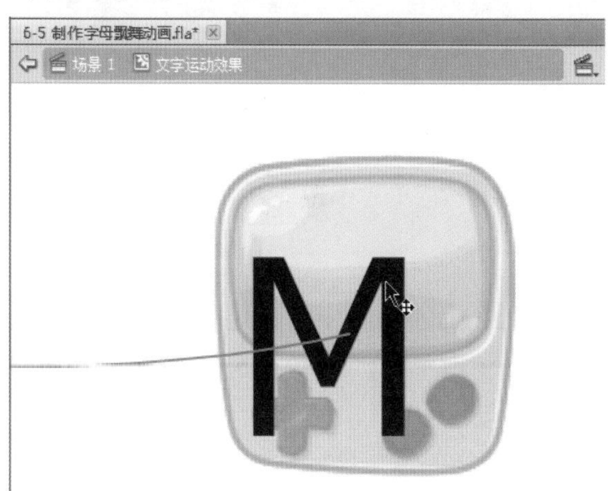

图6-87 使元件的中心点落在引导线上

14 同样的方法，为剩下的每个图层都创建引导层并绘制任意的引导线，并创建补间动画，如图6-88所示。

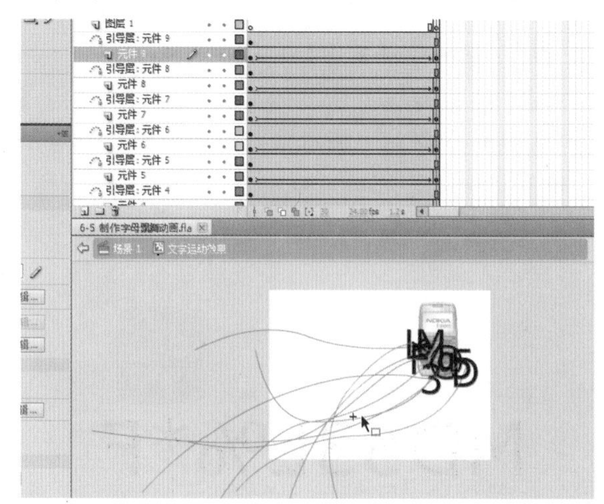

图6-88 制作每个影片剪辑的轨迹运动

15 锁定所有图层的引导层，并选中第30帧上的所有影片剪辑，在“属性”面板中设置其透明度为0，如图6-89所示。

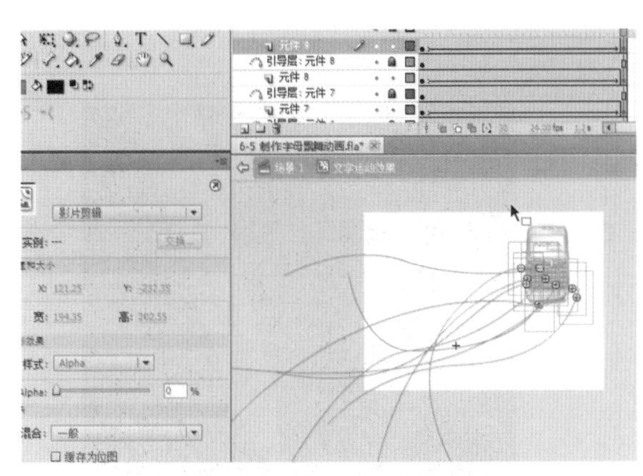
图6-89 设置影片剪辑的透明度

16 移动一些元件图层上关键帧的位置，使动画的时间错开，如图6-90所示。

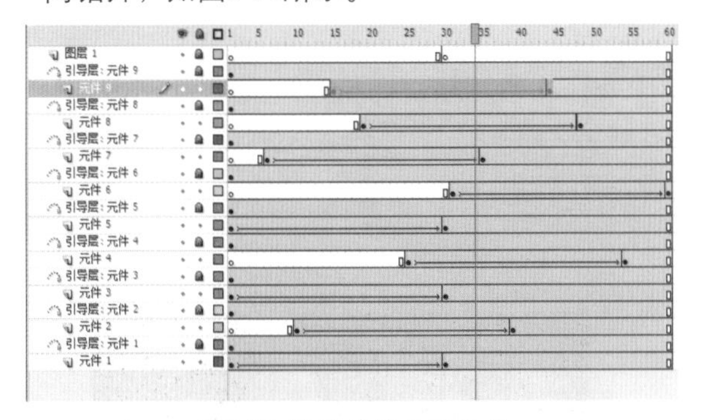
图6-90 修改关键帧的位置

17 保存文件，按快捷键Ctrl + Enter测试影片效果，最终效果如图6-91所示。

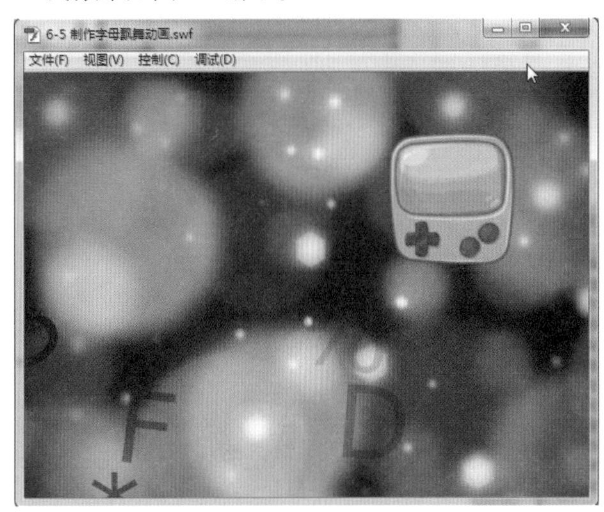

图6-91 最终效果图

6.6 点亮灯泡动画

“点亮灯泡动画”案例效果，如图6-92所示。

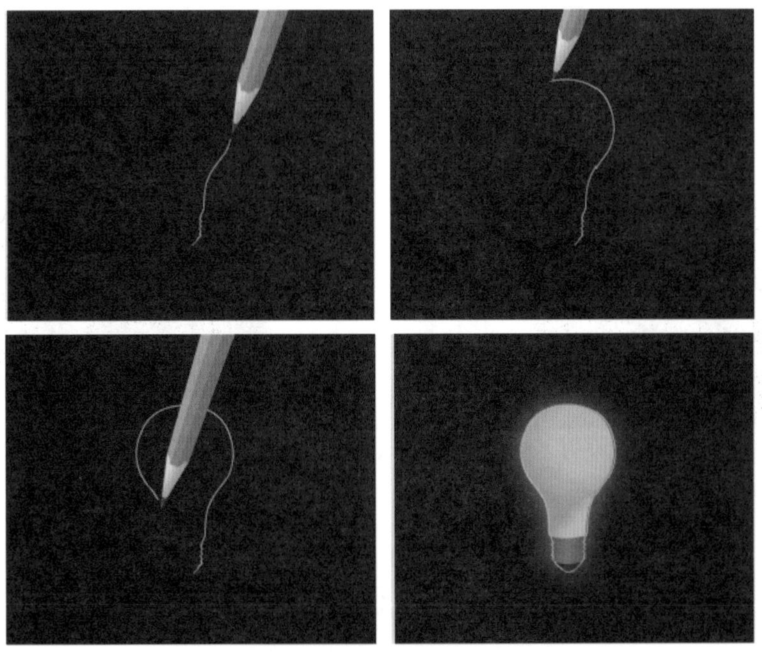
图6-92 案例最终效果

01 打开本案例的素材文件，本案例要制作的效果为笔绘制出灯泡的轮廓，并展示出真正的灯泡效果，库内素材如图6-93所示。

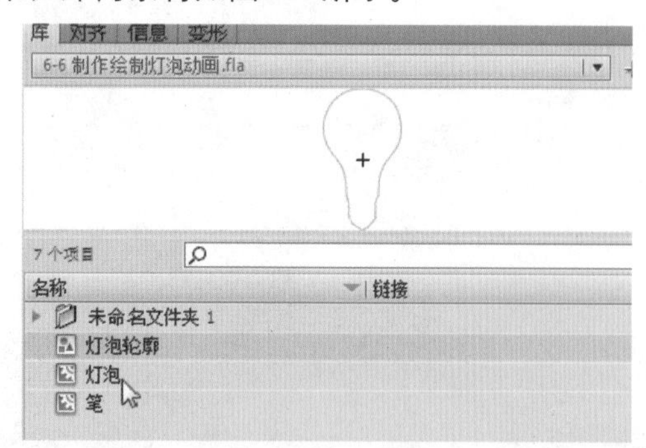

图6-93 库内的素材

02 在“属性”面板中修改舞台的尺寸为300×250，并将舞台的背景设置为黑色，如图6-94所示。

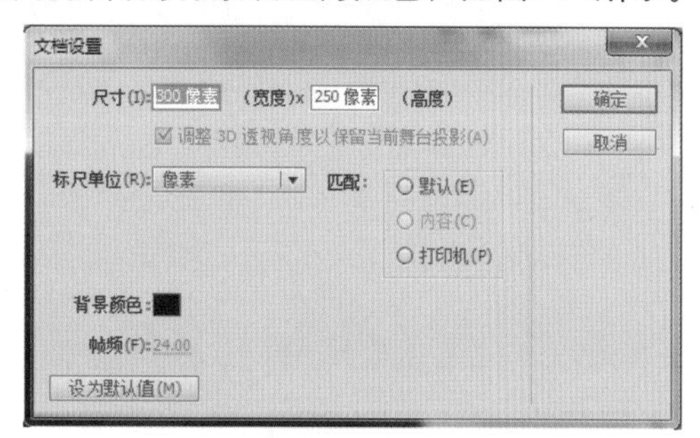

图6-94 设置舞台的尺寸和背景颜色

03 将图层1重命名为“背景层”，暂时先不放置内容，再次新建一个图层，命名为“灯泡轮廓”，并将库中的“灯泡轮廓”影片剪辑拖曳至舞台上，如图6-95所示。

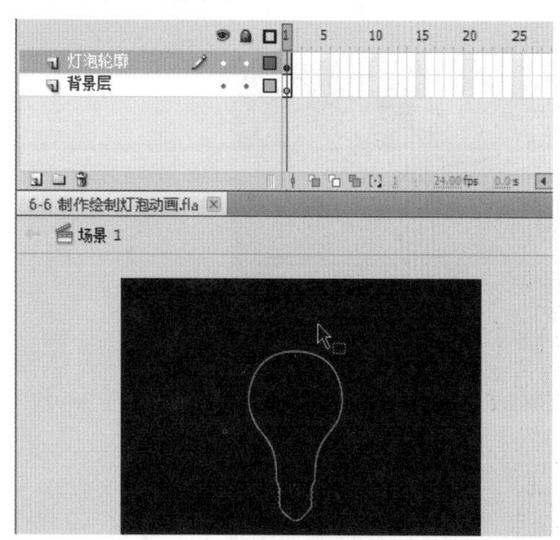

图6-95 将元件拖曳至舞台上

04 新建两个图层，分别命名为“挡板右”和“挡板左”，也暂时不操作，再次新建一个图层，命名为“笔运动层”，将库中的“笔”元件拖曳至舞台上，并调整其位置，使笔头位置在如图6-96所示的位置。

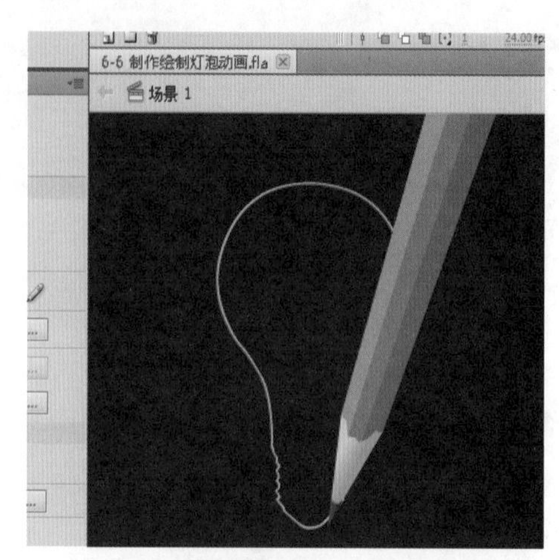

图6-96 调整笔的位置

05 在所有图层的第100帧的位置按F5键插入帧，如图6-97所示。

图6-97 插入帧

06 在“笔运动层”的第2帧按F6键插入关键帧，并调整该帧上的笔位置，使笔头自逆时针绘制灯泡轮廓方向的下一笔，如图6-98所示。

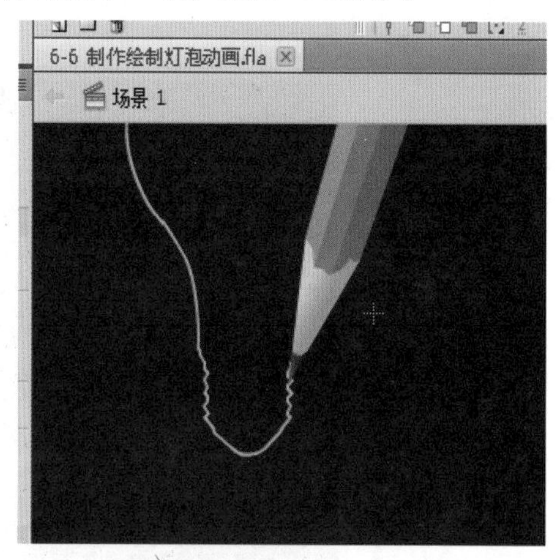

图6-98 调整笔至下一划的位置

07 继续在第3帧插入关键帧，并调节位置至下一笔，如图6-99所示。

08 同样的步骤，直到移动笔至灯泡轮廓最顶端，使用【矩形工具】在“挡板左”图层上绘制一个填充为黑色的矩形，并使其正好盖住左侧部分的灯泡轮廓，如图6-100所示。

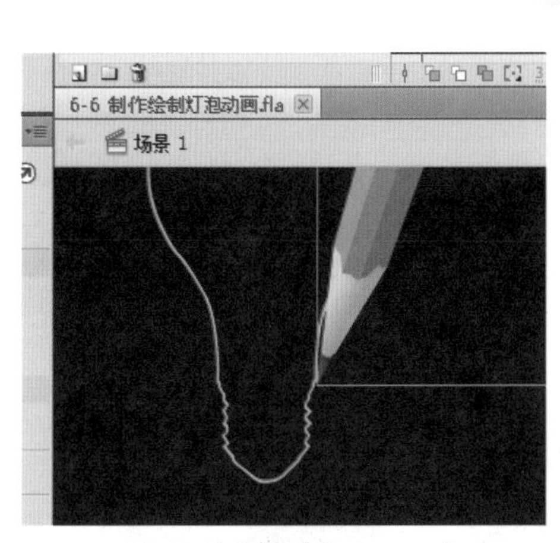

图6-99 继续移动笔至下一划

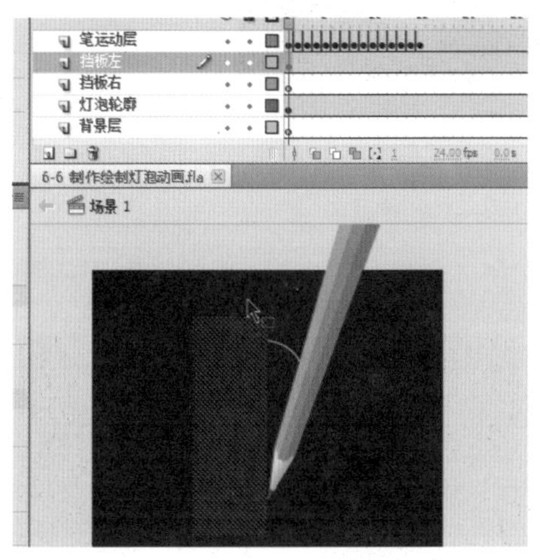

图6-100 绘制矩形盖住轮廓左侧

09 在“挡板右”图层上也绘制一个矩形，并挡住右侧部分的轮廓，如图6-101所示。

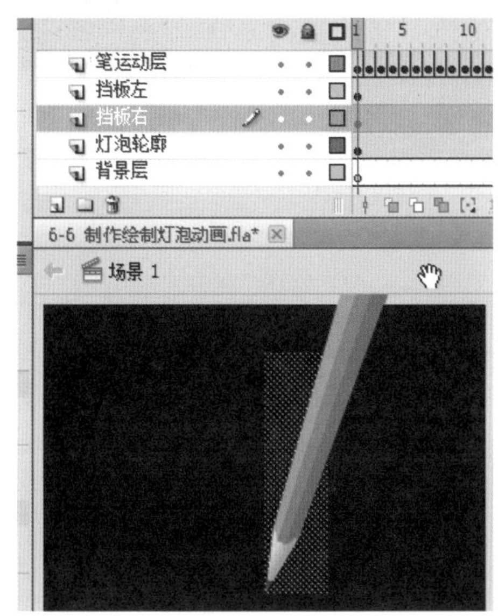

图6-101 绘制矩形盖住轮廓右侧

10 在“挡板右”图层的相对于笔触目前最后的一个关键帧上按F6键插入关键帧，并将该帧上的矩形往上拖曳使右侧部分的轮廓完全露出来，并在之间创建补间形状，如图6-102所示。

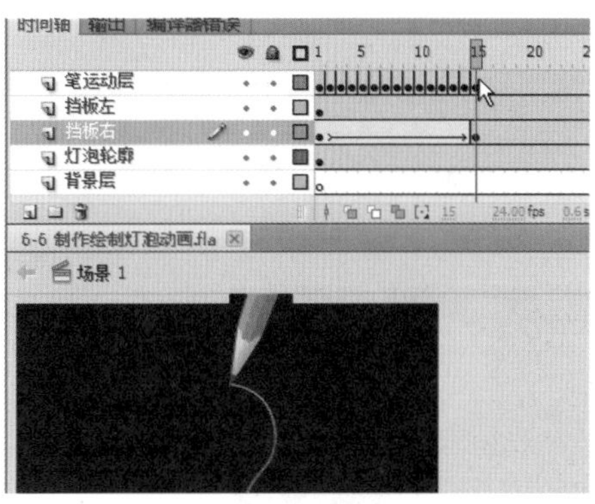

图6-102 创建补间形状

11 暂时单击“挡板左”图层标签旁的“眼睛”标志隐藏该图层，并重复前面制作的笔轨迹的部分内容，制作出左侧部分的笔运动，如图6-103所示。

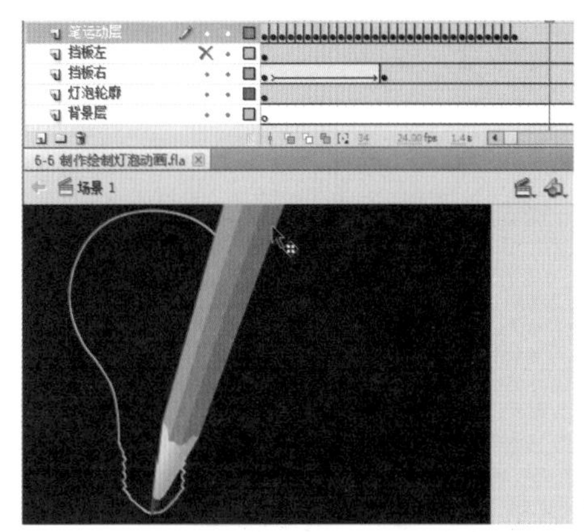

图6-103 制作笔的运动

12 显示“挡板左”图层，并在该图层相对于“挡板右”图层最后一个关键帧的对应帧上插入一个关键帧，在笔的最后一帧上插入一个关键帧，调节该图层最后一帧上的矩形位置，使其往下完全不遮挡住右侧灯泡轮廓，并在之间创建补间形状，如图6-104所示。

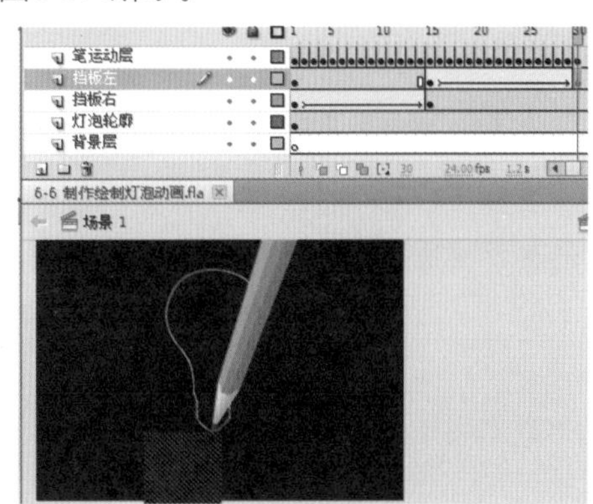

图6-104 创建补间形状

13 在背景层如图6-104所示的帧上按F7键插入空白关键帧，并将库中的“灯泡”元件拖曳至舞台上，并调整其位置使其正好与其轮廓重合，如图6-105所示。

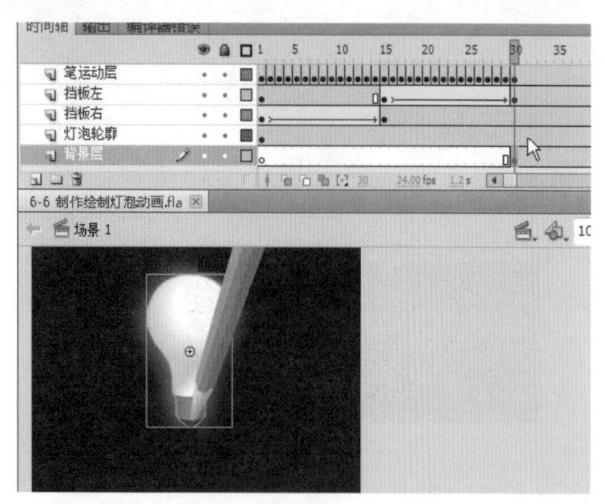

图6-105 拖曳库内的元件至舞台上

14 在“挡板左”和“挡板右”图层如图6-105所示的位置，按F7键插入空白关键帧，并在“背景层”的相应位置按F6键插入关键帧，调整之前帧上“灯泡”元件的透明度为0，在之间创建传统补间动画，如图6-106所示。

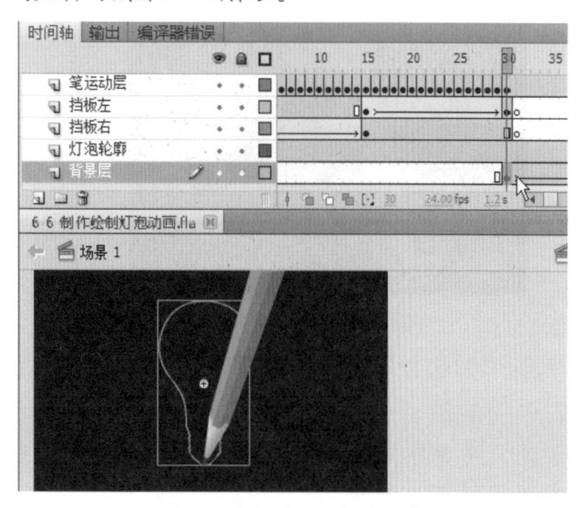

图6-106 调整元件透明度

15 在“笔运动层”上面也插入关键帧，调整其位置离开舞台，并创建传统补间动画，如图6-107所示。

图6-107 创建传统补间动画

16 保存文件，按快捷键Ctrl + Enter测试影片，最终效果如图6-108所示。

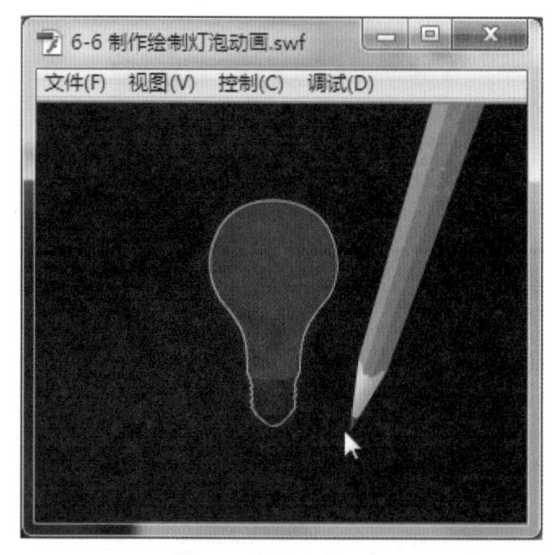

图6-108 最终效果图

6.7 线条空间运动效果

“线条空间运动效果”案例效果，如图6-109所示。

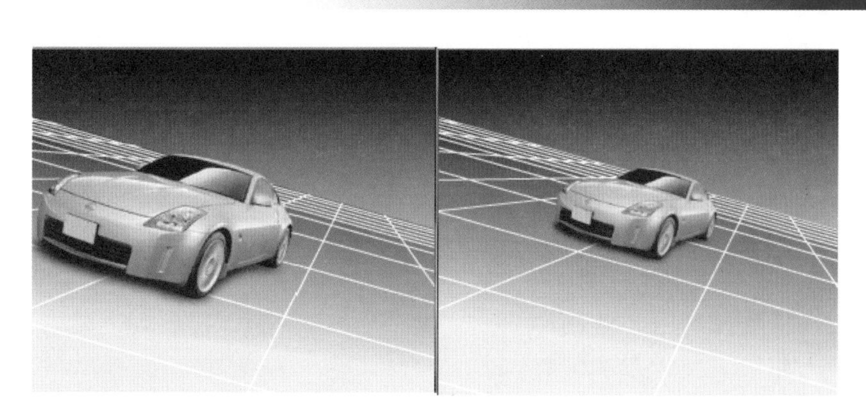

图6-109 案例最终效果

01 打开本案例的素材文件，本案例要制作的效果为线条构成的空间平面，车辆在上面奔跑的效果，素材如图6-110所示。

图6-110 库内的素材

02 在“属性”面板中设置舞台的尺寸为300×250，并设置舞台背景为黑色，如图6-111所示。

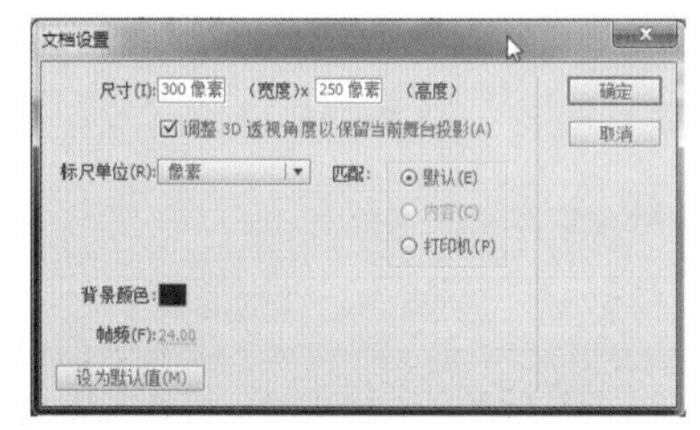

图6-111 设置舞台尺寸和颜色

03 将图层1重命名为“静止层”，并将库中的“空间轴 静止”元件拖曳至舞台上，并调整其位置，如图6-112所示。

图6-112 调整元件的位置

04 新建一个图层，命名为“运动层”，并将库中的“空间轴 运动”拖曳至舞台上，使用【任意变形工具】调整其大小和位置，如图6-113所示。

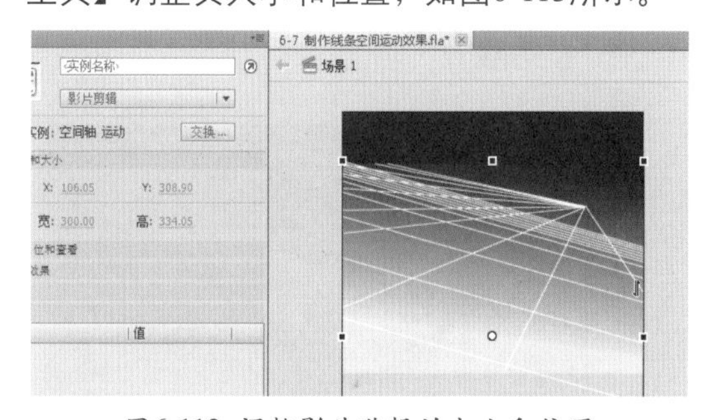

图6-113 调整影片剪辑的大小和位置

05 元件“空间轴 运动”是之前已经完成的补间动画，可以双击该影片剪辑进入其内部查看结构，该循环效果为使用多条线的移动实现，最后一帧的状态和第1帧状态基本一致，所以当循环播放时，视觉上难以察觉，如图6-114所示。

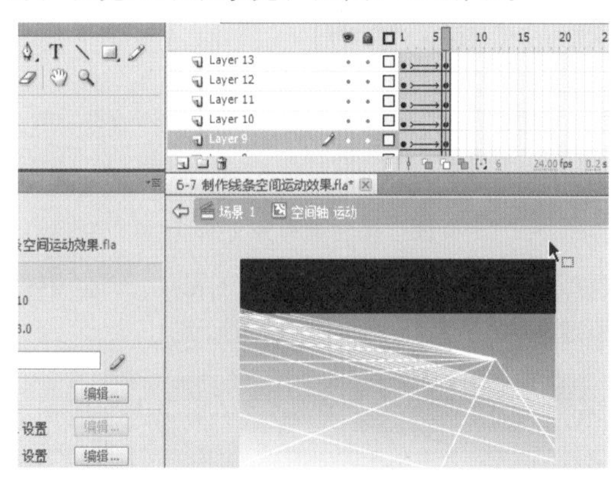

图6-114 “空间轴运动”影片剪辑内部

06 返回主场景，再次新建一个图层，命名为“天空层”，并将库中的“天空遮挡”元件拖曳至该层的第1帧上，并调整其位置，使其挡住4个线条空间的一些部分，如图6-115所示。

07 再次新建一个图层，命名为“车运动层”，并将库中的“车”元件拖曳至舞台上，并使用【任意变形工具】调整其大小，如图6-116所示。

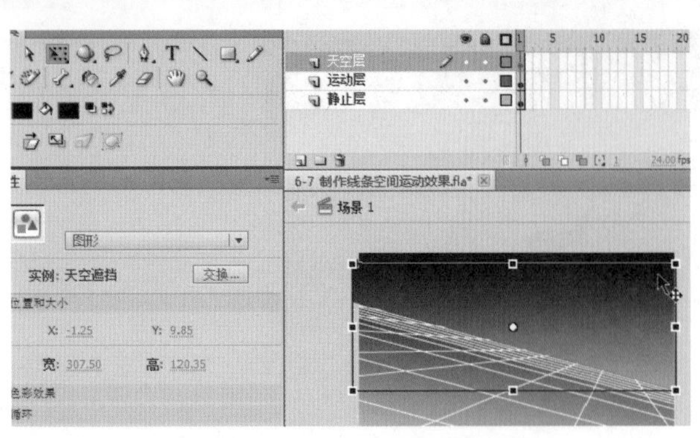

图6-115 调整影片剪辑的位置

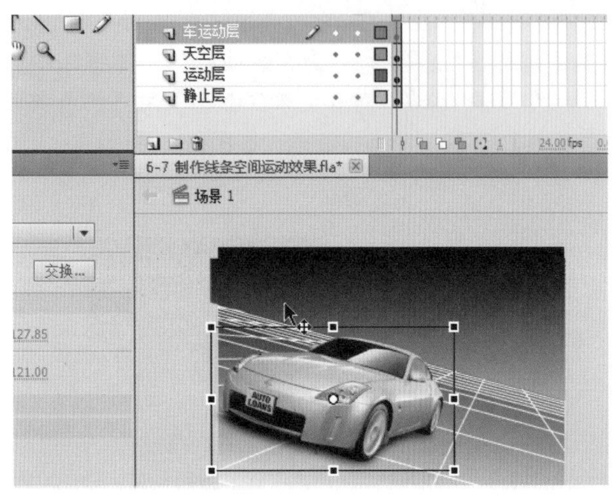

图6-116 调整车元件的大小

08 选中刚才的“车”元件，按F8键将其转换为影片剪辑元件，并命名为“车辆运动”，如图6-117所示。

图6-117 转换为影片剪辑元件

09 完成后，双击该元件进入其内部，在第50帧处按F6键插入关键帧，如图6-118所示。

图6-118 插入关键帧

10 使用【任意变形工具】将第1帧上的“车”缩到很小，并调整到如图6-119所示的位置。

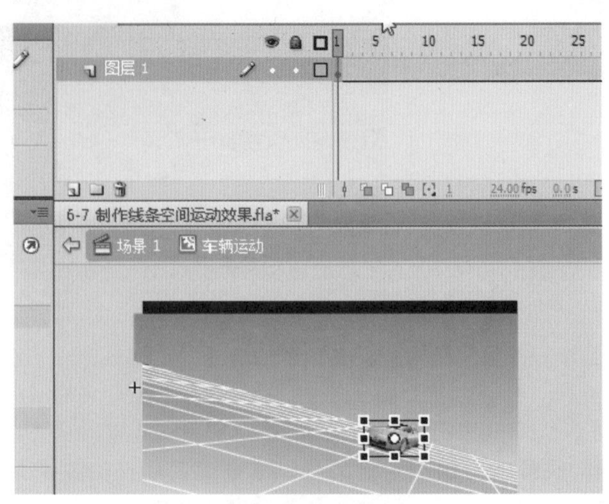

图6-119 调整元件的大小

11 在第1～50帧之间创建传统补间动画，并在“属性”面板中设置“缓动系数”为100，在第50帧处按F9键打开“动作”面板，在其中输入停止脚本stop()；如图6-120所示。

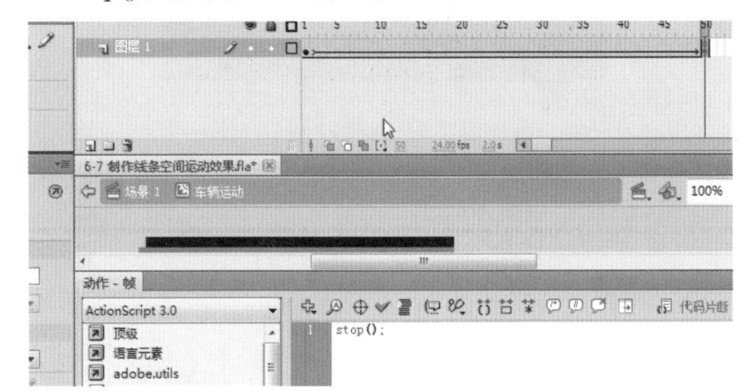

图6-120 创建补间动画并输入脚本

12 返回主场景，保存文件，并快捷键Ctrl + Enter测试影片效果，最终效果如图6-121所示。

图6-121 最终效果图

6.8　雪地运动动画

“雪地运动动画”案例效果，如图6-122所示。

图6-122　案例最终效果

01 打开本案例的素材文件，本案例要制作的效果为圣诞老人在雪地里运动，天上飘着雪花的效果，库内素材如图6-123所示。

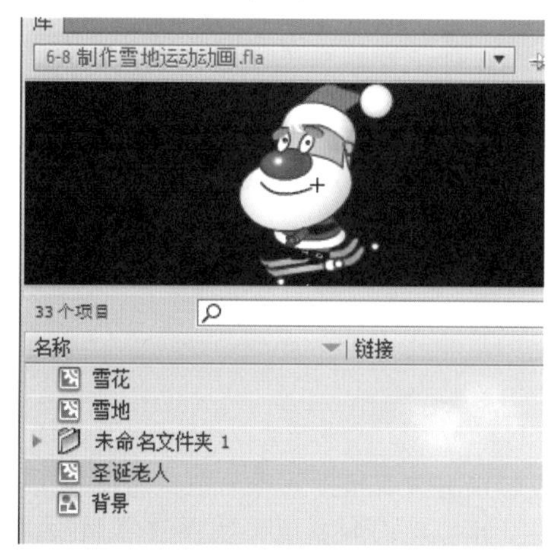

图6-123　库内的素材

02 在“属性”面板中设置舞台的尺寸为300×250，并设置背景为黑色，如图6-124所示。

03 将图层1重命名为“背景层”，并将库中的图形元件“背景”拖曳至舞台上，使用【任意变形工具】调整其大小和位置，使其左上角对准舞台左上角，如图6-125所示。

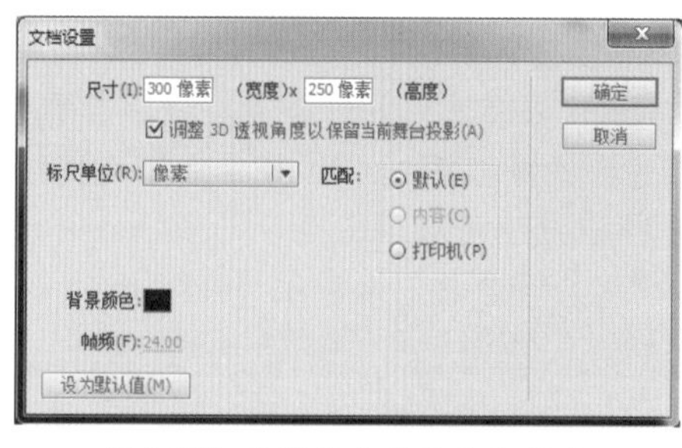

图6-124　设置舞台的尺寸和颜色

图6-125　调整元件的大小和位置

04 新建一个图层，命名为“雪地运动层 ”，并将库中的“雪地”元件拖曳至该层的第1帧，并调整其位置，如图6-126所示。

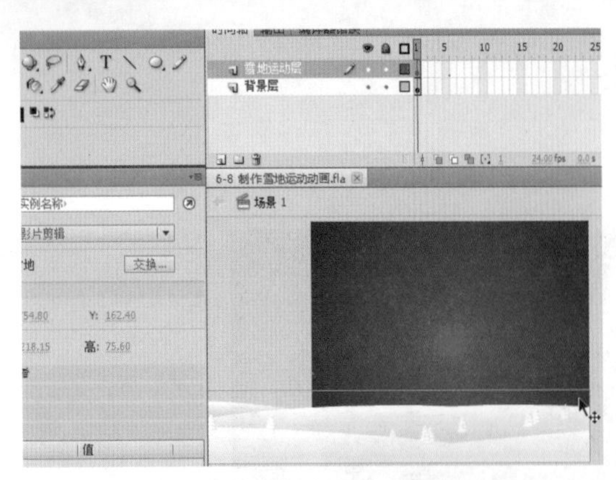

图6-126 将元件拖曳至舞台上

05 选中刚才的“雪地”元件，并按F8键将其转换为影片剪辑，命名为“雪地运动剪辑”，完成后双击该剪辑进入其内部，如图6-127所示。

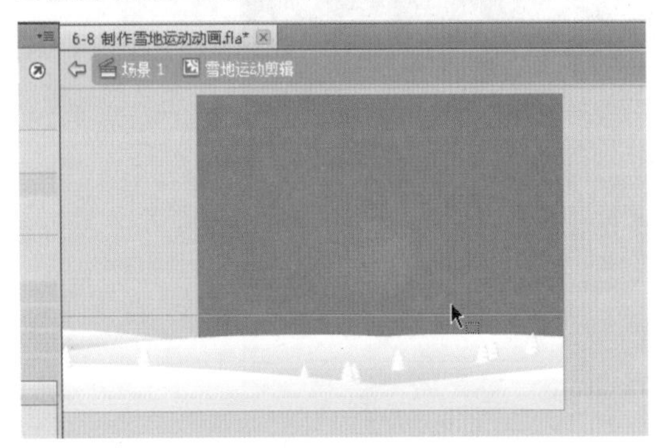

图6-127 转换为影片剪辑并进入其内部

06 在第100帧按F6键插入关键帧，并向右移动调整第100帧上的“雪地”元件位置，使其与第1帧上的状态一致，并在第1～100帧中间创建传统补间动画，如图6-128所示。

图6-128 创建传统补间动画

07 返回主场景，新建一个图层，命名为“圣诞老人层”，并将库中的“圣诞老人”元件拖曳至该图层的第1帧上，如图6-129所示。

图6-129 拖曳元件到舞台上

08 再次新建一个图层，命名为“雪花层”，并将库中的“雪花”元件拖曳至舞台的上方，如图6-130所示。

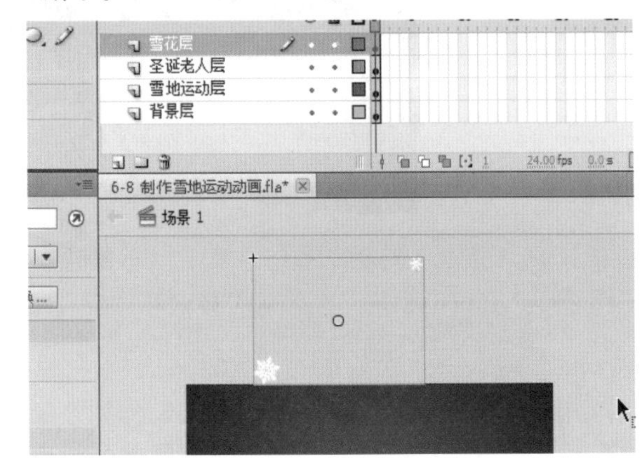

图6-130 将“雪花”元件拖曳至舞台上方

09 选中刚才的“雪花”元件，按F8键将其转换为影片剪辑元件，并命名为“雪花运动剪辑”，如图6-131所示。

图6-131 将“雪花”元件转换为影片剪辑

10 完成后双击该剪辑进入其内部，右键单击图层1的标签，并在弹出的菜单中选择【添加传统运动引导层】选项，并使用【钢笔工具】绘制一条曲线作为其运动轨迹，如图6-132所示。

11 在图层1的第200帧位置按F6键插入关键帧，在引导层的第200帧按F5键插入帧，并将第200帧上的“雪花”元件拖曳至引导线的末端，并在图层1的第1~200帧之间创建传统补间动画，如图6-133所示。

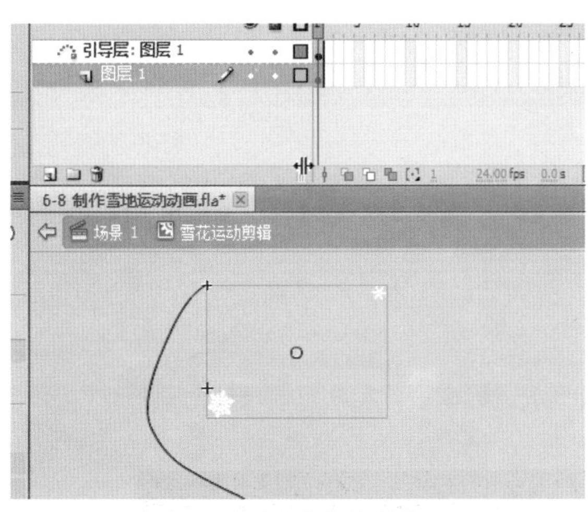

图6-132 为“雪花”绘制引导线

图6-133 调整第200帧处“雪花”元件的位置

12 返回主菜单，选中刚才编辑的“雪花运动剪辑”元件，再按F8键将其转换为影片剪辑元件，命名为“多个雪花运动”，并双击进入其内部进行编辑，如图6-134所示。

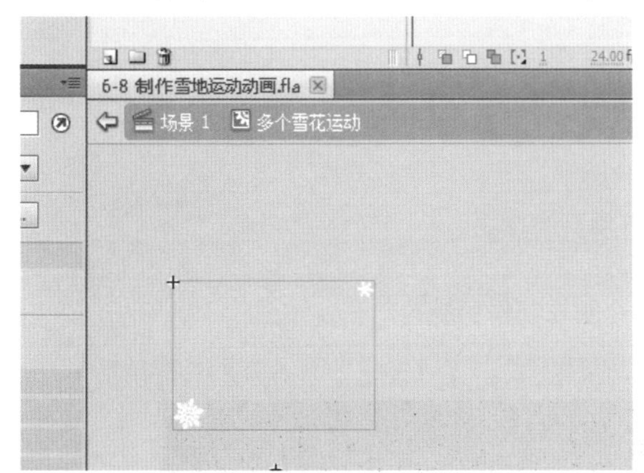

图6-134 进入影片剪辑内部

13 新建3个图层，并将图层1上的“雪花”粘贴到每个图层上，并随意调整每个图层上“雪花”的位置，如图6-135所示。

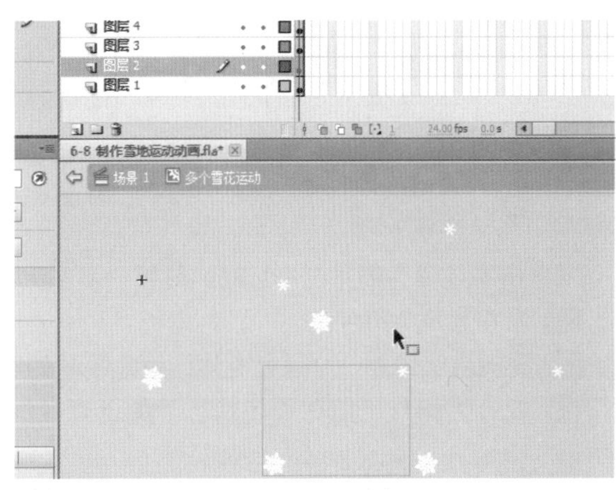

图6-135 复制多个“雪花”运动剪辑到多个图层

14 在所有图层的第40帧按F5键插入帧，并将之后图层的第1帧往后拖曳一定的帧数，并在最后一帧上按F9键打开“动作”面板，在其中输入停止播放脚本stop();，如图6-136所示。

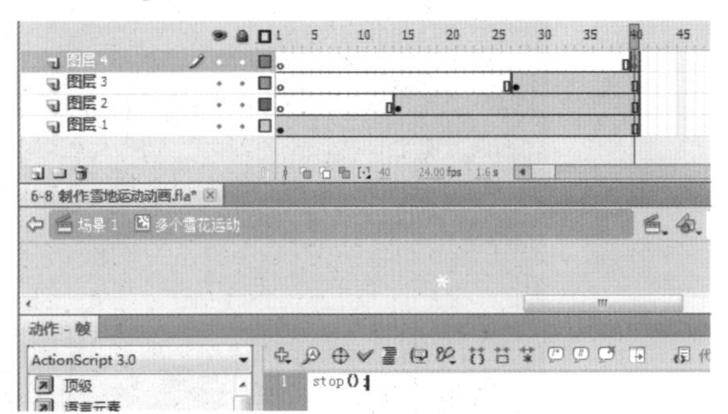

图6-136 移动关键帧并插入脚本

15 返回主场景，保存文件，并按快捷键Ctrl + Enter测试影片效果，最终效果如图6-137所示。

图6-137 最终效果图

6.9 课后练习

练习1 电灯运动效果

本案例的练习为制作电灯运动的效果，案例大致制作流程如下。

01 设置背景为黑色。

02 在舞台上绘制一个黑色身体、黄色眼睛的物体。

03 在上方制作电灯在关闭状态下向下旋转的动画，并在旋转完成后，制作灯泡发亮的动画。如图6-138所示。

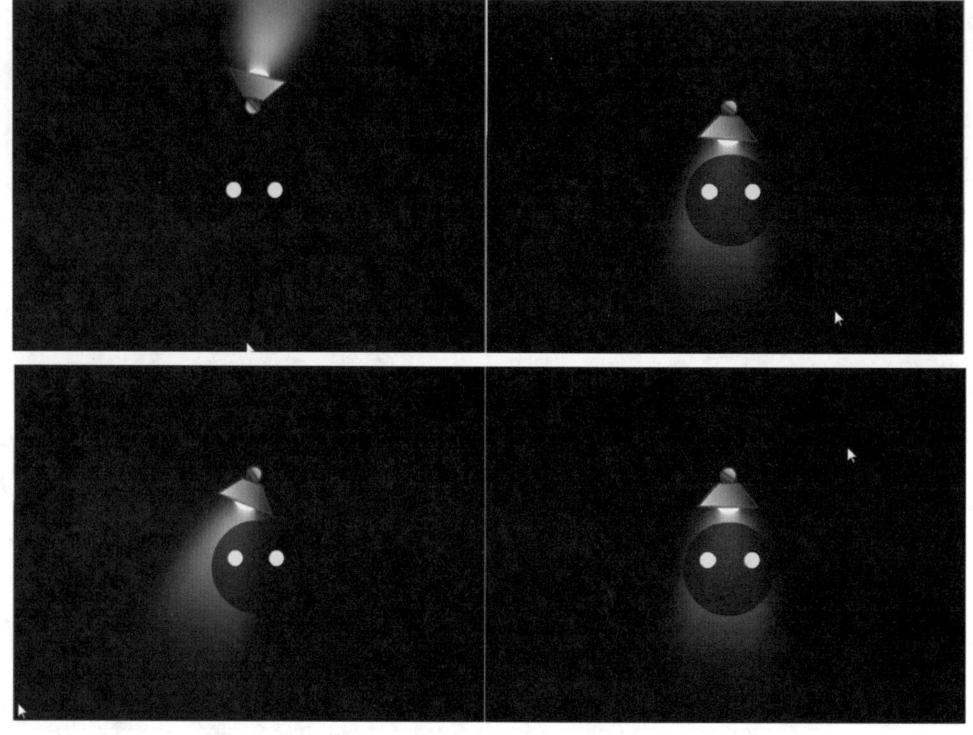

图6-138 案例最终效果

练习2 绿色海洋效果

本案例的练习为制作绿色海洋的效果，案例大致制作流程如下。

01 使用【钢笔工具】绘制一个接近圆形的封闭线条，并填充亮绿色。

02 制作该图形的影片剪辑，并使用剪辑制作自旋转动画。

03 制作一个影片剪辑，在不同图层的不同帧上，设置3个刚才制作的旋转动画。如图6-139所示。

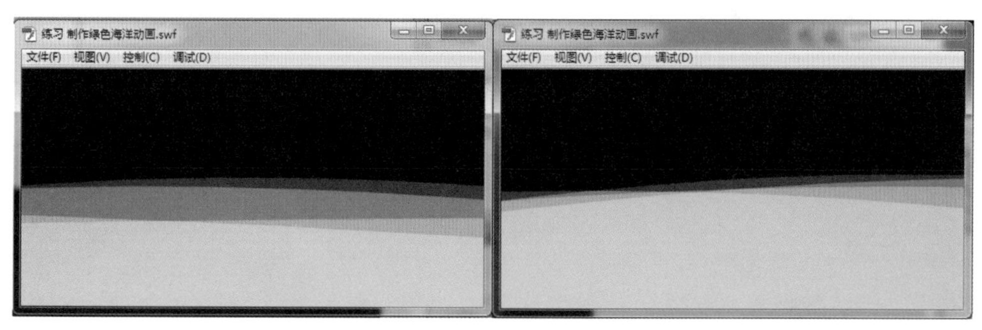

图6-139　案例最终效果

练习3　货物运动效果

本案例的练习为制作货物运动的效果，案例大致制作流程如下。

01 将横排的图片素材制作为影片剪辑。

02 制作该影片剪辑缓慢由右侧往左侧运动的效果。

03 运动到最后，使用制作好的白色块影片剪辑遮挡住其他部分。

04 制作字母渐显的运动效果。如图6-140所示。

图6-140　案例最终效果

练习4　七色圆环运动效果

本案例的练习为制作七色圆环运动的效果，案例大致制作流程如下。

01 绘制3个顶点的图形，并填充鲜艳的颜色。

02 使用对称复制的功能复制出多个样本，并填充不同颜色，直到布满整个360° 的空间。

03 制作整个图形旋转的影片剪辑。

04 再制作多个旋转影片剪辑的副本。如图6-141所示。

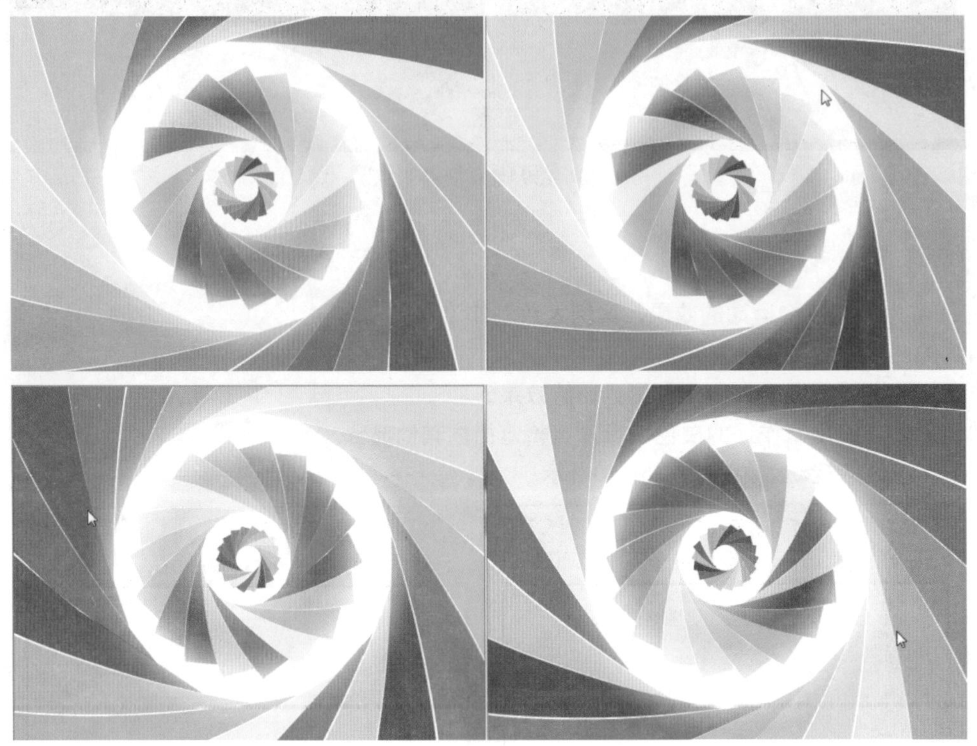

图6-141 案例最终效果

练习5 汽车行驶效果

本案例的练习为制作汽车行驶的效果，案例大致制作流程如下。

01 绘制公共汽车车身部分。

02 制作公共汽车的轮子原地转动的影片剪辑。

03 制作一个背景层物体运动的影片剪辑动画。

04 将制作好的元件拖曳到舞台上，“公共汽车”元件移至背景层顶部。如图6-142所示。

图6-142 案例最终效果

练习6　闪烁绘制效果

本案例的练习为制作闪烁绘制的效果，案例大致制作流程如下。

01 使用【线条工具】绘制“Flash”字样的轨迹。

02 制作一个影片剪辑，每隔一帧会生成星星动画。

03 制作这个影片剪辑与刚开始的轨迹运动动画。

04 测试影片即可看到随着轨迹生成星星的动画效果。如图6-143所示。

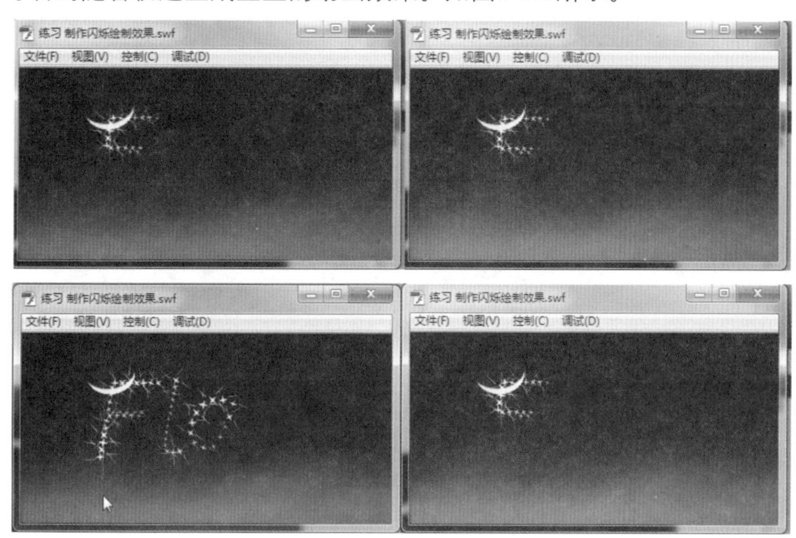

图6-143　案例最终效果

练习7　星星闪动特效

本案例的练习为制作星星闪动的效果，案例大致制作流程如下。

01 制作一个星星向一个方向运动并逐渐消失的动画。

02 制作一个影片剪辑，多次重复粘贴星星运动的动画并调整角度。

03 在舞台上制作多个该影片剪辑的运动动画，并调整色调。如图6-144所示。

图6-144　案例最终效果

练习8 真实云雾特效

本案例的练习为制作真实云雾的效果，案例大致制作流程如下。

01 找到一张合适的png图片来模仿半透明的云雾效果。

02 制作影片剪辑内包含这张图片。

03 制作影片剪辑缓慢运动的动画，并配合背景便完成了此动画效果。如图6-145所示。

图6-145 案例最终效果

第7章

遮罩动画篇

遮罩动画也是Flash的一个特色动画效果，就像在漆黑的舞台使用探照灯一样，我们只能看到探照灯下的东西，而其他的地方都是无法看见的。遮罩动画也使用了类似运动轨迹动画一样的一种独特的图层——遮罩层，它允许在这个图层上面绘制所需要的“探照灯”，即被此图层遮罩的图层，将只会显示遮罩层上有绘制东西的部分。这可能有点抽象，可以这么说，如果遮罩层内没有内容，则被遮罩的图层就算有再多内容，在播放时也看不到任何东西；相反，如果遮罩层占满了整个舞台，则舞台整个区域像被探照灯全部照亮，被遮罩图层的内容只要是在舞台上，就都能被看见。能够熟练地运用遮罩动画，将会为动画制作添加很多亮点，下面通过一些案例进行讲解。

本章学习重点：

1. 了解遮罩的意义。
2. 学习如何创建遮罩层。
3. 元件的旋转和缩放。
4. 掌握补间动画的制作。
5. 掌握多元件的复制操作。

7.1 探照灯动画

“探照灯动画”效果，如图7-1所示。

图7-1 案例最终效果

01 打开本案例的素材源文件，库内包含一张图片，如图7-2所示。

图7-2 库内素材

02 将图层1重命名为“背景”，并将库中的“背景图.jpg”素材拖曳至舞台，调节图片的X、Y坐标为0，使其左上角对准舞台左上角，如图7-3所示。

图7-3 调节图片位置

03 按快捷键Ctrl + F8新建一个元件，并命名为“探照灯”，并单击“确定”按钮以进入该元件内部，如图7-4所示。

图7-4 新建“探照灯”元件

04 在元件内部使用【椭圆工具】并按住Shift键绘制一个正圆，任何颜色都可以，因为只是需要这个作为遮罩的形状，颜色不会影响视觉效果，如图7-5所示。

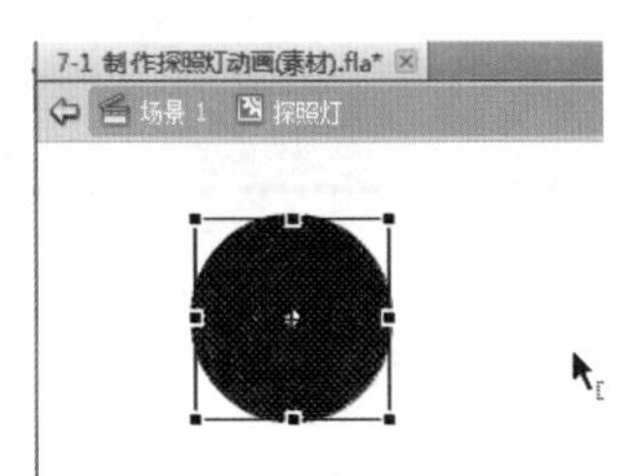

图7-5 绘制一个正圆

05 单击时间轴下方的“场景1”以返回主场景，新建一个图层命名为“遮罩层”，如图7-6所示。

图7-6 新建遮罩层

06 右键单击“遮罩层”，在弹出的菜单中选择【遮罩层】选项，将该图层转换为遮罩层，如图7-7所示。

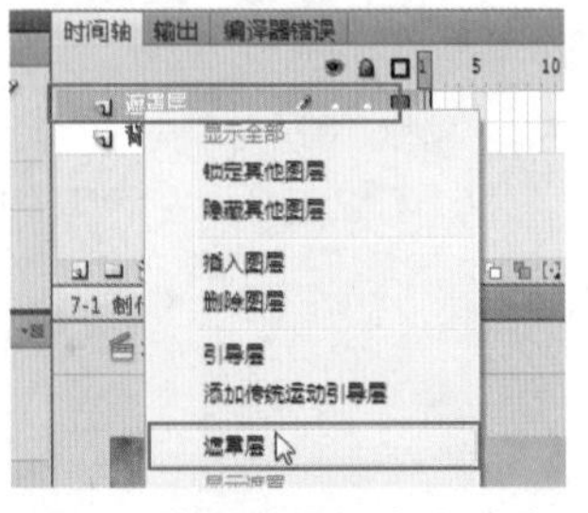

图7-7 将图层转换为遮罩层

07 此时新建的遮罩层将会把背景层包含进去，并且遮罩层和被遮罩层都被锁定，如图7-8所示，表示已经成功将“遮罩层”图层设定为“背景”图层的遮罩了。

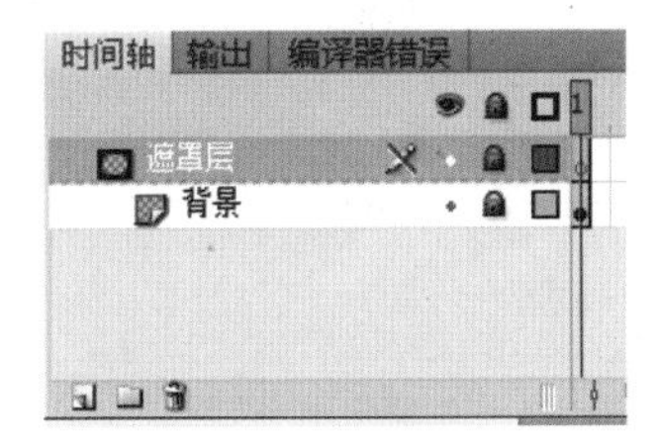

图7-8 添加遮罩

08 单击图层“遮罩层”右侧的“锁形”图标，以解除图层锁定以进行编辑，并且将刚才制作的“探照灯”元件从库中拖曳至该图层上的舞台左侧，如图7-9所示。

图7-9 将探照灯元件拖曳至舞台

09 在“遮罩层”的第50帧按F6键插入关键帧，并在其中任意一帧单击右键，并在弹出的菜单中选择【插入传统补间动画】选项，如图7-10所示。

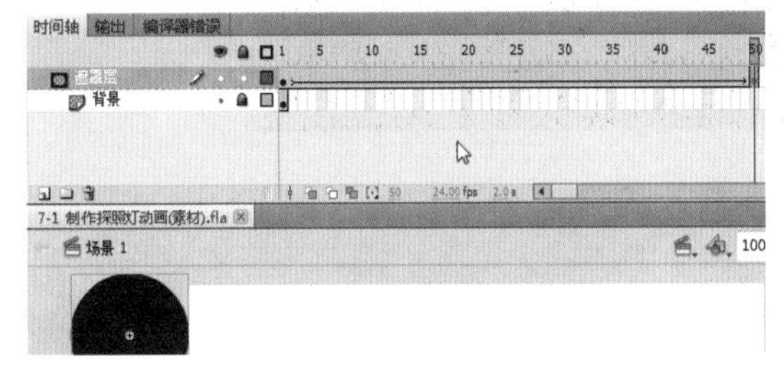

图7-10 创建传统补间动画

10 将第50帧的圆拖曳至舞台右侧外边，此时便制作了圆球从左至右的补间动画，再在“遮罩层”的第100帧按F6键插入关键帧，在其间创建传统补间动画，并将第100帧上的圆形拖曳至舞台左下角，如图7-11所示。

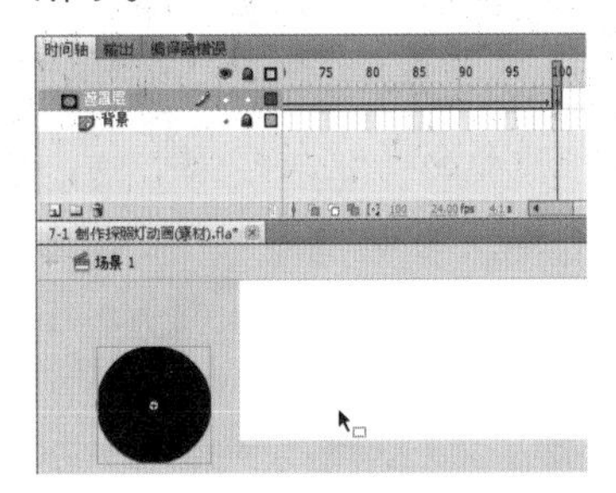

图7-11 创建传统补间动画

11 在“遮罩层”的第150帧按F6键插入关键帧，并把该帧上的圆形拖曳到舞台的右下角，并在100~150帧创建传统补间动画，如图7-12所示。

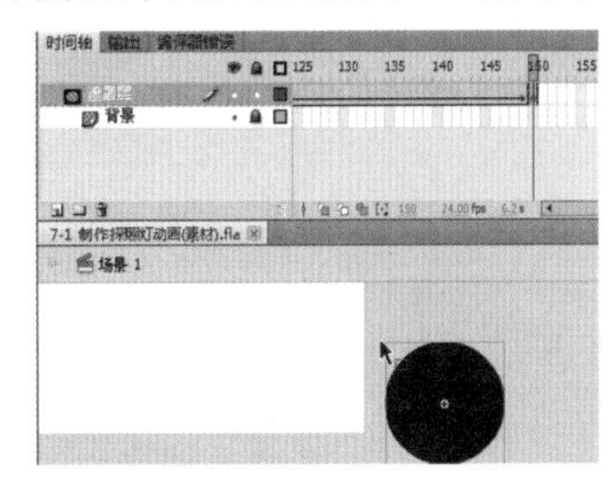

图7-12 创建传统补间动画

12 在“遮罩层”的第200帧按F6键插入关键帧，并在“背景”图层的第200帧按F5键插入帧，将第200帧的圆形拖曳到遮住女人头像的位置，如图7-13所示。

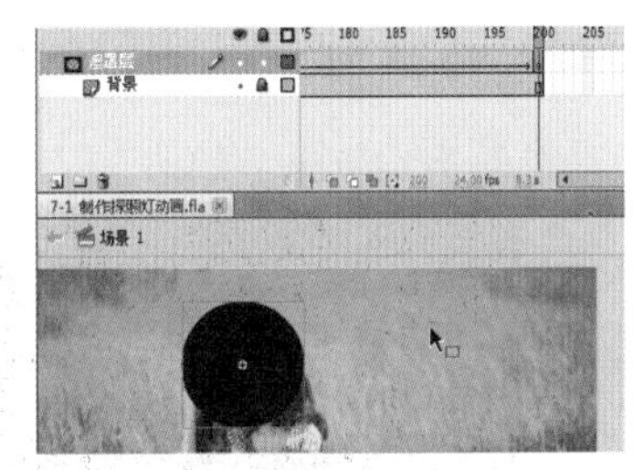

图7-13 拖曳圆形遮住人的头部

13 在“遮罩层”第230帧处按F6键插入关键帧，使用【任意变形工具】将圆形放大至占满舞台，并且在200~230帧创建传统补间动画，在“背景”图层的第230帧按F5键插入帧，如图7-14所示。

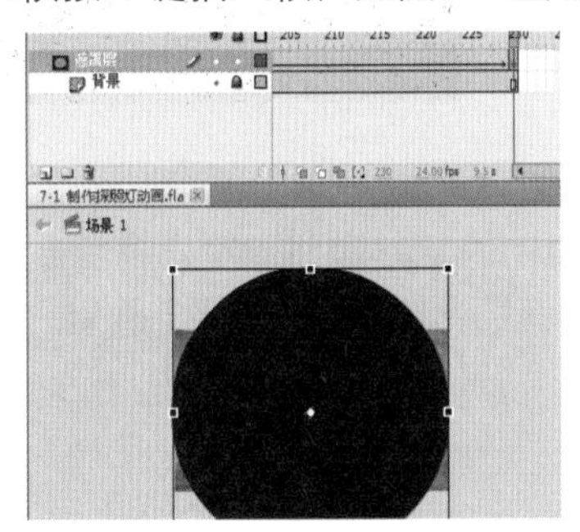

图7-14 调整圆形的大小

14 在图层“遮罩层”的第230帧单击右键，在弹出的菜单中选择【动作】选项，在弹出的“动作”面板内，输入脚本语言，如图7-15所示，作用是为了让影片播放到这一帧时便停止，不再从头播放。

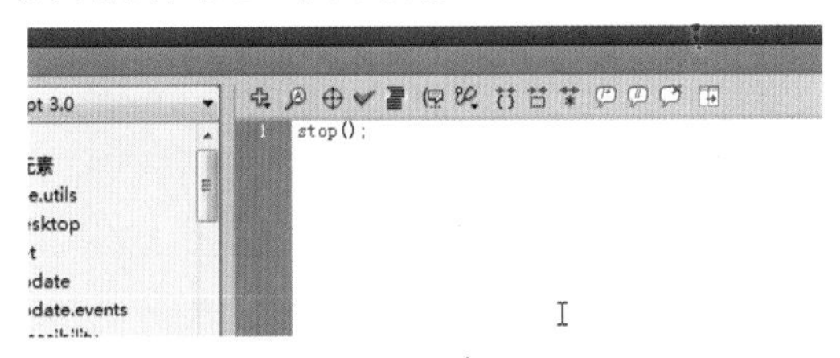

图7-15 输入脚本语言

15 可以再添加一个背景图片，保存文件，按快捷键Ctrl + Enter 测试影片，可以看到探照灯的效果，如图7-16所示。

图7-16 最终效果图

7.2 打火机动画

“打火机动画”案例效果，如图7-17所示。

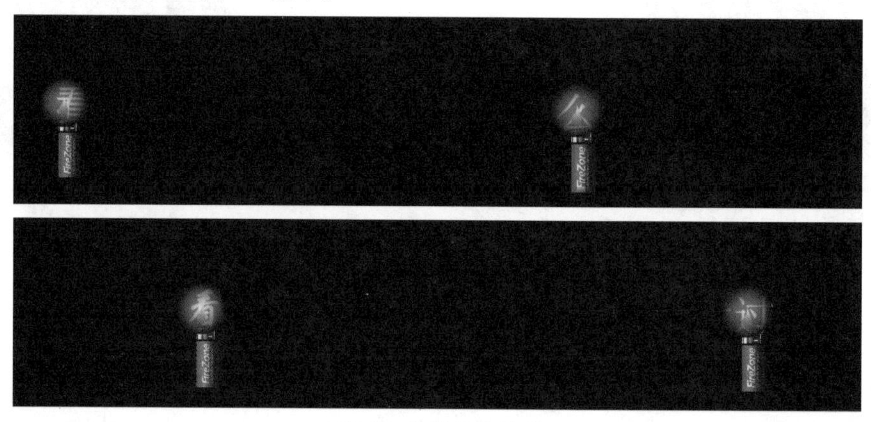
图7-17 案例最终效果

01 打开本案例的素材文件，单击舞台空白部分，在“属性”面板内将背景改为黑色，如图7-18所示。

图7-18 修改舞台背景颜色

02 按快捷键Ctrl + F8新建一个影片剪辑元件，并命名为“打火机”，单击“确定”按钮以进入该元件内进行编辑，如图7-19所示。

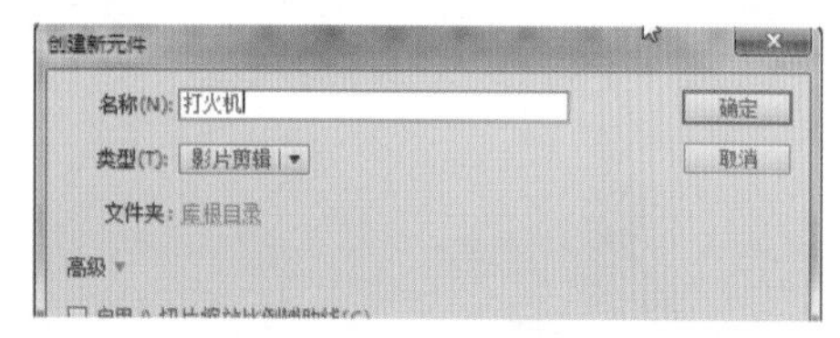

图7-19 新建“打火机”元件

03 将库中的“打火机素材图”图形素材拖曳至元件内部，并使用【任意变形工具】调节其角度为水平，如图7-20所示。

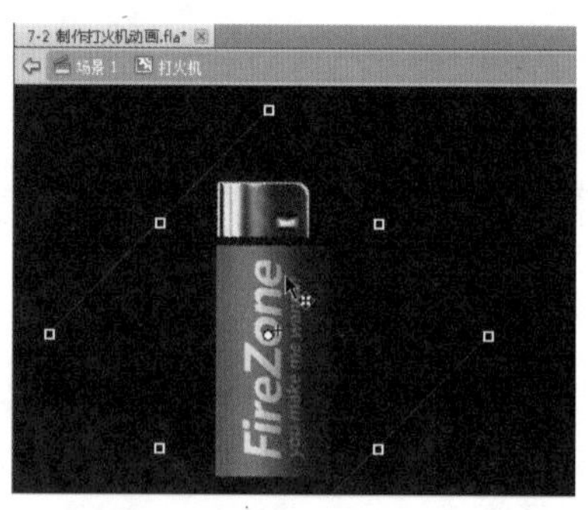

图7-20 调整“打火机”的角度

04 使用【钢笔工具】在“打火机”的出火口位置绘制如图7-21所示的轮廓。

05 使用【选择工具】双击该线条，并按F8键将其转换为影片剪辑元件，命名为“火焰”。注意只选

中火焰轮廓，而不要选择“打火机”，如图7-22所示。

图7-21 绘制火焰的轮廓

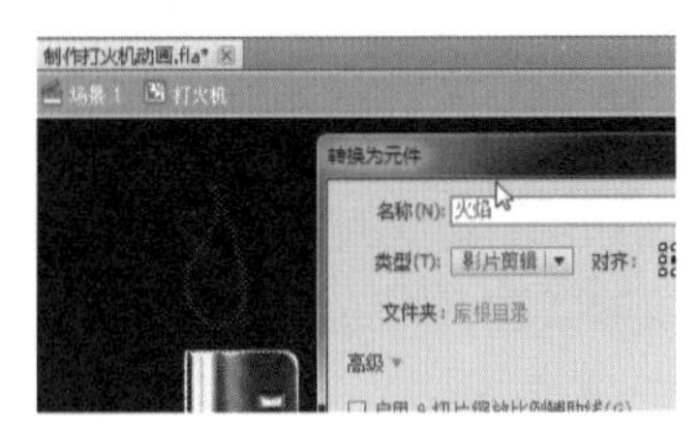

图7-22 转换“火焰”为元件

06 双击“火焰”元件进入其内部，选择【颜料桶工具】，并将“颜色”面板的渐变属性调整为如图7-23所示的状态。

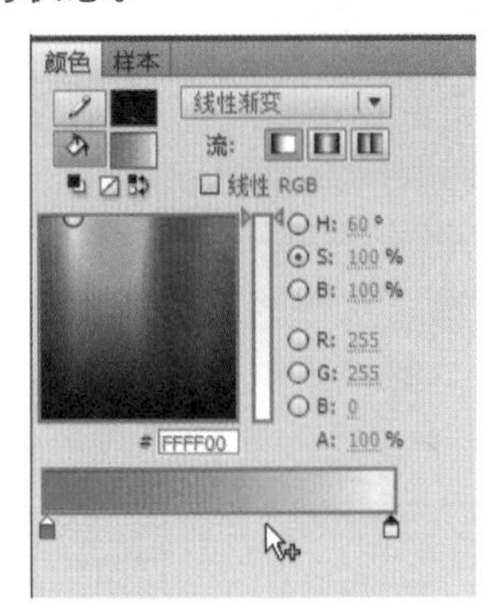

图7-23 设置渐变属性

07 使用【颜料桶工具】为轮廓内部填充渐变颜色，再使用【渐变变形工具】修改渐变的方向，如图7-24所示。

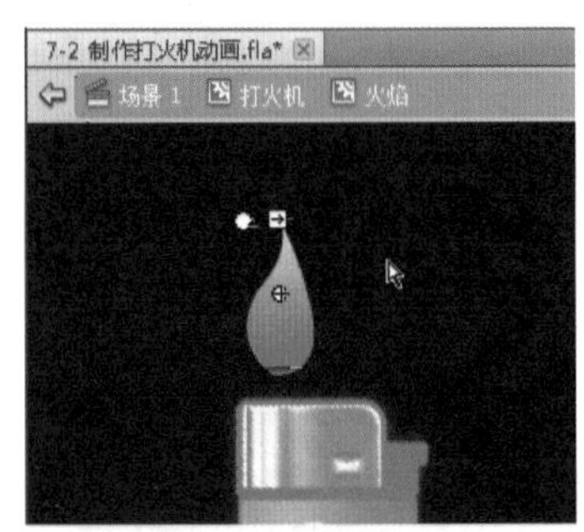

图7-24 填充并修改渐变方向

08 双击“火焰”的轮廓线，按Delete键删除轮廓。在第5帧和第10帧按F6键插入关键帧，并使用【选择工具】稍微修改第5帧上的“火焰”形状，如图7-25所示。

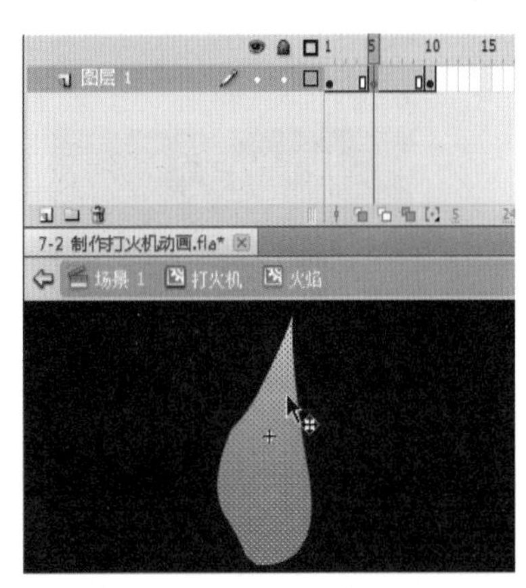

图7-25 插入关键帧并修改火焰的形状

09 在第1帧和第5帧分别单击右键，在弹出的菜单中选择【创建补间形状】选项，完成后如图7-26所示。

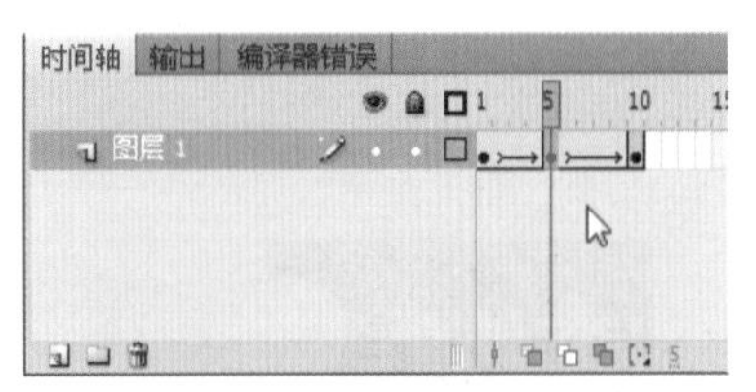

图7-26 创建补间形状

10 单击时间轴下方的“场景1”以返回主场景，选择工具栏的【文本工具】，在属性栏内设置属性，如图7-27所示。

图7-27 设置文本属性

11 使用【文本工具】在舞台上输入文字“看什么看没看过啊？”，并将其居中摆放，如图7-28所示。

图7-28 输入文字

12 将图层1重命名为“文字层”，新建一个图层，命名为“遮罩层”，选择【椭圆工具】，在舞台上绘制一个大小比刚才输入的文字稍微大一点，并将圆形拖曳到文字最左侧，如图7-29所示。

图7-29 绘制一个圆形

13 在第“遮罩层”的第100帧按F6键插入关键帧，在“文字层”的第100帧按F5键插入帧，并将第100帧的圆形拖曳到所有文字的最末端，并选择“遮罩层”第1~100帧的任意一帧单击右键，在弹出的菜单中选择创建补间形状选项，如图7-30所示。

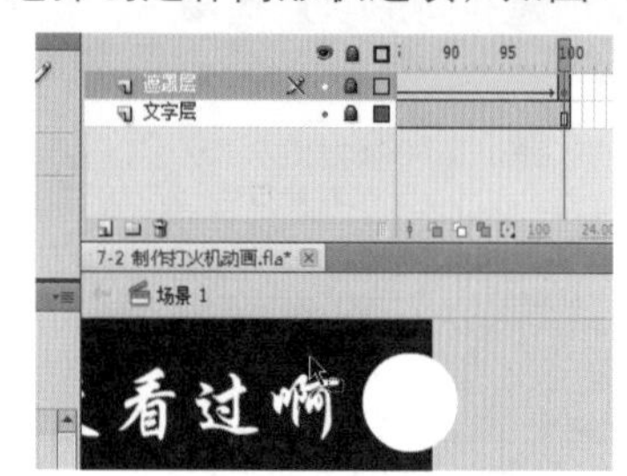

图7-30 创建补间形状

14 在“遮罩层”上面再新建一个图层，命名为“打火机”，并将 “打火机”影片剪辑元件拖曳到如图7-31所示的位置，调整元件大小。

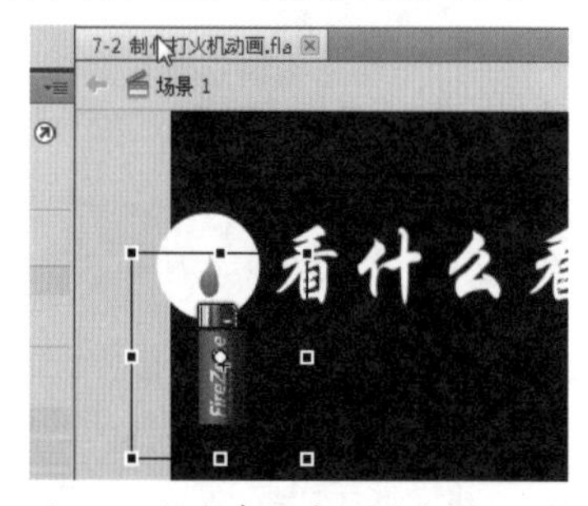

图7-31 调整打火机的大小和位置

15 在“打火机”图层的第100帧按F6键插入关键帧，并将处于第100帧的“打火机”拖曳到文字的末端，并在其间创建传统补间动画，如图7-32所示。

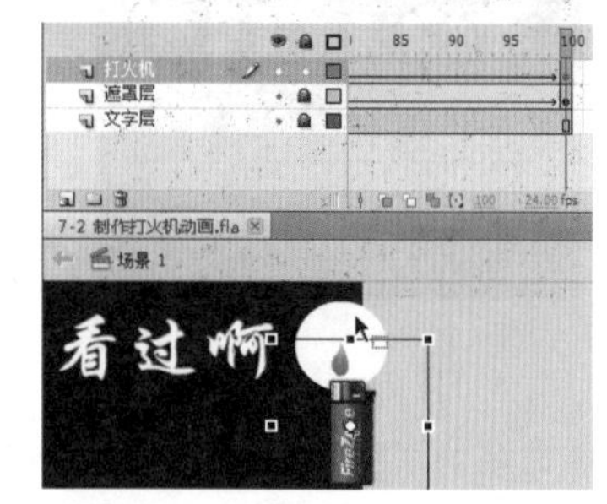

图7-32 创建传统补间动画

16 再次新建一个图层，命名为“光辉”，在第1帧位置按快捷键Ctrl + C复制“遮罩层”的圆形，在单击“光辉”层第1帧，按快捷键Ctrl + Shift + V原位粘贴该圆形，并在“颜色”面板中设置成如下图7-33所示的属性。

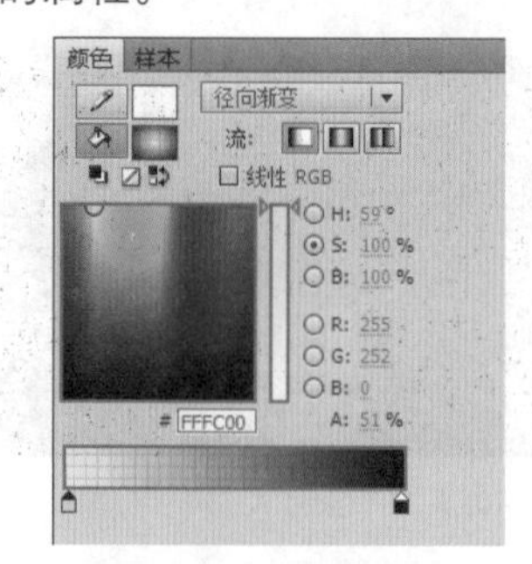

图7-33 设置渐变颜色

17 在“光辉”图层的第100帧按F6键插入关键帧，并将该层处于第100帧的圆形拖曳至和“遮罩层”图层第100帧的圆重合的位置，并在其间创建补间形状，如图7-34所示。

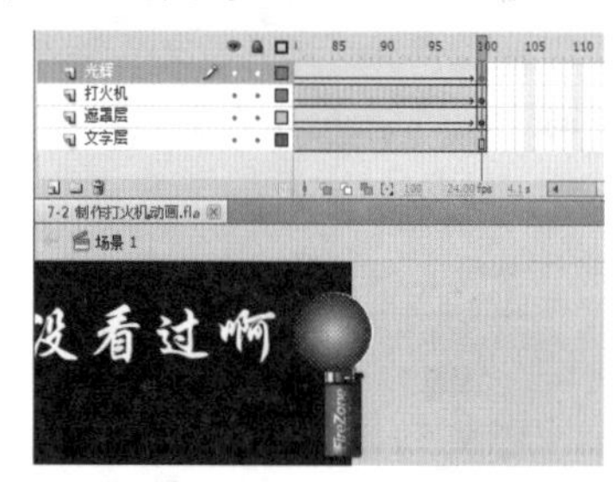

图7-34 创建补间形状

18 右键单击“遮罩层”，在弹出的菜单中选择【遮罩层】选项，将“遮罩层”图层转换为遮罩层，如图7-35所示。

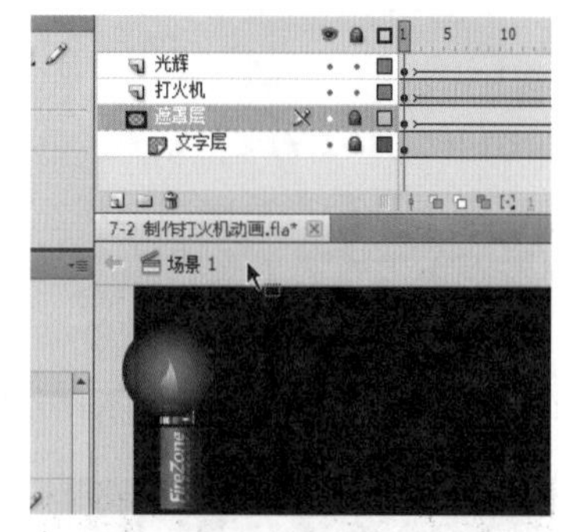

图7-35 转换为遮罩层

19 保存文件，按快捷键Ctrl + Enter测试影片，效果如图7-36所示。

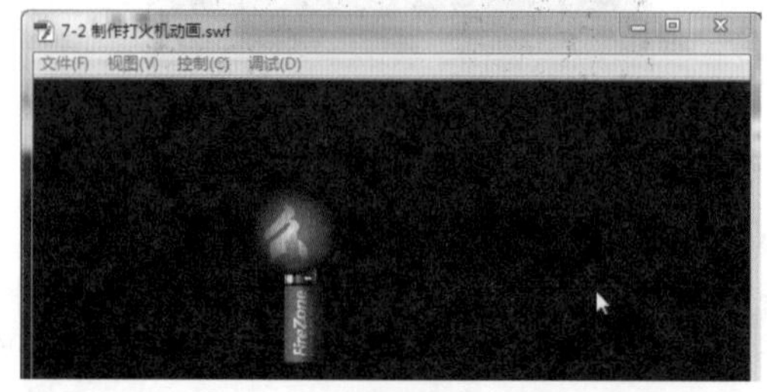

图7-36 最终效果图

7.3　方块百叶窗动画

“方块百叶窗动画”案例效果，如图7-37所示。

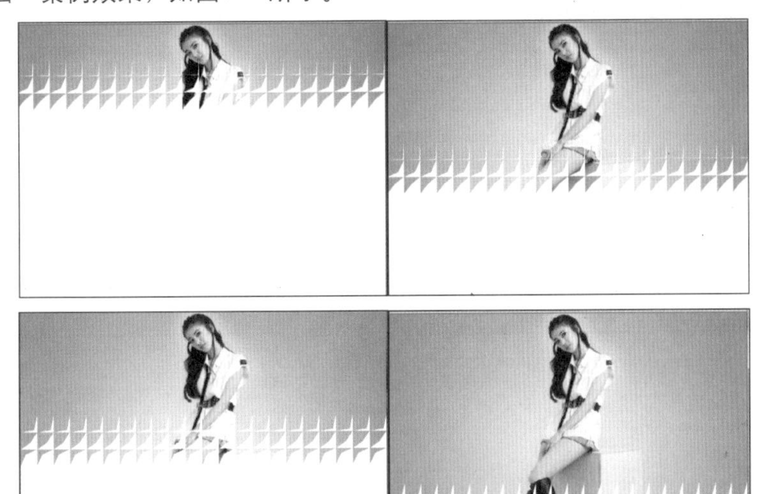

图7-37　案例最终效果

01 打开本案例的素材文件，将图层1重名为“背景”，并将素材“背景图”从库中拖曳到舞台上，在“属性”面板中设置属性，如图7-38所示。

图7-38　设置图片的位置和大小

02 锁定“背景”图层，新建一个图层，命名为“遮罩”。选择【矩形工具】，并在属性栏内进行设置，如图7-39所示。

图7-39　设置矩形工具属性

03 在“遮罩”层上的舞台左上角绘制一个小矩形，使用【选择工具】选中该矩形，在“属性”面板中修改该矩形的属性，如图7-40所示。

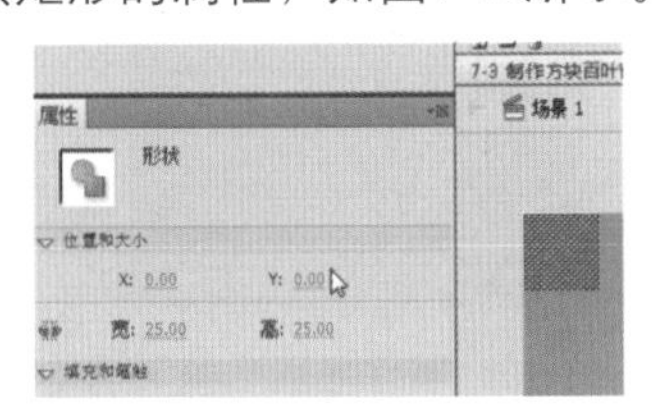

图7-40　绘制小矩形

04 使用【选择工具】选中刚才绘制的矩形，按F8键将其转换为影片剪辑元件，并且命名为“方块”，如图7-41所示。

图7-41　转换为元件

05 转换完成后，双击舞台上的该矩形进入“方块”元件内进行编辑，再次选择该矩形，再次按F8键将“方块”元件内的方块再次转换为影片剪辑元件，命名为“方块效果”，如图7-42所示。

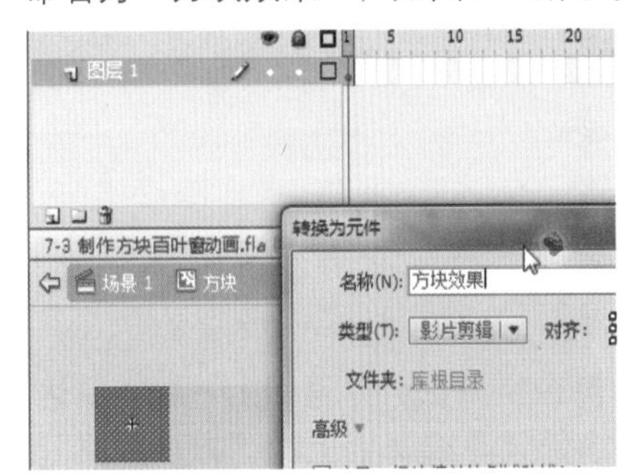

图7-42　再次转换为元件

06 再次双击转换为元件的矩形，进入到“方块效果”元件内部，在图层1的第5、10、15、20帧分别按F6键插入关键帧，如图7-43所示。

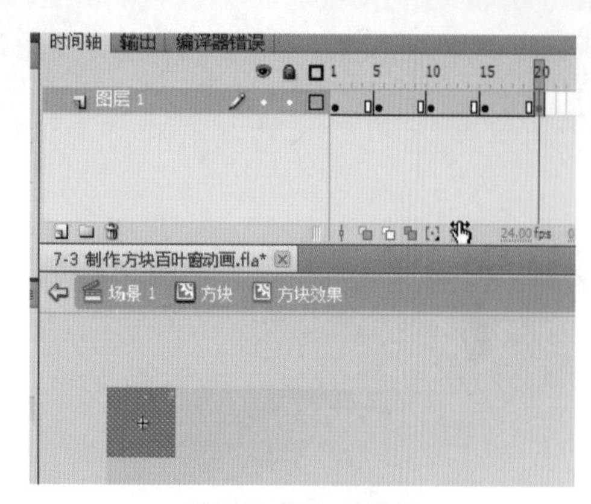

图7-43 插入关键帧

07 使用【选择工具】将第5、10、15帧的矩形分别修改为如图7-44所示的样式。

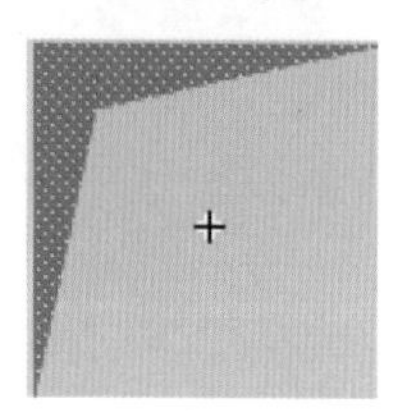
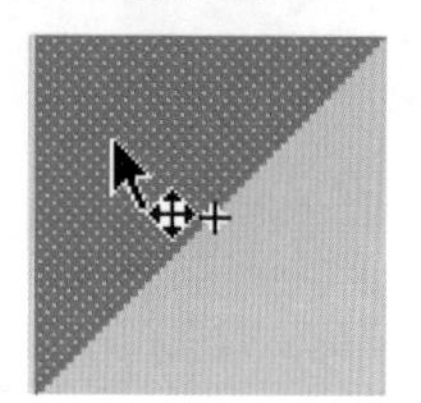
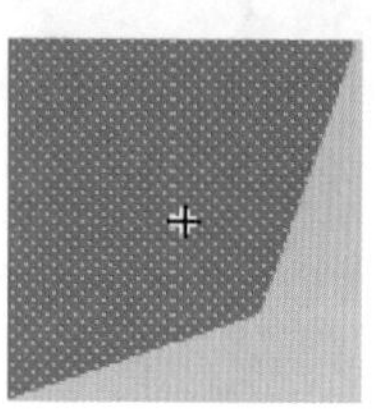

图7-44 第5、10、15帧的矩形样式

08 在第5、10、15帧上分别单击右键，并在弹出的菜单中选择【创建补间形状】选项，如图7-45所示。

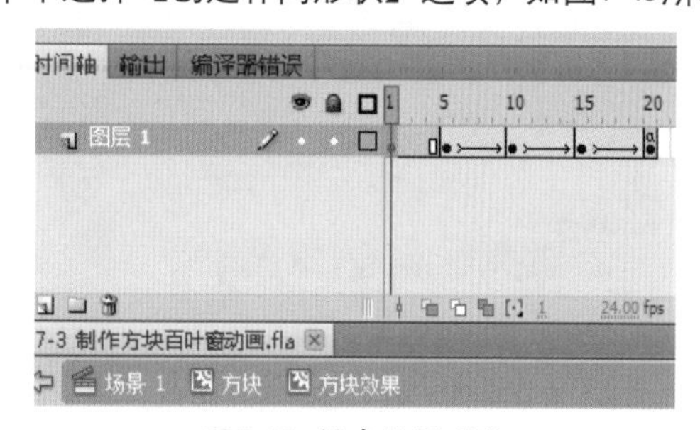

图7-45 创建补间形状

09 在第20帧处单击右键，在弹出菜单中选择【动作】选项，并在弹出的“动作”面板中输入stop();，如图7-46所示。

图7-46 输入脚本语言

10 双击舞台空白部分以返回上一级，到达“方块”元件内部，单击舞台上的“方块效果”元件，按快捷键Ctrl + C复制该元件，再按快捷键Ctrl + Shift + V将其原位粘贴，并使用方向键移动该矩形，直到它与上一个矩形正好紧密相连，没有空隙也没有重叠，如图7-47所示。

图7-47 粘贴一个新的元件并移动位置

11 重复上述步骤，将第一排舞台用这种矩形填满，如图7-48所示。

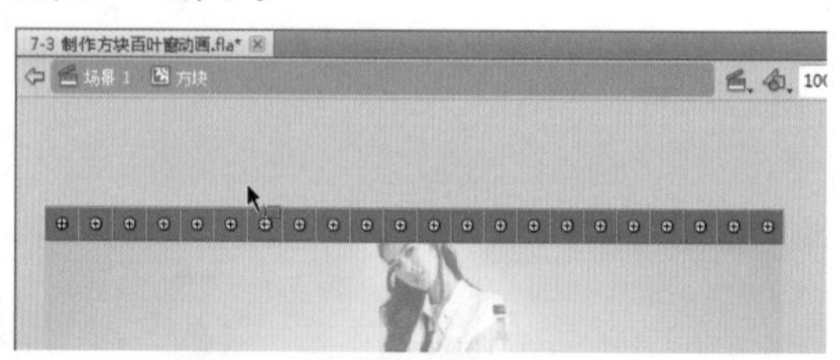

图7-48 将元件粘贴出一排

12 新建一个图层，将原来粘贴好的整排矩形按快捷键Ctrl + C复制，在新图层的第5帧按F7键插入空白关键帧，在原来图层的第5帧上按F5键插入帧，再按快捷键Ctrl + Shift + V将整排矩形都粘贴在新图层的第5帧，并对整排对象使用方向键向下移动一定距离，保持和上面那排没有重合也没有空隙，如图7-49所示。

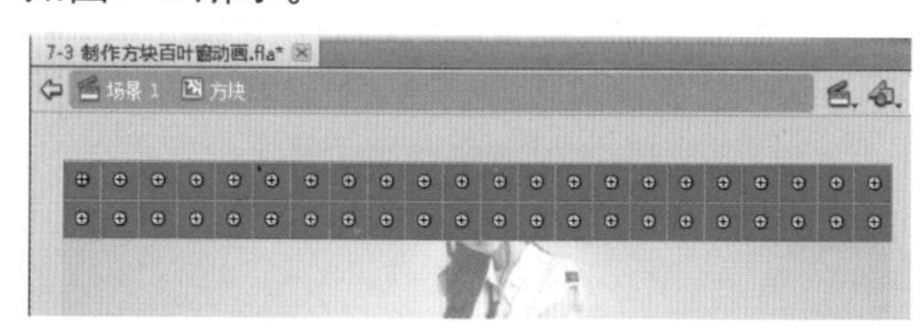

图7-49 粘贴一排新的矩形

13 重复上面的步骤，每新建一个图层，在上一图层插入矩形的帧再加5帧的帧上按F7键插入关键帧，并将矩形粘贴在该帧上，调节其位置和上一图层的矩形不重合并不留空隙，最终将矩形全部覆盖掉背景图片，如图7-50所示。

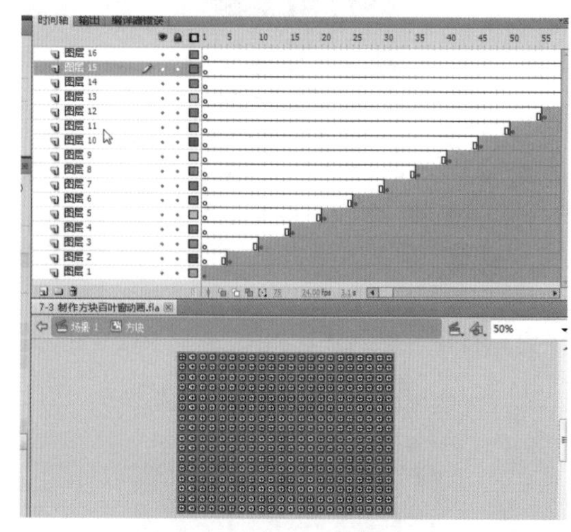

图7-50 制作完成后帧的状态

14 在最上面图层最后一个关键帧位置，按F9键打开“动作”面板，在其中输入脚本：stop();输入完成后再次按F9键以关闭“动作”面板，如图7-51所示。

图7-51 输入脚本

15 双击舞台上任意一个“方块效果”元件以进入到元件内部，选中第1帧的内容，按Delect键删除第1帧的所有内容，如图7-52所示。

图7-52 删除方块效果的第1帧

16 单击时间轴下方的“场景1”以返回主场景，右键单击“遮罩层”，在弹出的菜单中选择【遮罩层】选项，完成后如图7-53所示。

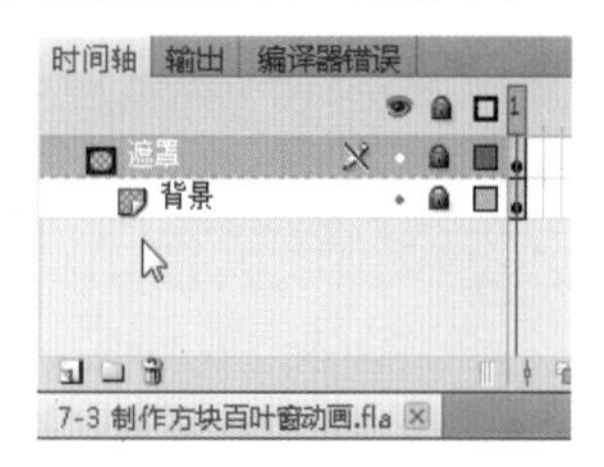

图7-53 转换为遮罩层

17 保存文件，按快捷键Ctrl + Enter测试影片，效果如图7-54所示。

图7-54 最终效果图

7.4 显示器动画

“显示器动画”案例效果，如图7-55所示。

图7-55 案例最终效果

01 打开本案例的素材文件，库内包含背景图片和显示器素材，如图7-56所示。

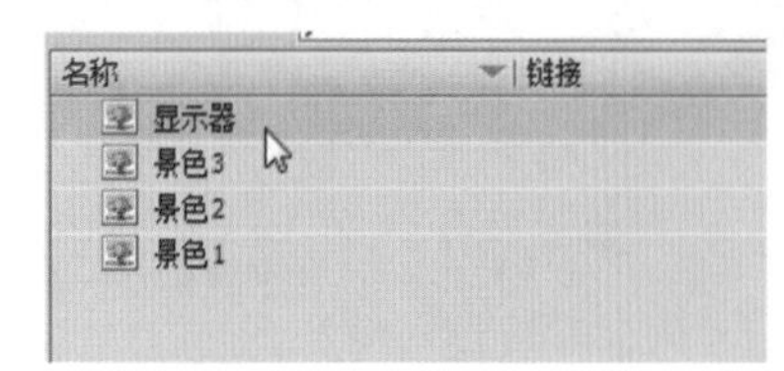

图7-56 库内的素材

02 将图层1重命名为“显示器”，并将库中的“显示器”图片素材调整大小，拖曳至舞台的合适位置，如图7-57所示。

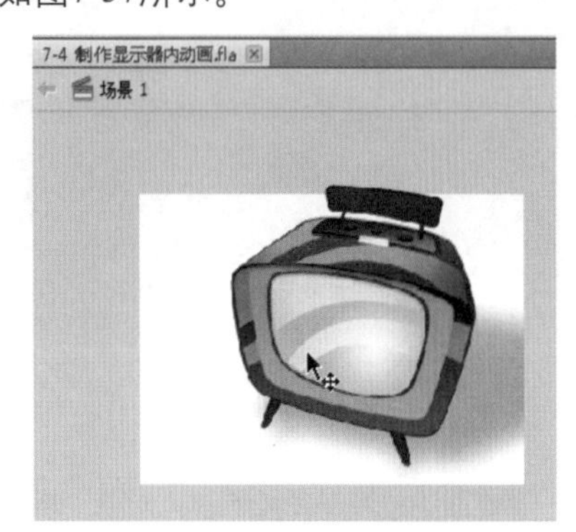

图7-57 放入显示器素材

03 新建一个图层，命名为“屏幕”，并使用【钢笔工具】在该图层绘制出显示器内部的轮廓线，绘制完成后使用【颜料桶工具】对内部进行颜色填充，任意选择颜色，如图7-58所示。

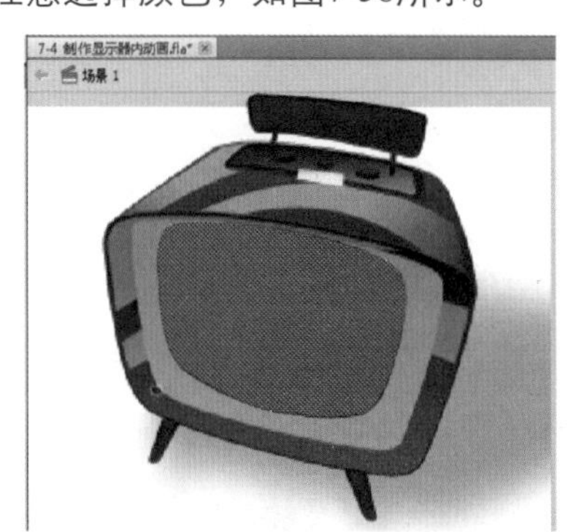

图7-58 绘制内部屏幕的轮廓并填充颜色

04 新建一个图层，拖曳其至“背景”和“屏幕”图层的中间，命名为“景色”，如图7-59所示。

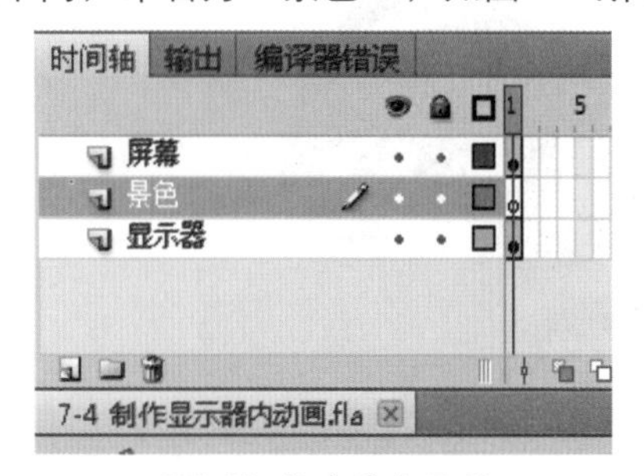

图7-59 新建景色图层

05 将“景色1”图片素材拖曳至舞台上，并选中该图形，按F8键转换为影片剪辑元件，命名为“景色动画”，如图7-60所示。

图7-60 转换为元件

06 转换完成后，双击图片以进入元件内部，选中“景色1”图片素材，再按F8键将其转换影片剪辑元件，并命名为“景色1剪辑”，如图7-61所示。

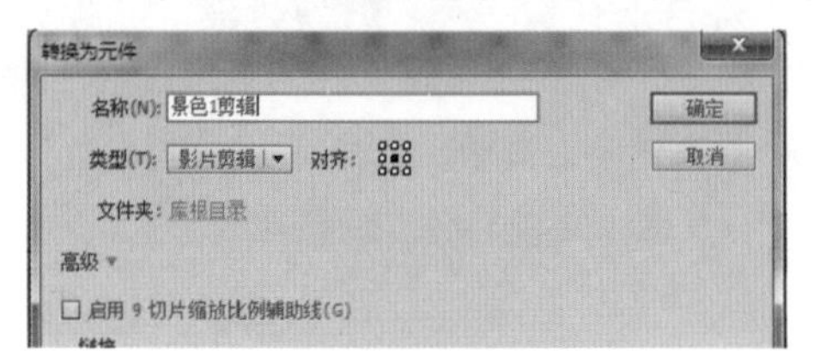

图7-61 转换为元件

07 此时不用再双击进入“景色1剪辑”元件内，在当前元件内的第100帧按F6键插入关键帧，将第100帧的元件使用【任意变形工具】修改其大小，使其比显示器元件的屏幕大一点，并在1～100帧的任意一帧单击右键，在弹出的菜单中选择【创建传统补间】选项，如图7-62所示。

图7-62 调整第100帧的元件大小

08 在第120帧按F6键插入关键帧，使用【选择工具】选中第120帧上的“景色1”元件，在“属性”面板内设置属性，如图7-63所示。

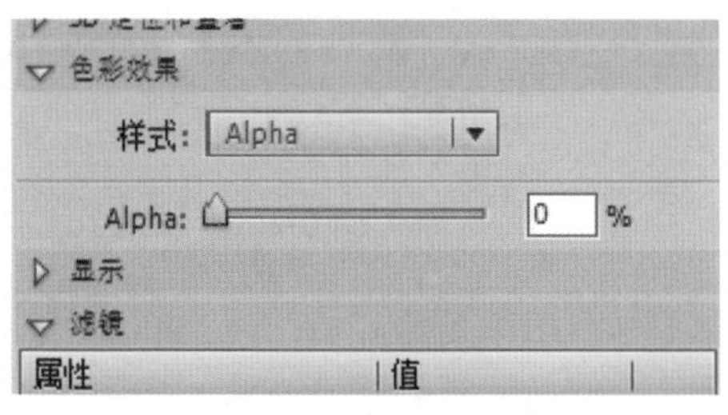

图7-63 设置剪辑的透明度为0

09 右键单击第100帧，在弹出的菜单中选择【创建传统补间】选项。

10 新建一个图层，在该图层的第100帧处按F7键插入空白关键帧，将“景色2”图片素材拖曳至该帧的舞台上，并选中该图片素材按F8键转换为影片剪辑元件，命名为“景色2剪辑”，如图7-64所示。

图7-64 将“景色2”转换为元件

11 在图层2的第120和220帧插入关键帧，并将处于第100帧上“景色2”元件的透明度和上一步骤一样设置为0，将第220帧上的“景色2”元件使用【任意变形工具】和上面一样缩小，并在这3帧之间都创建传统补间，如图7-65所示。

图7-65 缩小第220帧的元件

12 采用同样的处理方法，再次新建一个图层，将“景色3”按照前两个“景色”处理。注意是从第220帧开始，完成后如图7-66所示。

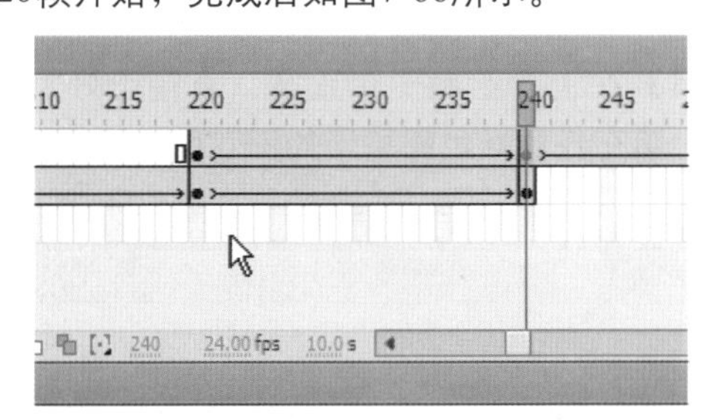

图7-66 制作第3张图片的动画

13 单击时间轴下方的“场景1”以返回主场景，右键单击“屏幕”图层，在弹出的菜单中选择【遮罩层】选项，如图7-67所示。

图7-67 转换遮罩层

14 因为转换为遮罩层时，Flash会自动为遮罩层和被遮罩层上锁，此时可以解除“景色”层的锁定，使用【任意变形工具】将其角度顺时针旋转15°左右，再次为该图层上锁，这样就能使“景色”和“显示器”的偏转角度一致，可以再添加一个背景图片。保存文件，并按快捷键Ctrl + Enter测试影片，效果如图7-68所示。

图7-68 最终效果图

7.5 地球仪效果

“地球仪效果”案例效果，如图7-69所示。

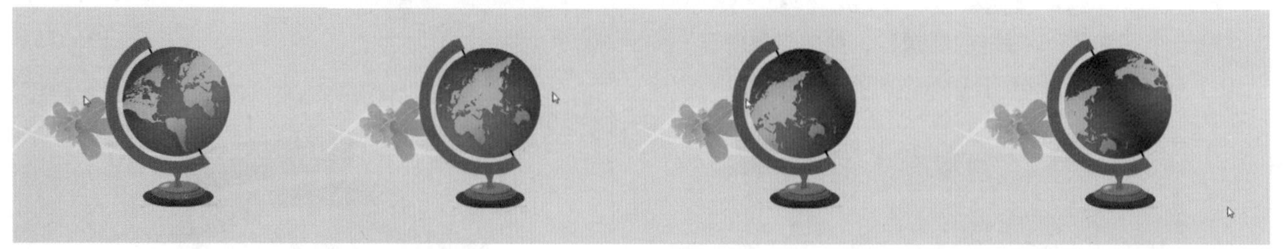

图7-69 案例最终效果

01 打开本案例的素材文件，库内有一张世界地图的图片和一个地球仪的支架图，如图7-70所示。

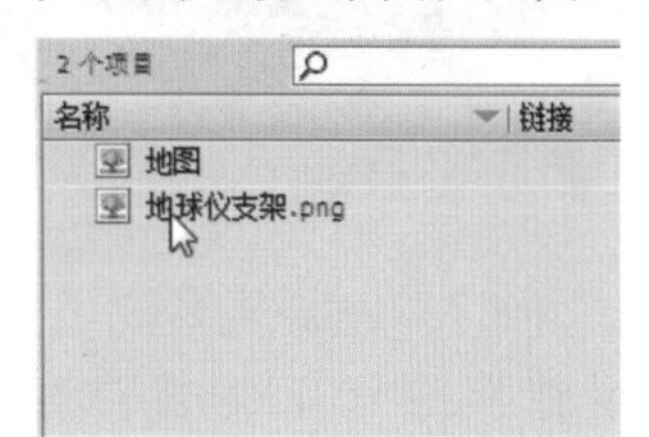

图7-70 库内素材

02 按快捷键Ctrl + F8新建一个影片剪辑元件，命名为“地球仪剪辑”，如图7-71所示。

图7-71 新建影片剪辑

03 单击“确定”按钮后进入元件内部进行编辑，将图层1重命名为“地图”，并将“地图”图片素材从库中拖曳至舞台上，如图7-72所示。

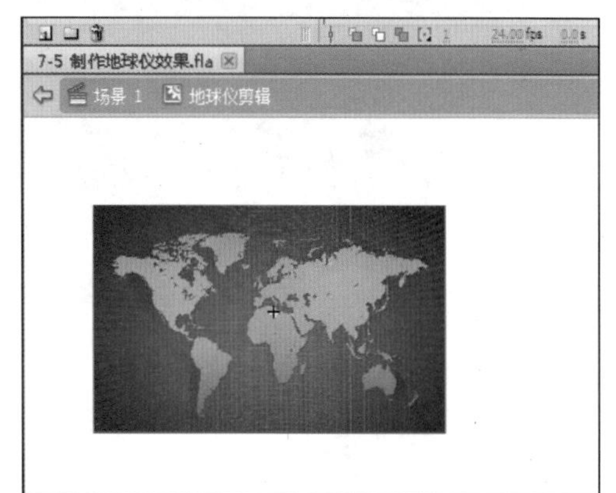

图7-72 放入图片素材

04 选中“地图”图片素材，按快捷键Ctrl + C复制该图形，并按快捷键Ctrl + Shift + V原位粘贴该图形，再使用方向键将新粘贴的图片向右移动至和原来的图不重叠也无空隙的位置，如图7-73所示。

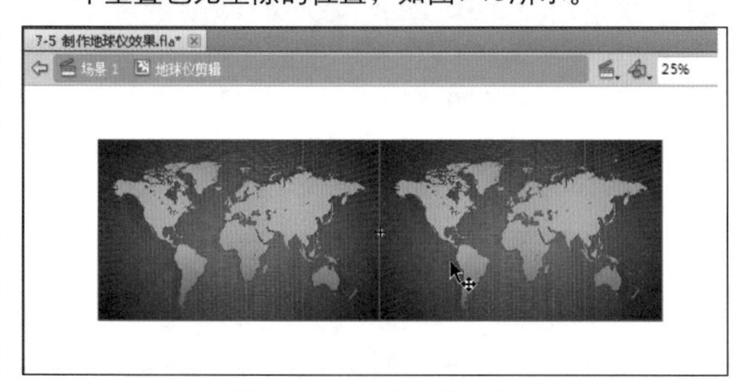

图7-73 在右侧粘贴一份图片素材

05 使用【选择工具】选中两个图片素材，并按F8键将其转换为影片剪辑元件，命名为“地图剪辑”，如图7-74所示。

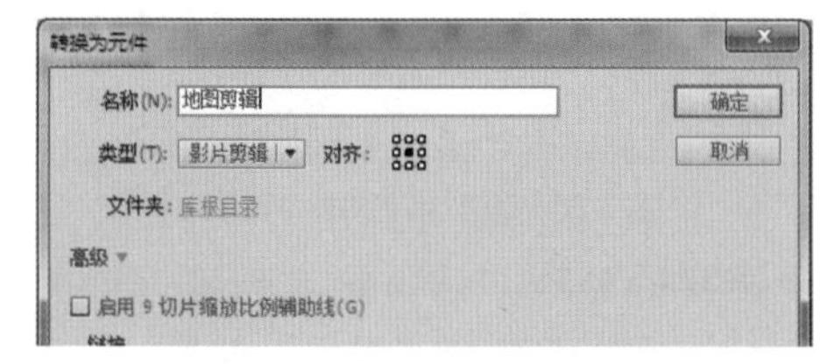

图7-74 转换为影片剪辑元件

06 新建一个图层，命名为“遮罩”，并使用【椭圆工具】在上面绘制一个正圆，直径正好为地图的高，填充任意颜色即可，如图7-75所示。

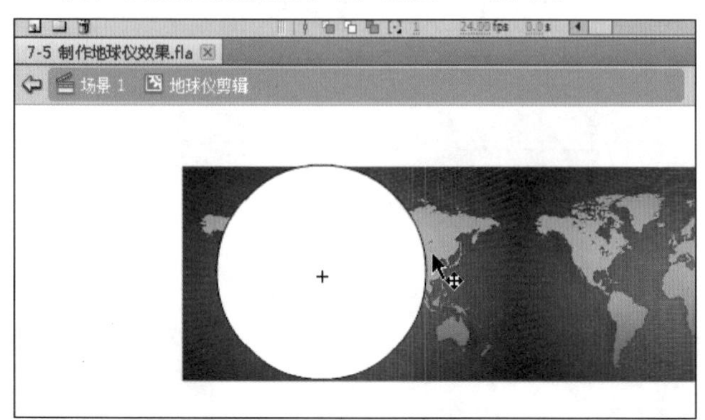

图7-75 绘制一个正圆

07 在“地图”图层上的第50帧按F6键插入关键帧，并在1～50帧中间任意一帧单击右键，在弹出的菜单中选择【创建传统补间】选项，如图7-76所示。

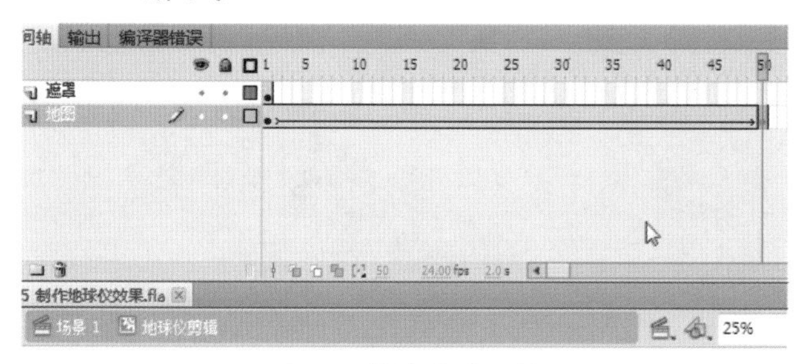

图7-76 创建传统补间

08 使用方向键将处于第50帧上的“地图”向左移动，使其右侧那张图正好到达本来左侧这张图的位置，如图7-77所示。

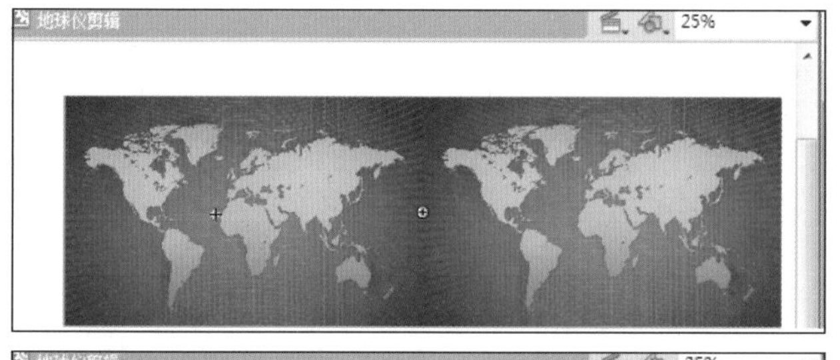

图7-77 第1和50帧上的图片位置

09 在“遮罩”层的第50帧按F5键插入帧，并右键单击“遮罩”层，在弹出的菜单中选择【遮罩层】选项，使该层成为“地图”层的遮罩层，如图7-78所示。

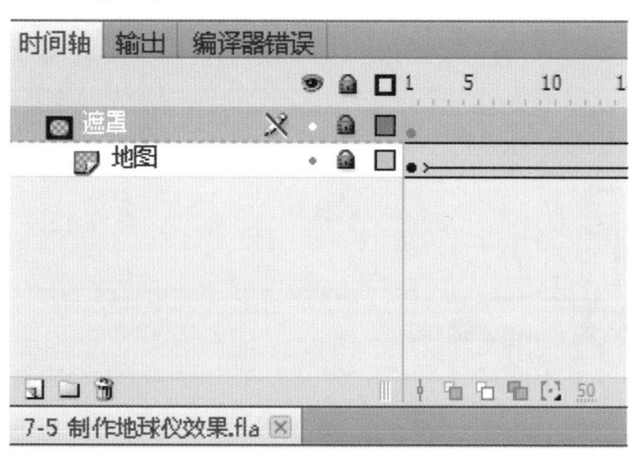

图7-78 转换为遮罩层

10 单击时间轴下方的“场景1”以返回主场景，将“地球仪剪辑”元件从库中拖曳至舞台上，并使用【任意变形工具】调节其大小和位置，如图7-79所示。

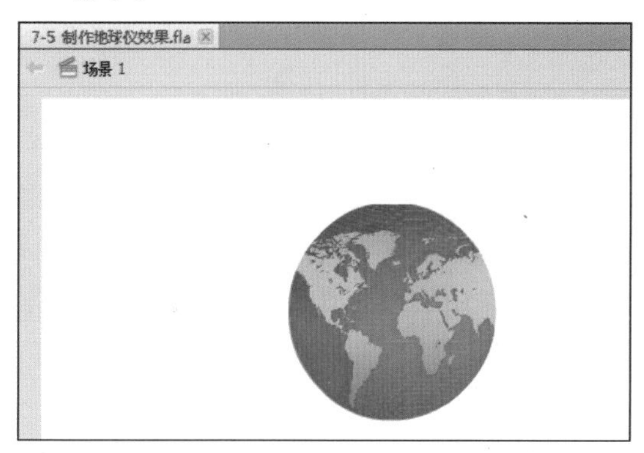

图7-79 将剪辑从库中拖曳至舞台

11 将“地球仪支架”图形素材从库中拖曳至舞台，也使用【任意变形工具】调整其大小和位置，合理摆放“地球仪”和“支架”，如图7-80所示。

图7-80 调整支架和地球仪的位置

12 使用【任意变形工具】改变地球仪球体的角度，使其逆时针旋转15°，以适应支架的旋转角度。

13 保存文件，并按快捷键Ctrl＋Enter测试影片，效果如图7-81所示。

图7-81 最终效果图

7.6 火车过桥动画

“火车过桥动画”案例效果，如图7-82所示。

图7-82 案例最终效果

01 打开本案例的素材文件，库内有“火车”和“大桥背景”两张图片素材，如图7-83所示。

图7-83 库内素材

02 单击舞台空白部分，然后在“属性”面板中将舞台的尺寸更改为1000×400，如图7-84所示。

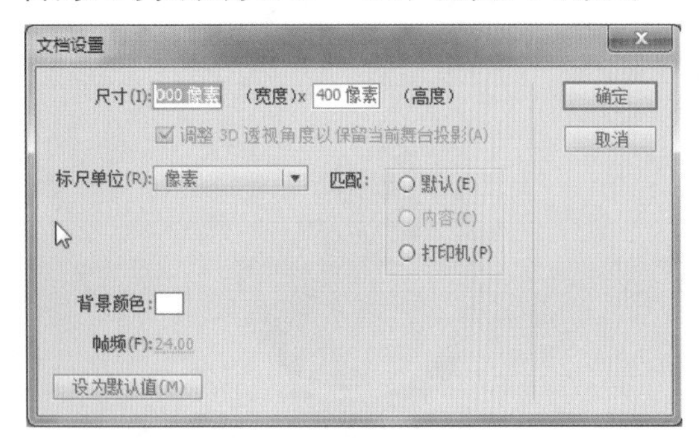

图7-84 设置舞台尺寸

03 将图层1重命名为“背景”，并将“大桥背景”图片素材从库中拖曳至舞台，并使其左上角对准舞台左上角以便占满整个舞台，如图7-85所示。

图7-85 将大桥素材拖拽至舞台

04 新建一个图层，命名为“火车行驶”，并将“火车”图片素材从库中拖曳至该层的第1帧上，并使用【任意变形工具】调整其大小和位置，如图7-86所示。

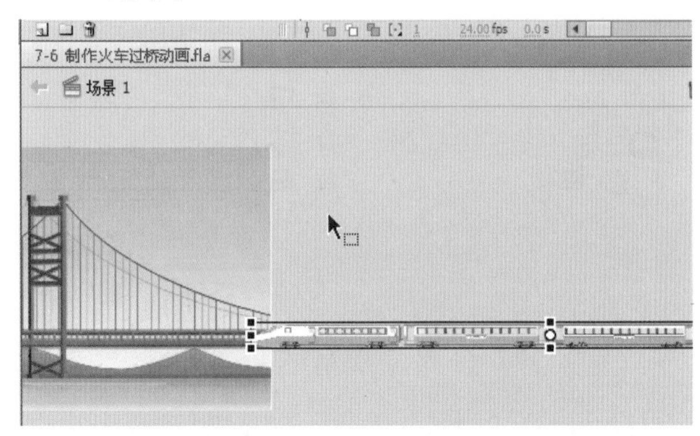

图7-86 将火车图片素材拖曳至舞台

05 选中“火车”图片素材，按F8键将其转换为影片剪辑元件，并命名为“火车元件”，如图7-87所示。

图7-87 转换为元件

06 在“火车行驶”图层的第200帧按F6键插入关键帧，并在中间任意一帧单击右键，在弹出的菜单中选择【创建传统补间】选项。在“背景”图层的第200帧按F5键插入帧，如图7-88所示。

图7-88 创建传统补间

07 使用方向键将处于第200帧的“火车”元件向左平移，直到车尾行驶出舞台，如图7-89所示。

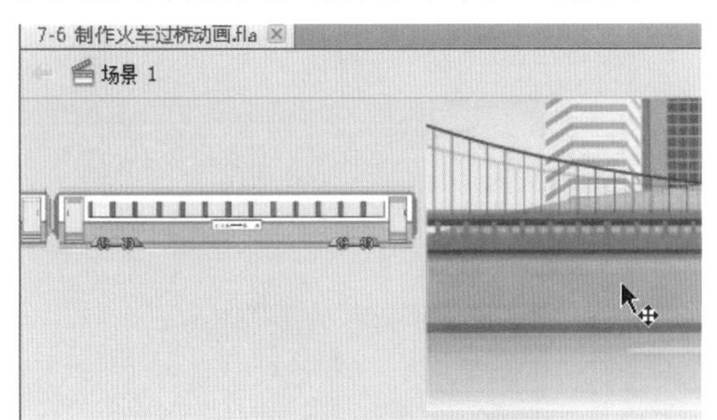

图7-89 将第200帧元件拖拽出舞台

08 新建一个图层，命名为“遮罩”，使用【矩形工具】在第1帧绘制两个任意颜色的矩形，并分别处于“桥”的两侧，直到延长到舞台外，如图7-90所示。

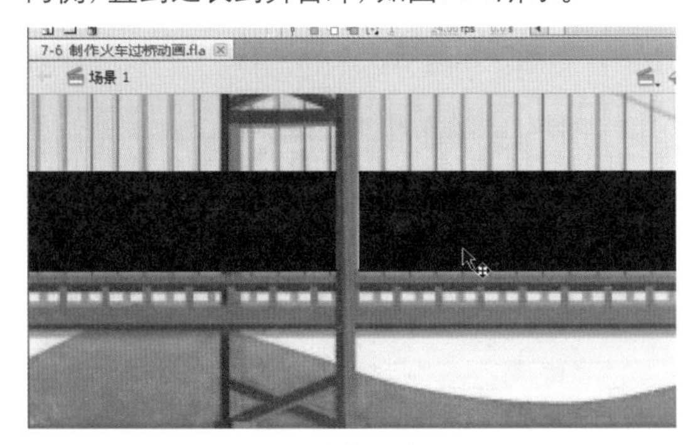

图7-90 绘制两个矩形

09 在“桥”下使用【矩形工具】绘制更小一点的矩形，使之正好填充“桥”下栏杆的空洞处，如图7-91所示为绘制一个矩形的样式。

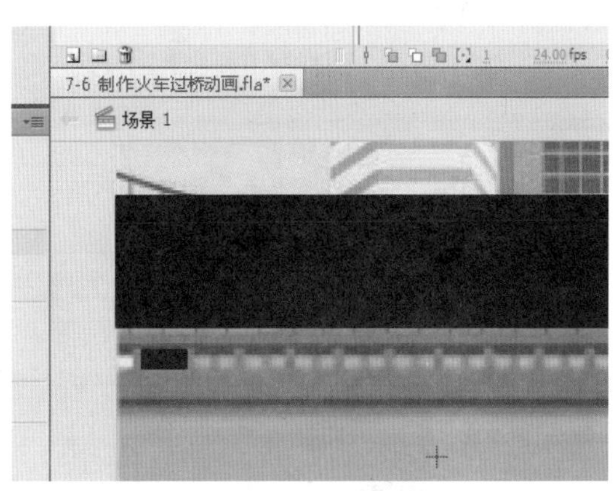

图7-91 绘制更小的矩形盖住空洞处

10 重复第9步，将下面的空洞处全部绘制上矩形，绘制完成后，如图7-92所示。

图7-92 绘制完所有的小型矩形

11 右键单击“遮罩”层，并在弹出的菜单中选择【遮罩层】选项，将该层转换为遮罩层，如图7-93所示。

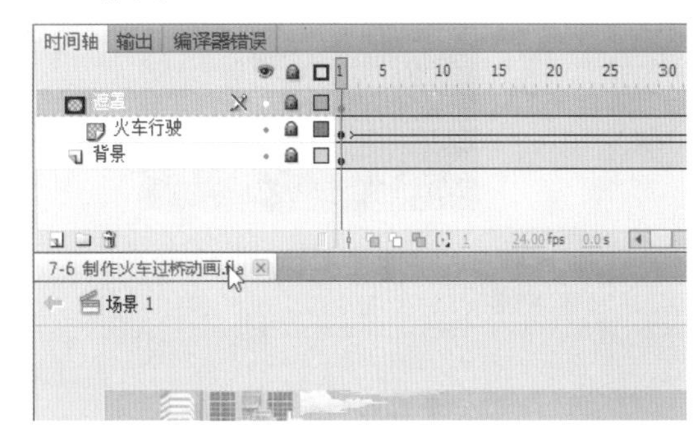

图7-93 转换图层为遮罩层

12 保存文件，按快捷键Ctrl + Enter 测试影片，最终效果如图7-94所示。

图7-94 最终效果图

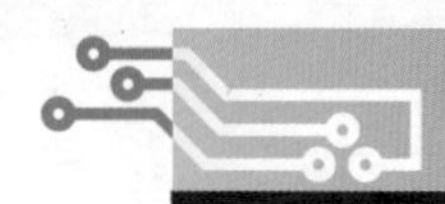

7.7 阳光照射动画

“阳光照射动画”案例效果，如图7-95所示。

图7-95 案例最终效果

01 打开本案例的素材文件，库内有一张背景素材图片，如图7-96所示。

图7-96 库内的素材图片

02 在“属性”面板中将舞台尺寸修改为600×340，如图7-97所示。

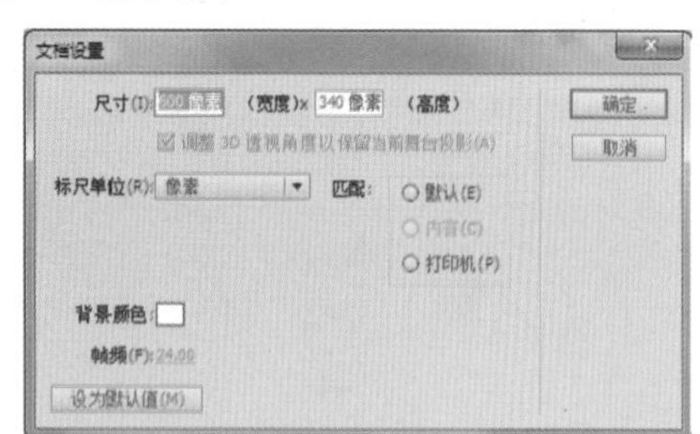

图7-97 设置舞台尺寸

03 将图层1重命名为“背景层”，并将库中的图片拖曳至舞台上，调整其左上角与舞台左上角对齐，如图7-98所示。

图7-98 将图片拖曳至舞台并调整位置

04 将“背景层”锁定，新建一个图层，命名为“阳光”，如图7-99所示。

图7-99 新建图层

05 选择工具栏内的【矩形工具】，在“颜色”面板内设置颜色由黄色至透明的黄色，如图7-100所示。

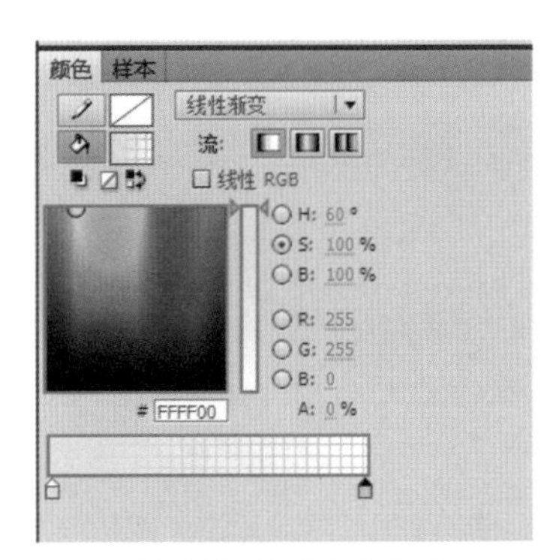

图7-100 设置渐变颜色

06 使用【矩形工具】在舞台上绘制两个矩形，并使用【选择工具】调节矩形的形状，如图7-101所示。

图7-101 修改矩形的形状

07 选中两个矩形，按F8键将其转换为影片剪辑，并命名为“阳光剪辑”，如图7-102所示。

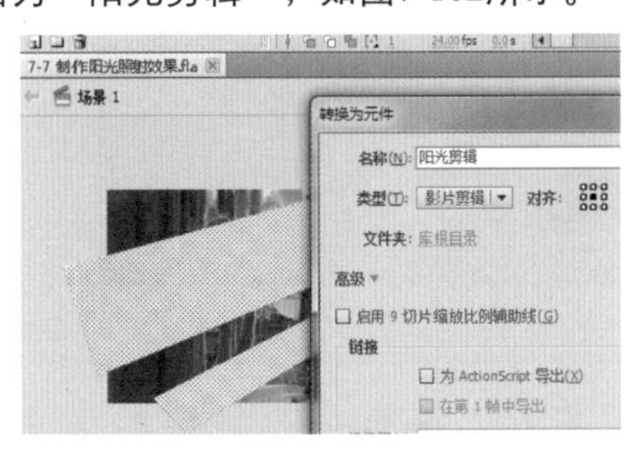

图7-102 转换为元件

08 单击“确定”按钮后，双击该矩形进入“阳光剪辑”内部，在第10、20帧按F6键插入关键帧，并在第1、10帧上单击右键，在弹出的菜单中选择【创建补间形状】选项，如图7-103所示。

图7-103 创建补间形状

09 选中第10帧上的两个矩形，在“颜色”面板中将渐变的两个颜色都改为完全透明，如图7-104所示。

图7-104 设置透明度

10 在第40帧处按F5键插入帧，以延长播放间隔，如图7-105所示。

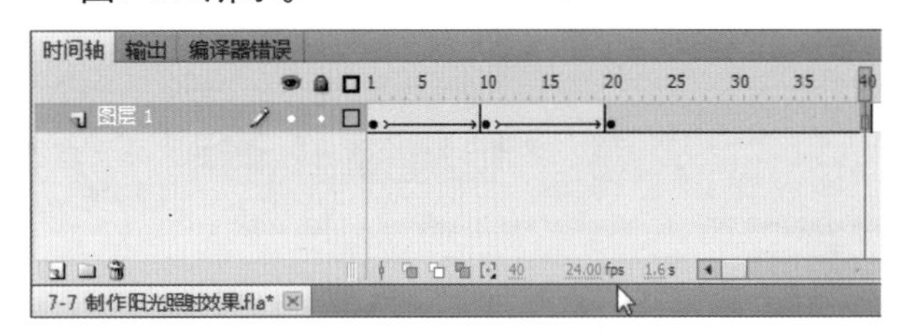

图7-105 插入帧

11 单击时间轴下方的“场景1”以返回主舞台，并新建一个图层，命名为“遮罩层”，如图7-106所示。

图7-106 新建遮罩层

12 使用【矩形工具】在遮罩层的第1帧绘制一些形状，使用【选择工具】调整矩形的形状，使其遮挡住除了两侧的“树”，如图7-107所示。

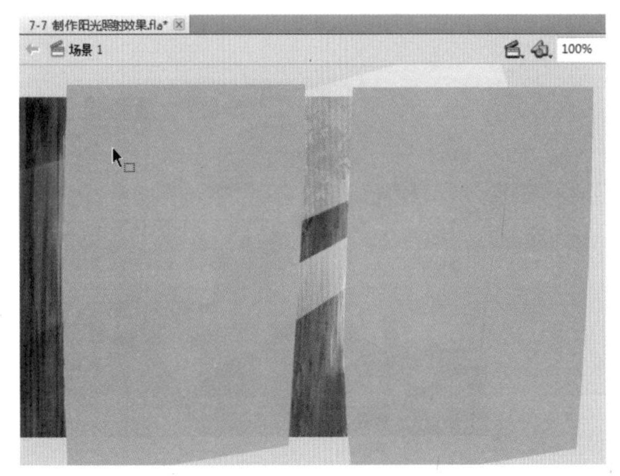

图7-107 绘制矩形并调整形状

13 右键单击“遮罩层”，并在弹出的菜单中选择【遮罩层】选项，如图7-108所示。

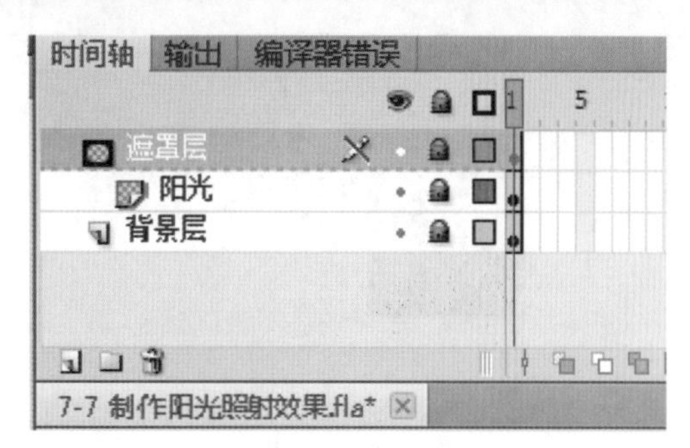

图7-108 转换为遮罩层

14 保存文件，按快捷键Ctrl + Enter测试影片，可以看到遮罩的效果，如图7-109所示。

图7-109 最终效果图

7.8 卷轴展开动画

“卷轴展开”案例效果，如图7-110所示。

图7-110 案例最终效果

01 打开本案例的素材文件，库内有相关的素材，如图7-111所示。

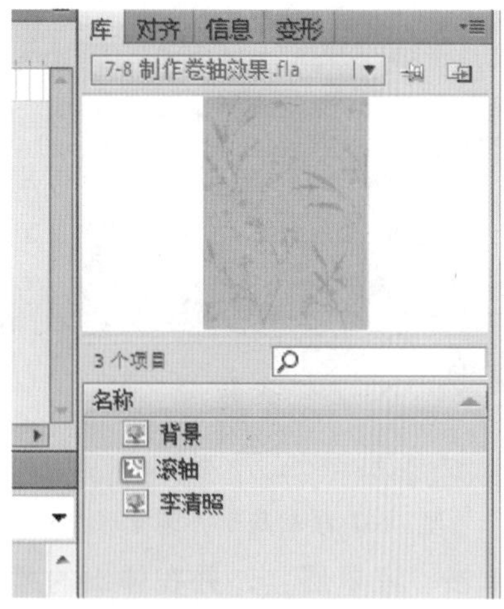

图7-111 库内的素材

02 在“属性”面板内将舞台的尺寸修改为1000×450，如图7-112所示。

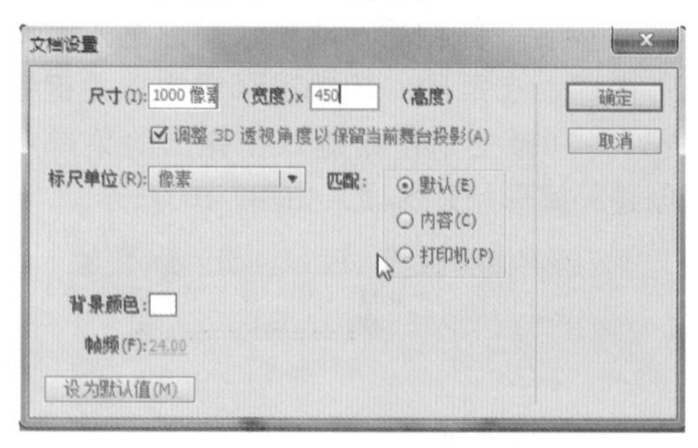

图7-112 设置舞台的尺寸

03 将图层1重命名为“背景层”，并将库中的“背景”图片素材拖曳至舞台，之后使用【任意变形工具】并按住Shift键旋转该图片至水平，并调整其大小，如图7-113所示。

图7-113 调整图片位置和大小

04 选择工具栏内的【文本工具】，并在“属性”面板中设置【文本工具】的属性，如图7-114所示。

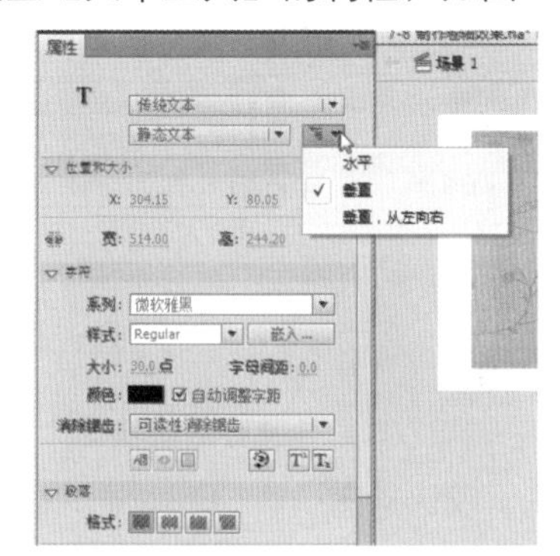

图7-114 设置【文本工具】的属性

05 使用【文本工具】在舞台输入文字，并调节好位置，如图7-115所示。

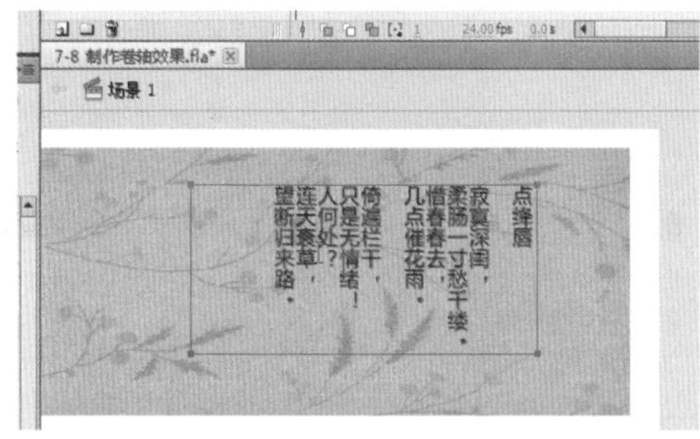

图7-115 输入文字

06 将库中的“李清照”图片素材拖曳至舞台，并使用【任意变形工具】调整好位置，如图7-116所示。

07 新建一个图层，命名为“遮罩层”，并使用【矩形工具】绘制任意颜色的矩形，覆盖住原来背景图，如图7-117所示。

图7-116 调整图片位置和大小

图7-117 绘制矩形覆盖背景图形

08 在“背景层”的第50帧按F5键插入帧，在“遮罩层”的第50帧按F6键插入关键帧，使用【任意变形工具】并按住Alt键，将“遮罩层”第1帧上的矩形轴对称缩小，如图7-118所示。

图7-118 对称缩小矩形

09 在“遮罩层”的第1帧上单击右键，并在弹出的菜单中选择【创建补间形状】选项，如图7-119所示。

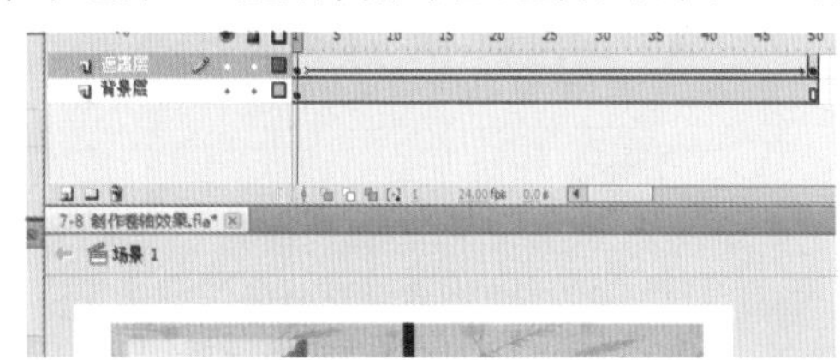

图7-119 创建补间形状

10 再次新建两个图层，分别命名为“滚轴左”和“滚轴右”，并将库中的“滚轴”影片剪辑拖曳至两个新图层的舞台上，与第1帧被缩小的矩形位置重合，如图7-120所示。

图7-120 将滚轴放入场景

11 分别在两个滚轴图层的第50帧按F6键插入关键帧，并将第50帧上的“滚轴左”图层上的元件水平向左移动至画卷的最边缘，“滚轴右”图层上的元件水平移动至画卷最右侧，如图7-121所示。

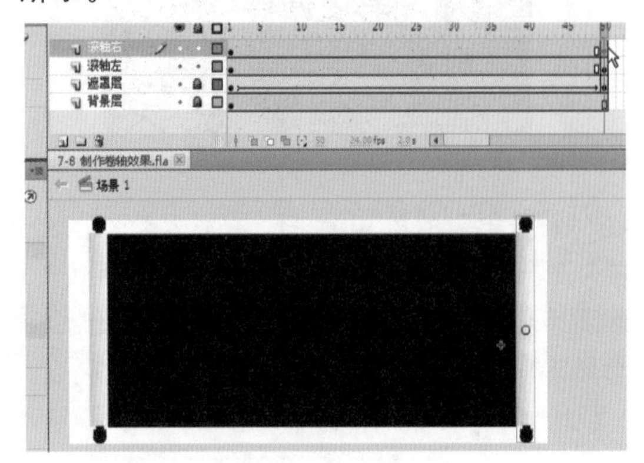
图7-121 移动第50帧处元件的位置

12 在“滚轴左”和“滚轴右”图层的第1帧单击右键，并在弹出的菜单中选择【创建传统补间】选项，如图7-122所示。

图7-122 创建传统补间

13 在最顶层新建一个图层，并命名为“代码层”，在该图层的第50帧按F7键插入空白关键帧，并在该帧上按F9键打开“动作”面板，在面板内输入脚本stop();，如图7-123所示。

图7-123 输入脚本

14 右键单击“遮罩层”，并在弹出的菜单中选择【遮罩层】选项，如图7-124所示。

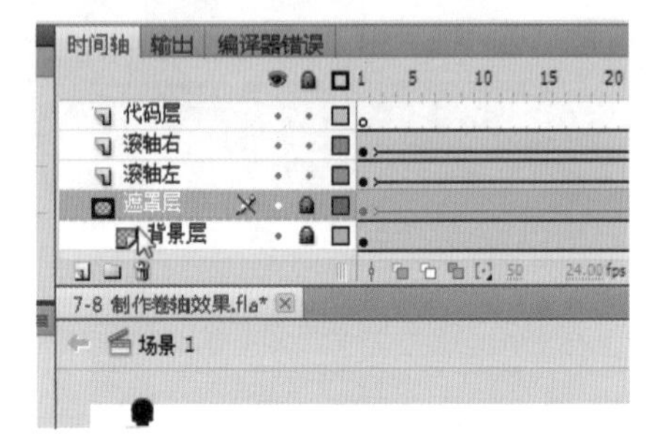

图7-124 转换为遮罩层

15 保存文件，按快捷键Ctrl + Enter测试影片，最终效果如图7-125所示。

图7-125 终效果图

7.9 旗帜飘动动画

“旗帜飘动动画”案例效果，如图7-126所示。

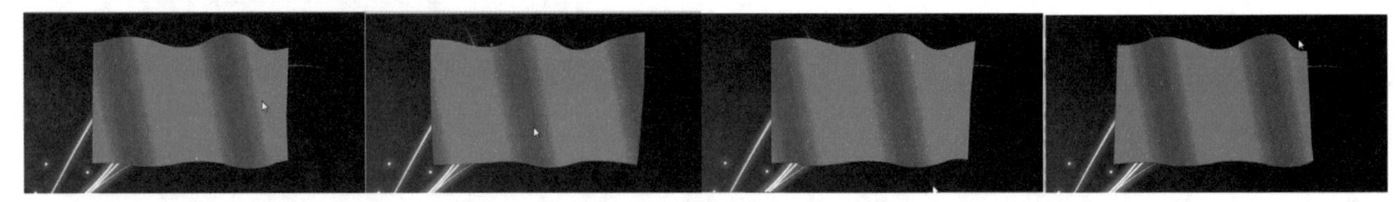
图7-126 案例最终效果

01 打开本案例的素材文件，库里面放置好了一个已经制作好的旗帜飘扬的影片剪辑，以及制作这个剪辑的一些图片素材，如图7-127所示。

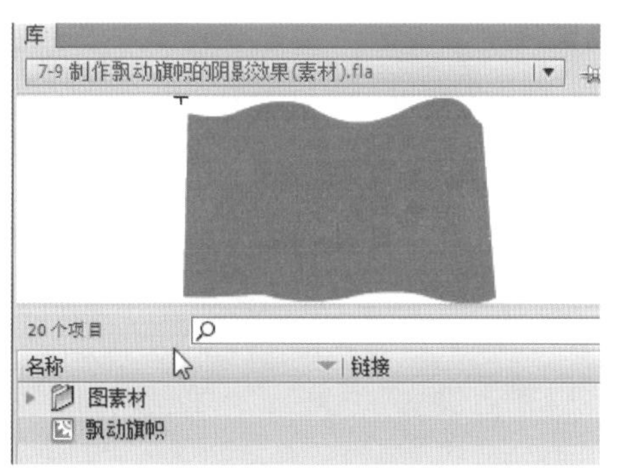

图7-127 库里的素材

02 按快捷键Ctrl + F8新建一个影片剪辑元件，并命名为“阴影剪辑”，如图7-128所示。

图7-128 新建影片剪辑元件

03 单击“确定”按钮后，进入影片剪辑内部，选择【矩形工具】，并在“颜色”面板中将颜色设置为如图7-129所示的渐变，颜色为0%透明度的黑色渐变到40%透明度的黑色，持续一段并再次渐变到0%透明度的黑色。

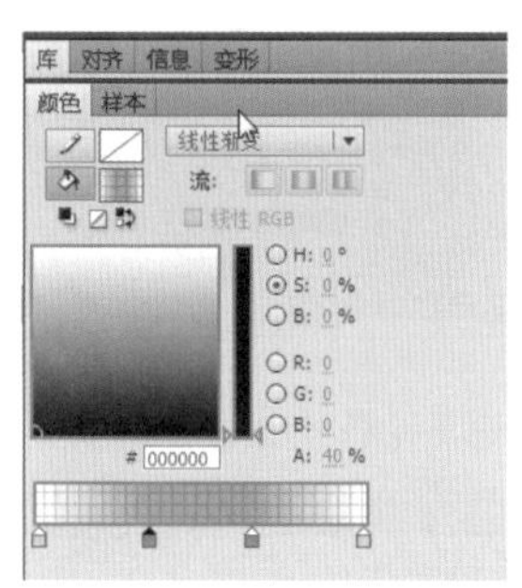

图7-129 设置颜色渐变

04 使用【矩形工具】在舞台上绘制一个矩形，并使用【任意变形工具】调节矩形的角度，如图7-130所示。

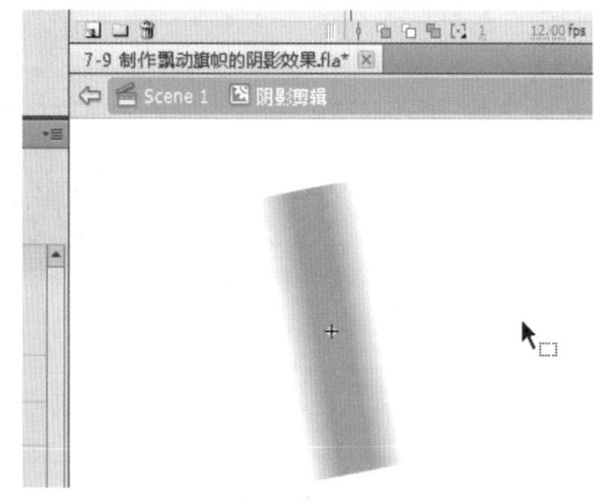

图7-130 绘制矩形并调节角度

05 按快捷键Ctrl + C复制刚才绘制的矩形，并粘贴2个矩形在其右侧，如图7-131所示。

图7-131 复制并粘贴矩形

06 双击库中的“飘动旗帜”影片剪辑，进入该影片剪辑内部，在最顶上新建一个图层，并命名为“遮罩层”，如图7-132所示。

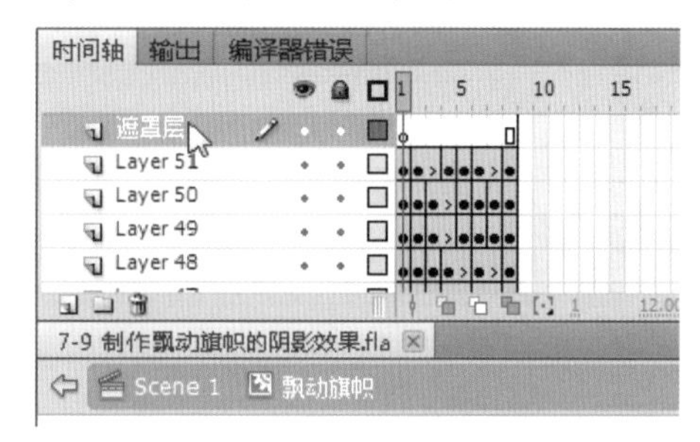

图7-132 新建图层

07 往下一直找到“layer1”图层，单击该图层的名称以全选该图层上所有的帧，右键单击选中的任意一帧，并在弹出的菜单中选择【复制帧】选项，如图7-133所示。

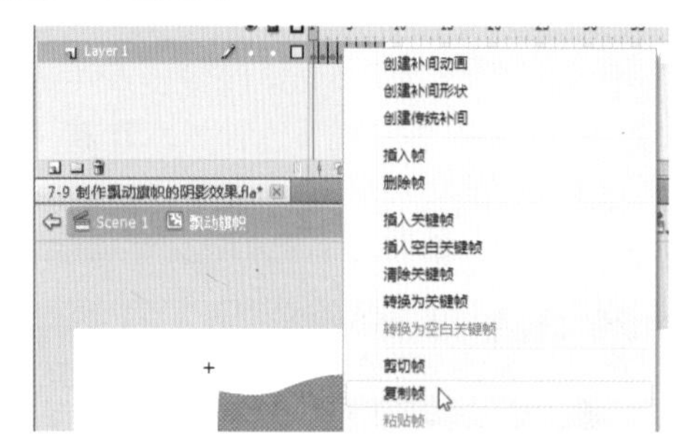

图7-133 复制帧操作

08 再次找到刚才新建的“遮罩层”，在其第1帧上单击右键，并选择【粘贴帧】选项，这样便将刚才复制的帧粘贴在该图层上，后面可能会多出一些多余的帧，可以选中那些帧并单击右键，再选择【删除帧】选项，如图7-134所示。

图7-134 粘贴帧及删除帧操作

09 再次新建一个图层，命名为“阴影图层”，并将其拖曳到“遮罩层”的下方，如图7-135所示。

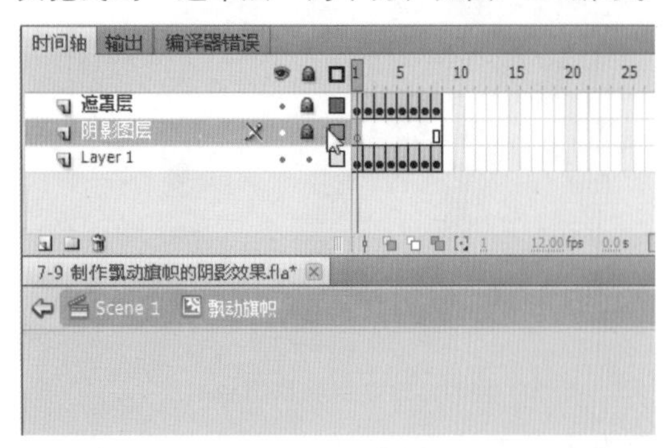

图7-135 新建图层

10 将库中的“阴影剪辑”元件拖曳到“阴影图层”上，如图7-136所示。

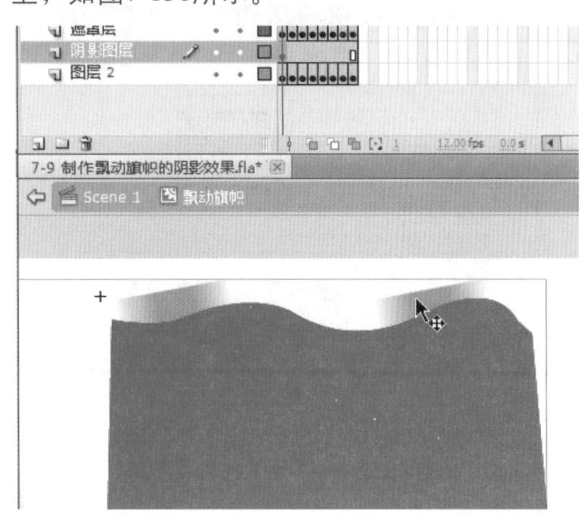

图7-136 拖曳阴影剪辑元件

11 在“阴影图层”的第8帧处按F6键插入关键帧，并将第8帧上的“阴影剪辑”元件向右移动，直到最左侧“阴影”的位置和最初中间的“阴影”位置重合，如图7-137所示。

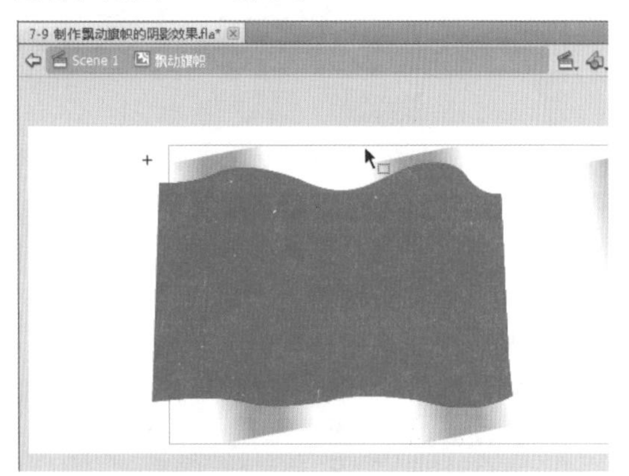

图7-137 移动“阴影”剪辑的位置

12 在“阴影图层”的第1帧单击选项右键，并在弹出的菜单中选择【创建传统补间】选项，然后右键单击“遮罩层”，在弹出的菜单中选择【遮罩层】，如图7-138所示。

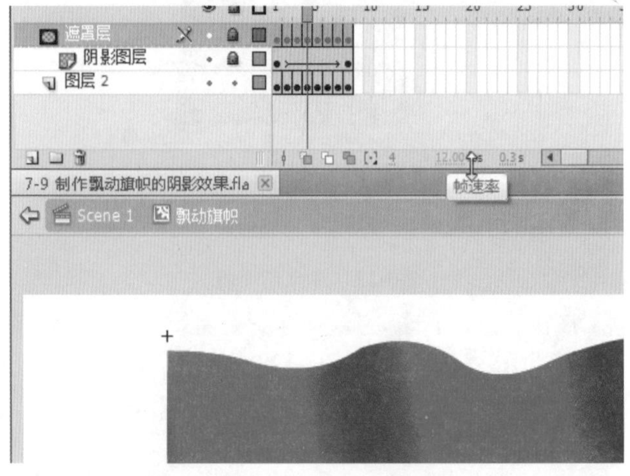

图7-138 创建补间动画和添加遮罩层

13 返回主舞台，将库中的“旗帜飘动”影片剪辑拖曳至舞台上，并调整其大小，如图7-139所示。

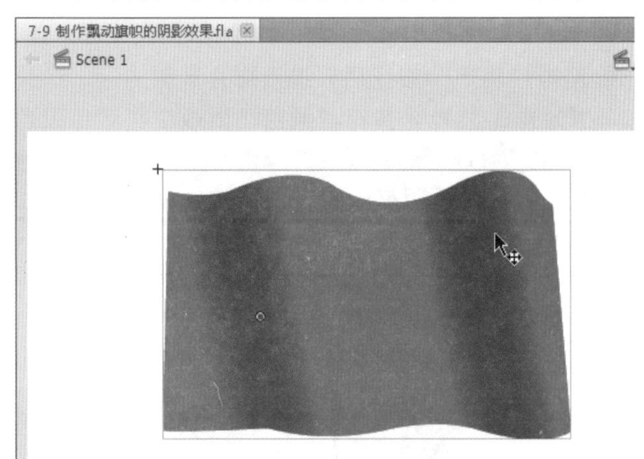

图7-139 拖曳元件至舞台并调节大小和位置

14 保存文件，并按快捷键Ctrl + Enter测试影片效果，效果如图7-140所示。

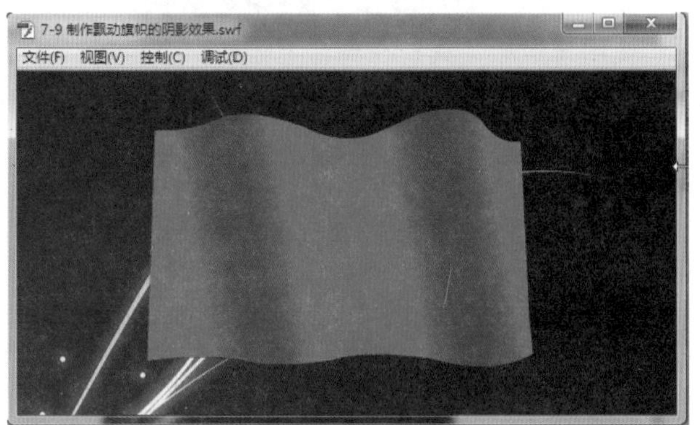

图7-140 最终效果图

7.10　屏幕内的波浪效果

“屏幕内波浪效果”案例效果，如图7-141所示。

图7-141 案例最终效果

01 打开本案例的素材文件，库内有一张背景图素材，如图7-142所示。

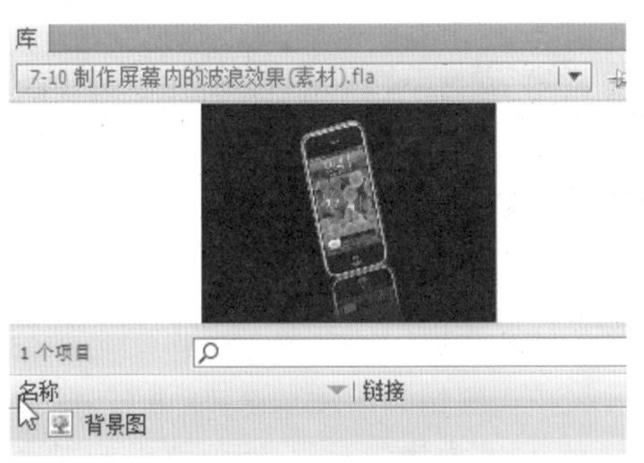

图7-142 库内的素材

02 将图层1重命名为“背景层”，并将库中的背景图素材拖曳至舞台上，在“属性”面板中调节其位置，如图7-143所示。

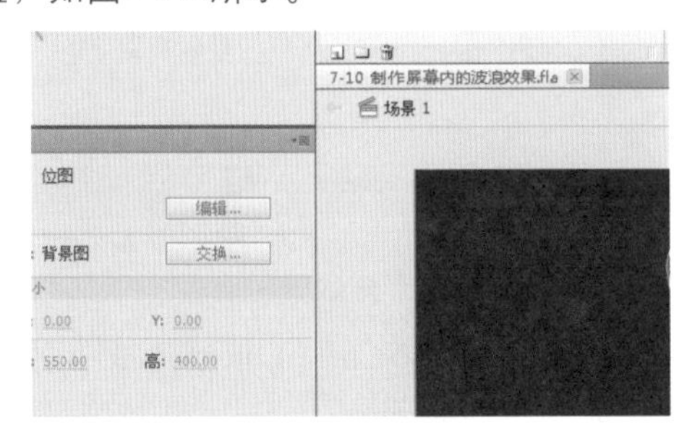

图7-143 调节图片的位置

03 新建一个图层，并命名为“波浪”，选择【矩形工具】，在“属性”面板中设置属性，如图7-144所示。

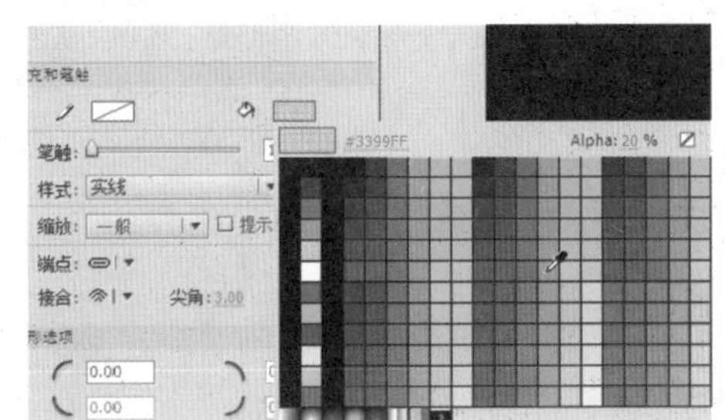

图7-144 设置矩形的填充

04 在“波浪”图层上使用【矩形工具】绘制一个大点的矩形，如图7-145所示。

图7-145 绘制一个大的矩形

05 使用【钢笔工具】在矩形上绘制出波浪的轮廓，如图7-146所示。

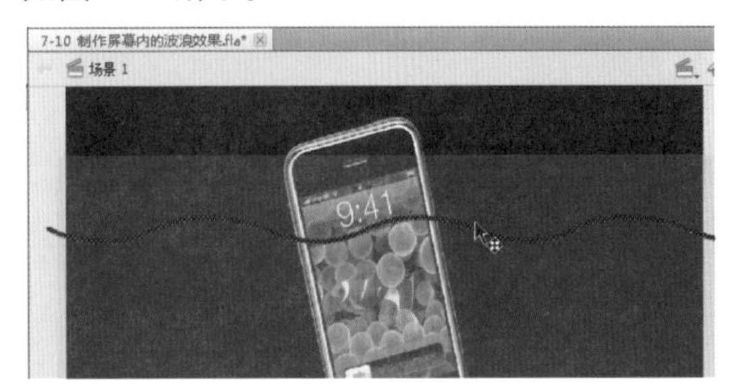

图7-146 绘制波浪轮廓

06 使用【选择工具】选择上部分的填充和刚才绘制的线条，按Delete键删除，剩下下面的部分，如图7-147所示。

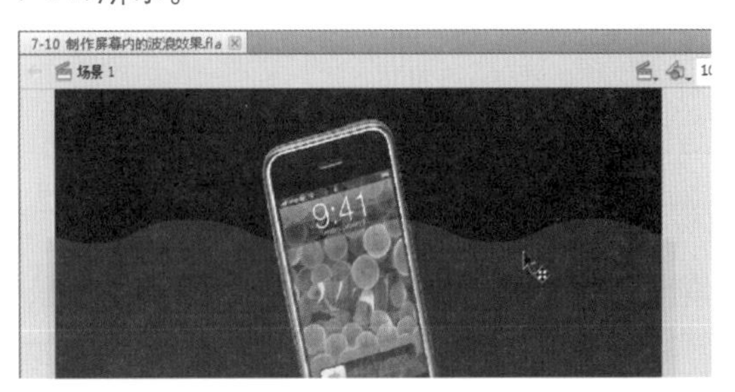

图7-147 删除上面的部分

07 选中剩下的形状，按F8键将其转换为影片剪辑元件，并命名为“波浪运动”，如图7-148所示。

图7-148 转换为影片剪辑

08 转换完成后，双击刚才转换的剪辑并进入其内部，再次选中刚才的形状，按F8键将其再次转换为影片剪辑，并命名为“波浪剪辑”，如图7-149所示。

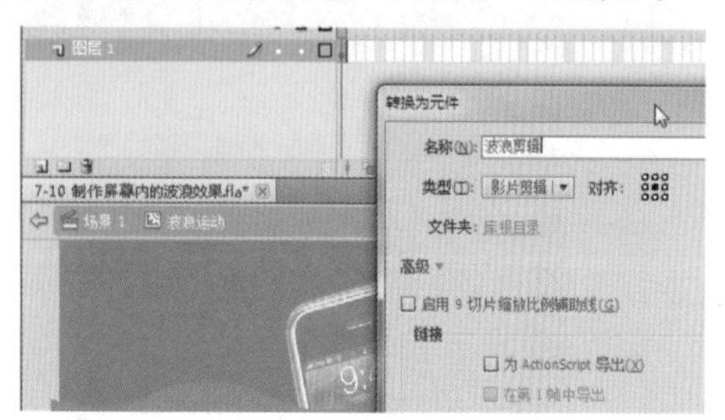

图7-149 再次转换影片剪辑

09 完成转换后，在当前场景时间轴上的第50帧上按F6键插入关键帧，并将第50帧上的“波浪剪辑”影片剪辑向右移动，使其下一个波峰与第1帧上元件的上一个波峰重叠，如图7-150所示。

图7-150 移动影片剪辑

10 在第1帧上单击右键，在弹出的菜单中选择【创建传统补间】选项，如图7-151所示。

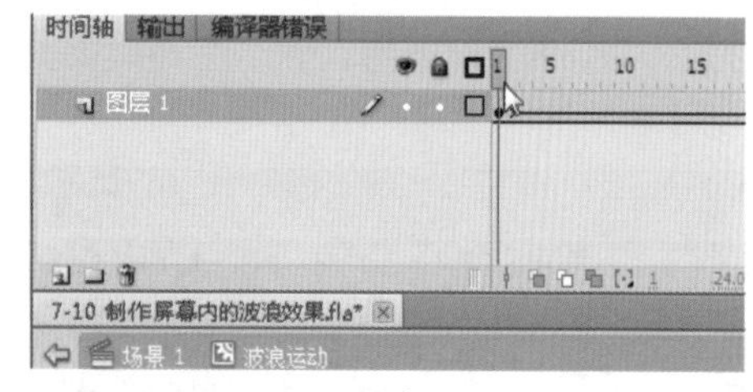

图7-151 创建传统补间

11 单击时间轴下方的“场景1”以返回主场景，在“波浪”图层的上面再新建一个图层命名为“遮罩”，使用【矩形工具】在上面绘制一个矩形，并使用【选择工具】调整其形状与“手机”的屏幕轮廓一致，如图7-152所示。

图7-152 绘制与“屏幕”轮廓相同的矩形

12 使用【任意变形工具】调节“波浪”图层上的波浪角度，使其和屏幕的角度一致，如图7-153所示。

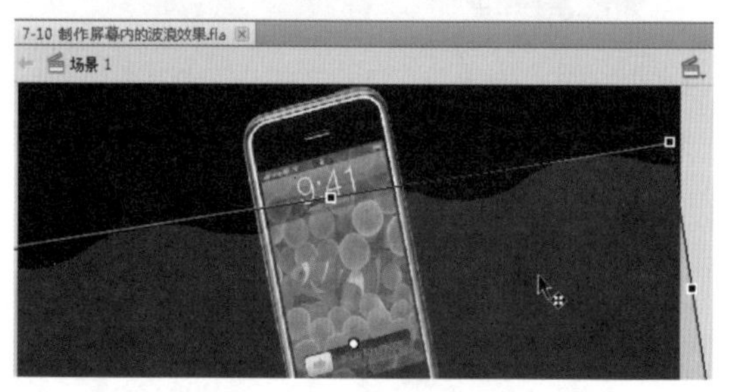

图7-153 调整波浪的角度

13 右键单击“遮罩”层，并在弹出的菜单中选择【遮罩层】选项，如图7-154所示。

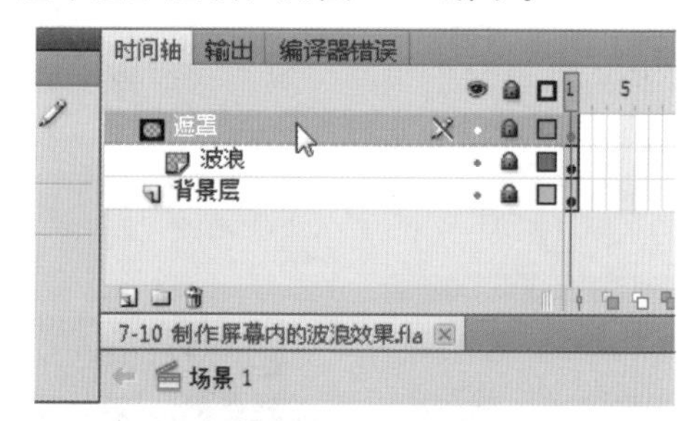

图7-154 转换为遮罩层

14 保存文件，按快捷键Ctrl + Enter测试影片效果，最终效果如图7-155所示。

图7-155 最终效果图

7.11　拉链拉开动画

"拉链遮罩效果"案例效果如图7-156所示。

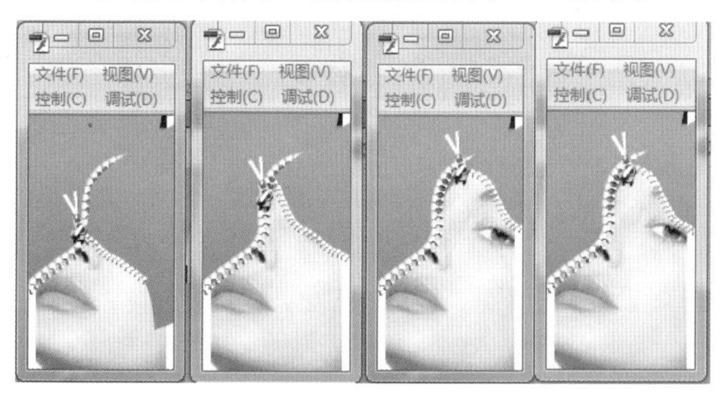

图7-156 案例最终效果

01 打开本案例的素材文件，库内有如图7-157所示的素材。

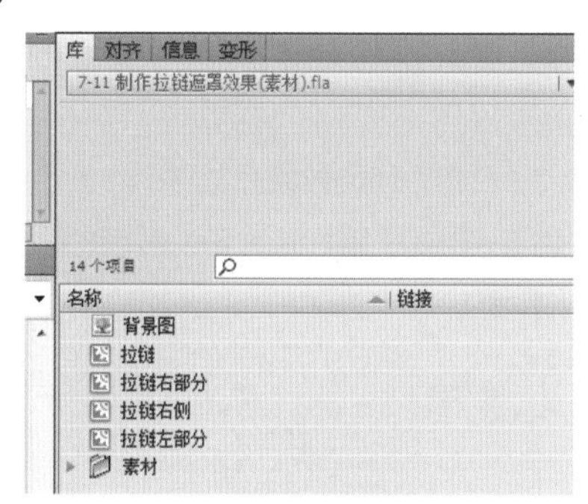

图7-157 库内的素材

02 在"属性"面板中修改舞台的尺寸为100×210，如图7-158所示。

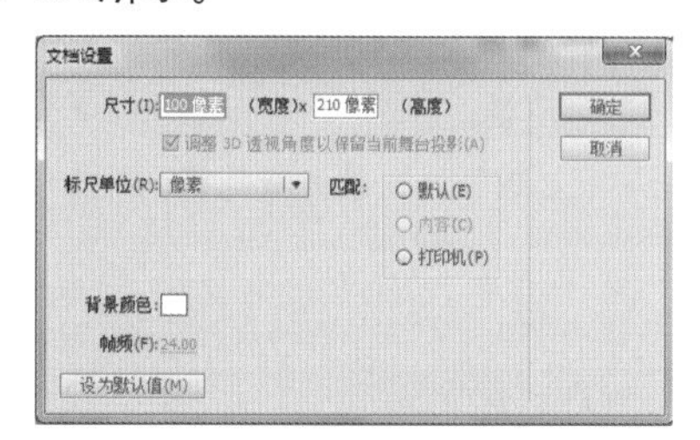

图7-158 设置舞台的尺寸

03 将图层1重命名为"背景层"，并将库内的"背景图"拖曳至舞台，调节其位置使其左上角对准舞台的左上角，如图7-159所示。

图7-159 调整图片的位置

04 新建一个图层，并命名为"左边部分"，将库中的影片剪辑"拉链左部分"拖曳至该图层第1帧，并调整其位置，如图7-160所示。

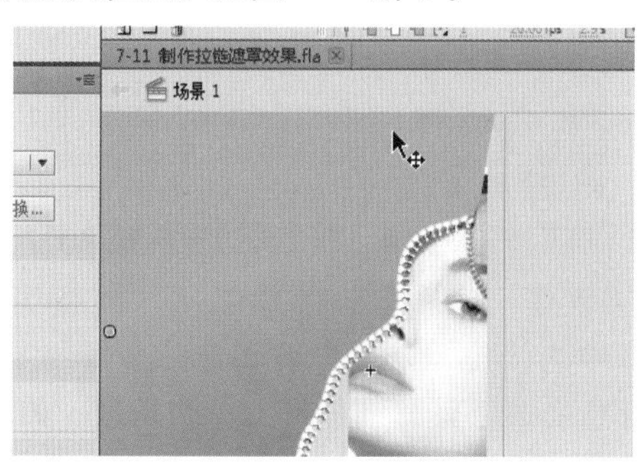

图7-160 调整影片剪辑的位置

05 新建一个图层，命名为"遮罩"，并使用【钢笔工具】在舞台上绘制一个如图7-161所示的图形。

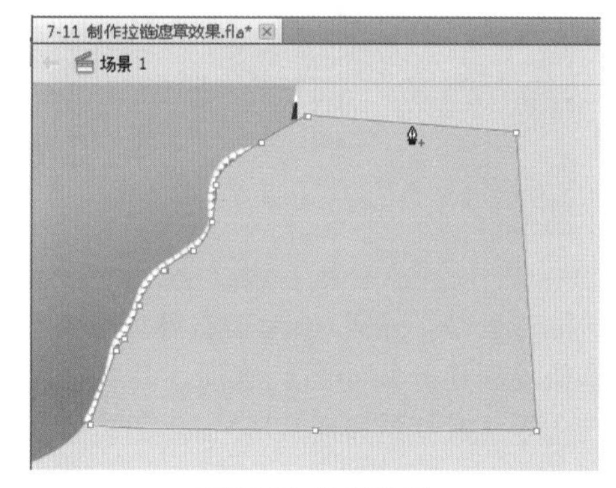

图7-161 绘制图形

06 再次新建一个图层，并命名为"右边部分"，并将其拖曳到"遮罩"图层的下方，并暂时将"遮罩"图层设定为"不可见"，将库中的"拉链右部分"拖曳到舞台上，并调整位置，如图7-162所示。

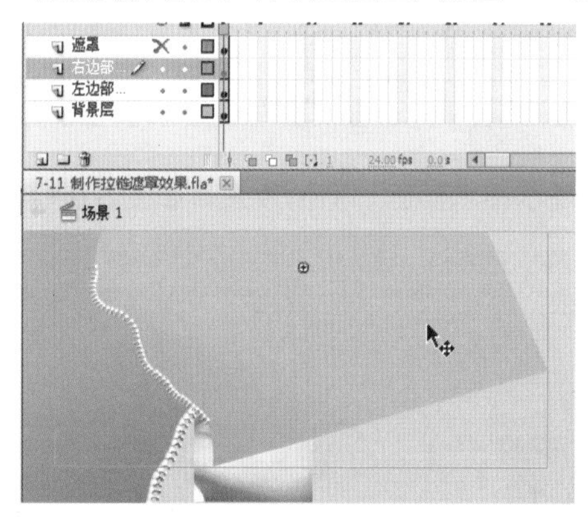

图7-162 调整影片剪辑位置

07 在所有图层的第50帧按F5键插入帧，并在"右边部分"图层的第50帧按F6键插入关键帧，并调节第50帧上的位置，如图7-163所示，在该图层的第

1帧单击右键，在弹出的菜单中选择【创建传统补间】选项。

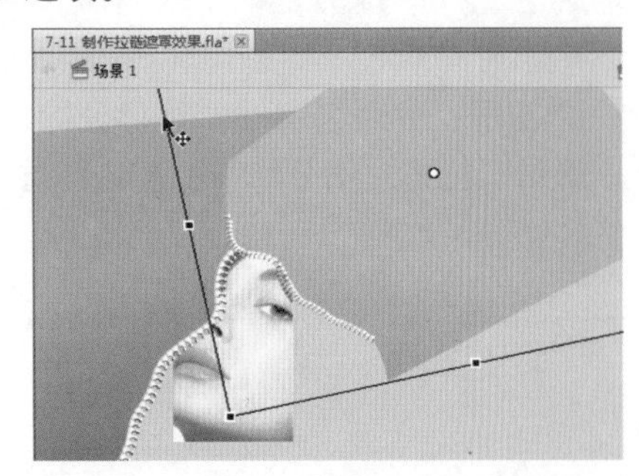

图7-163 调整第50帧上影片剪辑的位置

08 再次新建一个图层，并命名为“拉链运动”，将库中的“拉链”影片剪辑拖曳至舞台上，使用【任意变形工具】调节其大小和角度，如图7-164所示。

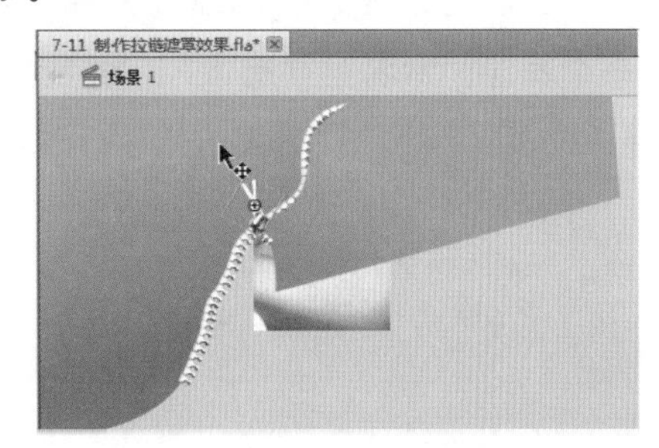

图7-164 调整“拉链”元件的大小和角度

09 在“拉链运动”的第1帧单击右键，在弹出的菜单中选择【创建补间动画】选项，并将最后一帧上的“拉链”拖曳到如图7-165所示的位置，并修改补间路径。

图7-165 创建补间动画

10 右键单击“遮罩”图层，并在弹出的菜单中选择“遮罩层”选项，如图7-166所示。

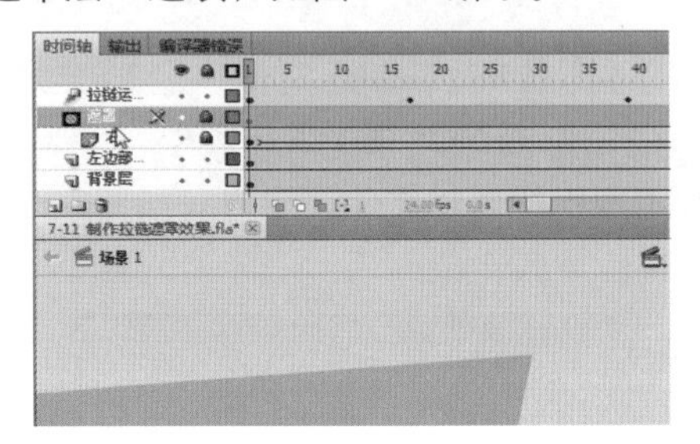

图7-166 转换为遮罩层

11 保存文件，按快捷键Ctrl + Enter测试影片效果，如图7-167所示。

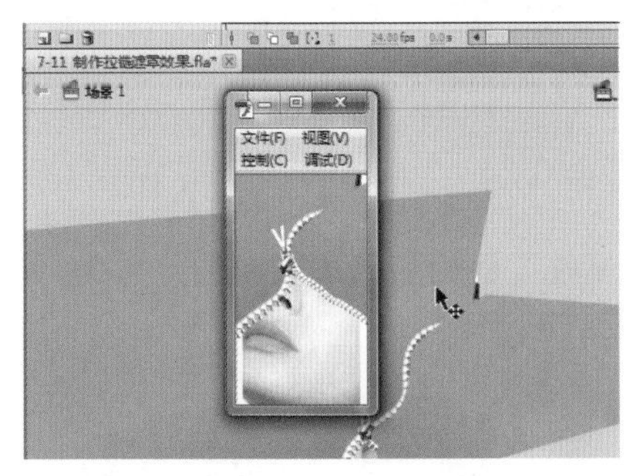

图7-167 最终效果图

7.12 喝干杯水动画

“喝水杯水动画”案例效果，如图7-168所示。

图7-168 案例最终效果

01 打开本案例的素材文件，库内的素材如图7-169所示。

图7-169 库内的素材

02 在“属性”面板内设置舞台的尺寸为260×215，如图7-170所示。

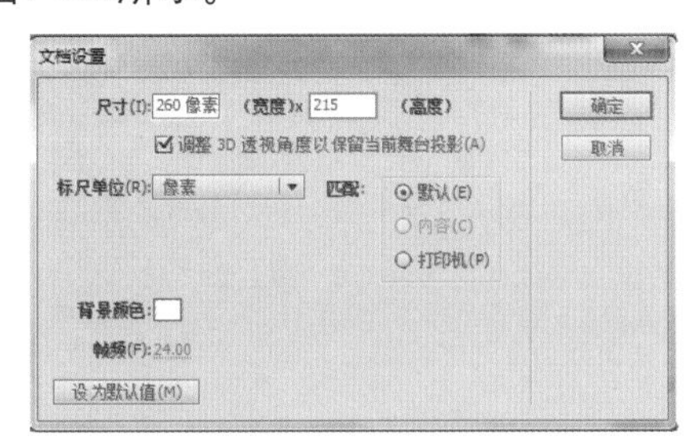

图7-170 设置舞台的尺寸

03 将图层1重命名为“背景层”，并将库内的“背景图”素材拖曳至舞台，在“属性”面板中修改它的位置，如图7-171所示。

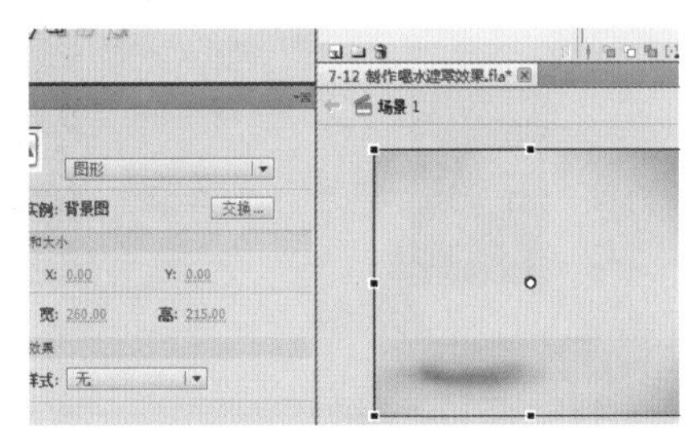

图7-171 设置图片的属性

04 新建一个图层，命名为“杯子层”，并将库中的“杯子”素材拖曳至舞台上，因为图片素材的特殊性，调整其位置与背景图层的颜色相吻合，如图7-172所示。

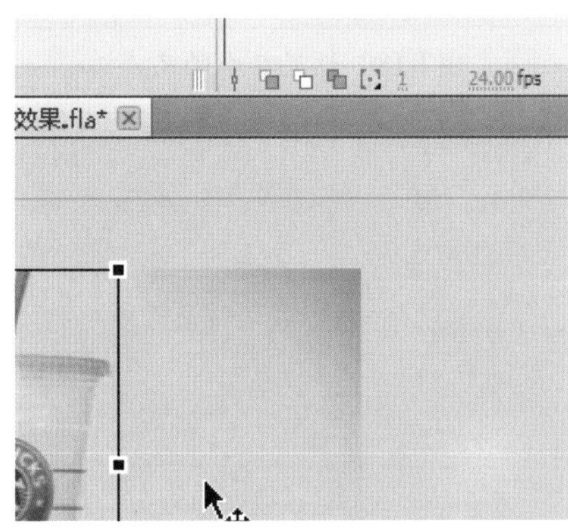

图7-172 调整“杯子”元件的位置

05 再次新建一个图层，命名为“液体层”，并将库内的“液体”影片剪辑拖曳至该层第1帧的舞台上，并调整其位置使其处于合适的位置，如图7-173所示。

图7-173 调整“液体”元件的位置

06 在“液体层”的上面再新建一个图层，命名为“遮罩层”，并使用【矩形工具】在上面绘制一个任意颜色的矩形，使矩形的上边正好对准液体层图形的顶部，如图7-174所示。

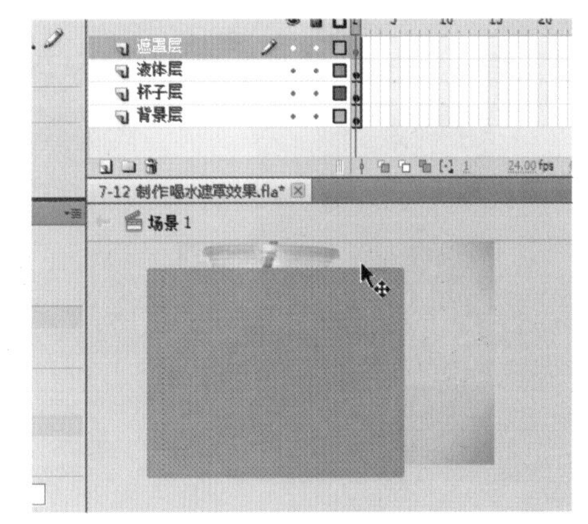

图7-174 绘制矩形遮罩

07 在所有图层的第100帧按F5键插入帧，并在“遮罩层”的第100帧按F6键插入关键帧，将该层第100帧上的矩形向下垂直移动，直到矩形的上边缘低于杯子的底部，如图7-175所示。

图7-175 移动矩形的位置

08 右键单击“遮罩层”第1～100帧的任意一帧，并在弹出的菜单中选择【创建补间形状】选项，并右键单击“遮罩层”的标签处，在弹出的菜单中选择【遮罩层】选项，将其转换为遮罩层，如图7-176所示。

图7-176 转换为遮罩层

09 保存文件，并按快捷键Ctrl + Enter测试影片效果，最终效果如图7-177所示。

图7-177 最终效果图

7.13 橡皮擦擦拭动画

“橡皮擦擦拭动画”案例效果，如图1-178所示。

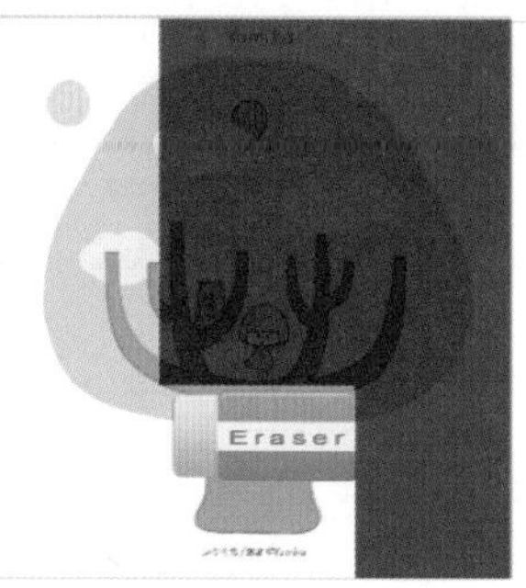

图1-178 案例最终效果

01 打开本案例的素材文件，本案例要制作的效果为橡皮擦擦过的地方即变得更加光亮。库内素材如图7-179所示。

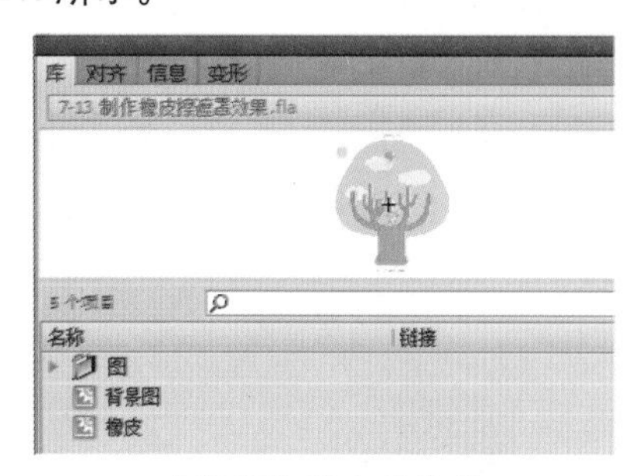

图7-179 库内的素材

02 在“属性”面板中修改舞台的尺寸为650 × 660，如图7-180所示。

图7-180 设置舞台的尺寸

03 将图层1重命名为“背景层”，并将库中的“背景图”影片剪辑拖曳至舞台上，调整其位置使其左上角对齐舞台的左上角，如图7-181所示。

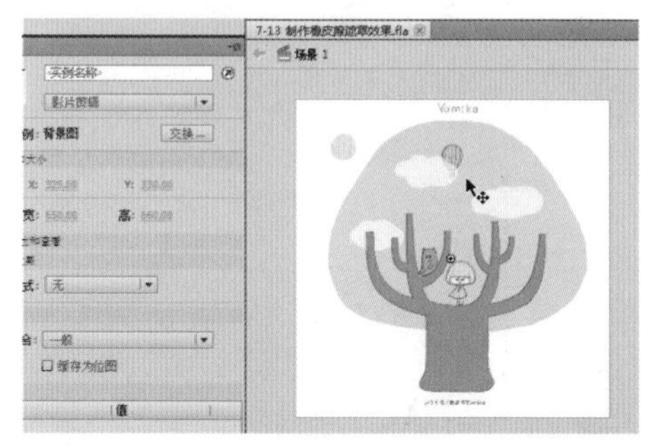

图7-181 调整背景图的位置

04 选中刚才的“背景图”影片剪辑，在“属性”面板中调节其亮度，如图7-182所示。

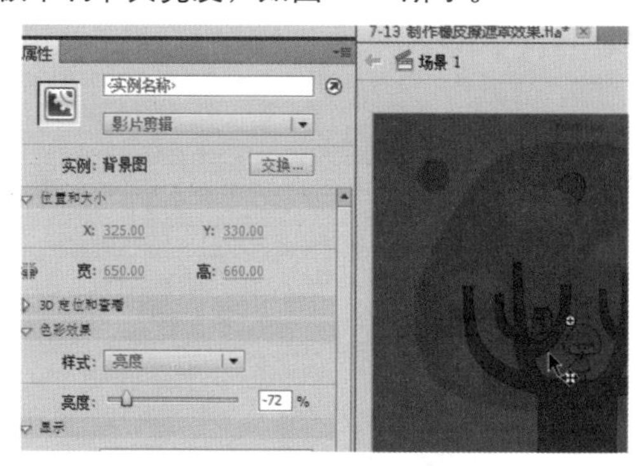

图7-182 设置影片剪辑的亮度

05 新建一个图层，并命名为“被遮罩层”，并再次将库中的“背景图”影片剪辑拖曳至该层第1帧，位置和上一步一样进行调整，如图7-183所示。

图7-183 新建图层

06 再次新建一个图层，命名为“遮罩层”，再新建一个图层，命名为“橡皮层”，并将库中的“橡皮”元件拖曳至“橡皮层”的第1帧上，位置如图7-184所示。

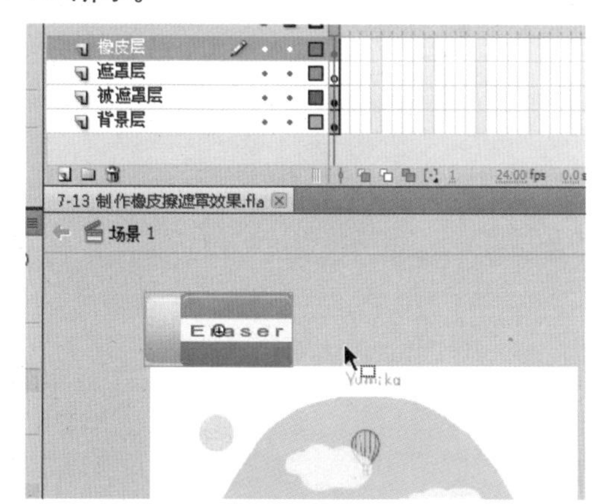

图7-184 调整“橡皮”的位置

07 在所有图层的第200帧上按F5键插入帧，如图7-185所示。

08 在“遮罩层”上使用矩形绘制一个和“橡皮”等宽的矩形，并使其下边界和“橡皮”的下边界重合，如图7-186所示。

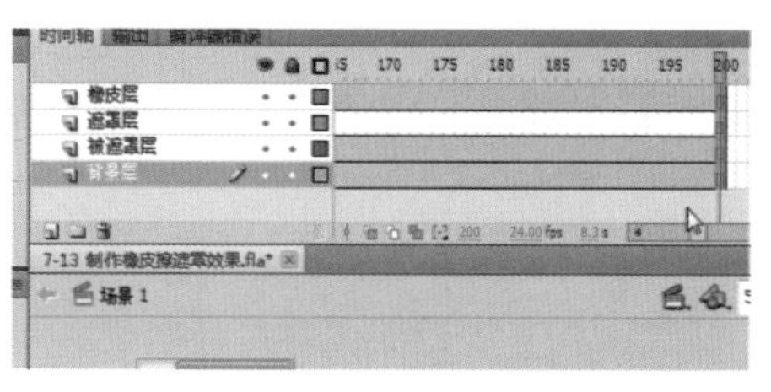

图7-185 在200帧插入帧

图7-186 绘制一个和“橡皮”等宽的矩形

09 在“橡皮层”的第30帧按F6键插入关键帧，并调节该帧上“橡皮”的位置到舞台下方，如图7-187所示。

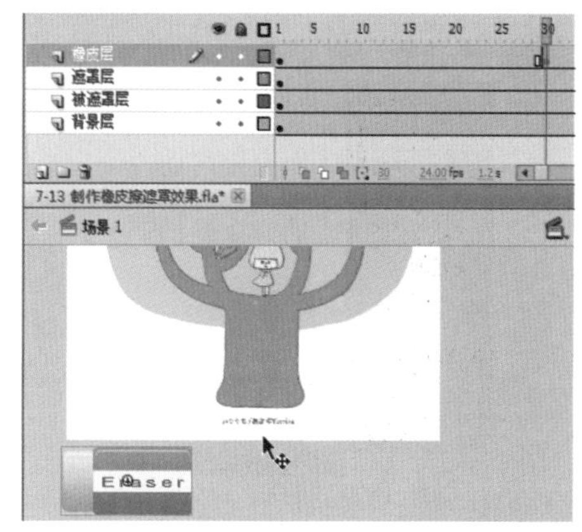

图7-187 插入关键帧并调节元件位置

10 在“遮罩层”的第30帧处也按F6键插入关键帧，并使用【任意变形工具】调整矩形的高度直到“橡皮”下方，如图7-188所示。

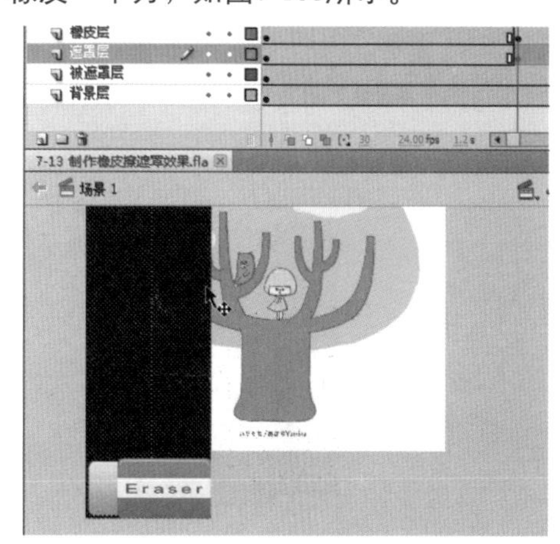

图7-188 调整矩形的形状

11 在“橡皮层”的第31帧按F6键插入关键帧，并将该帧上的“橡皮”向右水平移动一个“橡皮”宽度的距离，如图7-189所示。

图7-189 调整元件位置

12 在“遮罩层”的第31帧也按F6键插入关键帧，并在该帧上的“橡皮”位置再次绘制一个矩形，如图7-190所示。

图7-190 再次绘制一个矩形

13 同样的步骤，在第60帧的“橡皮层”和“遮罩层”插入关键帧，将“橡皮”移动到舞台上方，矩形向上增加高度，在第90帧上再重复以上步骤在右侧制作，如图7-191所示。

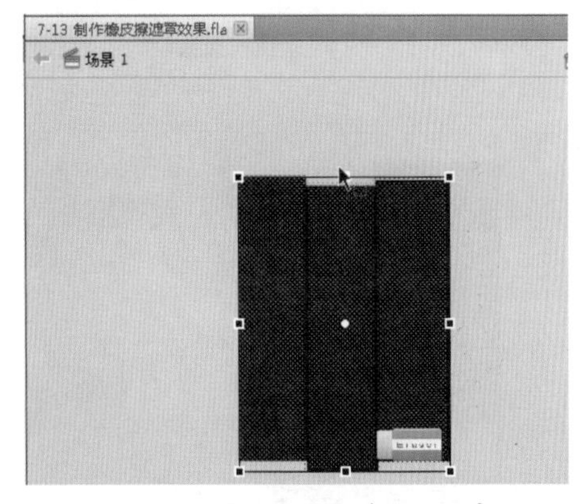

图7-191 同样的步骤制作剩下的部分

14 在“橡皮层”上的1～90帧的所有间隔创建传统补间动画，在“遮罩层”1～90帧之间的所有间隔创建传统补间形状，如图7-192所示。

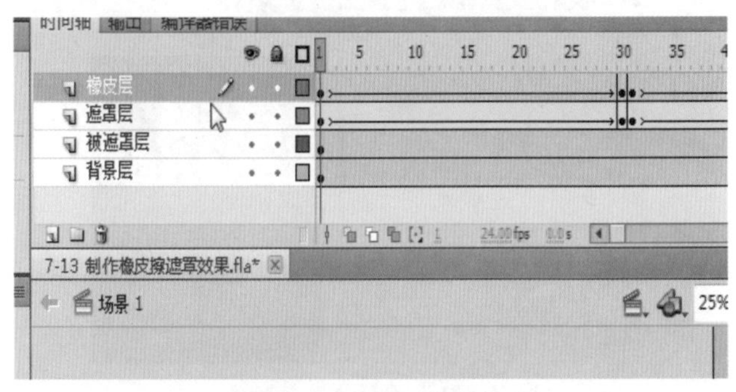

图7-192 分别创建补间

15 右键单击“遮罩层”标签，在弹出的菜单中选择【遮罩层】选项，将其转换为遮罩层，如图7-193所示。

图7-193 转换为遮罩层

16 保存文件，并按快捷键Ctrl＋Enter测试影片，最终效果如图7-194所示。

图7-194 最终效果图

7.14　课后练习

练习1　变幻的圆遮罩效果

本案例的练习为制作变幻的圆遮罩效果，案例大致制作流程如下。

01 制作案例内的一个图案渐变动画。

02 使用代码制作复制该动画的影片剪辑。

03 将该影片剪辑设置为背景图的遮罩层。如图7-195所示。

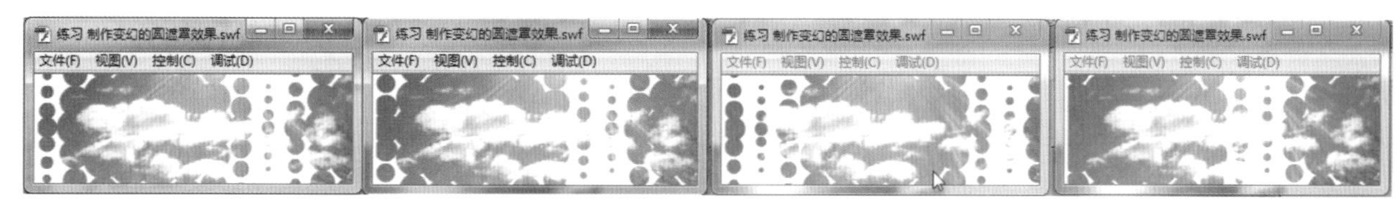

图7-195 案例最终效果

练习2　点状遮罩效果

本案例的练习为点状遮罩效果，案例大致制作流程如下。

01 制作一个圆点逐渐变大的动画。

02 在帧上按照时间顺序放置圆点的动画，直到铺满需要遮罩的图形。

03 设置要遮罩的图片为遮罩层。如图7-196所示。

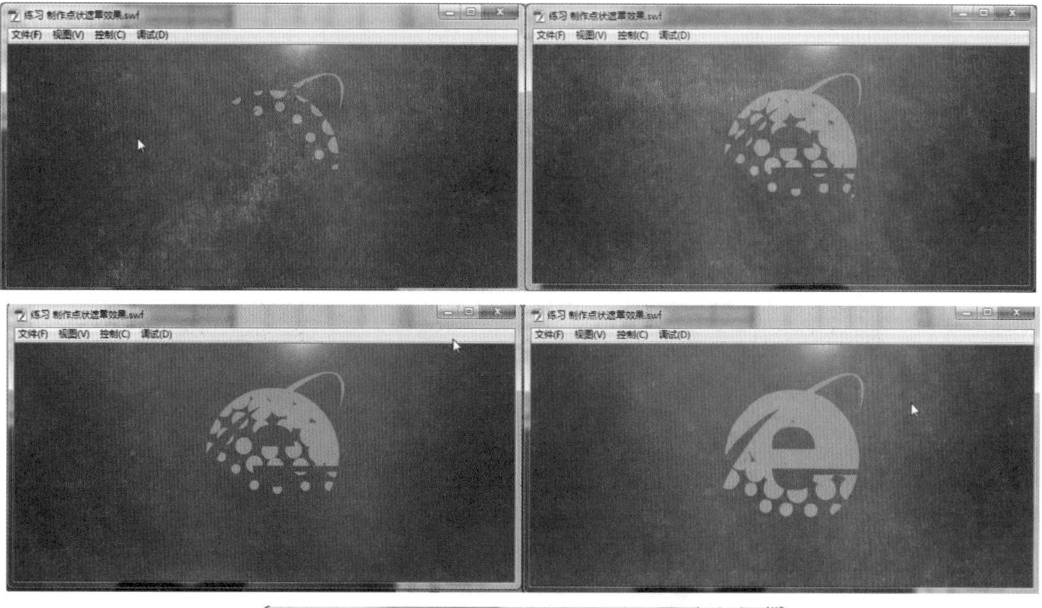

图7-196 案例最终效果

练习3　飞入动画遮罩效果

本案例的练习为飞入动画遮罩效果，案例大致制作流程如下。

01 制作一个图形的遮罩动画，遮罩层部分位于顶端。

02 使用代码复制多个遮罩，并在每复制一次都移动遮罩层的Y轴。如图7-197所示。

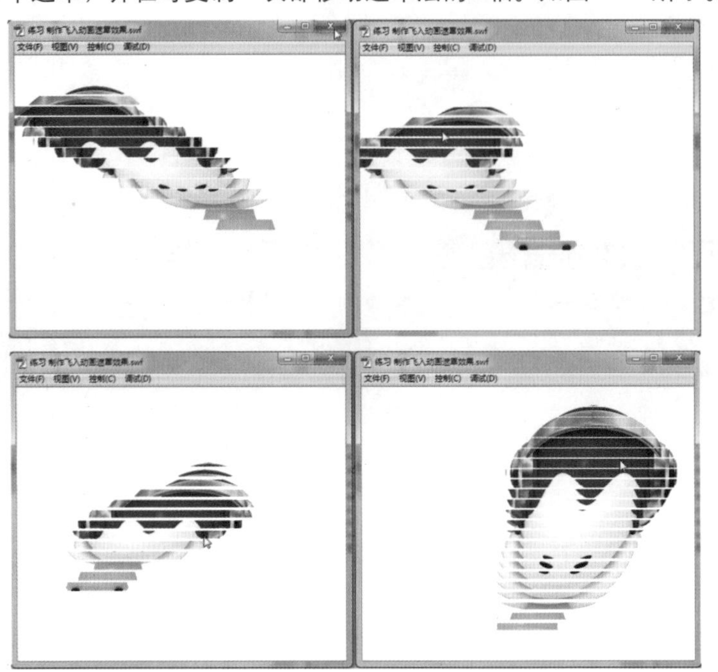

图7-197 案例最终效果

练习4　雷达扫描遮罩效果

本案例的练习为雷达扫描遮罩效果，案例大致制作流程如下。

01 制作一个渐变颜色的影片剪辑。

02 使用该影片剪辑制作向右运动的动画。

03 制作文字部分的遮罩动画。如图7-198所示。

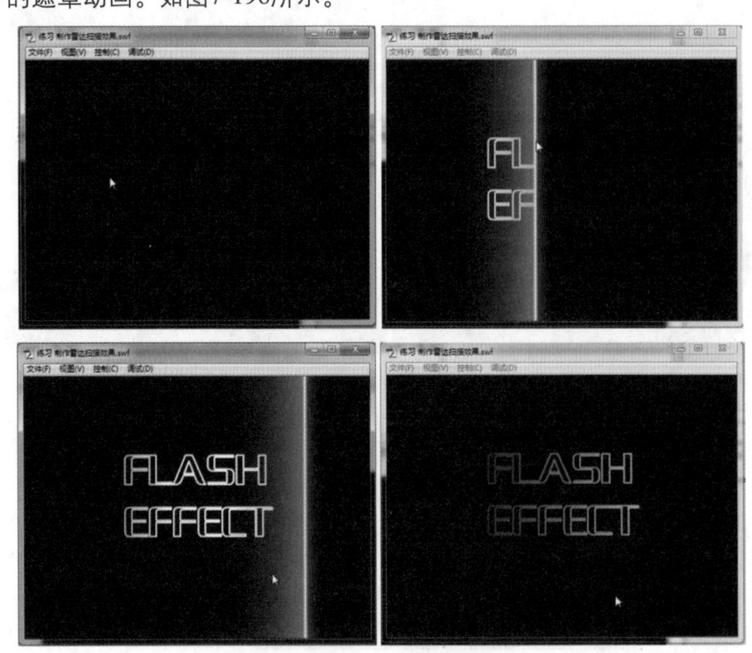

图7-198 案例最终效果

练习5 喷墨遮罩效果

本案例的练习为制作喷墨遮罩效果，案例大致制作流程为下：

01 制作泼墨效果的逐帧动画。

02 将其设置为背景图片的遮罩层。如图7-199所示。

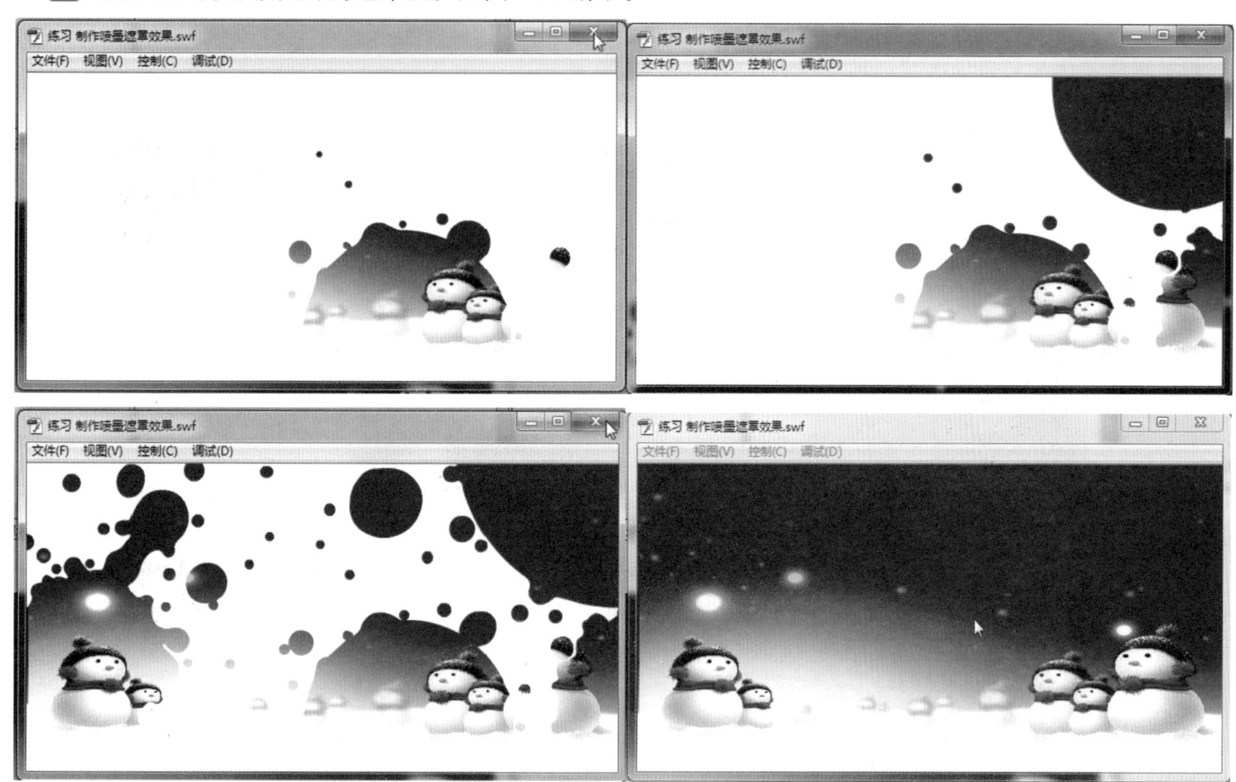

图7-199 案例最终效果

练习6 块状循环遮罩效果

本案例的练习为块状循环遮罩效果，案例大致制作流程如下。

01 制作内含多个图片并分布在每一帧上的影片剪辑。

02 使用代码制作块状遮罩并自动切换图片。如图7-200所示。

图7-200 案例最终效果

练习7　瓶子倒水效果

本案例的练习为瓶子倒水效果，案例大致制作流程如下。

01 制作瓶盖打开移动的动画。

02 制作瓶子移动并倾斜的动画。

03 制作符合真实情况的水应该能显示位置的遮罩。

04 制作瓶内水显示的遮罩动画。如图7-201所示。

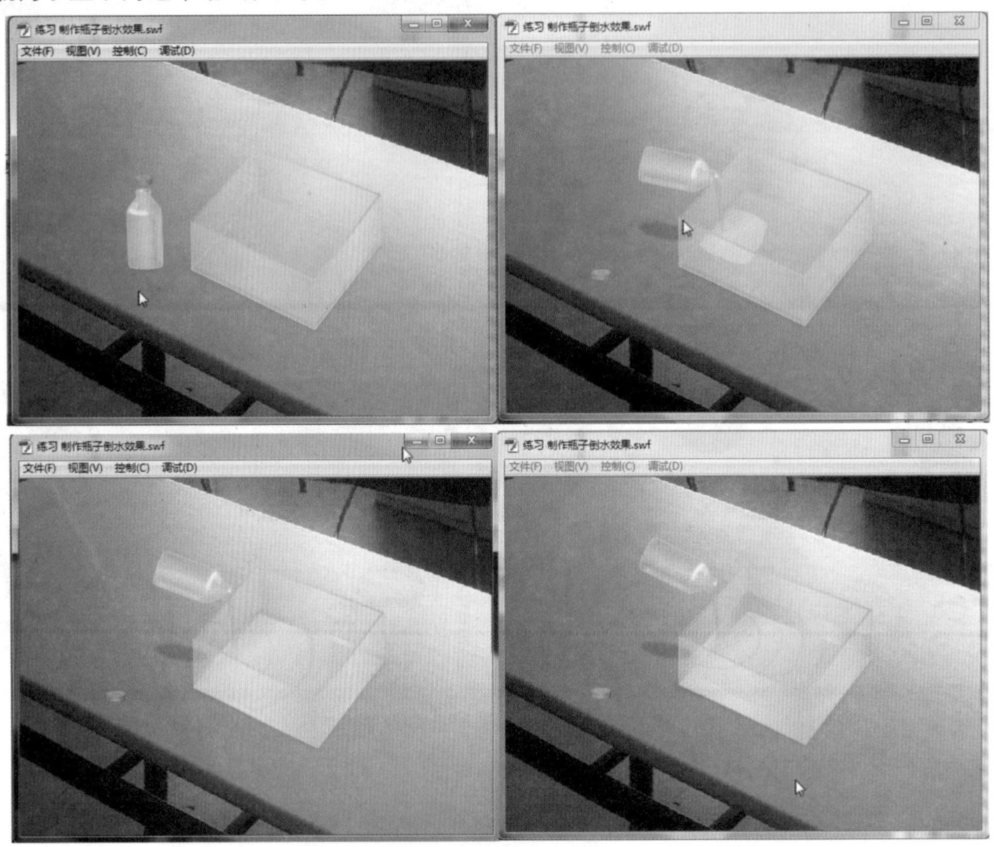

图7-201 案例最终效果

练习8　文字切换遮罩效果

本案例的练习为制作文字切换遮罩效果，案例大致制作流程如下。

01 绘制一个图形由完全填充渐变到稀疏点状。

02 将其设置为两个文字的遮罩部分并制作运动动画。如图7-202所示。

图7-202 案例最终效果

练习9　油漆涂刷遮罩效果

本案例的练习为制作油漆涂刷遮罩效果，案例大致制作流程如下。

01 绘制油漆涂刷过后的图形。

02 使用一个能覆盖图形元件运动动画，为遮罩层。

03 在遮罩运动结束后制作油漆流下来的效果。

04 在舞台上输入需要的文字。如图7-203所示。

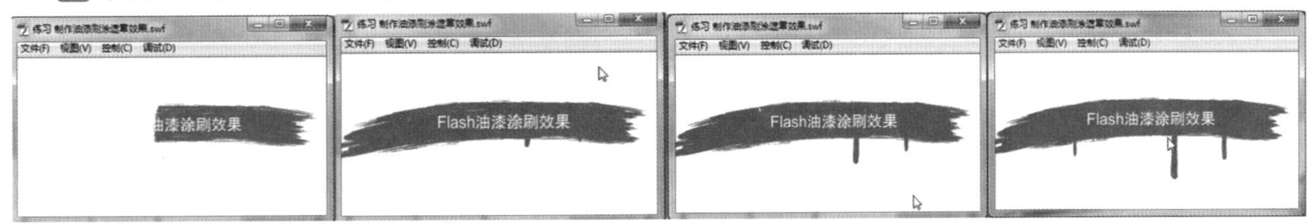

图7-203　案例最终效果

练习10　圆球扩散遮罩效果

本案例的练习为制作圆球扩散遮罩效果，案例大致制作流程如下。

01 输入需要制作这种动画的文字，并打散使其作为遮罩层。

02 制作一个圆球逐渐变大并改变颜色的动画。

03 将文字打散层作为遮罩，将多个圆球运动的动画填满文字的位置作为被遮罩层。如图7-204所示。

图7-204　案例最终效果

练习11　遮罩水波效果

本案例的练习为制作遮罩水波效果，案例大致制作流程如下。

01 制作一个由水波纹图形素材的图形元件。

02 制作圆圈逐渐扩大的动画，并将其设置为遮罩层。

03 在舞台上多次在多个帧上粘贴该元件，制作出水波纹一波一波的效果。如图7-205所示。

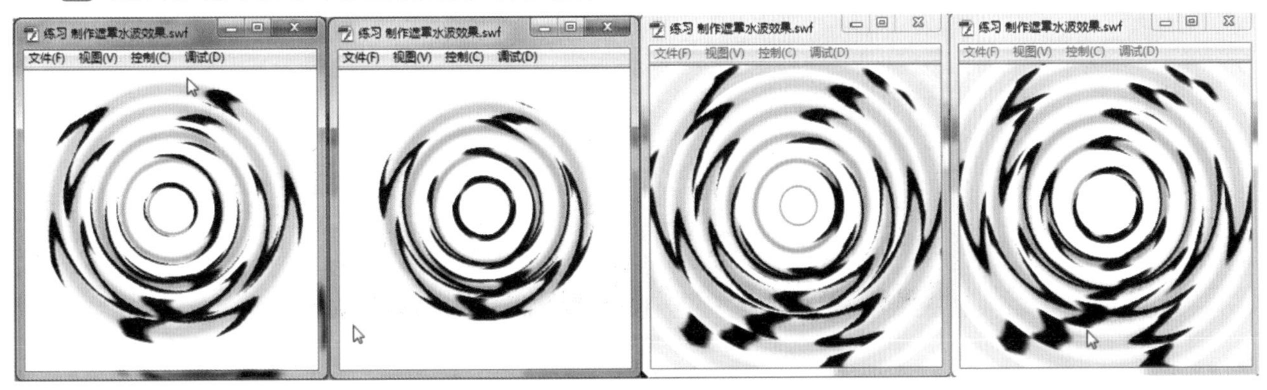

图7-205　案例最终效果

练习12　遮罩效果

本案例的练习为使用代码制作遮罩效果，案例大致制作流程如下。

01 制作一个包含遮罩层的图层，只遮罩其中一部分。

02 使用代码控制遮罩部分的移动并多次复制该影片剪辑。如图7-206所示。

图7-206 案例最终效果

练习13　星型遮罩效果

本案例的练习为制作星形遮罩效果，案例大致制作流程如下。

01 制作星型变形的动画。

02 使用代码控制位置。

03 将其转换为两幅图片的遮罩层。如图7-207所示。

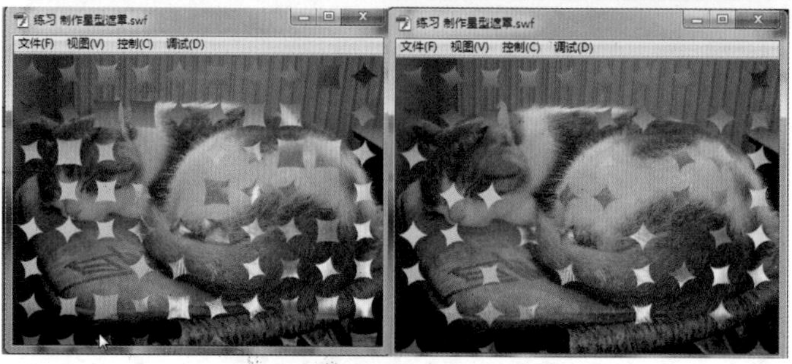

图7-207 案例最终效果

第8章

文字特效动画篇

文字特效动画是偏向于应用型的动画制作，主要应用于广告、网站及宣传效果，能够合理地搭配文字特效，不仅体现了文字对内容更为直接地阐述，而且还为动画效果添彩不少。在本章中只讲解在一般情况下所制作的动画是静态文本，而动态文本属于复杂脚本动画的范畴，在这里暂不介绍。

本章学习重点：

1. 掌握文本工具的使用。
2. 掌握文本工具的属性设置。
3. 掌握复制图层的效果。
4. 熟练打散文字的修饰操作。
5. 了解代码制作文字的过程。

8.1 文字残影

"文字残影"案例效果，如图8-1所示。

图8-1 案例最终效果

01 打开本案例的素材文件，库内有一张背景图片素材，如图8-2所示。

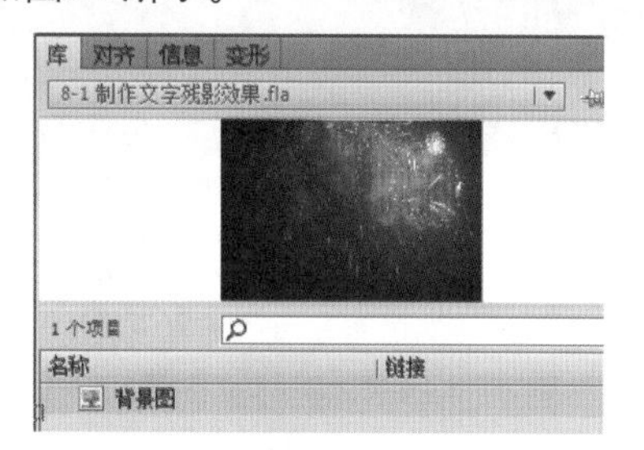

图8-2 库内素材

02 将图层1重命名为"背景层"，并将"背景图"图片素材拖曳至舞台，在"属性"面板中调节其位置和大小，如图8-3所示。

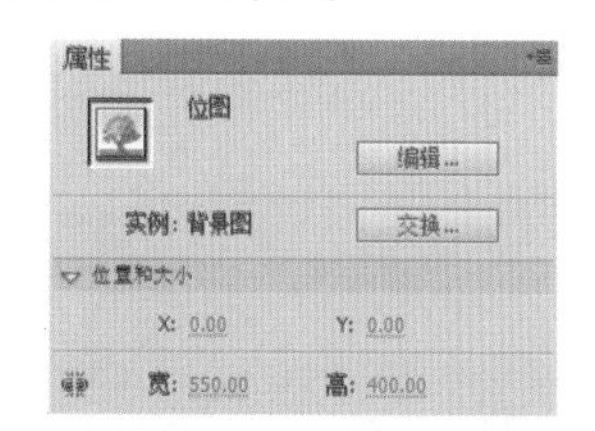

图8-3 调节图片素材的位置和大小

03 锁定"背景层"图层，在上面再新建一个图层，命名为"文字1"，如图8-4所示。

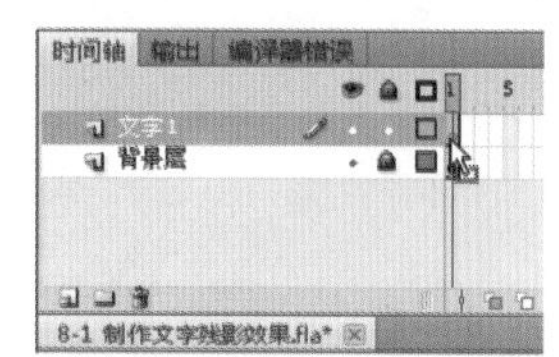

图8-4 新建一个图层

04 选择【文本工具】（或按T键），在"属性"面板内，将属性设置成如图8-5所示的状态。

图8-5 设置文本工具的属性

05 使用【文本工具】在舞台中任意位置单击，并且在生成的文本框内输入："Happy New Year!!"字样，如图8-6所示。

图8-6 在文本框内输入文字

06 使用【选择工具】选中刚才输入的文字，按F8键将该文本框转换为元件，并命名为"文字"，如图8-7所示。

图8-7 转换为元件

07 在图层"文字1"的第15帧按F6键插入关键帧，并在中间创建传统补间动画，并在背景图层的第15帧按F5键插入帧，如图8-8所示。

图8-8 创建传统补间动画

08 使用【任意变形工具】选中"文字1"图层第1帧的文字元件，并按住Shift键等比按中心缩小该元件到合适的大小，如图8-9所示。

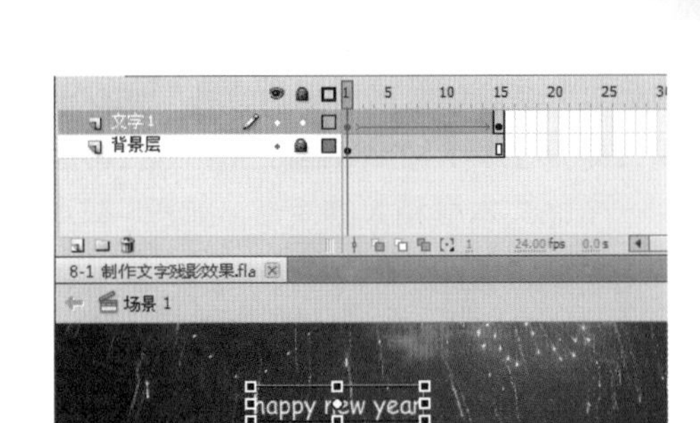

图8-9 缩小文字元件的大小

09 选中第1帧的文字，在“属性”面板中进行设置调节其透明度，如图8-10所示。

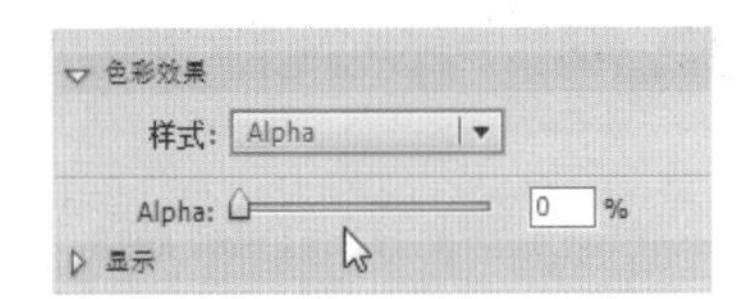

图8-10 调节元件的透明度

10 单击“文字1”图层以全选该图层上所有的帧，右键单击帧上的任意位置，在弹出的菜单中选择【复制帧】选项，如图8-11所示。

图8-11 复制“文字1”图层上所有的帧

11 在最上层新建一个图层，命名为“文字2”，在该图层的第5帧按F7键插入空白关键帧，如图8-12所示。

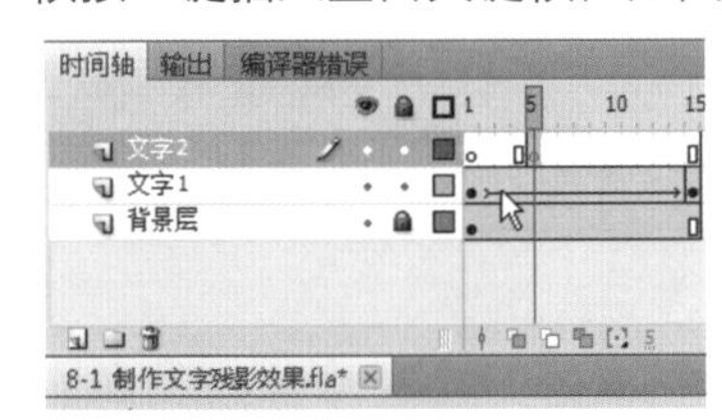

图8-12 插入空白关键帧

12 右键单击“文字2”图层的第5帧，在弹出的菜单中选择【粘贴帧】选项，将刚才从“文字1”图层中的帧粘贴到了“文字2”图层上，并且向后延长5帧，如图8-13所示。

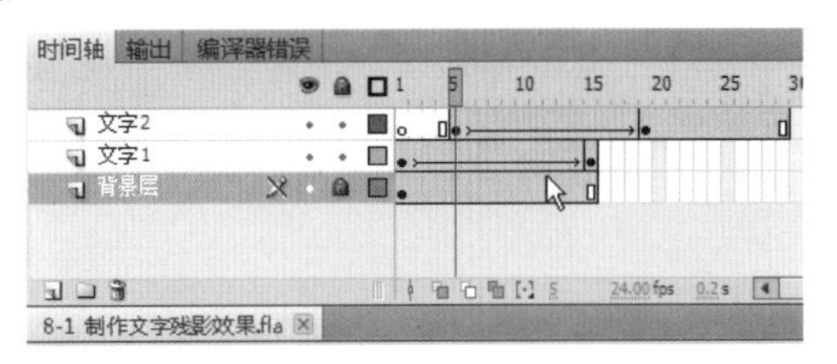

图8-13 粘贴帧

13 重复刚才的步骤，新建“文字3”、“文字4”、“文字5”和“文字6”图层，并且每个图层粘贴的帧都比上一图层延后5帧，如图8-14所示。

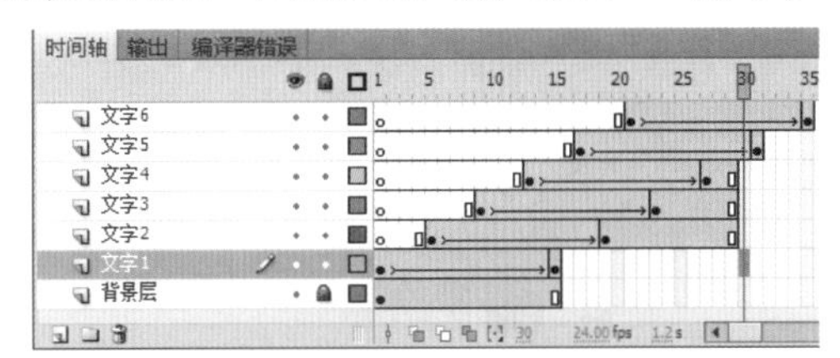

图8-14 新建其他的类似图层

14 使用鼠标选中所有图层的第35帧，按F5键插入帧，为所有的图层都延长时间到该帧，如图8-15所示。

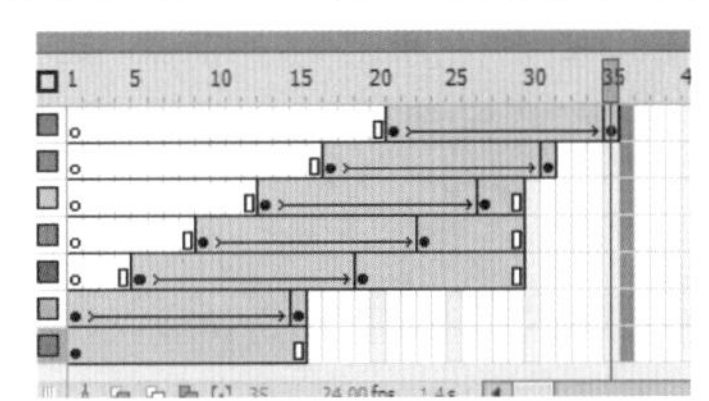

图8-15 为所有图层插入帧

15 保存文件，按快捷键Ctrl + Enter查看最终效果，如图8-16所示。

图8-16 最终效果图

8.2　动态彩虹文字

“动画彩虹文字”案例效果，如图8-17所示。

图8-17 案例最终效果

01 打开本案例的素材文件，使用【选择工具】单击舞台空白部分，在属性栏内将舞台尺寸修改为550×200，如图8-18所示。

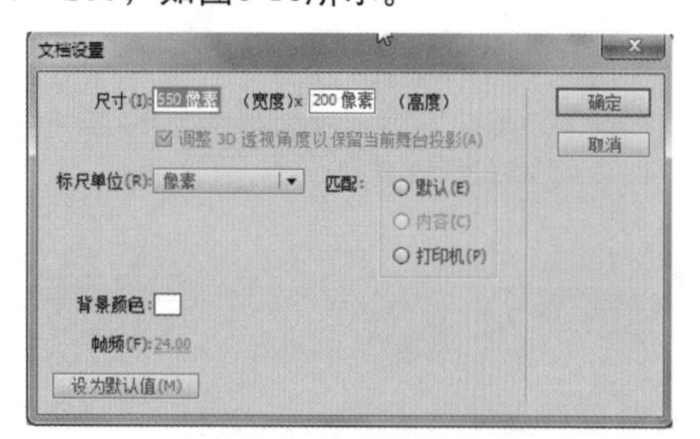

图8-18 修改舞台尺寸

02 选择【文本工具】，在“属性”面板内修改参数，如图8-19所示。

图8-19 设置文本工具的属性

03 将图层1重命名为“文字”，使用【文本工具】在舞台中央输入“这是彩虹文字”字样，如图8-20所示。

图8-20 输入文字

04 新建一个图层，命名为“彩虹纹理”，选择【矩形工具】，在“颜色”面板内选择填充颜色，如图8-21所示。

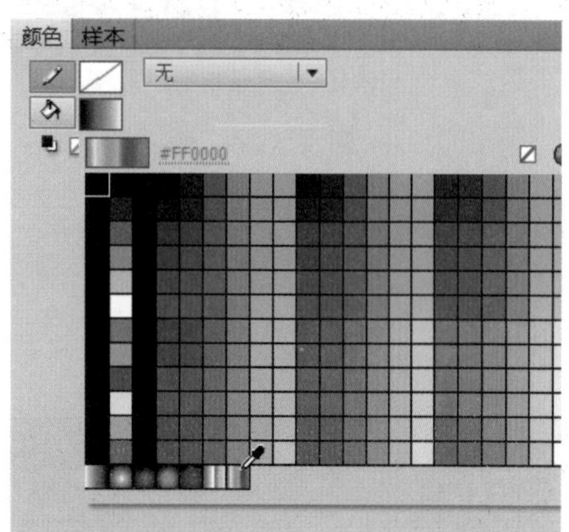

图8-21 选择彩虹纹理的颜色

05 将“文字”图层拖曳到“彩虹纹理”图层的上方，使用【矩形工具】在“彩虹纹理”第1帧的舞台上绘制一个比文本框稍大的矩形，如图8-22所示。

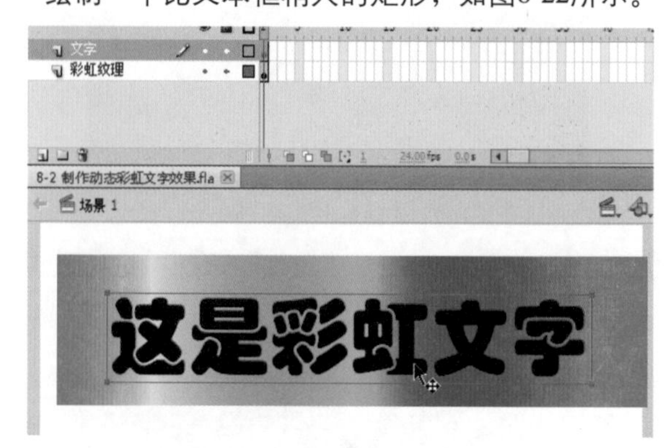

图8-22 绘制彩虹纹理的矩形

06 使用【选择工具】选中该矩形，并按F8键将其转换为影片剪辑元件，并命名为“彩虹纹理运动”，如图8-23所示。

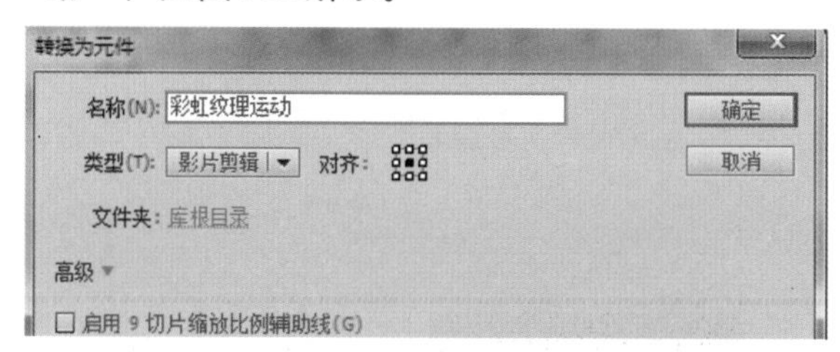

图8-23 转换为元件

07 完成后双击矩形以进入刚转换的元件内部，选中第1帧的矩形，按快捷键Ctrl＋C复制该矩形，再按快捷键Ctrl＋Shift＋V原位粘贴该矩形，紧接着使用方向键向右移动新粘贴的矩形，使其与原来的矩形紧密相靠，没有空隙也没有重叠，如图8-24所示。

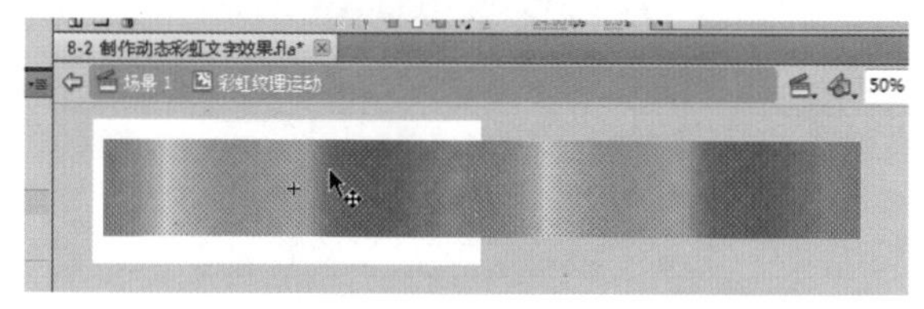

图8-24 多粘贴一个矩形移动至右侧

08 全选两个矩形，按F8键将其转换为影片剪辑元件，并命名为“彩虹纹理图”，如图8-25所示。

图8-25 转换为元件

09 在第50帧处按F6键插入关键帧，将处于第50帧的“彩虹纹理图”元件使用方向键向左移动，直到移动到两部分有完全相同部分重叠的位置，如图8-26所示。

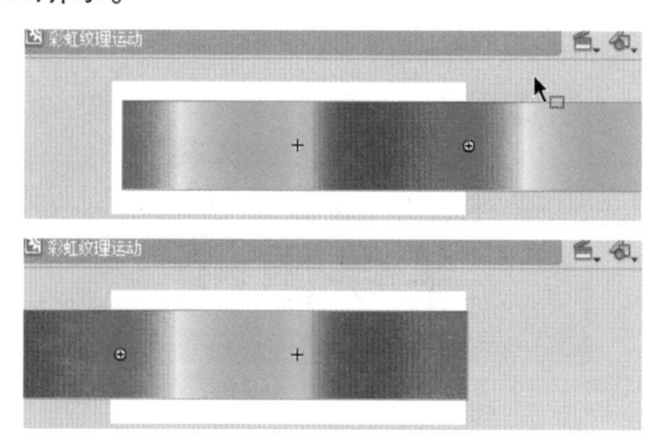

图8-26 第1和50帧处的矩形

10 在第1和50帧创建传统补间动画，单击时间轴下方的“场景1”以返回主场景。

11 右键单击“文字”图层，在弹出的菜单中选择【遮罩层】选项，马上就能看到文字已经变成彩色的填充了，可以添加一个背景图当作背景，保存文件，并按快捷键Ctrl + Enter 测试影片，最终效果如图8-27所示。

图8-27 最终效果图

8.3 掉落物文字

“掉落物文字”案例效果，如图8-28所示。

图8-28 案例最终效果

01 打开本案例的素材文件，库内有如图8-29所示的素材。

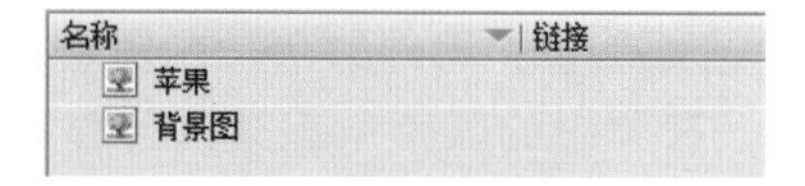

图8-29 库内的素材

02 将图层1重命名为“背景”，将“背景图”素材从库中拖曳到舞台上，并在“属性”面板内调节其位置和大小，如图8-30所示。

图8-30 设置图片的位置和大小

03 在“背景”层的第200帧位置按F5键插入帧，并锁定“背景”图层，在该图层上方再新建一个图层，命名为“苹果掉落”，如图8-31所示。

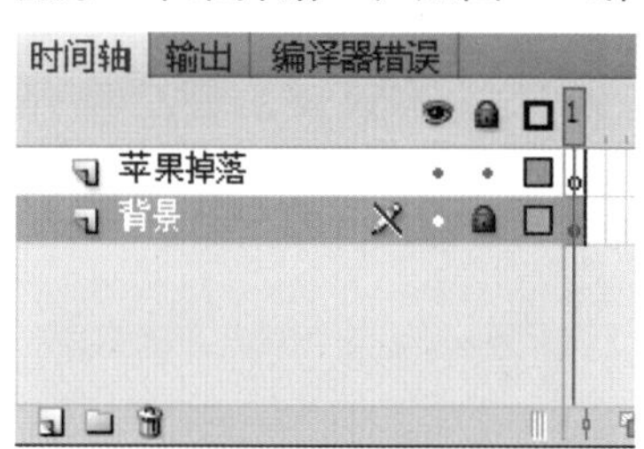

图8-31 新建一个图层

04 将库内的“苹果”图片素材拖曳至“苹果掉落”层第1帧的舞台上，并使用【任意变形工具】改变其大小。调整完成后，按F8键将其转换为元件，命名为“苹果剪辑”，如图8-32所示。

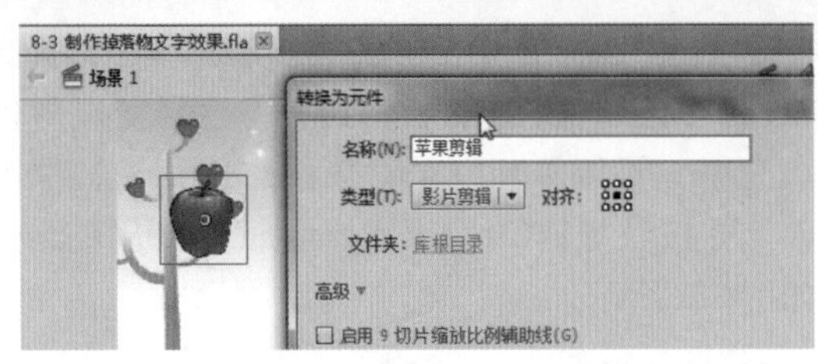

图8-32 转换为影片剪辑元件

05 在“苹果掉落”图层的第10帧按F6键插入关键帧，并按快捷键Shift + ↓，第10帧的“苹果”元件垂直向下拖曳一个合适的距离，接着分别在第13和16帧按F6键插入关键帧，并在这几帧中间创建传统补间动画，如图8-33所示。

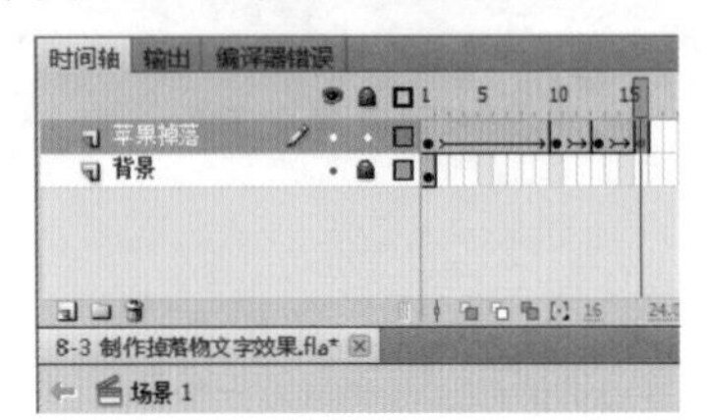

图8-33 创建传统补间动画

06 使用【任意变形工具】并按住Alt键，将处于第13帧上的“苹果”元件垂直缩小，如图8-34所示。

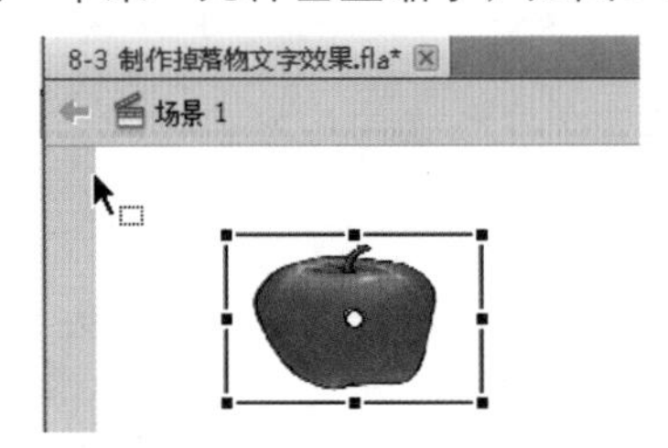

图8-34 缩小苹果

07 新建一个图层，选择【文本工具】，并将属性设置为如图8-35所示的状态。

图8-35 设置文本工具的属性

08 使用【文本工具】在舞台上输入“苹果熟了”字样，并拖曳至合适的位置，如图8-36所示。

图8-36 插入文本

09 使快捷键Ctrl + B将文本框打散，将会把一个文本框分成4个文本框，每个文本框内一个字符，如图8-37所示。

图8-37 打散文本框

10 使用【选择工具】单独选中“苹”字，并按F8键将其转换为元件，命名为“剪辑苹”，如图8-38所示。

图8-38 将“苹”字转换为影片剪辑元件

11 重复第10步的操作，将剩下的3个字也采用同样的方法处理，处理完成后，库内元件如图8-39所示。

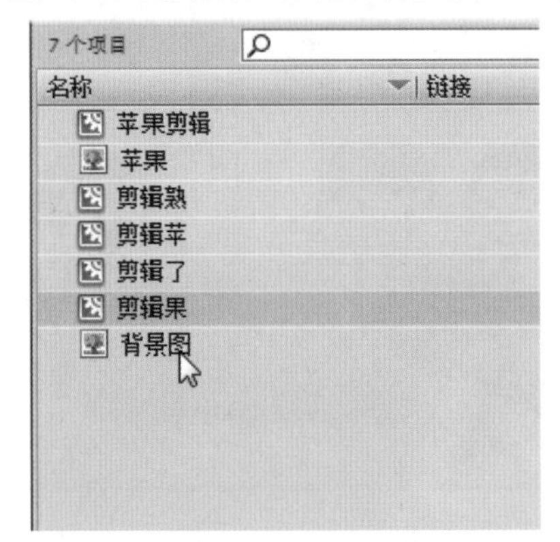

图8-39 转换4个字后库内的元件

12 框选4个已经转换为元件的字，在任意一个字上单击右键，在弹出的菜单中选择【分散到图层】选项，如图8-40所示。

图8-40 分散到图层

13 经过上一步操作，将会把每个字分别放进单独的图层内，此时可以把刚才临时放置这4个字的图层删除，图层结构如图8-41所示。

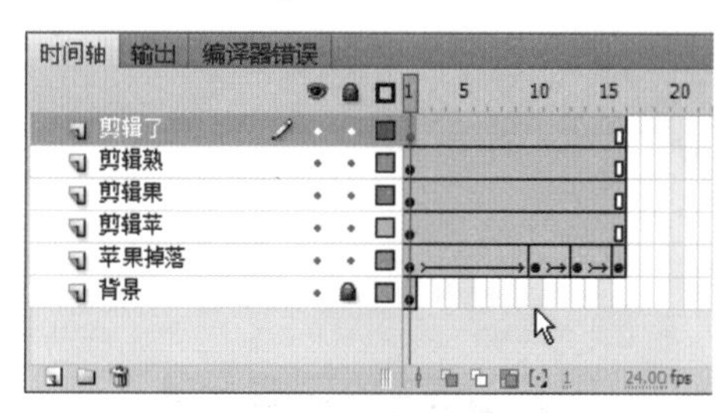

图8-41 图层结构

14 框选4个字所在图层的第1帧，并将其向后拖曳至第10帧，如图8-42所示。

图8-42 拖曳到第10帧

15 框选4个字所在图层的第20、23、26帧，按F6键在每层上都插入关键帧，并在每帧中间创建传统补间动画，如图8-43所示。

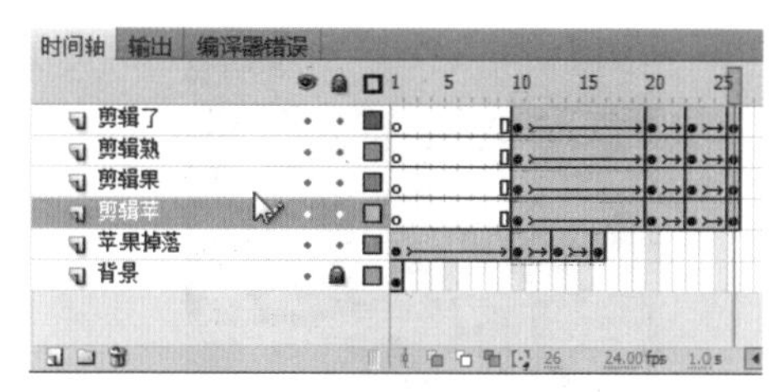

图8-43 对每个剪辑图层都进行相同操作

16 选中第23帧的所有文字，使用【任意变形工具】将所有字都垂直缩小一点，如图8-44所示。

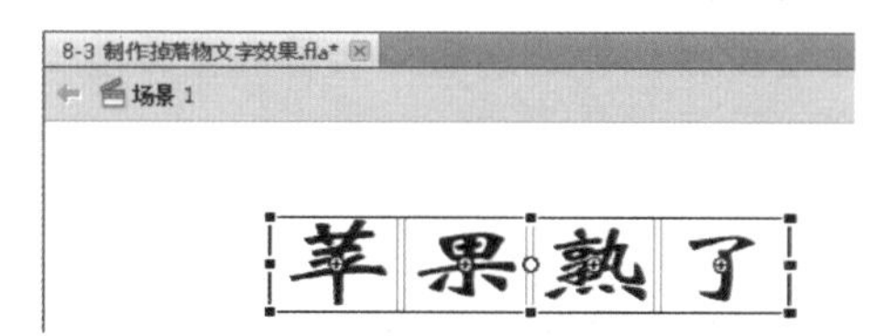

图8-44 将所有字缩小一点

17 选中第10帧的4个字，按快捷键键Shift + ↑ 将4个字向上垂直移动一定距离。

18 单击“剪辑果”图层的第1帧，并按5次F5键，为其前面添加5帧，以制作比“苹”字延迟5帧出现的效果，如图8-45所示。

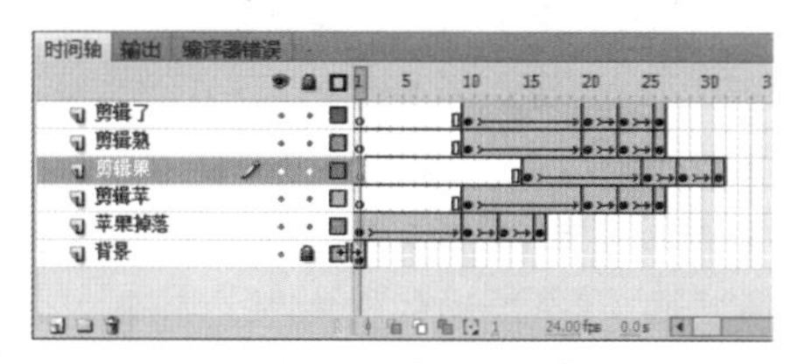

图8-45 为“剪辑果”图层前面添加5帧

19 同样的方法，为“剪辑熟”图层前面添加10帧，为“剪辑了”图层前面添加15帧，并将其他图层上没有对上“剪辑了”最后一帧的地方添加帧，以使所有图层都保持帧数相同，添加完成后如图8-46所示。

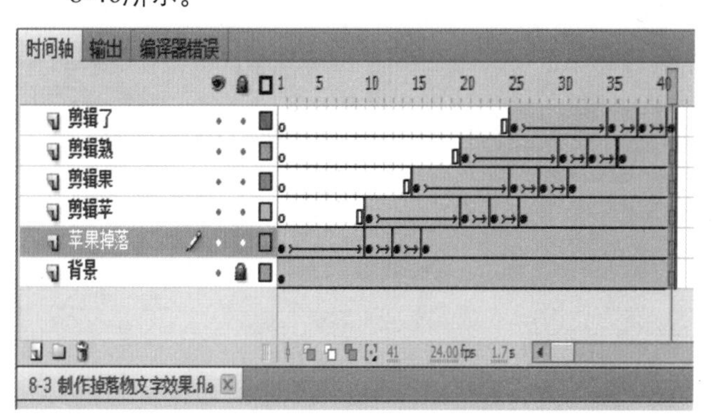

图8-46 添加帧完成效果

20 单击“剪辑了”图层的最后一帧，按F9键打开“动作”面板，在面板内输入stop();脚本，如图8-47所示。

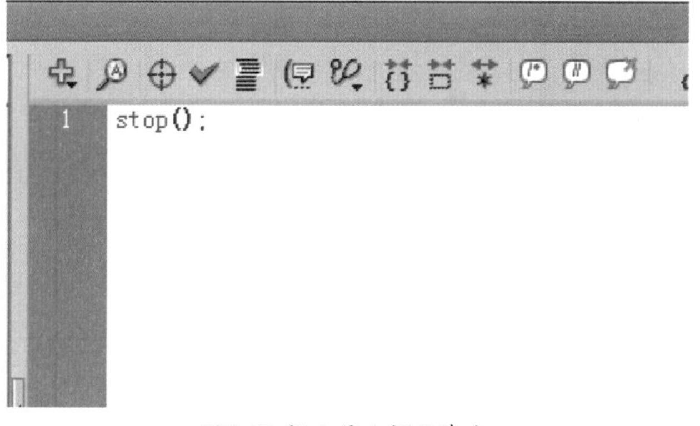

图8-47 插入停止播放脚本

21 保存文件，按快捷键Ctrl + Enter测试影片，最终效果如图8-48所示。

图8-48 最终效果图

8.4 镜面文字效果

“镜面文字”案例效果，如图8-49所示。

图8-49 案例最终效果

01 新建空白Flash文档，在“属性”面板中将舞台尺寸修改为300×300，并将背景改为黑色，如图8-50所示。

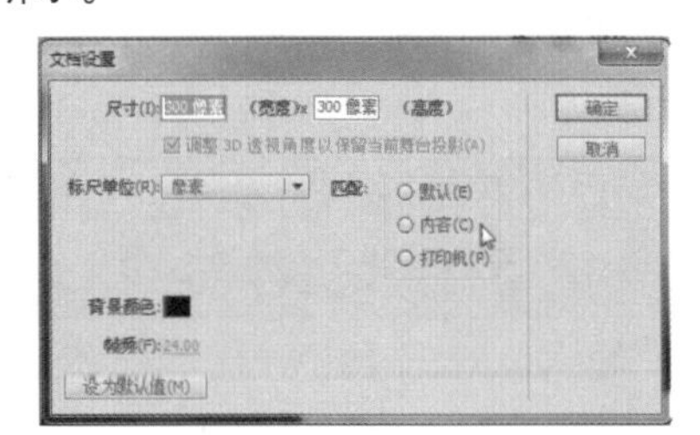

图8-50 修改舞台尺寸

02 将图层1重命名为“上部分文字”，如图8-51所示。

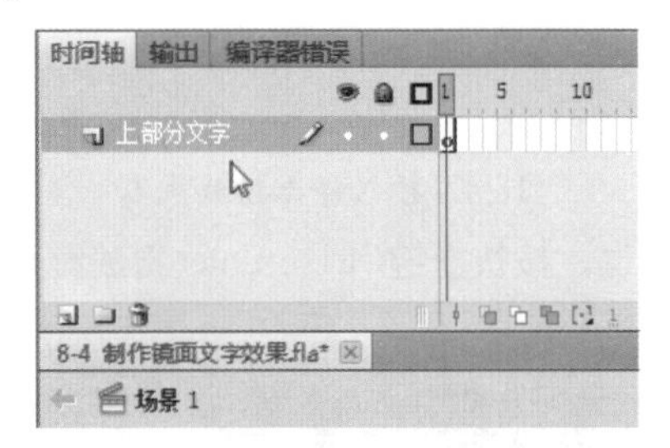

图8-51 重命名图层

03 选择【文本工具】，并在“属性”面板内设置成如图8-52所示的状态。

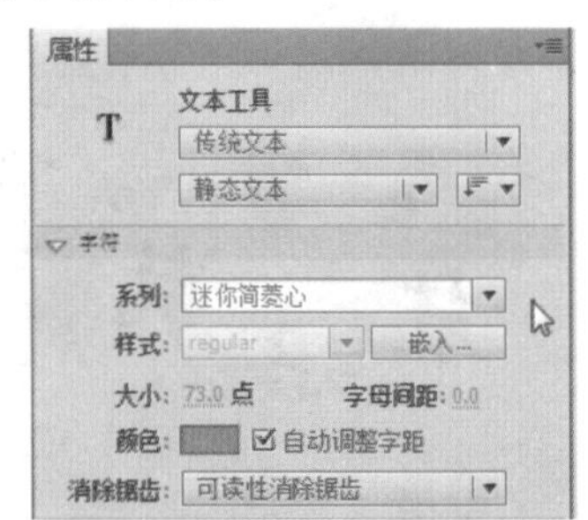

图8-52 设置文本工具的属性

04 使用【文本工具】在舞台上输入“爱你一生”字样，并调整其到如图8-53所示的位置。

图8-53 输入文字并调整位置

05 再次新建一个图层，命名为“下部分文字”，并按快捷键Ctrl + C复制原来上部分的文字，再选中“下部分文字”图层的第1帧，按快捷键Ctrl + Shift + V原位粘贴该文字，并使用向下键将其向下移动一定的距离，如图8-54所示。

图8-54 复制文字并粘贴

06 选中下面部分的文字，执行【修改】→【变形】→【垂直翻转】命令，将文字垂直翻转过来，如图8-55所示。

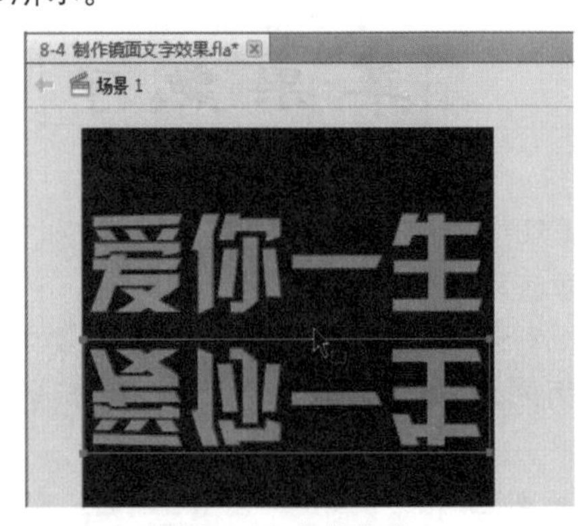

图8-55 翻转文字

07 单击舞台空白部分，按快捷键Ctrl + A全选舞台上的所有文字，再按快捷键Ctrl + B打散两个文本框，使其成为8个单独的文本框，每个文本框内仅有一个字，如图8-56所示。

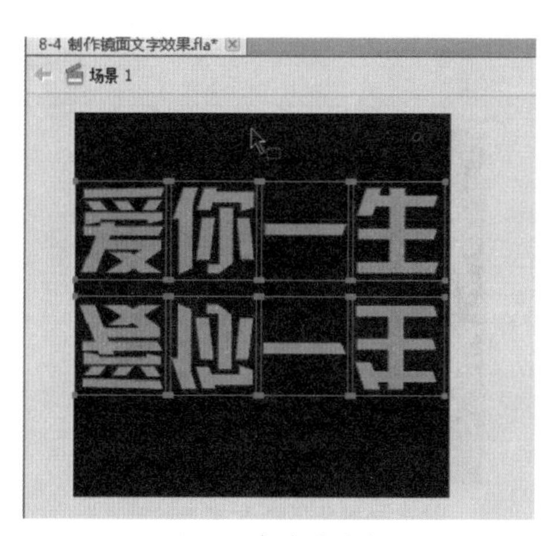

图8-56 打散文本框

08 单独选中每个文字，并按F8键将其转换为影片剪辑元件，并以类似“文字上-爱”的格式命名各个影片剪辑，如图8-57所示为将“爱”字转换为影片剪辑。

图8-57 将单个文字转换为影片剪辑

09 重复上面的步骤，直到将8个文字分别转换为影片剪辑，转换完成后，库内如图8-58所示。

图8-58 转换完成后库内的元素

10 单独选中上面4个文字影片剪辑，对其中任意一个文字单击右键，并在弹出的菜单中选择【分散到图层】选项，操作后将会为每个文字建立一个图层，“上部分文字”的内容将会清空，此时可以删除这个图层，如图8-59所示。

图8-59 进行分散到图层操作

11 同样“下部分文字”图层也进行该操作，完成后如图8-60所示。

图8-60 对下部分文字图层进行同样操作

12 在所有图层的第20帧按F6键插入关键帧，并在所有图层的第1帧单击右键，在弹出的菜单中选择【创建传统补间】选项，如图8-61所示。

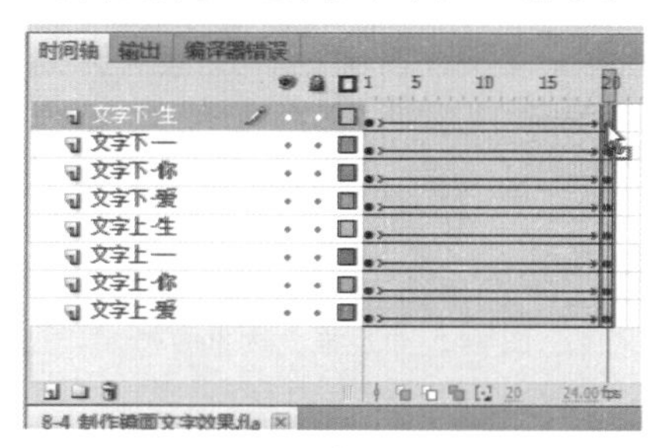

图8-61 创建传统补间

13 选中第1帧上的上面4个字，按快捷键Shift +↑5次，将4个字一起向上移动一定距离，如图8-62所示。

图8-62 移动上部分的文字

14 选中第1帧下部分的4个字，进行同样的操作，如图8-63所示。

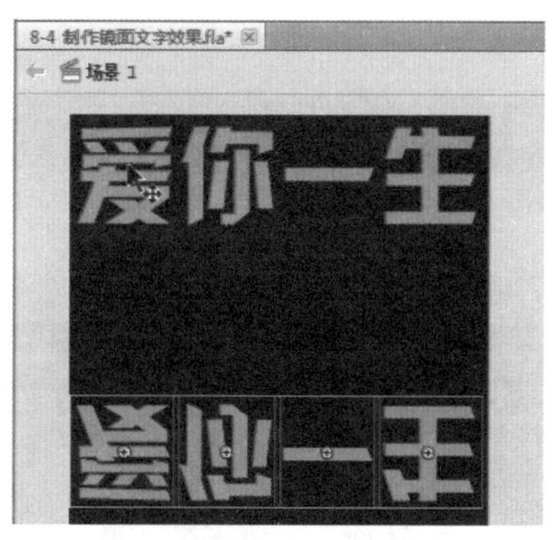

图8-63 移动下部分的文字

15 选中时间轴上所有图层的补间部分，并在“属性”面板中调节补间的缓动属性，如图8-64所示。

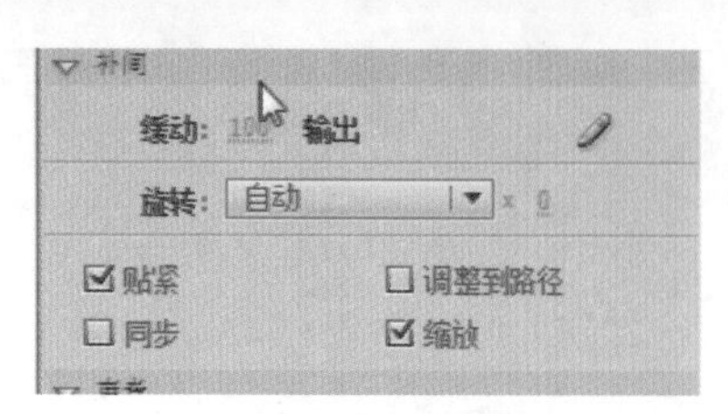

图8-64 调节缓动属性

16 单击“文字上-你”图层的标签部分，以全选该图层上所有的帧，并向后拖曳5帧选中部分的帧，如图8-65所示。

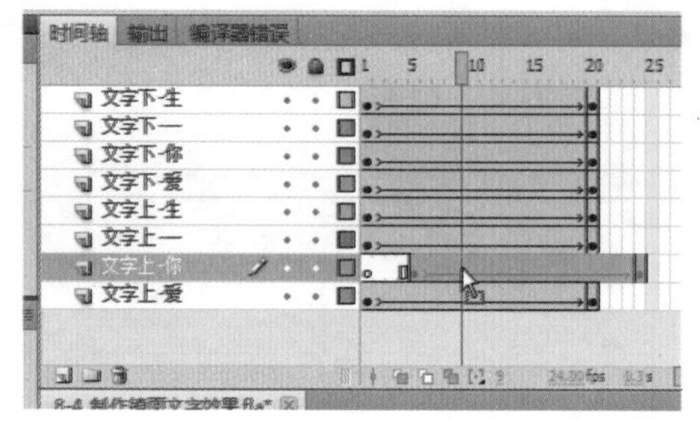

图8-65 向后拖曳选中的帧

17 依照上面的方法，将后面的均比上一个图层向后拖曳5帧，文字上部分和文字下部分单独处理，并按F5键插入帧使所有图层的帧数一致，如图8-66所示。

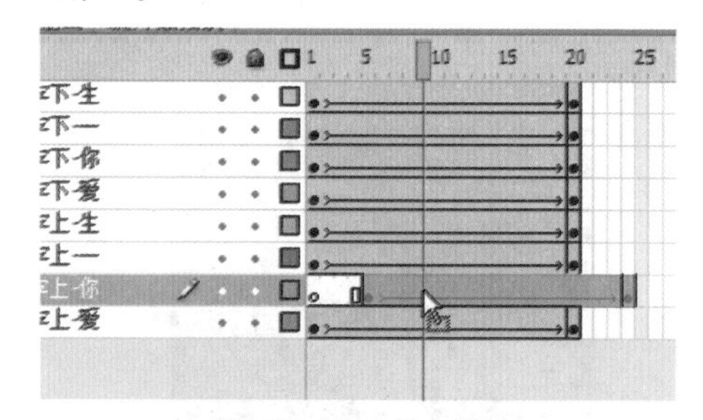

图8-66 处理所有的帧

18 在库内双击所有属于“文字下”的影片剪辑，进入到各个剪辑内部，调节文字颜色，使其颜色更深，如图8-67所示。

图8-67 调整下部分文字的颜色

19 可以再新建一个图层，在该图层上使用【线条工具】在两个文字中间绘制一条白色的线。可以添加一张图片作为背景，保存文件，并按快捷键Ctrl + Enter测试影片，最终效果如图8-68所示。

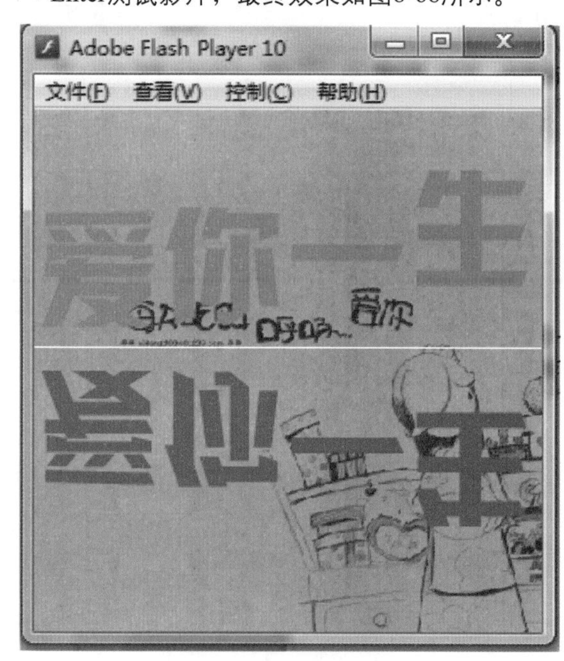

图8-68 最终效果图

8.5 诗词展示动画

“诗词展示动画”案例效果，如图8-69所示。

图8-69 案例最终效果

01 打开本案例的素材文件，库内有一张素材背景图，如图8-70所示。

图8-70　库内素材图

02 将图层1重命名为“背景层”，并将库内的图形素材拖曳到舞台，调整属性栏内的属性，如图8-71所示，使其左上角对准舞台的左上角。

图8-71　调整图片的位置

03 锁定“背景层”，并新建一个图层，命名为“文字”，如图8-72所示。

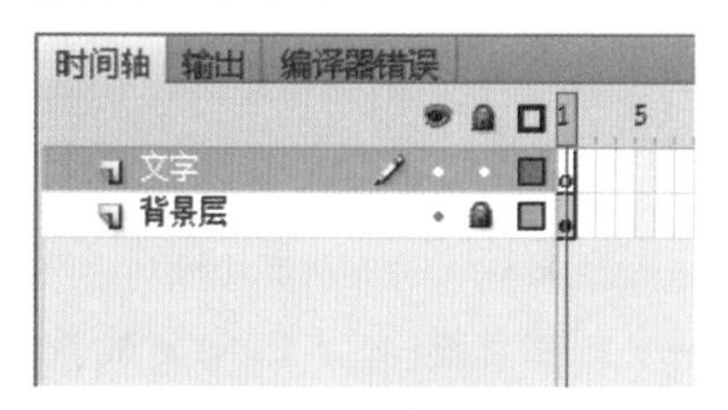

图8-72　新建图层

04 选择【文本工具】，并在“属性”面板内设置属性，如图8-73所示。

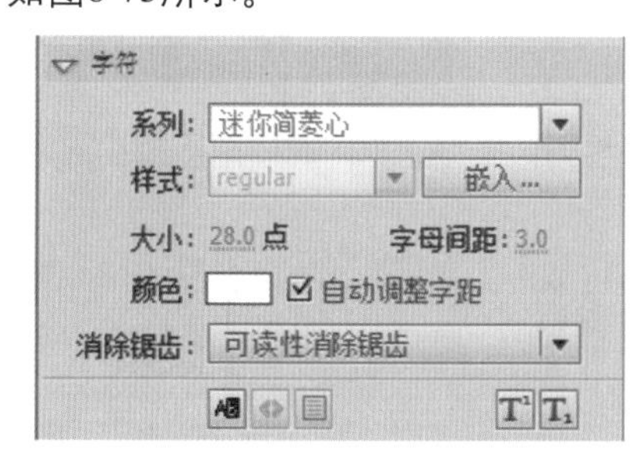

图8-73　设置文本工具的属性

05 使用【文本工具】在舞台的合适位置输入《咏鹅》的所有诗句，如图8-74所示。

图8-74　输入诗句

06 按快捷键Ctrl + B将文本框打散一次，使之成为每个字符占据一个文本框的样式，如图8-75所示。

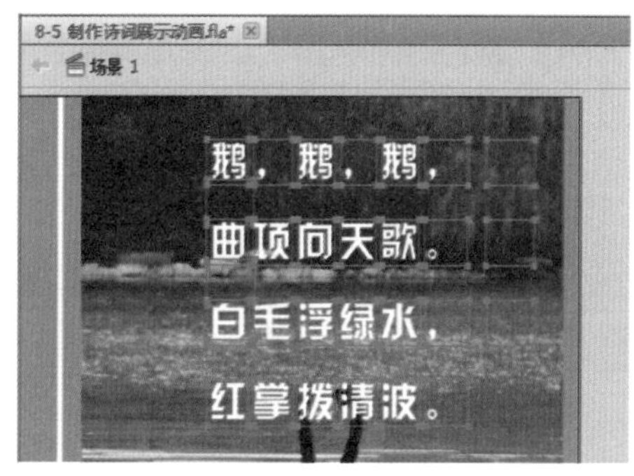

图8-75　打散文本框

07 从第一个字开始，为每个字单独按F8键转换为元件，如果觉得内容过多，可以不必为每个元件命名，注意标点也要视为一个单独文字处理，如图8-76所示。

图8-76　将每个文本框单独转换为元件

08 转换完成后，库内将多出诗句字数个数的元件，如图8-77所示。

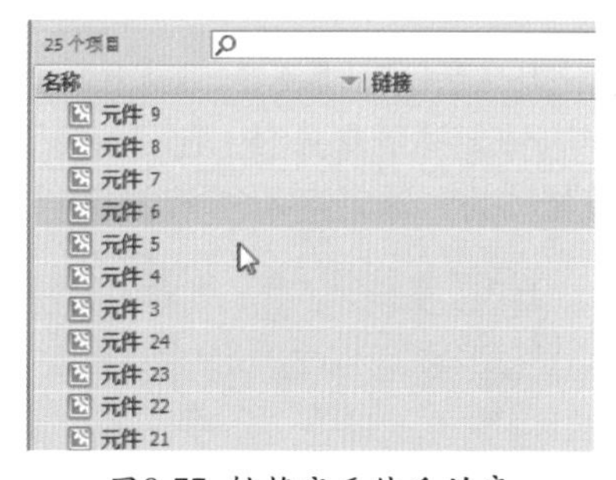

图8-77　转换完元件后的库

09 全选中所有文字（包括标点），右键单击其中一个文字，在弹出的菜单中选择【分散到图层】选项，如图8-78所示。

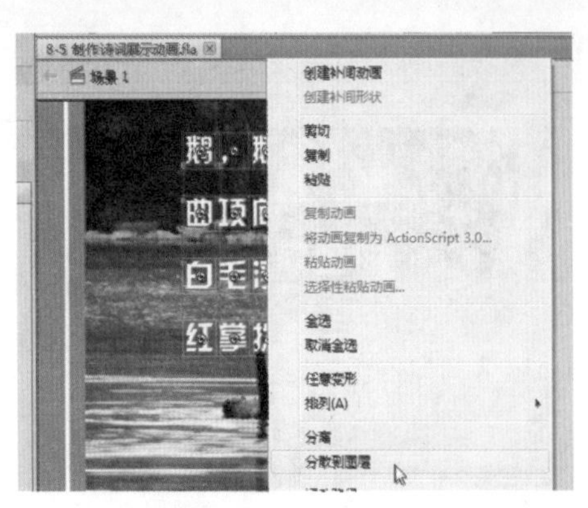

图8-78 分散到图层

10 完成上一步操作后，将会为每个文字单独创建一个图层，如图8-79所示。

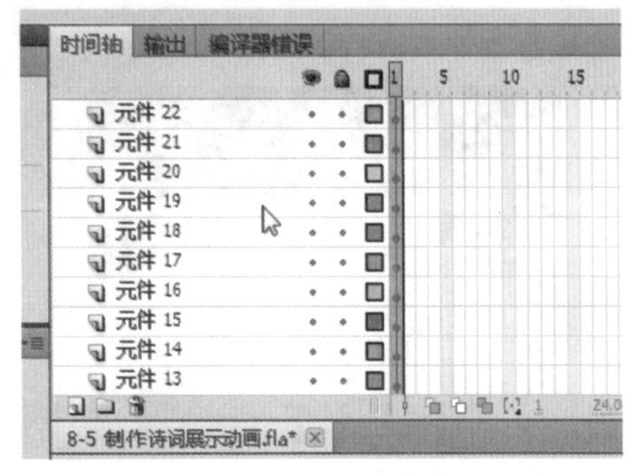

图8-79 为每个文字创建单独的图层

11 用鼠标拖选的方式选中所有分散后文字图层的第5帧，并按F6键为所有的文字图层的第5帧添加关键帧，并使用同样的拖选方式，选中所有图层的第1帧，右键单击任意一文字图层的第1帧，在弹出的菜单中选择【创建传统补间】选项，如图8-80所示。

图8-80 为所有文字图层第5帧添加关键帧

12 全选中第1帧上的所有文字，在"属性"面板中将Alpha值修改为0，如图8-81所示。

图8-81 设置透明度

13 单击"元件2"图层的名称处，将会全选该图层上的所有帧，将所有的帧向后拖曳5帧，如图8-82所示。

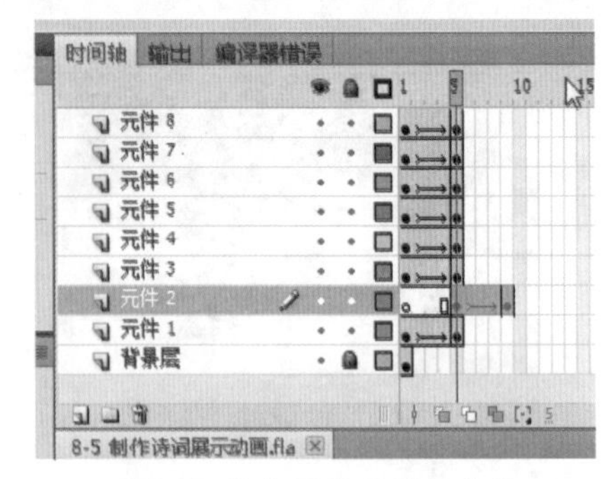

图8-82 拖曳图层上的所有帧

14 重复上面的步骤，每个图层比它下面的图层多5帧，如图8-83所示。

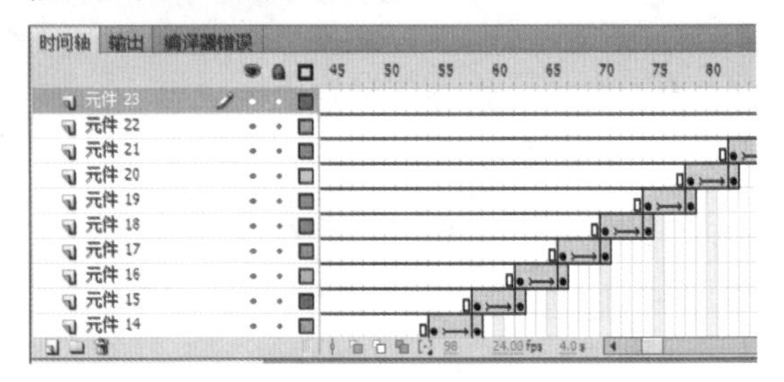

图8-83 重复拖曳帧

15 按F5键插入帧，为所有图层的最后一帧都对齐最后一个文字的最后一帧，如图8-84所示。

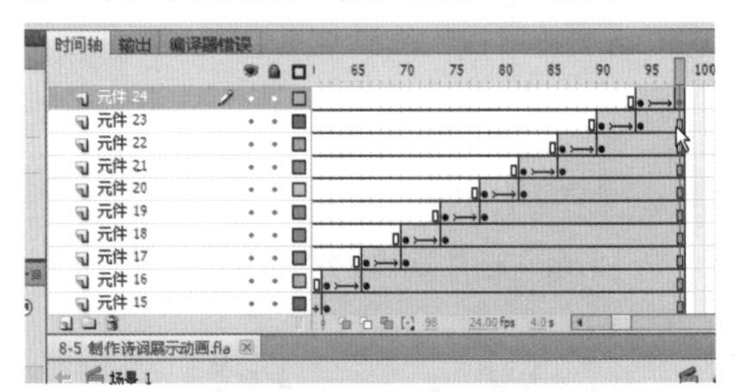

图8-84 对齐所有的帧

16 保存文件，按快捷键Ctrl + Enter测试影片，效果如图8-85所示。

图8-85 最终效果图

8.6　横向滚动文字

"横向滚动文字"案例效果，如图8-86所示。

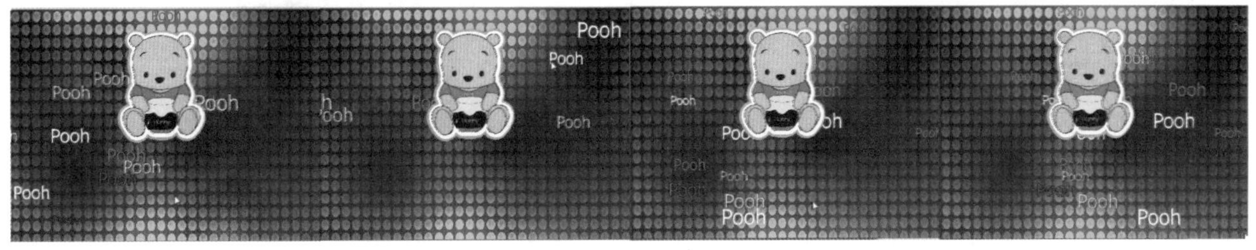

图8-86　案例最终效果

01 打开本案例的素材文件，库内有一张小熊的图片，如图8-87所示。

图8-87　库内的素材

02 在属性面板中将舞台的背景改为黄色，如图8-88所示。

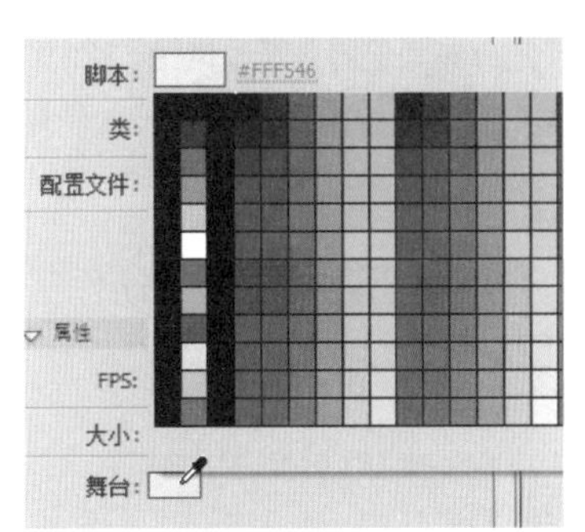

图8-88　设置舞台的背景颜色

03 将图层1重命名为"小熊层"，并将小熊的图片素材拖曳至舞台，如图8-89所示。

图8-89　新建图层

04 选择【文本工具】，在"属性"面板中设置属性，如图8-90所示。

图8-90　设置文本工具的属性

05 新建一个图层，命名为"文字动画"，使用【文本工具】在舞台上输入"Pooh"文本，如图8-91所示。

图8-91　输入文本

06 按快捷键Ctrl + C复制刚才输入的文本，再按快捷键Ctrl + V粘贴一次，按快捷键Ctrl + B将新粘贴的文字打散两次，该文本将变为填充的样式，如图8-92所示。

图8-92　打散文本

07 选择【墨水瓶工具】，该工具和【颜料桶工具】在一个按钮中，长按该按钮以打开菜单再选中相应工具，或按S键。使用【墨水瓶工具】在打散的文字外围和内部单击，将会为其添加线条轮廓，如图8-93所示。

图8-93 添加线条轮廓

08 可以再尝试着做出新样式的文字，复制刚才添加了轮廓的文字，粘贴出来并修改填充和线条颜色，如图8-94所示。

图8-94 新样式的文字

09 选中刚才绘制的几种文字，并按F8键将其转换为影片剪辑元件，命名为“文字剪辑”，如图8-95所示。

图8-95 转换为元件

10 完成后，双击刚才转换的元件以进入元件内进行编辑，刚才在舞台上绘制了4种类型的文字，所以在时间轴上第1～4帧处均按F7键插入空白关键帧，如图8-96所示。

图8-96 插入空白关键帧

11 分几次按快捷键Ctrl + X将不同类的文字从第1帧剪切，再复制到后续的帧上，每1帧一种文字，并将每1帧的文字都对准舞台中心，如图8-97所示。

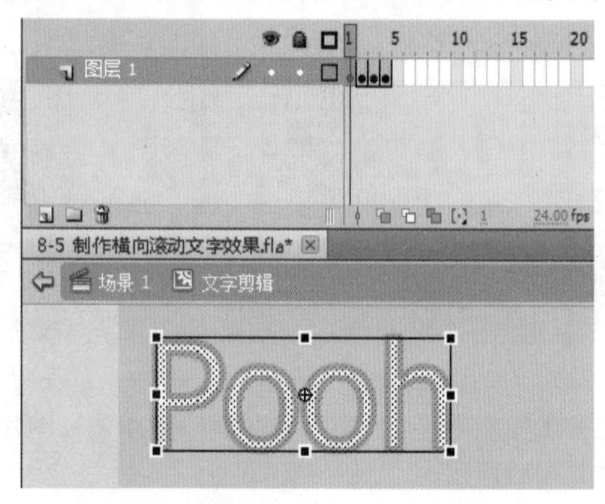

图8-97 平均分配到每一帧并对其舞台

12 按快捷键Ctrl + F8新建一个影片剪辑元件，命名为“文字动画”，将“文字剪辑”元件拖曳至舞台上，并对准舞台中心，如图8-98所示。

图8-98 拖曳元件至舞台

13 在第1帧上按F9键，在弹出的“动作”面板内输入脚本，如图8-99所示。

```
stop();
addEventListener(Event.ENTER_
FRAME,update);
getChildAt(0).x = Math.random() * 550 -
200;
(getChildAt(0) as MovieClip).
gotoAndStop(Math.floor(Math.random() * 4) +
1);
getChildAt(0).scaleX = getChildAt(0).
scaleY = Math.random() * 0.2 + 0.2;
function update(e:Event):void{

    getChildAt(0).x +=Math.random() * 8;
    if(getChildAt(0).x > 700){
            getChildAt(0).x = -200;
    }
}
```

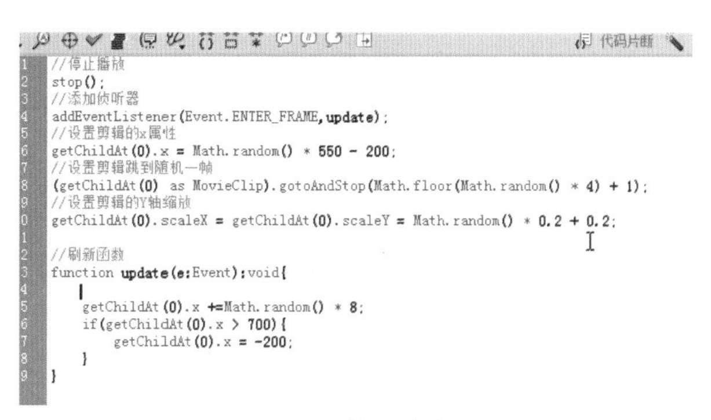

图8-99 输入脚本

14 单击时间轴下方的“场景1”以返回主场景，将“文字动画”元件从库内拖曳到“文字动画”图层上，并多拖曳数个在舞台的左侧，可以随意放置位置，如图8-100所示。

图8-100 拖曳元件至舞台

15 将“文字动画”图层拖曳至背景图层的下方，如图8-101所示。

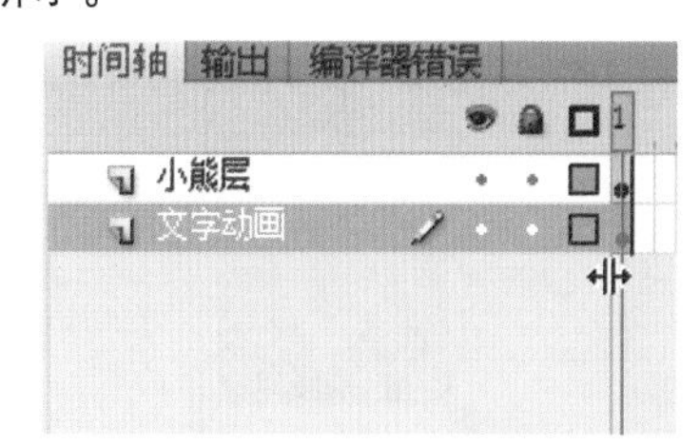

图8-101 拖曳图层

16 按快捷键Cttrl + Enter测试影片，效果如图8-102所示。

图8-102 最终效果图

8.7 计算机打字

“计算机打字”案例效果，如图8-103所示。

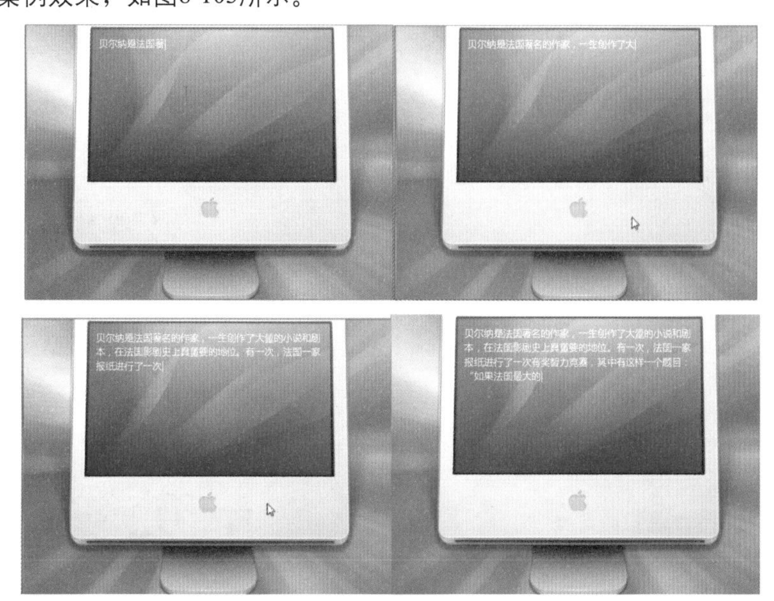

图8-103 案例最终效果

01 打开本案例的素材文件，库里面有一张背景图，如图8-104所示。

图8-104 库内的素材

02 将图层1重命名为“背景层”，并将图片“背景图”拖曳至舞台上，如图8-105所示。

图8-105 拖曳进背景素材

03 新建一个图层，命名为“文本”，并再选择【文本工具】，在“属性”面板中设置【文本工具】的属性，如图8-106所示。

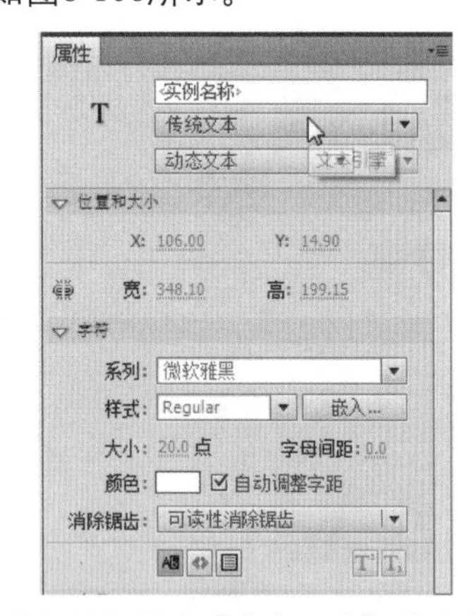

图8-106 设置【文本工具】的属性

04 使用“文本工具”在舞台上框选出一个文本区域，其大小正好覆盖显示器的内部，如图8-107所示。

图8-107 插入文本框

05 单击属性栏内【字符】选项卡内的【嵌入】选项，在弹出的对话框内输入如图8-108所示的文字，注意最后添加一个“|”符号。

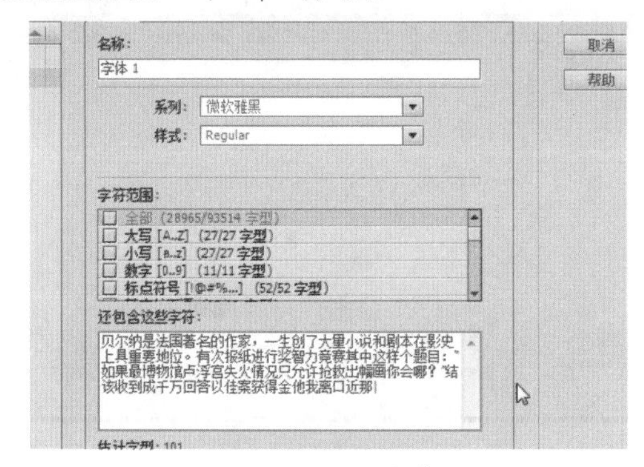

图8-108 嵌入文字

06 单击“确定”后，使用【选择工具】选中该文本框，并在“属性”面板中将实例名称修改为txt，如图8-109所示。

图8-109 输入实例名称

07 再次新建一个图层，并命名为“代码层”，如图8-110所示。

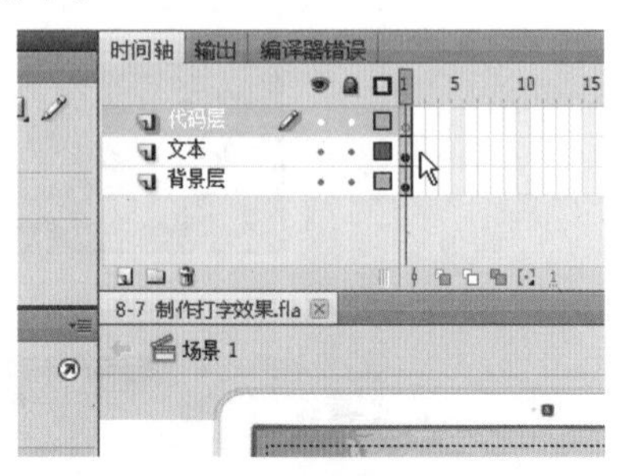

图8-110 新建图层

08 单击“代码层”的第1帧，并按F9键打开“动作”面板，在“动作”面板内输入脚本，如图8-111所示。

```
import flash.utils.Timer;
import flash.events.TimerEvent;
```

var word:String = "贝尔纳是法国著名的作家，一生创作了大量的小说和剧本，在法国影剧史上具重要的地位。有一次，法国一家报纸进行了一次有奖智力竞赛，其中有这样一个题目：“如果法国最大的博物馆卢浮宫失火了，情况只允许抢救出一幅画，你会抢哪一幅？”结果，在该报收到的成千上万回答中，贝尔纳以最佳答案获得该题的奖金。他的答案是：“我抢离出口最近的那幅画。””;

```
var index:Number = 0;

var timer:Timer = new Timer(200);

timer.addEventListener(TimerEvent.
TIMER,tick);

timer.start();

function tick(e:TimerEvent):void{

    txt.text = word.slice(0,index) + "|";


    index ++;
}
```

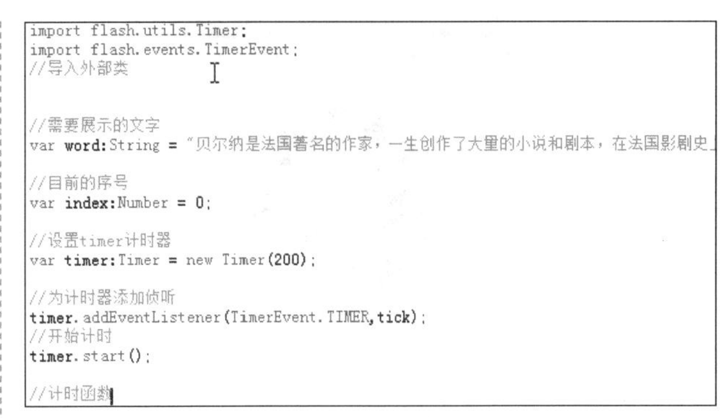

图8-111 输入脚本

09 可以添加一张图作为背景图片，保存文件，按快捷键Ctrl + Enter测试影片，效果如图8-112所示。

图8-112 最终效果图

8.8　环绕文字

“环绕文字”案例效果，如图8-113所示。

图8-113 案例最终效果

01 打开本案例的素材文件，里面有一个logo文样，如图8-114所示。

图8-114 库内的素材

02 在“属性”面板内将舞台的尺寸设置为200×200，如图8-115所示

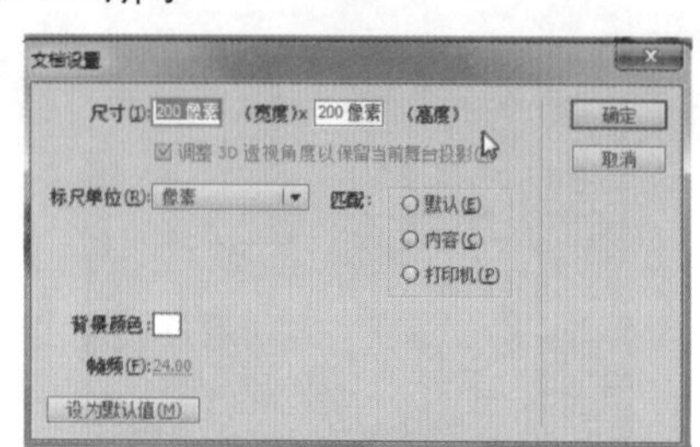

图8-115 设置舞台的尺寸

03 将库内的“logo”图片素材拖曳至舞台上，并将图层1重命名为“背景”，如图8-116所示。

图8-116 将图片素材拖曳至舞台

04 选择【椭圆工具】，在“属性”面板内将【椭圆工具】的属性设置为如图8-117所示的状态 。

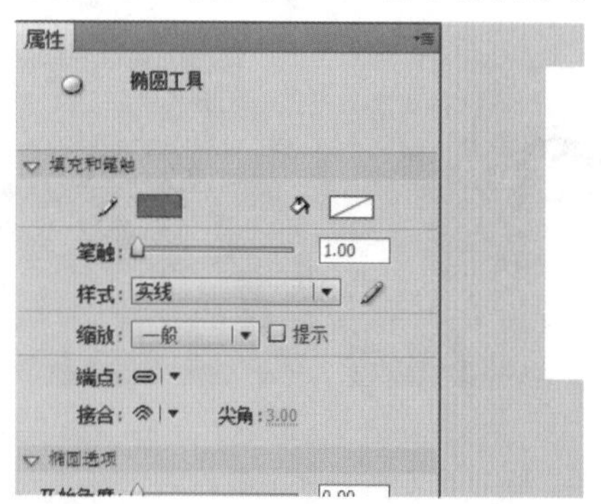

图8-117 设置【椭圆工具】的属性

05 在舞台上使用【椭圆工具】配合Shift键绘制一个正圆，并使用【任意变形工具】调整正圆的大小和位置，使其和原来背景图的外轮廓相似，但是不接触，如图8-118所示。

图8-118 调整圆形的大小和位置

06 按快捷键Ctrl＋C复制该圆形，并快捷键Ctrl＋Shift＋V原位粘贴该圆形，再使用【任意变形工具】配合Shfit键调整新粘贴圆形的大小，如图8-119所示。

图8-119 设置新的圆形的大小

07 重复上面的步骤，在外面再次粘贴一个圆形，选择【颜料桶工具】，并使用和线条同样的颜色为中间一圈进行上色，如图8-120所示。

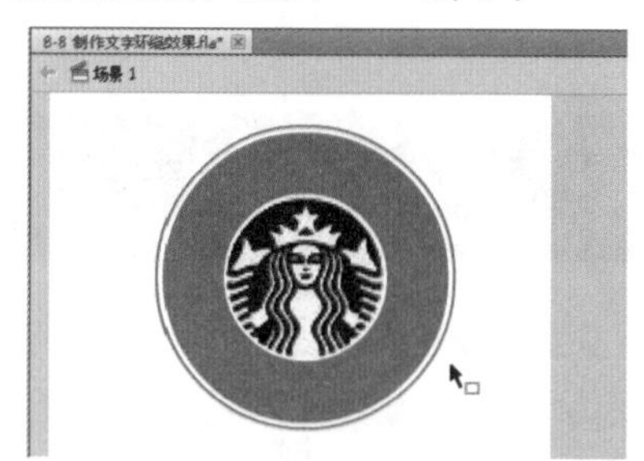

图8-120 使用【颜料桶工具】上色

08 新建一个图层，并命名为“文字”，并选择【文本工具】，在“属性”面板中设置属性，如图 8-121 所示。

图8-121 设置【文本工具】的属性

09 在圆圈的上部分使用【文本工具】任意输入一个字母，例如B，如图8-122所示。

图8-122 输入文字

10 使用【任意变形工具】选中该文字，并拖曳其注册点到圆形的圆心位置，如图8-123所示。

图8-123 拖曳文字的注册点

11 按快捷键Ctrl + T打开【变形】面板，在旋转选项中将角度设置为20°，如图8-124所示。

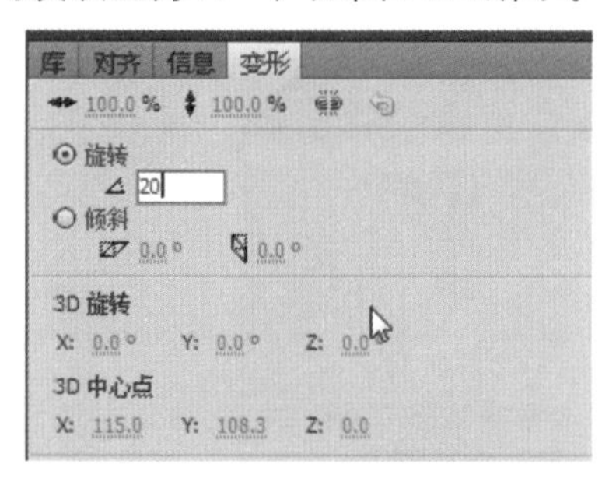

图8-124 设置旋转角度

12 设置完成后，单击【变形】面板中的【复制选区和变形】按钮，并多按几次，使新粘贴的文字占满整个圆形的外框，如图8-125所示。

图8-125 复制出旋转的文字

13 逐个选中每个单独的文本框，修改内部的文字，使所有文字呈现出想要的文字，如STARBUCKS COFFEE，如果觉得文字有点过大了，可以修改所有文字的大小，如图8-126所示。

图8-126 修改文字

14 选中所有的文字，按F8键将其转换为元件，并命名为“旋转文字”，如图8-127所示。

图8-127 转换为元件

15 转换完成后，双击文字以进入刚转换的元件，再次选中所有文字，再次按F8键将其转换为元件，并命名为“文字”，如图8-128所示。

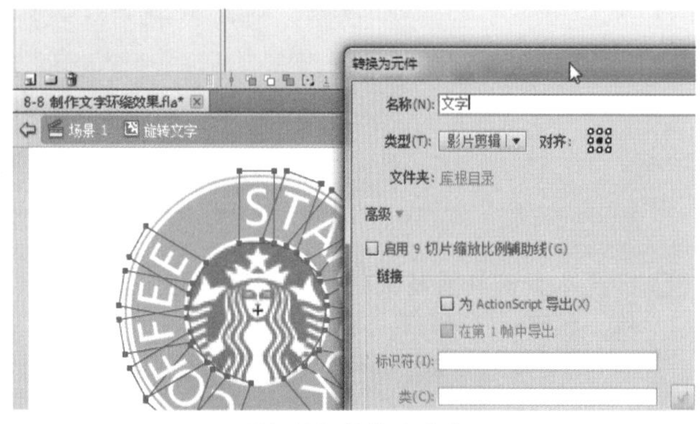

图8-128 转换为元件

16 不再进入刚转换的影片剪辑，在当前时间轴的第50帧处按F6键插入关键帧，并在第1帧处单击右键，在弹出的菜单中选择【创建传统补间】选项，并在“属性”面板中将旋转选项改为“顺时针”，如图8-129所示。

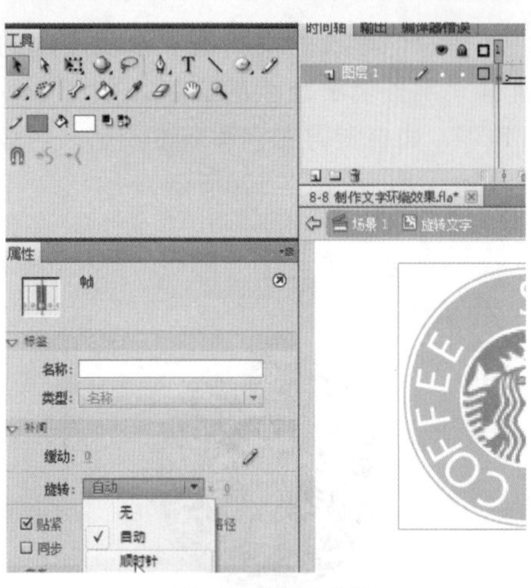

图8-129 设置旋转

17 可以添加一张图片作为背景图，保存文件，按快捷键Ctrl + Enter测试影片，效果如图8-130所示。

图8-130 最终效果图

8.9 旋转文字拖尾效果

“旋转文字拖尾”案例效果，如图8-131所示。

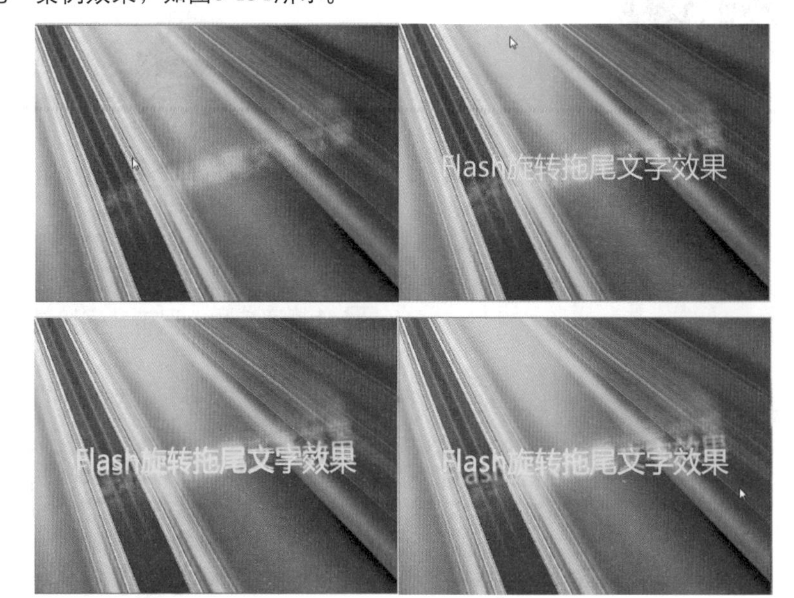

图8-131 案例最终效果

01 打开本案例的素材文件，库内有一张背景图片素材，如图8-132所示。

图8-132 库内的图片素材

02 将图层1重命名为“背景层”，并将库内的“背景图”图片拖曳至舞台上，在“属性”面板中调节其位置，如图8-133所示。

图8-133 调整图片的位置

03 新建一个图层，命名为“文字”，选择【文本工具】，并在“属性”面板中设置【文本工具】的属性，如图8-134所示。

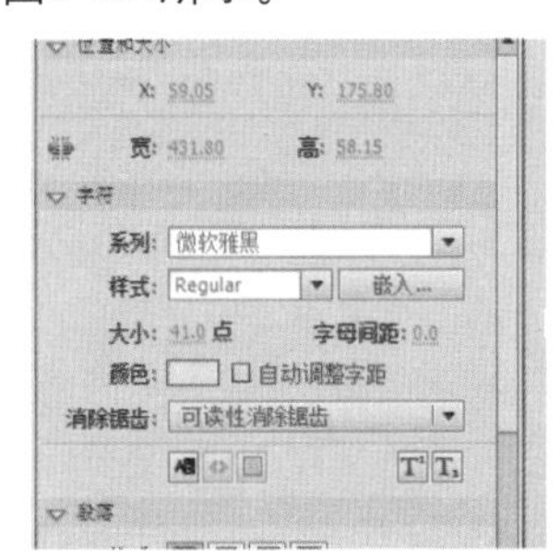

图8-134 设置【文本工具】的属性

04 使用【文本工具】在“文字”图层上输入“Flash旋转拖尾文字效果”文字，并调节其位置至舞台中心，如图8-135所示。

图8-135 输入文字

05 选中刚才输入的文字，按F8键将其转换为影片剪辑元件，并命名为“文字动画”，如图8-136所示。

图8-136 转换为影片剪辑

06 转换完成后，双击文字剪辑以进入其内部，再次选中文字并按F8键将其转换为影片剪辑，并命名为“文字剪辑”，如图8-137所示。

07 转换完成后，在当前场景时间轴上的第20帧按F6键插入关键帧，并选中第1帧上的“文字剪辑”影片剪辑，使用【任意变形工具】调整其旋转角度，并在属性面板中进行如图8-138所示的设置。

图8-137 再次转换为影片剪辑

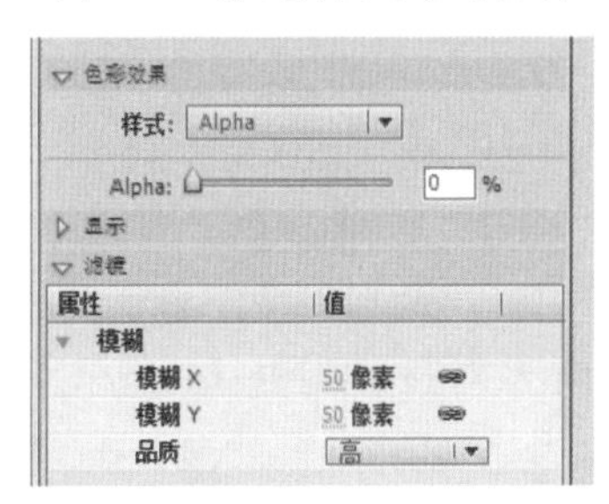

图8-138 旋转角度并设置滤镜和透明度

08 在第1帧上单击右键并在弹出的菜单中选择【创建传统补间】选项，如图8-139所示。

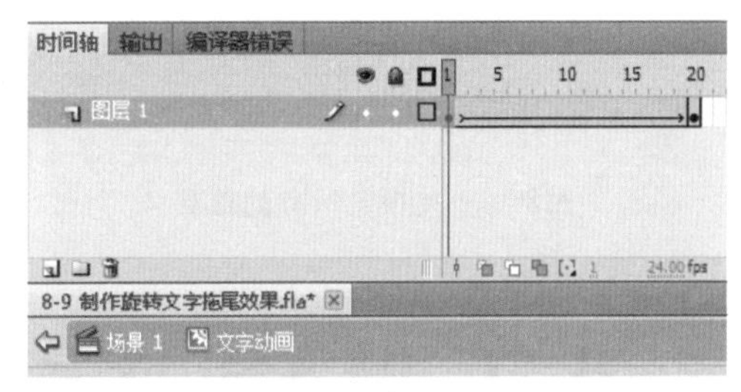

图8-139 创建传统补间

09 多次单击“新建图层”按钮，在图层1上面新建出几个图层，如图8-140所示。

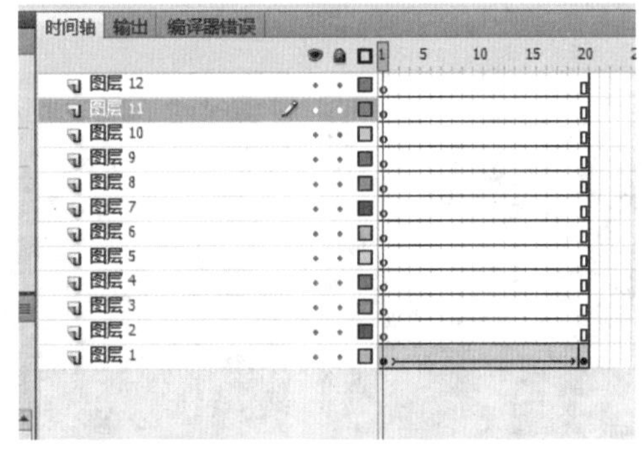

图8-140 创建多个新图层

10 单击图层1的名称部分以全选图层1上的所有帧，当鼠标显示为如图8-141所示的状态时，表示如果拖曳即可移动所有的帧。

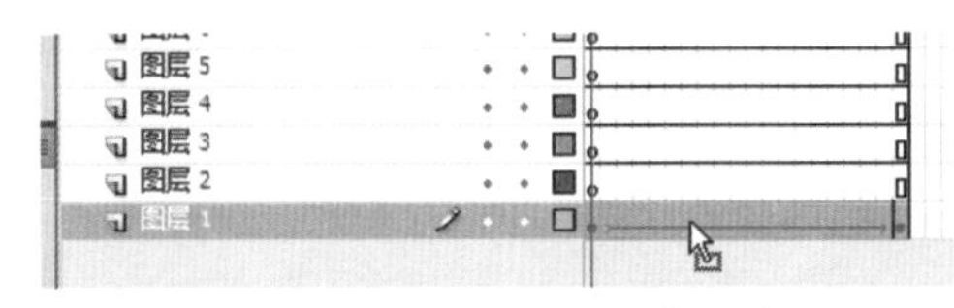

图8-141 鼠标呈现可拖曳状态

11 此时按住Alt键，并拖曳刚才图层1上所有的帧至图层2上，以完全复制图层1上的帧，并延后几帧，对于此操作不太习惯的话可以多次进行操作练习，如图8-142所示。

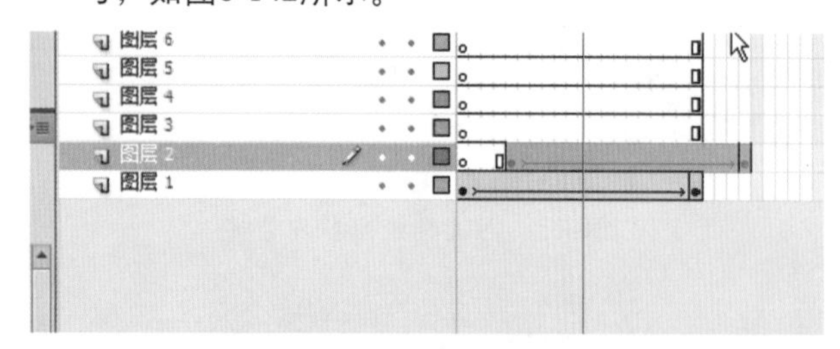

图8-142 复制帧到图层2上

12 同样的操作，后续的图层都依次延迟同样的帧数，最后在所有图层的后面按F5键添加帧，以使所有的图层的帧数对齐，如图8-143所示。

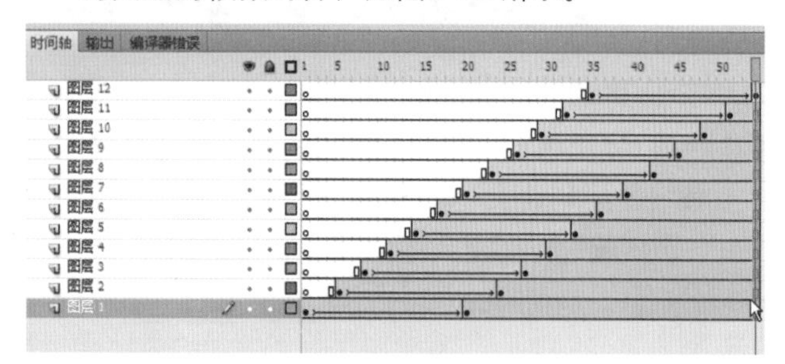

图8-143 处理完所有的图层

13 保存文件，并按快捷键Ctrl + Enter测试影片效果，如图8-144所示。

图8-144 最终效果图

8.10 黑客帝国文字特效

“黑客帝国文字特效”案例效果，如图8-145所示。

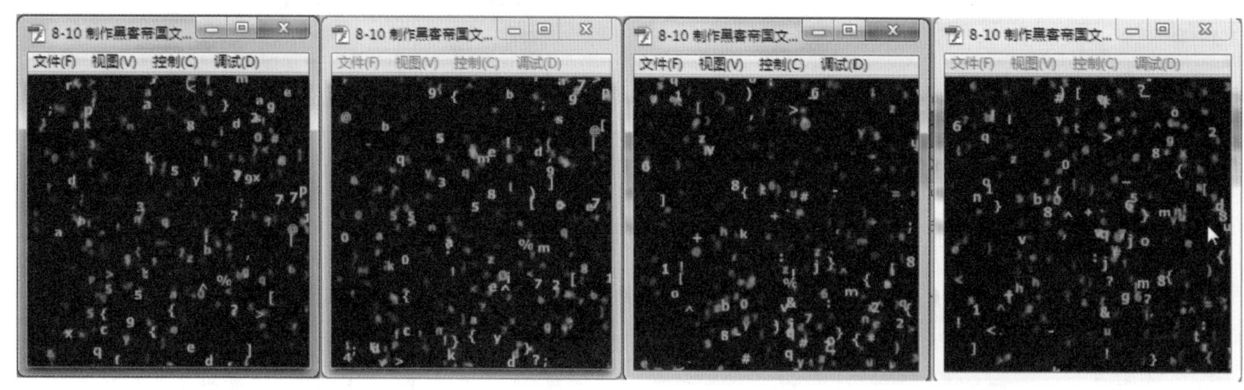

图8-145 案例最终效果

01 新建空白Flash文档，并在“属性”面板中将舞台尺寸修改为250×250，如图8-146所示。

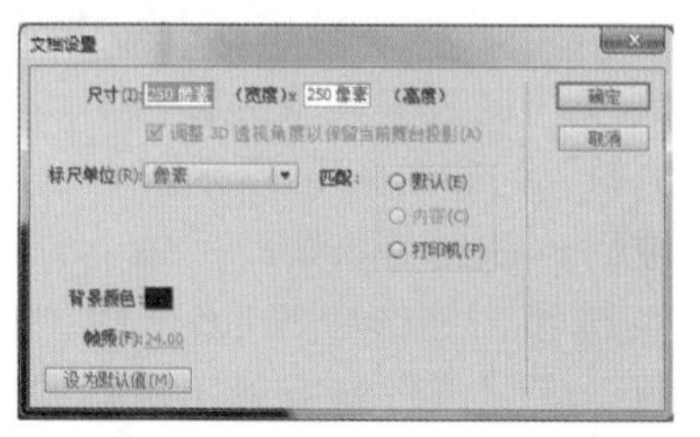

图8-146 设置舞台的尺寸和背景颜色

02 按快捷键Ctrl + F8新建一个影片剪辑元件，并命名为“单个效果”，并勾选下面的“为ActionScript导出”选项，在“类”的文本框内填入“effect”，如图8-147所示。

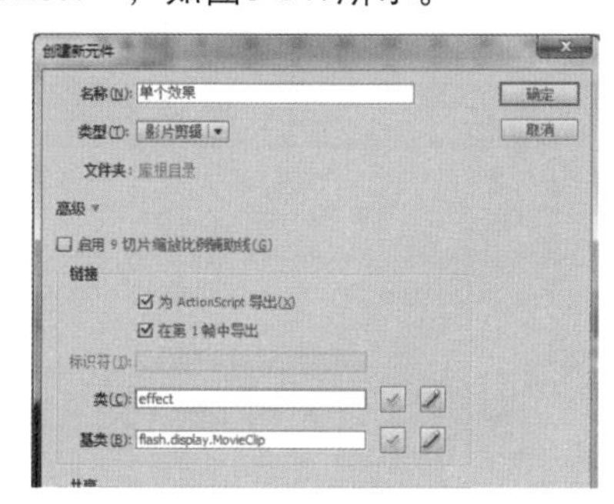

图8-147 新建影片剪辑

03 单击“确定”按钮完成后，进入影片剪辑内部，选择【文本工具】在“属性”面板中修改【文本工具】的属性，如图8-148所示。

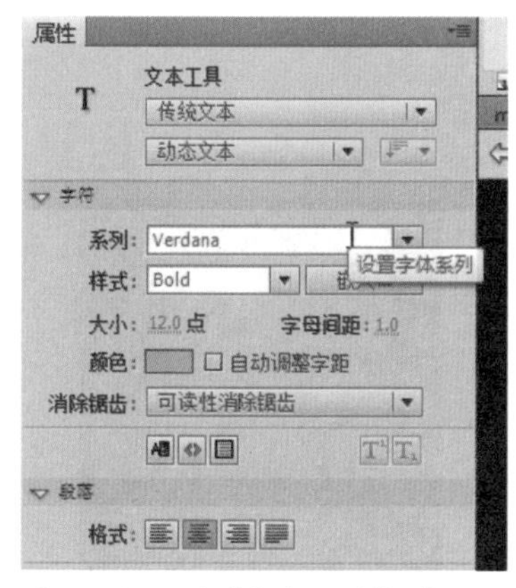

图8-148 设置“文本工具”的属性

04 在舞台上使用【文本工具】绘制一个文本框，随意输入一个字母，例如“x”，并调节位置，如图8-149所示。

图8-149 绘制动态文本框并输入一个字母

05 选中该文本框，在“属性”面板中为其输入“txt”实例名称。单击属性栏中【字符】选项里的【嵌入】按钮，在弹出的对话框中进行如图8-150所示的设置。

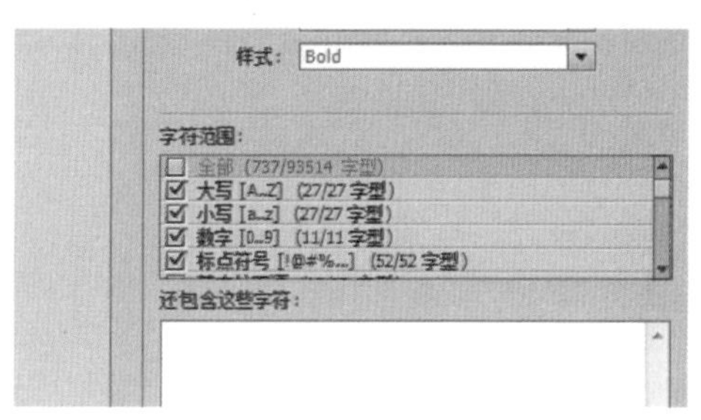

图8-150 嵌入字符

06 新建一个图层，并命名为“as”，单击该图层的第1帧，按F9键打开“动作”面板，在其中输入脚本，如图8-151所示。

```
import flash.filters.BlurFilter;
import flash.filters.GlowFilter;
import flash.events.Event;
var text_array:Array = ["0", "1", "2",
"3", "4", "5", "6", "7", "8", "9", "a",
"b", "c", "d", "e", "f", "g", "h", "i",
"j", "k", "l", "m", "n", "o", "p", "q",
"r", "s", "t", "u", "v", "x", "y", "z", "?",
"<", ">", "!", "`", "@", "#", "$", "%",
"^", "&", "*", "(", ")", "-", "+", "|",
"/", "=", "_", ",", "[", "]", "{", "}", ":",
";"];


txt.text = text_array[int(Math.random() *
text_array.length)];

var matrix_position:Array = new Array();

var counter:Number = 0;
var counter_limit:Number = Math.random() *
5 + 3;

for (var i:Number = 0; i<=stage.
stageWidth/this.width; i++) {
    matrix_position.push(i*this.width);
}
x = Math.random() * 250
y = Math.random() * 250;
var speed:Number = Math.random() * 8+4;
var rand_scale:Number = Math.random() * 1;
alpha = rand_scale;
scaleX = rand_scale;
scaleY = rand_scale;


var filter:GlowFilter = new
GlowFilter(0x00FF00, rand_scale * 100+10,
5, 5, 0.5);
var filterArray:Array = new Array();
filterArray.push(filter);

var filter1:BlurFilter = new
BlurFilter((100-rand_scale * 100)/10,
```

```
(100-rand_scale * 100)/10);
filterArray.push(filter1);
this.filters = filterArray;

addEventListener(Event.ENTER_
FRAME,update);


function update(e:Event):void {
    y += speed;
    if (y>=stage.stageHeight + this.
height) {
            y = -this.height;
    }
}
```

```
1  import flash.filters.BlurFilter;
2  import flash.filters.GlowFilter;
3  import flash.events.Event;
4  //导入外部类
5
6
7  //会出现的字符数组
8  var text_array:Array = ["0", "1", "2", "3", "4", "5", "6", "7", "8", "9", "a", "b'
9
10
11 //设置文本框显示随机的一个字符
12 txt.text = text_array[int(Math.random() * text_array.length)];
13
14 //设置位置数组
15 var matrix_position:Array = new Array();
16
17 var counter:Number = 0;
18 var counter_limit:Number = Math.random() * 5 + 3;
19
20 //以下为设置剪辑的各种随机属性
21 for (var i:Number = 0; i<=stage.stageWidth/this.width; i++) {
```

图8-151 输入脚本

07 单击时间轴下方的“场景1”以返回主场景，在主场景上也新建一个图层，命名为“as”，并选中该层的第1帧，按F9键打开“动作”面板，在其中输入脚本，如图8-152所示。

```
import flash.display.MovieClip;

for (var i:Number =0; i<=600; i++) {
    var mc:MovieClip = new effect();
    addChild(mc);

}
```

```
1  //导入外部类
2  import flash.display.MovieClip;
3
4
5  //创建600个效果并添加到舞台上
6  for (var i:Number =0; i<=600; i++) {
7      var mc:MovieClip = new effect();
8      addChild(mc);
9  }
10
```

图8-152 输入脚本

08 保存文件，并快捷键Ctrl + Enter测试影片，最终效果如图8-153所示。

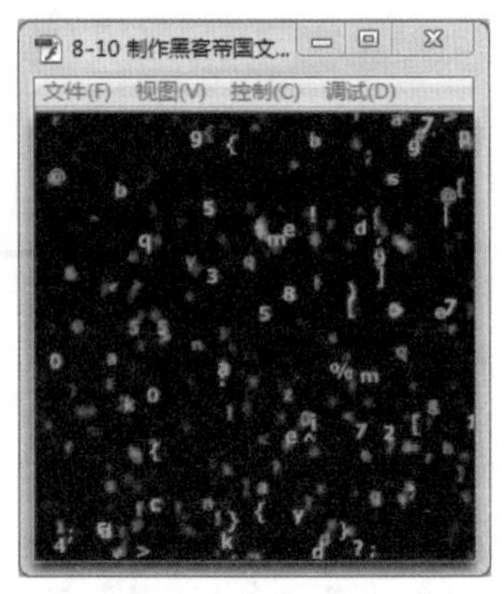

图8-153 最终效果图

8.11 课后练习

练习1 彩色文字效果

本案例的练习为制作彩色文字效果，案例大致制作流程如下。

01 设置舞台的背景图片。

02 输入文本并转换为影片剪辑，设置【渐变斜角】和【斜角】滤镜属性。

03 制作传统补间动画并修改滤镜属性。如图8-154所示。

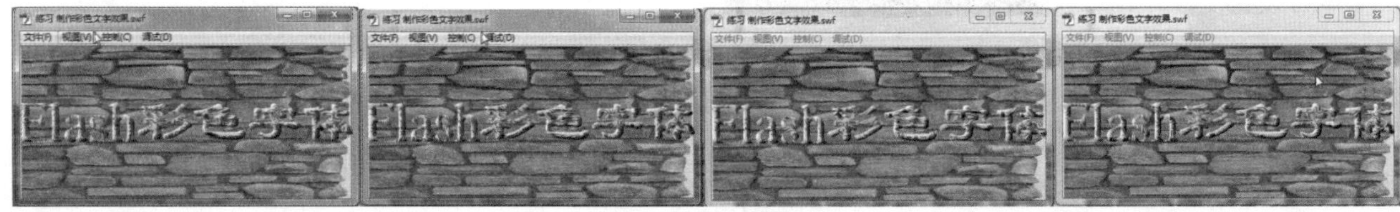

图8-154 案例最终效果

练习2　横向错位效果

本案例的练习为制作横向错位效果，案例大致制作流程如下。

01 制作一个文字的遮罩动画，遮罩部分首先在文字上方。

02 多次制作文字遮罩动画，遮罩部分逐渐下移。

03 制作各个部分的动画的运动效果。如图8-155所示。

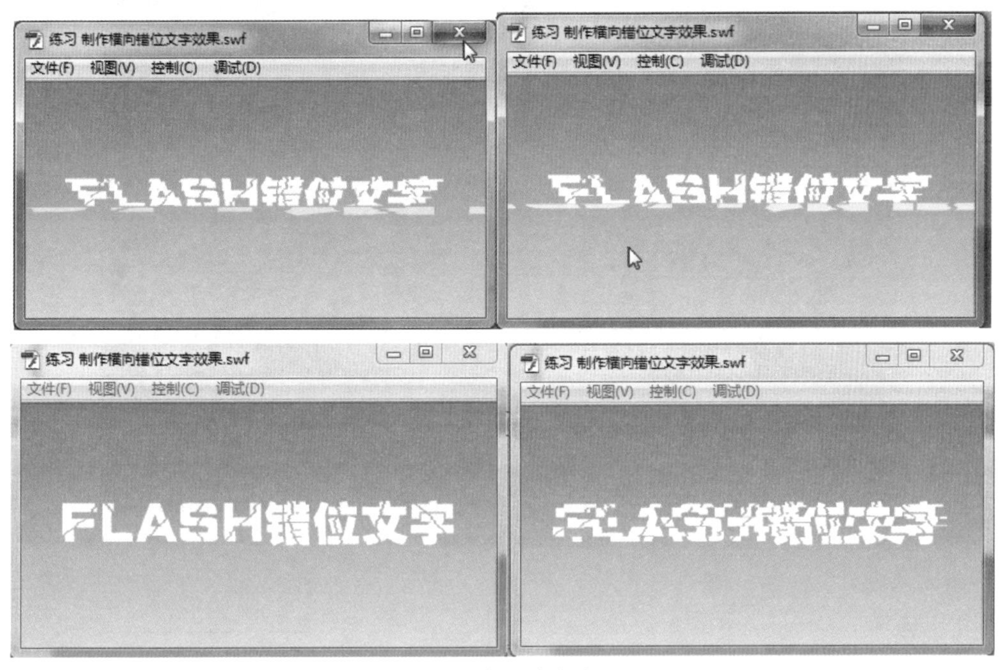

图8-155 案例最终效果

练习3　螺旋文字效果

本案例的练习为制作螺旋文字效果，案例大致制作流程如下。

01 输入要制作文字效果的文字。

02 打散文字并将每个文字转换为影片剪辑，并按代码格式输入实例名称，输入相应代码。如图8-156所示。

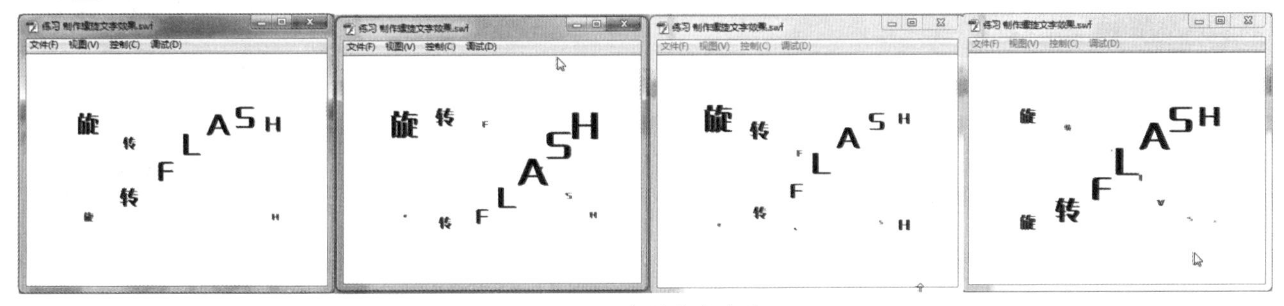

图8-156 案例最终效果

练习4　霓虹文字效果

本案例的练习为制作霓虹文字效果，案例大致制作流程如下。

01 输入要制作效果的文字。

02 将文字转换为影片剪辑，并输入实例名称。

03 输入相应的效果代码。如图8-157所示。

图8-157 案例最终效果

练习5 碎点文字效果

本案例的练习为制作碎点文字效果，案例大致制作流程如下。

01 制作方块变幻各种颜色的动画。

02 输入要遮罩的文字并打散。

03 将方块布满打散的文字区域。

04 将文字作为所有方块的遮罩层。如图8-158所示。

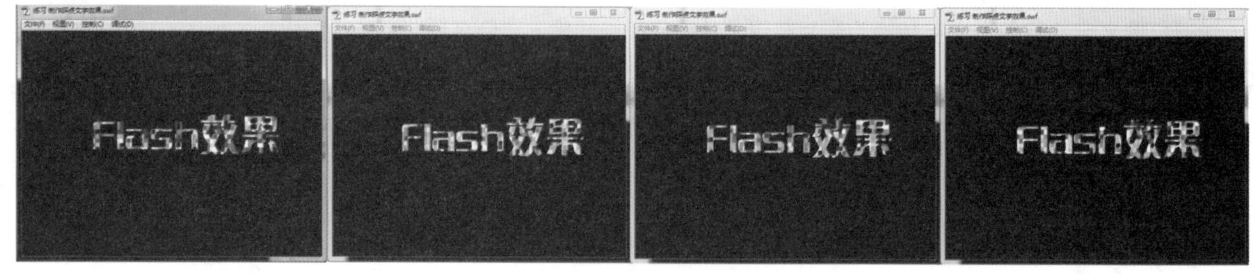

图8-158 案例最终效果

练习6 星星文字效果

本案例的练习为制作星星文字效果，案例大致制作流程如下。

01 制作文字从左至右显示的遮罩动画。

02 制作一个星星的影片剪辑，输入实例名称并制作其跟随文字显示的运动效果。

03 在帧上输入星星的效果代码。如图8-159所示。

图8-159 案例最终效果

练习7　虚幻文字效果

本案例的练习为制作虚幻文字效果，案例大致制作流程如下。

01 输入要制作效果的文字，并将其转换为影片剪辑。

02 创建图层并复制文字影片剪辑，调整多个文字影片剪辑副本的大小和透明度。

03 作多个影片剪辑缓慢运动的动画。如图8-160所示。

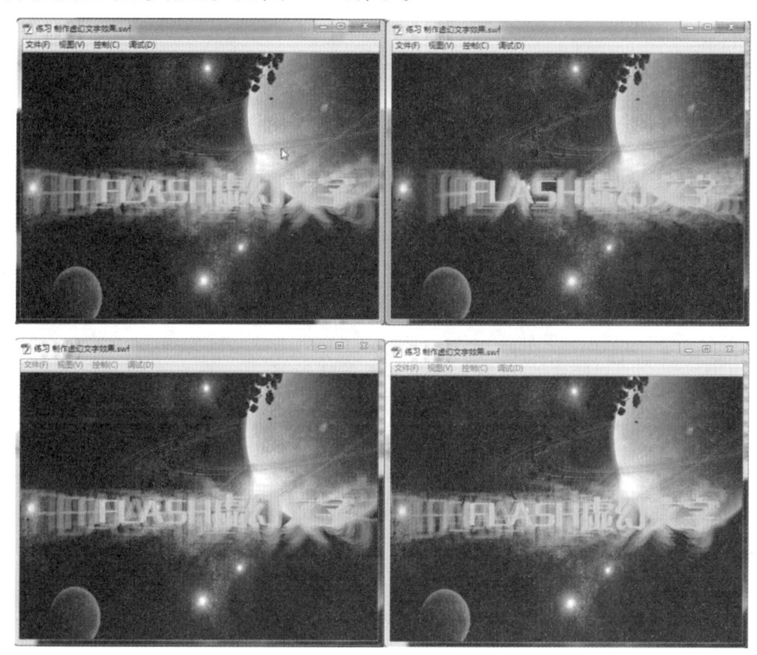

图8-160 案例最终效果

练习8　眩光文字效果

本案例的练习为制作眩光文字效果，案例大致制作流程如下。

01 输入要制作效果的文字，并将其转换为影片剪辑。

02 制作影片剪辑的运动效果。

03 在帧上输入文字效果的代码。如图8-161所示。

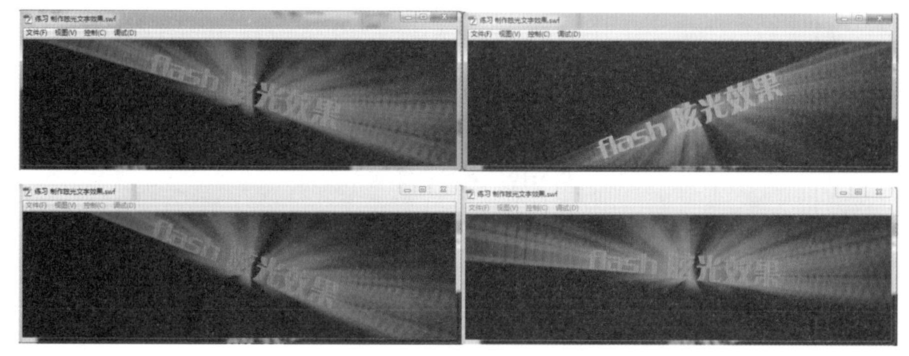

图8-161 案例最终效果

练习9 游离文字效果

本案例的练习为制作游离文字效果，案例大致制作流程如下。

01 绘制多个径向渐变的圆形，并转换为影片剪辑。

02 输入要制作效果的文字，并打散。

03 制作圆形影片剪辑的运动动画，并将打散的文字作为遮罩层。如图8-162所示。

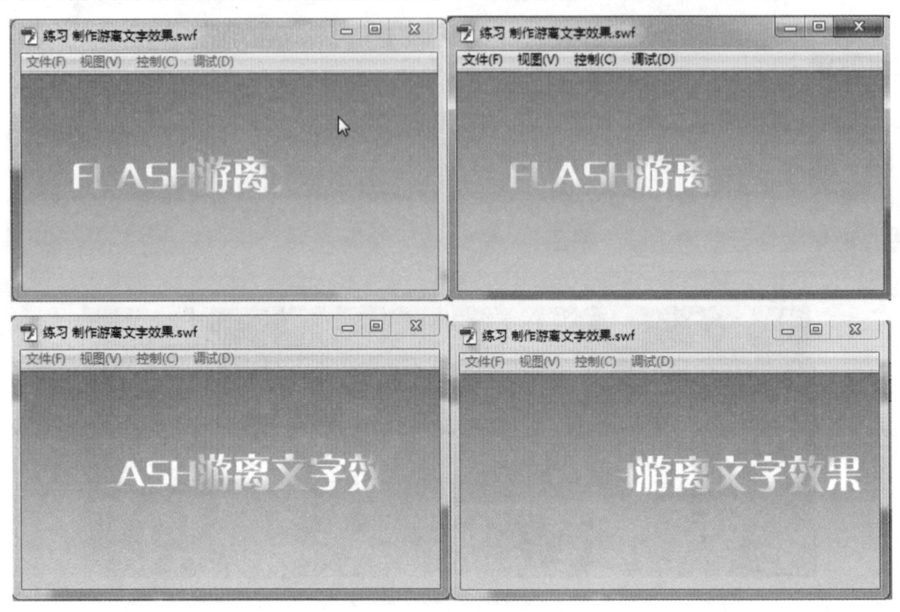

图8-162 案例最终效果

练习10 逐行显示文字效果

本案例的练习为制作逐行显示文字效果，案例大致制作流程如下。

01 输入要制作效果的大篇幅文字。

02 制作多个和一行文字高的矩形作为影片剪辑。

03 制作矩形影片剪辑从没接触文字到完全覆盖一行文字的运动动画。

04 多次制作类似的动画效果并打散文字，将文字层作为遮罩层。如图8-163所示。

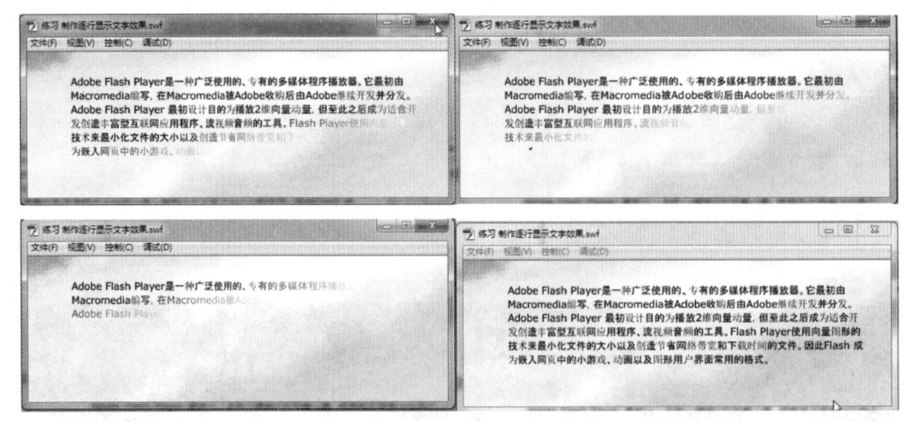

图8-163 案例最终效果

第9章

按钮特效动画篇

Flash有三大元件：图形元件、影片剪辑元件、按钮元件，之前已经对图形元件和影片剪辑元件都做过了相应的介绍。按钮元件是一个较为特殊的元件，它是惟一的不需要脚本语言便可以出现互动效果的元件，普遍应用于交互型应用程序，例如，网站和游戏的开发及展示的播放按钮之类。按钮元件默认是 停止在第1帧，即“弹起”，表示按钮元件在没有任何交互操作的情况下所呈现的状态。第2帧“指针经过”表示当鼠标划过该按钮时，则播放这一帧的内容。第3帧“按下”表示当鼠标按住该按钮时，则播放这一帧的内容。第4帧“点击”表示该按钮接收鼠标交互事件的范围大小，这一帧在运行时不会显示出来，上面绘制的内容便可以响应鼠标。如果帧上没有内容，则默认以“指针经过”帧上面的形状作判断。

本章学习重点：

1. 熟练文本工具的使用。
2. 掌握文本工具的属性设置。
3. 学会如何复制图层。
4. 熟练打散文字的修饰操作。
5. 了解代码制作文字动画效果的过程。

9.1 打开主页按钮动画

"打开主页按钮动画"案例效果，如图9-1所示。

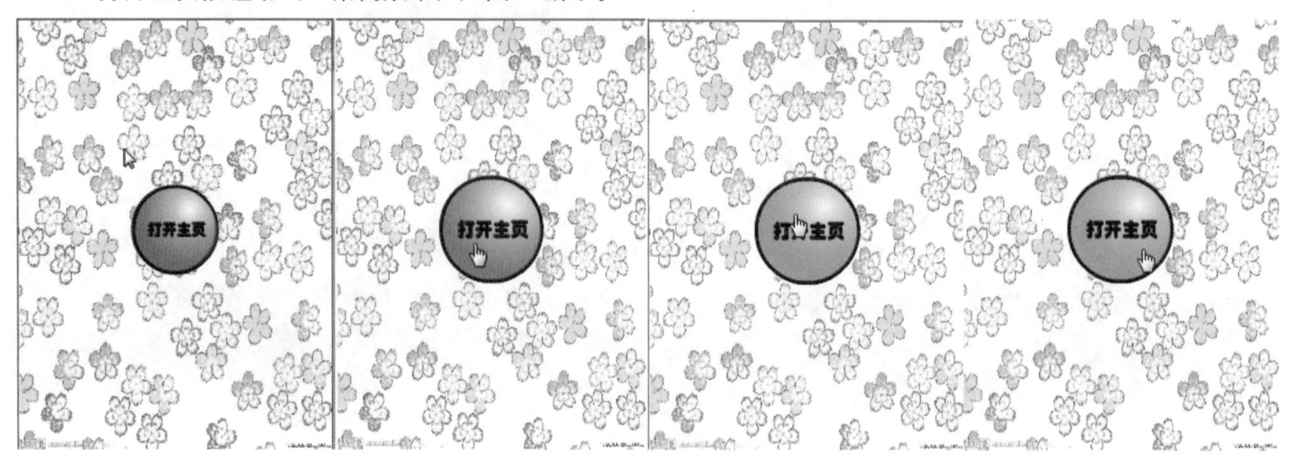

图9-1 案例最终效果

01 打开本案例的素材文件，按快捷键Ctrl + F8新建一个按钮元件，命名为"打开主页"，如图9-2所示。

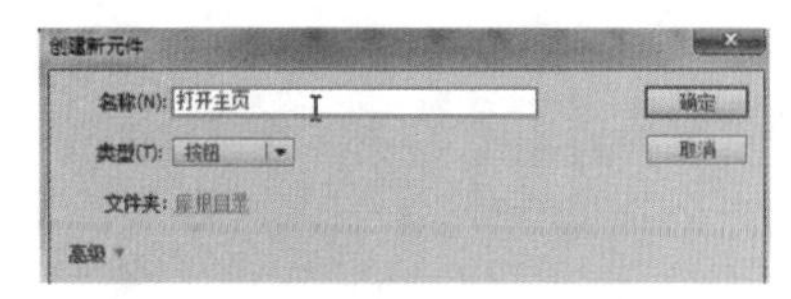

图9-2 新建"打开主页"按钮

02 单击"确定"按钮后进入按钮元件内进行编辑，在"弹起"帧使用【椭圆工具】设置如图9-3所示的属性，并按住Shift键在舞台上绘制一个正圆。

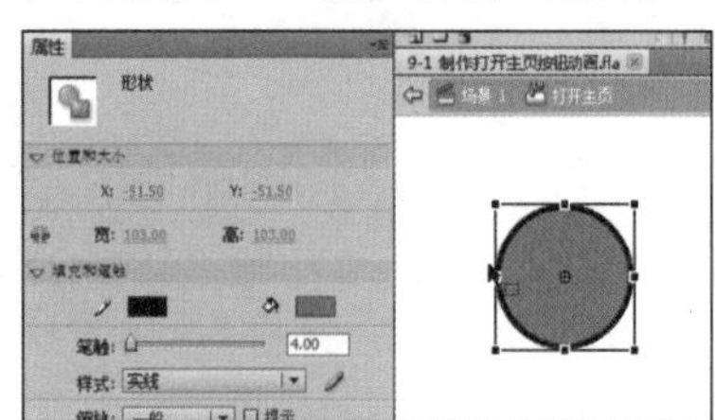

图9-3 绘制一个正圆

03 全选刚才所绘制的圆，按快捷键Ctrl + G将圆组合，以免接下来的操作对其产生影响，如图9-4所示。

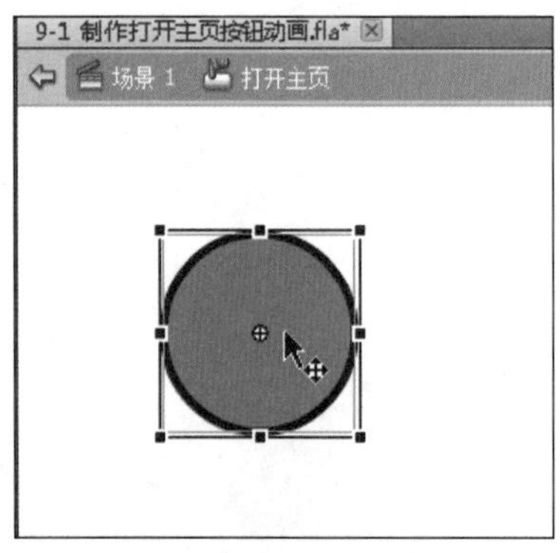

图9-4 将圆进行组合

04 选中组合后的圆，按快捷键Ctrl + C进行复制，再按快捷键Ctrl + Shift + V原位粘贴一个圆形在原来的圆上面，双击进入最上面圆的组内后，使用【选择工具】选中轮廓线条并删除，再选中填充部分，在"颜色"面板内设置如图9-5所示的渐变，再使用【渐变变形工具】调整渐变效果。

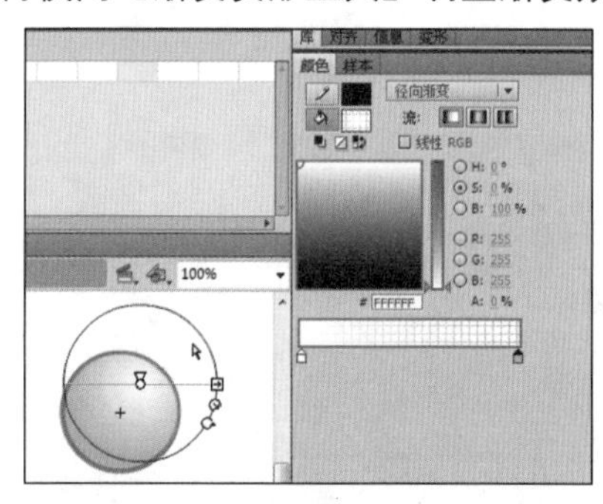

图9-5 设置渐变并调节渐变效果

05 双击舞台空白区域以返回上一层，使用【文本工具】设置如图9-6所示的属性，并在圆形上面输入"打开主页"文字。

图9-6 输入按钮上的文字

06 单击选中"指针经过"帧，按F6键插入关键帧，此时该帧将会与"弹起"帧内容一致，如图9-7所示。

图9-7 在“指针经过”帧插入关键帧

07 使用【任意变形工具】全选所有图形，并按住Shift + Alt键将所有图形的大小稍微调大一点，再双击圆形进入圆形组的内部，将颜色稍微加深一点，如图9-8所示。

图9-8 修改图形大小并加深颜色

注意：如果发现高光的组完全处于圆形组的上面，而导致无法选中圆形组，可以先将高光组移开，待修改完圆形组后再移动回原位。

08 选中“按下”帧，并按F6键插入关键帧，此时帧上的内容将和“指针经过”帧内容一致，重复上面的步骤，修改一下圆形的大小，也可以修改一下文字的颜色，如图9-9所示。

图9-9 修改图形大小

09 返回到“指针经过”帧，小心选中该帧上的圆形组，并按F8键将其转换为影片剪辑元件，命名为“指针经过动画”，记得刚才新建元件的时候选择的是“按钮”元件，一定要记得修改回来，如图9-10所示。

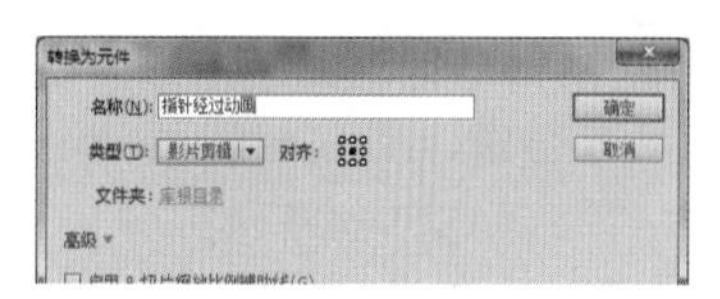
图9-10 转换为影片剪辑元件

10 单击“确认”按钮后，圆形组将会处于最上层的位置，先双击它并进入内部进行编辑。先选中处于第1帧的圆形组，按快捷键Ctrl + B打散该图形，如图9-11所示。

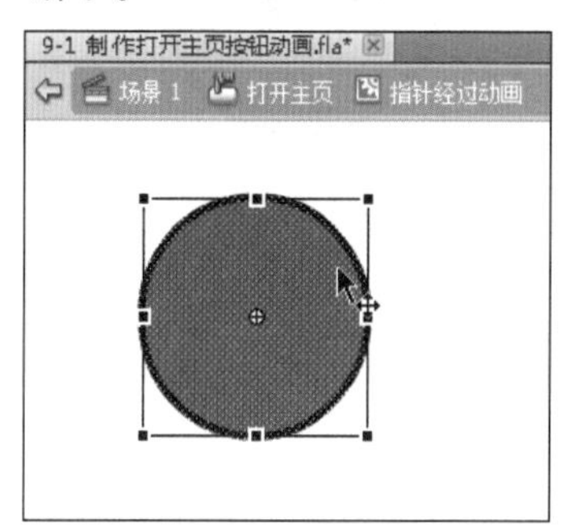

图9-11 打散图形

11 在元件的第5和10帧分别按F6键插入关键帧，并右键单击帧间的区域，在弹出的菜单中选择【创建补间形状】选项，如图9-12所示。

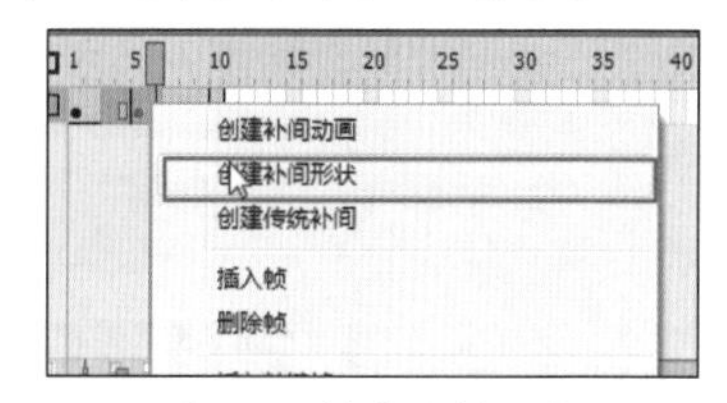

图9-12 创建补间形状

注意：传统补间动画包括两种类型，一种是普通的传统补间动画，另一种是形状补间动画。普通的传统补间动画是元件之间的补间动画，一般涉及的是整体大小。角度、位置的变化效果，而形状补间偏向于对内部形状的变化，二者没有过于明显的区别。

12 选中第5帧上的图形，修改其填充颜色，这样便制作了颜色渐变的动画，如图9-13所示。

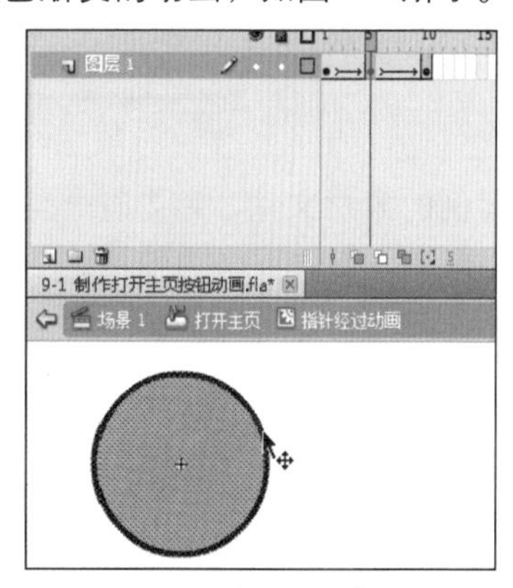
图9-13 修改图形颜色

13 双击舞台空白部分以返回上一级，选中刚才制作的圆形，按快捷键Ctrl + Shift + ↓ 将圆形动画放置在最下面一层，如图9-14所示。

图9-14 将圆形动画调节至最底层

14 单击时间轴下方的“场景1”返回主场景，将元件“打开主页”按钮拖曳至舞台上，使用【渐变变形工具】适当调节大小，保存文件，按快捷键Ctrl + Enter测试影片，可以看到按钮的效果，如图9-15所示。

图9-15 最终效果图

9.2 课件按钮效果

“课件按钮”案例效果，如图9-16所示。

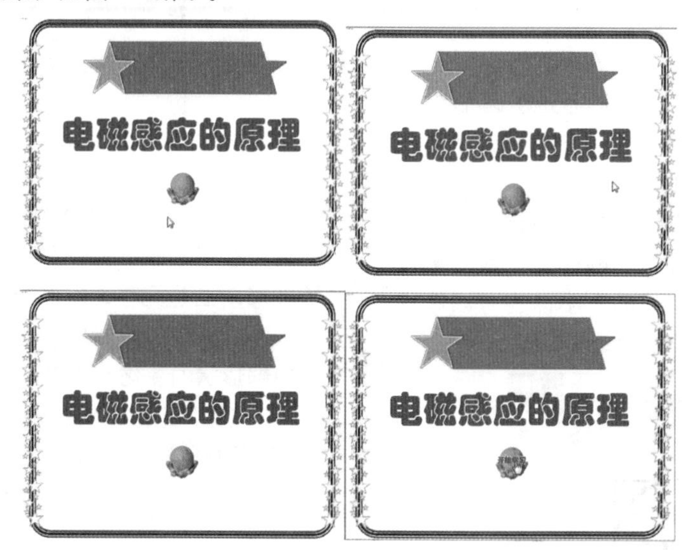

图9-16 案例最终效果

01 打开本案例的素材文件，库内有一些图片素材和一个影片剪辑，影片剪辑为使用这些图片素材制作好的逐帧动画效果，如图9-17所示。

图9-17 库内的素材

02 按快捷键Ctrl + F8新建元件，选择按钮元件，并命名为“开始学习”，如图9-18所示。

图9-18 新建按钮元件

03 单击“确定”按钮后进入该元件内部进行编辑，将库中的“地球转动”影片剪辑元件拖曳至舞台上的“弹起”帧，如图9-19所示。

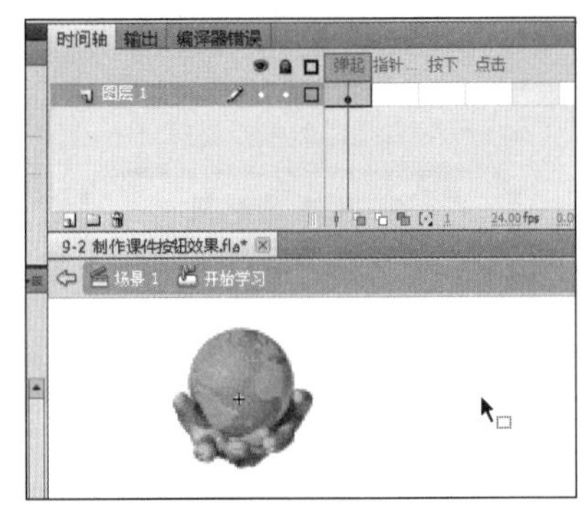

图9-19 将元件拖曳至“弹起”帧

04 单击“指针经过”帧，按F6键插入关键帧，并按快捷键Ctrl + B将“指针经过”帧上的“地球转动”元件打散，如图9-20所示。

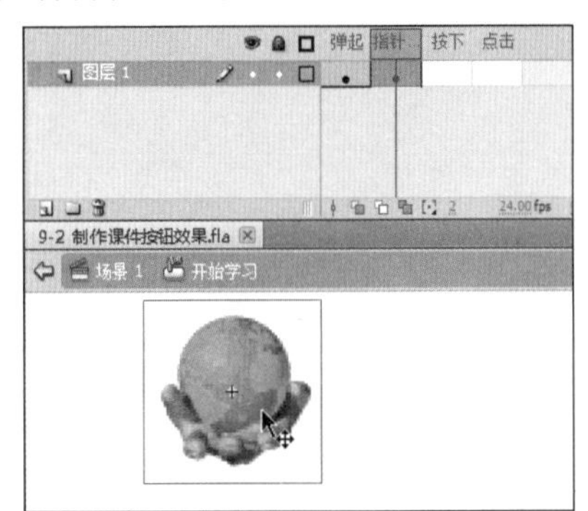

图9-20 打散影片剪辑

05 选择【文本工具】，并将属性栏设置为如图9-21所示的状态。

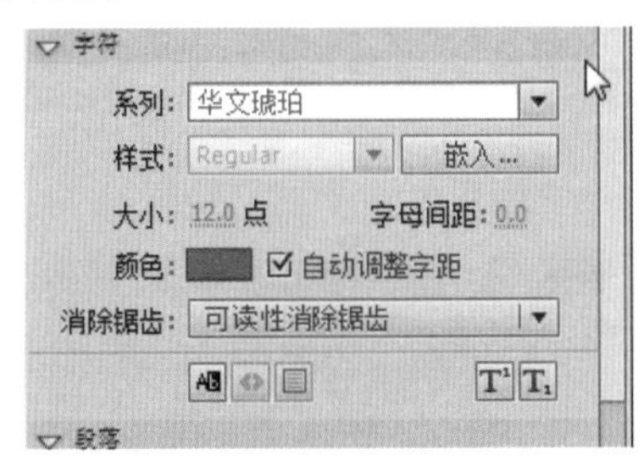

图9-21 设置“文本工具”属性

06 在“地球”上面使用【文本工具】输入“开始学习”字样，如图9-22所示。

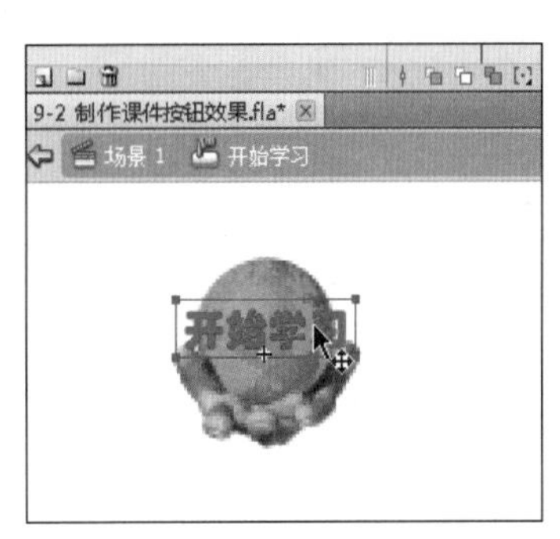

图9-22 输入文本

07 选中该文字，按F8键将其转换为影片剪辑元件，命名为“文字”，如图9-23所示。

图9-23 转换为影片剪辑元件

08 转换完成后，双击文字以进入内部编辑，选中第1帧的文字，按快捷键Ctrl + B打散两次，如图9-24所示。

图9-24 将文字打散两次

09 在第10帧按F6键插入关键帧，并在“颜色”面板中将第1帧上的文字透明度设置为0，如图9-25所示。

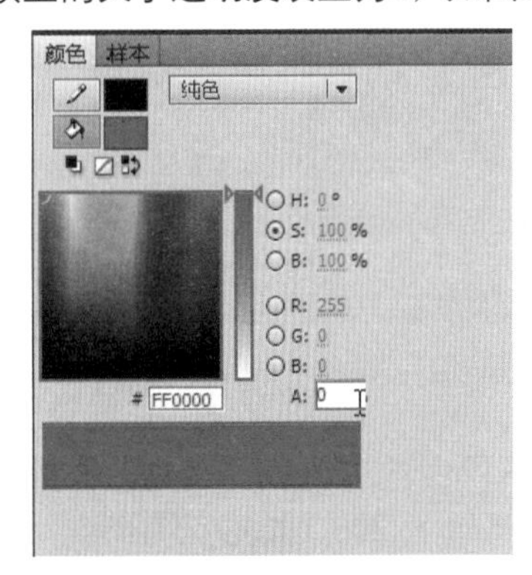

图9-25 设置透明度

10 选中第1帧，并单击右键，在弹出的菜单中选择【创建补间形状】选项，并在第10帧处按F9键打开“动作”面板，输入stop();脚本，如图9-26所示。

图9-26 创建补间形状和脚本

11 单击时间轴下方的“场景1”以返回主场景，将库中的“背景图”图片素材拖曳至舞台，并在“属性”面板中调节属性，如图9-27所示。

图9-27 调整图片的位置和大小

12 使用【文本工具】选择一个较大的字号，在舞台中央输入“电磁感应的原理”文字，并将“按钮”元件从库中拖曳至舞台，如图9-28所示。

图9-28 输入文字并拖曳进按钮元件

13 保存文件，按快捷键Ctrl + B测试影片，效果如图9-29所示。

图9-29 最终效果图

9.3 多彩按钮效果

“多彩按钮”案例效果，如图9-30所示。

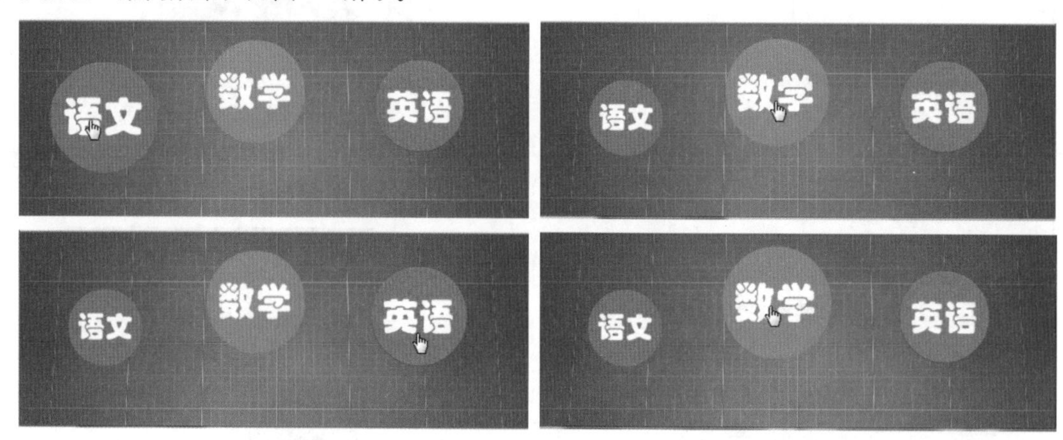

图9-30 案例最终效果

01 新建空白Flash文档，在“属性”面板中将舞台大小调节至550 × 200，如图9-31所示。

图9-31 设置舞台尺寸

02 选择工具栏内的【椭圆工具】，在“属性”面板内设置属性，如图9-32所示。

图9-32 设置椭圆工具的属性

03 在舞台上使用【椭圆工具】并按住Shift键绘制一个正圆，如图9-33所示。

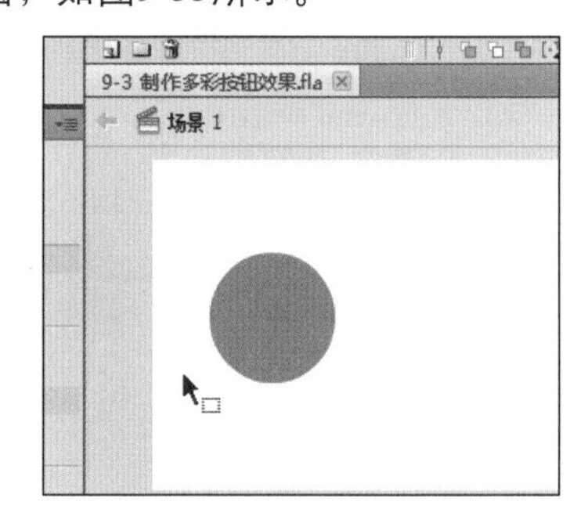

图9-33 绘制一个正圆

04 使用【选择工具】选中该椭圆形，并按F8键将其转换为按钮元件，命名为“按钮-语文”，如图9-34所示。

图9-34 转换为按钮

05 双击舞台上的椭圆以进入刚才转换的按钮元件内部，使用【文本工具】在椭圆上输入“语文”文字，如图9-35所示。

图9-35 输入文本

06 在“鼠标经过”帧按F6键插入关键帧，并按快捷键Ctrl + B将该帧上的内容打散两次，直到文字也被打散为填充，如图9-36所示。

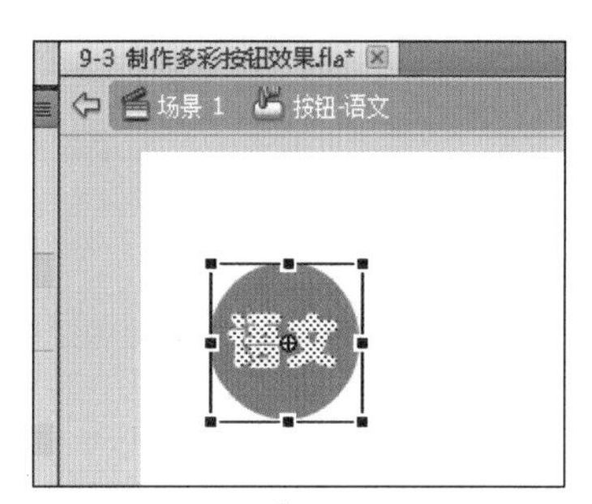

图9-36 打散帧上的内容

07 选中打散的内容，按F8键将其转换为影片剪辑元件，命名为“按钮-语文-经过”，如图9-37所示。

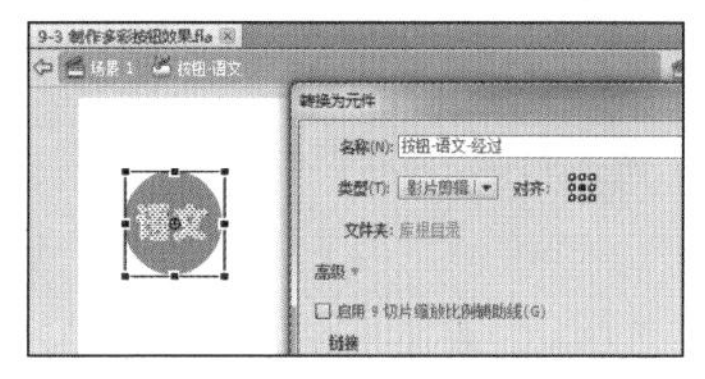

图9-37 转换为影片剪辑元件

08 转换完成后，双击该影片剪辑元件以进入其内部，在第7、11、14、16帧分别按F6键插入关键帧，如图9-38所示。

图9-38 插入关键帧

09 选中第7帧上的图形，在【变形】面板内将“缩放宽度”和“缩放高度”都改为120，如图9-39所示。

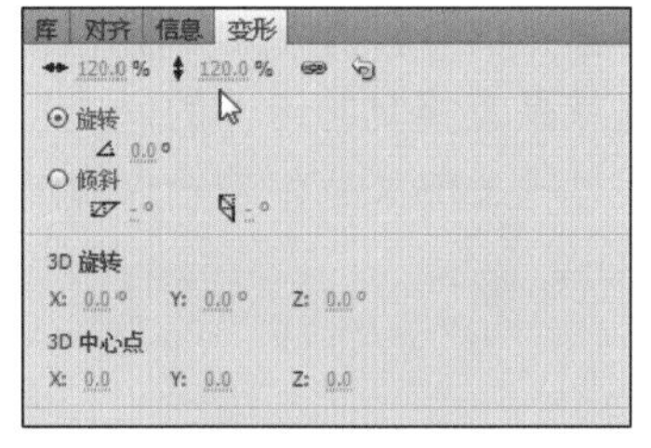

图9-39 设置缩放

10 按照上面的设置方法，将第11帧设置为105，第14帧设置为115，第16帧设置为110，接下来在所有帧之间创建补间形状，如图9-40所示。

图9-40 设置缩放比例并创建补间形状

11 单击第16帧并按F9键，在弹出的“动作”面板内输入脚本语言，如图9-41所示。

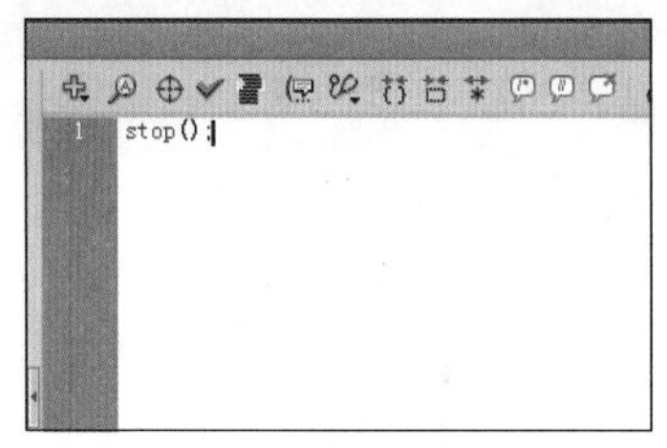

图9-41 输入停止播放脚本

12 此时可以单击时间轴下方的“场景1”以返回主场景，按快捷键Ctrl + Enter测试该按钮的效果，可以看到按钮呈现出有弹性的样式，如图9-42所示。

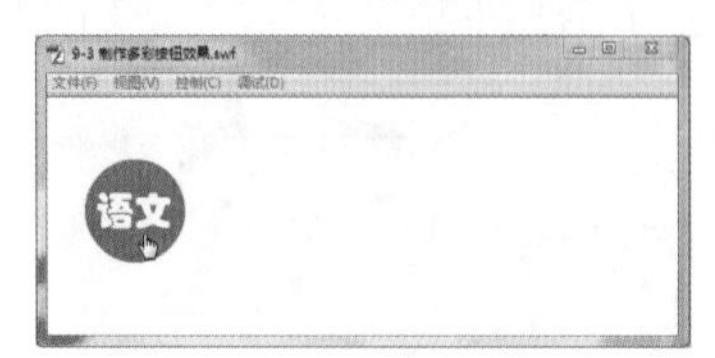

图9-42 测试一个按钮的效果

13 关闭测试界面，在库中选择“按钮-语文”元件，并单击右键，在弹出的菜单中选择【直接复制】选项，在弹出的对话框中将元件名改为“按钮-数学”，如图9-43所示。

图9-43 直接复制元件

14 上一步操作后，将会在库中复制出一个“按钮-数学”元件，双击该元件进入内部，可以看到内容和“按钮-语文”元件的内容一致，但是此时更改这里的内容并不会影响原来“按钮-语文”元件的内容，这就是直接复制元件的好处。可以修改元件“弹起”帧上的文字，并修改圆形的颜色，如图9-44所示。

图9-44 修改新复制的元件

15 在“指针经过”帧上，单击右键并在弹出的菜单中选择【清除关键帧】选项，此时将会把原来“指针经过”帧上的内容清除，此时再按F6键在该帧上插入关键帧，如图9-45所示。

图9-45 重新插入关键帧

16 重复之前制作“按钮-语文”的方法制作“按钮-数学”的指针经过动画，并制作完成该按钮，将其拖曳到舞台上，以此方法类推，可以做出其他学科的按钮。再添加一张图片作为背景，完成后可以按快捷键Ctrl + Enter测试，如图9-46所示。

图9-46 最终效果图

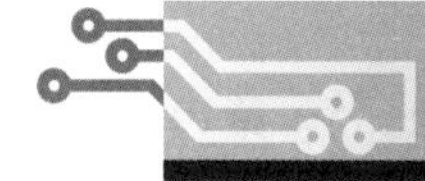

9.4 播放器按钮

“播放器按钮”案例效果，如图9-47所示。

图9-47 案例最终效果

01 打开本案例的素材文件，库内有两个按钮效果的素材图，如图9-48所示。

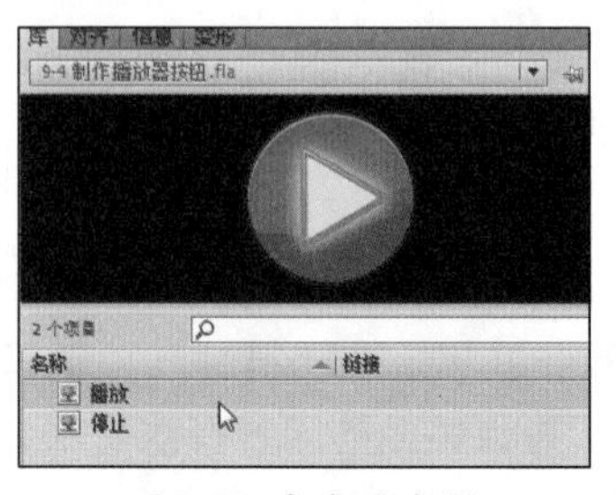

图9-48 库内的素材

02 将“播放”图片素材从库中拖曳到舞台，并调整其大小和位置，如图9-49所示。

图9-49 将图片拖曳到舞台

03 选中该舞台上的图形，按F8键将其转换为影片剪辑元件，并命名为“按钮”，如图9-50所示。

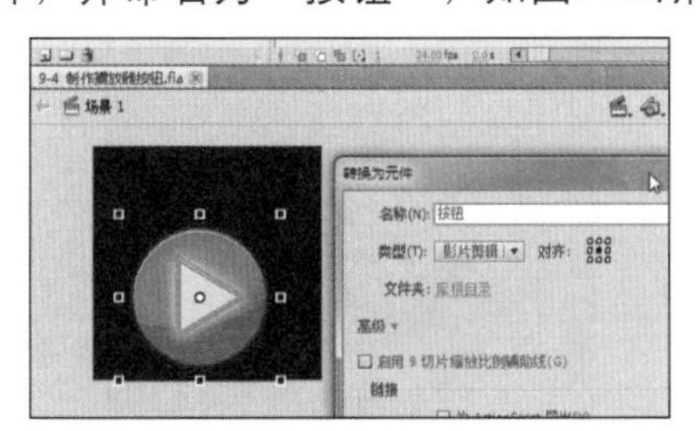

图9-50 转换为影片剪辑元件

04 完成上一步的操作后，双击舞台上刚才转换的元件进入其内部编辑，在第2帧上按F7键插入空白关键帧，并将“停止”图片素材从库中拖曳到舞台上，调节其大小和位置使其和“播放”图片素材一样大，如图9-51所示。

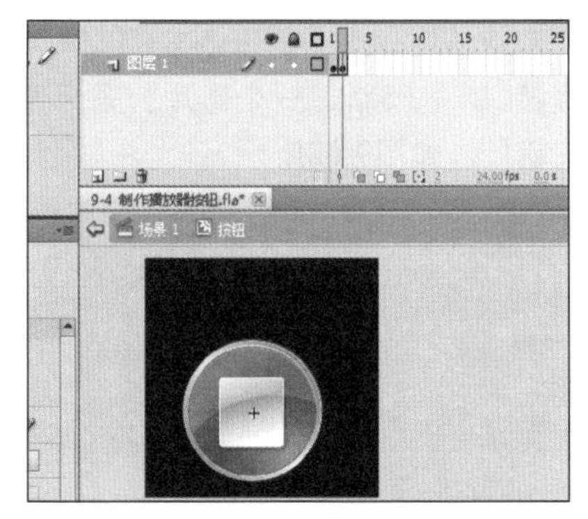

图9-51 将停止图片素材拖曳进舞台

05 在第1帧上单击右键，在弹出的菜单中选择【动作】选项，并在【动作】面板中输入停止播放脚本，如图9-52所示。

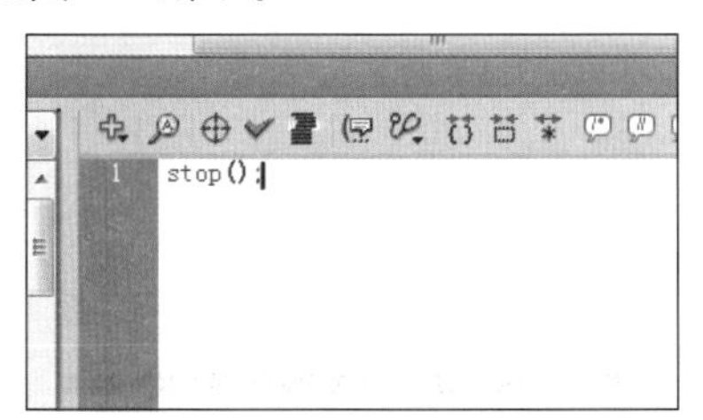

图9-52 插入停止播放脚本

06 双击舞台空白部分，以返回上一级，即场景1，选中舞台上的影片剪辑，并在“属性”面板中将实例名称改为btn_play，如图9-53所示。

图9-53 输入实例名称

07 在舞台上方绘制一个白色的矩形，如图9-54所示。

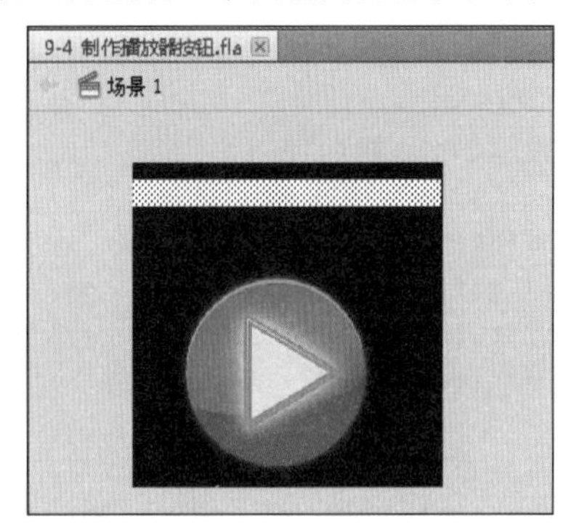

图9-54 绘制白色矩形

08 选中该矩形并按F8键，将其转换为影片剪辑元件，命名为“测试动画”，如图9-55所示。

图9-55 转换为影片剪辑元件

09 双击进入该元件内部，在第20帧处按F6键插入关键帧，并将第1帧上的矩形向左侧缩至很小，并在第1帧上单击右键，选择【创建补间形状】选项，如图9-56所示。

图9-56 制作测试动画

10 在第1帧按F9键，在弹出的“动作”面板中输入stop()；，在最后一帧按F9键，在“动作”面板中输入gotoAndPlay(2)。双击舞台空白部分返回上一级，为测试影片元件命名为mc_test，如图9-57所示。

图9-57 输入实例名称

11 在主时间轴的第1帧按F9键，在弹出的“动作”面板中输入脚本，如图9-58所示。

```
btn_play.addEventListener(MouseEvent.
CLICK,playF);
var status:String = "stop";
function playF(e:MouseEvent):void{
if(status == "stop"){
mc_test.play();
btn_play.gotoAndStop(2);
status = "play";
}else if(status == "play"){
btn_play.gotoAndStop(1);
mc_test.stop();
status = "stop";
}
}
```

12 保存文件，按快捷键Ctrl + Enter 测试影片，单击按钮，上面的影片即开始播放，按钮变为暂停样式，再次单击，则影片停止播放，并且按钮变为播放样式，效果如图9-59所示。

图9-58 输入脚本

图9-59 最终效果图

9.5 卡通形象效果按钮

“卡通形象效果按钮”案例效果，如图9-60所示。

图9-60 案例最终效果

01 打开本案例的素材文件，库内有按钮背景图素材和一个兔子的影片剪辑，如图9-61所示。

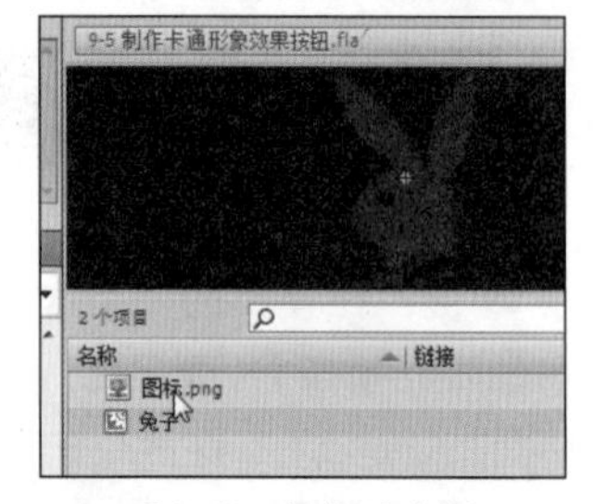

图9-61 库内的素材

02 按快捷键Ctrl + F8新建一个影片剪辑元件，并命名为“按钮”，如图9-62所示。

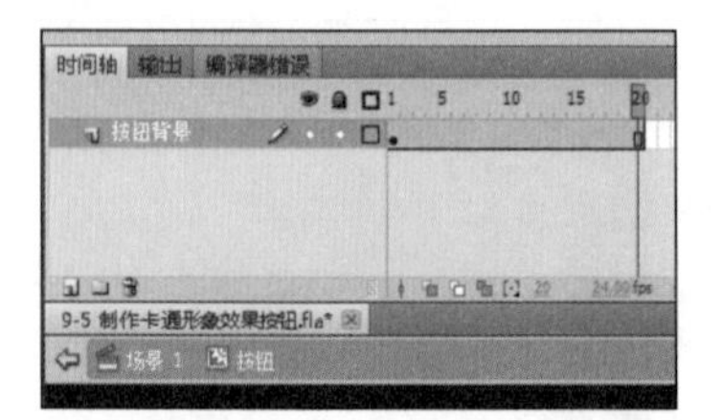

图9-62 新建影片剪辑元件

03 单击“确定”按钮后，进入元件内部，将库内的“图标”图形素材拖曳至舞台，将图层1重命名为“按钮背景”，并在第20帧处按F5键插入帧，如图9-63所示。

图9-63 在20帧处插入帧

04 锁定“按钮背景”图层，并新建一个图层，命名为“动画效果”，如图9-64所示。

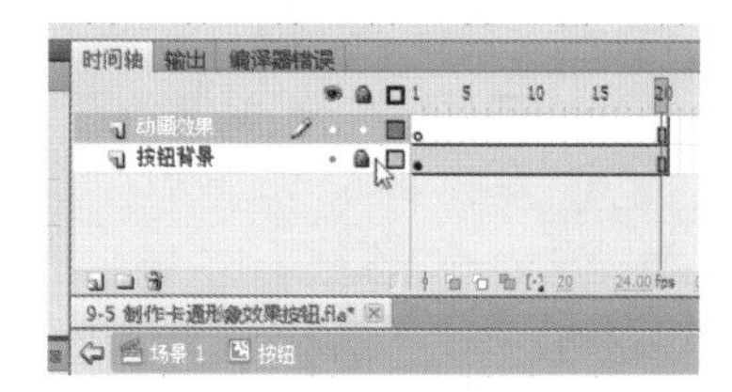

图9-64 新建一个图层

05 使用【文本工具】在图层的第1帧上输入“进入主页”文字，并将其拖曳到按钮的中央，如图9-65所示。

图9-65 输入文字

06 将库中的“兔子影片”影片剪辑拖曳至舞台文字的下方位置，如图9-66所示。

图9-66 将“兔子”元件拖曳至舞台

07 按住Shift键同时选中“兔子”元件和文字，再按F8键将两个元件一起转换为影片剪辑元件，命名为“动画”，如图9-67所示。

图9-67 转换为元件

08 在第10和20帧分别按F6键插入关键帧，并在第1和10帧处分别单击右键，在弹出的菜单中选择【创建传统补间】选项，如图9-68所示。

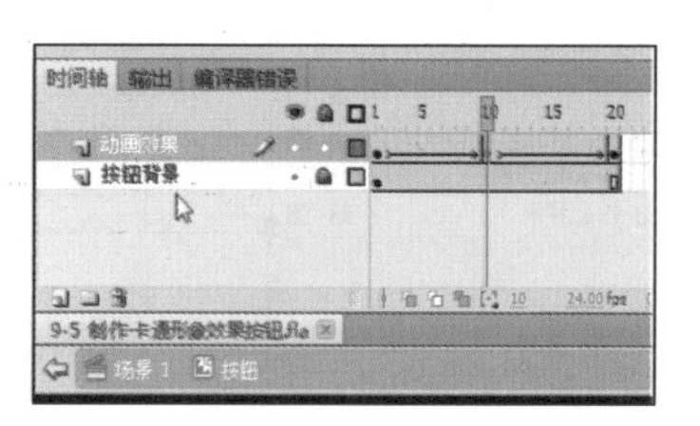

图9-68 创建传统补间

09 使用向上键将处于第10帧上的“动画”向上移动一定距离，使文字离开按钮，“兔子”元件处于按钮中心，如图9-69所示。

图9-69 将元件移动至“兔子”处于中心

10 分别选中第1～10帧和第10～20帧之间的补间区域，并在“属性”面板内将“缓动”属性修改为100，如图9-70所示。

图9-70 设置缓动

11 新建一个图层，命名为“遮罩”，并使用【矩形工具】绘制一个和按钮背景一样大小的矩形，如图9-71所示。

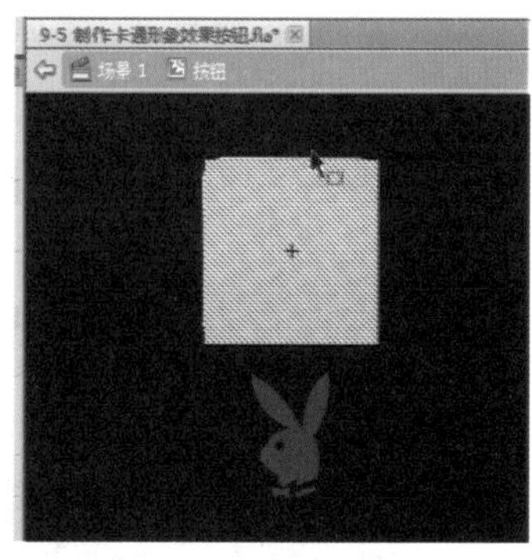

图9-71 绘制遮罩图形

12 右键单击“遮罩”层，在弹出的菜单中选择【遮罩层】选项，如图9-72所示。

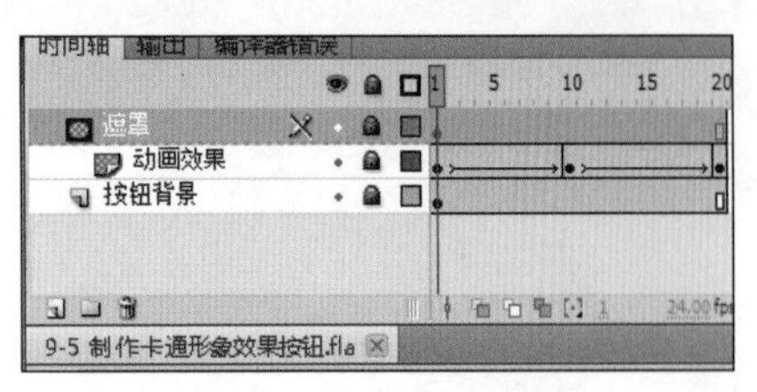

图9-72 创建遮罩层

13 再次新建一个图层，命名为“as”，如图9-73所示。

图9-73 创建新的图层

14 在“as”图层上的第1帧按F9键打开“动作”面板，在里面输入脚本，如图9-74所示。

```
stop();
mouseChildren = false;
addEventListener(MouseEvent.MOUSE_
OVER,overF);
addEventListener(MouseEvent.MOUSE_
OUT,outF);
function overF(e:MouseEvent):void{
gotoAndPlay(2);
}
function outF(e:MouseEvent):void{
gotoAndPlay(11);
}
```

15 在“as”图层的第10帧处按F7键插入空白关键帧，并按F9键打开“动作”面板，输入Stop();脚本，如图9-75所示。

图9-74 插入脚本

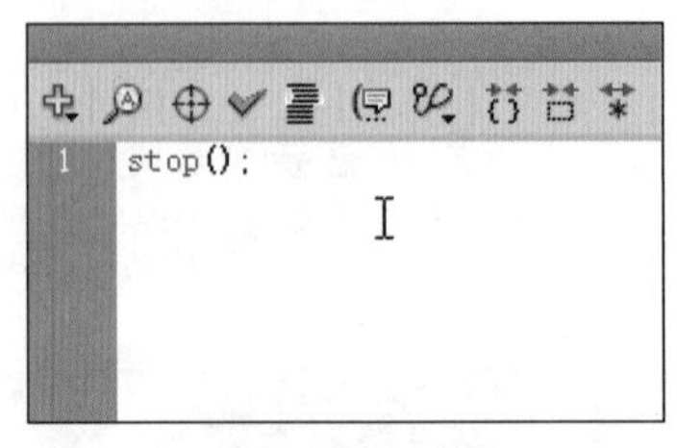

图9-75 插入脚本

16 单击时间轴下方的“场景1“以返回主场景，将“按钮”元件拖曳至舞台上，并使用【任意变形工具】调节其大小和位置，可以添加一个背景纹理，保存文件，按快捷键Ctrl + Enter测试影片效果，如图9-76所示。

图9-76 最终效果图

9.6 光效滑过按钮

“光效划过按钮”案例效果，如图9-77所示。

图9-77 案例最终效果

01 打开本案例的素材文件，库内有一个背景图片素材，如图9-78所示。

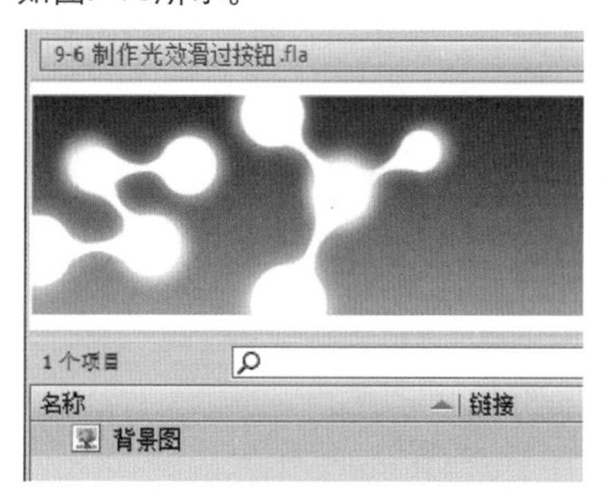

图9-78 库内的图片素材

02 在“属性”面板中将舞台的尺寸修改为483×129，如图9-79所示。

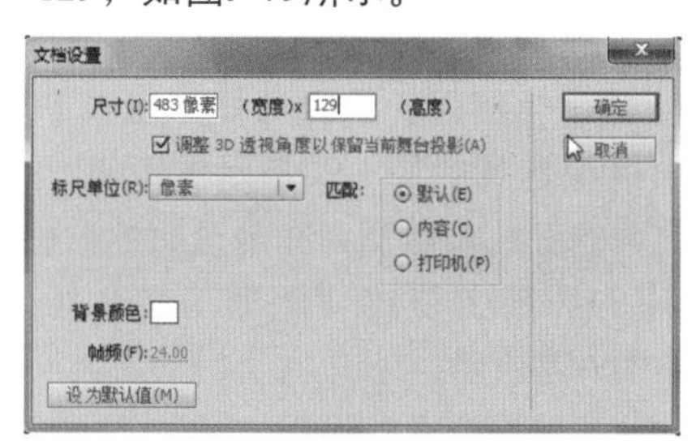

图9-79 设置舞台尺寸

03 将图层1重命名为“背景图层”，并将图片素材“背景图”从库中拖曳到舞台上，设置其“属性”面板内的X和Y属性为0，如图9-80所示。

图9-80 设置图片的属性

04 新建一个图层，命名为“按钮文字”，如图9-81所示。

图9-81 新建图层并命名

05 选择【文本工具】，并在“属性”面板中进行如图9-82所示的设置。

图9-82 设置文本工具的属性

06 使用设置好的【文本工具】，在舞台上输入如图9-83所示的文字。

图9-83 输入文字

07 选中刚才输入的文字，按F8键将其转换为按钮元件，命名为“按钮”，如图9-84所示。

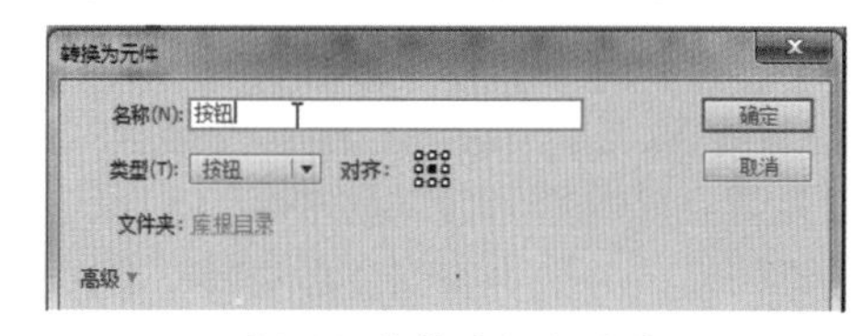

图9-84 转换为按钮元件

08 单击“确定”按钮后，再双击该文字以进入该按钮元件内，选中“弹起”帧上的文字，并再次按F8键将其转换为影片剪辑元件，命名为“按钮-弹起”，如图9-85所示。

图9-85 转换为影片剪辑元件

09 单击“确定”按钮后，再次双击刚才转换的元件以进入内部，使用【选择工具】选中第1帧上的文字，并在“属性”面板内的【滤镜】选项卡内设置滤镜属性，如图9-86所示。

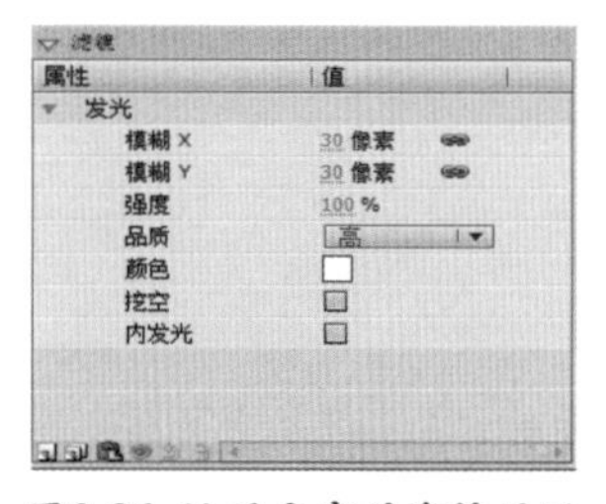

图9-86 设置文字的滤镜属性

10 在第30帧上按F5键插入帧，并在第1帧上单击右键，在弹出的菜单中选择【创建补间动画】选项，如图9-87所示。

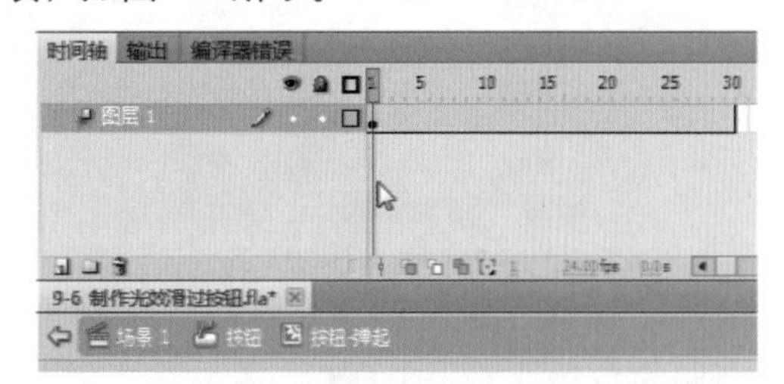

图9-87 创建补间动画

11 单击第15帧，再选中舞台上的文字，在"属性"面板中将滤镜的颜色修改为红色，如图9-88所示。

图9-88 设置滤镜属性

12 单击第30帧，并选中舞台上的文字，再次将"属性"面板中的滤镜颜色修改为白色，完成后时间轴如图9-89所示。

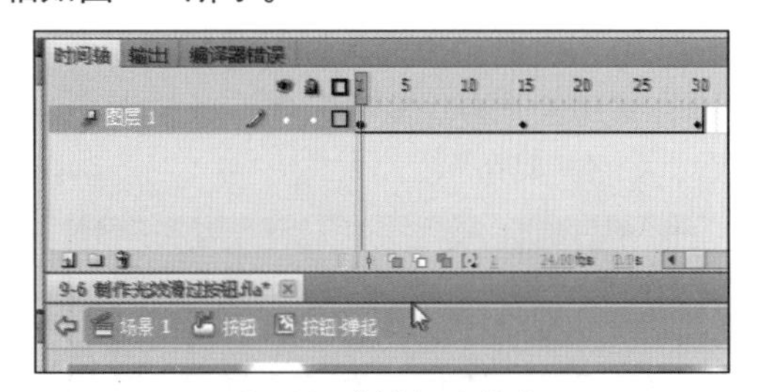

图9-89 时间轴的样式

13 双击舞台空白部分以返回上一层，在"指针经过"层按F6键插入关键帧，并再按快捷键Ctrl + B打散该剪辑使之还原为文字，再按F8键将其转换为影片剪辑元件，并命名为"按钮-经过"，如图9-90所示。

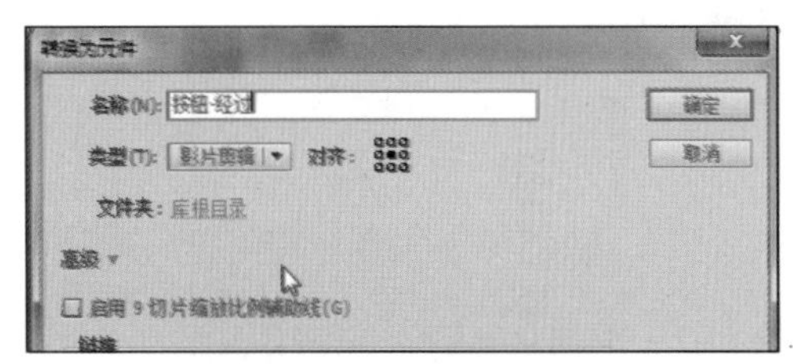

图9-90 转换为影片剪辑元件

14 单击"确定"按钮后，双击刚才转换的元件以进入其内部，选中舞台上的文字，按快捷键Ctrl + C复制该文字，新建一个图层，再按快捷键Ctrl + Shift + V原位粘贴该文字在新的图层上，如图9-91所示。

图9-91 粘贴一次文字

15 再次新建一个图层，选择【矩形工具】，在"颜色"面板中选择如图9-92所示的渐变，中间为完全不透明的红色，两侧为完全透明的白色。

16 在新建的图层上使用【矩形工具】绘制一个矩形，如图9-93所示。

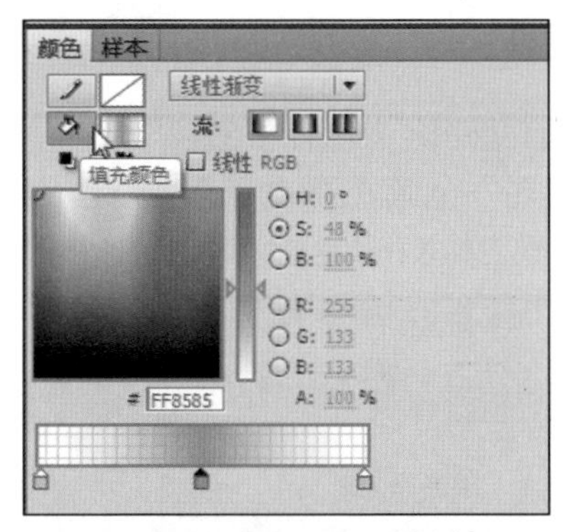

图9-92 设置渐变填充

图9-93 绘制渐变填充的矩形

17 将最新的图层放置在刚才两个图层的中间，如图9-94所示。

18 选中所有图层的第15帧并按F5键插入帧，并在图层3的第15帧按F6键插入关键帧，之后右键单击图层3的第1帧，并在弹出的菜单中选择【创建补间形状】选项，完成后将图层3第15帧上的矩形拖曳到文字最右侧，如图9-95所示。

图9-94 将图层拖曳到中间

图9-95 创建补间形状

19 右键单击图层2，并在弹出的菜单中选择【遮罩层】选项，如图9-96所示。

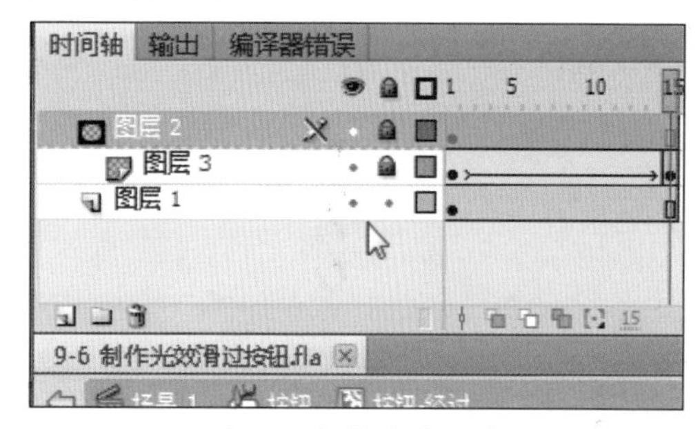

图9-96 转换为遮罩层

20 单击时间轴下方的“场景1”以返回主场景，保存文件，按快捷键Ctrl+Enter测试影片，效果如图9-97所示。

图9-97 最终效果图

9.7　蜡烛按钮

“蜡烛按钮”案例效果，如图9-98所示。

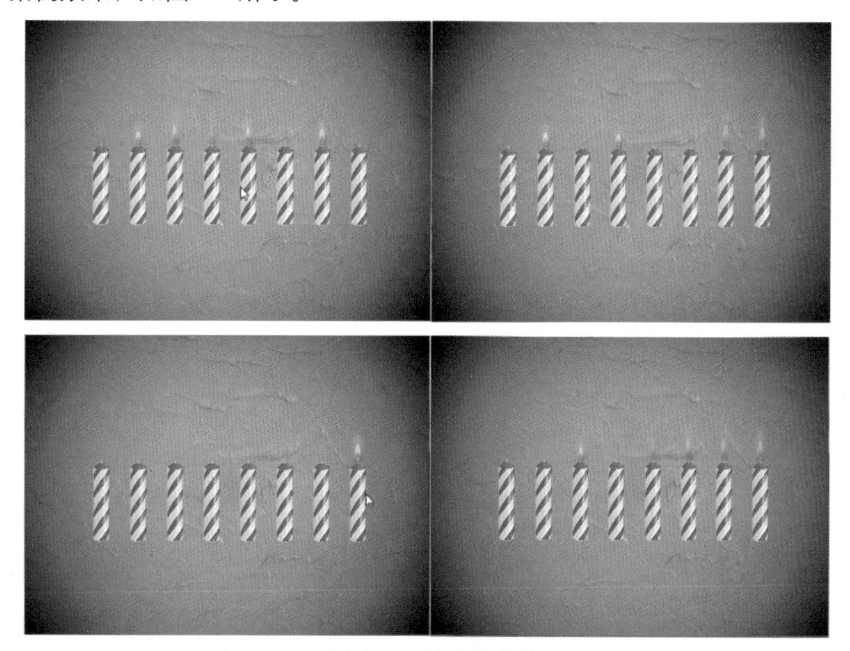

图9-98 案例最终效果

01 打开本案例的素材文件，库内有如图9-99所示的图形素材。

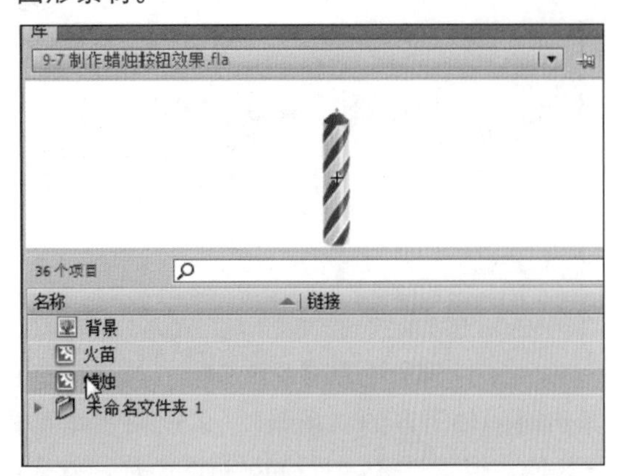

图9-99 库内的图片素材

02 按快捷键Ctrl + F8新建一个影片剪辑元件，命名为“蜡烛-静止”，如图9-100所示。

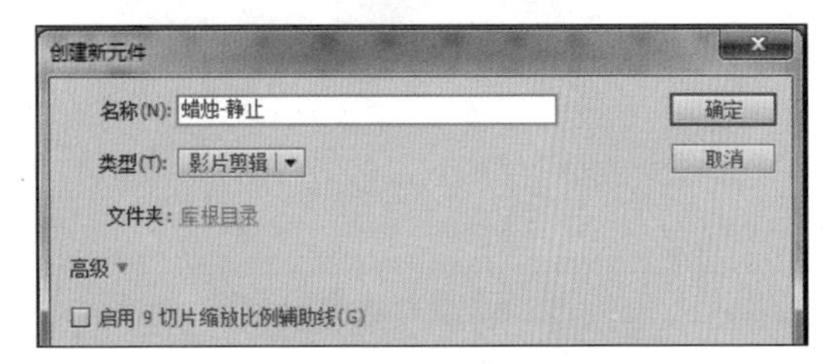

图9 100 新建蜡烛静止影片剪辑

03 单击“确定”按钮后进入元件内部，将库内的“蜡烛”影片剪辑拖曳到舞台上，并调整位置居中于舞台，如图9-101所示。

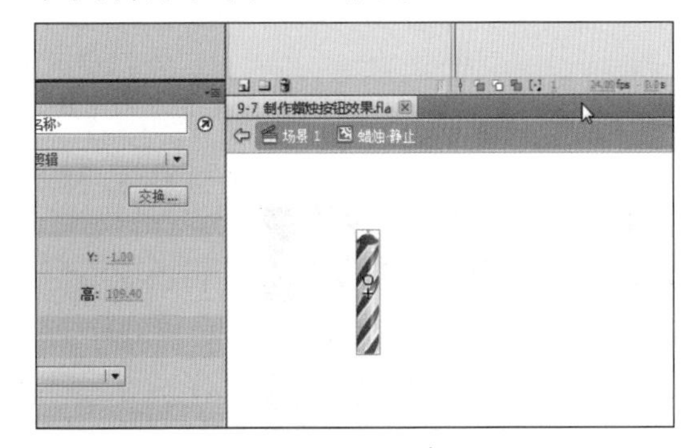

图9-101 设置图片属性

04 按快捷键Ctrl + F8新建一个影片剪辑元件，并命名为“蜡烛-鼠标经过”，如图9-102所示。

图9-102 新建影片剪辑元件

05 单击“确定”按钮后进入元件内部，像刚才一样拖曳蜡烛元件，并调整位置居中于舞台，再新建一个图层，将库中制作好的火苗动画拖曳到新图层的第1帧，位置在“蜡烛”的顶端，并制作“火苗”由透明到完全显示的动画，如图9-103所示。

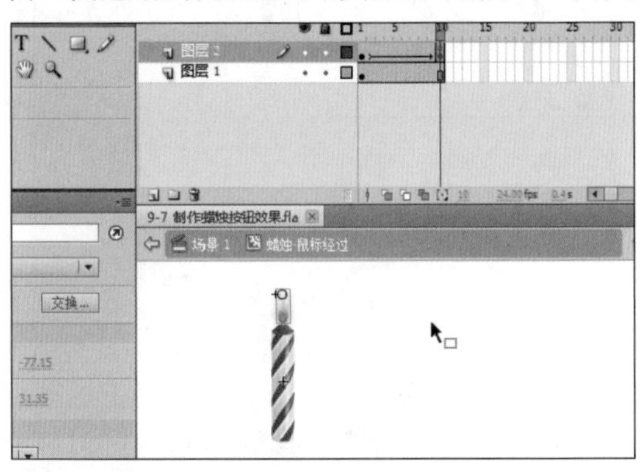

图9-103 制作“火苗”显示的动画

06 再次按快捷键Ctrl + F8新建一个元件，命名为“蜡烛-鼠标离开”，如图9-104所示。

图9 104 新建元件

07 单击“确定”按钮后进入元件内部，和制作鼠标经过动画步骤类似，制作“火苗”由完全显示到完全透明的动画，如图9-105所示。

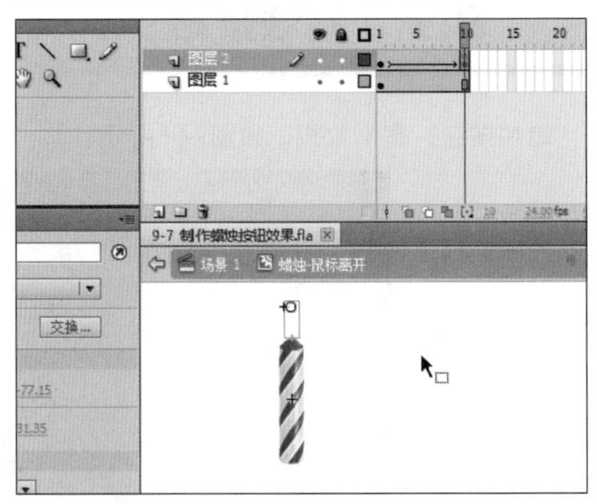

图9-105 制作“火苗”变透明的动画

08 在“蜡烛-鼠标离开”和“蜡烛-鼠标经过”影片剪辑的最后一帧上按F9键打开“动作”面板，并在其中输入停止播放脚本stop();，如图9-106所示。

09 按快捷键Ctrl + F8新建一个影片剪辑元件，并命名为“蜡烛按钮”，如图9-107所示。

10 单击“确定”按钮后进入影片剪辑内部，将库中的“蜡烛-静止”影片剪辑拖曳至第1帧的舞台上，并调整其X和Y轴为0，如图9-108所示。

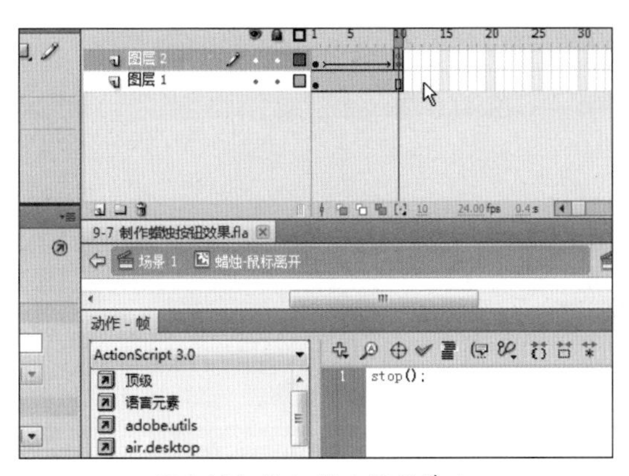

图9-106 输入停止播放脚本

图9-107 新建影片剪辑

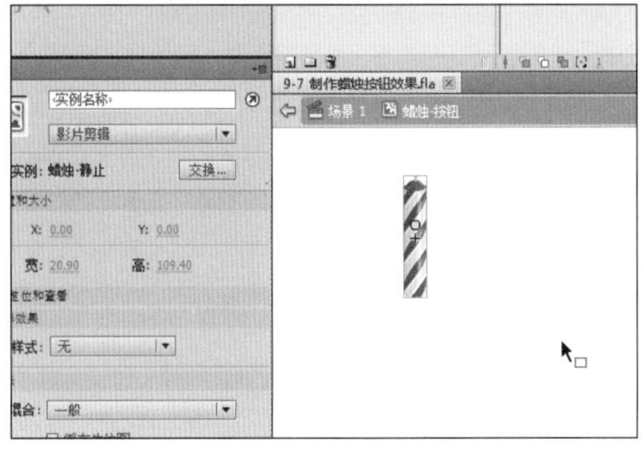

图9-108 将库内元件拖曳至舞台上

11 在第2帧上按F7键插入空白关键帧，并将库中的“蜡烛-鼠标经过”拖曳至舞台上，并同上一步调整其位置，再在第3帧按F7键插入空白关键帧，并将库中的“蜡烛-鼠标离开”拖曳至舞台上，也调整其位置，最后如图9-109所示。

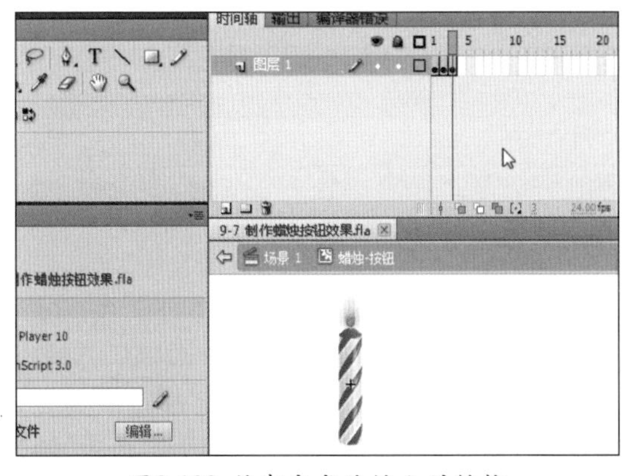

图9-109 拖曳完成后帧上的结构

12 在第1帧上按F9键打开“动作”面板，并在其中输入脚本，如图9-10所示。

```
import flash.events.MouseEvent;
stop();
addEventListener(MouseEvent.MOUSE_
OVER,overF);
addEventListener(MouseEvent.MOUSE_
OUT,outF);
function overF(e:MouseEvent):void{
gotoAndStop(2);
}
function outF(e:MouseEvent):void{
gotoAndStop(3);
}
```

```
1  //导入外部类
2  import flash.events.MouseEvent;
3  //停止播放
4  stop();
5  //添加鼠标经过侦听
6  addEventListener(MouseEvent.MOUSE_OVER,overF);
7  //添加鼠标移出侦听
8  addEventListener(MouseEvent.MOUSE_OUT,outF);
9
10 //经过函数
11 function overF(e:MouseEvent):void
12 {
13     gotoAndStop(2);
14 }
15
16 //移出函数
17 function outF(e:MouseEvent):void
18 {
19     gotoAndStop(3);
20 }
```

图9-110 输入脚本

13 单击时间轴下方的“场景1”以返回主场景，将库中的“蜡烛按钮”影片剪辑元件拖曳至舞台上，也可以多拖曳几个剪辑，将其移动到舞台的中间，也可以在舞台上再绘制一个渐变的填充，填充色中间为透明，并可以使用一张图片作为背景图，最终效果如图9-111所示。

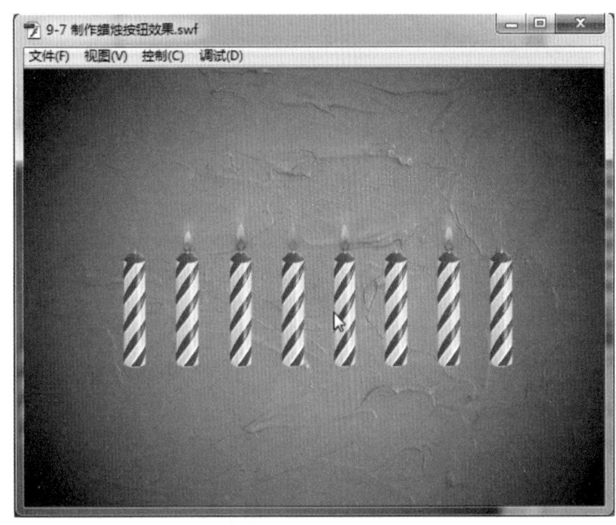

图9-111 最终效果图

9.8 滑块按钮

“滑块按钮”案例效果，如图9-112所示。

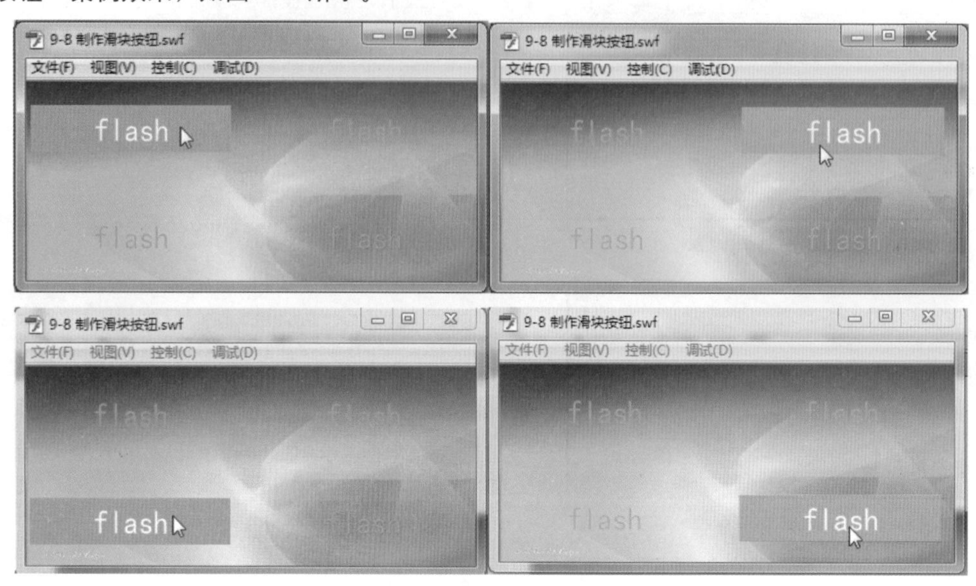

图9-112 案例最终效果

01 新建一个空白Flash文档，并调整舞台的大小为400×170，如图9-113所示。

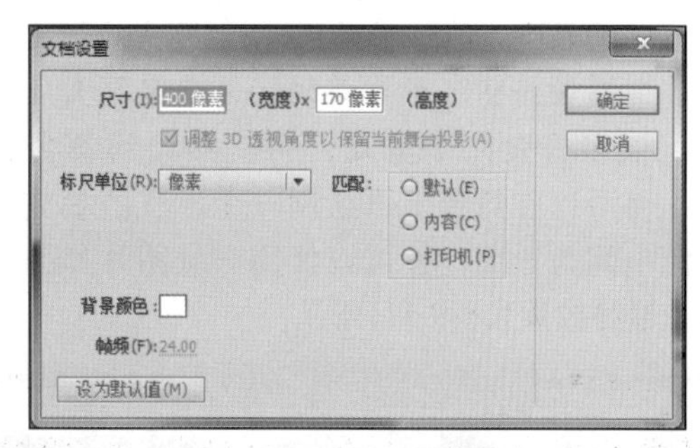

图9-113 调整舞台的尺寸

02 选择【矩形工具】，并在“属性”面板中选择填充颜色为蓝色，如图9-114所示。

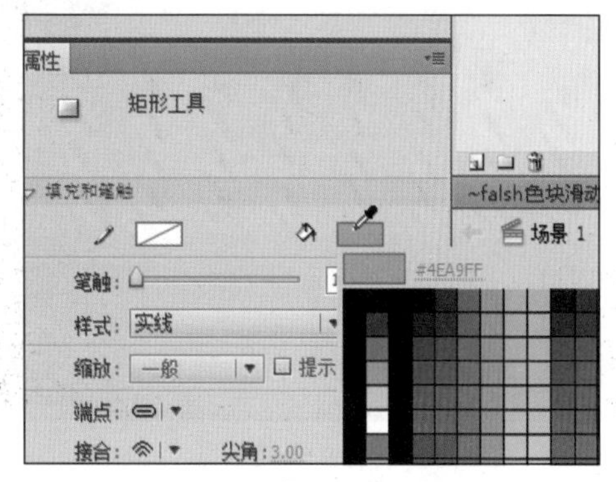

图9-114 设置【矩形工具】的属性

03 使用【矩形工具】在舞台上绘制一个矩形，如图9-115所示。

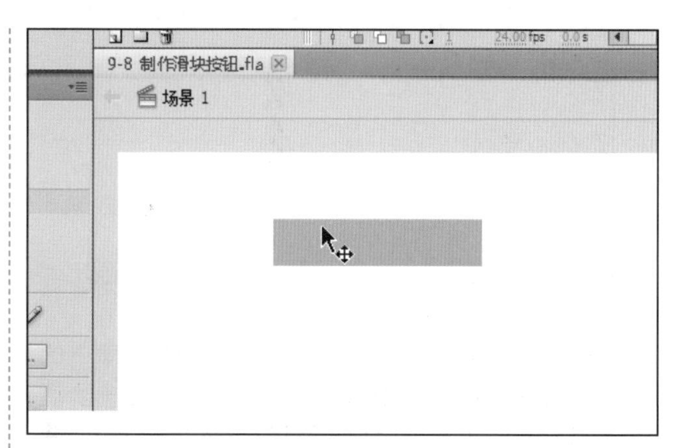

图9-115 绘制一个矩形

04 选中该矩形，按F8键将其转换为影片剪辑元件，并命名为“滑块按钮”，如图9-116所示。

图9-116 转换为影片剪辑元件

05 双击刚才转换的元件，进入其内部，在第6帧按F6键插入关键帧，并将第6帧上的矩形垂直向下移动一个矩形高度的距离，如图9-117所示。

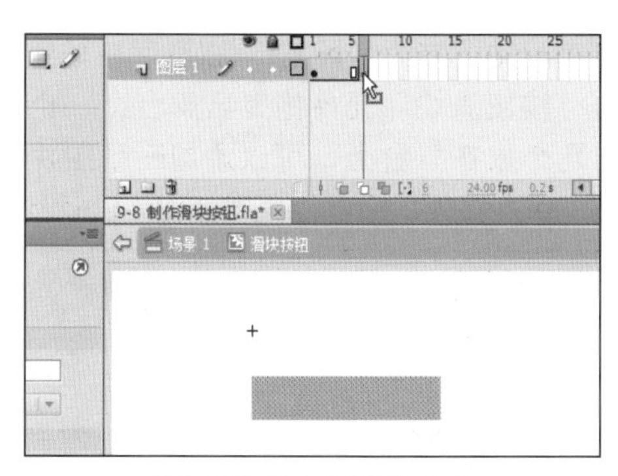
图9-117 移动矩形的位置

06 右键单击第1帧，并在弹出的菜单中选择“创建补间形状”选项，如图9-118所示。

图9-118 创建补间形状

07 在第8和10帧上按F6键插入关键帧，并将第10帧上的矩形稍微垂直向上移动一小段距离，在第12和17帧上按F6键插入关键帧，并将第17帧上的矩形位置调回第1帧上矩形的位置，最后在第8~10帧之间和第12~17帧中间创建补间形状，如图9-119所示。

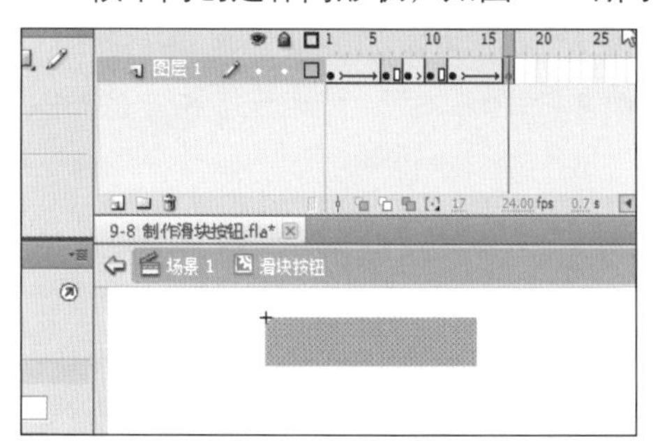
图9-119 创建补间形状

08 在刚才的图层上新建一个图层，选择【文本工具】，选择文字为白色，在舞台上输入文字，比如“flash”，并移动其位置到第1帧矩形的正下方，如图9-120所示。

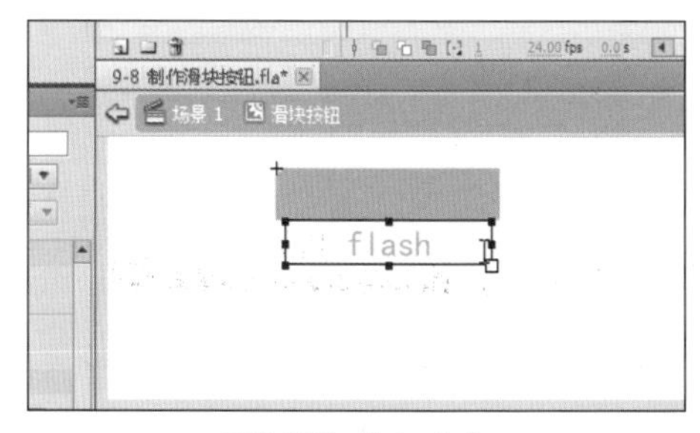
图9-120 输入文本

09 复制放置矩形图层的第10帧上的矩形，并再次新建一个图层，按快捷键Ctrl + Shift + V原位粘贴该矩形到新建图层的第1帧上，选中该矩形，在“颜色”面板中调节其透明度为0，如图9-121所示。

图9-121 设置矩形的透明度

10 在该图层的第1帧按F9键打开“动作”面板，在其中输入脚本，如图9-122所示。

```
import flash.events.MouseEvent;
stop();
addEventListener(MouseEvent.MOUSE_
OVER,overF);
addEventListener(MouseEvent.MOUSE_
OUT,outF);
function overF(e:MouseEvent):void{
gotoAndPlay(2);
}
function outF(e:MouseEvent):void{
gotoAndPlay(11);
}
```

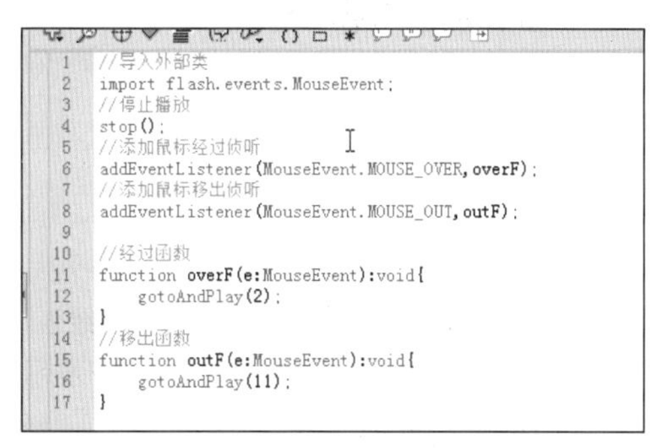
图9-122 输入脚本

11 在第10帧处按F9键打开“动作”面板，在其中输入停止播放脚本，如图9-123所示。

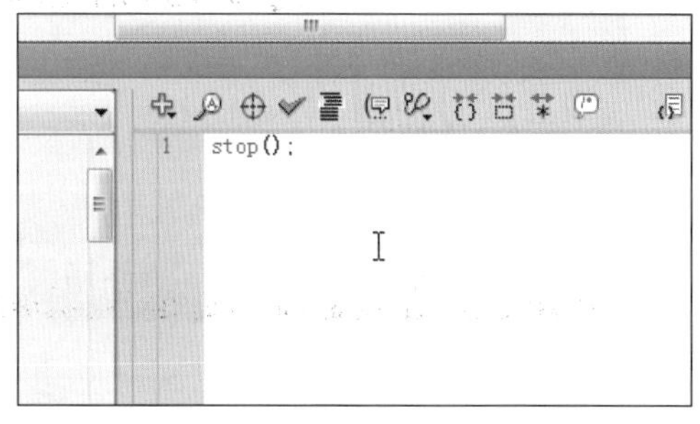
图9-123 输入脚本

12 将放置矩形的图层，即图层1上第1帧和最后一帧上的矩形颜色调整为透明，如图9-124所示。

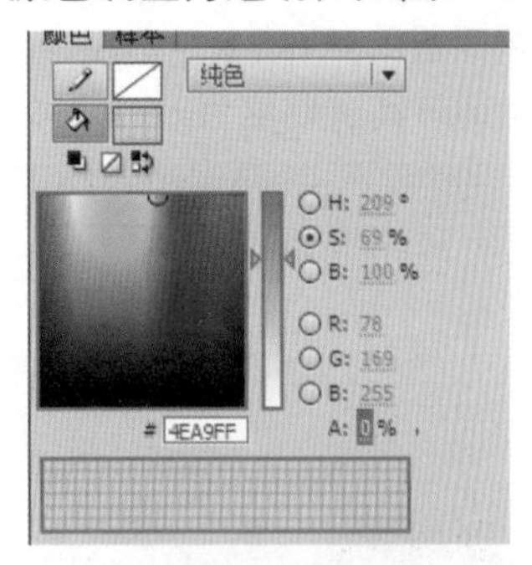

图9-124 调整矩形的透明度

13 在图层2放置文字图层上的第6和17帧上按F6键插入关键帧，并调节第1和17帧上文字的颜色为矩形的填充颜色，如图9-125所示。

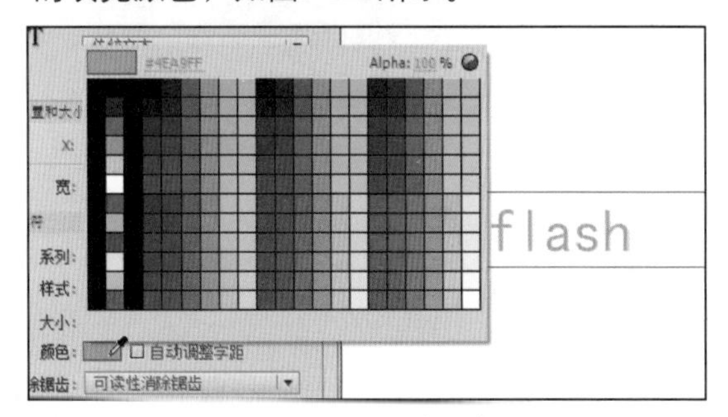

图9-125 调整文字的颜色

14 单击时间轴下方的“场景1”以返回主场景，将库中的“按钮滑块”元件拖曳至舞台上，也可以多复制几个放在舞台上。可以添加一张图片作为背景图，保存文件，最终效果图如图9-126所示。

图9-126 最终效果图

9.9 课后练习

练习1 动感光炫按钮

本案例的练习为制作动感光炫按钮，案例大致制作流程如下。

01 制作影片剪辑，并输入代码当鼠标经过时播放。

02 在影片剪辑上输入文字。如图9-127所示。

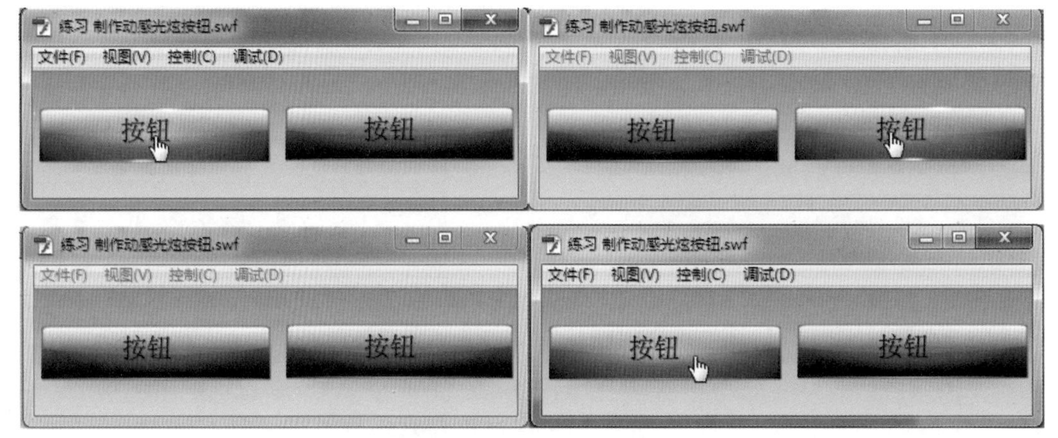

图9-127 案例最终效果

练习2　机械光效按钮

本案例的练习为制作机械光效按钮，案例大致制作流程如下。

01 用素材制作按钮，并制作光效动画。

02 在按钮上添加代码，当鼠标经过时播放光效动画。如图9-128所示。

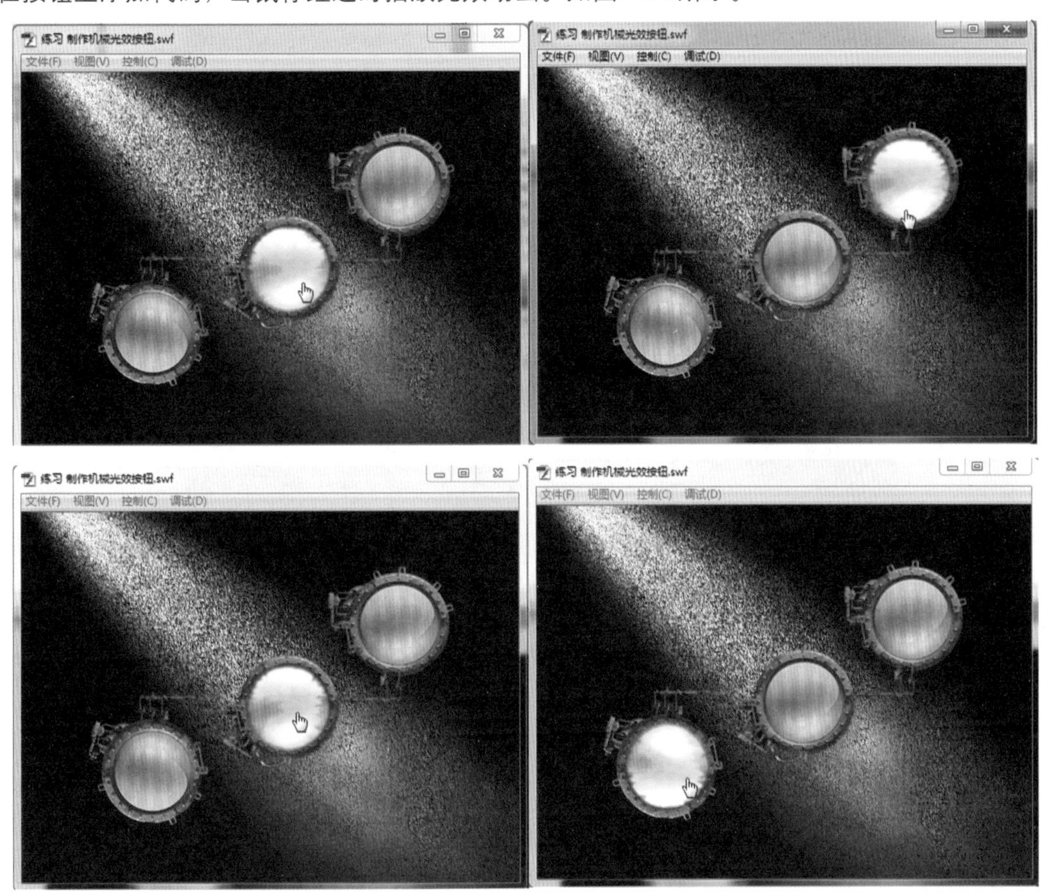

图9-128 案例最终效果

练习3　键盘按钮效果

本案例的练习为制作键盘按键效果，案例大致制作流程如下。

01 使用素材制作键位向下按下的运动动画。

02 在按钮的帧上添加代码，当鼠标经过时播放。如图9-129所示。

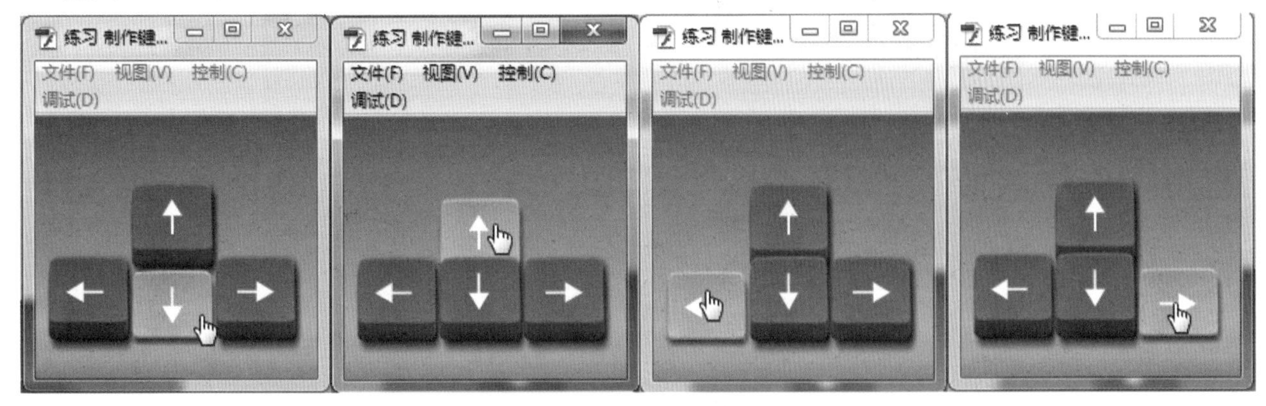

图9-129 案例最终效果

练习4　气泡背景按钮效果

本案例的练习为制作气泡背景按钮，案例大致制作流程如下。

01 制作一个按钮逐渐发亮的动画，并在其中制作多个气泡运动的动画。

02 制作一个透明的按钮，在上面输入代码，当鼠标经过时，播放气泡运动的影片剪辑。如图9-130所示。

图9 130 案例最终效果

练习5　水平翻转按钮效果

本案例的练习为制作水平翻转按钮，案例大致制作流程如下。

01 制作一个圆形水平翻转的影片剪辑，并在其中添加光效和文字运动动画。

02 在影片剪辑上输入当鼠标经过时播放的代码。如图9-131所示。

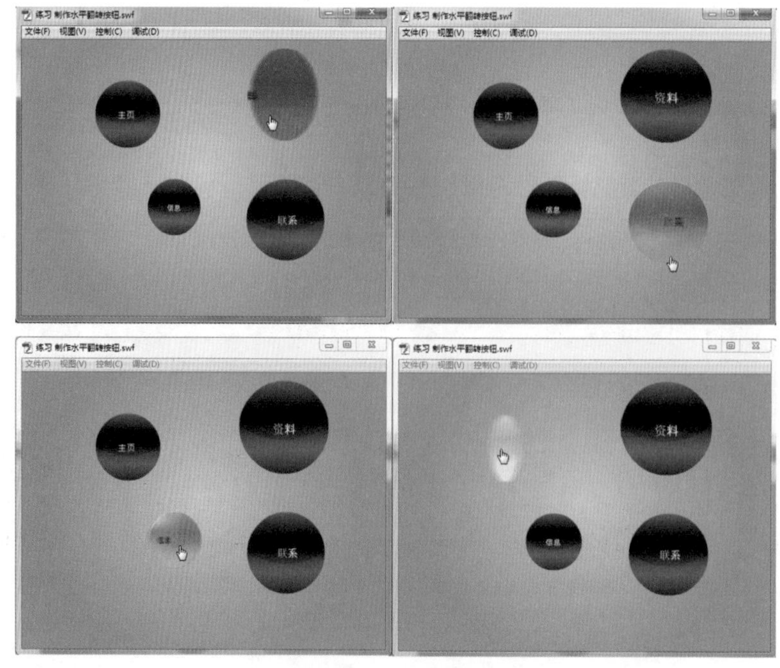

图9-131 案例最终效果

练习6　信封按钮效果

本案例的练习为制作信封按钮，案例大致制作流程如下。

01 制作一个影片剪辑包括信封打开的效果和信纸出来的动画，以及信封闭合和信纸回去的动画。

02 在帧上输入代码当鼠标经过时播放到信封打开并停止播放，在离开时播放信纸闭合的动画。如图9-132所示。

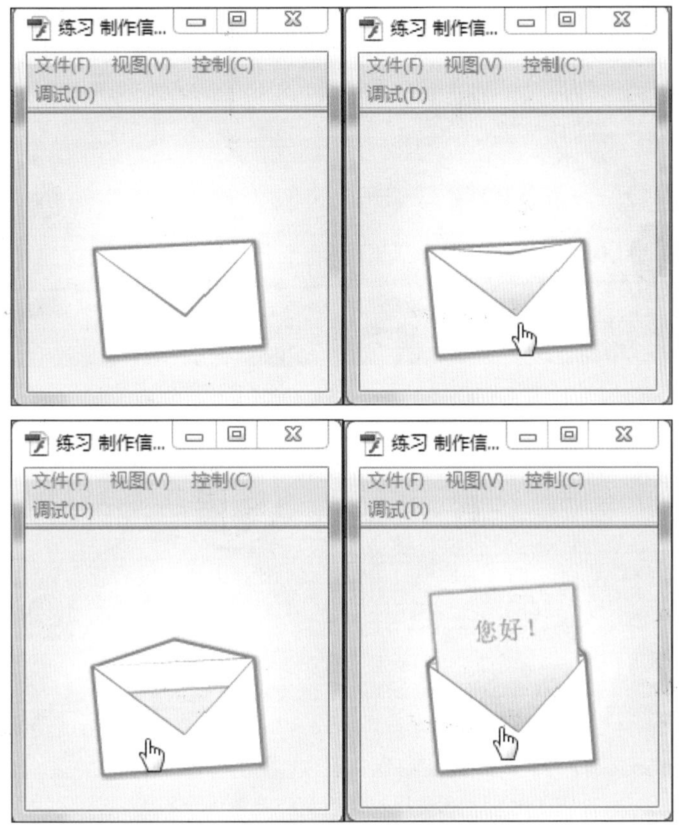

图9-132　案例最终效果

练习7　游戏开始按钮

本案例的练习为制作游戏开始按钮，案例大致制作流程如下。

01 制作圆形内含文字的影片剪辑。

02 制作圆形内的颜色变化动画和文字的变化动画。

03 在上面输入代码，当鼠标经过时播放和鼠标离开时播放的效果。如图9-133所示。

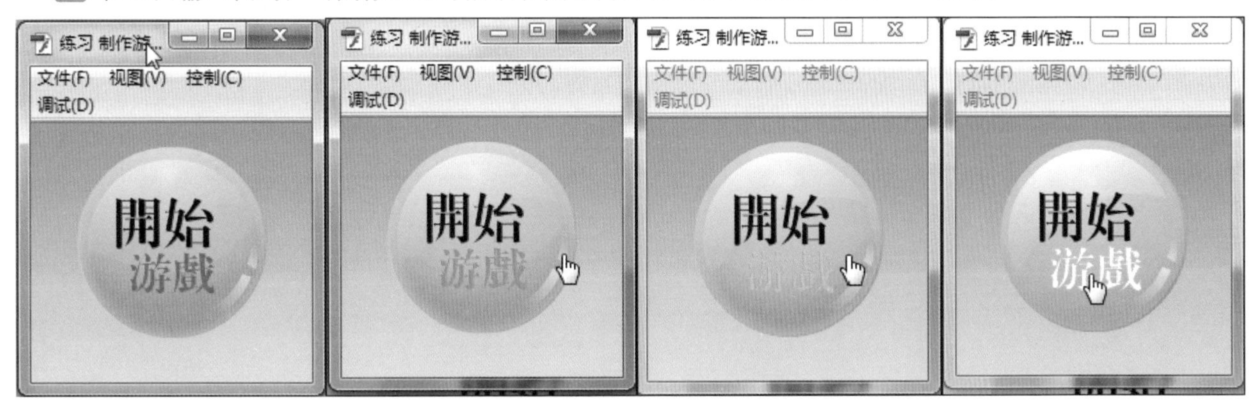

图9-133　案例最终效果

练习8 圆圈按钮效果

本案例的练习为制作圆圈按钮，案例大致制作流程如下。

01 制作圆形渐变颜色的动画，并添加两个箭头绕圆运动的动画。

02 在上面添加文字，并添加代码当鼠标经过时播放。如图9-134所示。

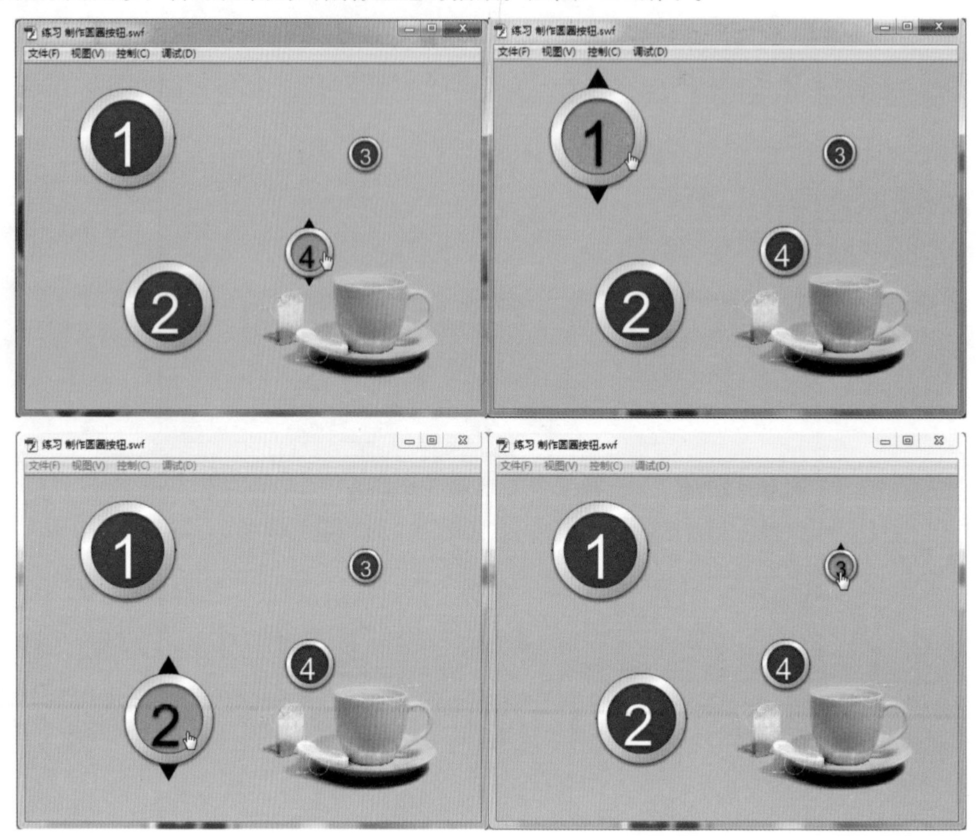

图9-134 案例最终效果

第10章 鼠标特效动画篇

在Flash中一般用来交互的设备包括鼠标和键盘，以及较少用到的音视频的交互，而鼠标的交互占据了大部分的Flash应用，炫目的效果再搭配能使之因为鼠标的不同操作而产生不同的效果，将会产生极好的视觉效果和交互感。Flash制作交互类的动画，需要使用脚本语言，脚本语言在目前分为ActionScript 2.0 和ActionScript 3.0两种，ActionScript 2.0版本的脚本为半面向对象编程，对于初学者较为实用，但是相对于ActionScript 3.0来说结构较为紊乱。

本章学习重点：

1. 了解更多关于脚本的知识。
2. 了解鼠标效果的运行机制。
3. 掌握滤镜的使用。
4. 掌握帧结构。

10.1 萤火虫跟随鼠标效果

"萤火虫跟随鼠标效果"案例效果，如图10-1所示。

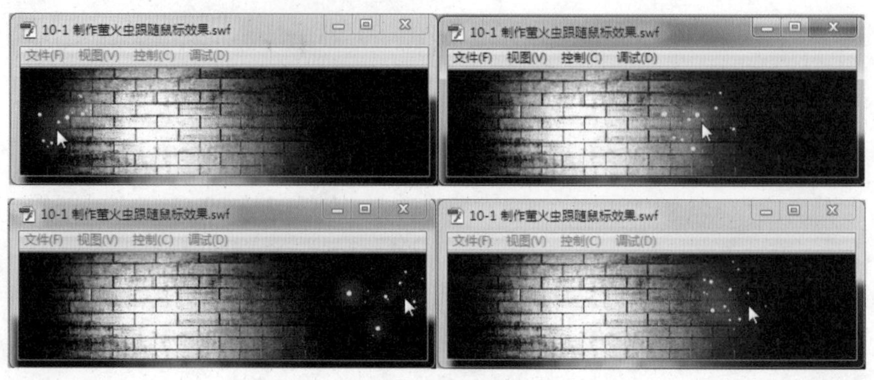

图10-1 案例最终效果

01 新建空白Flash文档，单击舞台空白区域后，在"属性"面板中将舞台尺寸改为400×100，背景改为黑色，如图10-2所示。

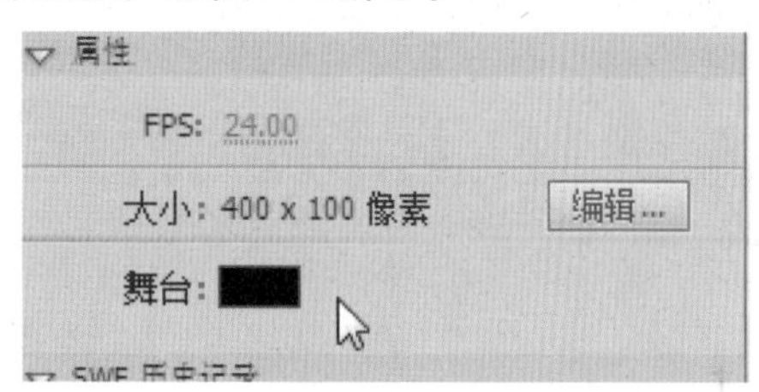

图10-2 修改舞台尺寸和背景颜色

02 按快捷键Ctrl+F8新建影片剪辑元件，命名为"萤火虫"，如图10-3所示。

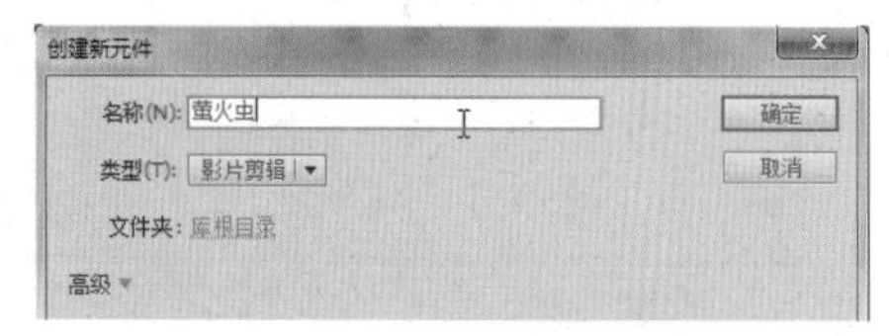

图10-3 新建"萤火虫"影片剪辑

03 单击"确定"按钮后，进入元件内进行编辑，选择【喷涂刷工具】并将"属性"面板内设置属性，如图10-4所示。

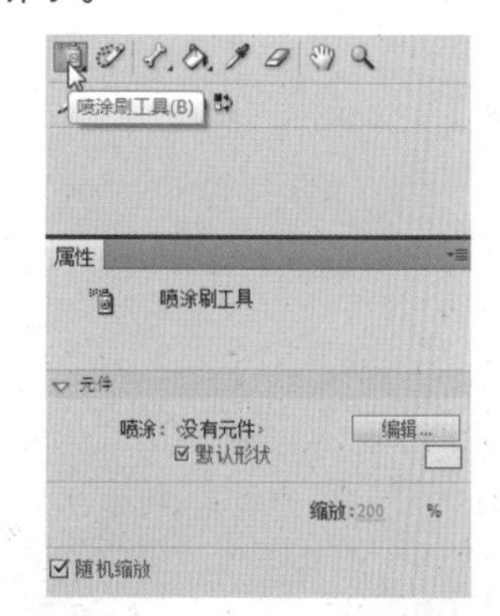

图10-4 设置喷涂刷工具的属性

04 在舞台的中心使用【喷涂刷工具】单击几次，以喷绘较为随机的圆点散落效果，如图10-5所示。

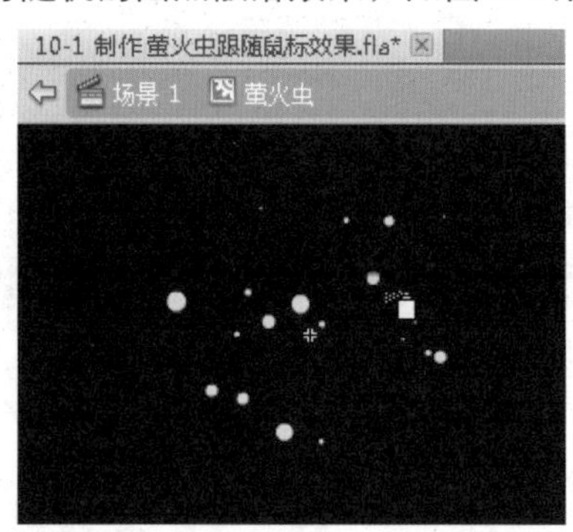

图10-5 使用"喷涂刷工具"绘制随机圆球

05 在元件的第5帧按F7键插入关键帧，继续使用【喷涂刷工具】在舞台中心附近绘制随机圆形，如图10-6所示。

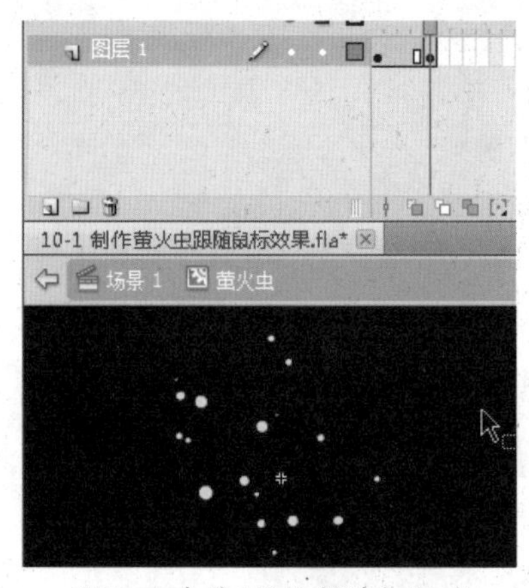

图10-6 在第5帧绘制随机圆形

06 重复上面的步骤，在第10、15、20帧都使用【喷涂刷工具】绘制不同的形状，最后在第25帧按F5键插入帧，如图10-7所示。

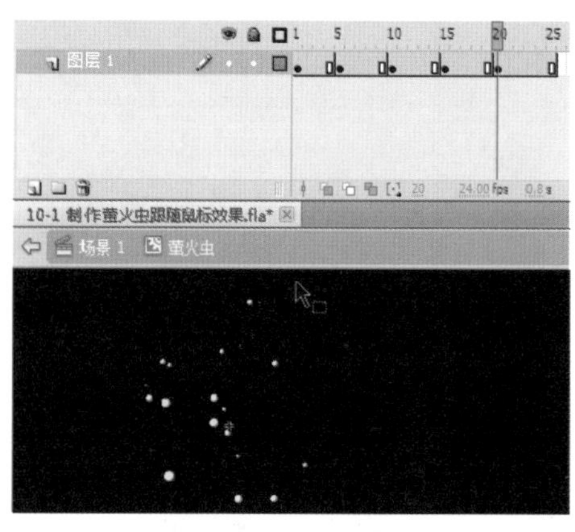

图10-7 绘制更多的圆形

07 单击时间轴下方的“场景1”以返回主场景，将“萤火虫”元件从库中拖曳到舞台上，使用【选择工具】选中该元件，在“属性”面板中为该元件添加实例名“mc”。实例名可以是任何自己喜欢的并且符合Flash实例名命名规则的名称，这是为了在添加脚本语言时能够通过这个实例名对这个元件进行控制，如图10-8所示。

图10-8 为元件添加实例名

08 在时间轴的第1帧上单击并按F9键打开“动作”面板，如图10-9所示。

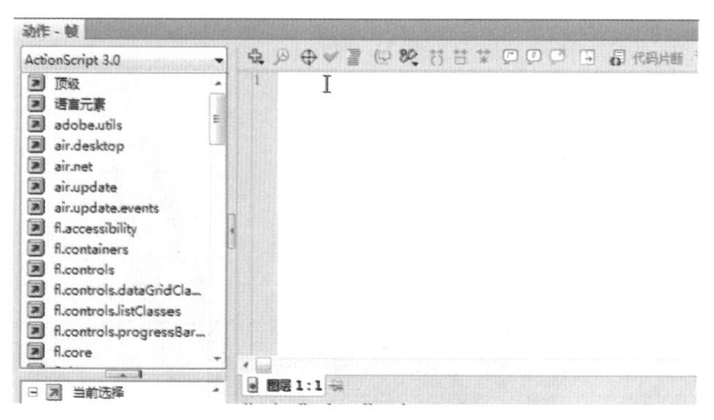

图10-9 动作面板

09 在动作面板内输入如图10-10所示的脚本。

```
ddEventListener(Event.ENTER_ RAME,moveMc);
```

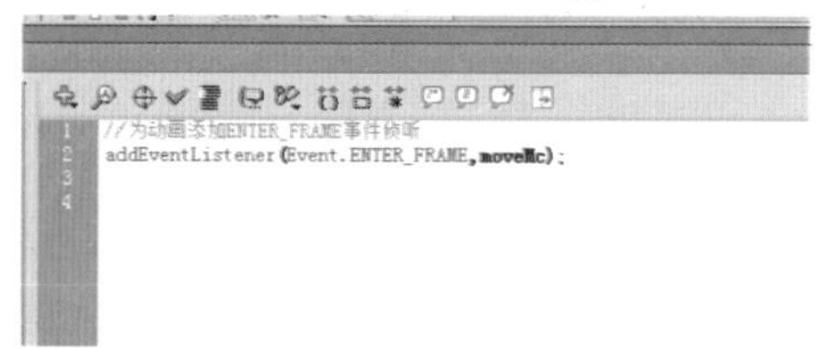

图10-10 添加脚本

10 在“动作”面板中输入以下内容，如图10-11所示。

```
function moveMc(e:Event):void{
        mc.x += (mouseX - mc.x) * 0.08;
        mc.y += (mouseY - mc.y) * 0.08
}
```

```
1  //为动画添加ENTER_FRAME事件侦听
2  addEventListener(Event.ENTER_FRAME,moveMc);
3
4  //创建moveMc函数
5  function moveMc(e:Event):void{
6      mc.x += (mouseX - mc.x) * 0.08;
7      mc.y += (mouseY - mc.y) * 0.08
8  }
```

图10-11 添加脚本

11 按F9键隐藏“动作”面板，使用【选择工具】选中舞台上的“萤火虫”元件，找到“属性”面板最下面的【滤镜】属性，单击【添加滤镜】按钮，如图10-12所示。

图10-12 添加滤镜

12 在弹出的菜单中选择【发光】选项，完成后将“滤镜”面板内的属性设置为如图10-13所示的状态。

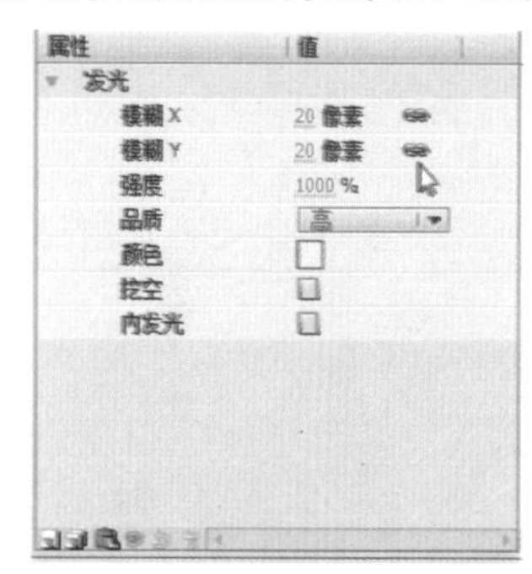

图10-13 设置“发光”滤镜属性

13 可以添加一张图片作为背景图，保存文件，按快捷键Ctrl + Enter测试影片，可以看到萤火虫跟随鼠标缓慢移动的效果，如图10-14所示。

图10-14 最终效果图

10.2 蜘蛛跟随鼠标效果

“蜘蛛跟随鼠标效果”案例效果，如图10-15所示。

图10-15 案例最终效果

01 打开本案例的素材文件，库内有一张“蜘蛛”的图片素材，如图10-16所示。

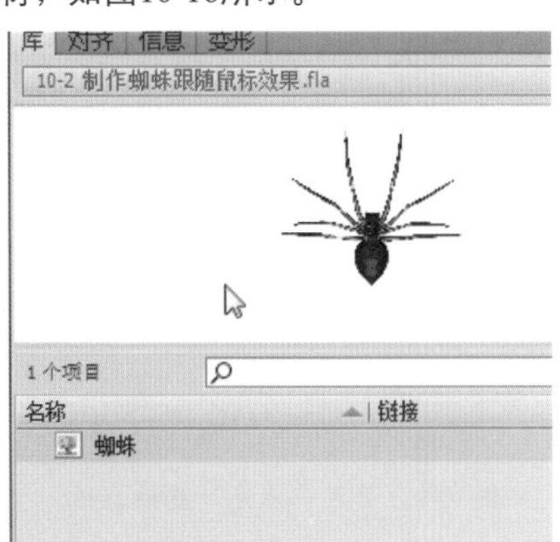

图10-16 库内的素材

02 按快捷键Ctrl + F8新建一个影片剪辑元件，并命名为“蜘蛛剪辑”，如图10-17所示。

图10-17 新建元件

03 单击“确定”按钮后，进入元件内部，将“蜘蛛”图片素材拖曳进舞台，并使用【选择工具】调节其嘴部分处于舞台注册点，如图10-18所示。

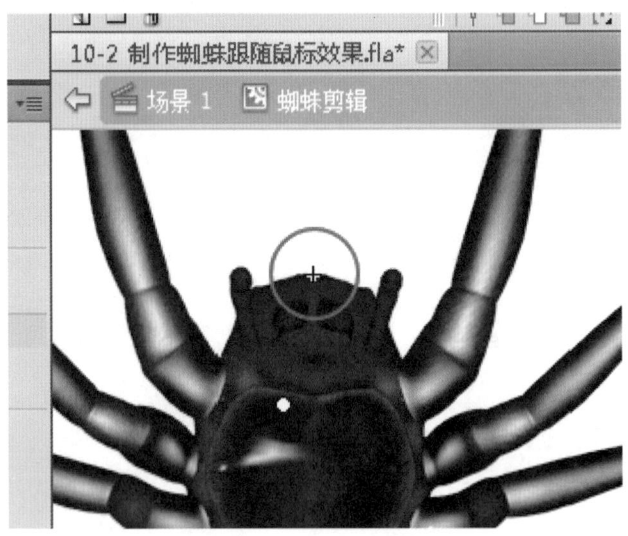

图10-18 调节嘴部到注册中心

04 单击时间轴下方的“场景1”返回主场景，将“蜘蛛剪辑”影片剪辑元件从库中拖曳至舞台上，并使用【任意变形工具】调节其大小到合适的尺寸，并将其拖曳到舞台中下方，如图10-19所示。

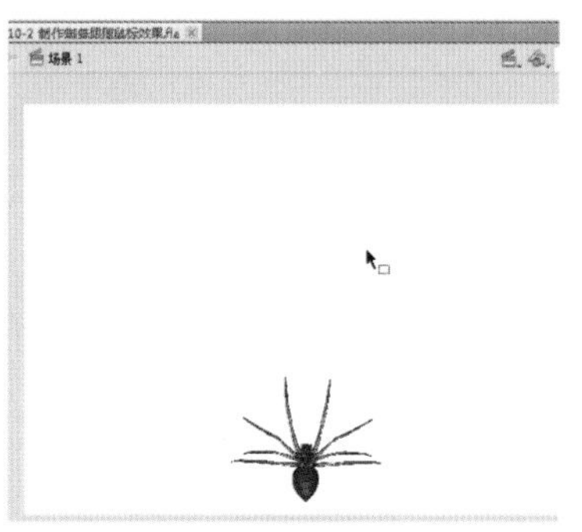

图10-19 调整蜘蛛的大小和位置

05 使用【线条工具】在“蜘蛛”的正上方绘制一个三角形，并选中该三角形按F8键转换为影片剪辑元件，并命名为“顶端”，如图10-20所示。

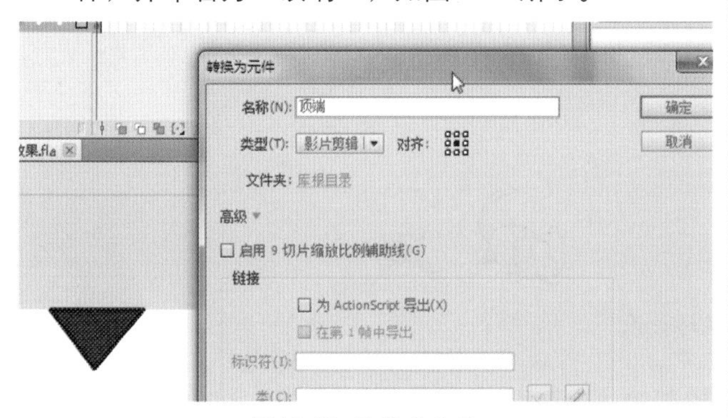

图10-20 转换为元件

06 完成后双击该三角形进入“顶端”元件内部，将三角形下面的一个角对准舞台的注册中心，如图10-21所示。

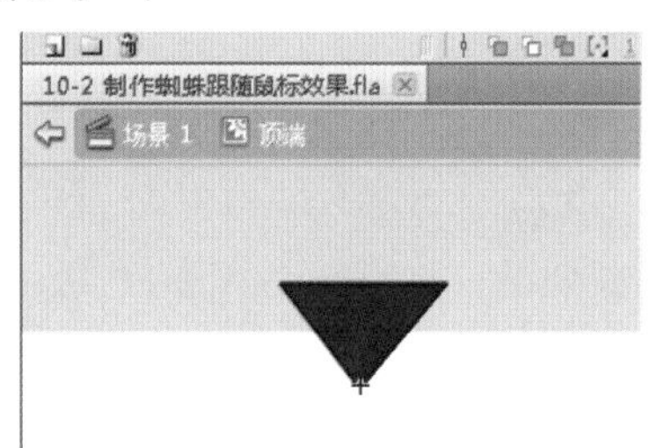

图10-21 将三角形下面的角对准注册中心

07 双击舞台空白区域返回主场景，使用【选择工具】选中舞台上的“蜘蛛”元件，在“属性”面板内将实例名设置为mc_spider，如图10-22所示。

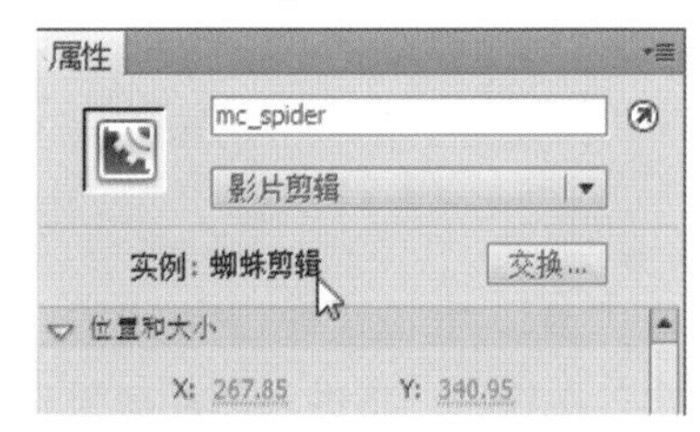

图10-22 输入蜘蛛的实例名称

08 同样的方法，为三角形输入实例名称为mc_ttriangle，如图10-23所示。

图10-23 为三角形输入实例名称

09 在舞台的第1帧上按F9键打开“动作面板”，在“动作面板”中输入如下脚本代码，如图10-24所示。

```
addEventListener(Event.ENTER_
FRAME,update);
function update(e:Event):void{
      mc_spider.x = mouseX;
      mc_spider.y = mouseY;
      graphics.clear();
      graphics.lineStyle(3,0x000000);
      graphics.moveTo(mc_spider.x,mc_
spider.y);
      graphics.lineTo(mc_triangle.x,mc_
triangle.y);
      graphics.endFill();
}
```

```
1  //添加逐帧侦听器
2  addEventListener(Event.ENTER_FRAME,update);
3  //更新函数
4  function update(e:Event):void{
5      //更新剪辑的位置和鼠标一致
6      mc_spider.x = mouseX;
7      mc_spider.y = mouseY;
8      //重绘区域
9      graphics.clear();
10     //绘制一条连接鼠标和剪辑的线
11     graphics.lineStyle(3,0x000000);
12     graphics.moveTo(mc_spider.x,mc_spider.y);
13     graphics.lineTo(mc_triangle.x,mc_triangle.y);
14     graphics.endFill();
15
16 }
```

图10-24 输入脚本代码

10 可以添加一个渐变的矩形作为背景，保存文件，按快捷键Ctrl + Enter测试影片效果，可以看到“蜘蛛”跟随着鼠标运动的同时，有一跟线始终在“蜘蛛”和三角形中间，如图10-25所示。

图10-25 最终效果图

10.3 “你点不到我”动画效果

“你点不到我”动画效果案例效果，如图10-26所示。

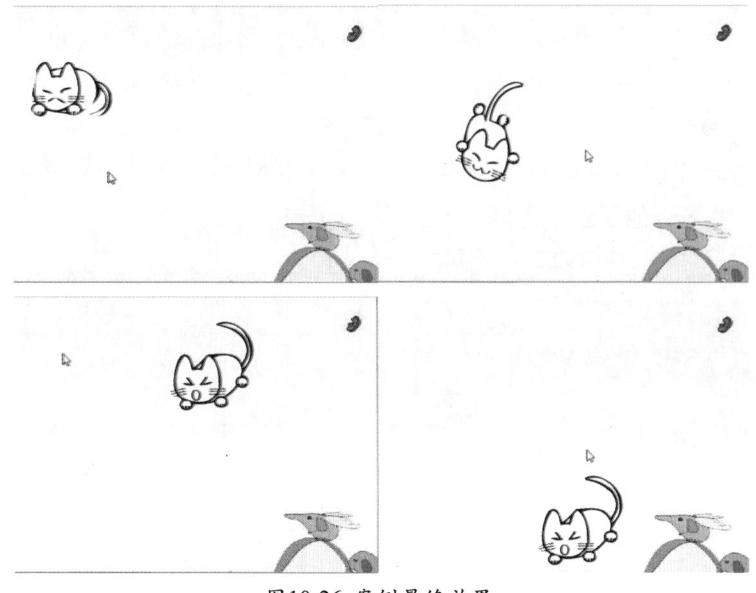

图10-26 案例最终效果

01 打开本案例的素材文件，库内有如图10-27所示的素材。

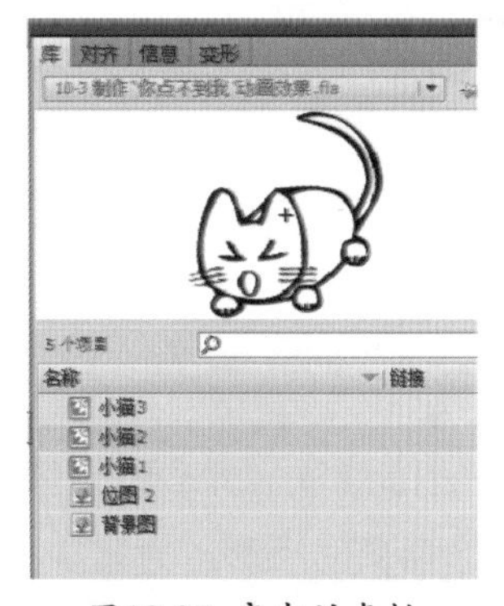

图10-27 库内的素材

02 将图层1重命名为“背景层”，将库内的背景图“素材”拖曳至舞台上，并调节属性栏内图形的属性，如图10-28所示。

图10-28 设置图片的位置和大小

03 新建一个图层，并命名为“小猫”，如图10-29所示。

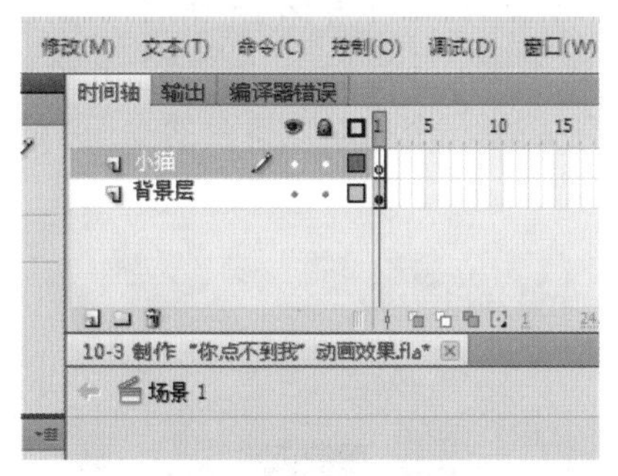

图10-29 新建一个图层

04 按快捷键Ctrl + F8新建一个影片剪辑元件，并命名为“小猫剪辑”，如图10-30所示。

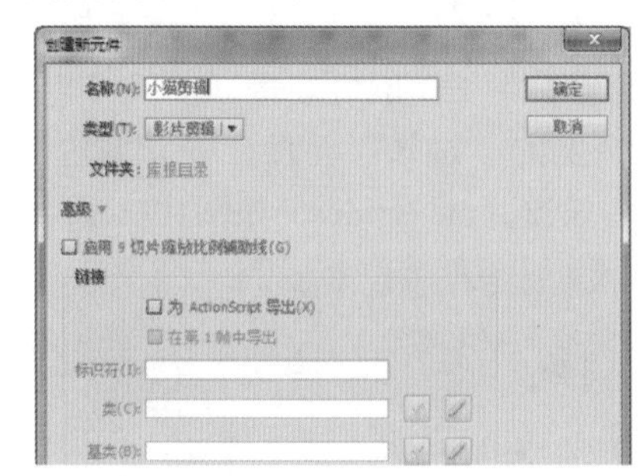

图10-30 创建新元件

05 单击“确定”按钮后，将进入影片剪辑元件内部，将库中的影片剪辑元件“小猫1”拖曳至舞台上，并使用【任意变形工具】调节小猫的位置，使其中心对准舞台的中心，如图10-31所示。

图10-31 将“小猫1”拖曳至舞台第1帧

06 在第2帧上按F7键插入空白关键帧，再将库中的“小猫2”元件拖曳至舞台上，与处理“小猫1”一样将其中心对准舞台中心，如图10-32所示。

图10-32 将“小猫2”拖曳至舞台第2帧

07 使用同样的步骤，将“小猫3”拖曳至第3帧上。

08 新建一个图层，并命名为“代码层”，在“代码层”的第1帧上按F9键打开“动作”面板，在其中输入停止播放的脚本，如图10-33所示。

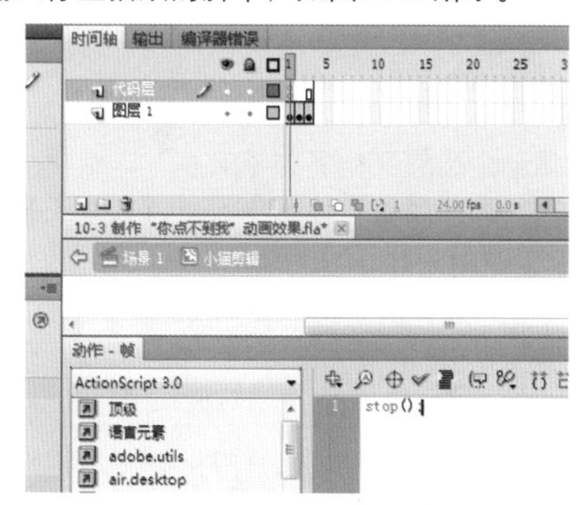

图10-33 输入停止播放脚本

09 单击时间轴下方的“场景1”以返回主场景，将库中的“小猫剪辑”元件拖曳至“小猫”图层的舞台上，并在“属性”面板中为“小猫剪辑”元件输入实例名称cat，如图10-34所示。

图10-34 输入实例名称

10 再次新建一个图层，并命名为“代码层”，并在其中输入如下脚本，如图10-35所示。

```
import flash.events.MouseEvent;
cat.addEventListener(MouseEvent.MOUSE_
R,overFunction);
function overFunction(e:MouseEvent):void{
      cat.x = Math.random() * 550;
      cat.y = Math.random() * 400;
      cat.gotoAndStop(uint(Math.random()
*3) +  1)
}
```

```
//导入外部类
import flash.events.MouseEvent;
//为影片剪辑添加鼠标经过侦听器
cat.addEventListener(MouseEvent.MOUSE_OVER, overFunction);

//鼠标经过时的处理函数
function overFunction(e:MouseEvent):void{
    //改变剪辑的位置并让剪辑播放到随机一帧
    cat.x = Math.random() * 550;
    cat.y = Math.random() * 400;
    cat.gotoAndStop(uint(Math.random() * 3) + 1)


}
```

图10-35 输入脚本

11 保存文件，按快捷键Ctrl + Enter测试影片，效果如图10-36所示，用鼠标去触碰“小猫”，“小猫”将会随机移动到舞台上任意一个位置，再次触碰将再次移动，并且每次移动将随机变换姿势。

图10-36 最终效果图

10.4 文字跟随鼠标效果

“文字跟随鼠标效果”案例效果，如图10-37所示。

图10-37 案例最终效果

01 打开本案例的素材文件，库内有一张背景图片，如图10-38所示。

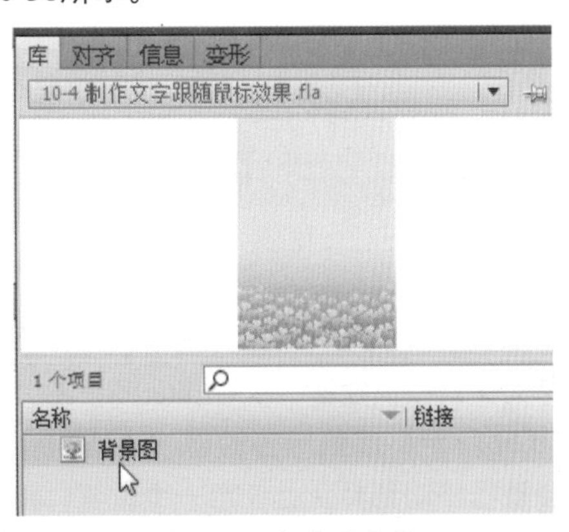

图10-38 库内的素材

02 在“属性”面板中将舞台尺寸修改为500×700，如图10-39所示。

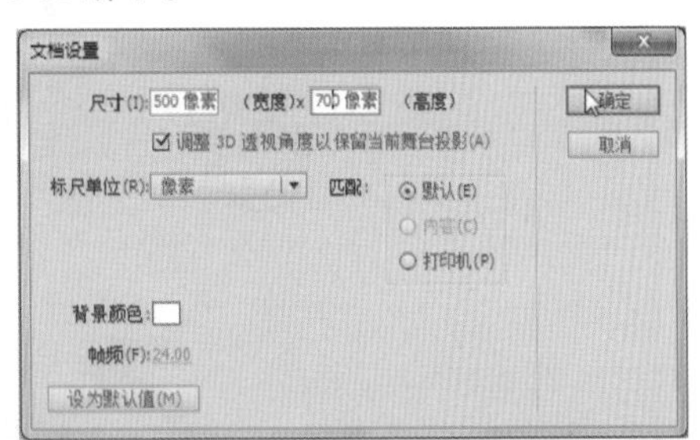

图10-39 设置舞台的尺寸

03 将图层1重命名为“背景层”，并将库中的“背景图”拖曳至舞台，调整“属性”面板中图片的属性，如图10-40所示。

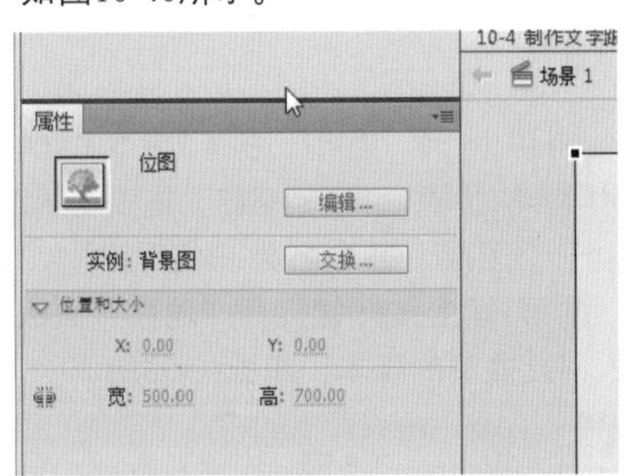

图10-40 设置图片尺寸和位置

04 新建一个图层，命名为“文字”，选择【文本工具】，在“属性”面板中设置【文本工具】的属性，如图10-41所示。

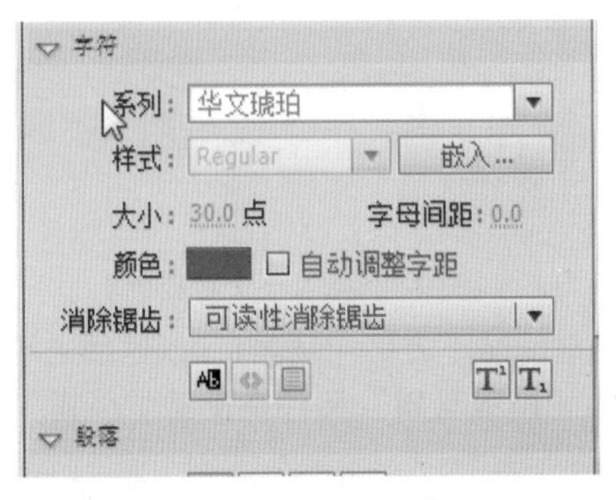

图10-41 设置【文本工具】的属性

05 使用【文本工具】在“文字”图层的舞台上输入“春天就是一首诗” 文字，如图10-42所示。

图10-42　输入文字

06 选中刚才输入的文字，按快捷键Ctrl + B打散该文字一次，使其变成每个字一个文本框，单独选中每个字，并按F8键将其转换为影片剪辑，名称以该字命名，如图10-43所示。

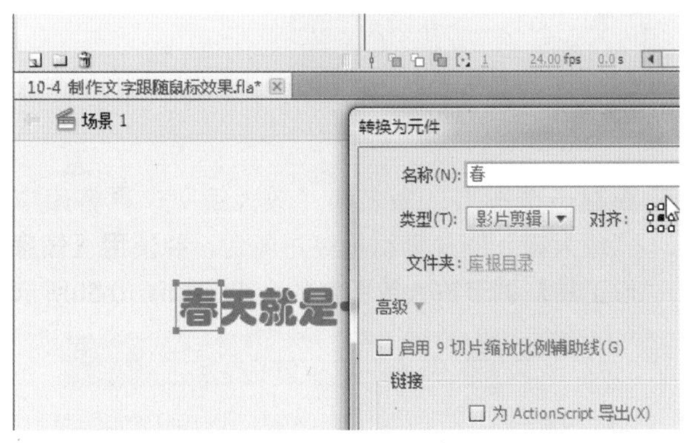

图10-43　转换单个文字为影片剪辑

07 将所有文字都转换为单独的影片剪辑后，选中舞台上每个单独的文字，从左至右依次为文字影片剪辑输入实例名称，“春”剪辑的实例名为“mc1”，“天”剪辑的实例名为“mc2”，剩下的字以此类推，如图10-44所示。

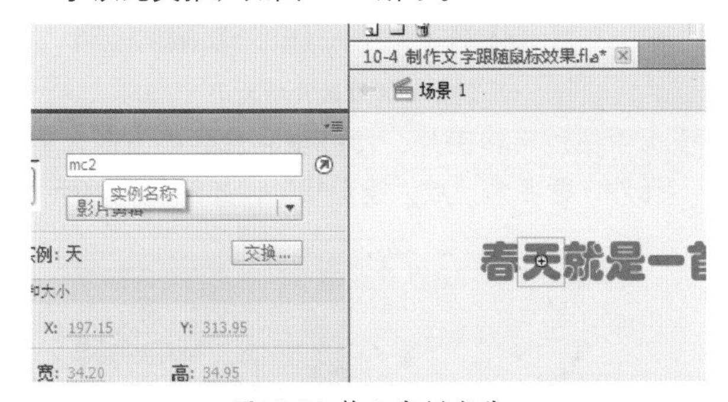

图10-44　输入实例名称

08 新建一个图层，并命名为“代码层”，选中该层的第1帧，按F9键打开“动作”面板，在其中输入如下的脚本，如图10-45所示。

```
import flash.events.Event;
import flash.display.MovieClip;
import flash.geom.Point;
addEventListener(Event.ENTER_
FRAME,update);
var lastP:Point;
var easing:Number = .3;
function update(e:Event):void{
     lastP = new Point(mouseX,mouseY);
     for(var i:Number = 1; i <= 7 ; i ++)
{
          this["mc"+i].x += (lastP.x -
this["mc"+i]. x ) * easing;
          this["mc"+i].y += (lastP.y -
this["mc"+i].y)  * easing;
          lastP = new Point(this["mc"+i].
x,this["mc"+i].y);
     }
}
```

图10-45　输入脚本

09 保存文件，按快捷键Ctrl + Enter测试影片效果，如图10-46所示，文字会跟随着鼠标的运动而运动。

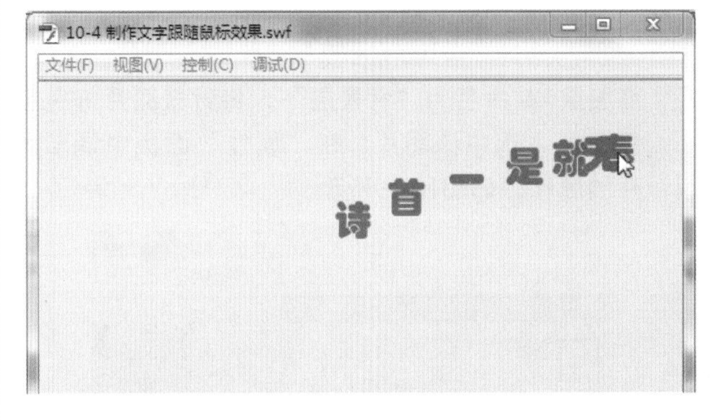

图10-46　最终效果图

10.5 放大镜查看图片效果

“放大镜查看图片效果”案例效果，如图10-47所示。

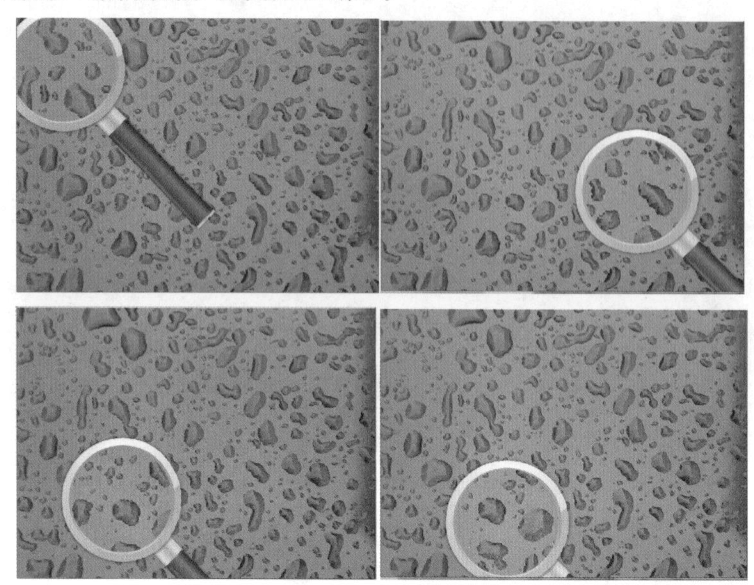
图10-47 案例最终效果

01 打开本案例的素材文件，库内有一张背景图和一张放大镜的图片，如图10-48所示。

图10-48 库内的素材

02 将图层1重命名为“背景层”，将背景图片拖曳至舞台上，选中该图片，在“属性”面板中调节图片的属性，如图10-49所示。

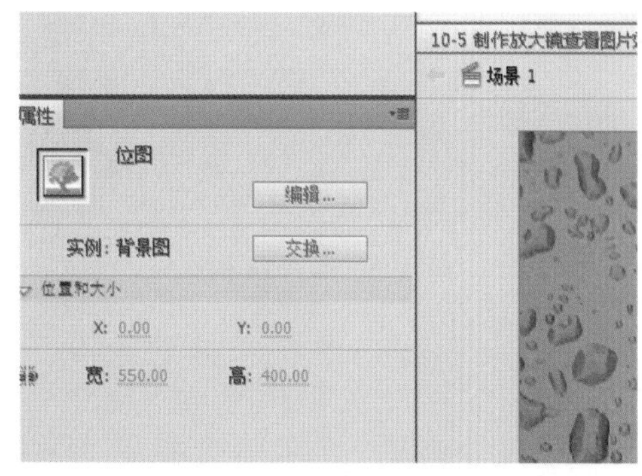

图10-49 设置图片的位置和大小

03 新建一个图层，命名为“放大镜”，再将库中的“放大镜”图片素材拖曳进舞台，并使用【任意变形工具】调节放大镜图片的大小，如图10-50所示。

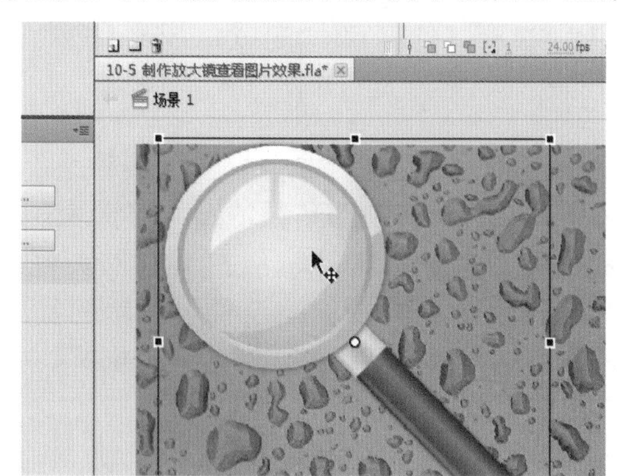

图10-50 调节图片的大小

04 选中该放大镜图片，按F8键将其转换为影片剪辑元件，命名为“放大镜剪辑”，如图10-51所示。

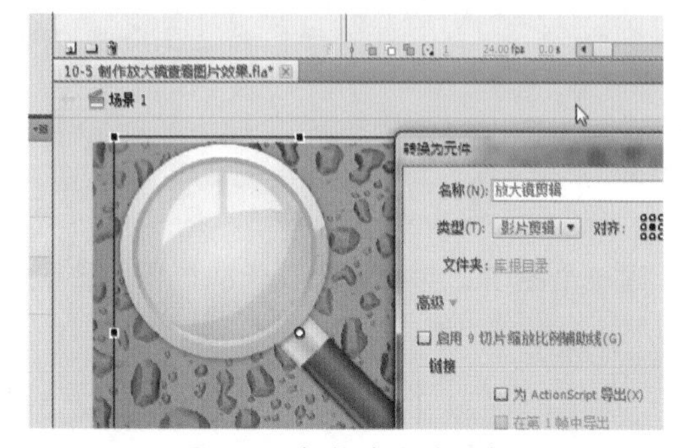

图10-51 转换为影片剪辑

05 转换完成后，双击舞台上的“放大镜”影片剪辑，进入其内部，使用【选择工具】选中放大镜图片，调整其位置使放大镜的镜片圆心对准舞台中心，如图10-52所示。

图10-52 调整放大镜图片的位置

06 新建一个图层，使用【椭圆工具】在舞台上绘制一个和放大镜镜片一样大小的椭圆，样式不限，并调整位置使其正好覆盖住放大镜的镜片，如图10-53所示。

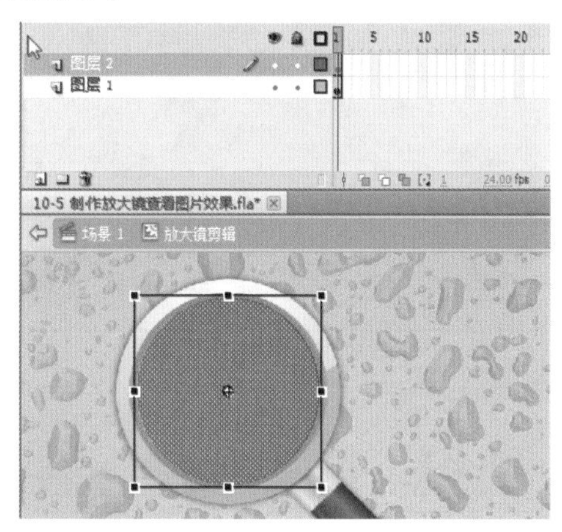

图10-53 绘制一个圆形覆盖镜片

07 使用【选择工具】双击圆形的填充以全选该圆形，并按F8键将其转换为影片剪辑，并命名为“放大镜遮罩”，如图10-54所示。

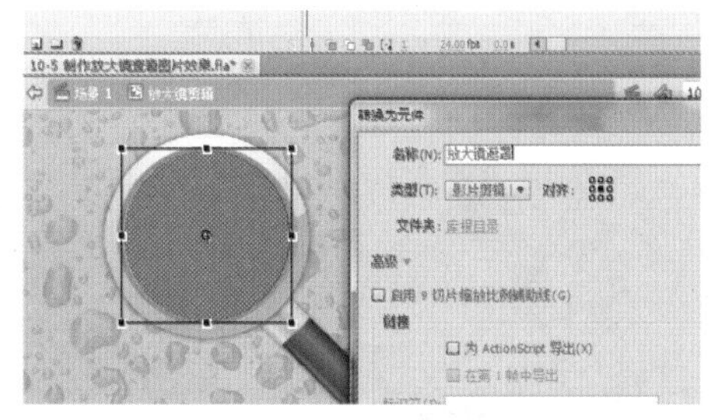

图10-54 转换为影片剪辑元件

08 转换完成后，选中刚才转换为影片剪辑的圆形，在“属性”面板中为其输入实例名称为“mc_mask”，如图10-55所示。

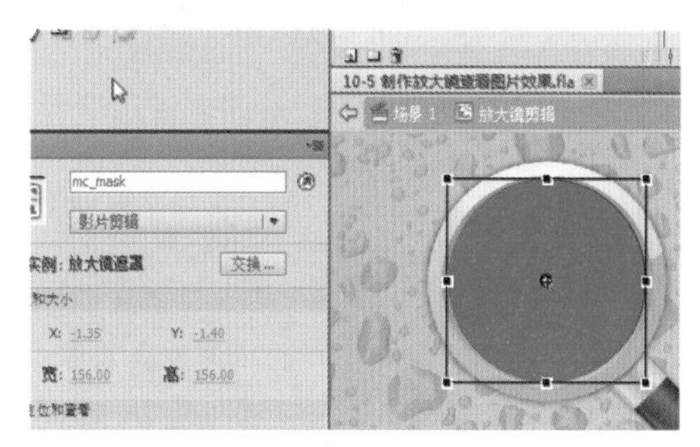

图10-55 输入实例名称

09 选中圆形的影片剪辑，按快捷键Ctrl + C复制该剪辑，将圆形影片剪辑所在的图层锁定并且设置为“不可见”，再选中下面的放大镜图形，按快捷键Ctrl + B打散，按快捷键Ctrl + Shift + V将刚才复制的圆形粘贴到放大镜所在的图层上，并再次按快捷键Ctrl + B将复制的圆形影片剪辑打散，此时圆形影片剪辑和放大镜图形都呈现为被打散的填充状态，单击一下舞台外面，再双击舞台内的圆形填充，按Delete键删除该填充，便将放大镜图形中间也掏空了，如图10-56所示。

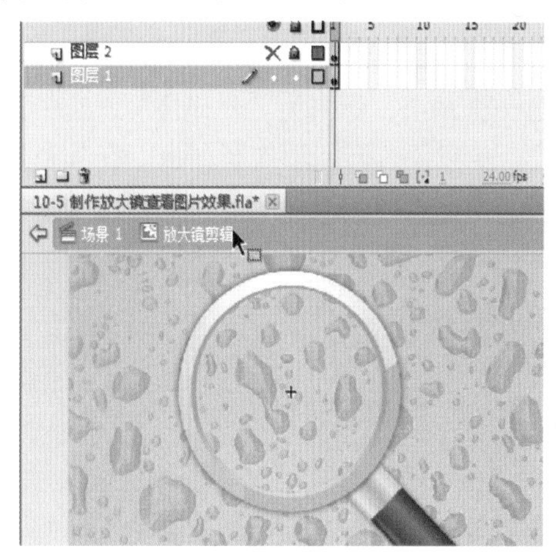

图10-56 掏空“放大镜”的镜片部分

10 单击时间轴下方的“场景1”以返回主场景，选中放大镜影片剪辑，在“属性”面板中为其输入实例名称为“mc”，如图10-57所示。

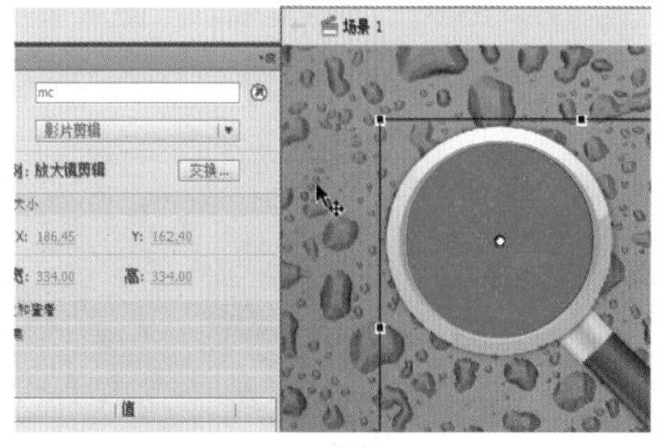

图10-57 输入实例名称

11 选中背景图形，按F8键将其也转换为影片剪辑，并同上面的步骤一样为其输入实例名称为“bg”，如图10-58所示。

图10-58 输入实例名

12 在背景层下再新建一个图层，命名为“背景层2”，将库中的背景图片素材再次拖曳至舞台上，并调节其位置和原来的“背景层”上的背景图片位置重合，如图10-59所示。

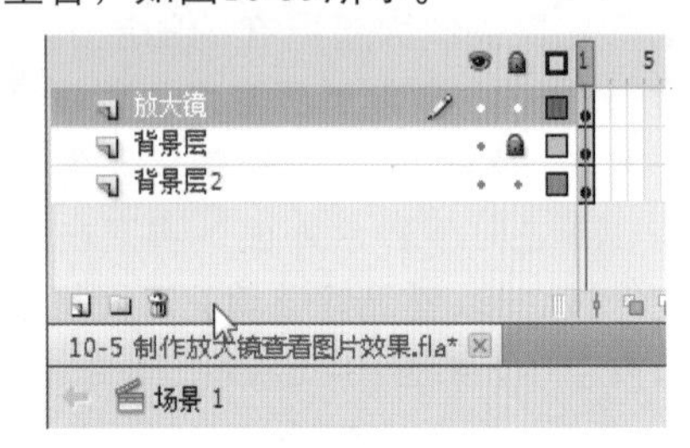

图10-59 新建一个背景图层

13 新建一个图层，命名为“代码层”，选中该层的第1帧，按F9键打开“动作”面板，在其中输入如下脚本，如图10-60所示。

```
import flash.events.Event;
addEventListener(Event.ENTER_
FRAME,update);
Mouse.hide();
bg.mask = mc.mc_mask;
bg.scaleX = bg.scaleY = 1.5;
function update(e:Event):void{
      mc.x = mouseX;
      mc.y = mouseY
 }
```

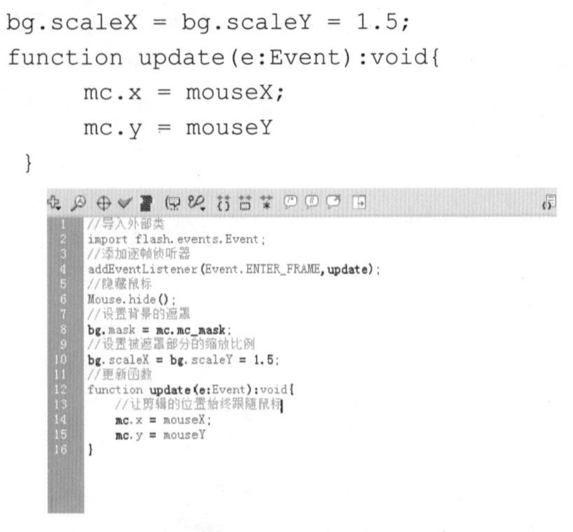

图10-60 输入脚本

14 保存文件，并按快捷键Ctrl + Enter测试影片效果，如图10-61所示，最终效果为放大镜跟随鼠标运动，并且能在放大镜框内看到放大的图片效果。

图10-61 最终效果图

10.6 互动方块效果

“互动方块效果”案例效果，如图10-62所示。

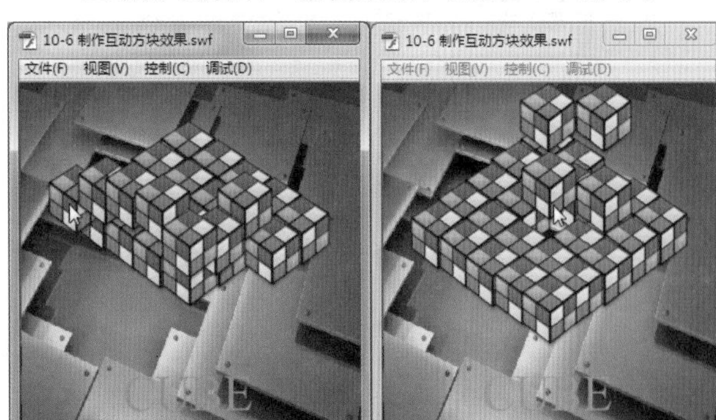
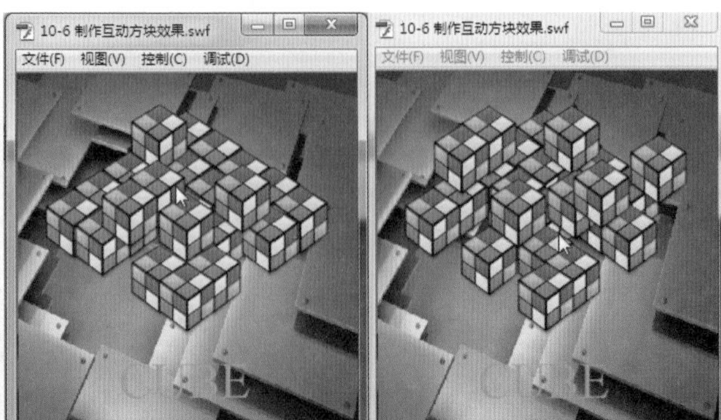

图10-62 案例最终效果

01 打开本案例的素材文件，并调整舞台尺寸为300×300，如图10-63所示。

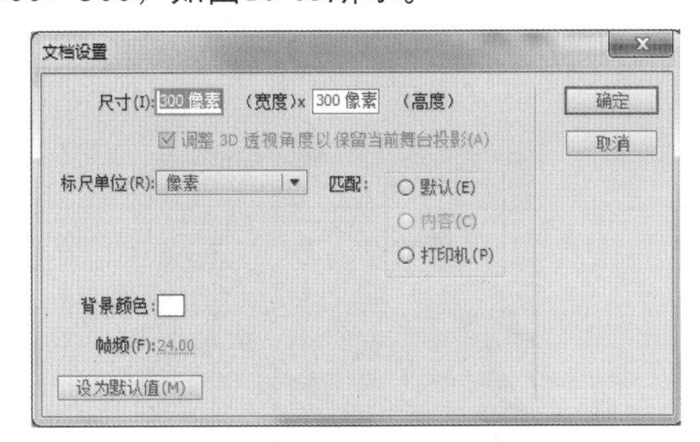

图10-63 调整舞台尺寸

02 按快捷键Ctrl + F8新建一个影片剪辑元件，并命名为“魔方剪辑”，如图10-64所示。

图10-64 新建影片剪辑元件

03 单击“确定”按钮以进入影片剪辑内部，将库中的图片素材“魔方”拖曳至影片剪辑的舞台上，调整图片素材的位置，如图10-65所示。

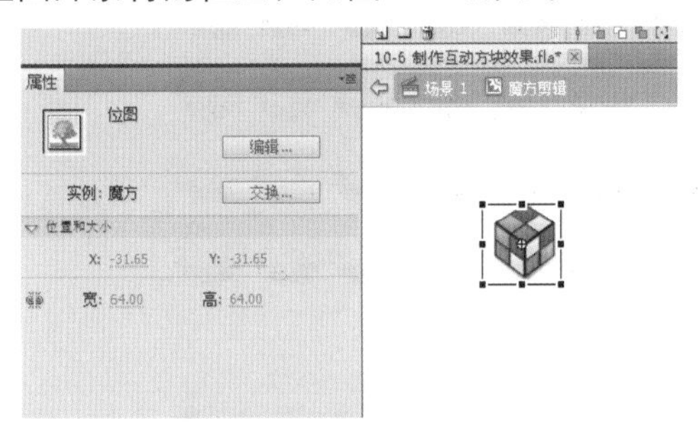

图10-65 调整图片素材的位置

04 再次新建一个影片剪辑元件，并命名为“魔方运动”，如图10-66所示。

图10-66 新建影片剪辑元件

05 单击“确定”按钮后进入影片剪辑内部，将刚才新建的“魔方剪辑”影片剪辑元件拖曳至舞台上，并调整其位置，再在时间轴的第5和10帧处按F6键插入关键帧，并将第5帧上的影片剪辑向上垂直移动一定距离，如图10-67所示。

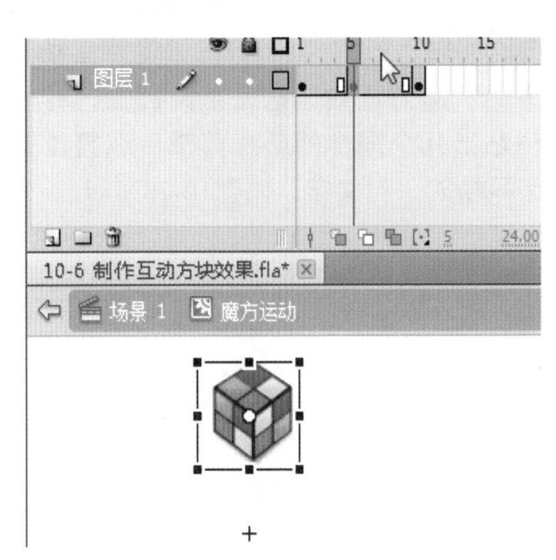

图10-67 移动第5帧上的影片剪辑的位置

06 在第1~5帧和第5～10帧中间分别单击右键，在弹出的菜单中选择“创建传统补间”选项，并在属性面板中设置第1～5帧的补间属性，如图10-68所示。

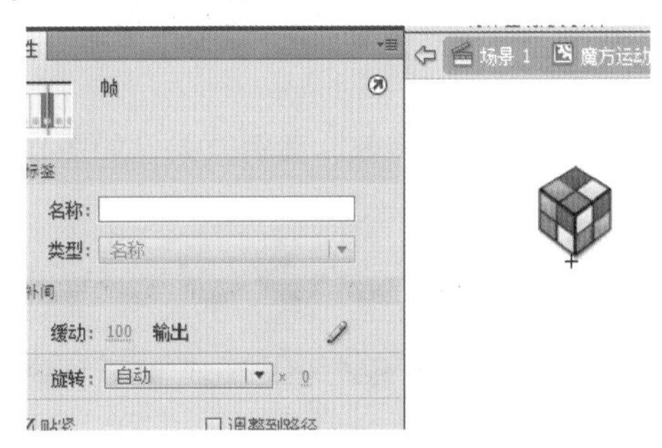

图10-68 设置运动的缓动值

07 在第1帧上按F9键打开“动作”面板，在其中输入如下脚本，如图10-69所示。

```
import flash.events.MouseEvent;
stop();
addEventListener(MouseEvent.MOUSE_
OVER,overF);


function overF(e:MouseEvent):void{
        play();
}
```

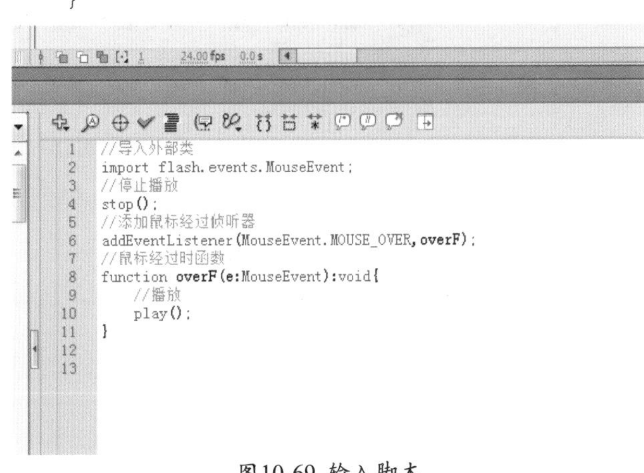

图10-69 输入脚本

08 单击时间轴下方的“场景1”以返回主场景，并将库中的“魔方运动”拖曳至舞台上，并多次复制和粘贴出几个同样的影片剪辑，调整位置，并在下面再输入一行文字，如图10-70所示。

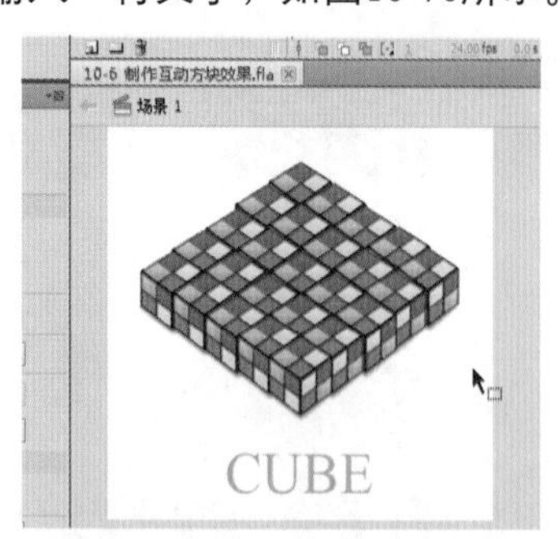

图10-70 多次粘贴和调整位置

09 可以添加一张图片作为背景图，保存文件，按快捷键Ctrl + Enter测试影片效果，如图10-71所示，当鼠标划过方块时，方块会跳动。

图10-71 最终效果图

10.7 方向跟随鼠标效果

“方向跟对鼠标特效”案例效果，如图10-72所示。

图10-72 案例最终效果

01 打开本案例的素材文件，库内包含如图10-73所示的素材。

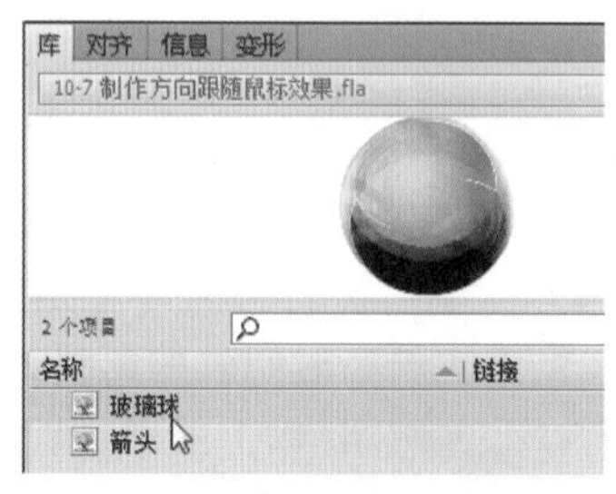

图10-73 库内的图片素材

02 按快捷键Ctrl + F8新建影片剪辑元件，并命名为“球”，如图10-74所示。

图10-74 创建影片剪辑元件

03 单击“确定“按钮后，进入影片剪辑内部，将库中的“玻璃球”图片素材拖曳至舞台上，并使用【任意变形工具】来调整其中心对准舞台的中心，如图10-75所示。

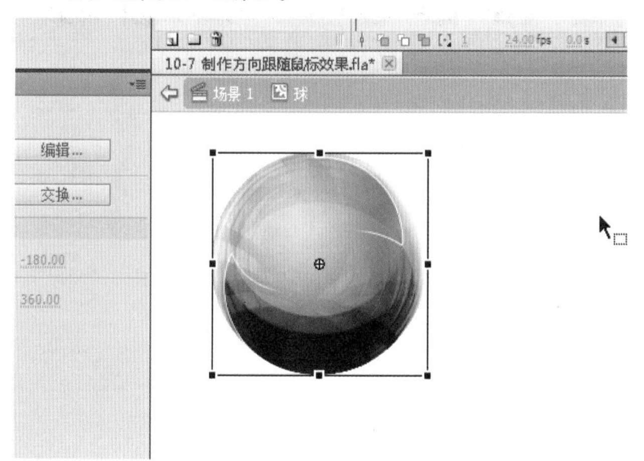

图10-75 调整图片素材的位置

04 从库中将“箭头”图形素材拖曳至舞台上，并使用【任意变形工具】旋转其角度和位置，如图10-76所示。

图10-76 调整图形素材的位置

05 选中舞台上的“箭头”图形素材，按F8键将其转换为影片剪辑元件，命名为“指针剪辑”，并在下面的“对齐”选项中单击右边中间那一排的方格，如图10-77所示。

图10-77 转换为元件

06 选中舞台上的“箭头剪辑”元件，在属性栏内设置其实例名称为“mc_arrow”，如图10-78所示。

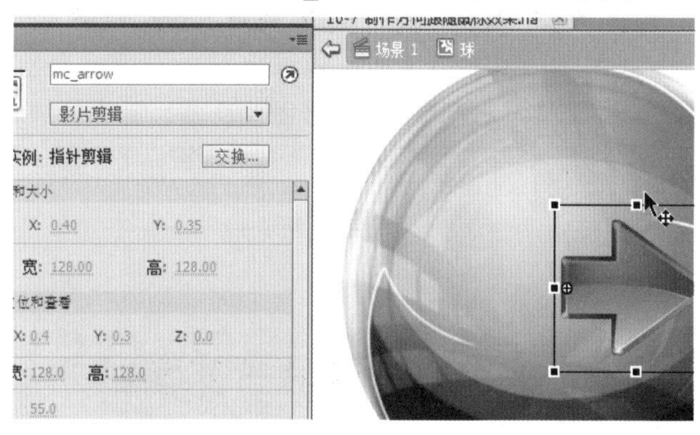

图10-78 设置实例名称

07 单击第1帧，并按F9键打开“动作”面板，在其中输入如下脚本，如图10-79所示。

```
import flash.events.Event;
addEventListener(Event.ENTER_
FRAME,update);
function update(e:Event):void{
     var a:Number = Math.atan2(mouseY -
mc_ arrow.y,mouseX - mc_arrow.x);
     mc_arrow.rotation = a * 180 / Math.
PI;
}
```

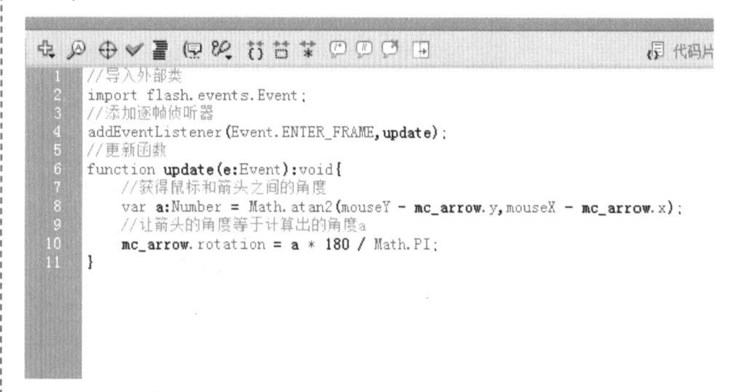

图10-79 输入脚本

08 单击时间轴下方的“场景1”以返回主场景，将库中的“球”元件拖曳至舞台上，使用【任意变形工具】调整其大小，并多次复制粘贴成如图10-80所示的样式。

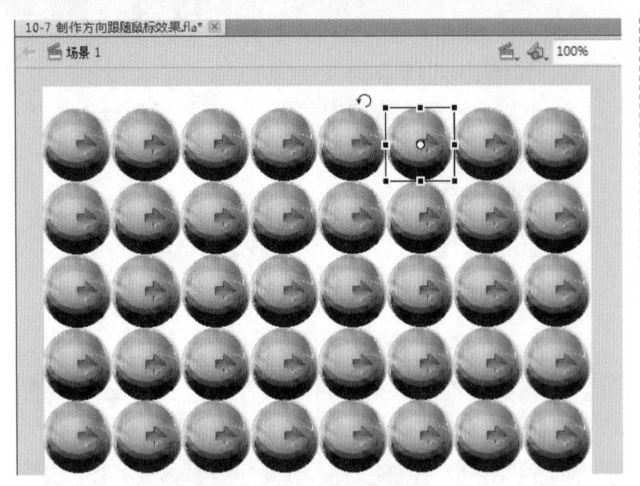

图10-80 重复复制粘贴元件

09 可以添加一张图片作为背景图篇，并为箭头添加“发光”滤镜。保存文件，并按快捷键Ctrl + Enter测试影片，最终效果如图10-81所示，所有球内的箭头都指向鼠标的位置。

图10-81 最终效果图

10.8 车辆变换颜色

“车辆变换颜色”案例效果，如图10-82所示。

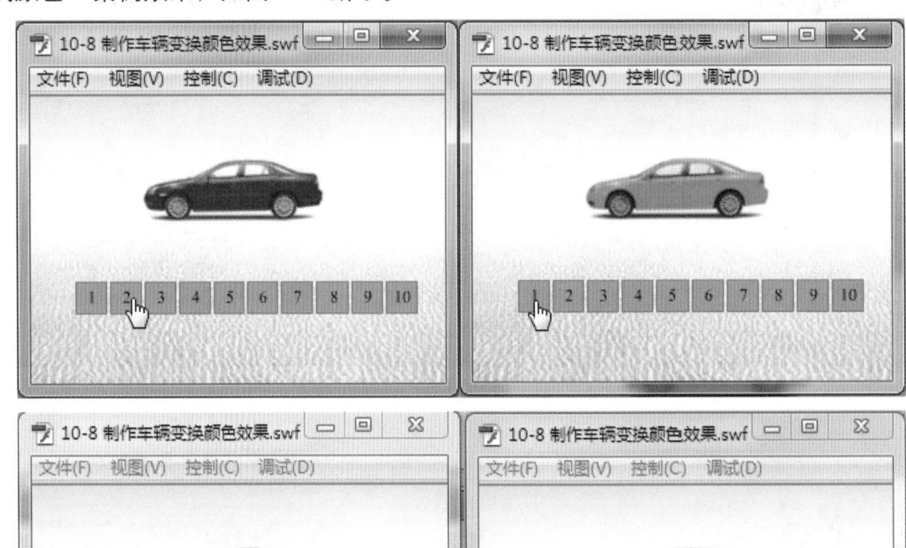

图10-82 案例最终效果

01 打开本案例的素材文件，库内有一个车的影片剪辑，如图10-83所示。

图10-83 库内的素材

02 在“属性”面板中设置舞台的尺寸为300×200，如图10-84所示。

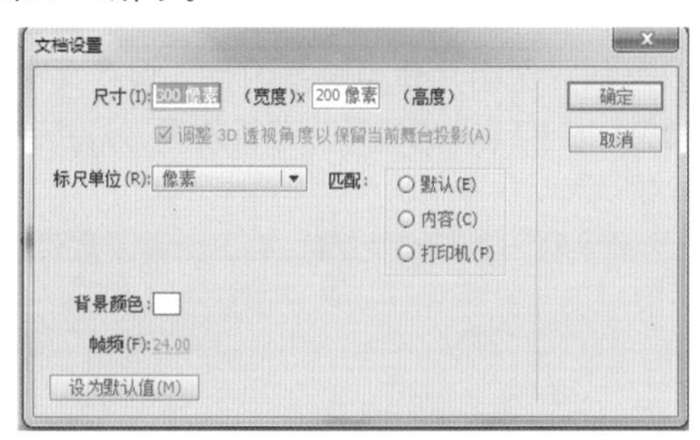

图10-84 设置舞台的尺寸

03 将图层1重命名为“车层”，并将库中的影片剪辑“车”拖曳至舞台上，如图10-85所示。

图10-85 将元件拖曳至舞台上

04 使用【选择工具】选中刚才的“车”影片剪辑，并在“属性”面板中设置该影片剪辑的实例名为“car”，如图10-86所示。

图10-86 设置实例名称

05 选中工具栏内的【矩形工具】，并在“属性”面板中设置【矩形工具】的属性，如图10-87所示。

图10-87 设置【矩形工具】的属性

06 新建一个图层，并命名为“按钮层”，并使用设置好属性的【矩形工具】按住Shift键在舞台上绘制一个小的正方形，如图10-88所示。

图10-88 绘制一个正方形

07 使用【文本工具】在刚才绘制的矩形上方输入一个文字“1”，如图10-89所示。

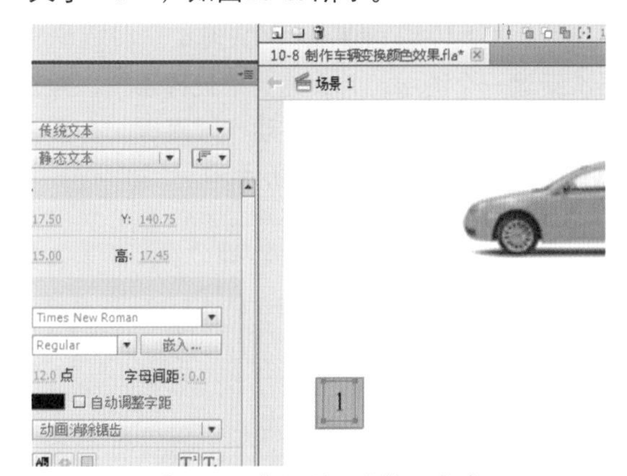

图10-89 在矩形上方输入文字

08 使用【选择工具】选中绘制的矩形和输入的文字，并按F8键将其转换为影片剪辑元件，命名为“按钮1”，如图10-90所示。

图10-90 转换为影片剪辑元件

09 使用同样的方法，制作出从按钮1到按钮10的10个按钮，并按如图10-91所示的位置摆放，每个按钮内的文字也是从1至10递增。

图10-91 制作剩下的按钮

10 使用【选择工具】选中舞台上的“按钮1”，并在“属性”面板中设置其实例名为“btn1”，并依次设置剩下按钮的实例名为btn加上其按钮序号，如图10-92所示。

图10-92 设置按钮的实例名

11 再次新建一个图层，并命名为“代码层”，并在该层的第1帧上按F9键打开“动作”面板，在其中输入如下的脚本，如图10-93所示。

```
import flash.display.MovieClip;
import flash.events.MouseEvent;

for(var i:Number = 1; i <= 10 ; i ++){
      var mc:MovieClip = this["btn" + i ]
asMovieClip;
      mc.addEventListener(MouseEvent.MOUSE_
OVER,overF);
      mc.addEventListener(MouseEvent.MOUSE_
OUT,outF);
      mc.mouseChildren = false;
      mc.buttonMode = true;
}


function overF(e:MouseEvent):void{
       car.gotoAndStop(Number(e.target.
name. slice(3)))
}
function outF(e:MouseEvent):void{
      car.gotoAndStop(1);
}
```

图10-93 输入脚本

12 可以添加一张图片作为背景图片，保存文件，按快捷键Ctrl + Enter测试影片剪辑效果，最终效果图10-94所示。

图10-94 最终效果图

13 本案例中的“车”影片剪辑是之前已经做好的影片剪辑，可以双击库中的“车”影片剪辑进入其内部进行查看，这是一个每帧是不同颜色的车辆构成的影片剪辑，如图10-95所示。

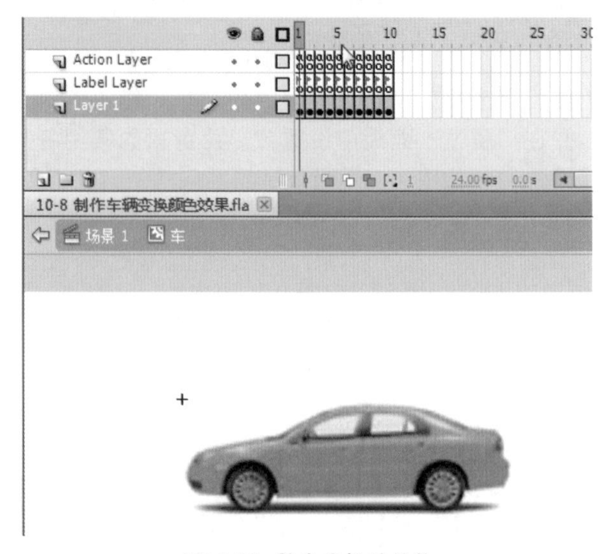

图10-95 影片剪辑的结构

10.9　真实水波点击效果

“真实水波点击”案例效果，如图10-96所示。

图10-96 案例最终效果

01 打开本案例的素材文件，本案例要制作的是一个鼠标单击舞台上即产生非常真实的水波效果，库内的素材如图10-97所示。

图10-97 库内素材

02 在“属性”面板中设置舞台的尺寸为500*360，如图10-98所示。

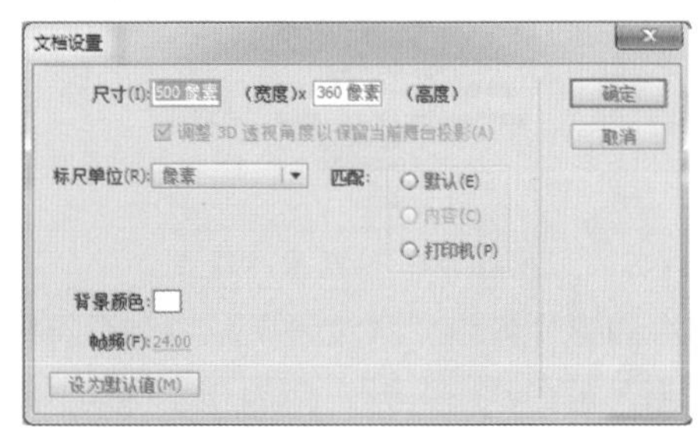

图10-98 设置舞台的尺寸

03 右键单击库中的“背景图”，在弹出的菜单中选择【属性】选项，并在弹出对话框中的“链接”选项卡中勾选“为ActionScript导出”选项，在“类”文本框中输入“pic”，如图10-99所示。

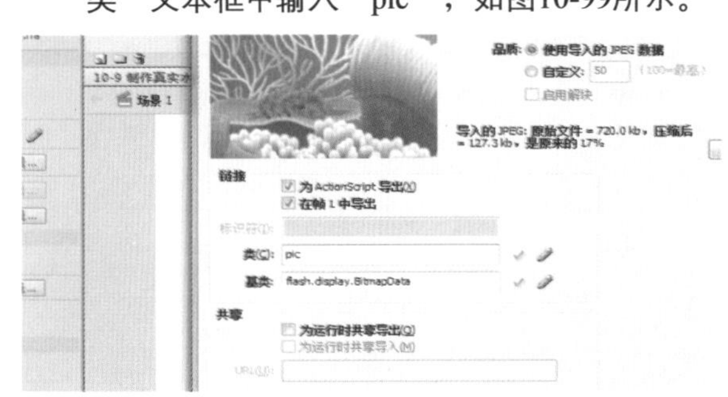

图10-99 输入类名

04 完成后单击“确定”按钮，即使弹出警告对话框也可以无视，继续单击“确定”按钮以完成修改，再按快捷键Ctrl + F8新建一个影片剪辑元件，并输入名称为“水波效果”，如图10-100所示。

图10-100 新建影片剪辑元件

05 确定后进入影片剪辑内部，单击时间轴的第1帧，在其中输入如下脚本，如图10-101所示。

```
import flash.display.*;
import flash.filters.*;
import flash.geom.*;


var damper: BitmapData = new BitmapData(
250, 180, false, 0x80 );
var result: BitmapData = new BitmapData(
250, 180, false, 0x80 );
var result2: BitmapData = new BitmapData(
500, 360, false, 0x80 );
var source: BitmapData = new BitmapData(
250, 180, false, 0x80 );
var buffer: BitmapData = new BitmapData(
250, 180, false, 0x80 );
var output: BitmapData = new BitmapData(
500, 360, true, 0x80 );
var picer1: BitmapData = BitmapData.
loadBitmap( 'pic' );
var bounds: Rectangle = new Rectangle( 0,
0, 250, 180 );
var origin: Point = new Point();
var matrix: Matrix = new Matrix();
var matrix2: Matrix = new Matrix();
matrix2.a = matrix2.d = 2;
var wave: ConvolutionFilter = new
ConvolutionFilter( 3, 3, [ 1, 1, 1, 1, 1, 1,
1, 1, 1 ], 9, 0 );
var damp: ColorTransform = new
ColorTransform( 0, 0, .99609374, 1, 0, 0,
2, 0 );
var water: DisplacementMapFilter = new
DisplacementMapFilter( result2, origin, 4,
4, 48, 48, 'ignore' );
attachBitmap( output, 0 );
var ms: Number = getTimer();
var frame: Number = 0;
var mouseDown: Boolean = false;

onMouseDown = function()
{
   mouseDown = true;
}


onMouseUp = function()
{
   onEnterFrame();
   mouseDown = false;
}
onEnterFrame = function()
{
   if( mouseDown )
   {
      var mx: Number = _xmouse / 2;
      var my: Number = _ymouse / 2;


      source.setPixel( mx + 1, my,
0xffffff );
    source.setPixel( mx - 1, my, 0xffffff );
    source.setPixel( mx, my + 1, 0xffffff );
    source.setPixel( mx, my - 1, 0xffffff );
    source.setPixel( mx, my, 0xffffff );
}
   result.applyFilter( source, bounds,
origin,  wave );
   result.draw( result, matrix, null,
'add' );
   result.draw( buffer, matrix, null,
'difference' );
   result.draw( result, matrix, damp );
   result2.draw( result, matrix2, null,
null,  null, true );
   output.applyFilter( picer1, new
Rectangle(  0, 0, 500, 360 ), origin,
water );
   buffer = source;
   source = result.clone();
}
```

```
1  //导入外部类
2  import flash.display.*;
3  import flash.filters.*;
4  import flash.geom.*;
5
6  //设置各个效果的位图对象
7  var damper: BitmapData = new BitmapData( 250, 180, false, 0x80 );
8  var result: BitmapData = new BitmapData( 250, 180, false, 0x80 );
9  var result2: BitmapData = new BitmapData( 500, 360, false, 0x80 );
10 var source: BitmapData = new BitmapData( 250, 180, false, 0x80 );
11 var buffer: BitmapData = new BitmapData( 250, 180, false, 0x80 );
12 var output: BitmapData = new BitmapData( 500, 360, true, 0x80 );
13 var picer1: BitmapData = BitmapData.loadBitmap('pic');
14
15 //设置变形的矩阵
16 var bounds: Rectangle = new Rectangle( 0, 0, 250, 180 );
17 var origin: Point = new Point();
18 var matrix: Matrix = new Matrix();
19 var matrix2: Matrix = new Matrix();
20 matrix2.a = matrix2.d = 2;
21
```

图10-101 输入脚本

06 单击时间轴下方的“场景1”以返回主场景，执行【发布设置】命令，修改语言版本为ActionScript2.0，如图10-102所示。

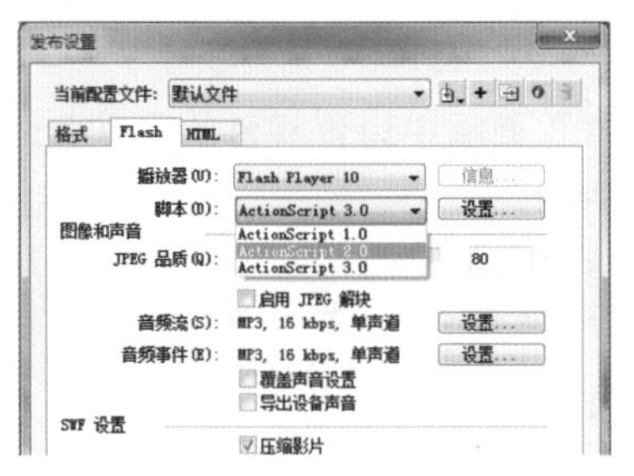

图10-102 修改发布设置

07 将库中的影片剪辑“水波效果”拖曳至舞台上，并调整其X和Y位置都为0，如图10-103所示。

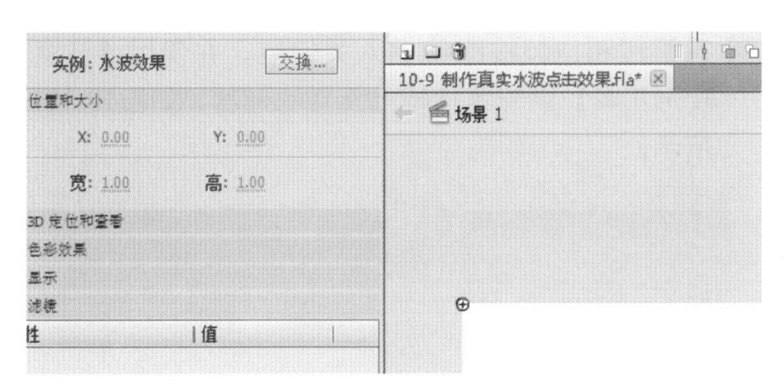

图10-103 设置影片剪辑位置

08 保存文件，并按快捷键Ctrl + Enter测试影片效果，最终效果如图10-104所示，任意位置单击即可产生波纹效果。

图10-104 最终效果图

10.10 触碰即落下的水滴

“触碰即落下的水滴”案例效果，如图10-105所示。

图10-105 案例最终效果

01 打开本案例的素材文件，本案例要制作的效果为舞台上有多个水滴形状的按钮，当鼠标经过或单击时，水滴会落下，并过一会儿再次生成一个水滴的效果，库内素材如图10-106所示。

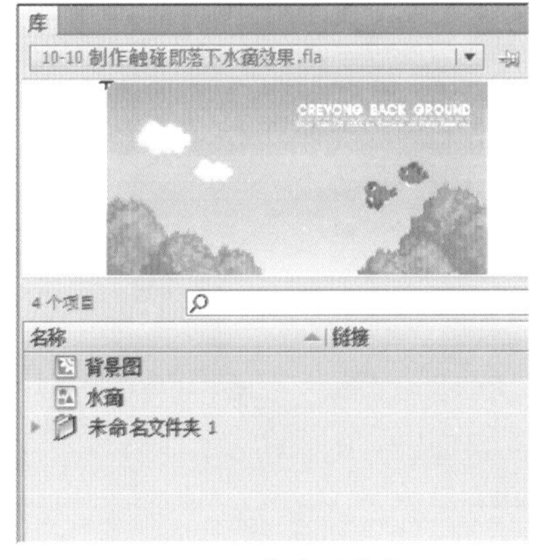

图10-106 库内的素材

02 在“属性”面板中设置舞台的尺寸为360×177，如图10-107所示。

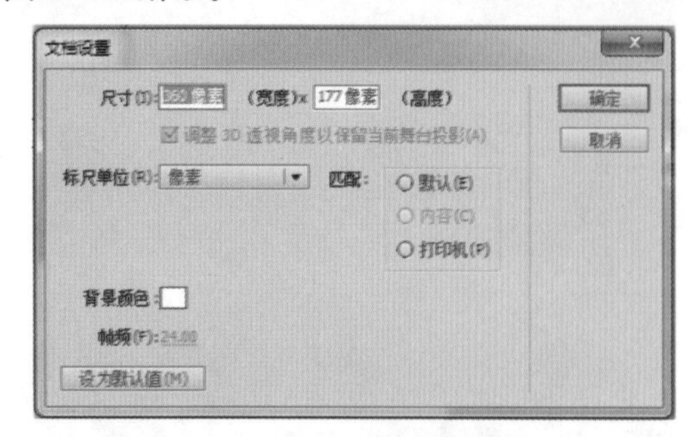

图10-107 设置舞台的尺寸

03 按快捷键Ctrl + F8新建一个影片剪辑元件，并命名为“水滴动画”，如图10-108所示。

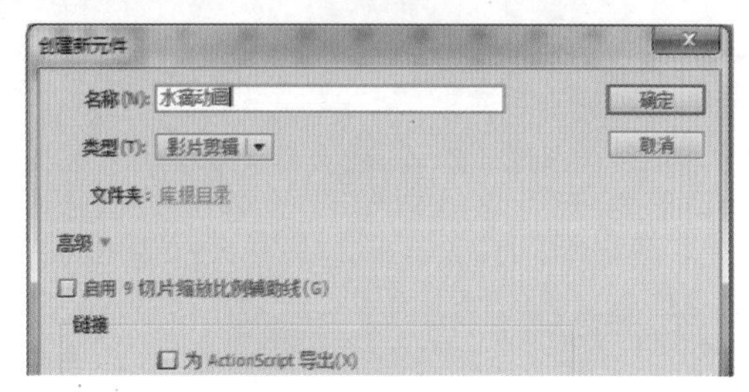

图10-108 创建影片剪辑元件

04 单击“确定”按钮后进入影片剪辑内部，将库中的“水滴”元件拖曳至舞台上，并调整元件的大小，如图10-109所示。

图10-109 调整元件的大小

05 在第16帧处按F6键插入关键帧，并增大元件的大小，如图10-110所示。

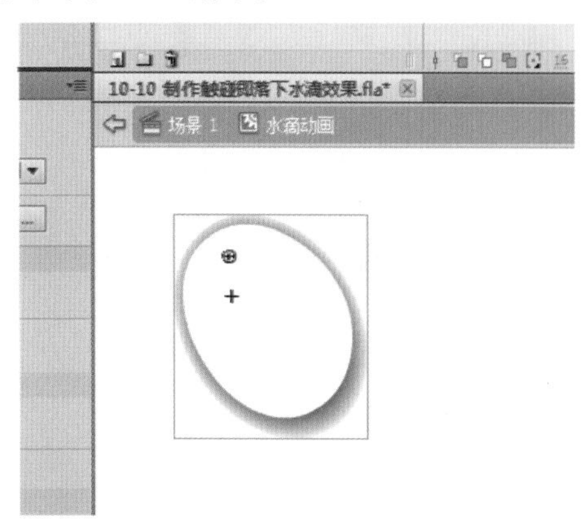

图10-110 调整元件的大小

06 在第17和18帧按F6键插入关键帧，并使用【任意变形工具】调节第18帧上元件的形状，如图10-111所示。

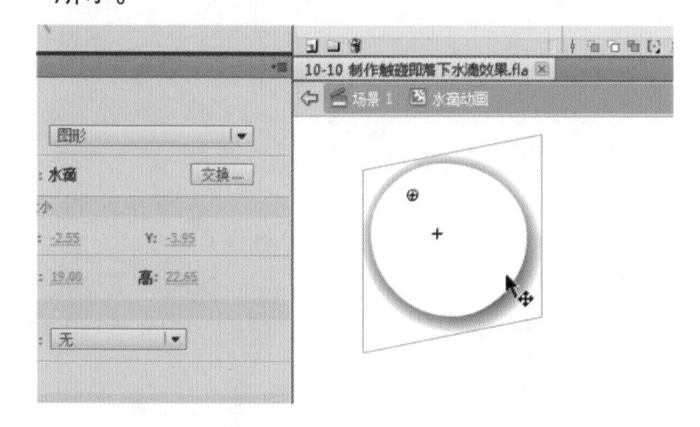

图10-111 调整元件的形状

07 在之后直到21帧之间的每帧都插入关键帧，并按照17和18帧的样式循环，以实现一个水滴抖动的动画效果，如图10-112所示。

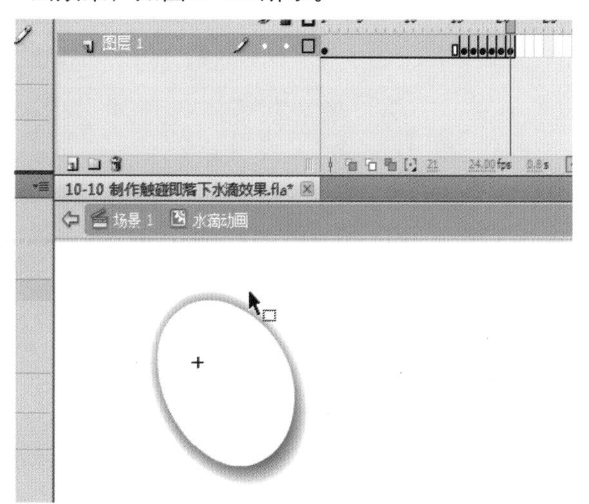

图10-112 制作抖动效果

08 在第34帧插入关键帧，将元件向下移动一定距离，并缩小一定大小，再在37帧插入关键帧，将元件再缩小一定大小，在38帧插入空白关键帧，并在所有帧之间创建补间动画，如图10-113所示。

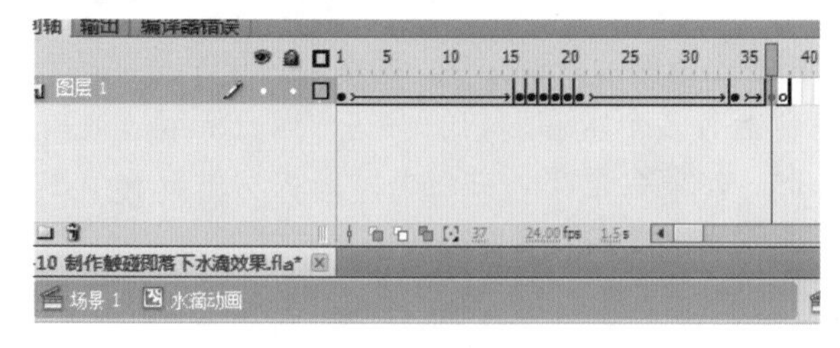

图10-113 创建补间动画

09 新建一个图层，移动在“水滴”图层的下方在第1帧上使用【椭圆工具】绘制一个圆形，并调整其他大小比最大状态的水滴稍微大一点，如图10-114所示。

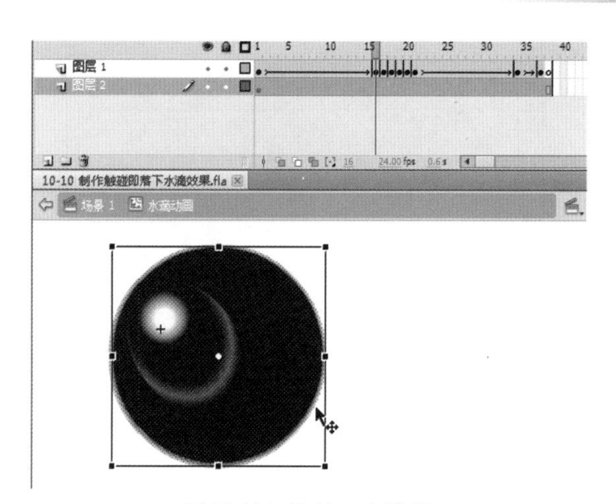

图10-114　绘制一个椭圆

10 调整改椭圆形的透明度为0，无轮廓线条，并在椭圆图层的第16帧按F7键插入空白关键帧，如图10-115所示。

图10-115　设置椭圆属性

11 再新建一个图层，在图层的第16帧按F7键插入空白关键帧，并在第1帧上按F9键打开“动作”面板，在其中输入如下脚本，如图10-116所示。

```
import flash.events.MouseEvent;


buttonMode = true;
addEventListener(MouseEvent.MOUSE_
OVER,down);
addEventListener(MouseEvent.CLICK,down);
function down(e:MouseEvent):void{
    gotoAndPlay(17);
}
```

图10-116　输入脚本

12 在第16帧输入stop()；脚本，如图10-117所示。

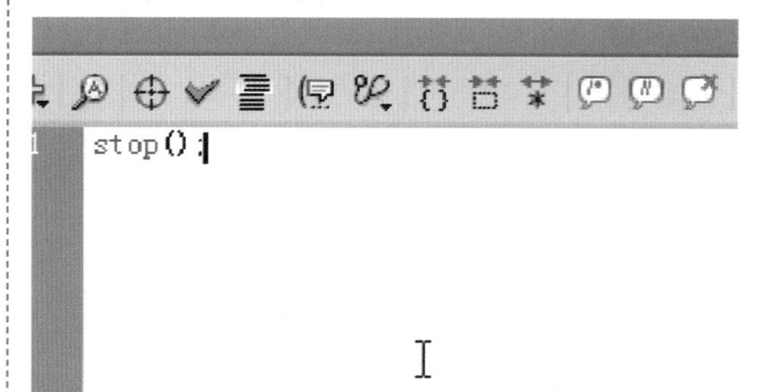

图10-117　输入脚本

13 返回主场景，将图层1重命名为“背景层”，并将库中的“背景图”拖曳至舞台上，调整其位置和舞台左上角对齐，如图10-118所示。

图10-118　将背景图拖曳至舞台上

14 新建一个图层，命名为“水滴层”，并将“水滴运动”元件从库中拖曳到舞台上，并多复制几份，如图10-119所示。

图10-119　复制多个剪辑

15 保存文件，按快捷键Ctrl + Enter测试影片，最终效果如图10-120所示。

图10-120 最终效果图

10.11 课后练习

练习1 彩色三角形跟随鼠标效果

本案例的练习为制作彩色三角形跟随鼠标效果，案例大致制作流程如下。

01 绘制空心的三角形图形，并转换为影片剪辑。

02 作三角形运动的动画，并制作多个副本，改变色调。

03 使用代码制作跟随鼠标的代码。如图10-121所示。

图10-121 案例最终效果

练习2 弹性手势鼠标效果

本案例的练习为制作弹性手势鼠标效果，案例大致制作流程如下。

01 制作一个手型的影片剪辑。

02 在时间轴上设置初始化代码。

03 在手形影片剪辑上制作弹性效果的代码。如图10-122所示。

图10-122 案例最终效果

练习3　放射五角星效果

本案例的练习为制作放射五角星效果，案例大致制作流程如下。

01 制作一个4个星星从中心向外扩散运动的动画。

02 在库中设置这个影片剪辑的连接名称。

03 在帧上输入代码，每隔一段时间就生成星星动画。如图10-123所示。

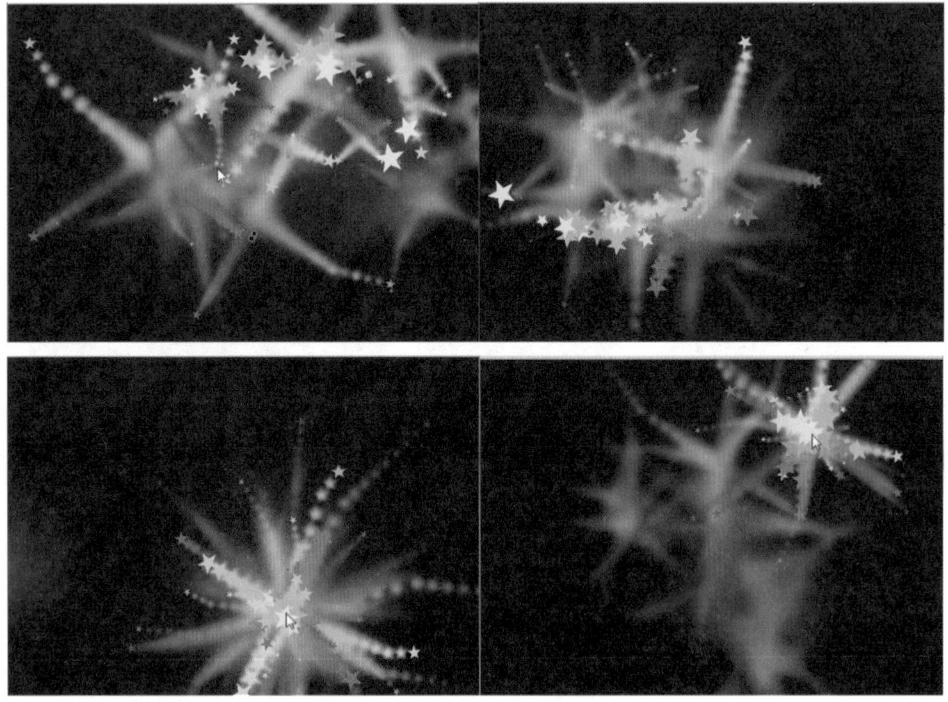

图10-123 案例最终效果

练习4　跟随鼠标运动的小球

本案例的练习为制作跟随鼠标运动的小球，案例大致制作流程如下：

01 制作一个圆形的影片剪辑，在上面输入代码随着帧频运动。

02 为小球影片剪辑设置库链接。

03 在舞台上制作一个空白的影片剪辑并在上面输入小球运动效果的代码。如图10-124所示。

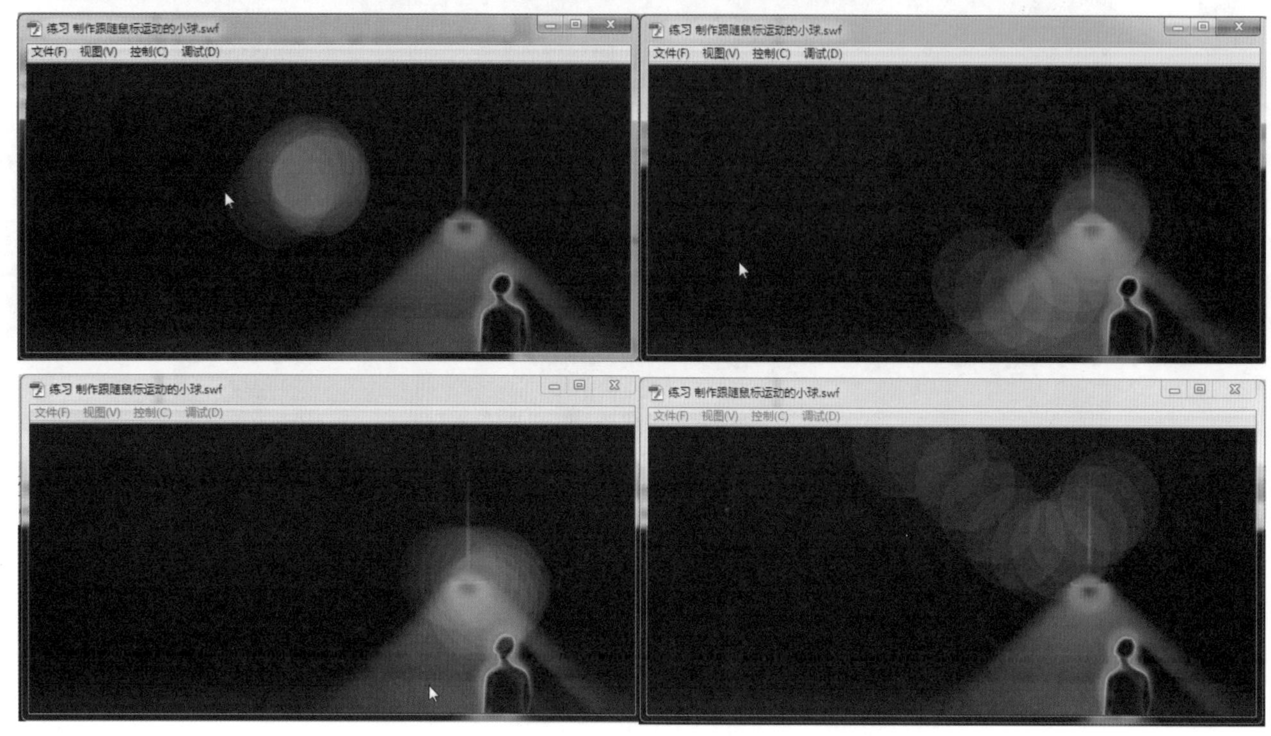

图10-124 案例最终效果

练习5　跟随鼠标经过绘制圆点的效果

本案例的练习为制作跟随鼠标经过绘制圆点的效果，案例大致制作流程如下。

01 制作一个圆形从很小的状态变化到很大的不可见状态的动画。

02 将该动画放置在舞台上，并在影片剪辑上输入跟随鼠标运动和复制副本的代码。如图10-125所示。

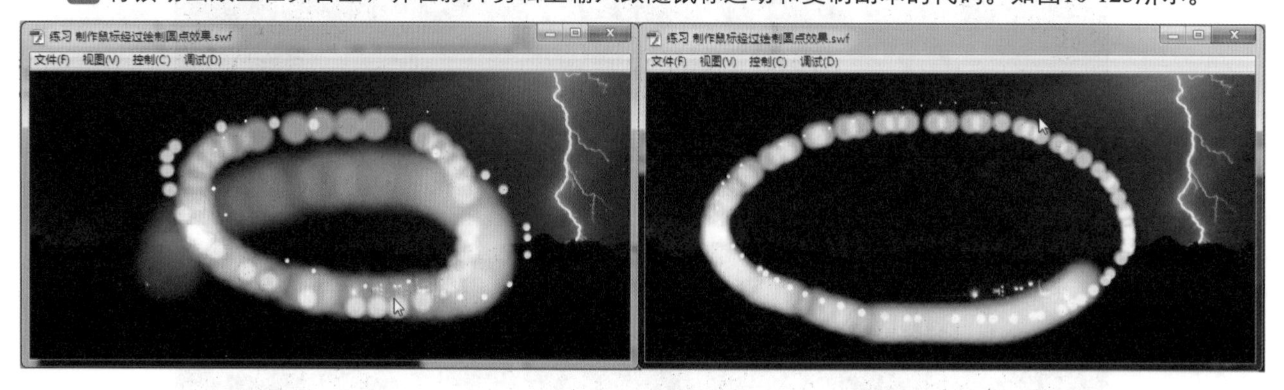

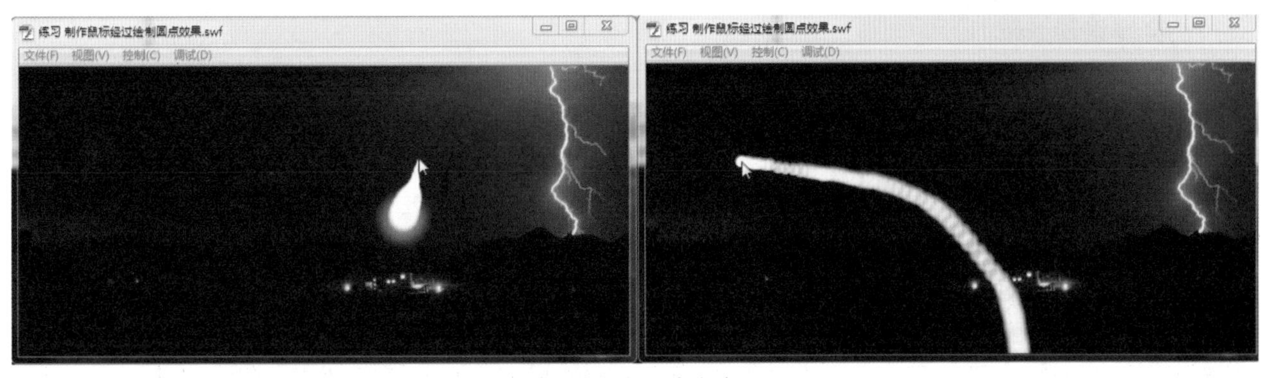

图10-125　案例最终效果

练习6　鼠标移动刷出圆点效果

本案例的练习为制作鼠标移动刷出圆点效果，案例大致制作流程如下。

01 在舞台上放置一张图片作为背景，并转换为影片剪辑，输入实例名称。

02 在舞台的帧上输入跟随鼠标的擦除代码。如图10-126所示。

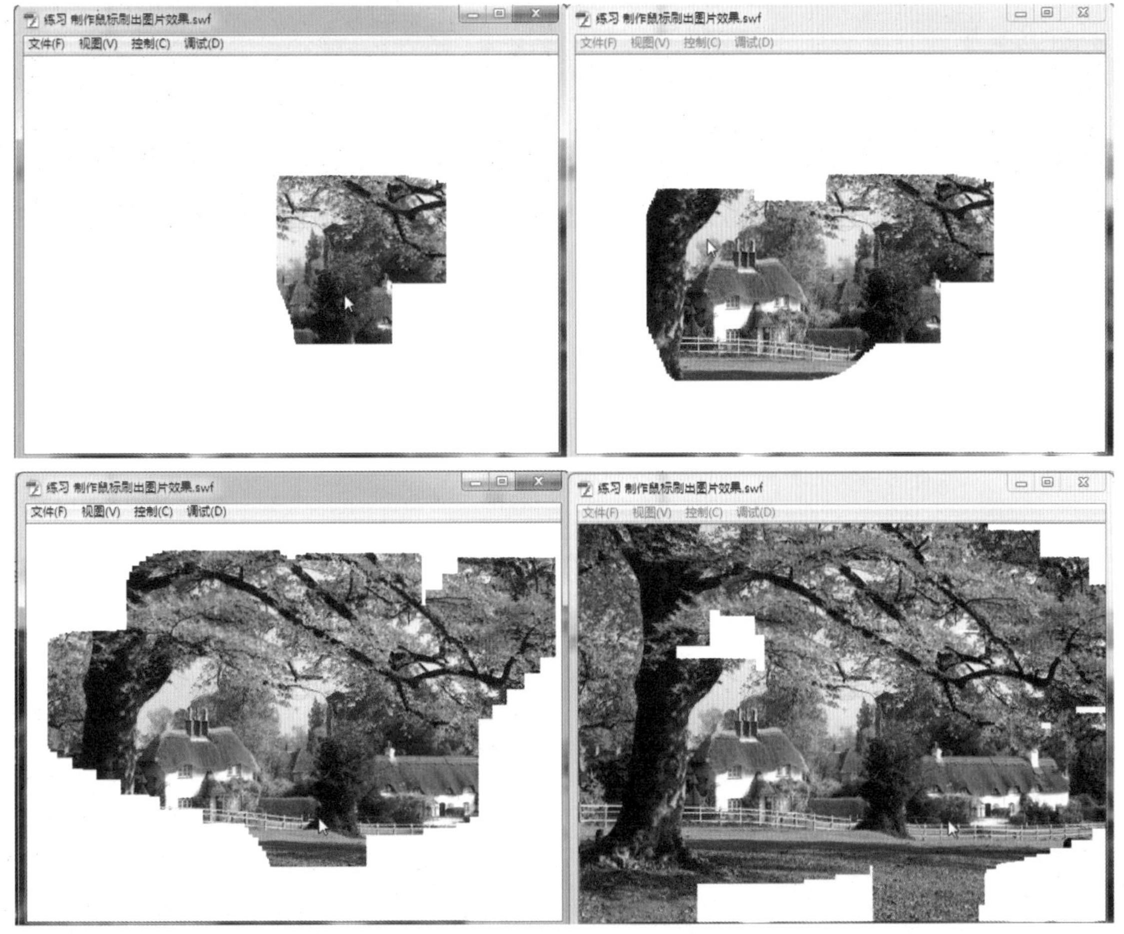

图10-126　案例最终效果

练习7　文字滚动效果

本案例的练习为制作文字滚动，案例大致制作流程如下。

01 制作一个内含动态文本框的影片剪辑，并给文本框分配变量名。

02 将该影片剪辑放置在舞台上，并在帧上输入效果代码。如图10-127所示。

图10-127 案例最终效果

练习8　舞厅彩灯效果

本案例的练习为制作舞厅彩灯效果，案例大致制作流程如下。

01 使用素材制作一个舞厅彩灯球转动的逐帧动画。

02 使用彩球转动的动画再制作一个彩球色调变化的动画。

03 将最后的动画放置在舞台上并设置实例名，在帧上输入效果代码。如图10-128所示。

图10-128 案例最终效果

练习9　阳光跟随鼠标效果

本案例的练习为制作阳光跟随鼠标效果，案例大致制作流程如下。

01 使用素材将各个太阳的光晕转换为影片剪辑，并添加实例名称。

02 在动画里输入效果代码。

03 将影片剪辑放置在舞台上。如图10-129所示。

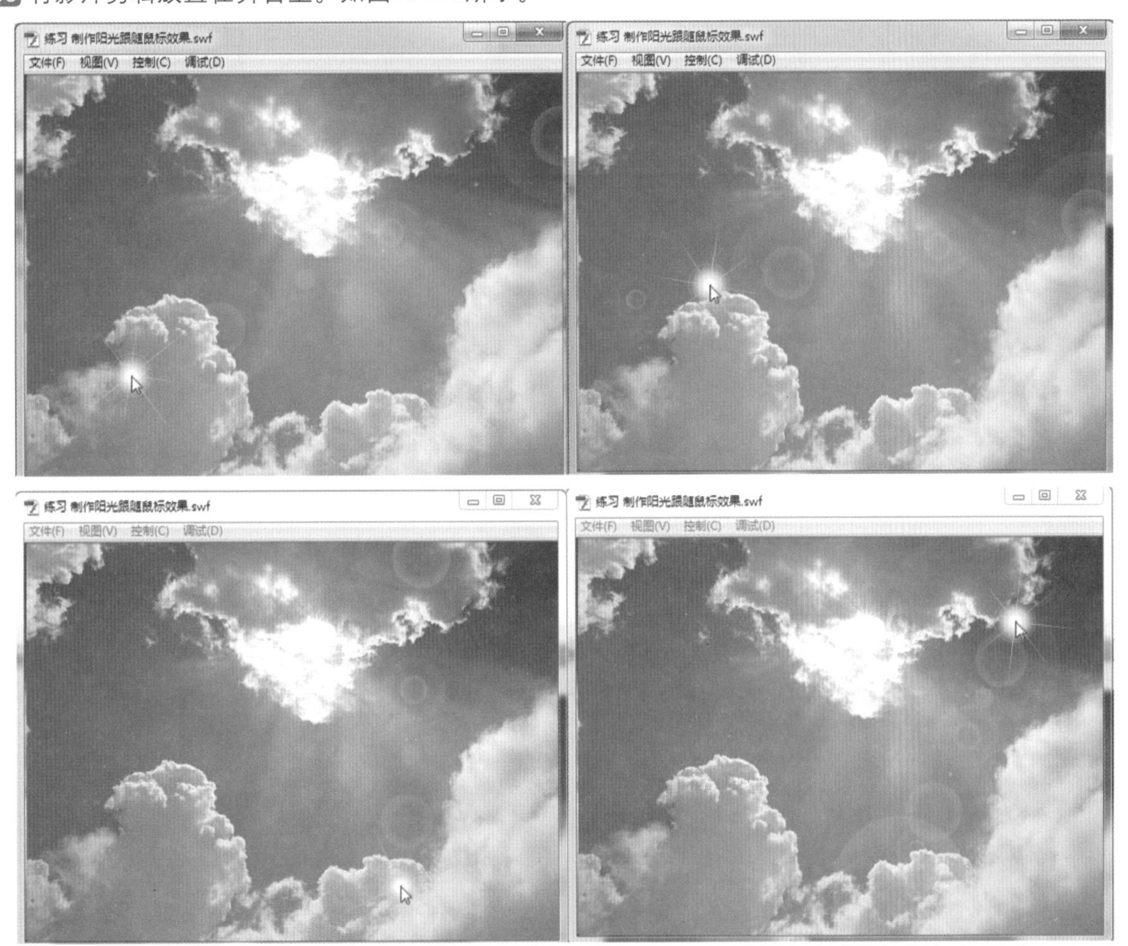

图10-129 案例最终效果

练习10　移动生成彩球效果

本案例的练习为制作移动生成彩球效果，案例大致制作流程如下。

01 制作小球向一个方向运动的动画。

02 将制作好的小球运动动画制作多个方向的影片剪辑。

03 在动画上输入运动效果动画，并跟随鼠标。

04 将制作好的影片剪辑放置在舞台上。如图10-130所示。

图10-130 案例最终效果

第11章

音效应用篇

之所以Flash能够算是多媒体软件，是因为其具有处理除普通动画外的多种媒体类型，声音的多样化处理方式也是Flash的一大特点，我们能灵活地使用外部声音文件导入到库中或直接使用或使用脚本调用，也可以直接用脚本调用外部的音乐。总之，对于动画制作方面，声音的合理安排和处理是必不可少的环节，下面通过一些案例对声音处理方面的知识进行讲解。

本章学习重点：

1．了解音频的导入。

2．掌握音频在按钮中的使用。

3．掌握音频的链接名设置。

11.1 逐渐升高音效的按钮

"逐渐升高音效的按钮"案例效果，如图11-1所示。

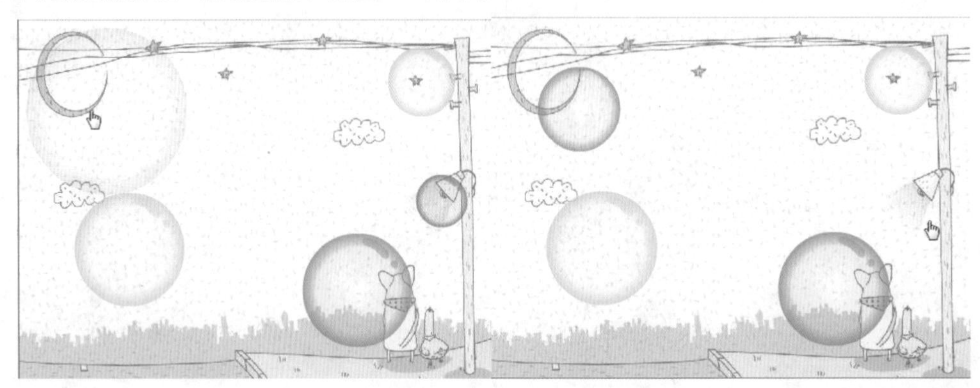

图11-1 案例最终效果

01 打开本案例的素材文件，本案例要制作的效果为创建一些泡泡的按钮，当鼠标经过的时候泡泡会消失并且播放不同的音效，库内素材如图11-2所示。

图11-2 库内的素材

02 将图层1重命名为"背景层"，并将库中的"背景图"拖曳至场景中，调整其位置使其对准舞台左上角，如图11-3所示。

图11-3 调整背景图的位置

03 按快捷键Ctrl + F8创建一个影片剪辑元件，命名为"泡泡按钮1"，单击"确定"按钮进入其内部进行编辑，如图11-4所示。

图11-4 创建新元件

04 使用【椭圆工具】在舞台中间绘制一个正圆形，并在"颜色"面板中设置其颜色渐变为中间透明的红色到外围不完全透明的红色，可以将舞台背景设置为黑色以便于查看效果，如图11-5所示。

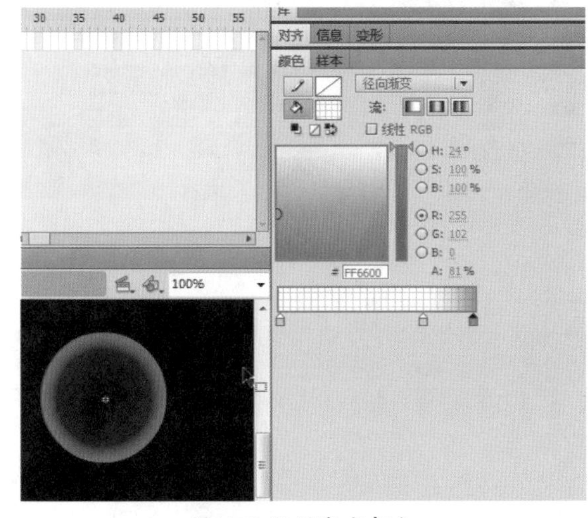

图11-5 设置渐变颜色

05 新建一个图层，然后使用【刷子工具】绘制一些高光的效果，如图11-6所示。

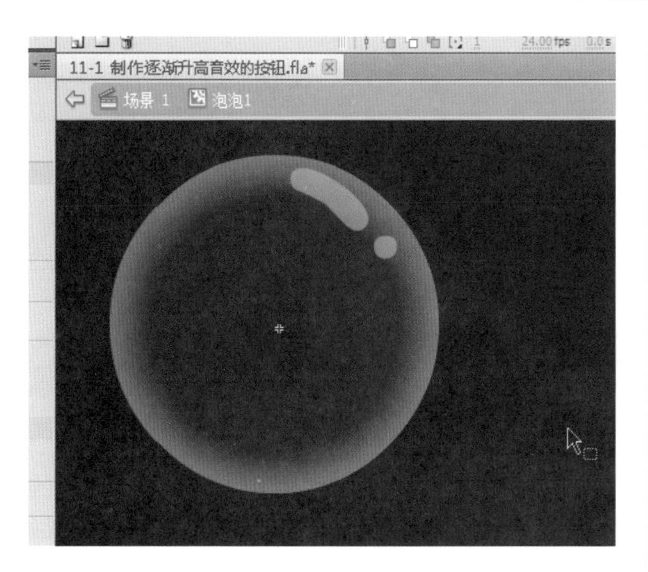

图11-6 绘制高光效果

06 按快捷键Ctrl + F8新建一个按钮元件，命名为“泡泡按钮1”，将“泡泡1”元件拖曳至按钮元件的第1帧上，并在第2帧按F6键插入关键帧，如图11-7所示。

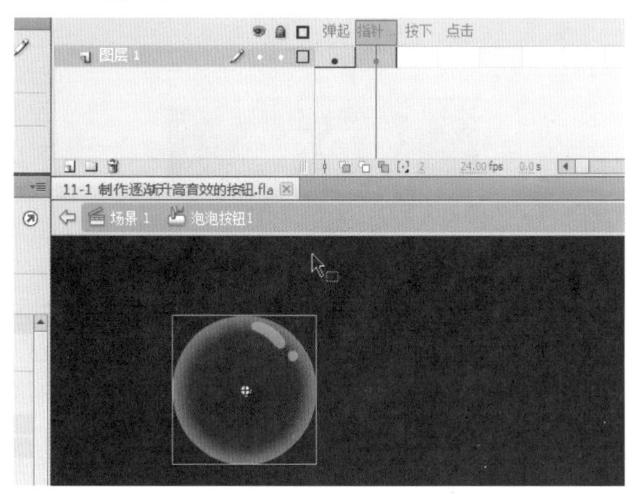

图11-7 插入关键帧

07 单击第2帧，并在“属性”面板中的声音标签中选择“音效1”，如图11-8所示。

图11-8 选择声音

08 选择第2帧上的“泡泡”元件，并按F8键将其转换为影片剪辑元件，进入其内部为其制作一个逐渐变大、变透明的动画，并在最后一帧按F7键插入空白关键帧，在其中的“动作”面板中输入stop()；停止播放脚本，如图11-9所示。

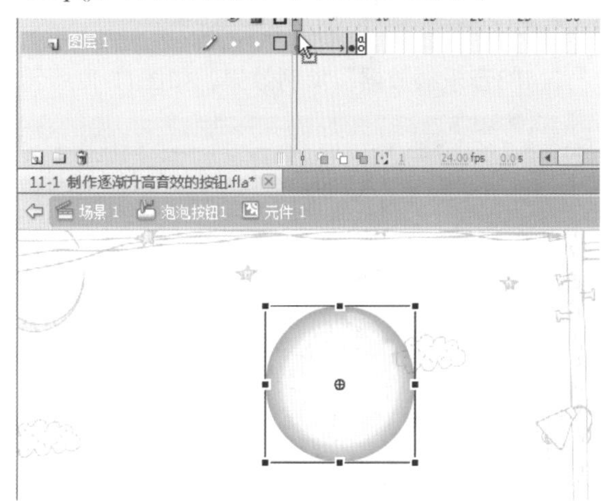

图11-9 制作变大变透明补间动画

09 按照上面同样的步骤，制作出4个不同颜色的“泡泡”按钮，并为其分配声音，如图11-10所示。

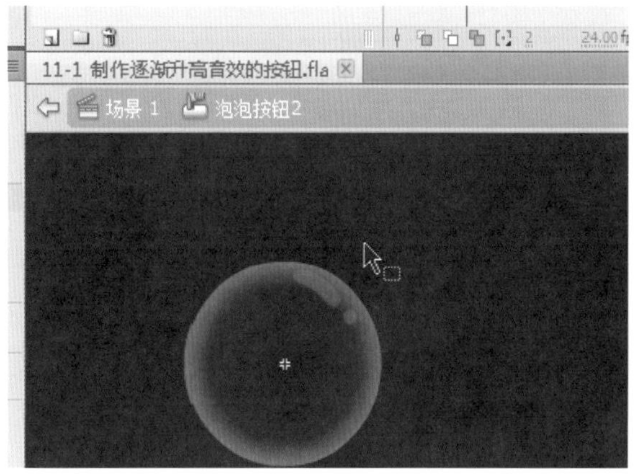

图11-10 制作剩下的按钮

10 完成后，将不同的按钮都拖曳在主场景上，并调整合适的位置和合适的大小。保存文件，并按快捷键Ctrl + Enter测试影片效果，最终效果如图11-11所示。

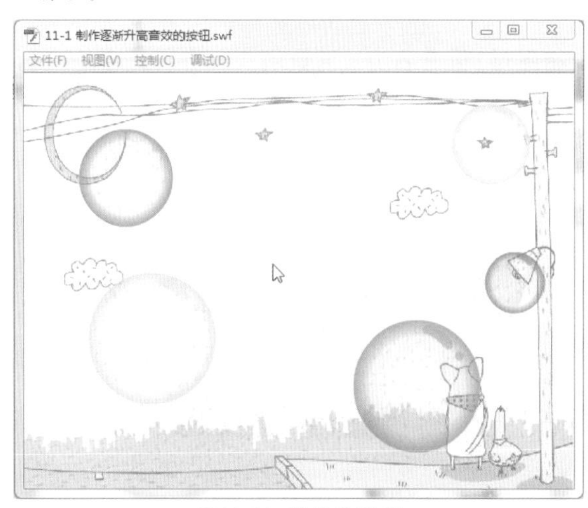

图11-11 最终效果图

11.2 MP3音乐播放器

“MP3音乐播放器”案例效果，如图11-12所示。

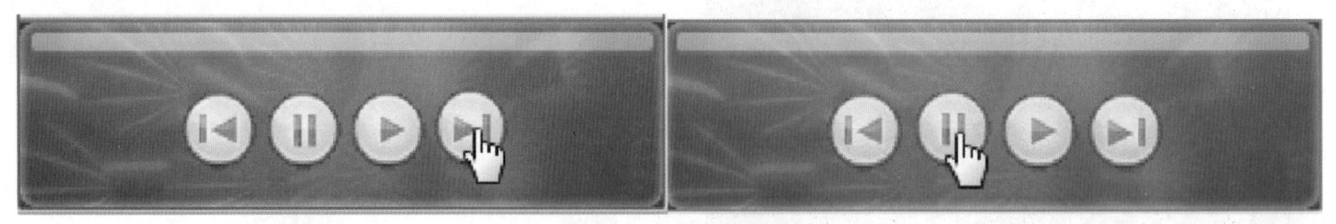

图11-12 案例最终效果

01 打开本案例的素材文件，库中素材如图11-13所示，里面有3个音频文件，都已经添加好了库链接名称。

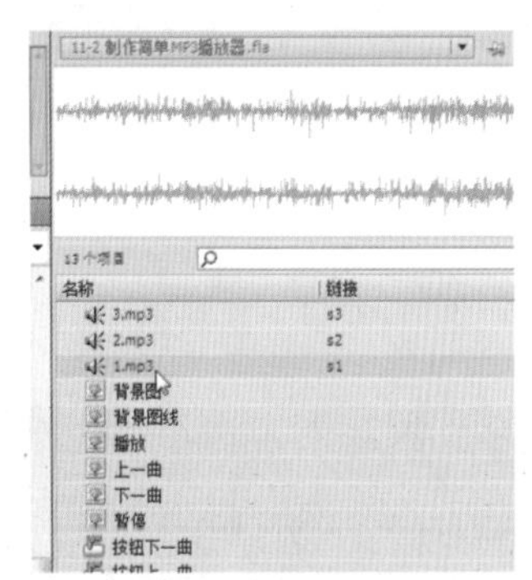

图11-13 库内的素材

02 在“属性”面板中设置舞台的尺寸为258 × 72，背景为黑色，如图11-14所示。

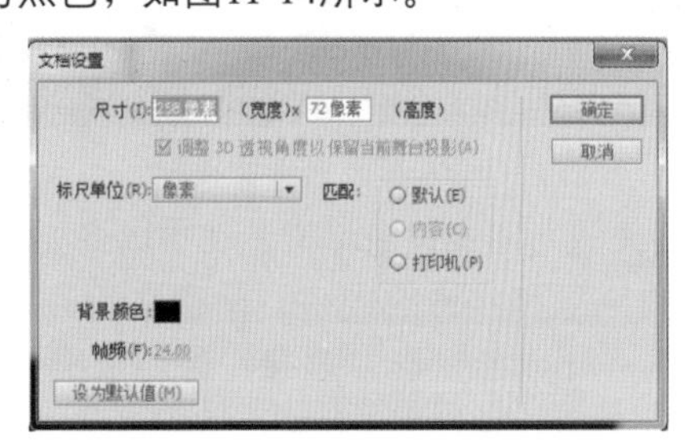

图11-14 设置舞台的尺寸

03 将图层1重命名为“背景层”，并将库中的“背景图”拖曳至舞台上，并将“背景图线”元件也拖曳到场景上，调节其位置，如图11-15所示。

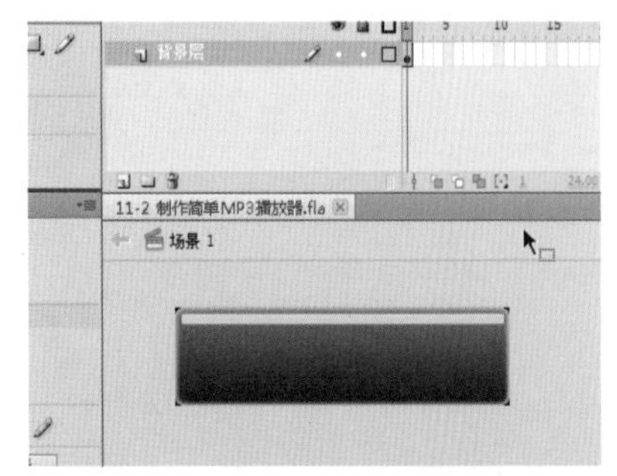

图11-15 调整影片剪辑位置

04 新建一个图层命名为“按钮层”，并将库中的按钮元件都拖曳到该层上，并调节所有按钮的位置如图11-16所示。

图11-16 调整按钮的位置

05 为每个按钮在“属性”面板中设置实例名称，“上一曲”按钮为btn_prev，“下一曲“按钮为btn_next，“播放”按钮为btn_play，“暂停”按钮btn_stop，如图11-17所示。

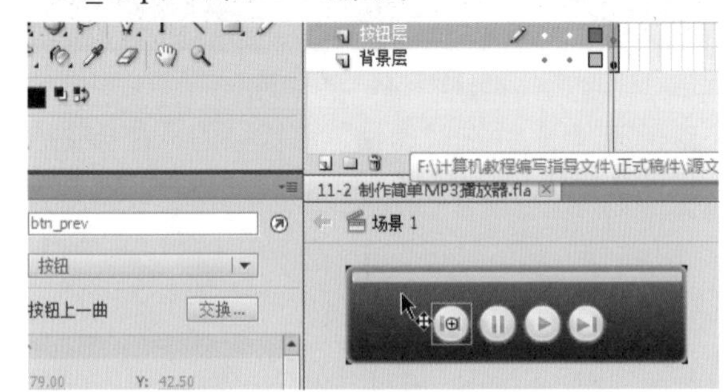

图11-17 设置按钮的实例名称

06 新建一个图层，命名为“代码层”，单击该层第1帧并按F9键打开“动作”面板，在其中输入如下脚本，如图11-18所示。

```
import flash.media.Sound;
import flash.media.SoundChannel;
import flash.events.MouseEvent;
var index:Number = 1;
```

```
var song1:Sound = new s1();
var song2:Sound = new s2();
var song3:Sound = new s3();
var csong:Sound = song1;
var st:SoundChannel = csong.play();
var isPlay:Boolean = true;
btn_play.addEventListener(MouseEvent.
CLICK,playF);
btn_stop.addEventListener(MouseEvent.
CLICK,stopF);
btn_prev.addEventListener(MouseEvent.
CLICK,prevF);
btn_next.addEventListener(MouseEvent.
CLICK,nextF);
function playF(e:MouseEvent):void{
if(!isPlay){
isPlay = true;
st = csong.play();
}
}
function stopF(e:MouseEvent):void{
if(isPlay){
sPlay = false;
st.stop()
}
}
function prevF(e:MouseEvent):void{
if(index > 1){
index --;
csong = this["song" + index] as Sound;
st.stop();
st = csong.play();
}
}
function nextF(e:MouseEvent):void{
if(index < 3){
index ++;
csong = this["song" + index] as Sound;
st.stop();
st = csong.play();
}
}
```

```
1  //导入外部类
2  import flash.media.Sound;
3  import flash.media.SoundChannel;
4  import flash.events.MouseEvent;
5  //歌曲序号
6  var index:Number = 1;
7  //歌曲1 2 3
8  var song1:Sound = new s1();
9  var song2:Sound = new s2();
10 var song3:Sound = new s3();
11 //当前的歌曲
12 var csong:Sound = song1;
13 //播放当前歌曲
14 var st:SoundChannel = csong.play();
15 //播放变量为正在播放状态
16 var isPlay:Boolean = true;
17 //为播放按钮添加侦听
18 btn_play.addEventListener(MouseEvent.CLICK,playF);
19 //为停止按钮添加侦听
20 btn_stop.addEventListener(MouseEvent.CLICK,stopF);
21 //为上一首按钮添加侦听
```

图11-18 输入脚本

07 可以在背景层上面再添加一个图形作为影片剪辑，并调节透明度以实现皮肤的效果，保存文件，并按快捷键Ctrl + Enter测试影片效果，最终效果如图11-19所示。

图11-19 最终效果图

11.3 课后练习

练习1 暴风雨场景效果

本案例的练习为制作暴风雨场景效果，案例大致制作流程如下。

01 制作雨点落下的动画。

02 将多个雨点运动的动画铺满舞台。

03 添加楼层背景。

04 在帧上插入下雨的声音音效。如图11-20所示。

图11-20 案例最终效果

练习2　音阶音效效果

本案例的练习为制作音阶音效效果，案例大致制作流程如下。

01 制作多个效果按钮，并排列好位置。

02 在每个按钮上制作鼠标经过效果，并在鼠标经过帧的影片剪辑内插入不同音阶的音效。如图11-21所示。

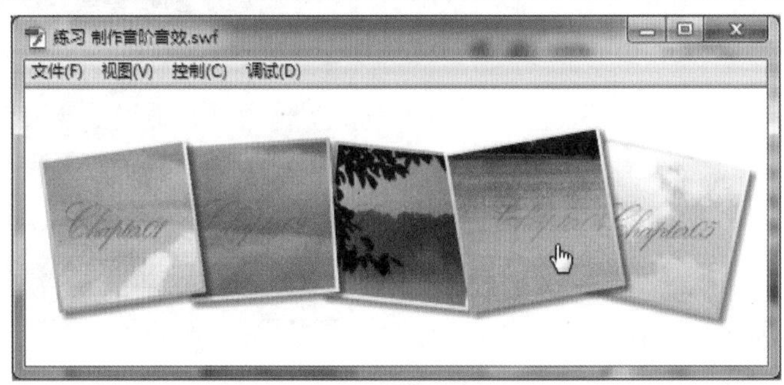

图11-21 案例最终效果

第12章 视频应用篇

视频处理也是Flash对于多媒体处理的一大特色，绝大多数的网络视频都是靠Flash作为视频播放插件的。Flash视频播放功能很多，能够自由定制皮肤、自动处理缓冲播放等。下面用一些案例进行讲解。

本章学习重点：

1. 了解视频文件的导入。
2. 掌握视频元件的操作。
3. 了解视频元件和其他元件的搭配使用。

12.1 街头涂鸦视频界面

“街头涂鸦视频界面”本案例效果，如图12-1所示。

图12-1 案例最终效果

01 打开本案例的素材文件，库内有一张背景图素材，素材文件夹内还有一段视频，如图12-2所示。

图12-2 库内的素材

02 在“属性”面板中将舞台尺寸设置为500×400，背景为黑色，如图12-3所示。

03 将图层1重命名为“背景层”，并将库中的图片素材拖曳到舞台上，按F8键将其转换为影片剪辑元件，命名为“背景图剪辑”，如图12-4所示。

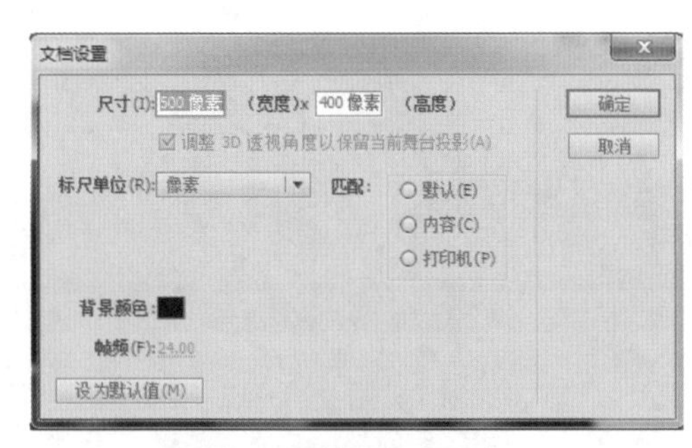

图12-3 设置舞台尺寸

图12-4 转换为影片剪辑

04 在时间轴上为其制作一个从下往上运动的补间动画，并且设置Y轴模糊效果，如图12-5所示。

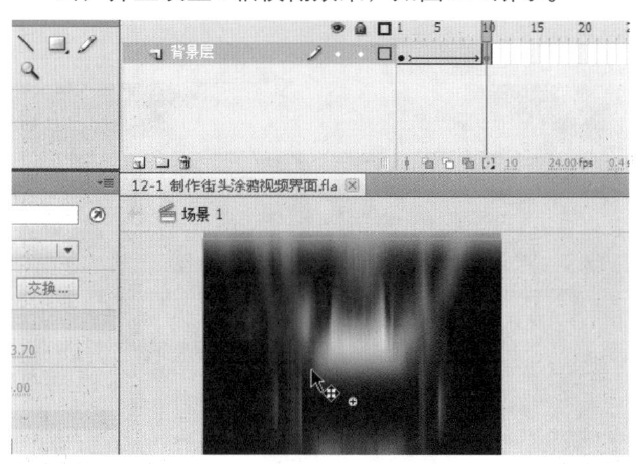

图12-5 创建传统补间动画

05 然后制作一个往下回来运动的补间动画，后面再制作一个取消模糊的补间动画，如图12-6所示。

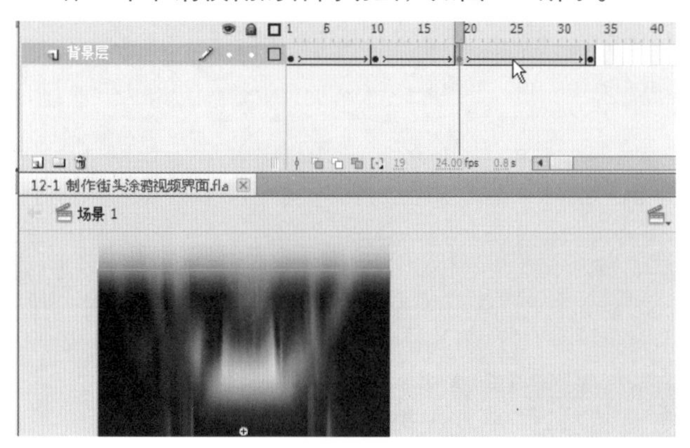

图12-6 创建传统补间动画

06 最后插入关键帧，使用【任意变形工具】调整图形的形状，使图形中间的屏幕大小稍微小于舞台，如图12-7所示。

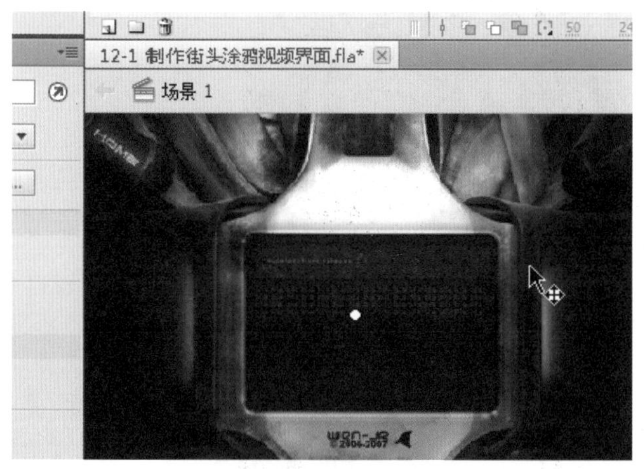

图12-7 调整影片剪辑大小

07 新建一个图层，命名为“视频层”，执行【文件】>【导入】>【导入视频】命令，打开如图12-8所示的对话框。

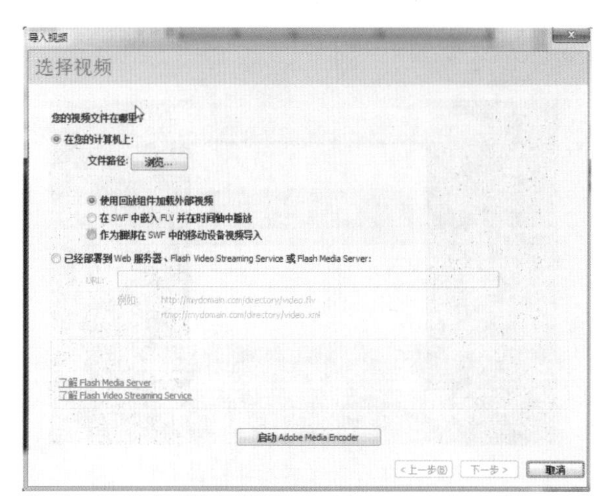

图12-8 导入视频界面

08 单击文件路径里的【浏览】按钮，在打开的对话框中浏览本案例素材文件夹内的视频，完成后单击“下一步”按钮，如图12-9所示。

图12-9 导入本案例的视频素材

09 在下一步的界面中选择视频的皮肤，如图12-10所示。

图12-10 设置视频的皮肤

10 导入完成后，将视频元件拖曳到刚才影片剪辑的最后一帧相应的帧上，并使用【任意变形工具】调整视频元件的大小，如图12-11所示。

图12-11 调整视频元件的大小

11 在最后一帧上的动作面板中输入停止播放脚本stop();，如图12-12所示。

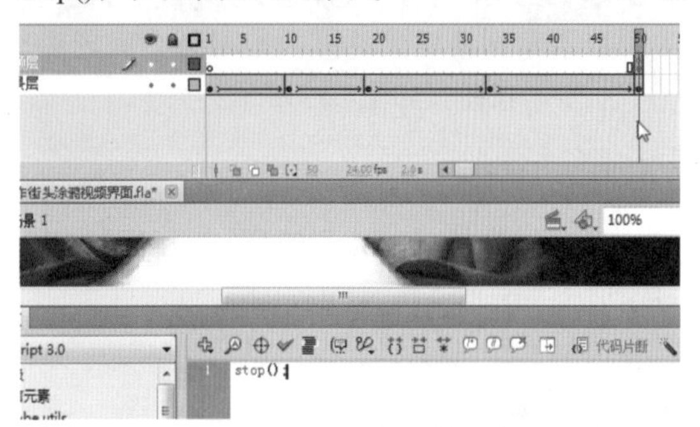

图12-12 输入脚本

12 保存文件，并按快捷键Ctrl + Enter测试影片，最终效果如图12-13所示。

图12-13 最终效果图

12.2 世界杯视频播放界面

“世界杯视频播放界面”案例效果，如图12-14所示。

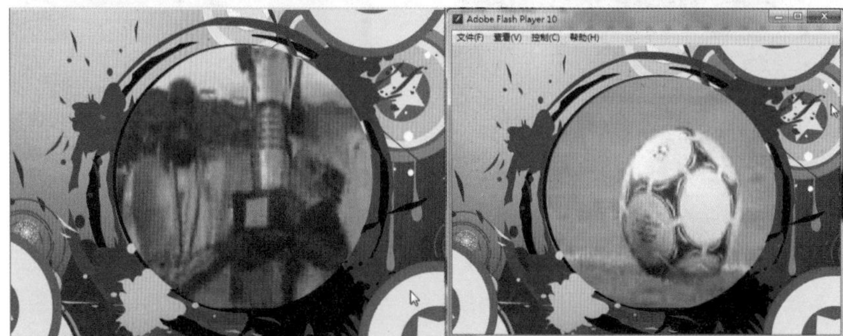

图12-14 案例最终效果

01 打开本案例的素材文件，库内素材如图12-15所示。

图12-15 库内的素材

02 本案例使用了标尺来辅助设计，可以在【视图】菜单中选择是否显示标尺。

03 将图层1重命名为“背景层”，并先不做处理，再新建一个图层，命名为“足球层”，并将库中的“足球”元件拖曳至该层的第1帧上，如图12-16所示。

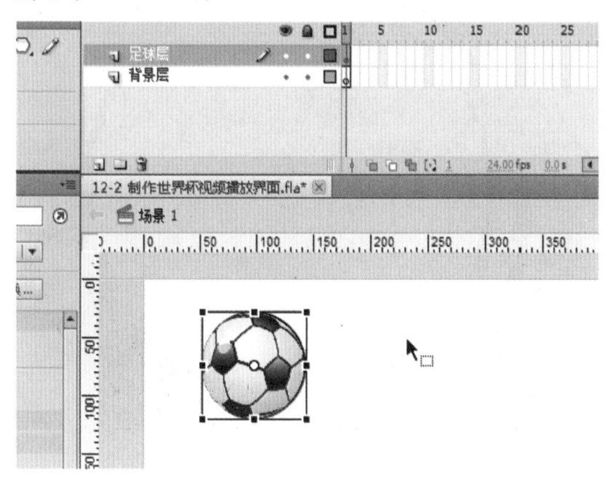

图12-16 将元件拖曳至场景中

04 在“足球层”的第1～10帧上创建足球从舞台左侧飞到舞台右侧的动画，再在第10～20帧制作足球从右侧飞进舞台中间的动画，如图12-17所示。

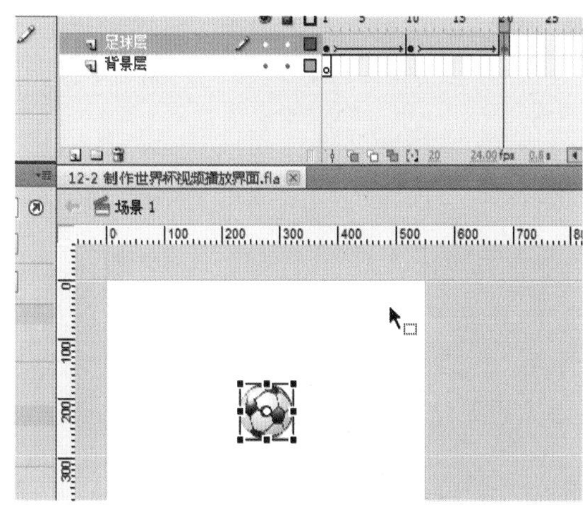

图12-17 制作“足球”运动的动画

05 在“背景层”的第20帧按F7键插入空白关键帧，并将“背景图”元件拖曳至该帧上，如图12-18所示。

图12-18 将背景图拖曳至舞台上

06 在“足球层”的第30帧插入关键帧，并将第30帧上的“足球”元件调整至与背景图中间的圆重合，并在其间创建传统补间动画，如图12-19所示。

图12-19 创建补间动画

07 为背景层的第20~30帧也创建补间动画，效果为由透明渐渐变得可见，如图12-20所示。

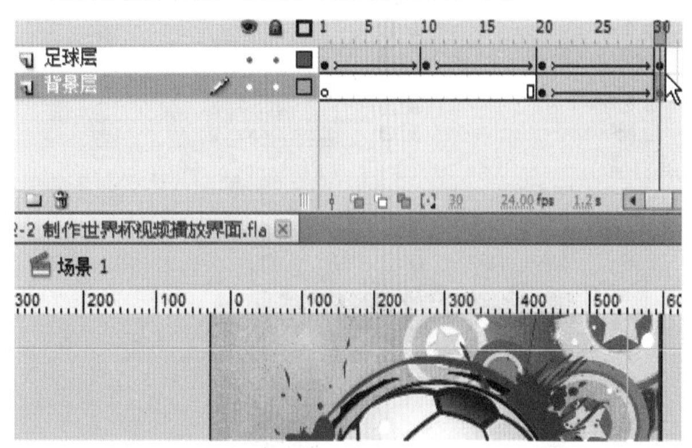

图12-20 为背景制作补间动画

08 新建几个图层，用库中的“星星”元件制作动态效果，如图12-21所示。

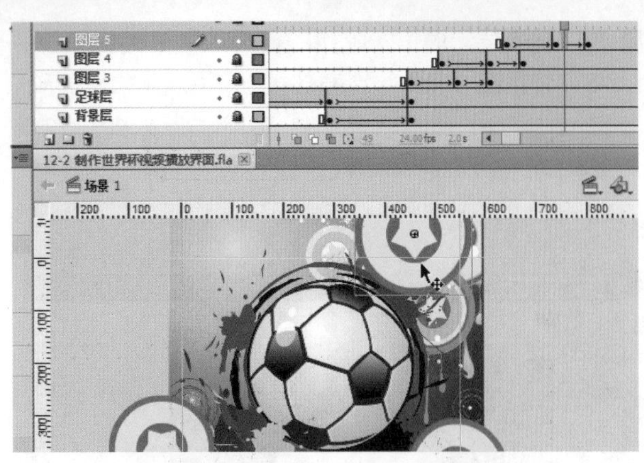

图12-21 制作星星的动态效果

09 在最上面新建一个图层，执行【文件】>【导入】>【导入视频】，并将本案例文件夹下的world cup.flv文件导入进来，并调整其大小使其大于足球，如图12-22所示。

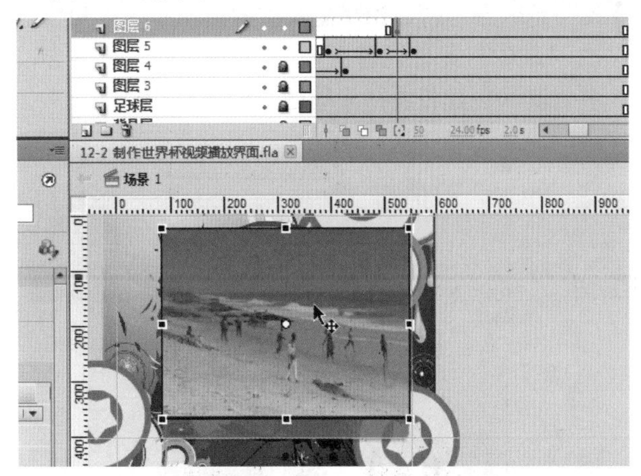

图12-22 调整视频元件的大小

10 将“足球层”最后一个状态的“足球”元件复制，并在视频的图层上再新建一个图层，原位粘贴到该图层上，并设置其为视频图层的遮罩层，如图12-23所示。

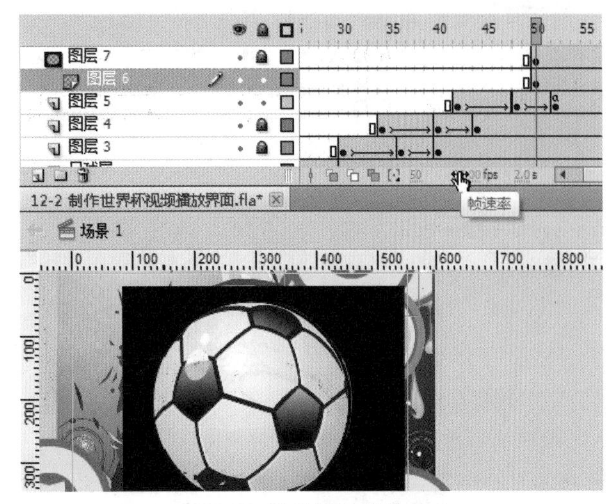

图12-23 设置视频层的遮罩

11 在最后一帧上打开“动作”面板并输入stop();停止播放脚本，如图12-24所示。

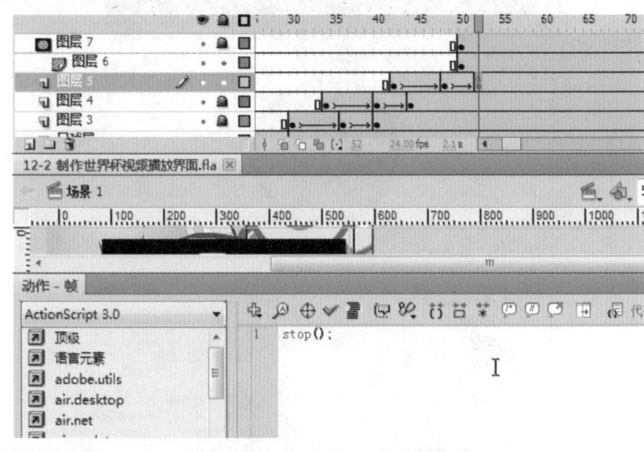

图12-24 输入停止播放脚本

12 保存文件，并快捷键Ctrl + Enter测试影片，最终效果如图12-25所示。

图12-25 最终效果图

12.3 课后练习

练习1 礼花效果

本案例的练习为制作礼花效果，案例大致制作流程如下。

01 将礼花的视频导入到库中。

02 新建影片剪辑并将视频放置在影片剪辑中。

03 将影片剪辑放置在舞台上。如图12-26所示。

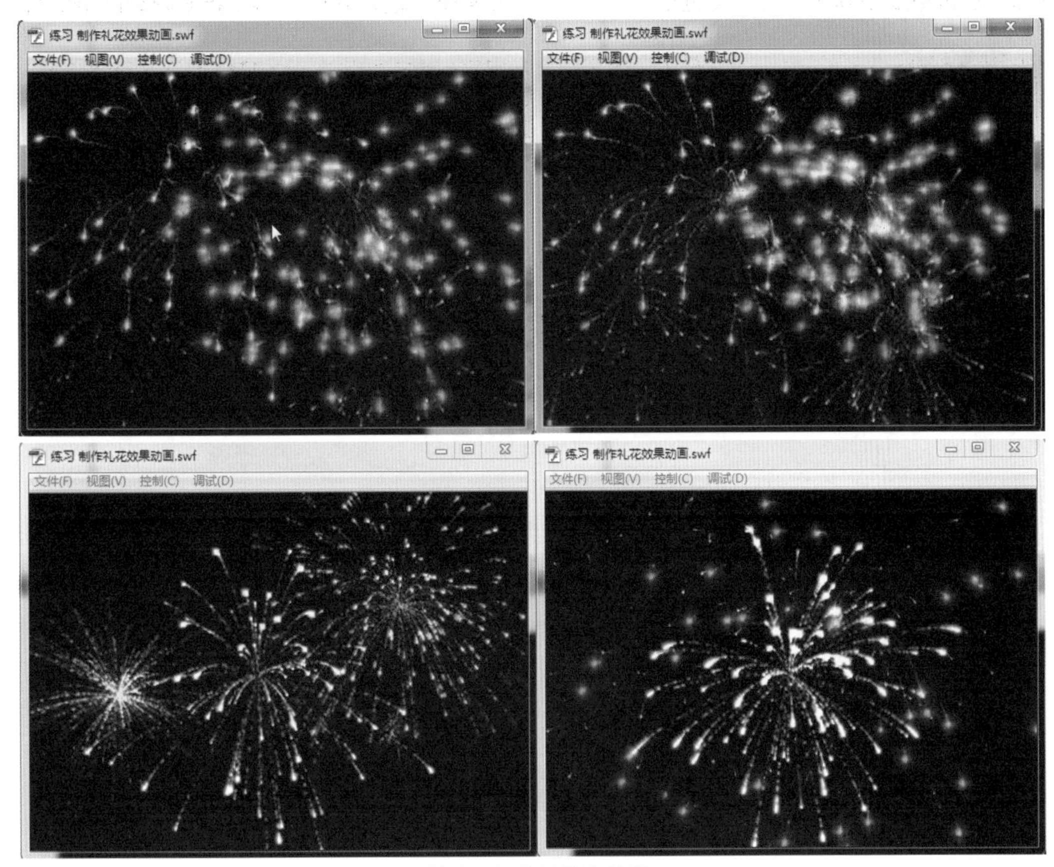

图12-26 案例最终效果

练习2 物体漂浮动画

本案例的练习为制作物体漂浮动画，案例大致制作流程为下。

01 将漂浮动画的视频导入到库中。

02 新建影片剪辑并将视频放置在影片剪辑中。

03 将影片剪辑放置在舞台上。如图12-27所示。

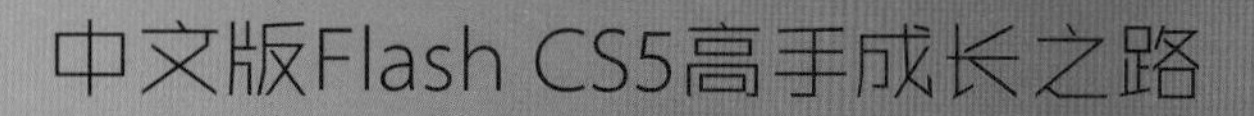

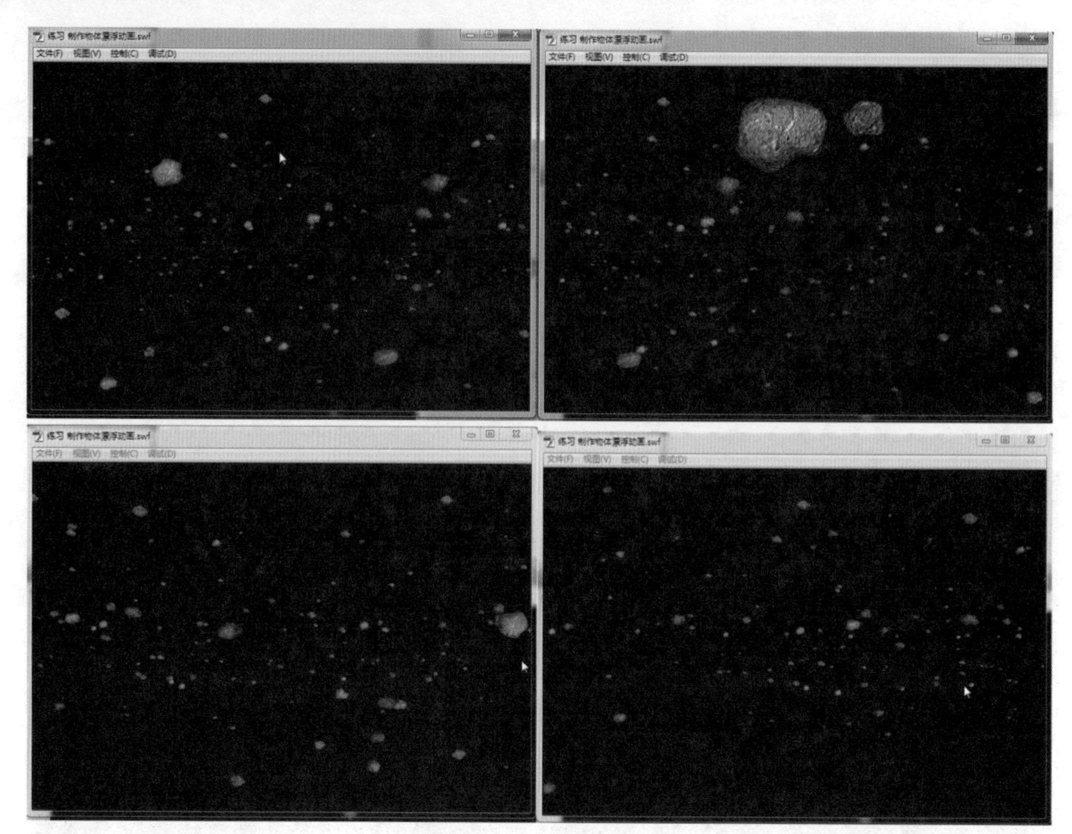

图12-27 案例最终效果

第13章 网页设计

Flash网页制作，一般包括整站式和部分功能区的。Flash网站效果精美，相对于一般的HTML网页，有较大的灵活性和便利性，在布局和效果展示上都可以有很大的自由发挥空间，不像HTML网页拘束于HTML语言，效果较为呆板。Flash网页在商业、生活、教育等各个领域上都发挥着它的优势。下面例举一些Flash网页案例。

本章学习重点：

1. 掌握更多关于元件在图层上的布局。
2. 掌握各种动画效果的穿插使用。
3. 熟练掌握音频元件的使用。

13.1 商业型网页设计

“商业型网页设计”案例效果，如图13-1所示。

图13-1 案例最终效果

01 打开本案例的文件，里面包含一些使用到的素材，库内素材如图13-2所示。

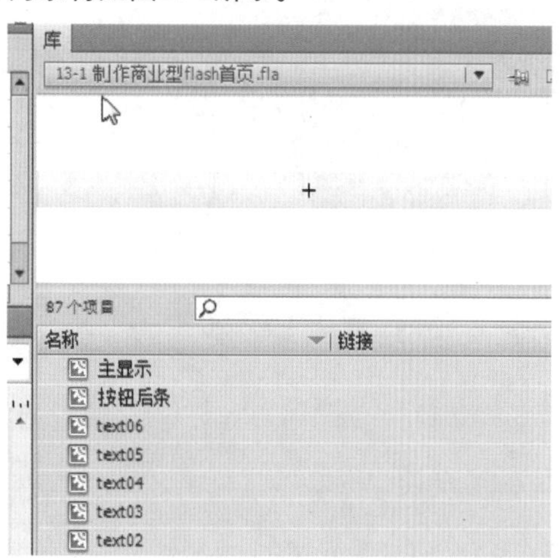

图13-2 库内的素材

02 分两个图层绘制两个稍微窄点的矩形，分别在上面和下面，制作上下两条线条的补间形状动画，如图13-3所示。

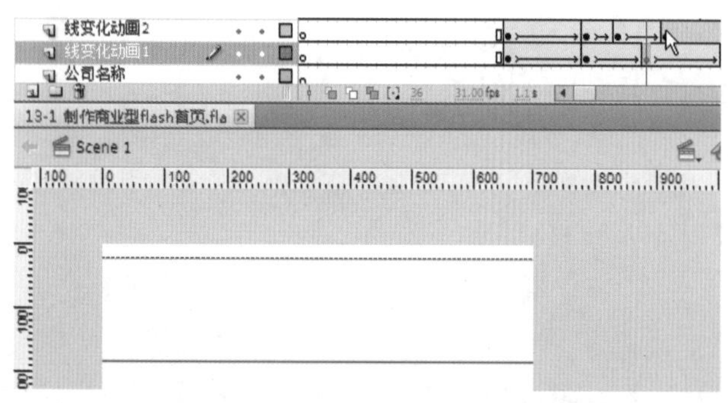

图13-3 制作线条的形状补间

03 在矩形变形的动画结束后，制作一个渐变矩形向下方渐渐出现的动画，如图13-4所示。

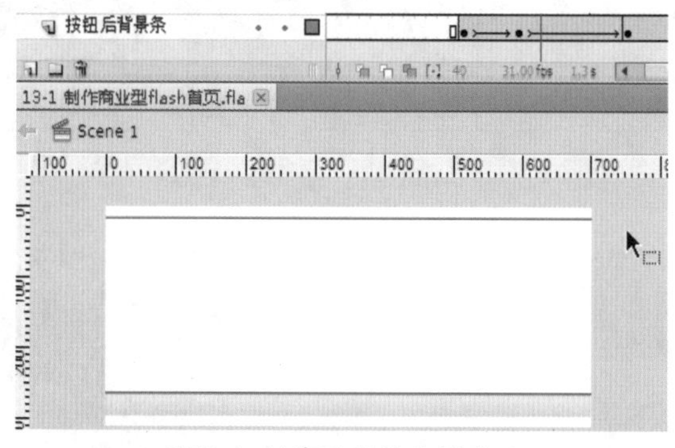

图13-4 制作图形的补间动画

04 新建一个图形元件，并将库中的主显示图片素材按照逐帧动画的制作方法放置在每一帧上，并在最后一帧添加stop()；停止播放脚本，如图13-5所示。

图13-5 主显示内部的样式

05 新建按钮影片剪辑，新建多个图层，在一个图层上的第1帧上添加按钮音效。在另外一个图层上制作图层标签，在需要鼠标滑过效果处标“s1”，鼠标滑出处标“s2”，制作相应的效果并在按钮上输入鼠标交互脚本。如图13-6所示。

图13-6 按钮结构

06 新建6个图层，命名从按钮1到按钮6，每个相邻的按钮制作方向相反，但终点在一条水平线上的补间动画，并将每个图层都向后延后几帧，以产生时间上的错序效果，如图13-7所示。

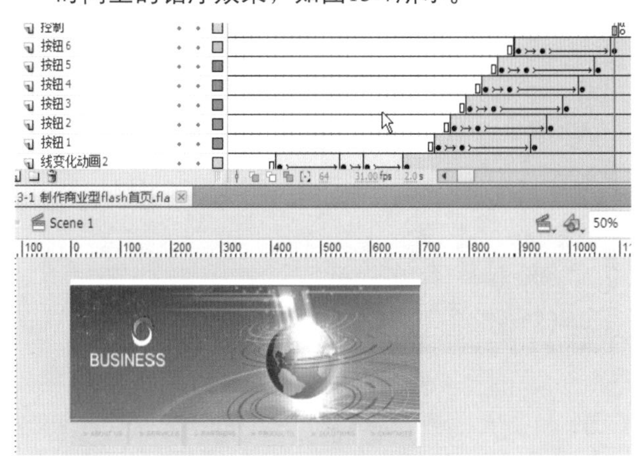

图13-7 制作按钮出场效果

07 新建一个影片剪辑，并分多个图层制作多个波浪渐渐扩大的补间动画，并在主时间轴上绘制一个半圆形作为这个影片剪辑的遮罩层，如图13-8所示。

08 制作一个光点的影片剪辑，并使用这个光点元件制作一个引导动画，引导线为一条任意形状的曲线，如图13-9所示。

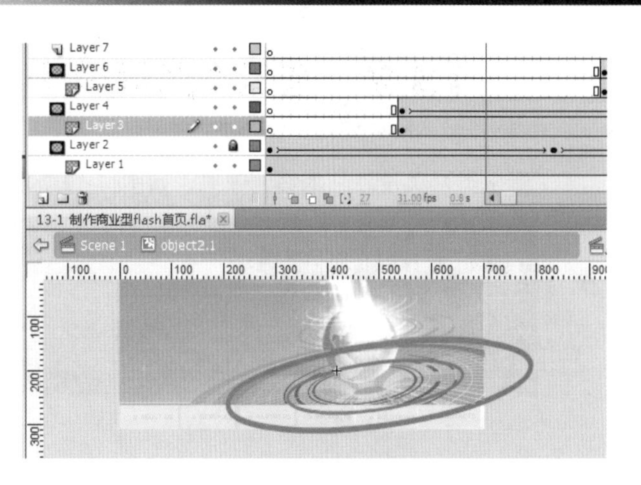

图13-8 波浪遮罩动画

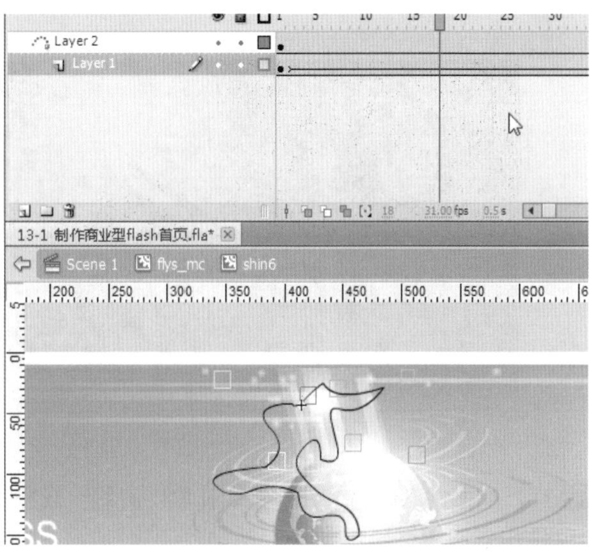

图13-9 引导线动画

09 新建一个图层，在开场和进入主题后分别插入音频，如图13-10所示。

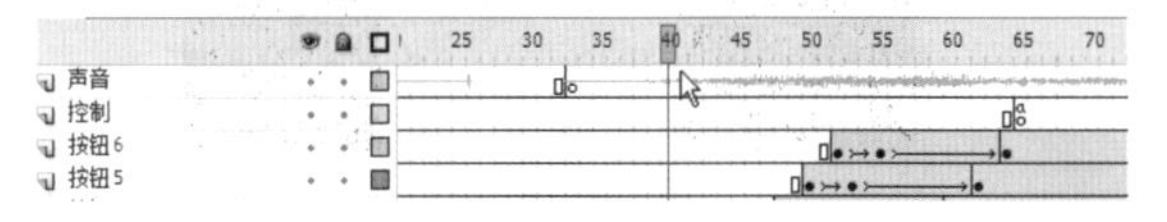

图13-10 添加帧上的音效

10 按快捷键Ctrl + Enter可以查看影片效果，如图13-11所示。

图13-11 最终效果图

13.2　音乐类网页设计

“音乐类网页设计”本案例效果，如图13-12所示。

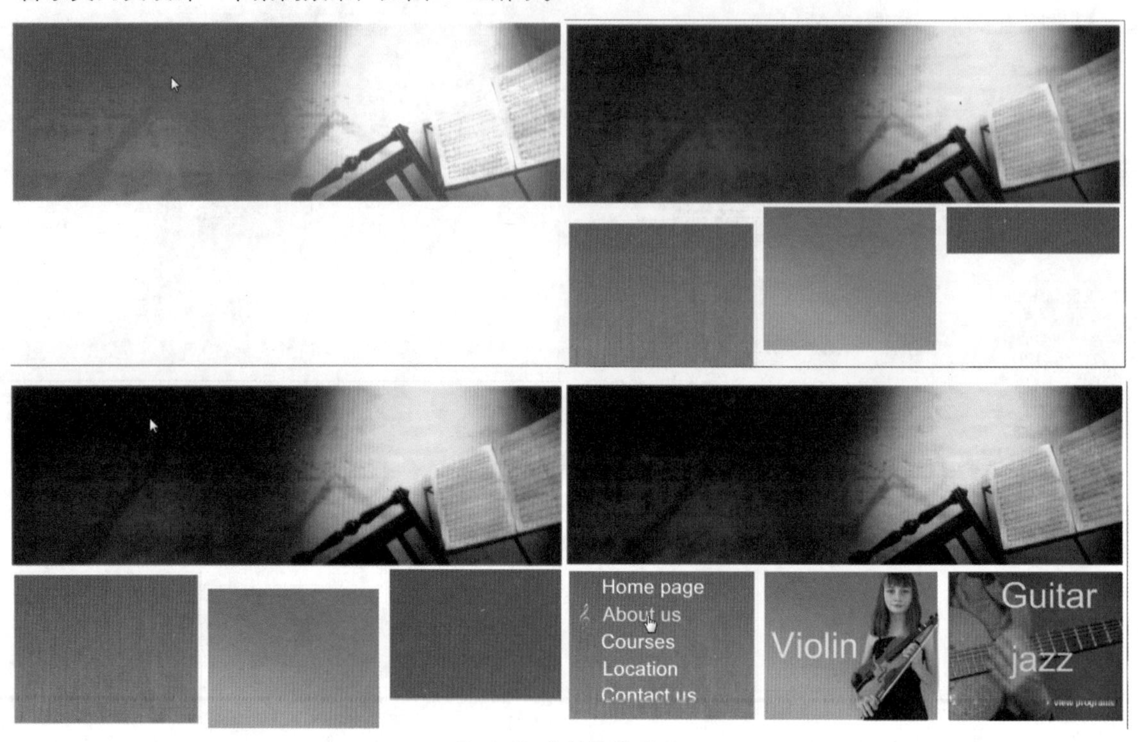

图13-12 案例最终效果

01 打开本案例的素材文件，可以在库内看到一些将要使用到的素材，如图13-13所示。

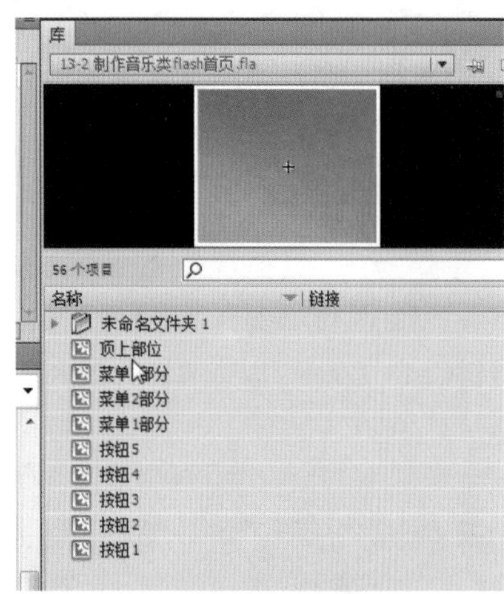

图13-13 库内的素材

02 在“属性”面板中设置舞台尺寸为703× 423，如图13-14所示。

03 将图层1重命名为“顶上部分层”，并将库中的“顶上部分”元件拖曳至舞台上，并制作一个由上往下运动的补间动画，其间可以添加一些闪光变化，如图13-15所示。

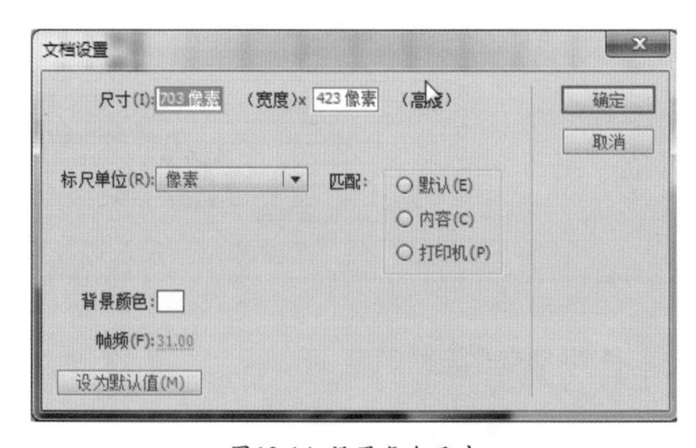

图13-14 设置舞台尺寸

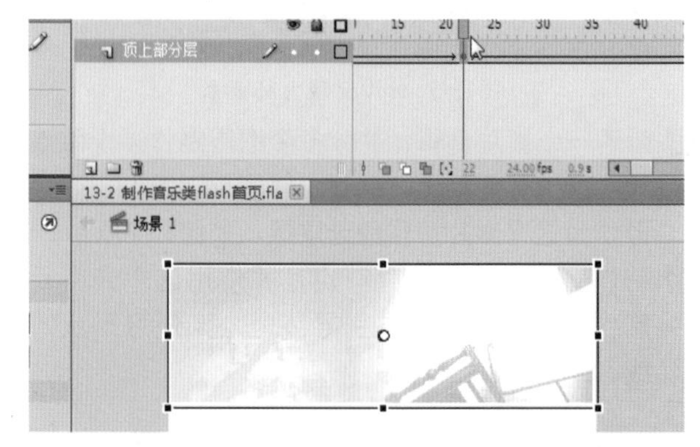

图13-15 制作补间动画

04 在“顶上部分层”的下面新建3个图层，分别将菜单1、2、3部分的影片剪辑元件拖曳到每个单独图层，并为图层命名，如图13-16所示。

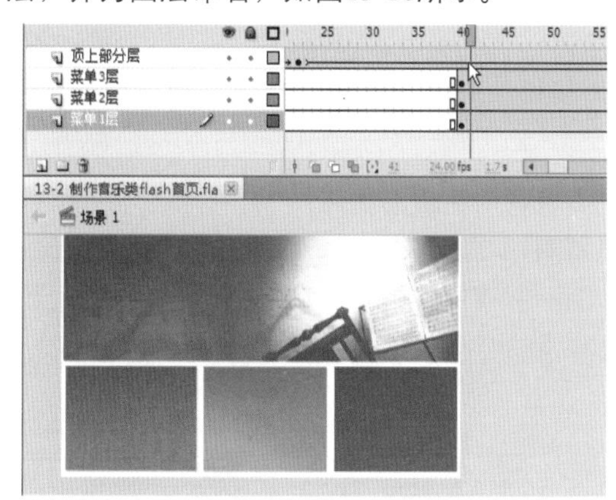

图13-16 将元件拖拽到各自的图层中

05 为3个元件同时制作从上面往下运动，透明度由0～100的补间动画，缓动系数为100，完成后为每个图层的帧都错位开来，如图13-17所示。

图13-17 制作各自的运动补间

06 再在“顶上部分层”下面新建5个图层，并分别命名为按钮“1”至按钮“5”，并将库中的对应按钮元件拖曳到各自的图层中，并调整各个按钮的位置，如图13-18所示。

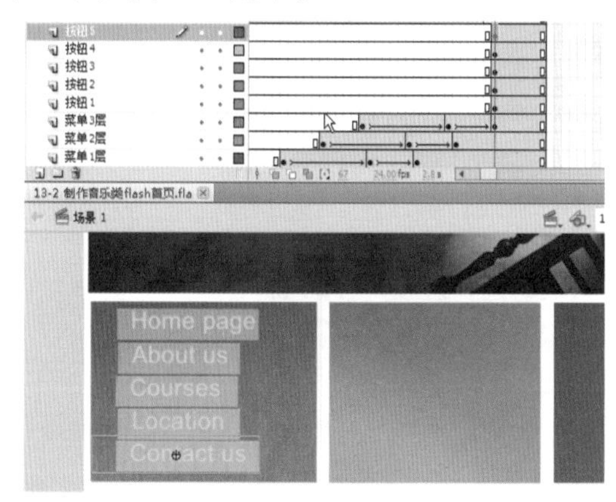

图13-18 调整按钮的位置

07 同第5步一样制作按钮的运动效果，如图13-19所示。

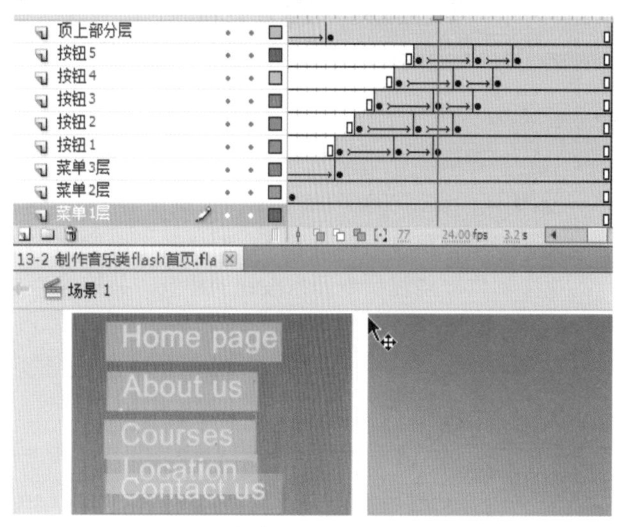

图13-19 制作按钮的运动补间动画

08 在最后一个按钮的最后一帧上打开“动作”面板，在其中输入stop()；停止播放的脚本，如图13-20所示。

图13-20 输入停止播放的脚本

09 保存文件，按快捷键Ctrl + Enter测试影片效果，如图13-21所示。

图13-21 最终效果图

13.3 课后练习

练习 1 城市首页网页设计

本案例的练习为制作城市首页效果，案例大致制作流如下。

01 使用素材按照时间顺序，制作各个建筑物出现的动画，并将它们在帧上错开。

02 制作一些需要制作为按钮的建筑，并转换为按钮元件。如图13-22所示。

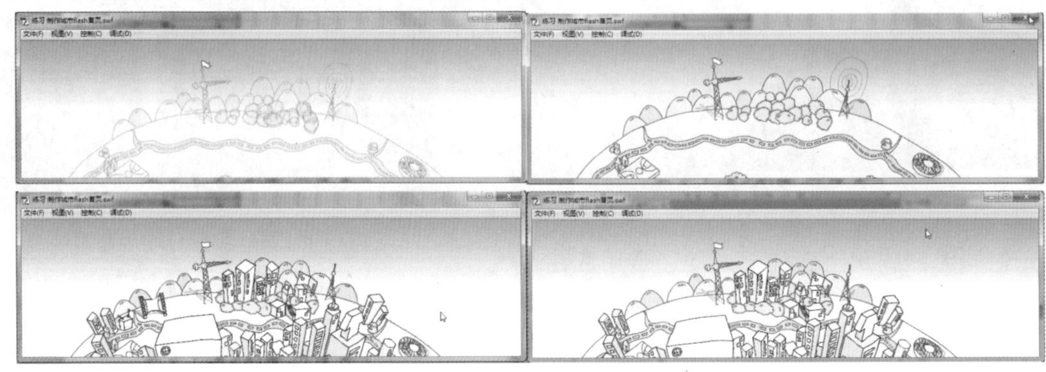

图13-22 案例最终效果

练习2 公司首页网页设计

本案例的练习为制作公司首页效果，案例大致制作流程如下。

01 制作4个长方形的影片剪辑，并有不同的颜色和文字。

02 制作这4个影片剪辑从右至左的运动动画。

03 在影片剪辑内部输入当鼠标触碰的运动效果代码。如图13-23所示。

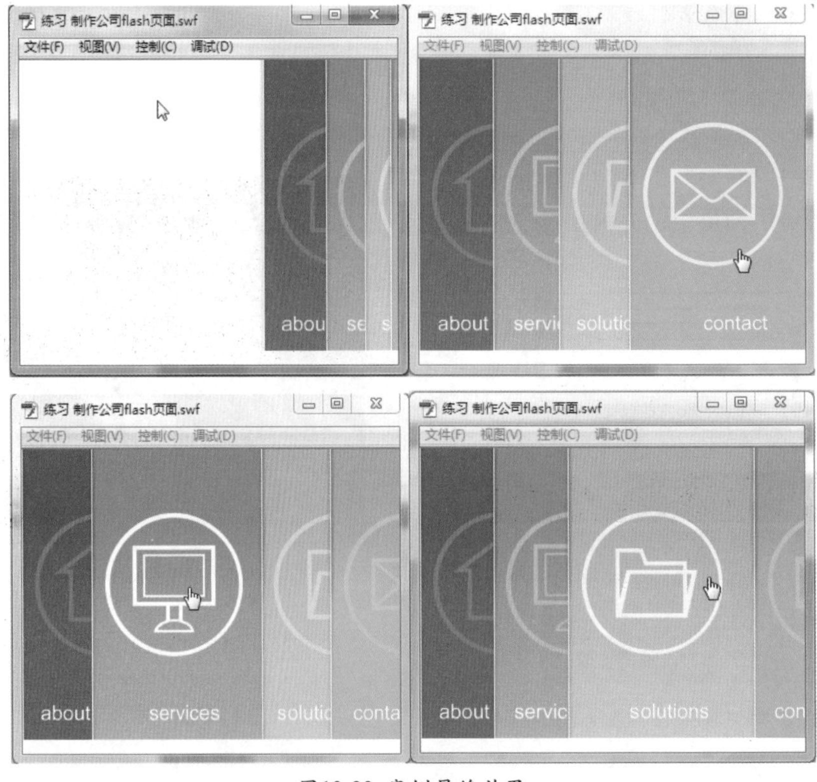

图13-23 案例最终效果

第14章

片头动画篇

片头动画为Flash宣传类作品的开头部分的内容，一般持续时间较短，但是都能在短时间内给人足够的视觉效果，让人对要宣传的东西有大体了解。片头部分动画效果经常需要反应一个整体的效果，例如公司首页之前的片头动画，可以让人们对该公司有整体了解，商品展示的片头动画可以很直观得给人展示主要商品的介绍。片头动画在考虑到各种用途的前提下，使用到的效果也可能是由外部软件所制作的，例如，绚丽的视频或3D建模的素材等，需要合理地使用这些素材以达到最好的动画效果。

本章学习重点：

1. 掌握各种元件的合理使用。
2. 学习动画的时间安排。

14.1 3D建筑效果片头

"3D建筑效果片头动画"案例效果，如图14-1所示。

图14-1 案例最终效果

01 打开本案例的素材文件，本案例要制作的效果为建筑物的不同层级的运动制作出3D感觉的片头效果，库内的素材如图14-2所示。

图14-2 库内的素材

02 在"属性"面板中设置舞台的尺寸为590 * 300，并将图层1重命名为"背景层"，将库中的"背景图"拖曳至舞台上，并调节其位置，如图14-3所示。

图14-3 将背景图拖曳到舞台上

03 新建几个图层，分别命名为"建筑前层"、"建筑后层"、"建筑中层"，并将库中的各个对应的元件拖曳到对应的层上，排列至如图14-4所示的状态。

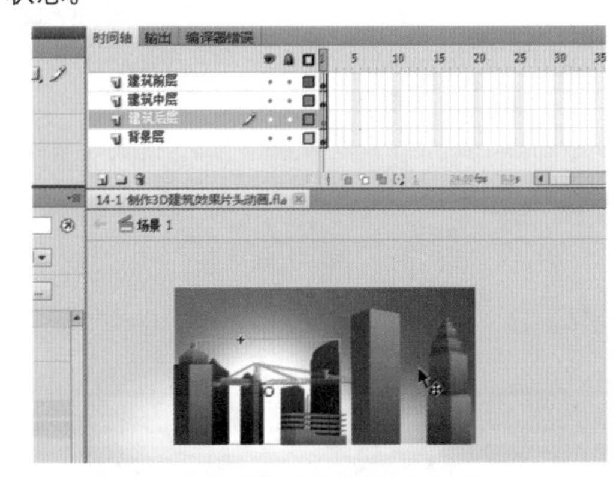

图14-4 新建图层并调整元件的位置

04 在所有图层的第200帧处按F6键插入关键帧，并将第200帧上的"建筑 前部分"影片剪辑向左平移一定距离，将"建筑 后部分"向右平移一定距离，如图14-5所示。

图14-5 移动元件位置

05 在“建筑前层”和“建筑后层”的1～200帧之间创建传统补间动画，如图14-6所示。

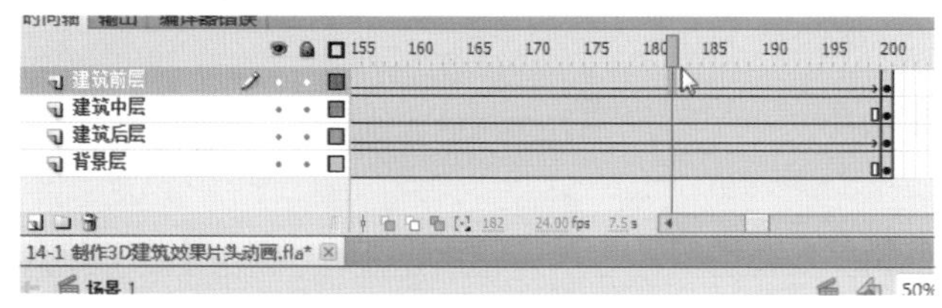

图14-6 创建传统补间动画

06 再次新建一个图层，命名为“文字层”，使用【文本工具】输入文字并转换为元件，制作一些文字的特效，如图14-7所示。

图14-7 制作文字动画

07 在最后一帧上按F9键打开“动作”面板并输入stop()；停止播放脚本，如图14-8所示。

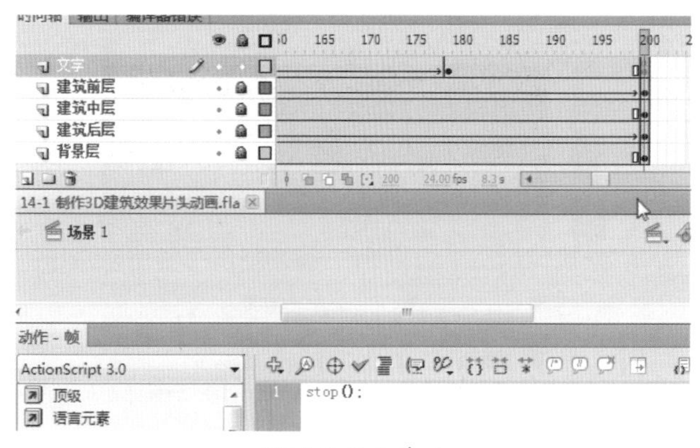

图14-8 输入脚本

08 保存文件，按快捷键Ctrl + Enter测试影片效果，如图14-9所示。

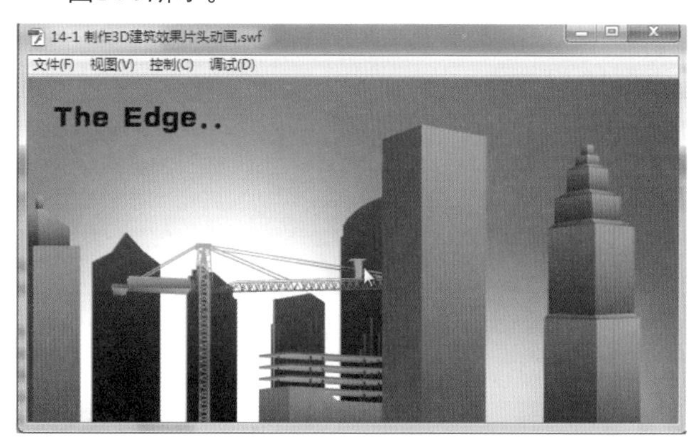

图14-9 最终效果图

14.2 房产宣传片头

“房产宣传片头”案例效果，如图14-10所示。

图14-10 案例最终效果

01 打开本案例的素材文件，库内素材如图14-11所示。

图14-11 库内的素材

02 在“属性”面板中设置舞台尺寸为1400×500，如图14-12所示。

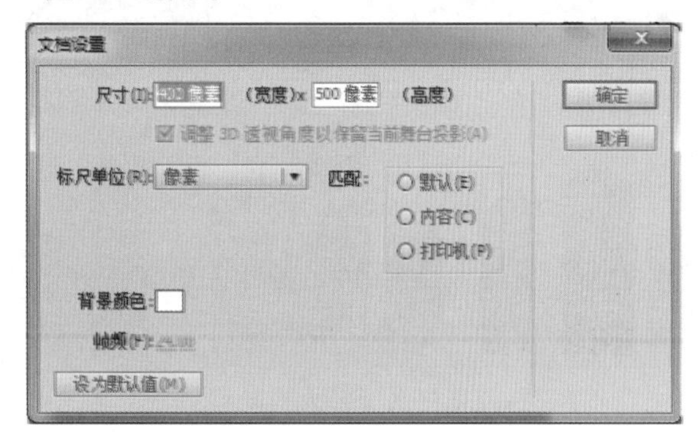

图14-12 设置舞台的尺寸

03 将库中的背景图拖曳至场景中，并调整其位置，如图14-13所示。

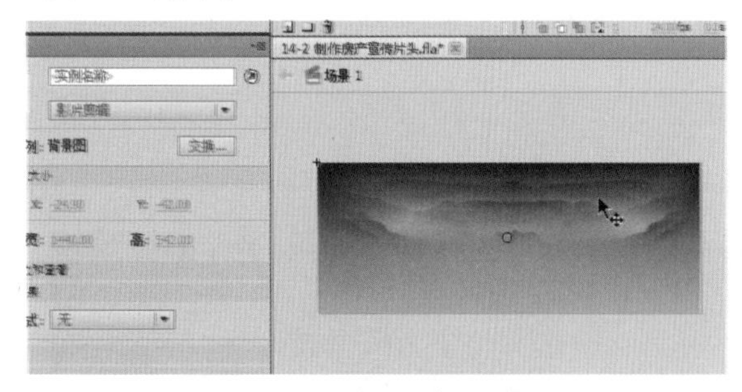

图14-13 调整背景图位置

04 为背景图制作一个淡进的动画，如图14-14所示。

图14-14 制作淡进的补间动画

05 新建一个图层，将库中的“地面”元件拖曳到后面的帧上，并也制作淡进的动画效果，如图14-15所示。

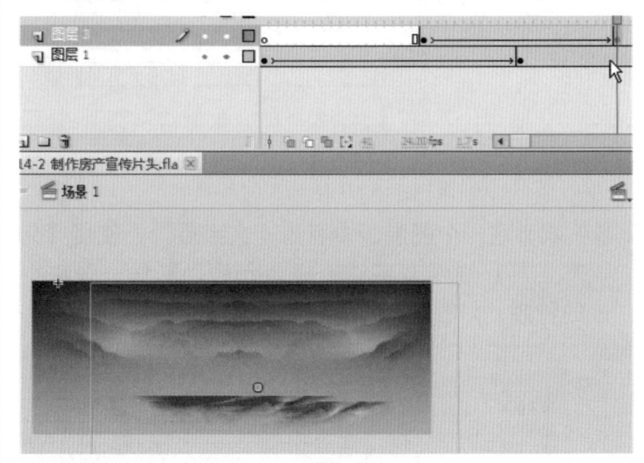

图14-15 制作淡进的补间动画

06 以同样的方法新建一个图层，并将库中的“云层运动”元件拖曳至舞台上，也做淡进动画，如图14-16所示。

图14-16 对云层做同样的处理

07 同样的方法对草地1、草地2、房屋、阴影板元件都进行处理，均为隔几帧后开始创建，如图14-17所示。

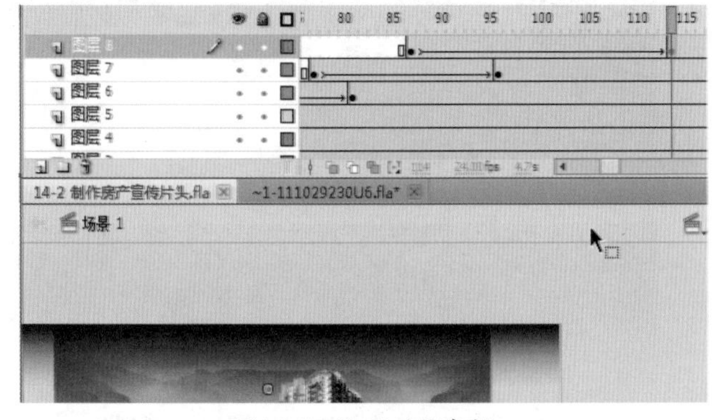

图14-17 处理别的素材

08 再次新建一个元件，使用【文本工具】输入一些文字，制作文字向上运动的动画，并在最后一帧输入stop()；停止播放脚本，如图14-18所示。

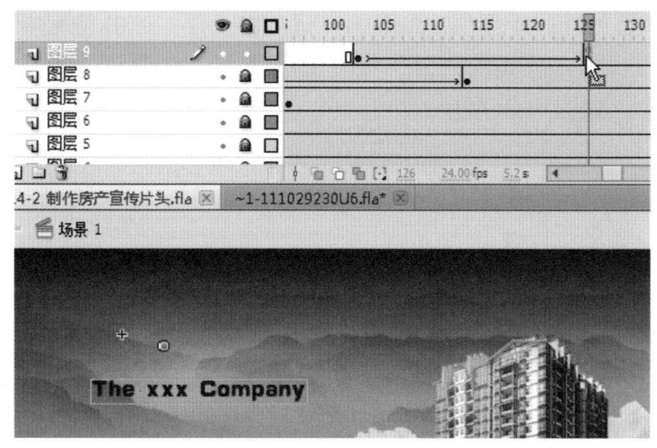

图14-18 制作文字动画

09 保存文件，按快捷键Ctrl + Enter测试影片，最终效果如图14-19所示。

图14-19 最终效果图

14.3 梦幻景色片头

“梦幻景色片头”案例效果如图14-20所示。

图14-20 案例最终效果

01 打开本案例的素材文件，本案例内的素材为一些制作好的影片剪辑，如图14-21所示。

图14-21 库内的素材

02 在“属性”面板中设置舞台的尺寸为1024×650，如图14-22所示。

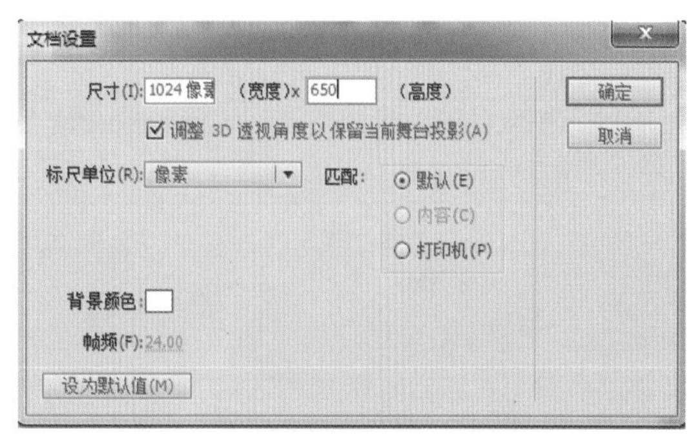

图14-22 设置舞台的尺寸

03 将图层1重命名为“背景层”，并将库中的“背景图”元件拖曳至场景中，并调整其位置，如图14-23所示。

图14-23 调整背景图的位置

04 新建一个图层，命名为“湖面效果层”，并将库中的“湖面光点效果”和“湖面波浪效果”元件都拖曳到该层上，如图14-24所示。

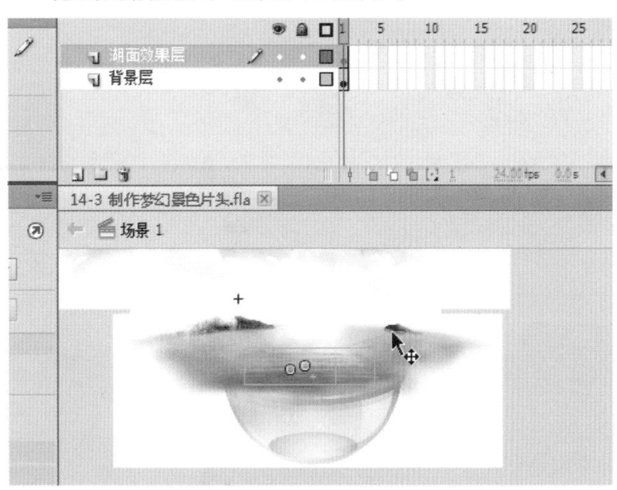

图14-24 将湖面效果的元件拖曳至该层

05 新建一个图层，命名为“建筑层”，并将库中的“建筑出场效果”元件拖曳至该层，并调整位置，如图14-25所示。

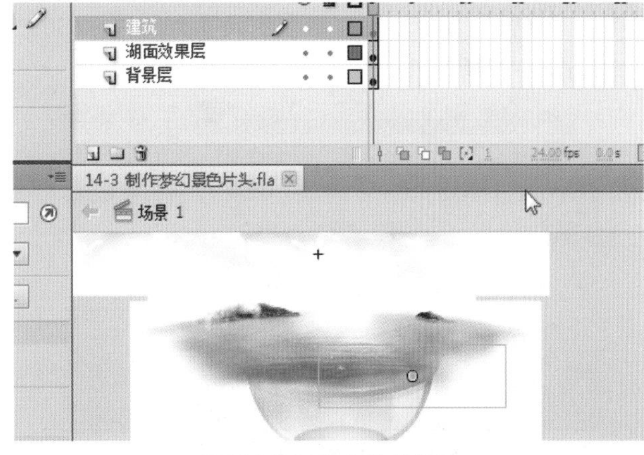

图14-25 调整元件的位置

06 新建一个图层，命名为“远处白云层”，并将库中的“远处的白云”拖曳至场景上，并调整位置，如图14-26所示。

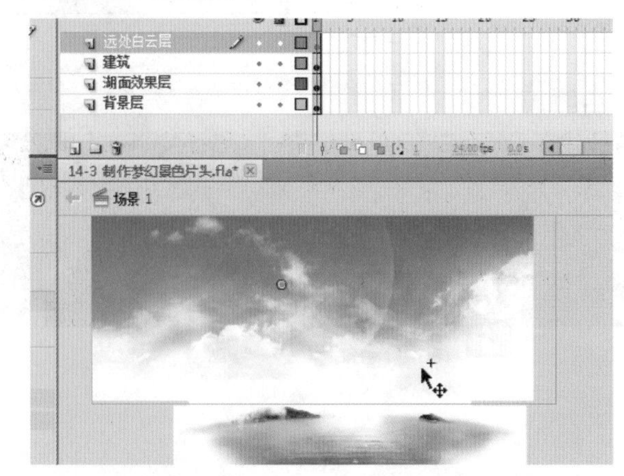

图14-26 将远处的白云元件拖曳至场景

07 新建一个图层，命名为“外层白云层”，并将库中的“最外层白云”元件拖曳至场景上，调整位置如图14-27所示。

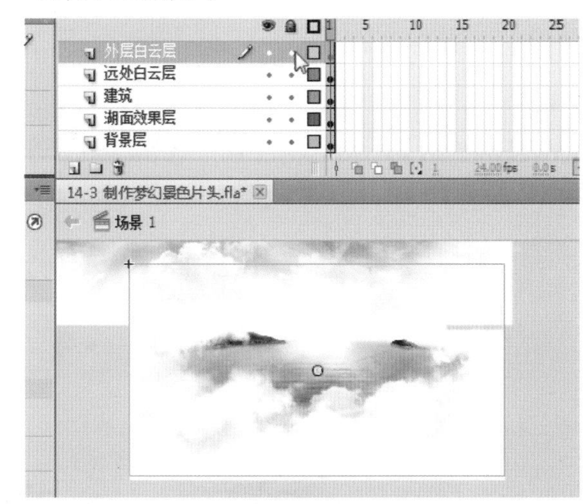

图14-27 处理最外层的白云

08 保存文件，并按快捷键Ctrl + Enter测试影片效果，最终效果如图14-28所示，可以双击一些元件查看其内部的帧结构。

图14-28 最终效果图

14.4　光盘片头

“光盘片头”案例效果如图14-29所示。

图14-29 案例最终效果

01 打开本案例的素材文件，库内有一些图片素材，如图14-30所示。

图14-30 库内的素材

02 绘制一个占满舞台的矩形并制作矩形闪烁的补间动画，如图14-31所示。

03 绘制一个如图 14-32 所示的图形并添加“发光”滤镜。

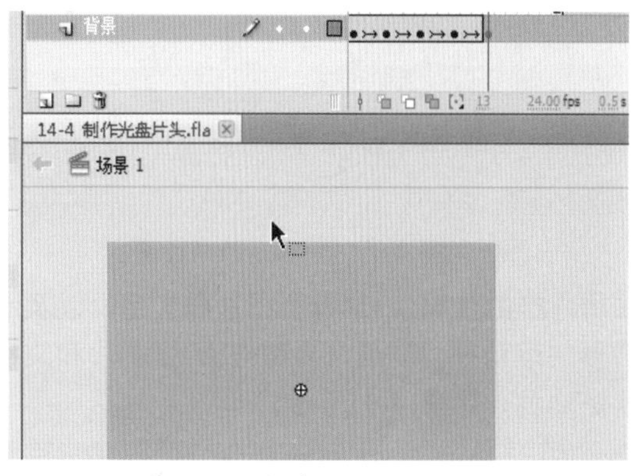

图14-31 制作矩形闪烁动画

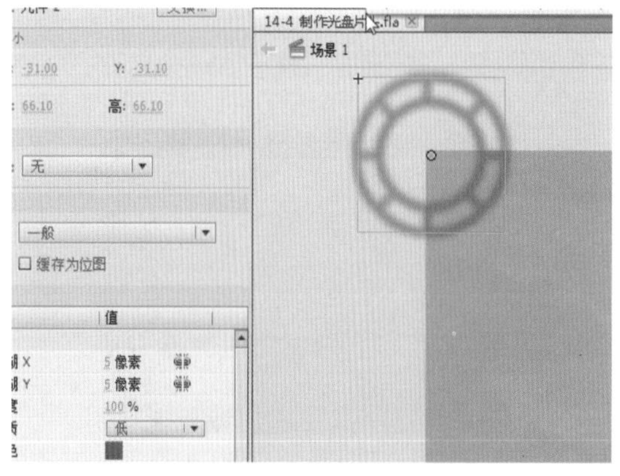

图14-32 绘制形状并添加滤镜

04 制作这个图形运动的动画，并使用库内的图片素材制作第一张图片的淡进效果，同时制作文字动画，如图14-33所示。

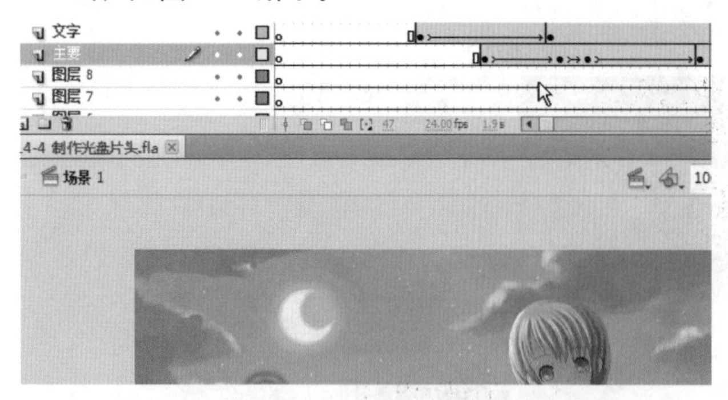

图14-33 制作图片、文字和图形的补间动画

05 在后面制作第一张图片的淡出效果，并制作圆形的移动动画和文字的淡出动画，并紧接着制作第2张图片的淡进动画和文字淡进动画，如图14-34所示。

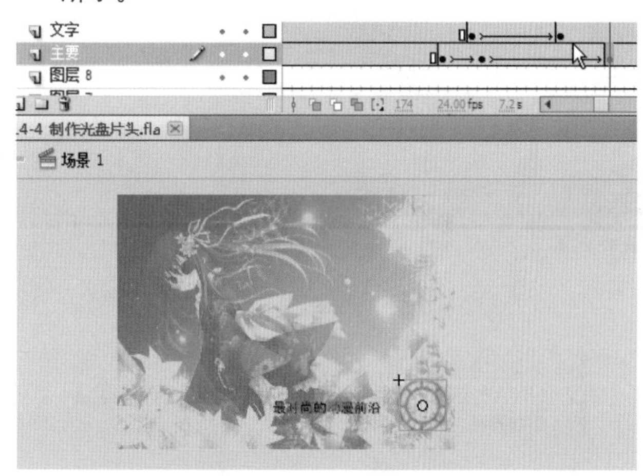

图14-34 制作下一张图片的效果

06 采用同样的步骤淡出第2张图片和文字，以及制作圆形的运动补间动画，再制作第3张图片和文字的淡进动画，如图14-35所示。

图14-35 制作第3张图的动画

07 同样的步骤制作第四张图和文字的动画，此时不再切换图片，再直接制作出圆形放大到舞台中间并继续旋转的动画，并在中间制作文字淡进的动画，如图14-36所示。

图14-36 制作圆形放大的动画

08 最后制作的“replay”按钮上添加单击后从第1帧重新开始播放的脚本，如图14-37所示。

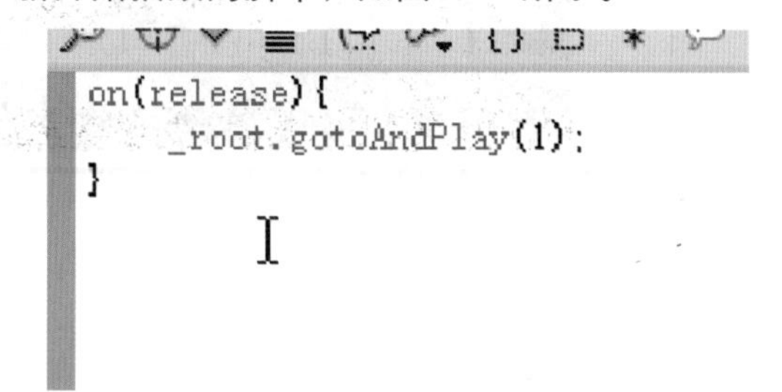

```
on(release){
    _root.gotoAndPlay(1);
}
```

图14-37 输入脚本

09 按快捷键Ctrl + Enter测试影片效果，最终效果如图14-38所示。

图14-38 最终效果图

14.5　课后练习

练习1　白鹤飞翔片头

本案例的练习为制作白鹤飞翔片头，案例大致制作流程如下。

01 使用素材制作白鹤原地扇动翅膀的动画。

02 制作白鹤向左缓缓运动的动画。

03 制作天空的光芒闪烁动画。

04 添加背景图片，并在帧上输入鼠标相关效果的代码。如图14-39所示。

图14-39 案例最终效果

练习2　个人心情片头

本案例的练习为制作个人心情片头，案例大致制作流程如下。

01 将多个图片素材摆放好位置。

02 制作各个图片的淡入淡出效果，有的图片会分成两部分渐变。

03 在帧上添加背景音乐。

04 制作跟随鼠标运动的影片剪辑。如图14-40所示。

图14-40 案例最终效果

练习3 水墨风格片头

本案例的练习为制作水墨风格片头，案例大致制作流程如下。

01 使用素材制作荷花、水里的鱼、天空的鸟、竹子的运动动画。

02 将这些动画组织到一个影片剪辑内整合。

03 添加组件按钮。

04 在舞台的帧上输入跟随鼠标运动的效果代码。如图14-41所示。

图14-41 案例最终效果

练习4 学术教育片头

本案例的练习为制作学术教育片头，案例大致制作流程如下梦初醒。

01 将对应的图片添加到对应的图层上。

02 使用块状的渐变来显示一些需要展示的文字。

03 错位开展示的时间。如图14-42所示。

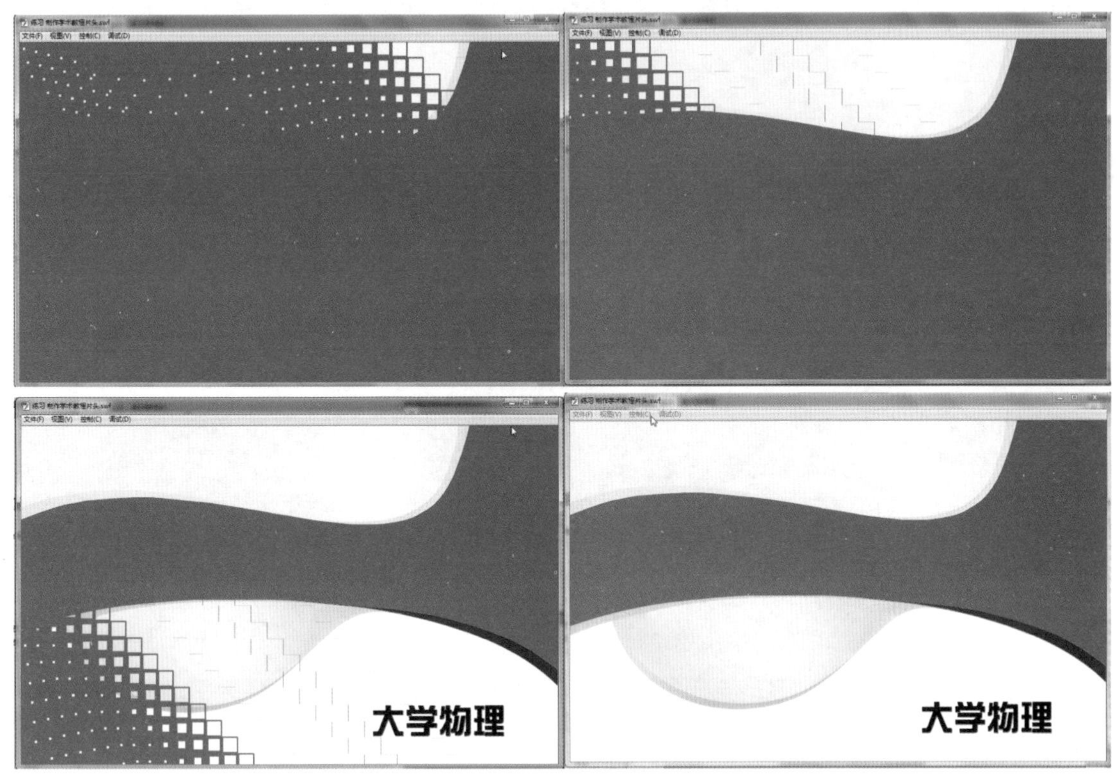

图14-42　案例最终效果

第15章

贺卡制作篇

贺卡也是Flash作为影视传媒类型的一个比较热门的内容，广泛应用于当今的生活中，亲朋好友们可以通过发送简单而又温馨的Flash贺卡给予祝福等，例如QQ中就可以给好友发送生日贺卡、节日贺卡、纪念日贺卡等。贺卡的制作往往比完整的动画事件短小许多，主旨在于表达出要传达的意思即可。

本章学习重点：

1. 熟练滤镜的参数调节。
2. 熟练元件的出场时间安排。
3. 了解复杂代码效果的制作。

15.1　问候贺卡

“问候贺卡”案例效果，如图15-1所示。

图15-1　案例最终效果

01 打开本案例的素材文件，库内素材如图15-2所示。

图15-2 库内的素材

02 在“属性”面板中设置舞台的尺寸为550×208，如图15-3所示。

图15-3 设置舞台的尺寸

03 将图层1重命名为“背景层”，并将库中的“背景图”元件拖曳至舞台，调整其位置如图15-4所示。

图15-4 调整背景图的位置

04 在第40帧按F6键插入关键帧，并调整第1帧上元件的滤镜，滤镜为如图15-5所示的“模糊”滤镜。

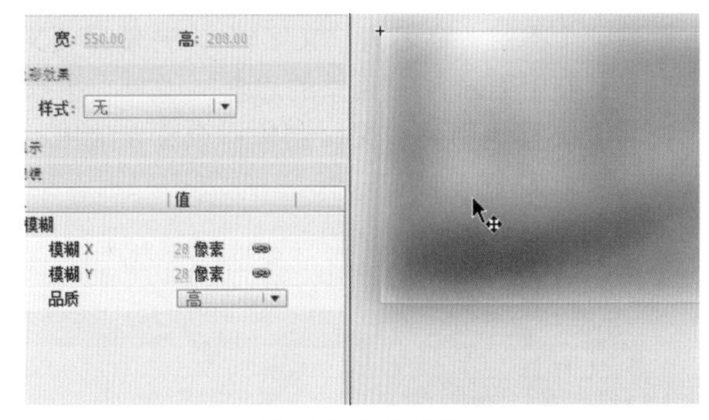

图15-5 设置滤镜

05 新建一个图层，命名为“小球1”，并在第40帧使用【椭圆工具】绘制一个白色的正圆，如图15-6所示。

图15-6 绘制一个正圆

06 为这个椭圆制作补间形状，动作为从舞台上面掉落在舞台中，并弹跳几下，如图15-7所示。

图15-7 制作补间形状

07 在最后将椭圆用补间形状变化成一条线，如图15-8所示。

图15-8 将椭圆变化成线条并消失

08 新建一个图层，命名为“文字1”，并使用【文本工具】在上面输入“雨季的思念”文字，并按F8键将其转换为影片剪辑，制作一个文字淡出的补间动画，如图15-9所示。

图15-9 创建文字淡出的补间动画

09 在新建一个图层，命名为“文字2”，并使用【文本工具】输入“祝福”文字，并制作同上面文字一样的效果，如图15-10所示。

图15-10 制作同样的效果

10 同样的方法制作“文字3”的效果，如图15-11所示。

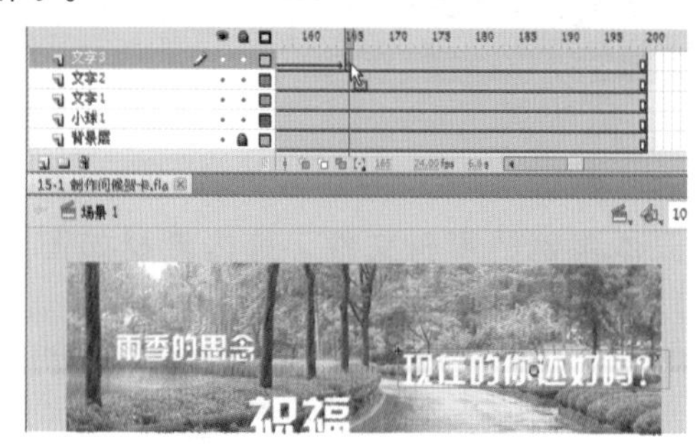

图15-11 制作文字3的效果

11 在最后一帧上打开“动作”面板并输入stop();停止播放脚本，如图15-12所示。

图15-12 输入脚本

12 保存文件，按快捷键Ctrl + Enter测试影片，最终效果如图15-13所示。

图15-13 最终效果图

15.2　回忆贺卡

“回忆贺卡”案例效果，如图15-14所示。

图15-14　案例最终效果

01 打开本案例的素材文件，库内素材如图15-15所示。

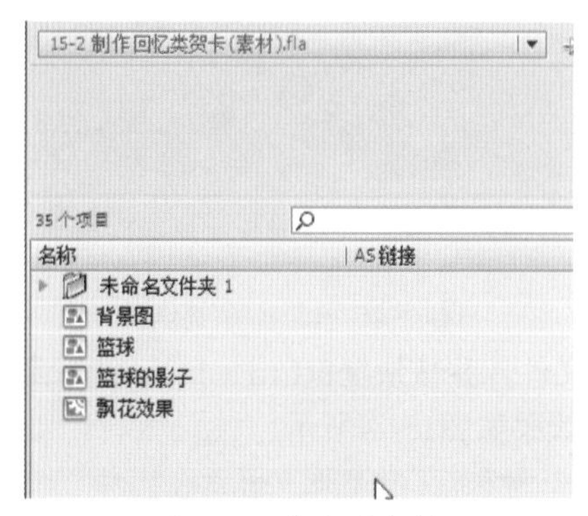

图15-15　库内的素材

02 在“属性”面板中设置舞台的尺寸为1024×590，如图15-16所示。

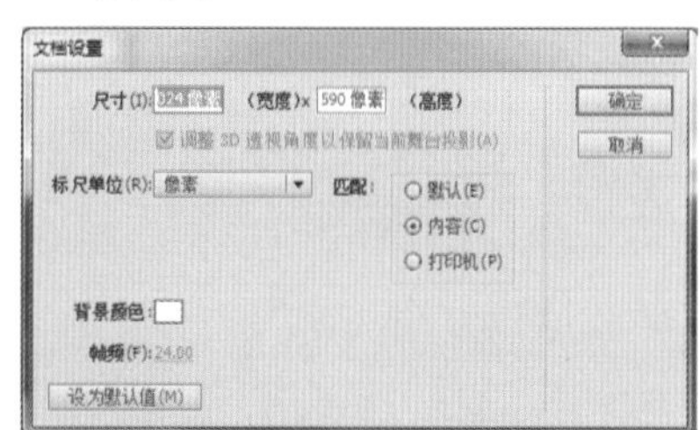

图15-16　设置舞台的尺寸

03 将背景图拖曳至舞台上，并调整其位置对齐舞台左上角，如图15-17所示。

04 新建一个图层，在上面使用【矩形工具】绘制一个和舞台一样大小的矩形，填充颜色为从上至下由白色逐渐变透明，如图15-18所示。

图15-17　将背景图拖曳至舞台上

图15-18　绘制矩形

05 将其转换为影片剪辑，在其内部为其制作由现在的样式转换为完全透明再变回现在样式的动画，如图15-19所示。

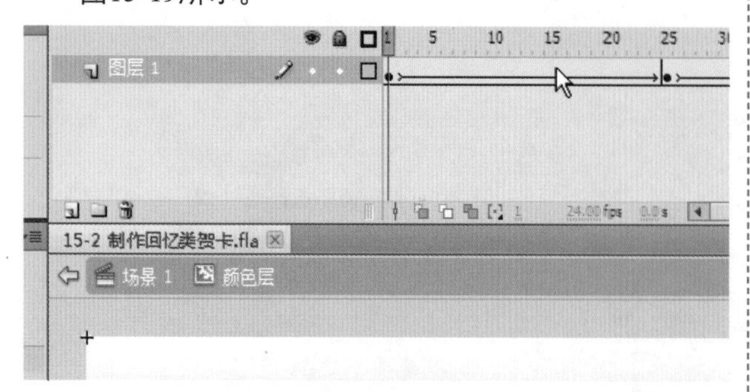

图15-19 制作补间形状

06 返回主场景，新建一个图层，使用【文本工具】输入“还记得以前学校的快乐时光吗？”文字，并将其转换为影片剪辑元件，如图15-20所示。

图15-20 输入文字并转换为影片剪辑

07 为文字影片剪辑制作一个文字左右缓缓来回运动的动画效果，如图15-21所示。

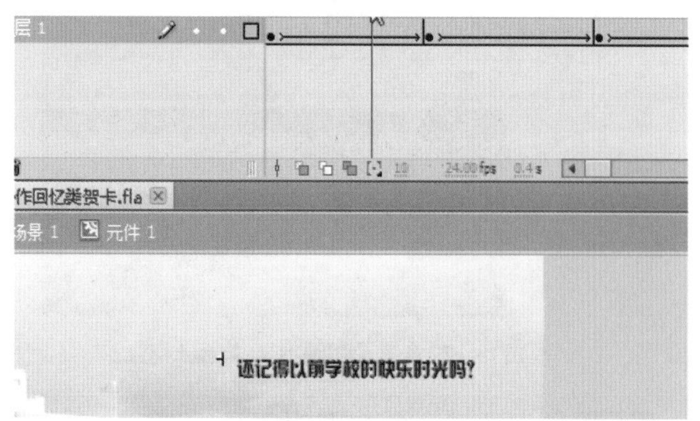

图15-21 制作文字运动补间

08 再新建一个图层，将库中的“篮球”元件拖曳至舞台上，并为其制作一个“篮球”在原地弹跳的动画，注意也要加上“篮球”影子的动画，如图15-22所示。

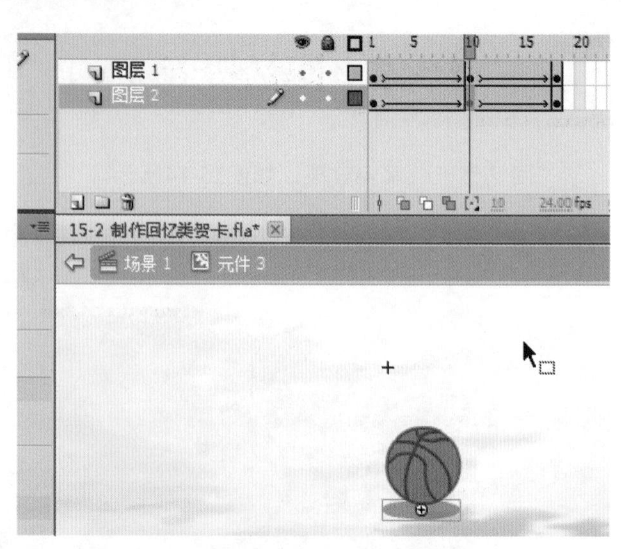

图15-22 制作篮球运动的动画

09 新建一个图层，将库内已经做好的“飘花效果”元件拖曳至舞台上合适的位置，并多复制几个到不同的位置，如图15-23所示。

图15-23 调整元件的位置

10 保存文件，并按快捷键Ctrl + Enter 测试影片效果，最终效果如图15-24所示。

图15-24 最终效果图

15.3 圣诞贺卡

“圣诞贺卡”案例效果，如图15-25所示。

图15-25 案例最终效果

01 打开本案例的文件，设置舞台背景为黑色，如图15-26所示。

图15-26 设置舞台的背景颜色

02 在第1帧上按F9键打开“动作”面板，并在其中输入如下脚本，此脚本用于用代码生成随机的雪花飘落效果，如图15-27所示。

```
fallSnow(this, 100, [550, 400]);
function fallSnow(path, num, size) {
for (var i = 0; i<num; i++) {
path.createEmptyMovieClip("s"+i, i);
var mc = path["s"+i];
mc._x = random(size[0]);
mc._y = random(size[1]);
mc.ro = [1, -1][random(2)];
mc.xtime = random(20);
mc.startTime = 0;
mc.id = Math.pow(i, 1/2);
createSnow(mc, mc.id/2.5, "0xffffff",
20*mc.id);
}
var loop = function () {
updateAfterEvent();
for (var i = 0; i<num; i++) {
var mc = path["s"+i];
mc._rotation += mc.ro*5;
mc._x += mc.id*mc.ro/10;
mc._y += mc.id/2;
mc.startTime++;
scanTar(mc);
scanEdge(mc, size);
}
};
var interval = setInterval(loop, 50);
}
function createSnow(mc, radius, c, alpha) {
with (mc) {
moveTo(0, -radius);
beginFill(c, alpha);
lineStyle(0, "0x000000", 0);
```

```
for (var i = 1; i<=6; i++) {
var a1 = -Math.PI/6+i*Math.PI/3;
var a2 = i*Math.PI/3;
lineTo((radius/5)*Math.sin(a1),
-(radius/5)*Math.cos(a1));
lineTo(radius*Math.sin(a2), -radius*Math.
cos(a2));
}
endFill();
}
}
function scanTar(mc) {
if (mc.startTime>=mc.xtime) {
mc.startTime = 0;
mc.xtime = random(20);
mc.ro = [1, -1][random(2)];
}
}
function scanEdge(mc, size) {
if (mc._x>size[0]) {
mc._x = 0;
} else if (mc._x<0) {
mc._x = size[0];
}
if (mc._y>size[1]) {
mc._y = 0;
}
}
```

图15-27 输入脚本

注意

请先将文件的ActionScript设置为ActionScript 2.0。

03 完成后，选中第1帧并在“属性”面板中选择背景音乐，如图15-28所示。

图15-28 设置声音

04 使用库中的“背景”元件制作一个背景淡进的补间动画效果，如图15-29所示。

图15-29 创建淡进的补间动画

05 新建一个图层并创建库中“文字”影片剪辑的淡进动画，如图15-30所示。

图15-30 创建影片剪辑的淡进动画

06 在后面的帧上创建空白关键帧并输入stop()；停止播放脚本，如图15-31所示。

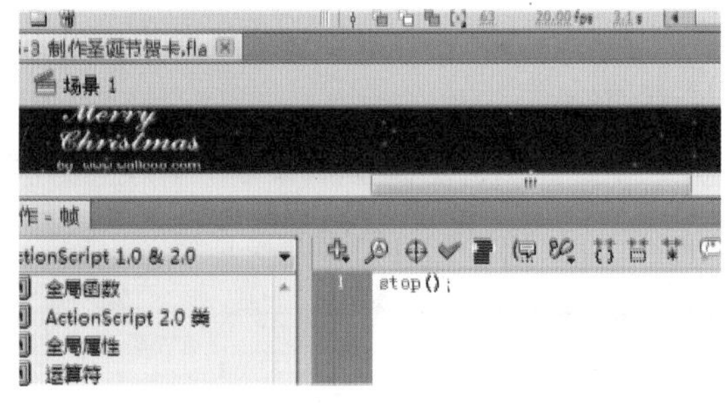

图15-31 输入停止播放的脚本

07 可以双击文字元件进入其内部查看结构，如图15-32所示，此处制作的是文字影片剪辑不断循环上下运动的补间动画效果。

图15-32 文字影片剪辑的结构

08 保存文件，按快捷键Ctrl + Enter测试影片，最终效果如图15-33所示。

图15-33 最终效果图

15.4 课后练习

练习1　感恩节贺卡

本案例的练习为制作感恩节贺卡，案例大致制作流程为如下。

01 添加贺卡的背景图片。

02 在帧上添加背景音乐。

03 使用制作逐帧动画文字书写的方法，制作书写祝福语句的动画。如图15-34所示。

图15-34案例最终效果

练习2　庆祝贺卡

本案例的练习为制作庆祝贺卡，案例大致制作流程如下。

01 添加贺卡背景图片。

02 在帧上添加背景音乐。

03 制作鱼跳动的动画和水面波浪的效果。

04 制作渐变层的闪烁动画。如图15-35所示。

图15-35 案例最终效果

练习3　祝福贺卡

本案例的练习为制作祝福类贺卡，案例大致制作流程如下。

01 添加背景图片。

02 在帧上添加背景音乐。

03 制作文字抖动动画效果。

04 在照片上制作扇动的轮廓效果。如图15-36所示。

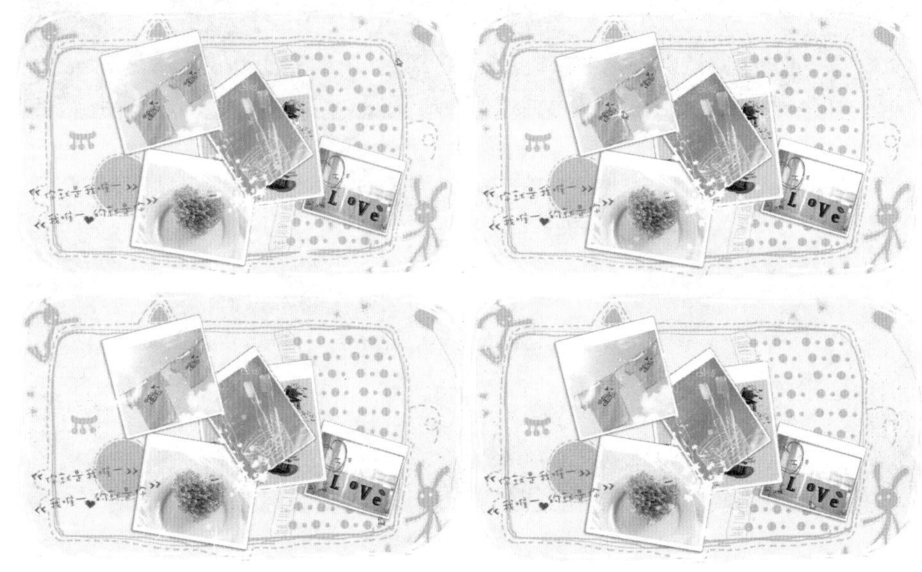

图15-36 案例最终效果

第16章

脚本应用篇

通过前面章节的学习，读者也应该能充分了解到脚本对于Flash的创作也是不可或缺的一部分。非脚本动画往往让设计者能够有更加全面的视角来观察到整个动画的结构。对于动画设计来说，的确是直截了当的一种方法。但是不可否认的是，虽说大多数的脚本动画是可以通过非脚本动画的方法来实现，但有的动画效果使用脚本来实现，往往能更快捷、更方便、更自然和更具有随机性。

本章学习重点：

1. 了解系统时间类。
2. 了解随机函数。
3. 了解系统缓动类。
4. 系统组件的使用技巧。
5. 掌握脚本的绘制。

16.1 时钟动画

“时钟动画”案例的效果，如图16-1所示。

图16-1 案例最终效果

01 打开本案例的素材文件，库内有一张表盘的背景图片素材，如图16-2所示。

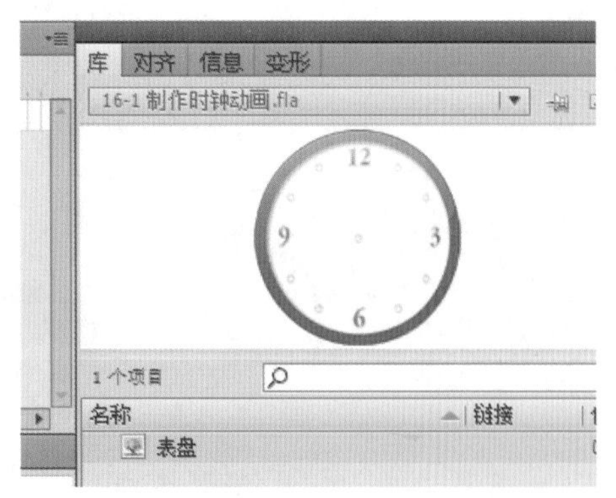

图16-2 库内的素材

02 在“属性”面板中将舞台尺寸修改为200×200，如图16-3所示。

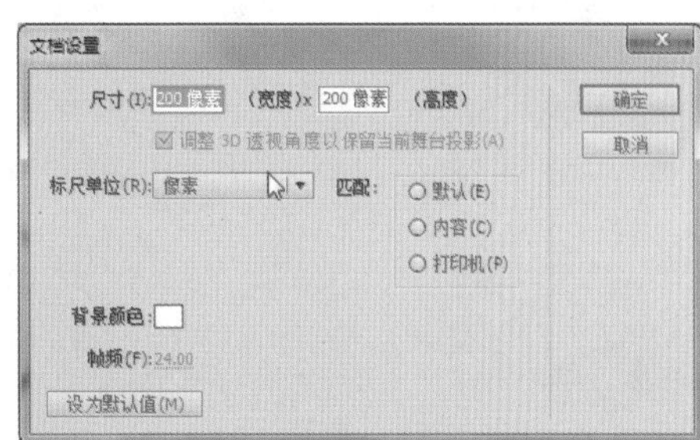

图16-3 设置舞台的尺寸

03 按快捷键Ctrl + F8新建一个元件，命名为“表盘剪辑”，如图16-4所示。

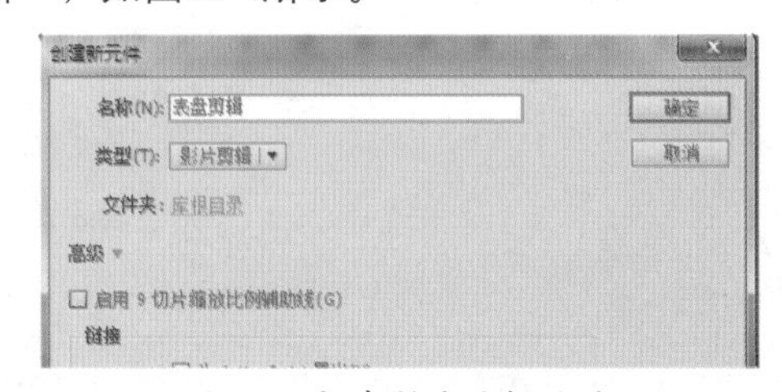

图16-4 新建影片剪辑元件

04 单击“确定”按钮后，进入影片剪辑内部，将库中的“表盘”图片素材拖曳至舞台上，并使用【任意变形工具】调整图形位置，使图片的中心对准舞台中心，如图16-5所示。

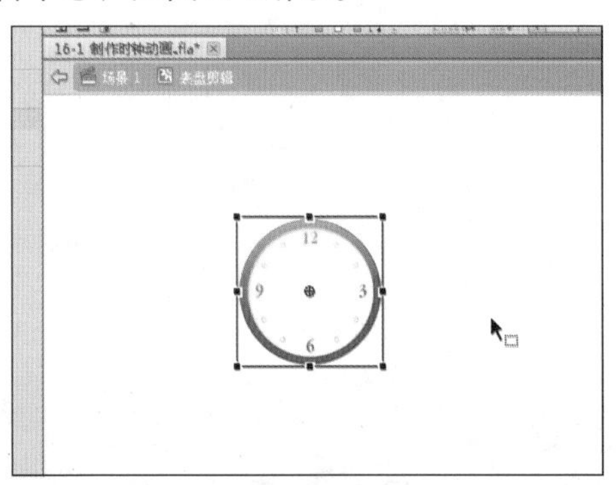

图16-5 调整图片的位置使其中心对齐舞台中心

05 按快捷键Ctrl + F8新建一个影片剪辑元件，并命名为“时针”，并在单击“确定”按钮后进入剪辑内部，使用【矩形工具】和【椭圆工具】配合绘制一个时针的形状，注意指针的最左侧对准舞台中心，如图16-6所示。

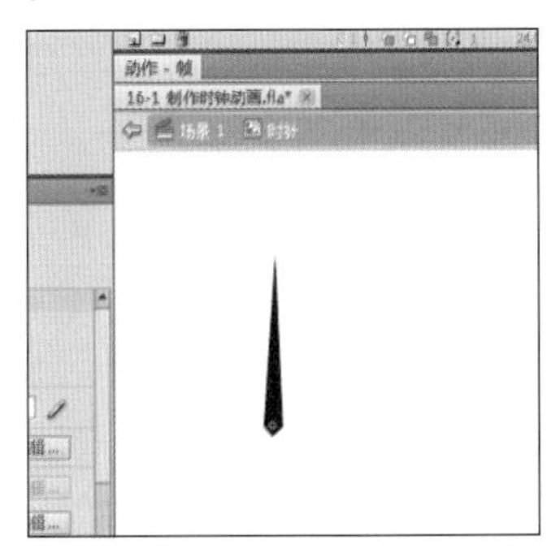

图16-6 绘制时针

06 按快捷键Ctrl + F8新建一个影片剪辑元件，并命名为“分针”，并在单击“确定”按钮后进入剪辑内部，使用【矩形工具】和【椭圆工具】配合绘制一个时针的形状，注意指针的最左侧对准舞台中心，如图16-7所示。

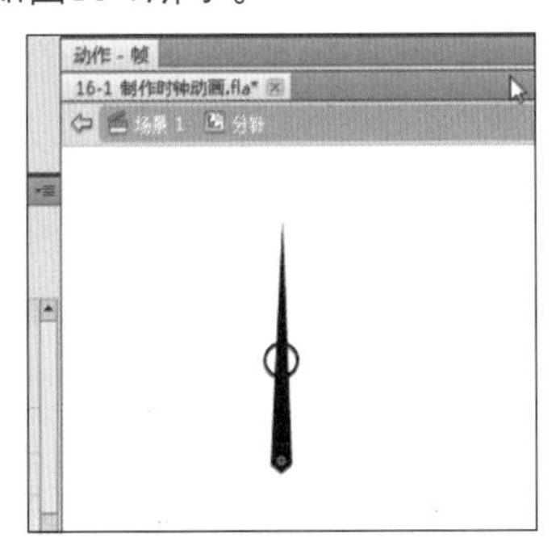

图16-7 绘制分针

07 按快捷键Ctrl + F8新建一个影片剪辑元件，并命名为“秒针”，并在单击“确定”按钮后进入剪辑内部，使用【矩形工具】和【椭圆工具】配合绘制一个时针的形状，注意指针的最左侧对准舞台中心，如图16-8所示。

图16-8 绘制秒针

08 双击库中的“表盘剪辑”元件，进入该剪辑内部，新建3个图层，并从上至下命名为“时针”、“分针”、“秒针”，并把最下面放表盘的图层命名为“表盘”，如图16-9所示。

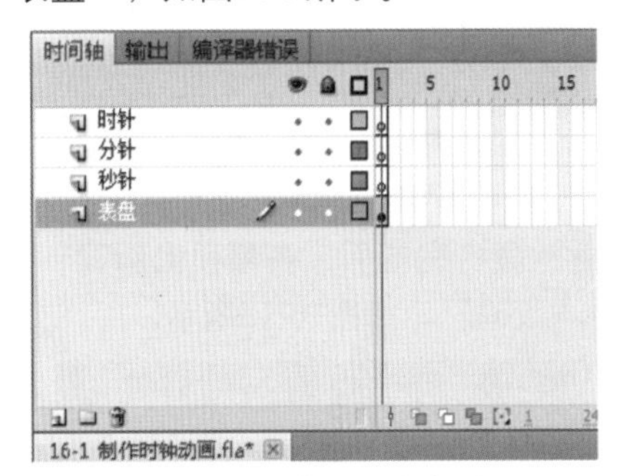

图16-9 新建图层并命名

09 将库中的时针、分针、秒针3个元件分别拖曳至各自名字的图层内，并调节3个指针的位置，使它们的尾端注册中心对准表盘的中心，调整时可以适当地放大舞台进行调整，当有的影片剪辑遮挡住另外的剪辑而影响设计时，可以暂时将该图层设置为“不可见“，如图16-10所示。

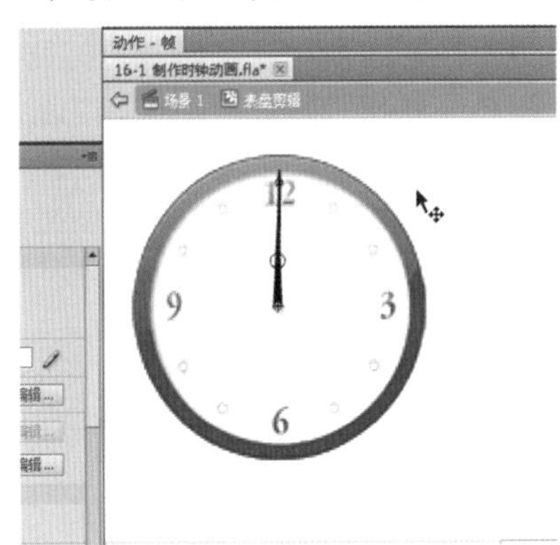

图16-10 调整3个指针的位置

10 选中图层“时针”上的时针影片剪辑，在“属性“面板中修改该剪辑的实例名称为“mc_hour”，如图16-11所示。

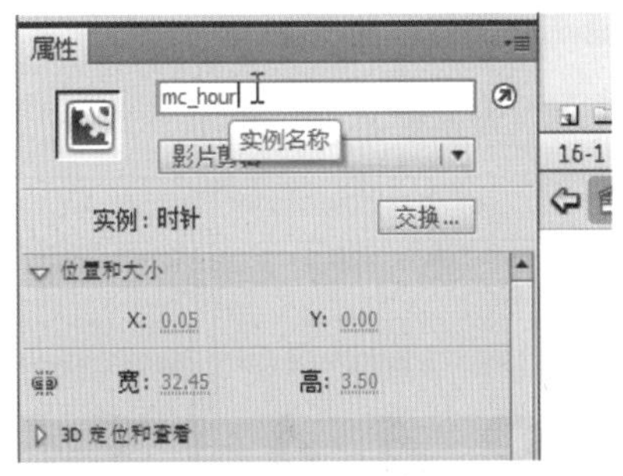

图16-11 设置影片剪辑的实例名称

11 同样的步骤也可以设定分针和秒针影片剪辑的名称分别为“mc_minute”和“mc_second”，当时针影响到下面图层的命名时，可以先锁定该图层，如图16-12所示。

图16-12 锁定图层以方便命名

12 将3个指针命名完成后，在最顶上新建一个图层，命名为“代码”，如图16-13所示。

图16-13 新建代码层

13 在新建的“代码”图层上单击右键，在弹出的菜单中选择“动作”选项，或按F9键，打开“动作”面板，并在”动作“面板内输入如下脚本，双斜杠后面的文字为注释，可以不用输入，如图16-14所示。

```
import flash.events.Event;
//添加侦听器
addEventListener(Event.ENTER_FRAME,update);
function update(e:Event):void{
//获取当前时间
var now:Date = new Date();
//秒针样式
mc_second.rotation = now.getSeconds() * 6;
//分针样式
mc_minute.rotation = now.getMinutes() * 6 +
now.getSeconds() / 10 ;
//时针样式
mc_hour.rotation = now.getHours() * 30 +
now.getMinutes() / 4;
}
```

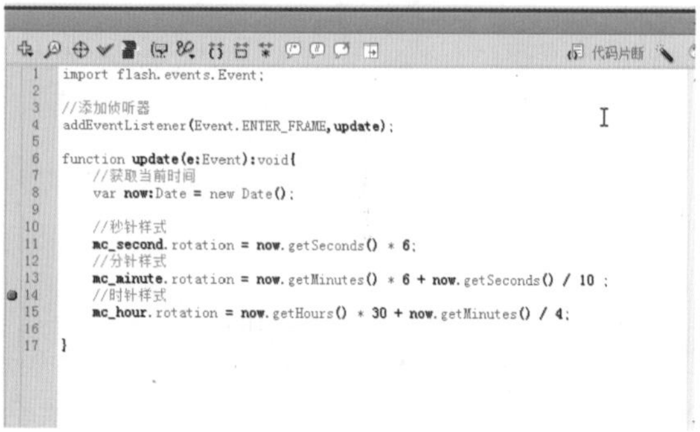

图16-14 输入脚本语言

14 单击时间轴下方的“场景1”以返回主场景，将库中的“表盘剪辑”元件拖曳至舞台上，并调节其位置。可以添加一张图片作为背景，保存文件，按快捷键Ctrl + Enter测试影片，效果如图16-15所示。

图16-15 最终效果图

16.2 摇奖机

“摇奖机”案例效果，如图16-16所示。

图16-16 案例最终效果

01 在本案例的素材文件中打开“抽奖机”的影片剪辑素材，如图16-17所示。

图16-17　库内剪辑素材

02 在“属性”面板内将舞台尺寸修改为180×212，如图16-18所示。

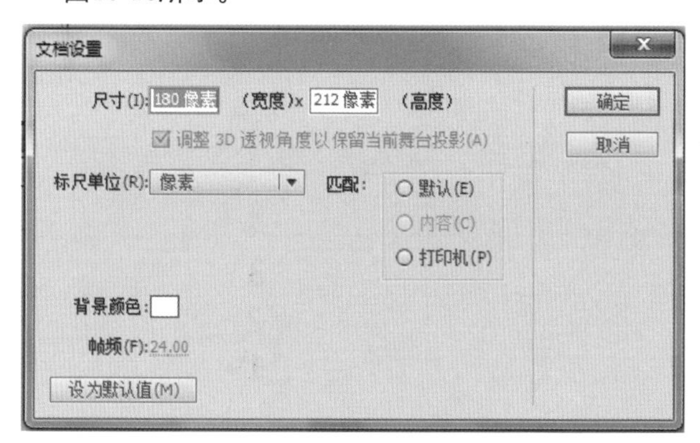

图16-18　设置舞台的尺寸

03 将图层1重命名为“背景图层”，并将库中的“背景”影片剪辑拖曳至舞台，调节其位置使其正好占满舞台，如图16-19所示。

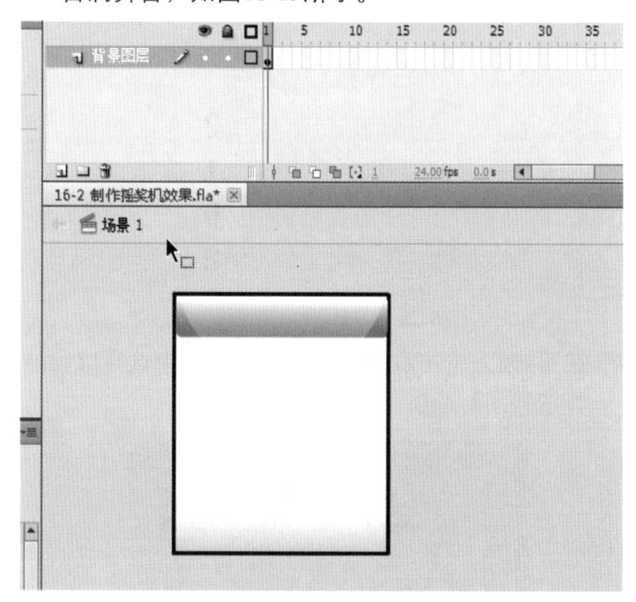

图16-19　将背景素材拖曳至舞台

04 新建一个图层，命名为“抽奖机部件”，并将库内其他两个影片剪辑素材拖曳至该图层的第1帧，并调整好位置，如图16-20所示。

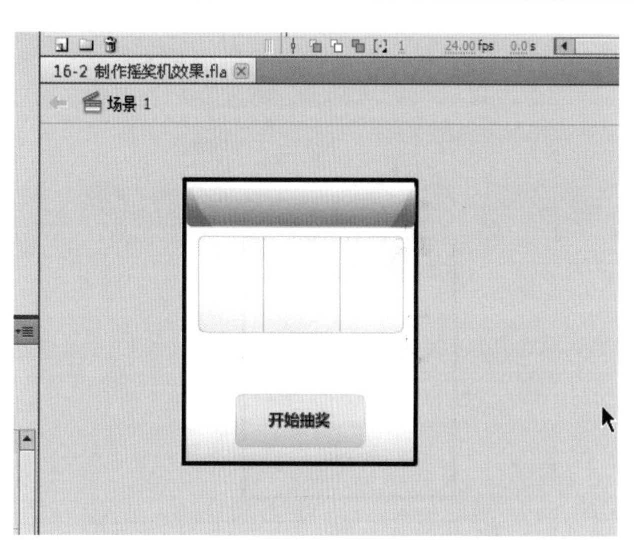

图16-20　将其他的素材拖曳至舞台并调节位置

05 再次新建一个图层，命名为“数字”，并选择工具栏内的【文本工具】，在属性栏内设置【文本工具】的属性，如图16-21所示。

图16-21　设置【文本工具】的属性

06 使用【文本工具】在新建图层的第1帧上输入数字1，并调整其位置，如图16-22所示。

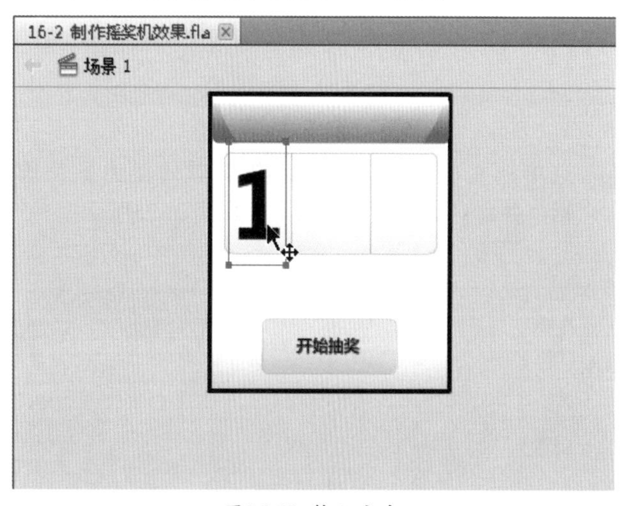

图16-22　输入文本

07 按快捷键Ctrl + C复制刚才的文本框，再按快捷键Ctrl + Shift + V原位粘贴该文本框，使用方向键将新粘贴的文本框向上移动，直到其文本框下边框和原来的文本框上边框重合，再把新的文本框里的内容修改为数字2，如图16-23所示。

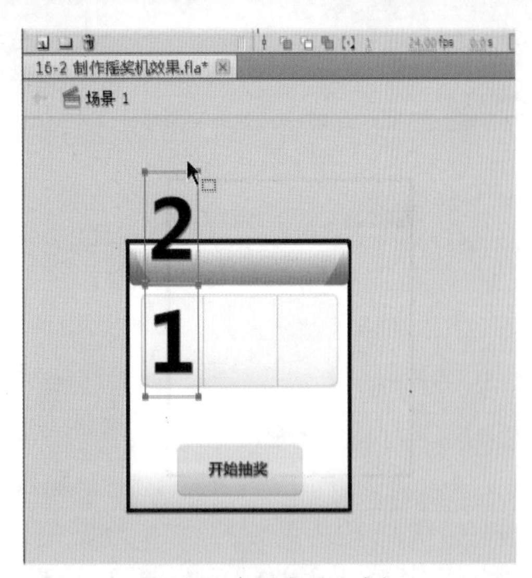

图16-23 粘贴新的文本框

08 使用同样的方法，在上面粘贴出剩下的数字，并且在最上面再多添加一回数字1和2，如图16-24所示。

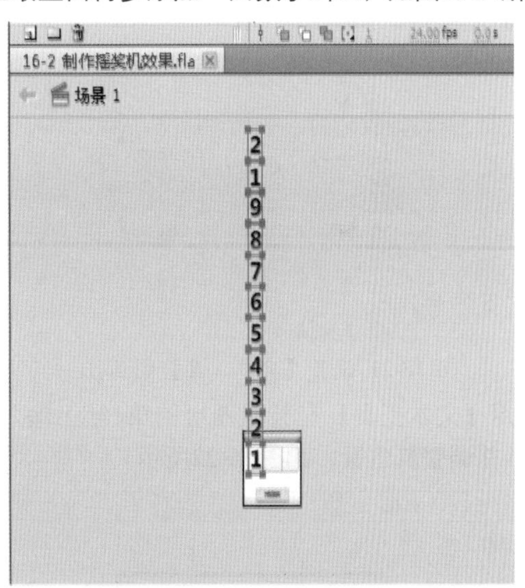

图16-24 添加其他的数字

09 选中所有的数字，并按F8键将其转换为影片剪辑，并命名为“数字剪辑”，如图16-25所示。

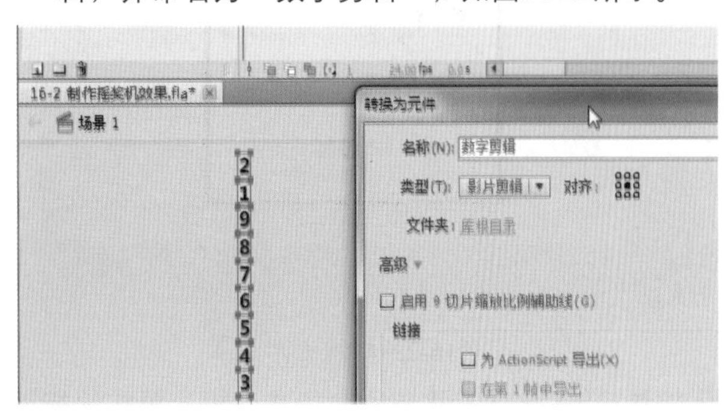

图16-25 转换为影片剪辑

10 选中刚转换为影片剪辑的元件，再次按F8键将其转换为影片剪辑，并命名为“数字滚动”，如图16-26所示。

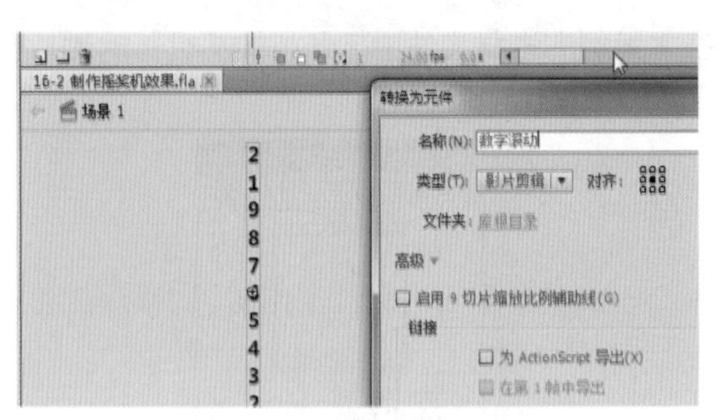

图16-26 转换为影片剪辑

11 双击舞台上的“数字滚动”影片剪辑，进入内部进行编辑，第1帧上有一个“数字剪辑”的影片剪辑，在第10帧处按F6键插入关键帧，并使用方向键将第10帧处上的元件向下移动，直到上面的数字1和刚才的数字1的位置重合，如图16-27和图16-28所示。

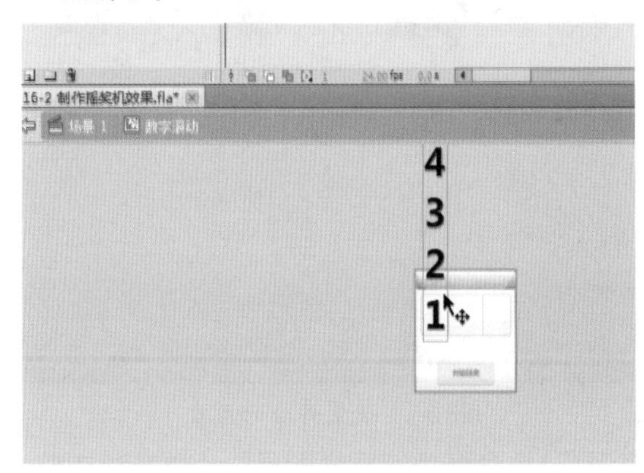

图16-27 第1帧上元件的位置

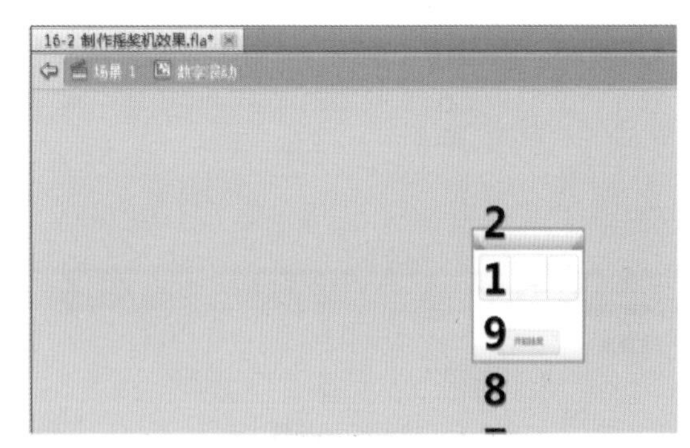

图16-28 第10帧上元件的位置

12 在第1帧上单击右键，在弹出的菜单中选择【创建传统补间】选项，如图16-29所示。

图16-29 创建传统补间

13 单击时间轴下方的“场景1”返回主场景，并复制“数字滚动”影片剪辑2份到抽奖界面的另外两个格子，注意数字1的位置要对准抽奖的窗口，如图16-30所示。

图16-30 复制两份元件

14 单击最左侧的“数字滚动”影片剪辑，在“属性”面板中将实例名设置为“mc1”，同样的方法往右侧的剪辑依次为“mc2”和“mc3”，如图16-31所示。

图16-31 输入实例名称

15 选中舞台上“开始抽奖”的按钮，并在“属性”面板中将实例名称设置为“btn”，如图16-32所示。

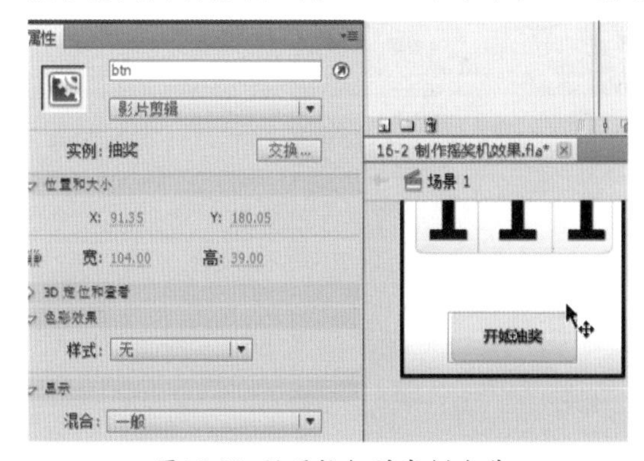

图16-32 设置按钮的实例名称

16 再次新建一个图层，并命名为“遮罩层”，并将库中的“显示板”元件拖曳至舞台，使其正好盖住原来的显示板，并按快捷键Ctrl + B将其打散两次，如图16-33所示。

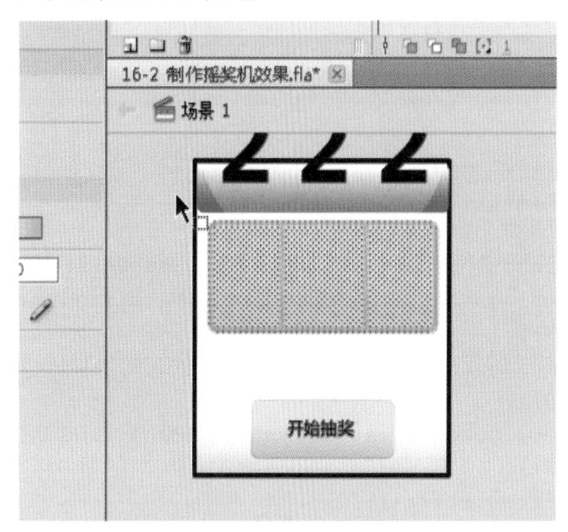

图16-33 拖曳元件至舞台

17 右键单击“遮罩层”，并在弹出的菜单中选择【遮罩层】选项，如图16-34所示。

图16-34 设置遮罩层

18 再次在最上层新建一个图层，并命名为“代码层”，如图16-35所示。

图16-35 新建代码层

19 单击代码层的第1帧，并按F9键打开“动作”面板，在里面输入如下脚本，如图16-36所示。

```
 import flash.events.MouseEvent;
 import flash.utils.Timer;
 import flash.events.TimerEvent;
 var timer:Timer;
 mc1.stop();
 mc2.stop();
 mc3.stop();
 btn.addEventListener(MouseEvent.
CLICK,clickFunction);
 timer = new Timer(2000);
 timer.addEventListener(TimerEvent.
TIMER,ok);
 function clickFunction(e:MouseEvent):void{
 mc1.gotoAndPlay(Math.floor(Math.random() *
10));
 mc2.gotoAndPlay(Math.floor(Math.random() *
10));
 mc3.gotoAndPlay(Math.floor(Math.random() *
10));
 timer.start();
 }
 function ok(e:TimerEvent):void{
     timer.stop();
     mc1.gotoAndStop(Math.floor(Math.random()
   *  10));
     mc2.gotoAndStop(Math.floor(Math.random()
   *  10));
     mc3.gotoAndStop(Math.floor(Math.random()
   *  10));
 }
```

```
14  btn.addEventListener(MouseEvent.CLICK,clickFunction);
15  //为计时器设定2秒钟的间隔
16  timer = new Timer(2000);
17  //为timer添加每次计时后的事件侦听
18  timer.addEventListener(TimerEvent.TIMER,ok);
19  //抽奖函数
20  function clickFunction(e:MouseEvent):void{
21      //显示板跳到随机的位置
22      mc1.gotoAndPlay(Math.floor(Math.random() * 10));
23      mc2.gotoAndPlay(Math.floor(Math.random() * 10));
24      mc3.gotoAndPlay(Math.floor(Math.random() * 10));
25      //timer开始计时
26      timer.start();
27  }
28  //timer计时完成一次后的函数
29  function ok(e:TimerEvent):void{
30      timer.stop();
31      mc1.gotoAndStop(Math.floor(Math.random() * 10));
32      mc2.gotoAndStop(Math.floor(Math.random() * 10));
33      mc3.gotoAndStop(Math.floor(Math.random() * 10));
34  }
```

图16-36 输入脚本

20 保存文件，按按快捷键Ctrl + Enter测试影片，测试时单击“开始抽奖”按钮，上面的剪辑即会随机滚动了，如图16-37所示。

图16-37 最终效果图

16.3 模拟真实下雨

“模拟真实下雨”案例效果，如图16-38所示。

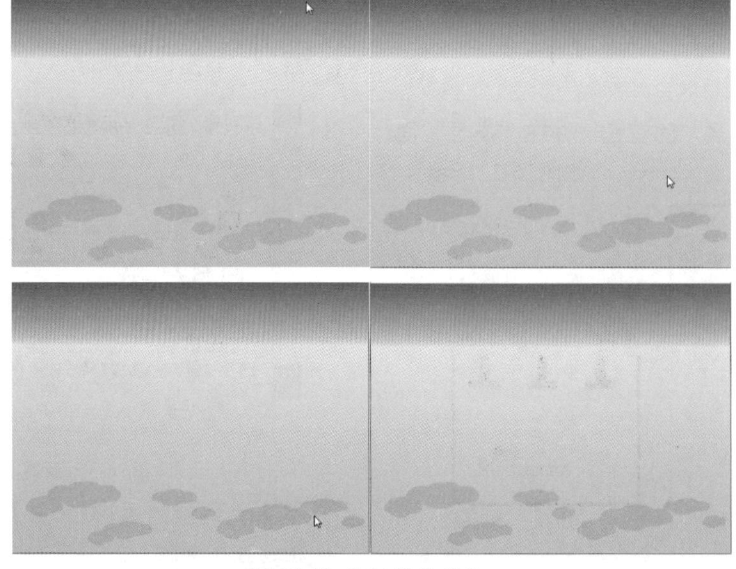

图16-38 案例最终效果

01 打开本案例的素材文件，库内有一些“荷叶”和“雨”的素材剪辑和图片，如图16-39所示。

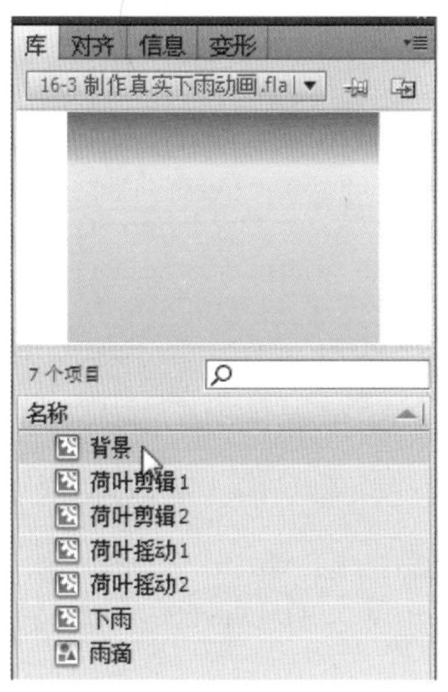

图16-39 库内的素材

02 将图层1重命名为“背景层”，并将库中的“背景”影片剪辑拖曳至舞台，调整其位置使之左上角对齐舞台左上角，如图16-40所示。

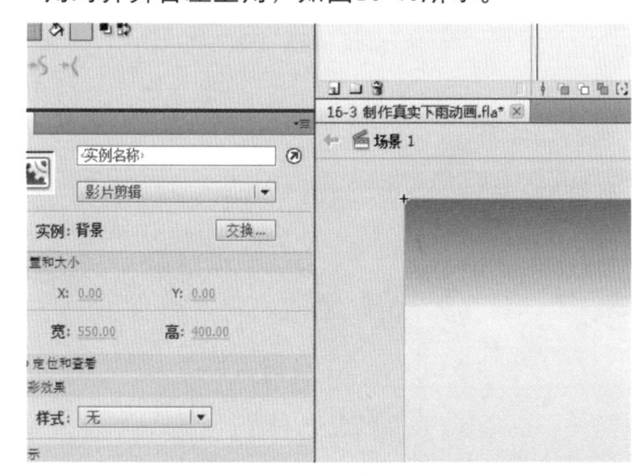

图16-40 调整背景图的位置

03 新建一个图层，并命名为“荷叶”，如图16-41所示。

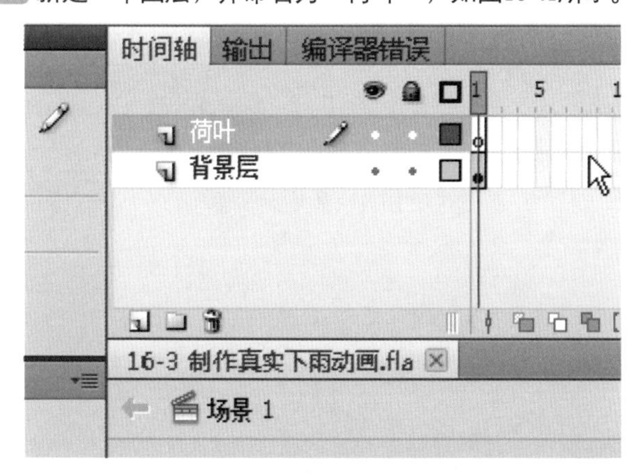

图16-41 新建图层“荷叶”

04 将库中的“荷叶摇动1”和“荷叶摇动2”拖曳至舞台上，调整各自的位置和大小，如图16-42所示。

图16.42 调整荷叶的位置和大小

05 重复上面的步骤，多次将“荷叶摇动1”和“荷叶摇动2”元件拖曳至舞台并调整位置和大小，使其随机分散在舞台下部分，如图16-43所示。

图16-43 随机散步荷叶元件

06 再次新建一个图层，并命名为“代码层”，如图16-44所示。

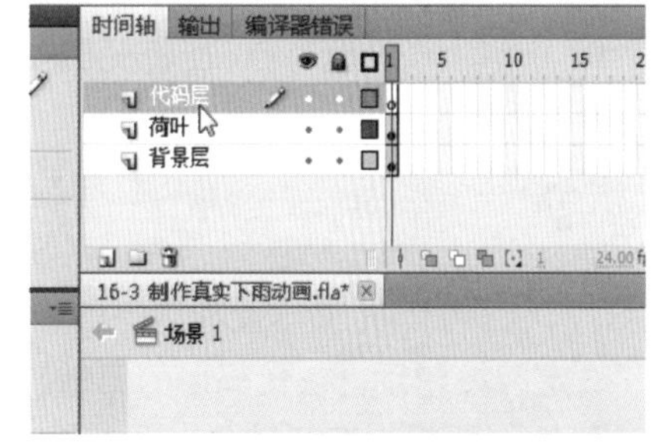

图16-44 新建图层“代码层”

07 双击库中的“下雨”影片剪辑，将进入其内部进行编辑，在其最上面图层的最后一帧处按F7键插入空白关键帧，如图16-45所示。

图16-45 插入空白关键帧

08 单击刚才插入的空白关键帧，按F9键打开“动作”面板，在面板内输入如下脚本，如图16-46所示。

```
stop();
parent.removeChild(this);
```

```
1 //停止播放
2 stop();
3 //父级容器将本元件移除
4 parent.removeChild(this);
```

图16-46 输入脚本

09 单击时间轴下方的“场景1”以返回主场景，右键单击库中的“下雨”影片剪辑元件，在弹出的菜单在中选择【属性】选项，并在接下来弹出的对话框内勾选“为ActionScript导出”选项，并输入类名，如图16-47所示。

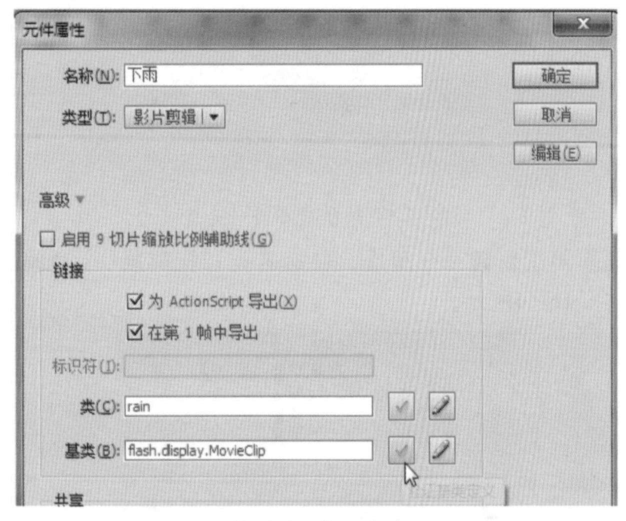

图16-47 输入类名

10 单击“确定”按钮后，在代码层的第1帧处按F9键打开“动作”面板，在“动作”面板中输入如下脚本，如图16-48所示。

```
import flash.events.Event;
import flash.display.MovieClip;
addEventListener(Event.ENTER_FRAME,update);
function update(e:Event):void{
    var mc:MovieClip = new rain();
    addChild(mc);
    mc.x = Math.random() * 550;
    mc.y = Math.random() * 400;
    mc.alpha = Math.random() * 0.7 + 0.3;
    mc.scaleX = Math.random() * 0.7 + 0.2;
    mc.scaleY = Math.random() * 0.7 + 0.2;
}
```

```
1  //导入外部类
2  import flash.events.Event;
3  import flash.display.MovieClip;
4
5  //添加逐帧侦听
6  addEventListener(Event.ENTER_FRAME,update);
7
8  //更新函数
9  function update(e:Event):void{
10     //创建一个雨的实例 并添加到舞台
11     var mc:MovieClip = new rain();
12     addChild(mc);
13
14     //设置雨点的随机位置 大小和透明度
15     mc.x = Math.random() * 550;
16     mc.y = Math.random() * 400;
17     mc.alpha = Math.random() * 0.7 + 0.3;
18     mc.scaleX = Math.random() * 0.7 + 0.2;
19     mc.scaleY = Math.random() * 0.7 + 0.2;
20
21 }
代码层：1
```

图16-48 输入脚本

11 保存文件，按快捷键Ctrl + Enter测试影片，效果如图16-49所示。

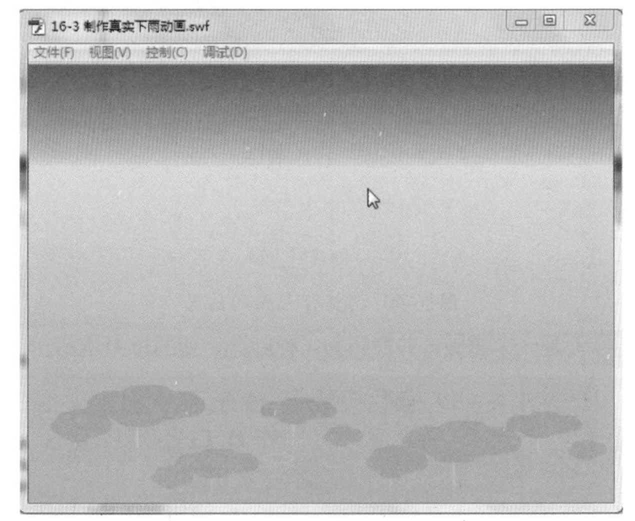

图16-49 最终效果图

16.4 百叶窗

“百叶窗”案例效果，如图16-50所示。

图16-50　案例最终效果

前面讲到了关于使用遮罩制作百叶窗的效果，相对来说较为复杂，不过可变性强一些，下面介绍使用代码完成同样的工作，适用于大量的同类型项目的制作。

01 打开本案例的素材文件，库内有两张素材图片，如图16-51所示。

图16-51　库内的素材图片

02 在“属性”面板中将舞台的尺寸设置为800×600，如图16-52所示。

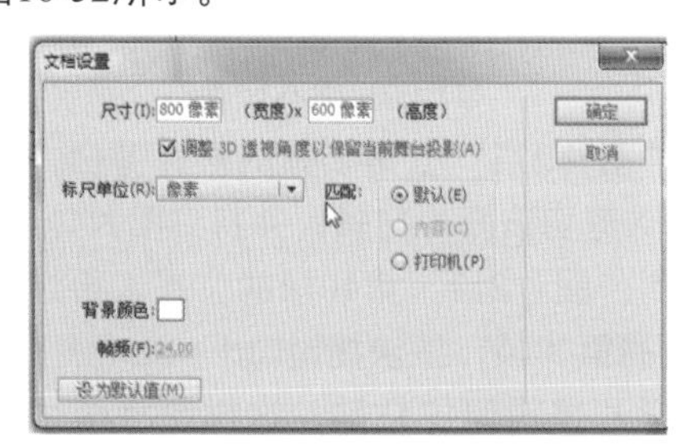

图16-52　设置舞台的尺寸

03 将图层1重命名为“图片1层”，并将库内的图片素材“图片1”拖曳至舞台，并调整其位置使其左上角对准舞台的左上角，如图16-53所示。

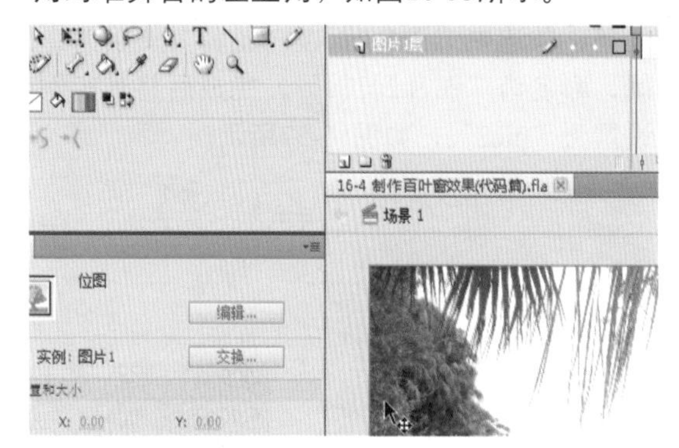

图16-53　调整图片位置

04 选中舞台上的“图片1”，按F8键将其转换为影片剪辑元件，并命名为“图片1剪辑”，如图16-54所示。

图16-54　转换为影片剪辑

05 转换完成后，选中刚转换的影片剪辑，在“属性”面板中设置其实例名称为“pic1”，如图16-55所示。

图16-55 设置实例名

06 在"图片1层"的第20帧处按F6键插入关键帧，并在本图片之上新建一个图层，命名为"图片2层"，在其第20帧处按F7键插入空白关键帧，如图16-56所示。

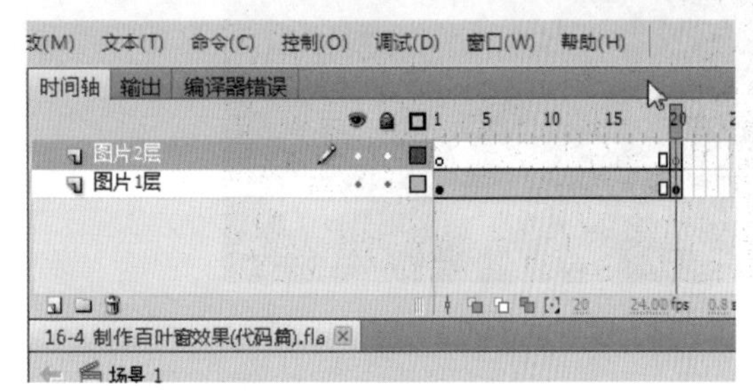

图16-56 新建一个图层

07 将库中的"图片2"拖曳至"图片2层"的第20帧上的舞台中，并和图片1一样设置其位置对齐舞台左上角，并选中"图片2"按F8键将其转换为影片剪辑，命名为"图片2剪辑"，完成后将其实例名称设置为"pic2"，如图16-57所示。

图16-57 输入影片剪辑的实例名称

08 在两个图层的第40帧都按F6键插入关键帧，在两个图层的第60帧处按F5键插入帧，如图16-58所示。

图16-58 插入关键帧和帧

09 新建一个图层，命名为"代码层"，并在该层的第20和40帧处按F7键插入空白关键帧，如图16-59所示。

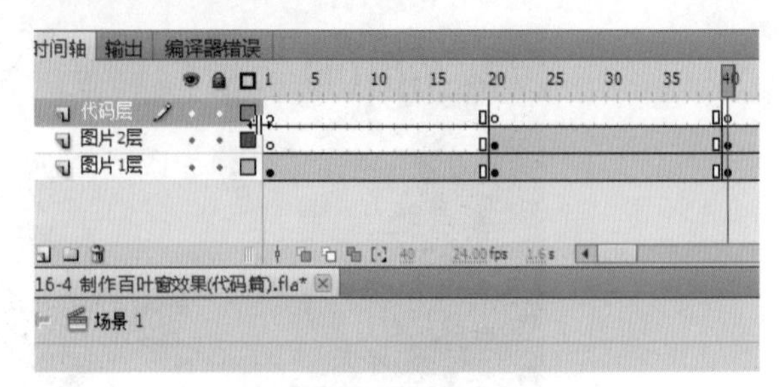

图16-59 新建图层并插入空白关键帧

10 选中"代码层"的第20帧，并按F9键打开"动作"面板，在其中输入如下脚本，如图16-60所示。

```
import fl.transitions.*;
import fl.transitions.easing.*;
var myTransitionManager:TransitionManager
= new TransitionManager(pic2);
myTransitionManager.
startTransition({type:Blinds,
direction:Transition.IN, duration:.5,
easing:None.easeNone, dimension:1});
```

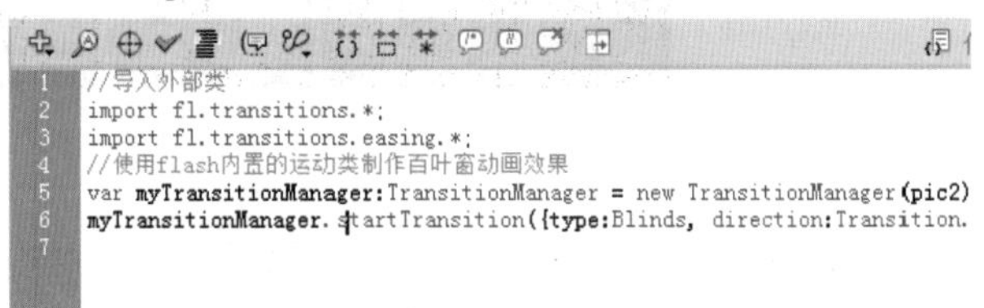

图16-60 输入脚本

11 选中"代码层"的第40帧，并按F9键打开"动作"面板，在其中输入如下脚本，如图16-61所示。

```
import fl.transitions.*;
import fl.transitions.easing.*;
myTransitionManager = new
TransitionManager(pic1);
myTransitionManager.
startTransition({type:Blinds,
direction:Transition.IN, duration:.5,
easing:None.easeNone, dimension:0});
```

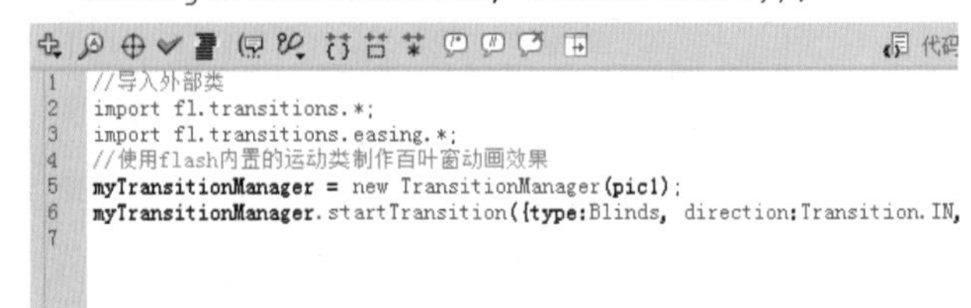

图16-61 输入脚本

12 选中"图片2层"上第40帧的影片剪辑，按快捷键Ctrl + X剪切该影片剪辑，并将"图片1层"第40帧拽曳到"图片2层"第40帧的位置，再选中"图片1"层的第40帧，按快捷键Ctrl + Shift + V将刚才剪切的影片剪辑原位粘贴，这样便将两个图层上的影片剪辑交换了位置。

13 保存文件，按快捷键Ctrl + Enter测试影片剪辑的效果，如图16-62所示。

图16-62 最终效果图

16.5　幻灯片动画

“幻灯片动画”案例效果，如图16-63所示。

图16-63 案例最终效果

01 打开本案例的素材文件，本案例是制作一个按钮控制图片切换的幻灯片样式动画，库内的素材如图16-64所示。

图16-64 库内的图片素材

02 在“属性”面板中修改舞台的尺寸为480×66，如图16-65所示。

图16-65 设置舞台的尺寸

03 将图层1重命名为“图片层”，并将库内的“1.jpg”图片素材拖曳到舞台上，并调整其位置使其左上角对准舞台最上角，如图16-66所示。

图16-66 调整图片的位置

04 在第2帧上按F7键插入空白关键帧，将“2.jpg”图片素材拖曳至舞台上，并和第一张图一样调整其位置，以此类推将库内剩下的图都拖曳到一个单独的帧上，如图16-67所示。

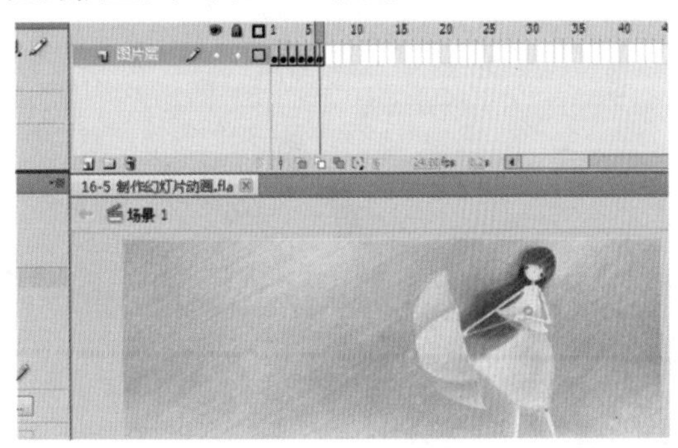

图16-67 处理剩下的图片

05 新建一个图层，命名为“按钮层”，并将库中的“按钮”图片素材拖曳至舞台上，并使用【任意变形工具】调整按钮的大小和位置，如图16-68所示。

图16-68 调整按钮图形的大小和位置

06 选中刚才的按钮图形，按F8键将其转换为影片剪辑原件，并命名为“翻页按钮”，如图16-69所示。

图16-69 转换为元件

07 转换完成后，复制该按钮，并粘贴一份该按钮，选中新粘贴的按钮影片剪辑，执行【修改】>【变形】>【水平翻转】命令，并调整其位置，如图16-70所示。

图16-70 粘贴一个按钮

08 选中左侧的按钮，在“属性”面板中修改其实例名称为“btn1”，修改右侧按钮的实例名称为“btn2”，如图16-71所示。

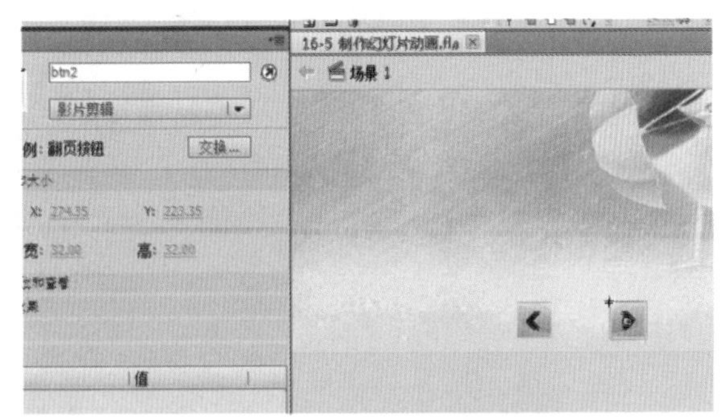

图16-71 输入实例名称

09 再次新建一个图层，并命名为“代码层”，选中上面的第1帧，并按F9键打开“动作”面板，在其中输入如下脚本，如图16-72所示。

```
import flash.events.MouseEvent;
stop();
btn1.addEventListener(MouseEvent.
CLICK,clickF);
btn2.addEventListener(MouseEvent.
CLICK,clickF);
btn1.buttonMode = true;
btn1.visible = false;
btn2.buttonMode = true;
function clickF(e:MouseEvent):void{
if(e.target.name == "btn1"){
prevFrame();
}else{
nextFrame();
}
if(currentFrame == 1){
btn1.visible = false;
}else if(currentFrame == totalFrames){
btn2.visible = false;
```

```
}else{
btn1.visible = true;
btn2.visible = true;
}
}
```

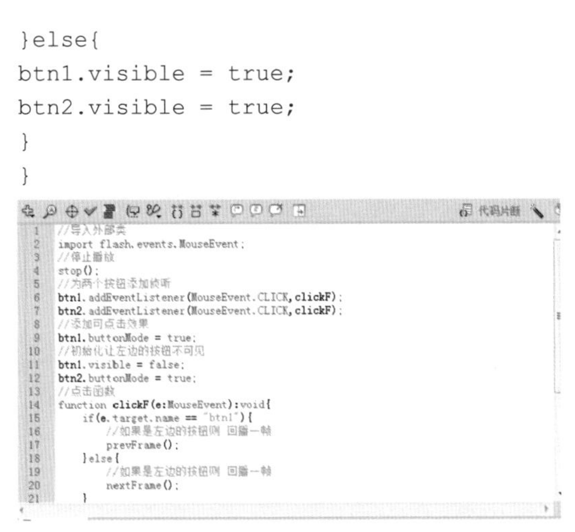

```
1   //导入外部类
2   import flash.events.MouseEvent;
3   //停止播放
4   stop();
5   //为两个按钮添加侦听
6   btn1.addEventListener(MouseEvent.CLICK,clickF);
7   btn2.addEventListener(MouseEvent.CLICK,clickF);
8   //添加可点击效果
9   btn1.buttonMode = true;
10  //初始化让左边的按钮不可见
11  btn1.visible = false;
12  btn2.buttonMode = true;
13  //点击函数
14  function clickF(e:MouseEvent):void{
15      if(e.target.name == "btn1"){
16          //如果是左边的按钮则 回播一帧
17          prevFrame();
18      }else{
19          //如果是左边的按钮则 回播一帧
20          nextFrame();
21      }
```

图16-72 输入脚本

10 保存文件，按快捷键Ctrl + Enter测试影片，最终效果如图16-73所示。

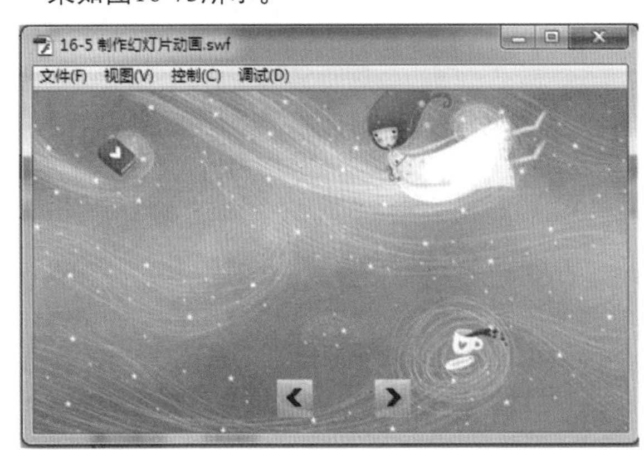

图16-73 最终效果图

16.6　数字大小排序功能

“数字大小排列功能”案例效果，如图16-74所示。

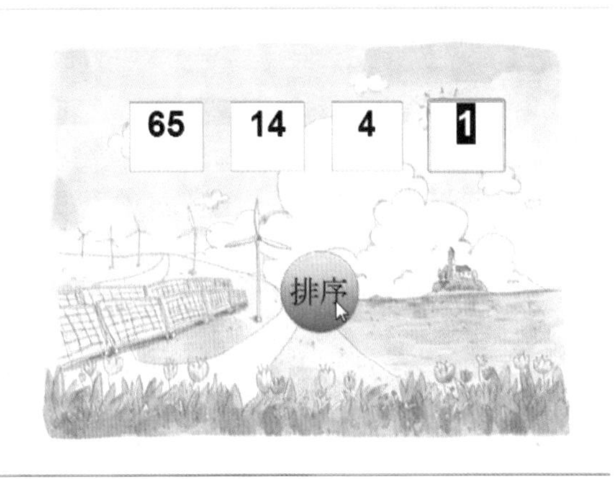

图16-74 案例最终效果

01 打开本案例的素材文件，本案例要制作的功能为数字大小排序，用户在文本框中输入数字后，单击“排序”按钮会对4个文本框内的数字按大小排列顺序，库内的素材如图16-75所示。

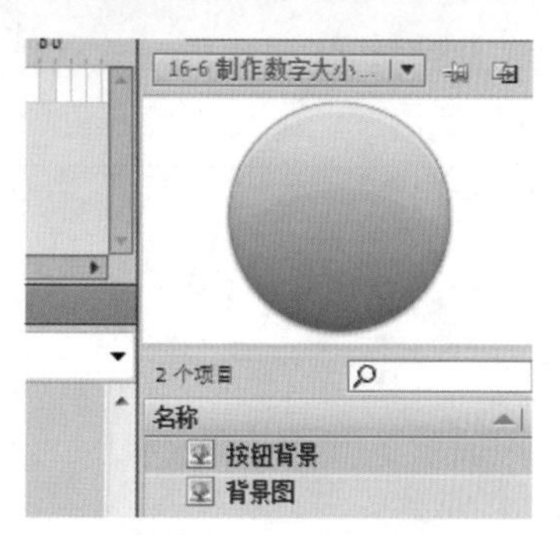

图16-75 库内的素材

02 将图层1重命名为”背景层“，并将库中的“背景图”素材拖曳至舞台上，调整其位置如图16-76所示。

图16-76 调整背景图的位置

03 新建一个图层，并命名为“文本层”，并按快捷键Ctrl + F7打开“组件”面板，在其中将组件TextInput拖曳至舞台上，如图16-77所示。

图16-77 拖曳组件

04 使用【任意变形工具】调整文本输入框的形状，并多复制几个文本框，如图16-78所示。

05 选中最左侧的文本框组件，在“属性”面板中修改其实例名称为txtInput1，以此往右侧，之后的文本框的实例名设置为txtInput2、txtInput3、txtInput4，如图16-79所示。

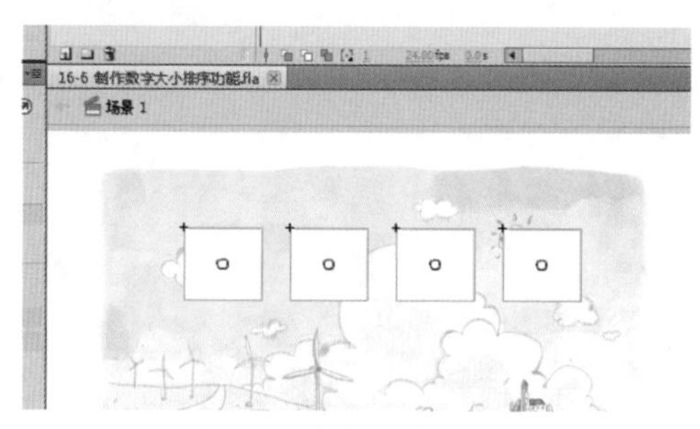

图16-78 复制多个文本框

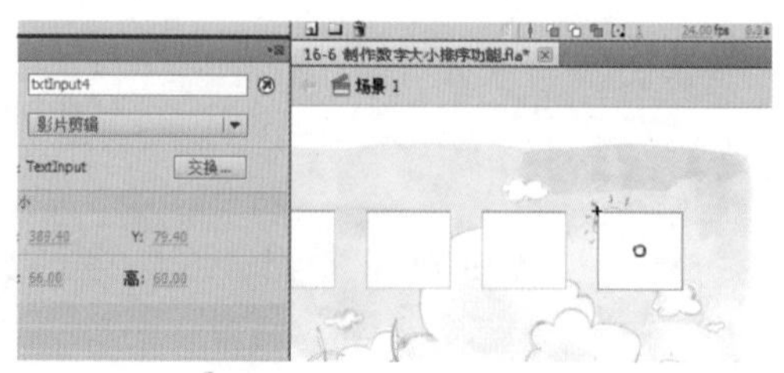

图16-79 设置实例名

06 再次新建一个图层，命名为“按钮层”，并将库中的“按钮背景”元件拖曳至舞台上，使用【任意变形工具】调整其大小，使用【文本工具】在上面输入“排序”文字，如图16-80所示。

图16-80 在按钮背景上输入文字

07 选中文字和按钮背景，并按F8键将其转换为元件，并命名为“排序按钮”，完成后在“属性”面板中设置其实例名为orderbtn，如图16-81所示。

图16-81 输入实例名称

08 再次新建一个图层，命名为“代码层”，并在第1帧上按F9键打开“动作”面板，在其中输入如下脚本，如图16-82所示。

```
var txtStyle:TextFormat=new TextFormat();
txtStyle.align=TextFormatAlign.CENTER;
txtStyle.color=0x000000;
```

```
txtStyle.size=30;
txtStyle.bold=true;
txtInput1.setStyle("textFormat",txtStyle);
txtInput2.setStyle("textFormat",txtStyle);
txtInput3.setStyle("textFormat",txtStyle);
txtInput4.setStyle("textFormat",txtStyle);
txtInput1.restrict="0-9";
txtInput2.restrict="0-9";
txtInput3.restrict="0-9";
txtInput4.restrict="0-9";
function getValue(txtInput):Number{
var txtValue:int=0;
if (txtInput.text=="") {
txtValue=0;
} else {
txtValue=Number(txtInput.text);
}
return txtValue;
}
orderbtn.addEventListener(MouseEvent.
CLICK,orderNums);
function orderNums(event:MouseEvent):void
{
var numsArr:Array=new Array();
numsArr[0]=getValue(txtInput1);
numsArr[1]=getValue(txtInput2);
numsArr[2]=getValue(txtInput3);
numsArr[3]=getValue(txtInput4);
for (var i:int=0; i<3; i++) {
for (var j:int=i+1; j<4; j++) {
if (numsArr[i]<numsArr[j]) {
var minNum=numsArr[i];
numsArr[i]=numsArr[j];
numsArr[j]=minNum;
}
}
}
txtInput1.text=String(numsArr[0]);
txtInput2.text=String(numsArr[1]);
txtInput3.text=String(numsArr[2]);
txtInput4.text=String(numsArr[3]);
}
```

图16-82　输入脚本

09 保存文件，并按快捷键Ctrl + Enter测试影片效果，如图16-83所示。

图16-83　最终效果图

16.7　模仿Windows系统

"模仿Windows系统"案例效果，如图16-84所示。

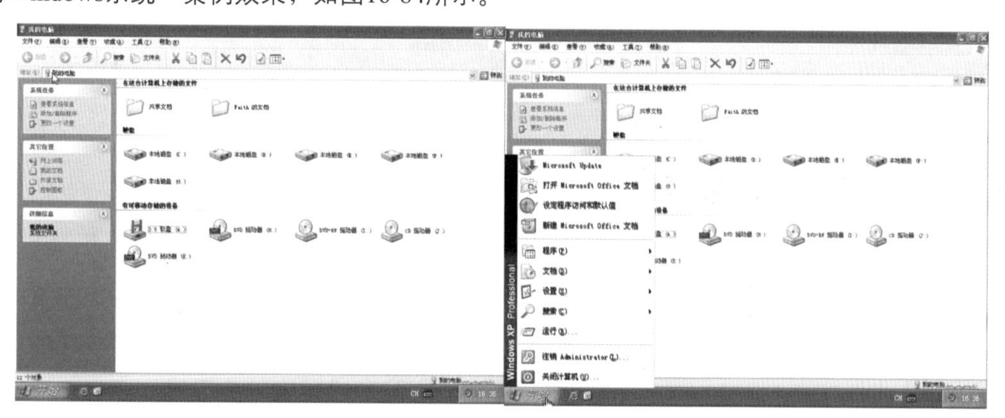

图16-84　案例最终效果

01 打开本案例的素材文件，本案例要制作的效果为模仿WindowsXP的“开始”菜单和“我的电脑”按钮的效果，鼠标可以单击“开始”按钮和“我的电脑”图标，库内素材如图16-85所示。

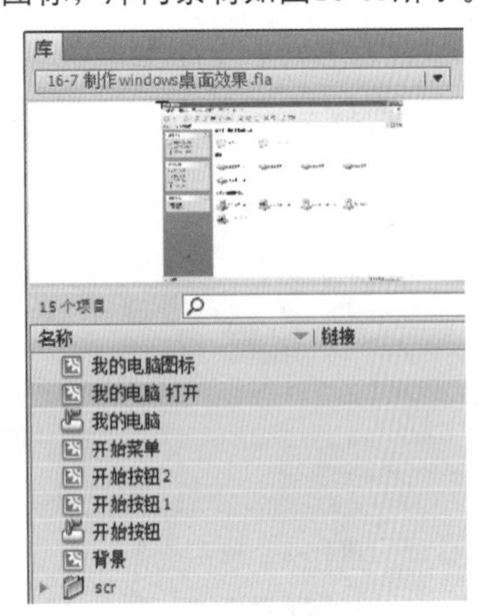

图16-85 库内的素材

02 在“属性”面板中设置舞台的尺寸为800×600，如图16-86所示。

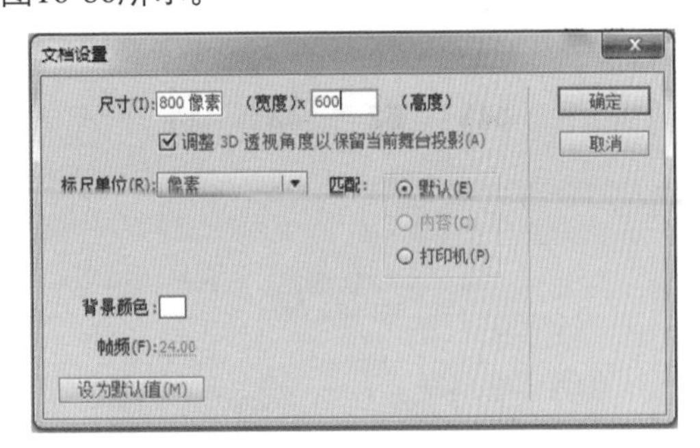

图16-86 设置舞台的尺寸

03 将图层1重命名为“桌面图片层”，并将库中的“背景”影片剪辑拖曳至舞台上，调整其位置使其占满舞台，如图16-87所示。

图16-87 将影片剪辑拖曳至舞台上

04 新建一个图层，命名为“按钮层”，并将库中的“开始按钮”和“我的电脑”两个按钮元件拖曳至舞台上，摆放的位置和系统摆放的位置大概一致即可，如图16-88所示。

图16-88 将两个按钮拖曳至舞台上

05 分别选中两个按钮，在“属性”面板中为两个按钮分别输入实例名称，“我的电脑”按钮输入实例名称为btn_com，“开始”按钮输入实例名称为“btn_start”，如图16-89所示。

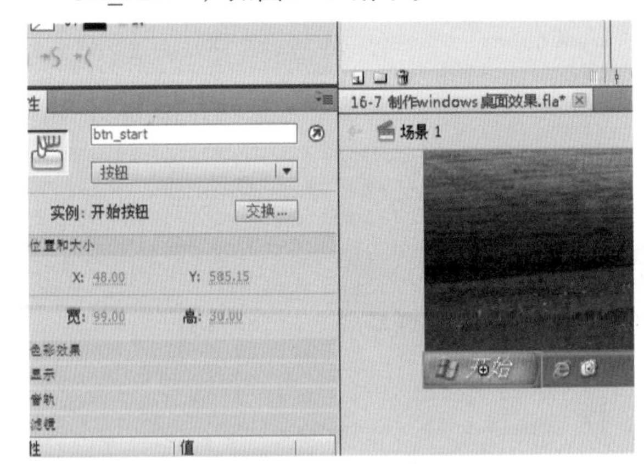

图16-89 输入实例名称

06 新建一个图层并命名为“我的电脑 界面”，并将库中的“我的电脑 打开”影片剪辑拖拽至舞台上，并调节其大小为800×570，并在“属性”面板中设置实例名称为“mc_com”，如图16-90所示。

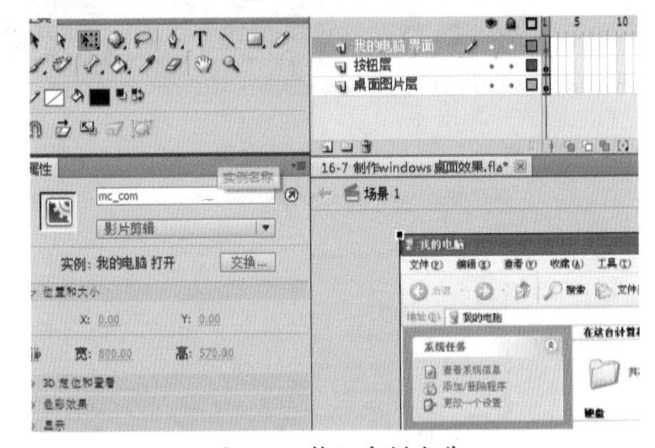

图16-90 输入实例名称

07 新建一个图层，命名为“开始菜单”，并将库中的“开始菜单”影片剪辑拖曳至舞台上，调节其位置在“开始”按钮的上方，并设置实例名称为“mc_start”，如图16-91所示。

图16-91 输入实例名称

08 再次新建一个图层，并命名为“代码层”，选中第1帧并按F9键打开“动作”面板，在其中输入如下脚本，如图16-92所示。

```
import flash.events.MouseEvent;
mc_com.visible = false;
mc_start.visible = false;
btn_com.addEventListener(MouseEvent.
CLICK,com_click);
btn_start.addEventListener(MouseEvent.
CLICK,start_click);
mc_com.addEventListener(MouseEvent.
CLICK,com_click);
function com_click(e:MouseEvent):void{
mc_com.visible = !mc_com.visible;
}
function start_click(e:MouseEvent):void{
mc_start.visible = !mc_start.visible;
}
```

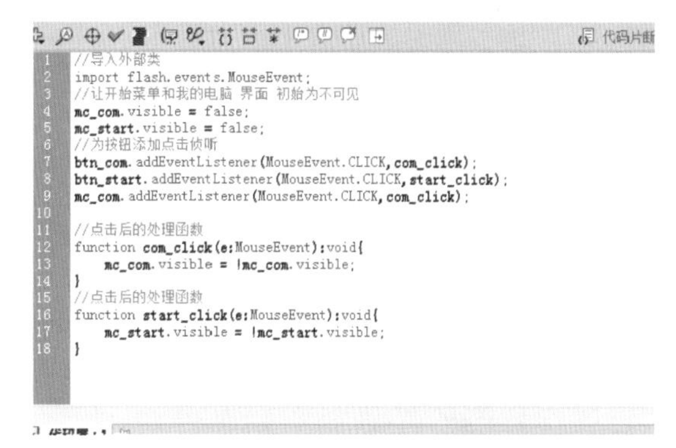

图16-92 输入脚本

09 保存文件，并按快捷键Ctrl + Enter测试影片效果，最终效果如图16-93所示。

图16-93 最终效果图

16.8 简易计算器

“简易计算器”案例效果，如图16-94所示。

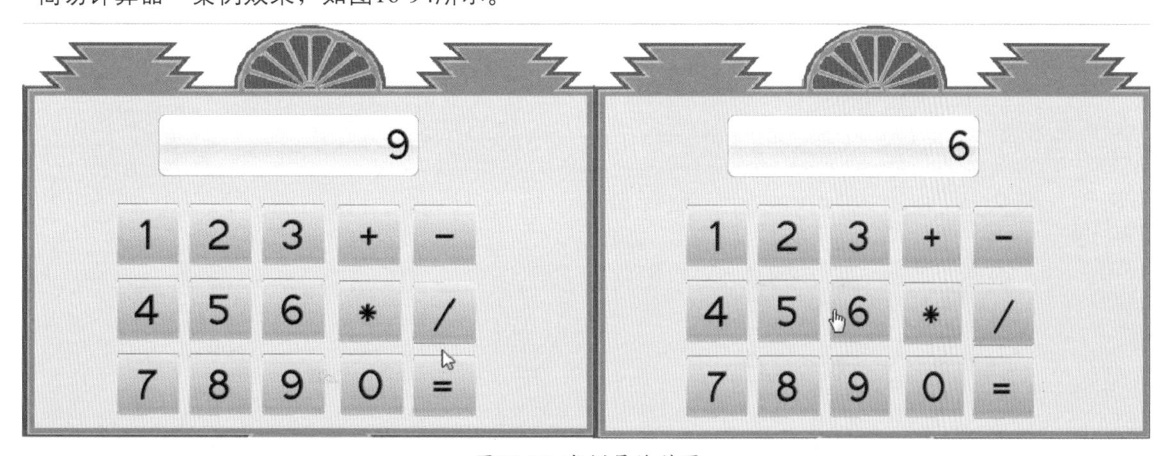

图16-94 案例最终效果

01 打开本案例的素材文件，本案例要制作的效果为简易的计算器，简单地实现了数字的加减乘除的操作，如图16-95所示为库内的素材。

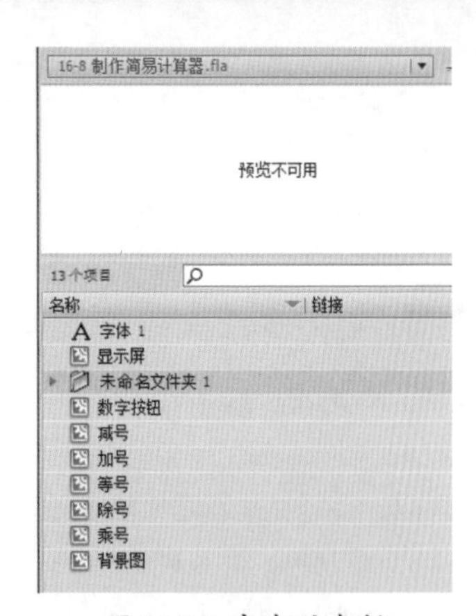

图16-95 库内的素材

02 将图层1重命名为“背景层”，并将库内的“背景图”影片剪辑拖曳至舞台上，调节其大小使其正好占满舞台，如图16-96所示。

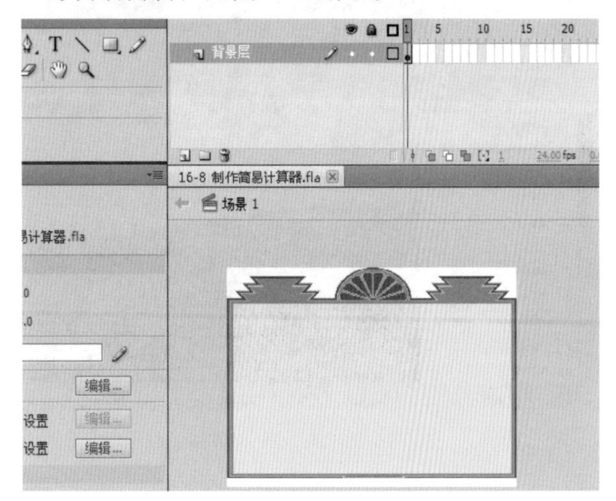

图16-96 拖曳背景影片剪辑至舞台上

03 新建一个图层，命名为“按钮层”，并将库中的一些按钮都拖曳至该层的第1帧上，将加减乘除的4个符号移动到舞台的右侧，“数字按钮”影片剪辑一共拖曳10个到舞台上，并排列好顺序，如图16-97所示。

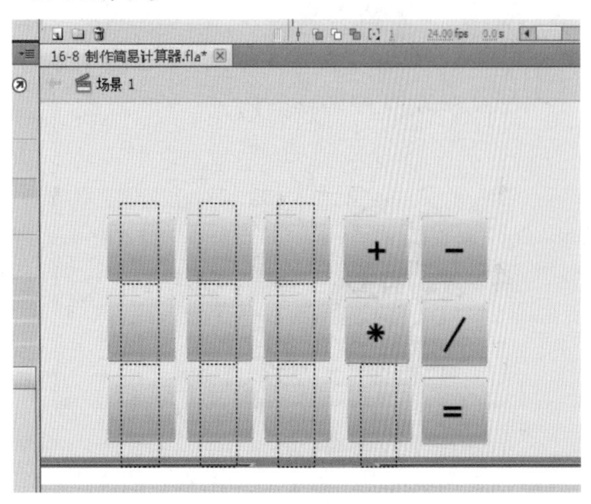

图16-97 将按钮拖曳至舞台上

04 分别选中每个按钮，并在属性栏中为其输入实例名称，加号为bp，减号为bm，乘号为bt，除号为bd，等号为be。左侧其他的按钮分别按从左至右，从上至下的顺序输入b1～b9一共9个实例名，乘号下面的输入实例名为b0，如图16-98所示。

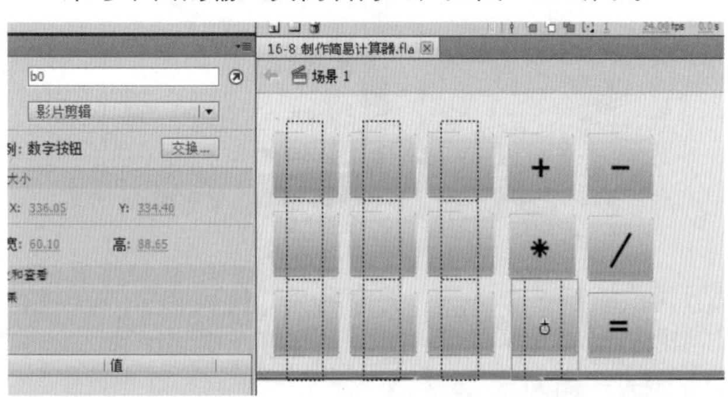

图16-98 输入实例名称

05 新建一个图层，命名为“显示层”，并将库中的“显示屏”影片剪辑拖曳至该层，并调节其位置如图16-99所示。

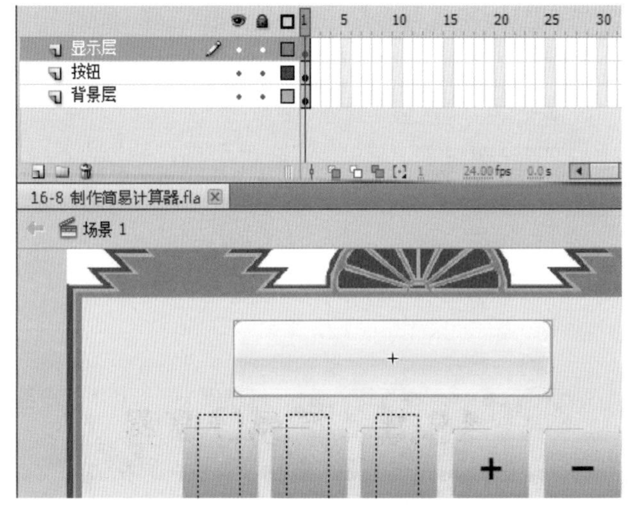

图16-99 调整影片剪辑位置

06 选择【文本工具】，在“属性”面板中设置【文本工具】的属性，如图16-100所示。

图16-100 设置【文本工具】的属性

07 使用【文本工具】在刚才放置“显示屏”元件的上方，并为其输入实例名为txt，如图16-101所示。

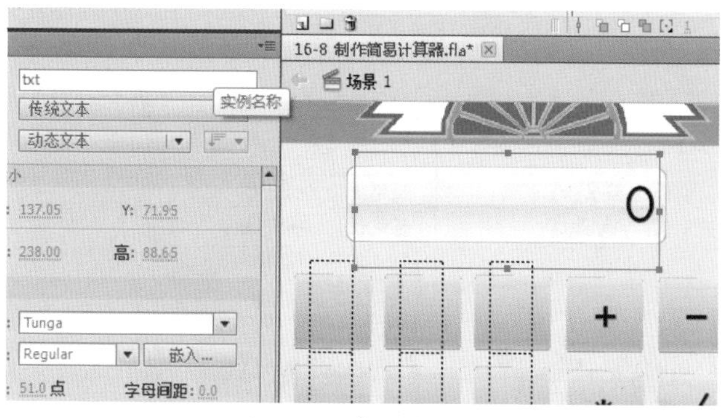

图16-101 输入实例名

08 再次新建一个图层，命名为“代码层”，并单击其第1帧后，按F9键打开“动作”面板，在其中输入如下脚本，如图16-102所示。

```
import flash.display.MovieClip;
import flash.events.MouseEvent;
var num1:Number = 0;
var num2:Number = 0;
var method:String = "";
for(var i:Number = 0 ; i <= 9 ; i ++){
var mc:MovieClip = this["b" + i] as
MovieClip;
mc.t.text = i;
mc.buttonMode = true;
mc.mouseChildren = false;
mc.addEventListener(MouseEvent.
CLICK,numF);
}
this["bp"].addEventListener(MouseEvent.
CLICK,methodF);
this["bp"].buttonMode = true;
this["bm"].addEventListener(MouseEvent.
CLICK,methodF);
this["bm"].buttonMode = true;
this["bt"].addEventListener(MouseEvent.
CLICK,methodF);
this["bt"].buttonMode = true;
this["bd"].addEventListener(MouseEvent.
CLICK,methodF);
this["bd"].buttonMode = true;
this["be"].addEventListener(MouseEvent.
CLICK,methodF);
this["be"].buttonMode = true;
function numF(e:MouseEvent):void{
if(method == ""){
num1 = Number(e.target.name.slice(1));
}else{
num2 = Number(e.target.name.slice(1));
}
txt.text = Number(e.target.name.slice(1))
+ "";
}
function methodF(e:MouseEvent):void{
if(e.target.name == "be"){
if(method == "bp"){
txt.text = Number(num1 + num2) + "";
}else if(method == "bm"){
txt.text = Number(num1 - num2) + "";
}else if(method == "bt"){
txt.text = Number(num1 * num2) + "";
}else if(method == "bd"){
txt.text = Number(num1 / num2) + "";
}
num1 = num2 = 0;
method = "";
}else{
method = e.target.name;
}
}
```

图16-102 输入脚本

09 保存文件，按快捷键Ctrl + Enter测试影片效果，能够完成1位数字的加减乘除运算，如图16-103所示。

图16-103 最终效果如图

16.9 车流控制

“车流控制”案例效果，如图16-104所示。

图16-104 案例最终效果

01 打开本案例的素材文件，本案例要制作的效果为使用按钮控制在公路上运行的车流量大小的效果，库内的素材如图16-105所示。

图16-105 库内的素材

02 在“属性”面板中将舞台的尺寸设置为150×210，如图16-106所示。

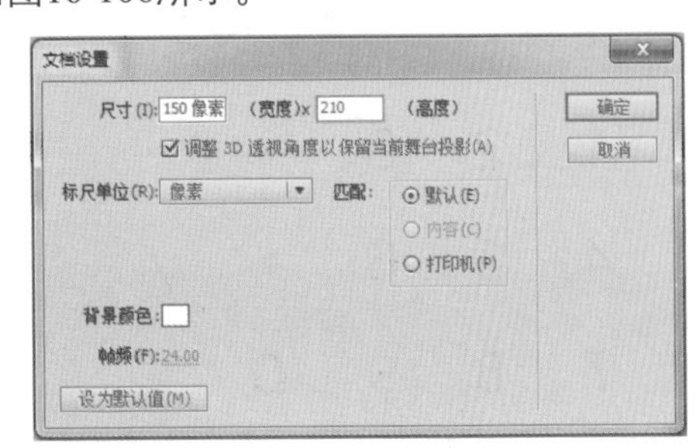

图16-106 设置舞台的尺寸

03 将图层1重命名为“背景层”，并将库中的“背景”影片剪辑拖曳至舞台，在“属性”面板中调节其属性使其左上角对准舞台的左上角，如图16-107所示。

图16-107 调整影片剪辑的位置

04 新建一个图层，命名为“车流层”，并将库中的“车速 高”元件拖曳至舞台上，调节其位置，如图16-108所示。

图16-108 拖曳原件并调整其位置

05 选中刚才的“车速 高”影片剪辑，并按F8键将其转换为影片剪辑，命名为“车速剪辑”，并双击该影片剪辑进入其内部，如图16-109所示。

图16-109 转换为影片剪辑并进入其内部

06 此时的舞台上只有“车速 高”影片剪辑，再新建一个图层，将库中的“车速 中”元件拖曳至新建图层的第1帧上，并调节其位置使其和“车速 高”影片剪辑的位置重合，如图16-110所示。

图16-110 新建图层并将元件拖曳至舞台上

07 再次新建一个图层，将库中的“车速 低”影片剪辑元件拖曳至新建图层的第1帧上，也调节其位置，如图16-111所示。

图16-111 新建图层并将元件拖曳至舞台上

08 在所有图层的第3帧上按F5键插入帧，在图层1的第2帧按F7键插入空白关键帧，在图层2的第3帧按F7键插入空白关键帧，如图16-112所示。

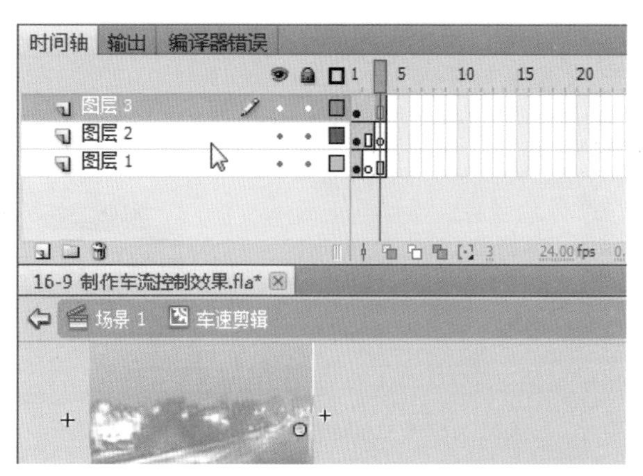

图16-112 插入帧和空白关键帧

09 在所有图层的第4帧按F7键插入空白关键帧，再次新建一个图层，在新建图层的第1帧上按F9键打开“动作”面板，在其中输入stop()；暂停播放的脚本，如图16-113所示。

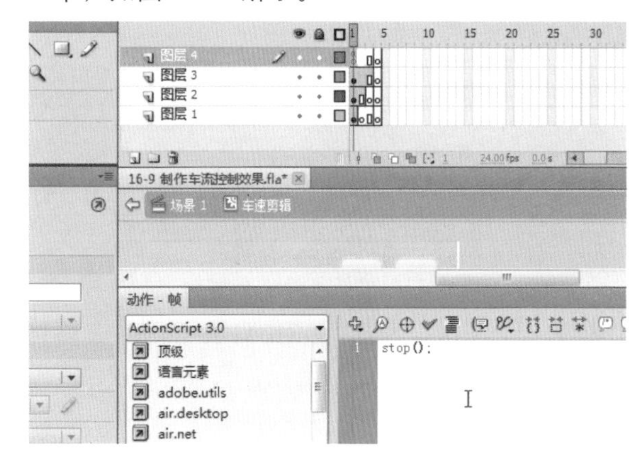

图16-113 输入脚本

10 单击时间轴下方的“场景1”以返回主场景，选中刚才的“车速剪辑”影片剪辑，在“属性”面板中设置其实例名称为”mc”。新建一个图层，命名为“按钮层”，并按快捷键Ctrl + F7打开“组件”面板，将其中的Button组件拖曳至舞台上，如图16-114所示。

图16-114 将组件拖曳至舞台上

11 使用【任意变形工具】调整其形状为正方形，并在“属性”面板中修改其label标签的内容为“+”，在实例名中输入btn1，如图16-115所示。

图16-115 修改label标签和设置实例名

12 同样的方法，创建出label为“-”号的按钮，并设置实例名为btn2，调整两个按钮的位置，如图16-116所示。

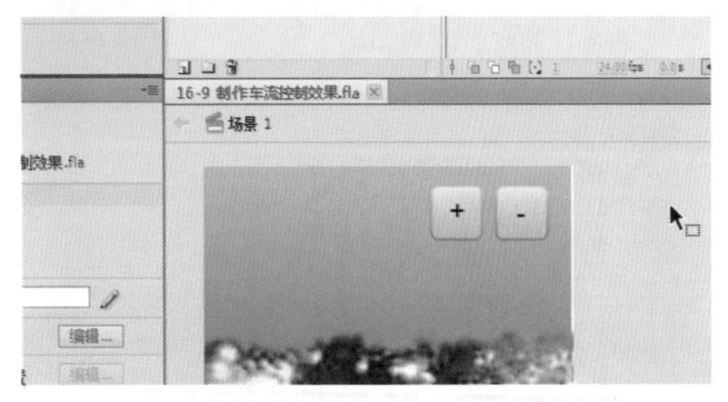

图16-116 设置另外一个按钮

13 新建一个图层，命名为“代码层”，并在第1帧上按F9键打开“动作”面板，在其中输入如下脚本，如图16-117所示。

```
import flash.events.MouseEvent;
btn1.addEventListener(MouseEvent.
CLICK,click1);
btn2.addEventListener(MouseEvent.
CLICK,click2);
function click1(e:MouseEvent):void{
mc.prevFrame();
}
function click2(e:MouseEvent):void{
mc.nextFrame();
}
```

图16-117 输入脚本

14 保存文件，并按快捷键Ctrl + Enter测试影片效果，最终效果如图16-118所示，单击“加号”按钮即可增大车流量，单击“减号”按钮即可减少车流量。

图16-118 最终效果图

16.10 烟花效果

“烟花特效”案例效果，如图16-119所示。

图16-119 案例最终效果

01 本案例要制作的效果为烟花在天空随机绽放的效果。新建一个空白Flash文档，并将舞台设置为黑色，如图16-120所示。

图16-120 设置舞台的背景色

02 按快捷键Ctrl + F8新建一个影片剪辑元件，命名为“光”，确定后进入剪辑内部，如图16-121所示。

图16-121 进入影片剪辑内部

03 使用【椭圆工具】和【矩形工具】绘制如图16-122所示的形状。

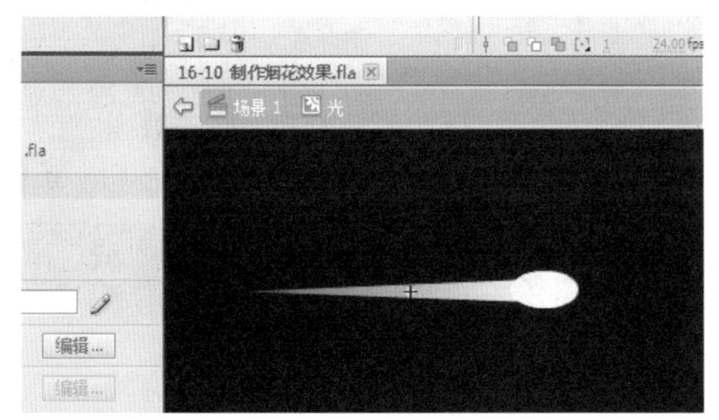

图16-122 绘制图形

04 按快捷键Ctrl + F8新建一个影片剪辑元件，命名为“光运动”，完成后进入其内部，并将“光”影片剪辑拖曳至其内部并缩小，如图16-123所示。

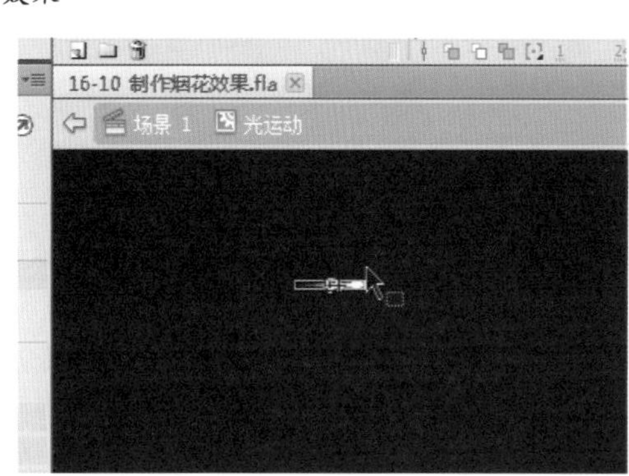

图16-123 调整元件的大小

05 在第30帧按F6键插入关键帧，并将第30帧上的“光”元件向右平移一段距离，并在“属性”面板中设置该帧上元件的透明度为0，如图16-124所示。

图16-124 调整元件的透明度

06 在第1～30帧之间创建传统补间动画，并在“属性”面板中设置补间的缓动系数为100，在第30帧上按F9键打开“动作”面板，并在其中输入如下脚本，如图16-125所示。

```
stop();
parent.removeChild(this);
```

图16-125 输入脚本

07 返回主场景，右键单击库中的“光运动”元件，并在弹出的菜单中选择【属性】选项，在接下来弹出的对话框中进行如图16-126所示设置，完成后单击“确定”按钮关闭该对话框。

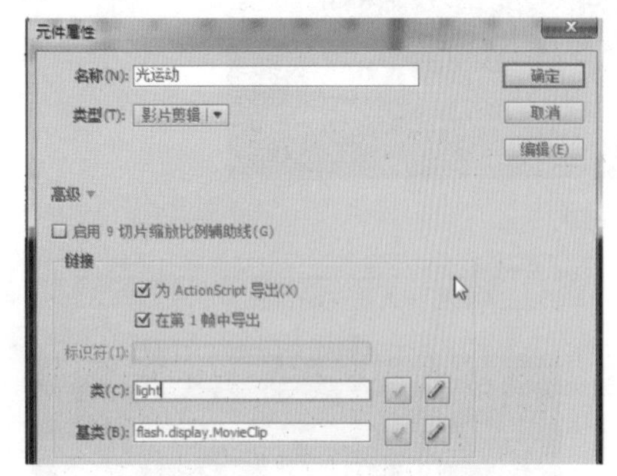

图16-126 设置元件的类链接

08 按快捷键Ctrl + F8新建一个元件，命名为“烟花”，单击“确定”按钮进入其内部，在其时间轴的第1帧上按F9键打开动作面板，在其中输入如下脚本，如图16-127所示。

```
import flash.display.MovieClip;
import flash.geom.ColorTransform;
for(var i:Number = 0 ; i < 50 ; i ++){
var mc:MovieClip = new light();
addChild(mc);
mc.rotation = Math.random() * 360;
mc.scaleX = mc.scaleY = Math.random() * .1 + .9;
mc.transform.colorTransform = new ColorTransform(
Math.random(), Math.random(),Math.random());
}
```

```
1  //导入外部类
2  import flash.display.MovieClip;
3  import flash.geom.ColorTransform;
4  //对360的角度随机创建50个光流动的效果
5  for(var i:Number = 0 ; i < 50 ; i ++){
6      var mc:MovieClip = new light();
7      addChild(mc);
8      mc.rotation = Math.random() * 360;
9      mc.scaleX = mc.scaleY = Math.random() * .1 + .9;
10     mc.transform.colorTransform = new ColorTransform(
11     Math.random(), Math.random(),Math.random());
12 }
```

图16-127 输入脚本

09 返回主场景，在时间轴的第1帧上按F9键打开“动作”面板，在其中输入如下脚本，如图16-128所示。

```
import flash.utils.Timer;
import flash.eve0nts.TimerEvent;
import flash.display.MovieClip;
var timer:Timer = new Timer(500);
timer.addEventListener(TimerEvent.
TIMER,tick);
timer.start();
function tick(e:TimerEvent):void{
var mc:MovieClip = new hua();
mc.x = Math.random() * 550;
mc.y = Math.random() * 400;
mc.scaleX = mc.scaleY = Math.random() * .2
+ .8;
addChild(mc);
}
```

```
1  //导入外部类
2  import flash.utils.Timer;
3  import flash.events.TimerEvent;
4  import flash.display.MovieClip;
5  //创建计时器 每0.5秒运行一次计时器函数
6  var timer:Timer = new Timer(500);
7  //为计时器添加计时侦听
8  timer.addEventListener(TimerEvent.TIMER,tick);
9  //开始计时
10 timer.start();
11 //计时函数
12 function tick(e:TimerEvent):void{
13     //在舞台的任意位置创建一个烟花效果 并调节其缩放比例
14     var mc:MovieClip = new hua();
15     mc.x = Math.random() * 550;
16     mc.y = Math.random() * 400;
17     mc.scaleX = mc.scaleY = Math.random() * .2 + .8;
18     addChild(mc);
19 }
```

图16-128 输入脚本

10 添加一个图片作为背景图层，保存文件，并按快捷键Ctrl + Enter测试影片，最终效果如图16-129所示。

图16-129 最终效果图

16.11　屏保动画效果

"屏保动画特效"案例效果，如图16-130所示。

图16-130　案例最终效果

01 本案例要制作的效果为屏保效果。新建一个空白Flash文档，并在"属性"面板中设置舞台的尺寸为800×400，背景为黑色，如图16-131所示。

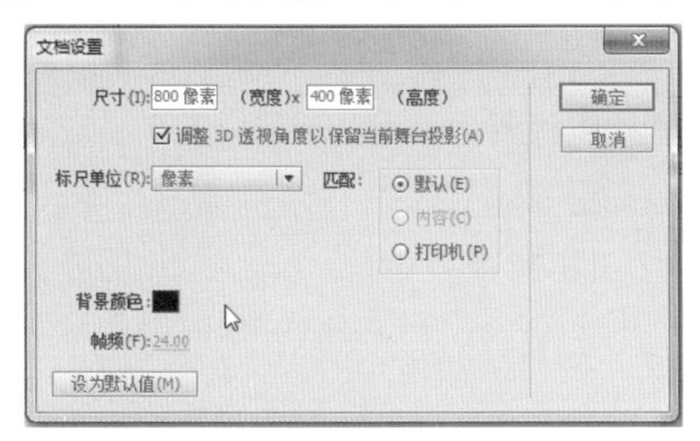

图16-131　设置舞台的尺寸和背景颜色

02 按快捷键Ctrl + F8新建一个元件，命名为"变化的线"，并单击"确定"以进入剪辑内部，如图16-132所示。

图16-132 新建影片剪辑元件

03 使用【钢笔工具】在第1帧上绘制一个任意形状的线条，如图16-133所示。

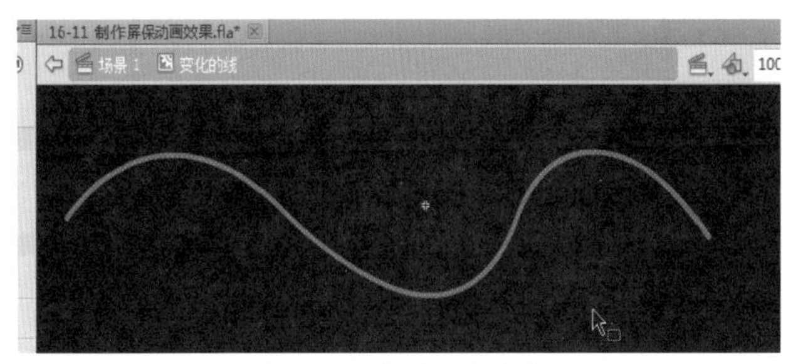

图16-133 绘制一条曲线

04 在第10帧上按F7键插入空白关键帧，并使用另一种颜色再绘制另一个曲线，如图16-134所示。

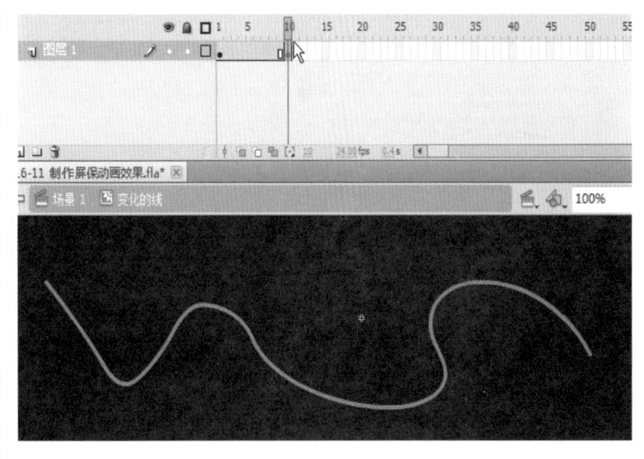

图16-134　再次绘制一条曲线

05 同样的步骤每隔10帧绘制一个曲线，如图16-135所示。

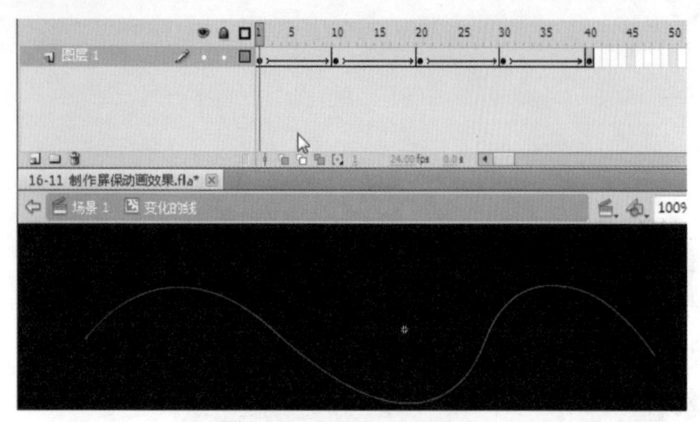

图16-135 绘制多条曲线

06 右键单击库中的“变化的线”元件，在弹出的菜单中选择【属性】选项，并在之后弹出的对话框中进行相应的设置，如图16-136所示。

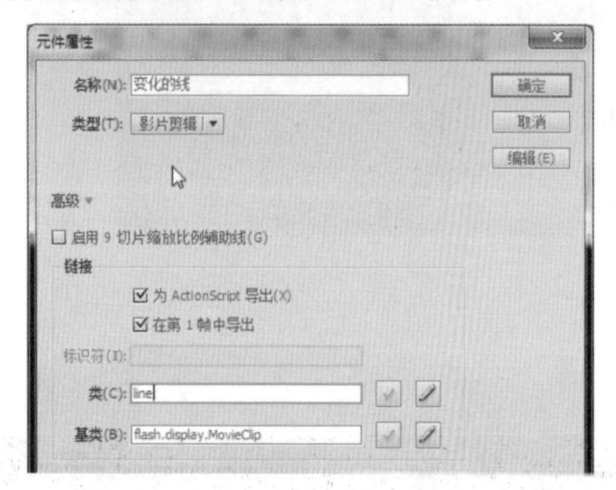

图16-136 设置类链接

07 完成后返回主场景，在第1帧上按F9键打开“动作”面板，在其中输入如下脚本，如图16-137所示。

```
import flash.display.MovieClip;
var i:Number = 50;
var lastD:MovieClip;
var newD:MovieClip;
```

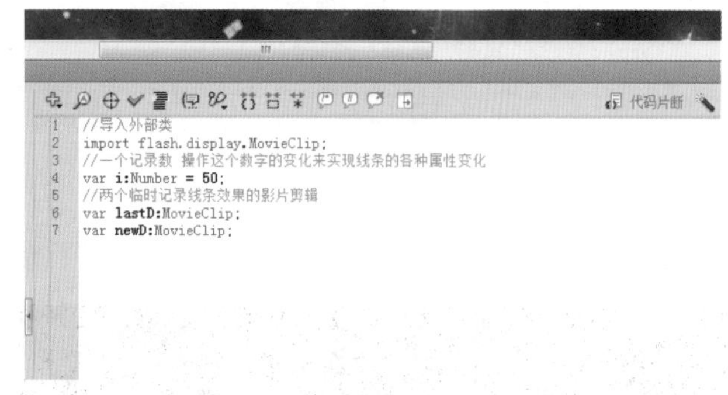

图16-137 输入脚本

08 在第2帧按F7键插入空白关键帧，并按F9键打开“动作”面板，在其中输入如下脚本，如图16-138所示。

```
i--;
newD = new line();
addChild(newD);
newD.x = 400;
newD.y = 100;
newD.alpha = 0;
if(lastD){
newD.y = lastD.y + i / 20;
newD.alpha =  (50 - i) / 50;
newD.scaleX = lastD.scaleX + .02;
}
lastD = newD;
```

```
//每播放到这帧 操作数减1
i--;
//创建一个线条对象
newD = new line();
addChild(newD);
//初始化线条位置
newD.x = 400;
newD.y = 100;
newD.alpha = 0;
//根据i来计算线条当前应该在的位置 透明度 缩放值
if(lastD){

    newD.y = lastD.y + i / 20;
    newD.alpha =  (50 - i) / 50;
    newD.scaleX = lastD.scaleX + .02;
}

lastD = newD;
```

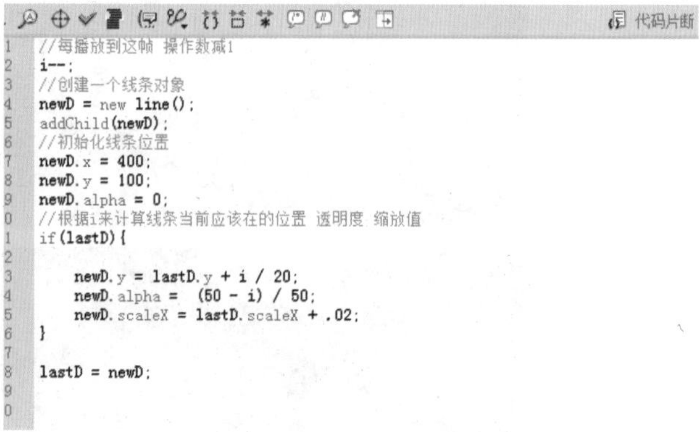

图16-138 输入脚本

09 在第3帧上按F7键输入空白关键帧，并按F9键打开“动作”面板，在其中输入如下脚本，如图16-139所示。

```
if(i >= 0){
gotoAndPlay(2)
}else{
stop();
}
```

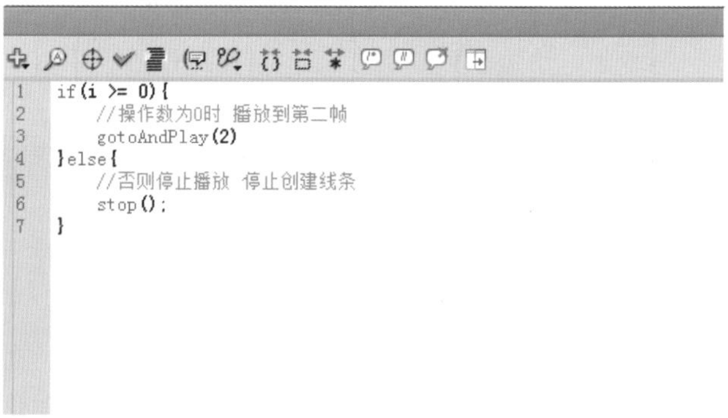

```
if(i >= 0){
    //操作数为0时 播放到第二帧
    gotoAndPlay(2)
}else{
    //否则停止播放 停止创建线条
    stop();
}
```

图16-139输入脚本

10 添加一张图片作为背景图片，保存文件，并按快捷键Ctrl+Enter测试影片，最终效果如图16-140所示。

图16-140 最终效果图

16.12 课后练习

练习1 火焰效果

本案例的练习为用代码制作火焰效果，案例大致制作流程如下。

01 添加背景图片。

02 绘制红色径向渐变圆形。

03 制作影片剪辑，并在帧上输入效果代码。

04 在背景图上不同位置添加多个效果动画。如图16-141所示。

图16-141 案例最终效果

练习2 win 7风格极光效果

本案例的练习为制作win7风格的极光效果，案例大致制作流程如下。

01 绘制一根较粗的线条，并转化为影片剪辑。

02 为其输入实例名称，并在帧上输入效果代码。

03 将影片剪辑放置在舞台上。如图16-142所示。

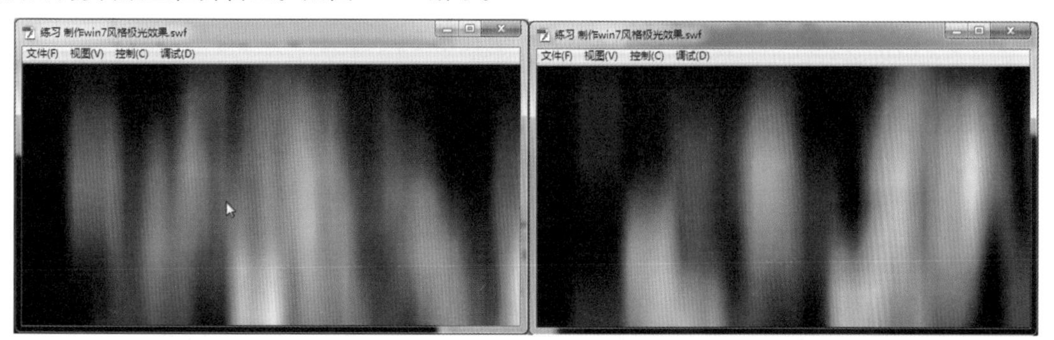

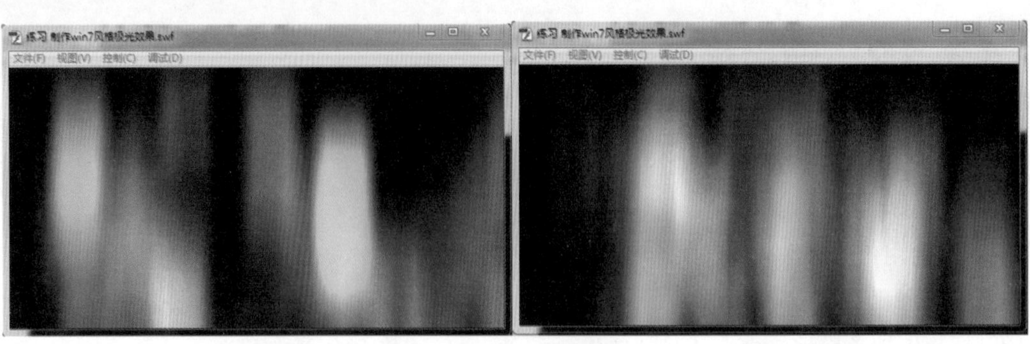

图16-142 案例最终效果

练习3 风吹蒲公英效果

本案例的练习为制作风吹蒲公英效果，案例大致制作流程如下。

01 添加背景图片。

02 制作天空飞鸟的动画。

03 绘制一个蒲公英的图形并转换为影片剪辑。

04 在影片剪辑内的帧上输入效果代码。

05 将蒲公英影片剪辑放置在舞台左侧。如图16-143所示。

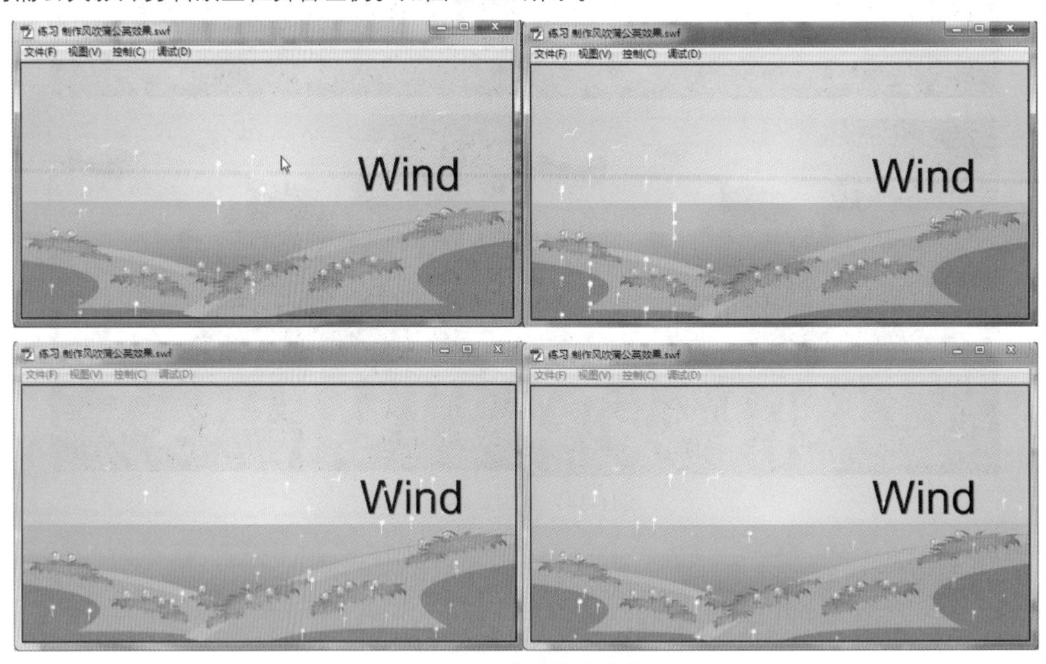

图16-143 案例最终效果

练习4 风扇吹纸片效果

本案例的练习为制作风扇吹纸片效果，案例大致制作流程如下。

01 制作一个由多个碎纸片原地飞舞的动画。

02 在动画的帧上添加吹飞效果的代码。

03 制作电风扇转动的动画，并添加纸条飞舞的动画。

04 将碎纸片飞舞的影片剪辑放置在电风扇口。如图16-144所示。

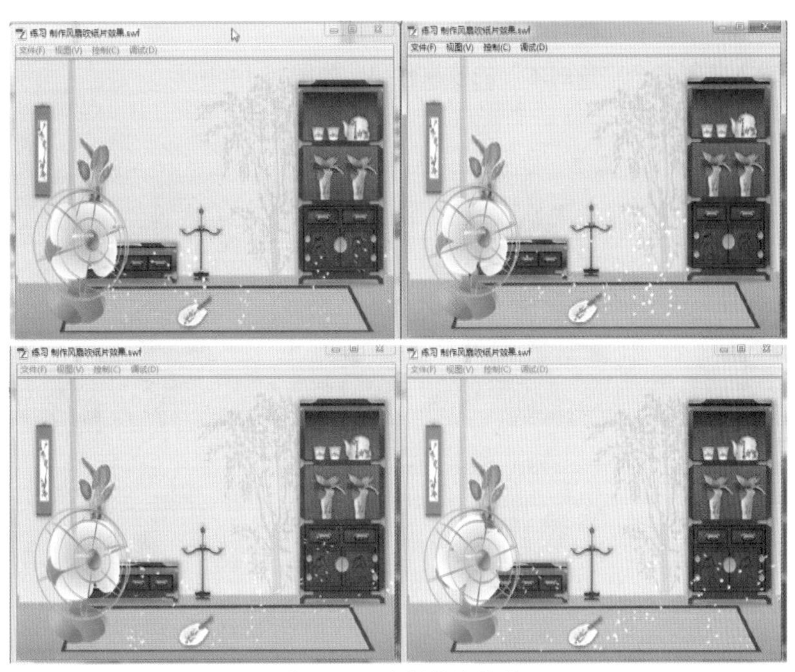

图16-144 案例最终效果

练习5 枫叶飘落效果

本案例的练习为制作枫叶飘落效果，案例大致制作流程如下：

01 将枫叶素材图片转换为影片剪辑元件，并添加库链接名。

02 在舞台上放置枫林的背景图。

03 在帧上输入枫叶飘舞的效果代码。如图16-145所示

图16-145 案例最终效果

练习6 海底游鱼效果

本案例的练习为制作海底游鱼效果，最终效果请查看本章节素材目录下的“练习 制作海底游鱼效果”文件。本案例大致制作流程如下：

01 制作一个鱼绕着引导线运动动画。

02 添加海底背景图片。

03 在舞台的帧上输入复制多个“鱼副本”的效果代码。如图16-146所示。

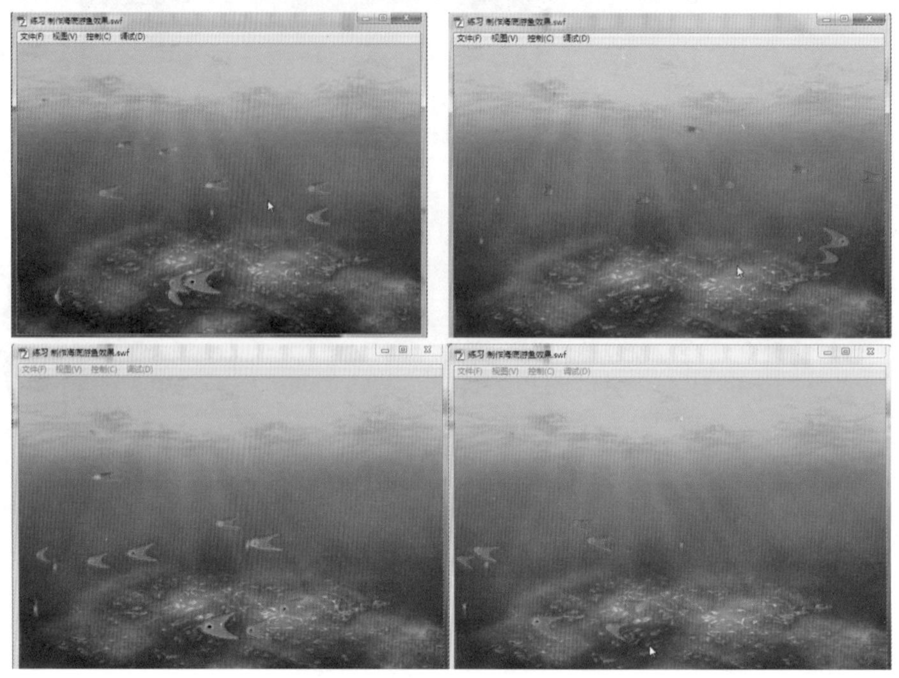

图16-146 案例最终效果

练习7 环绕的圆球效果

本案例的练习为制作环绕的圆球效果，案例大致制作流程如下。

01 制作一个小圆点环绕转动的逐帧动画，并添加库链接名。

02 在舞台上新建空白的影片剪辑，并在其上面添加效果代码。如图16-147所示。

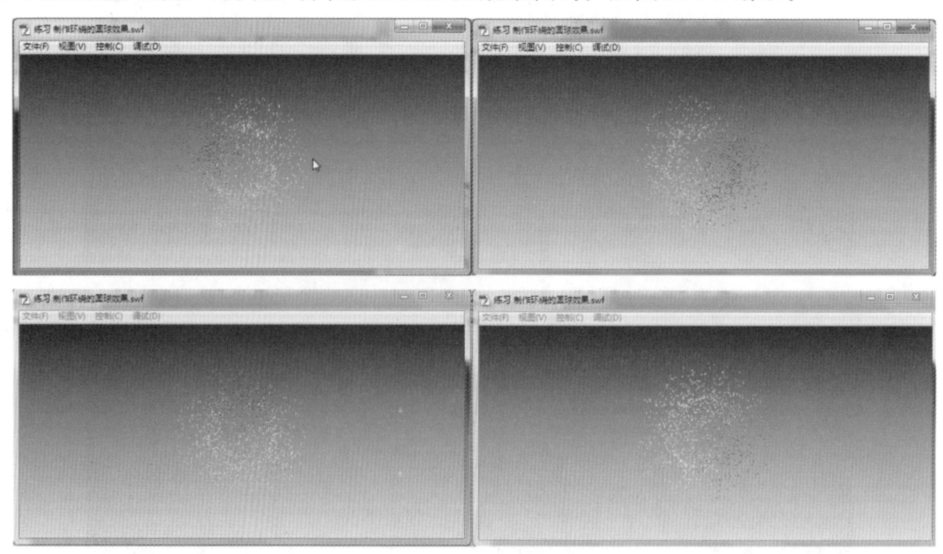

图16-147 案例最终效果

练习8 卷轴时钟效果

本案例的练习为制作卷轴时钟效果，案例大致制作流程如下。

01 使用已有的素材制作各个分拆为上下两部分的数字影片剪辑，每个数字各占一帧。

02 制作数字牌翻动的动画，并在影片剪辑上输入代码作判断应该显示哪个数字的帧。如图16-148所示。

图16-148 案例最终效果

练习9 流星滑落效果

本案例的练习为制作流星滑落效果，案例大致制作流程如下。

01 制作星星闪动的动画。

02 制作流星运动的动画。

03 在帧上添加复制星星的代码，和流星位置随机出现的代码。如图16-149所示。

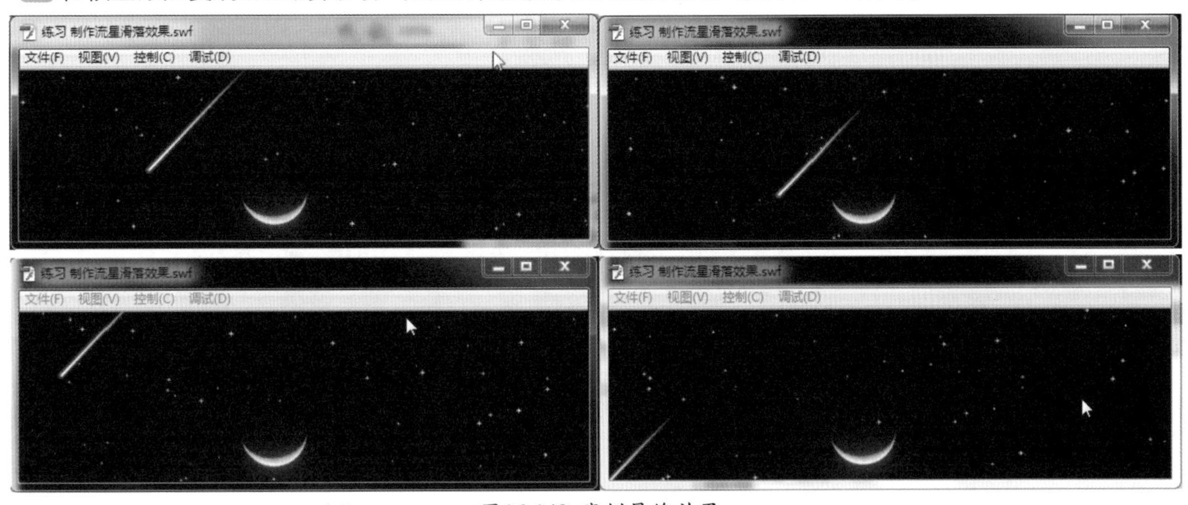

图16-149 案例最终效果

练习10 随机花纹效果

本案例的练习为制作随机花纹效果，案例大致制作流程如下。

01 制作一个影片剪辑内含多个花纹样式的图形，放置在独自的帧上。

02 为样式影片剪辑添加库链接名。

03 在帧上输入复制多个影片剪辑的代码，并旋转。如图16-150所示。

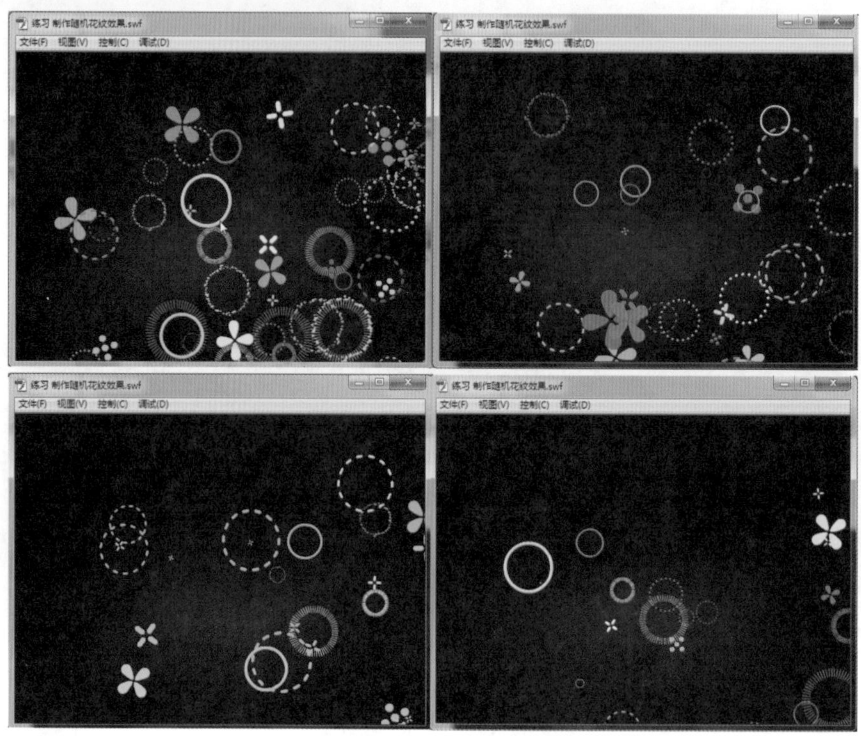

图16-150 案例最终效果

练习11 真实下雪效果

本案例的练习为制作真实下雪效果，案例大致制作流程如下。

01 绘制一个雪花，并在帧上输入单个雪花运动的效果代码。

02 将雪花影片剪辑放置在舞台上，并添加背景图片。

03 在帧上输入复制多个雪花的效果代码。如图16-151所示。

图16-151 案例最终效果

Flash CS5快捷键

A	箭头工具	CTRL+C	复制
T	文字工具	CTRL+V	粘贴
N	直线工具	CTRL+SHIFT+V	粘贴于特定位置
L	套索工具	DELETE	清除
O	椭圆工具	CTRL+D	即时复制
B	笔刷工具	CTRL+A	选择所有
P	铅笔工具	CTRL+SHIFT+A	取消所有选择
R	矩形工具	CTRL+ALT+C	复制影格
I	墨水瓶工具	CTRL+ALT+V	粘贴影格
U	油漆桶工具	CTRL+E	组件与场景之间切换
D	滴管工具	HOME	跳至最前面
E	橡皮擦工具	PAGE UP	跳至上一个
H	移动工具	PAGE DOWN	跳至下一个
M	放大镜工具	END	跳至最后面
CTRL+N	新建一个影片	CTRL+1	显示100%
CTRL+O	打开一个影片	CTRL+2	显示影格
CTRL+SHIFT+O	以图库打开影片	CTRL+3	显示全部
CTRL+W	关闭影片文件	CTRL+ALT+SHIFT+0	显示外框
CTRL+S	保存影片文件	CTRL+ALT+SHIFT+F	快速显示
CTRL+SHIFT+S	影片文件另存为	CTRL+ALT+SHIFT+A	消除锯齿
CTRL+R	读入文件	CTRL+ALT+SHIFT+T	消除文字锯齿
CTRL+ALT+SHIFT+S	转存为影片	CTRL+ALT+T	显示时间轴
CTRL+SHIFT+F12	文件发布设定	CTRL+SHIFT+W	显示工作区域
SHIFT+F12	文件发布	CTRL+ALT+SHIFT+0	显示标尺
F12	预览	CTRL+ALT+SHIFT+G	显示格线
CTRL+P	文件打印	CTRL+ALT+G	靠齐
CTRL+Q	退出	CTRL+ALT+G	显示形状提示点
CTRL+Z	撤销上一步	F8	转换为组件
CTRL+Y	重做上一步	CTRL+F8	新建组件
CTRL+X	剪切		